T. W. Körner 著

# The Pleasures of Counting

# 计数之乐

涂 泓 译
冯承天 译校

高等教育出版社·北京

**图字：01-2012-8634 号**

*The Pleasures of Counting*, 1st Edition, by T. W. Körner, first published by Cambridge University Press in 1996.



**图书在版编目（CIP）数据**

计数之乐 /（英）科尔纳著；涂泓译；冯承天译校
. -- 北京 ：高等教育出版社，2017. 8
书名原文：The Pleasures of Counting
ISBN 978-7-04-047951-5

Ⅰ. ①计… Ⅱ. ①科… ②涂… ③冯… Ⅲ. ①数学 - 通俗读物 Ⅳ. ① O1-49

中国版本图书馆 CIP 数据核字（2017）第 153522 号

计数之乐
JISHU ZHI LE

策划编辑 李华英　责任编辑 李华英　封面设计 张　楠　版式设计 马敬茹
责任校对 刘丽娴　责任印制 耿　轩

出版发行 高等教育出版社
社　　址 北京市西城区德外大街4号
邮政编码 100120
印　　刷 北京市白帆印务有限公司
开　　本 787 mm× 1092 mm　1/16
印　　张 34
字　　数 690 千字
购书热线 010-58581118
咨询电话 400-810-0598

网　　址 http://www.hep.edu.cn
　　　　 http://www.hep.com.cn
网上订购 http://www.hepmall.com.cn
　　　　 http://www.hepmall.com
　　　　 http://www.hepmall.cn

版　　次 2017 年 8 月第 1 版
印　　次 2017 年 8 月第 1 次印刷
定　　价 89.00 元


物 料 号　47951-00

以这种 [功利主义的] 方式来判断, 表明了 …… 我们的思维是多么的卑微、狭隘和懒惰; 它显示出这样一种倾向: 在工作之前总是先计算回报, 对于一切伟大的事物, 以及一切令人类获得尊严的事物, 都待之以一颗冷酷的心和无情的态度. 不幸的是, 我们无法否认, 这样的一种思维模式横行于我们这个年代之中, 而我还深信, 这与近来降临在许多国家的那些大灾难也密切相关; 请不要误解我, 我并不是在谈论对于科学普遍缺乏关心的那种现象, 而是在谈论所有这一切产生的根源, 在谈论到处寻找我们的利益并把一切都与我们的物质福祉相联系的这种趋势, 在谈论对于那些伟大思想的漠不关心, 以及在谈论对任何源于纯粹热情的努力都深感厌恶的情绪 (参见 [22]).

高斯①

于是我们对那些我们所共有的好事情取得了一致意见. 其中包括: 能够检验你自己, 而在检验过程中不依赖于其他人, 从而你能在工作中反省自己的这一优点. 还包括看见你创造出来的东西生长发展时的那种愉悦, 一根横梁接着一根横梁, 一个螺栓接着一个螺栓, 结实、必要、对称、与其目标相符; 而当它完成的时候, 你看着它, 并且想着: 可能它会比你生存得更长久, 可能它会对某个你不认识他、他也不认识你的人有用. 也许, 当你成为一名老者的时候, 还能再回来看着它, 而它看起来会很美, 而且即便只有你觉得它美, 其实也没有多大关系, 而你可以对自己说: “也许换成别人, 就不会把它做成了.” (参见 [143] 第 53 页)

普里莫 · 莱维②

要置于我的文集扉页上: 在这里, 我们将从无数实例中察觉到, 数学在自然科学中作判断时所起的作用是什么, 而如果没有几何学做指导的话, 要正确地从哲理角度来探讨问题是多么不可能, 柏拉图的至理名言正是这样说的 (参见 [194]).

伽利略③

数学家们是这样一群人: 他们毕生所致力的事情, 在我看来像是一种绝妙的游戏 (参见 [3]).

康斯坦丝 · 瑞德④

---

① 高斯 (C. F. Gauss, 1777—1855), 德国数学家、物理学家和天文学家, 大地测量学家, 近代数学奠基者之一, 被认为是历史上最重要的数学家之一. —— 译注

② 普里莫 · 莱维 (Primo Levi, 1919—1987), 犹太裔意大利化学家、作家, 纳粹大屠杀的幸存者. —— 译注

③ 伽利略 (Galileo Galilei, 1564—1642), 意大利物理学家、天文学家和哲学家, 近代实验科学的先驱者. 他在运动学和动力学方面都有重要研究成果, 改进了望远镜且用于天文观测, 并支持哥白尼的日心说. —— 译注

④ 康斯坦丝 · 瑞德 (Constance Reid, 1918—2010), 美国女作家, 著有多本数学家传记和有关数学的书籍. —— 译注

# 前言

本书首先是针对有才智的 14 岁及更大的中学生, 以及大学一年级新生撰写, 他们对数学感兴趣, 并且希望学到一些看起来像是较高层次的知识. 有若干本书籍也具有类似的目标. 我尤为欣然地回忆起我自己孩提时阅读过的那本《从简单的数字到微积分》(*From Simple Numbers to the Calculus*) , 这本由科莱鲁斯 (Colerus) 撰写的书有着一个坚定的开头:

> 数学是一个陷阱. 你一旦落入这个陷阱, 就几乎永远都不能自拔而没法回到你在开始研究数学以前所处的那种原有的思维状态之中了.

在附录 A1.1 中, 我列出并讨论了其中的几本书. 不过, 这个目标是如此有价值, 而此类书籍的数量却又如此有限, 因此我毫不迟疑地再加上一本.

美国的许多大学里都开设一些被称为 "给诗人们的数学" (Maths for Poets) 的课程, 这即使不是正式的名称, 也是普遍使用的名称. 本书并不属于这一流派. 更确切地说, 本书的意图是要作为 "给数学家们的数学" (Maths for Mathematicians) —— 这些数学家到目前为止还对数学所知甚少, 不过有朝一日, 也许他们所做的演讲会让本书的作者钦佩得合不拢嘴①.

我希望本书也会得到我的专业同僚们以及那些毫不畏惧地重视数学的一般读者的喜爱②. 这两个群体都势必会沉溺于某种明智的跳读 (专业人士们不会需要有人向他们解释康托尔的对角论证法③, 也不需要有人告诉他们柯尔莫戈洛夫④是一

---

① 当怀尔斯 (Wiles) 还是剑桥大学的一名微不足道的研究生时, 我已经达到了令人眩晕的讲师高度. 二十年后, 当他宣布对那道三个世纪前提出的费马问题的解答时, 我就坐在后排的位置上. —— 原注

安德鲁 · 怀尔斯 (Andrew Wiles, 1953—), 英国数学家, 现执教于美国普林斯顿大学. 1994 年, 他证明了困扰数学家三百多年的费马最后定理 (Fermat's Last Theorem), 是数学上的重大突破. —— 译注

② 扩大销售范围是作者和出版者们的共同心愿. 如同剑桥大学出版社 (Cambridge University Press, 缩写为 CUP) 的许多其他数学书作者一样, 我对戴维 · 特拉纳 (David Tranah) 心怀无限感激. 他建议说, 换一个不同的标题会有所助益. 仅此一次, 我没有采纳他的意见, 因此《$x$ 的欣喜》(*The Joy of $x$*) 这一标题仍然可供采用. —— 原注

③ 对角论证法 (diagonal argument) 是德国数学家格奥尔格 · 康托尔 (Georg Cantor, 1845—1918) 提出的用于说明实数集合是不可数集的证明. —— 译注

④ 安德雷 · 柯尔莫戈洛夫 (Andrey Kolmogorov, 1903—1987), 俄国数学家, 研究范围涉及概率论、算法信息论、拓扑学等许多领域并做出重要贡献. —— 译注

位伟大的数学家; 一般读者也许会踮起脚尖绕过比较令人害怕的代数). 我的同事们完全有能力自己决定是否要阅读此书, 不过对于一般读者, 以下两个类比可能会有所助益.

首先, 她或许会考虑, 为什么 "墙上的苍蝇" 类型的纪录片① 中所展示的那种医学院中或者军舰上的生活, 也会引起许多并非医生或水手的人的兴趣. 聆听一位数学家向数学家们谈论一些令数学家们感兴趣的事情, 与聆听数学家们向非数学家们谈论一些希望那些非数学家可能会感兴趣的事情相比较, 前者很有可能会更有启发性. 或者, 她也可以考虑身处某个异国城市中的旅行者们所面对的选择. 他们可以在一些精美的餐馆用餐, 那里的一切都极其干净, 服务也是一流的, 但是菜肴却经过了改造以适合国际口味. 或者他们也可以去当地的一家传统小餐馆, 那里的侍者们忙得不可开交, 而且他们总是只能说微乎其微的英语, 只要看一看那里的厨房, 就会使你对其卫生状况丧失信心, 而且其中有些菜肴看上去实在是非常奇怪. 本书就是当地的传统小餐馆. 它的各种缺点都是真实存在的, 不过它的烹饪倒是货真价实的.

即使对于本书所针对的那些读者, 也不应期盼他们能理解其中的全部内容. 我将阐述的等级定位在我会期望三一学堂② 的数学专业新生们所能达到的水平, 而且如果是我在对他们讲课, 那么假若这个或那个学校的这个或那个学生没有学到过某些要点, 我就必须对这些要点给出额外的解释, 对此我也不会感到惊讶. 只有受到过超常的良好教导的 (可能甚至是过分教导的) 14 岁学生, 才能指望他理解这本书中的所有内容 (不过我希望任何一名坚持不懈的 14 岁学生最终都应该理解其中的多数内容). 专业的数学家们如果在阅读一本数学书后理解了**一些**新的东西, 他们就认为这本书值得一读; 而如果他们理解了对于他们而言相当大量的新知识, 他们就认为这本书极为优秀; 如果理解的东西再多一点, 他们就会觉得这些材料过于容易, 因而就不值得一读.

如果有些内容你不理解, 那么你就应该 (如果你能做到的话) 向别人 (比如说你们学校的老师) 求教. 如果找不到别人请教的话, 那么继续阅读下去, 也许你就会明白了. 如果这个办法不奏效, 那就尝试阅读本书的另一个部分. 即使没有书中的那些练习, 这本书也是完整的, 不过我还是希望你会浏览一下这些练习. 其中有些练习是对正文内容给出一些简单的评注, 例如练习 9.2.3. 另外还有些练习, 例如练习 11.4.14 和练习 16.2.13, 则要用到高中临近结束或某一门大学课程接近开头处的那些数学知识. 这些练习要求的知识, 比本书主体部分所假设的要多得多. 我认为这样的练习都清楚地标上了记号. 如果你对我采用的符号感到困惑, 那么附录 2 也许能有所帮助.

---

① "墙上的苍蝇" (fly on the wall) 类型的纪录片是指在不被人注意的情况下进行观察的纪录片, 即 "观察型纪录片". —— 译注

② 三一学堂 (Trinity Hall) 是英国剑桥大学的一个学院, 建于 1350 年. ——译注

蒙田[①]担心“有些人也许会断言, 我只不过是在这里收集起一大束别人的花朵, 除了把它们捆扎在一起的那根细绳以外, 没有提供任何我自己的东西”(参见《随笔集》(*The Essays*), 第三卷, 第 12 篇). 本书就是这样一束花, 我希望其中的某个论题或引述可以引起读者足够的兴趣, 从而去探索这朵特别的花所采自的那个花园[②]. 无论如何, 我希望读者会看到, 数学所特有的声音, 并非庄严协调的齐唱, 而是各自发出的声音所构成的嘈杂之声.

同样, 由于我会像对待自己的学生或同事们那样去引导读者, 因此我也没有隐藏这样的一个事实: 我对许多论题持有自己的意见. 出于这方面以及其他几个方面的原因, 于是我选择了撰写一本**为**学生而写却又不**适合**他们的书籍.

我想要感谢 A. 奥尔特曼 (A. Altman) 博士、A. O. 本德 (A. O. Bender) 先生、A. 康明斯 (A. Cummins) 先生、T. 盖根 (T. Gagen) 博士、J. 高格 (J. Gog) 小姐、T. 哈里斯 (T. Harris) 先生、E. 科尔纳 (E. Körner) 夫人、W. 科尔纳 (W. Körner) 夫人、M. D. K. 莱特福特 (M. D. K. Lightfoot) 先生、K. 蒙德 (K. Maunder) 小姐、G. 麦考汉 (G. McCaughan) 先生、J. R. 帕廷顿 (J. R. Partington) 博士、B. 皮帕德 (B. Pippard) 爵士教授、C. 萨尔蒙德 (C. Salmond) 小姐、G. 桑卡兰 (G. Sankaran) 博士、T. 维克灵 (T. Wakeling) 先生和 P. 惠廷顿 (P. Whittington) 博士, 他们阅读了本书的初稿, 还要感谢 M. 斯托瑞 (M. Storey) 夫人编辑了第二稿. 如果我没有接受他们的大部分意见的话, 这本书肯定会糟糕得多. 如果我接受了他们的全部意见的话, 这本书很可能还会好得多. 我的电子邮件地址是 twk@dpmms.cam.ac.uk, 同时我也会保留一份更正清单, 这份清单可以从我的网址主页[③]获取. 当我询问计算数论家布莱恩・伯奇 (Bryan Birch), 他使用的是哪种编程语言时, 他回答说“研究生”. 我要感谢 G. 麦考汉 (G. McCaughan) 先生, 他提供了表 8.1 和表 8.2, 并用计算机生成了许多插图. 除了这些名字以外, 我还要加上剑桥大学出版社的设计师[④]、技术人员们以及所有其他人, 他们的辛勤工作将一连串混乱的电子脉冲转变成了一本优雅的书籍.

许多作者在他们的前言结尾处都会敬献给“我的配偶在此书写作过程中对我的容忍”. 由于这样一句献词中的“在此书写作过程中”这八个字在我看来总是多余的

① 蒙田 (Michel de Montaigne, 1533—1592), 文艺复兴时期的法国作家, 最著名的作品是《随笔集》. —— 译注

② 因此需要“为最琐细的引文都提供参考文献的习惯, 就好像在应征一份工作那样”(参见 [76] 第 11 章). 大部分 (也包括此处的) 参考文献都能在书后的参考文献中找到. 像 [144] 这样写在方括号里的数字, 引导你去查阅参考文献中的书籍清单. ——原注

③ https://www.pmms.cam.ac.uk/home/emu/twk/.my-home-page.html. —— 原注

现已改为 https://www.dpmms.cam.ac.uk/ twk/, 这个网址上提供了两份更正清单, 这些更正在翻译过程中已纳入正文. —— 译注

④ “我想你会喜欢 [我的诗句]——当你看到它们出现在一张美丽的四开本页面上, 一行整洁的、由文本构成的溪流默默流淌穿过页边的一片草甸 · · · · · · 这些诗句将是同类事物中最为优雅的.”(参见谢雷丹 (Sheridan) 著, 《情敌》(*The Rivals*), 第一幕第一场) —— 原注

定语, 因此我就简单地将此书满怀爱心地敬献给我的妻子温迪 (Wendy).

T. W. Körner
剑桥大学三一学堂
1995 年 9 月

# 目录

# I 抽象的运用

# 无情的统计学 第 1 章

## 1.1 斯诺论霍乱

数学是抽象的科学, 至少在某种程度上是这样. 数学家们看着真实世界所富含的错综复杂, 却用一个简单的系统去替代, 而这个系统充其量也只是苍白无力地反映了其中的一两个方面. 一条条道路变成一根根线条、一座座城镇变成一个个点、天气变成一系列数字 (温度、风速、压强 ······), 而一个个人则变成一个个单位. 本书第一部分的目标是要说明, 这样的抽象可以多么有用.

1818 年, 欧洲开始注意到在印度某些地方肆虐的一种可怕的传染病. 这种以前不为欧洲科学所知的疾病突然来袭, 表现出的症状先是剧烈的腹泻和呕吐, 随后是令人极度痛苦的肌肉痉挛. 有一段早年的描述形容了当时的情况是怎样的:

> 带着黑眼圈的双眼完全陷入眼窝之中, 皮肤呈现乌青色 ······ [皮肤] 表面现在布满冷汗, 指甲都是蓝色的, 手足部皮肤仿佛被水长时间浸泡过那样皱缩着 (参见 [164]).

皮肤常常变成蓝色或黑色, 有时候惊厥症状如此剧烈, 致使身体紧缩成一个球, 在死后都无法将其拉直. 这种疾病被命名为 "假性霍乱" (cholera morbus), 它可能杀死半数的患者.

霍乱极有可能就一直存在于印度, 但是由于英国和俄国这两大帝国的扩张, 导致了军队的调动和长距离贸易的增多, 而这就使得这种疾病在此时得以扩散. 在俄国, 受到传染的村庄都被军队包围着, 他们受命射杀任何企图离开的人. 西班牙则把离开受感染城镇的人定为死罪. 尽管竭尽全力去遏制, 但是这种疾病仍然在 1830—1832 年间横扫欧洲 —— 在俄罗斯, 每 20 个公民中就有一人死于霍乱; 在波兰和奥地利, 每 30 个公民中也有一人死于该病. 在这种疾病 "自己熄灭" 之前, 欧洲的每个国家都有许多人因此丧生. 1848 年, 它又卷土重来, 而且直至 1855 年的大多数年份中, 英国都有疫情暴发.

这种霍乱是什么? 它是怎样传播的? 怎么才能预防? 又该如何治愈? 这是一种穷人的疾病, 但是它也杀死富人 —— 大多数流行性疾病都是如此, 过去是这样, 现在也是这样. 许多人 (特别是改革者们) 都确信, 此病与肮脏、不健康的环境卫生、恶劣的水质、恶劣的空气、恶劣的饮食和拥挤的居住条件有关联. 除此以外并无其他一致意见. 它具有传染性吗? 如果是这样的话, 它怎么会逃过所有隔离的措施, 而照料病患者的医生和牧师们却如此经常地得以幸免呢? 它是在出现排水不利或者积滞水的情况下, 由于某种发酵过程而产生的一种有毒瘴气导致的吗? 这会有助于解释它为何是一种夏季病 —— 只不过在苏格兰, 疫情暴发都发生在冬季. 某些专家声称看到过这种瘴气, 它是与电有关, 还是与臭氧有所关联?

1849 年, 约翰 · 斯诺① 医生发表了另一种理论. 斯诺的出身相当卑微, 努力向上攀到医疗职业的顶峰, 成为麻醉学创立人之一. (1853 年维多利亚女王分娩时, 正是这位医生选择将氯仿用于女王.) 他是一个腼腆、谦虚谨慎的人, 完全沉浸在他的工作之中②, 并致力于免除病人的痛苦. 作为一位呼吸方面的专家, 斯诺拒绝接受瘴气理论. 如果这种疾病是由一种 "瘴气" 引起的, 那么肺部无疑会首先受到感染. 既然霍乱主要是一种消化道疾病, 那么由霍乱产生的物质必定被吞咽下去, 而 "霍乱毒素 ······ 的增加必定发生在胃和肠道的内部" (参见 [222], 本节所有未标注引文均出自此文献). 除非严格注意清洁, 否则霍乱毒素一旦被排泄出来, 就会转移到手上, 再从手上转移到饮食之中, 从而易于进一步去感染更多的患者.

> 如果除了我们已经考虑到的那几种途径以外, 霍乱没有其他的传播途径, 那么它只能被限制在那些拥挤的穷人居住区, 并且会倾向于在一个地方平息下去, 这是由于此时就没有感染新鲜受害者的机会了. 然而却常常有某种途径可以令它传播得更加广泛, 并触及社区中的那些富裕阶层. 我所暗指的, 是带有霍乱的排泄物与作为饮用及烹饪用途的水发生了混合, 这可能是由于它们渗入地面而到达水井中, 也可能是由于它们沿着沟渠和下水道进入了那些为整座城镇供水的河流.

斯诺表明, 他的理论与当时所知道的、关于这一疾病的大部分知识是一致的, 虽然他只能对这种霍乱毒素的性质进行推测, 认为这种毒素 "由于具有自我繁殖的特性, 因此必然具有某种结构, 很有可能是一种细胞结构". 不过, 在过去的 200 年间, 大批聪明的医生都曾创造过关于这种或那种疾病的独创性理论, 其中的每一种理论都与那些最熟知的事实相符, 然而最终却对其起因、预防或治疗都没有贡献出任何持久的知识.

斯诺可不仅仅是一位普通的聪明医生. 用他的那位语言铿锵有力的、维多利亚时代的传记作者的话来说:

---

① 约翰 · 斯诺 (John Snow, 1813—1858), 英国内科医生, 除了对霍乱研究的重大贡献外, 他也被认为是麻醉学和公共卫生医学的开拓者. —— 译注

② 不过, 根据他的传记作者所说: "在他生命的最后几年中, 他在某种程度上摆脱了约束, 以致偶尔会去观看歌剧." (参见 [222])—— 原注

> 在随后的几年中，特别是在 1854 年这种疾病在伦敦流行性大暴发期间，为了专心致志地要对他的伟大想法探究到底，他进行了系统的研究. 他带着不屈不挠的热诚亲自操劳. 除了那些与他私交甚密的人以外，没有人能够设想他是怎样苦干的，其中的代价和风险又是什么. 任何有霍乱出现的地方，就有他置身其间. 当时，他把行医收入尽可能多地积蓄起来. 当他发现，即使起早贪黑，所有可得知的东西，从体力支出而言，都无法单凭一人能负担得起时，他就为符合资格的劳力支付报酬.

他把部分时间用于传统的方式，聆听对手们的种种论据，并收集关于一些特例的信息. 不过，他把大部分力气用于收集统计数据 —— 也就是给大量的病例计数①. 此外，他不像他同时代的许多人那样仅仅只是去收集统计数据，并希望某些东西能从中浮现出来，而是搜寻支持或反对他的那种特别霍乱理论的统计学证据.

当时的伦敦由多家私营供水公司供水，这些公司从不同的水源抽水，并供给不同的街区. 他的第一次统计学分析针对 1832 年和 1849 年的传染病，将由每个供水公司供给的不同街区中的每千人死亡数制成表格. 图 1.1 中显示了 1849 年这一传染病的统计结果.

初看起来，这些结果像是给出了霍乱由水传播而起因的决定性证据. 所有受灾最严重的街区都是完全或者部分由萨瑟克与沃克斯豪尔 (Southwark and Vauxhall) 供水公司供给的. 不过，由萨瑟克与沃克斯豪尔公司供给的那些街区也有着其他一些共同特征. 当时负责收集这张表格所依据的统计数据的，是注册总局 (Registrar-General's office) 的威廉 · 法尔 (William Farr)，他还分析了这些数据，并发现在海拔高度与霍乱死亡人数之间存在着强烈的关联. (他把 1849 年和 1853—1854 年的传染病综合在一起后发现，伦敦最低处那些地区的死亡率是最高处那些地区的死亡率的 15 倍.) 在法尔看来，萨瑟克与沃克斯豪尔公司所负责的街区，与众不同之处与其说是它们的供水商，倒不如说是它们处于低地势这个特质.

某些街区由多家公司供水，这个事实使得对这张表格做出解释愈发困难. 由此，比如说萨瑟克与沃克斯豪尔的前身公司和朗伯斯 (Lambeth) 供水公司之间爆发了一场商业战，其结果使得许多街区都同时由这两家供水公司的水管供给. (最终这两家公司之间恢复了和平，他们将其水费率提高 25%，以庆祝两家的重修旧好.) 不过，1852 年朗伯斯公司把它的自来水厂迁移到远离伦敦污水的上游河道，而与此同时萨瑟克与沃克斯豪尔公司却仍然在从下游抽水，此时斯诺意识到，这种混合交织并不意味着是一个问题，而是提供了一次机遇. 斯诺写道，这种情况

① 将统计学应用于实际问题的想法在当时确似空中楼阁一般，以至于一些现代历史学家觉得斯诺只不过是 "时代精神" 的一部分. 不过，斯诺践行了他的工作，因此归功于 "时代精神" 似乎并不公平. —— 原注

图 1.1 斯诺的伦敦霍乱致死人数与供水表格, 1849 年

| 街区 | 1849 年中期的人口 | 霍乱致死人数 | 每 10000 居民中的霍乱致死人数 | 住房和商店房间的人均年值 (英镑) | 供水来源 |
|---|---|---|---|---|---|
| 罗瑟海斯 (Rotherhithe) | 17208 | 352 | 205 | 4.238 | 萨瑟克与沃克斯豪尔 (Southwark and Vauxhall) 自来水厂、肯特 (Kent) 自来水厂及潮沟 (Tidal Ditches) |
| 圣奥拉夫 (St. Olave), 萨瑟克 (Southwark) | 19278 | 349 | 181 | 4.559 | 萨瑟克与沃克斯豪尔 |
| 圣佐治 (St. George), 萨瑟克 | 50900 | 836 | 164 | 3.518 | 萨瑟克与沃克斯豪尔、朗伯斯 (Lambeth) |
| 柏孟塞 (Bermondsey) | 45500 | 734 | 161 | 3.077 | 萨瑟克与沃克斯豪尔 |
| 圣塞维尔 (St. Saviour), 萨瑟克 | 35227 | 539 | 153 | 5.291 | 萨瑟克与沃克斯豪尔 |
| 纽英顿 (Newington) | 63074 | 907 | 144 | 3.788 | 萨瑟克与沃克斯豪尔、朗伯斯 |
| 朗伯斯 | 134768 | 1618 | 120 | 4.389 | 萨瑟克与沃克斯豪尔、朗伯斯 |
| 旺兹沃思 (Wandsworth) | 48446 | 484 | 100 | 4.839 | 泵井、萨瑟克与沃克斯豪尔、云铎 (Wandle) 河 |
| 坎伯威尔 (Camberwell) | 51714 | 504 | 97 | 4.508 | 萨瑟克与沃克斯豪尔、朗伯斯 |
| 西伦敦 (West London) | 28829 | 429 | 96 | 7.454 | 新河 (New River) |
| 贝思纳尔格林 (Bethnal Green) | 87263 | 789 | 90 | 1.480 | 东伦敦 |
| 肖迪奇 (Shoreditch) | 104122 | 789 | 76 | 3.103 | 新河、东伦敦 |
| 格林威治 (Greenwich) | 95954 | 718 | 75 | 3.379 | 肯特 |
| 波普拉 (Poplar) | 44103 | 313 | 71 | 7.360 | 东伦敦 |
| 威斯敏斯特 (Westminster) | 64109 | 437 | 68 | 4.189 | 切尔西 |
| 怀特查佩尔 (Whitechapel) | 78590 | 506 | 64 | 3.388 | 东伦敦 |
| 圣吉尔斯 (St. Giles) | 54062 | 285 | 53 | 5.635 | 新河 |
| 斯泰尼 (Stepney) | 106988 | 501 | 47 | 3.319 | 东伦敦 |
| 切尔西 (Chelsea) | 53379 | 247 | 46 | 4.210 | 切尔西 |
| 东伦敦 (East London) | 43495 | 182 | 45 | 4.823 | 新河 |
| 圣乔治 (St. George's) 东区 | 47334 | 199 | 42 | 4.753 | 东伦敦 |
| 伦敦城 (London City) | 55816 | 207 | 38 | 17.676 | 新河 |
| 圣马丁 (St. Martin) | 24557 | 97 | 37 | 11.844 | 新河 |
| 河岸街 (Strand) | 44254 | 156 | 35 | 7.374 | 新河 |
| 霍尔本 (Holborn) | 46134 | 161 | 35 | 5.883 | 新河 |
| 圣卢克 (St. Luke) | 53234 | 183 | 34 | 3.731 | 新河 |
| 肯辛顿 (Kensington), 帕丁顿 (Paddington) 除外 | 110491 | 260 | 33 | 5.070 | 西米德尔塞克斯 (West Middlesex)、切尔西、大枢纽 (Grand Junction) |
| 刘易舍姆 (Lewisham) | 32299 | 96 | 30 | 4.824 | 肯特 |
| 贝尔格雷夫 (Belgrave) | 37918 | 105 | 28 | 8.875 | 切尔西 |
| 哈克尼 (Hackney) | 55152 | 139 | 25 | 4.397 | 新河、东伦敦 |
| 伊斯灵顿 (Islington) | 87761 | 187 | 22 | 5.494 | 新河 |
| 圣潘克拉斯 (St. Pancras) | 160122 | 360 | 22 | 4.871 | 新河、汉普斯蒂德、西米德尔塞克斯 |
| 克勒肯维尔 (Clerkenwell) | 63499 | 121 | 19 | 4.138 | 新河 |
| 马里波恩 (Marylebone) | 153960 | 261 | 17 | 7.586 | 西米德尔塞克斯 |
| 圣詹姆斯 (St. James), 威斯敏斯特 | 36426 | 57 | 16 | 12.669 | 大枢纽、新河 |
| 帕丁顿 | 41267 | 35 | 8 | 9.349 | 大枢纽 |
| 汉普斯蒂德 (Hampstead) | 11572 | 9 | 8 | 5.804 | 汉普斯蒂德、西米德尔塞克斯 |
| 汉诺威广场 (Hanover Square) 及梅费尔 (May Fair) | 33196 | 26 | 8 | 16.754 | 大枢纽 |
| 伦敦 | 2280282 | 14137 | 62 | — | |

> …… 令这一课题有可能按照这样一种方法进行筛查, 从而对问题的这一边或那一边产生最无可争议的证据. [图 1.2] 中列举的那些由两家公司同时供水的分街区, 它们的供水混合情况属于经过最为认真调查研究的类型. 两个公司各自的管道都在所有街道下方通过, 并进入几乎所有的庭院和小巷. 有几栋房子由一家公司供水, 另外几栋则由另一家公司供水, 这取决于房主或当时的居住者的决定. …… 两个公司的供水对象都既有富人也有穷人, 既有大房子也有小房子. 从不同公司获得供水的人, 无论在条件还是职业上都没有任何区别 ……
>
> 这个实验也是在最大的规模上展开的. 不少于 30 万不同性别、来自所有阶层和地位 (从名门望族到贫寒之家) 的人被分成两组, 分组过程不由他们选择, 并且大多数情况下也不为他们所知. 其中一组得到的供水含有伦敦污水, 这些污水中可能有来自霍乱病人的不知什么物质. 另一组得到的供水则在相当程度上免受这些杂质污染.

当 1854 年霍乱在伦敦卷土重来的时候, 斯诺决定去视察在这些街区中发生霍乱致死情况的每一栋房子, 并记录下供水公司的名称. 正如他谈论到的, "询问不可避免地带来大量的麻烦", 在许多情况下, 事实证明根本不可能找到任何知道供水商名称的人. 所幸, 由于萨瑟克与沃克斯豪尔公司的供水含有高盐分 (他写道: "其中一部分通过了 225 万伦敦居民的 …… 肾脏" (参见 [164])), 所以通过一个简单的化学测试, 使他也能应付这类情况了. 他向法尔通报了自己的一些初步发现, 而后者 "对此结果感到极为困惑", 因此为这项调查的最后三个星期安排了官方协助. 斯诺把他得到的那些结果总结在图 1.2 中. (其中的星号 $*$ 表示在此分街区中, 将死亡人数分摊到各水源时包含了少量的估计成分.)

在实用统计学家之间流传着一句格言: "你需要的数据并不是你有的数据, 你有的数据并不是你想要的数据, 而你想要的数据又不是你需要的数据." 尽管知道了各个公司供水的房屋总数, 但是这个总数并未按照街区分类. 斯诺这个 "伟大实验" 的简单性于是遭到了这样一个事实的损伤: 他无法直接将由两个公司同时供水的那些街区与由其中任一个公司供水的那些街区区别出来. 不过, 所有的街区都是彼此相邻的, 并且对 1848 年发生的前一次传染病 (当时两家公司都从类似的水源抽水) 显示出相似的死亡率. 而且表 1.1 中显示出的结果如此显著, 因此它几乎不可能是由于它们所供水的街区之间的某种细微差别所引起的 ①.

① 斯诺后来获得了每个公司各供水的房屋数按不同街区的分布, 他又重新分析了他的数据, 但是其中显示的模式并没有发生改变. 他计算了两家供水商用户的相对死亡率, 得到的比例大约是 1 比 6. —— 原注

图 1.2 斯诺的混合供水街区霍乱致死人数, 1854 年

| 街区 | 1851 年人口 | 截至 8 月 26 日七周内霍乱致死人数 | 供水来源 | | | | |
|---|---|---|---|---|---|---|---|
| | | | 萨瑟克与沃克斯豪尔 | 朗伯斯 | 泵井 | 泰晤士河 (River Thames) 及沟渠 | 未确定 |
| *圣塞维尔, 萨瑟克 | 19709 | 125 | 115 | — | — | 10 | — |
| *圣奥拉夫, 萨瑟克 | 8015 | 53 | 43 | — | – | 5 | 5 |
| *圣约翰 (St. John), 荷斯里顿 (Horsleydown) | 11360 | 51 | 48 | — | — | 3 | — |
| *圣詹姆斯, 柏孟塞 | 18899 | 123 | 102 | — | — | 21 | — |
| *圣玛丽 · 马格达利 (St. Mary Magdalen) | 13934 | 87 | 83 | — | — | 4 | — |
| *皮具市场 (Leather Market) | 15295 | 81 | 81 | — | — | — | — |
| *罗瑟海斯 | 17805 | 103 | 68 | — | — | 35 | — |
| *巴特尔西 (Battersea) | 10560 | 54 | 42 | — | 4 | 8 | — |
| 旺兹沃斯 (Wandsworth) | 9611 | 11 | 1 | — | 2 | 8 | — |
| 帕特尼 (Putney) | 5280 | 1 | — | — | 1 | — | — |
| *坎伯威尔 | 17742 | 96 | 96 | — | — | — | — |
| 佩克汉 (Peckham) | 19444 | 59 | 59 | — | — | — | — |
| 克赖斯特彻奇 (Christchurch), 萨瑟克 | 16022 | 25 | 11 | 13 | — | — | 1 |
| 肯特路 (Kent Road) | 18126 | 57 | 52 | 5 | — | — | — |
| 市镇路 (Borough Road) | 15862 | 71 | 61 | 7 | — | — | 3 |
| 伦敦路 (London Road) | 17836 | 29 | 21 | 8 | — | — | — |
| 三一教堂 (Trinity), 纽英顿 | 20922 | 58 | 52 | 6 | — | — | — |
| 圣彼得 (St. Peter), 沃尔沃思 (Walworth) | 29861 | 90 | 84 | 4 | — | — | 2 |
| 圣玛丽 (St. Mary), 纽英顿 | 14033 | 21 | 19 | 1 | 1 | — | — |
| 滑铁卢路 (Waterloo Road, 第一部分) | 14088 | 10 | 9 | 1 | — | — | — |
| 滑铁卢路 (第二部分) | 18348 | 36 | 25 | 8 | 1 | 2 | — |
| 兰贝思 (Lambeth Church, 第一部分) | 18409 | 18 | 6 | 9 | — | 1 | 2 |
| 兰贝思 (第二部分) | 26748 | 53 | 34 | 13 | 1 | — | 5 |
| 肯宁顿 (Kennington, 第一部分) | 24261 | 71 | 63 | 5 | 3 | — | — |
| 肯宁顿 (第二部分) | 18848 | 38 | 34 | 3 | 1 | | — |
| 布里克斯顿 (Brixton) | 14610 | 9 | 5 | 2 | — | | 2 |
| *克拉珀姆 (Clapham) | 16290 | 24 | 19 | — | 5 | | — |
| 圣佐治, 坎伯威尔 | 15849 | 42 | 30 | 9 | 2 | | 1 |
| 诺伍德 (Norwood) | 3977 | 8 | — | 2 | 1 | — | — |
| 斯特里汉姆 (Streatham) | 9023 | 6 | — | 1 | 5 | — | — |
| 达利奇 (Dulwich) | 1632 | — | — | — | — | — | — |
| 西登哈姆 (Sydenham) | 4501 | 4 | — | 1 | 2 | — | 1 |
| | 486936 | 1514 | 1263 | 98 | 29 | 102 | 22 |

**表 1.1 由供水公司导致的霍乱死亡人数, 1854 年**

| 公司 | 房屋数 | 霍乱致死人数 | 每 10000 栋房屋的霍乱致死人数 |
|---|---|---|---|
| 萨瑟克与沃克斯豪尔公司 | 40046 | 1263 | 315 |
| 朗伯斯公司 | 26107 | 98 | 37 |
| 伦敦的其余公司 | 250243 | 1422 | 59 |

斯诺一个病例一个病例地深入调查他在那些表格中详细列出的泰晤士河以南各街区, 而正在他即将要完成的时候, 在泰晤士河以北的索霍区 (Soho) 暴发了一场

可怕的霍乱. “在剑桥街 (Cambridge Street) 与布罗德街 (Broad Street) 相交处的 250 码 [大约相当于 250 米] 范围内, 五天中就有 500 例以上致命的霍乱发作. 在这块有限区域内的死亡率 [当时] 甚至很可能等同于这个国家有史以来由瘟疫而导致的死亡率, 而且其突发性要强得多, 因为有更多病例在几个小时内死亡.” 斯诺的传记作者写道:

> 当时教区委员 [即教区负责人] 们正在庄严的审议过程中, 这时他们收到了要他们考虑一项新提议的请求. 一个陌生人言辞谦逊地请求一场简短的听证会. 斯诺医生, 也就是这位陌生人, 被获准进入, 他三言两语就解释了自己的观点 …… 他把注意力锁定在布罗德街的那个水泵上, 认定那就是灾难的源头和中心. 他开出了最重要的处方: 建议移除该水泵的手柄. 教区委员会深表怀疑, 不过他们有很好的判断力, 执行了这条意见. 水泵手柄被移除, [传染病] 受到了抑制.

在斯诺对这场流行病暴发的叙述中, 他用一幅地图的形式表达了他相信布罗德街水泵是霍乱来源的证据 (见图 1.3 和图 1.4).

尽管索霍地区有管道供水, 但是供水公司每天只将各总管道打开两个小时, 而在星期天则根本不开. 因此有许多居民从斯诺地图中标明的那些水泵中的某一个抽取部分或全部用水. 在传染病流行期间所记录下的霍乱致死人数用黑色条形表示, 表明了致命疾病开始发作的房屋所在位置.

我在本章开头谈到了抽象. 20 世纪的读者是在一种由统计数字、图表和地图构成的文化培育下长大的, 因此也许不能领会斯诺的地图中所表现的抽象程度. 读者应该暂停一下, 设法想象与每根黑色条形相联系的巨大痛苦和悲伤, 以及那段时间的恐惧和惊惶, 当时 “由于缺乏足够的灵车来运载死者, 因此他们被整批地用运尸车装走” (参见 [97]). 斯诺的地图作为一种表示方法, 排除了一切从人性而言重要的东西以及一切个别的东西. 在某种程度上可以说, 它是影子的影子. 不过, 斯诺通过将所有这一切人类的苦难化作一张纸上的几根小黑条, 这就挽救了成千上万的人, 使他们免于同样的死亡.

索霍区的霍乱暴发有一件值得注意的事情, 就是其在地域上的局限性. 地图本身几乎就表明了这一点, 不过斯诺还是对其做了如下评注:

> 需要说明的是, 在马尔伯勒街 (Marlborough Street) 上、位于卡尔纳比街 (Carnaby Street) 尽头的那个水泵里出来的水非常不干净, 以至于许多人都避免使用它. 我还发现, 9 月初在这个水泵附近死亡的那些人都曾经从布罗德街的水泵取过水. 至于鲁伯特街 (Rupert Street) 的那个水泵, 我们会注意

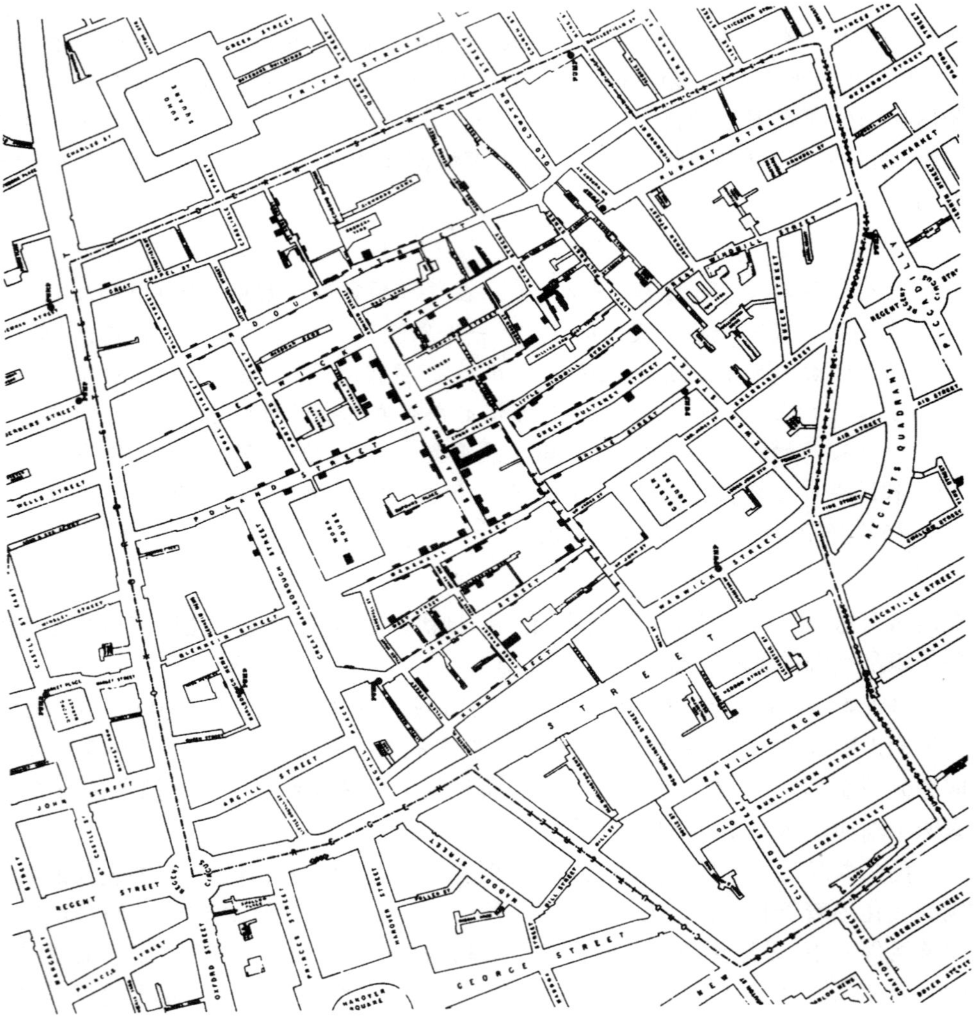

图 1.3 斯诺的布罗德街霍乱暴发地图 (比例经过很大程度的缩小)

> 到, 地图上在它附近的几条街道事实上都与它间隔相当长的一段距离, 这是由于通往它的道路迂回曲折. 将这些情况考虑在内, 我们就会注意到, 如果去另一个水泵要比去布罗德街那个水泵明显更近, 那么在所有的这样地点, 死亡人数不是大大减少, 就是完全没有了. 我们也可以注意到, 在靠近这个水泵、更容易从这里取水的地方, 死亡人数最多.

斯诺还给出了另外几条重大证据. 布罗德街啤酒厂有自己的水井, 并为每位员工都酌留一定量的麦芽酒. 其中 70 名左右的雇员中, 无一人患重病. 而同一条街上的另一家工厂, 长期保留着两桶从布罗德街水泵汲取的水, 供其员工饮用. 它的 200

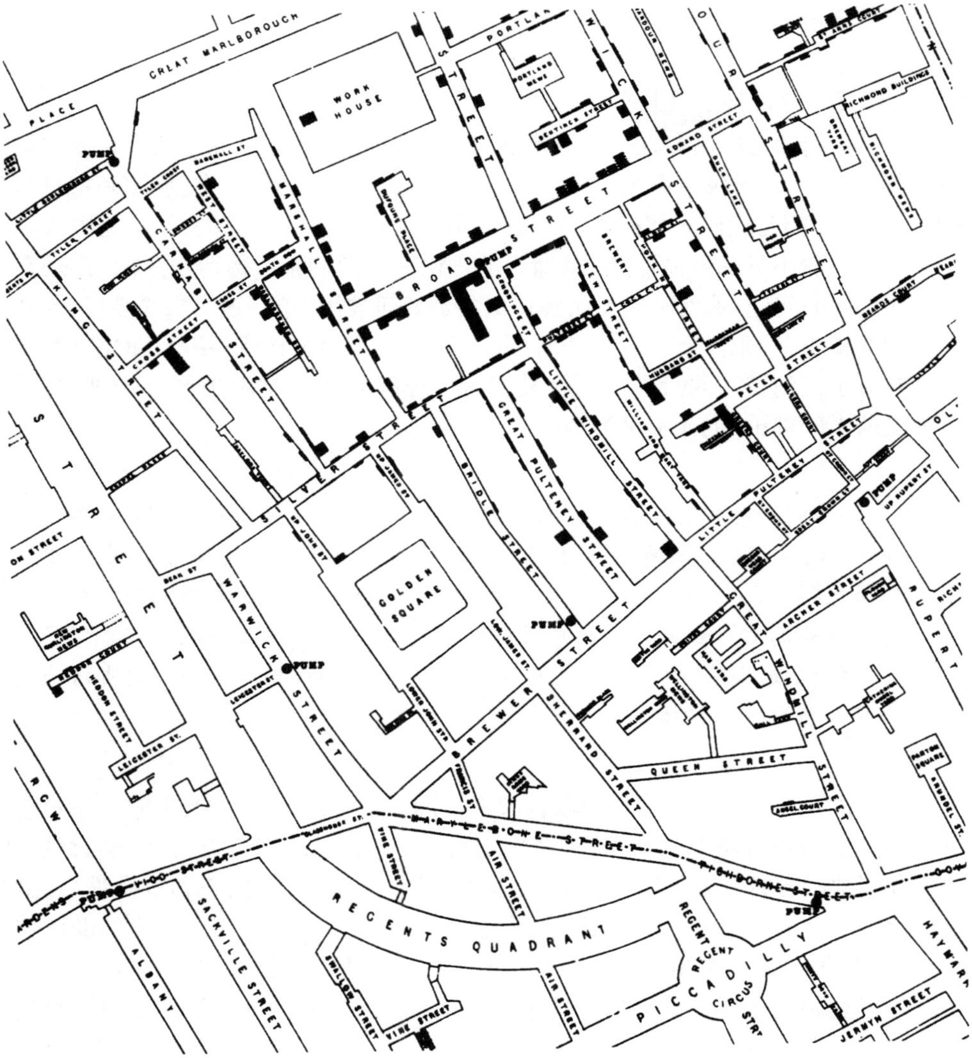


图 1.4　斯诺的地图的中心部分

名雇员中, 有 18 名死于霍乱. 斯诺还叙述了该工厂创建者的遗孀艾雷 (Eley) 夫人的骇人故事, 她已退休, 住在汉普斯特德西区 (Hampstead West End), 并且

> …… 已经好几个月没来布罗德街附近了. 有一辆运货马车每天从布罗德街去往西区, 因为偏爱那里的水, 她惯常从布罗德街的水泵取出一大瓶水. 这次的水是 8 月 31 日星期四取的, 她在傍晚喝了这些水, 星期五也喝了. 下一天的傍晚, 她受到霍乱的侵袭, 并于星期六去世 …… 她的一位侄女曾来拜访过这位女士, 也喝了这些水. 她回到自己位于伊斯灵顿高地势、健康地区的住处, 也受到霍乱侵袭并去世. 当时无论在西区还是在这

> 位侄女去世前居住的街坊都没有出现过霍乱.

(不过, 还有一位也喝了这些水的女佣人却没有染上这种疾病.)

由于我们知道细菌存在并导致疾病, 因此我们很乐意从字面意义上接受斯诺的证据. 霍乱能够通过供水系统传播, 而在索霍区霍乱暴发的例子中, 病源必定是布罗德街的水泵. 而与他同时代的那些人就不那么乐于接受这一理论了, 这是因为其中假设了一种看不见的生命形式. 就斯诺的理论所涉及的布罗德街水泵而言, 还有一个更深层次的问题, 那就是他无法解释水泵是如何被污染的. 这个泵井被打开, 并经过仔细的检查, 结果没有显示出任何 "杂质可以进入的洞孔或裂缝", 而化学测试也都没有显示任何特殊的污染. 于是, 被任命报告霍乱暴发情况的那些政府监察员完全否决斯诺的理论, 也就不足为奇了.

> 经过仔细检查, 霍乱在索霍区的异常暴发 ······ 看来没有针对当地的不洁状况、过度拥挤状况和通风不完善状况提供任何例外的情况可供判断. 这场暴发很突然、迅速达到顶峰, 但持续时间短, 而这一切都指向某种仍然有待查明的大气媒介或其他广泛弥散的媒介. 因此, 在此情况下就杜绝了这样的假设: 这种疾病或是通过感染, 或是通过病人排泄物导致的水污染而在人与人之间传播.

尽管教区委员们同监察员们联合起来一同否定了斯诺对水泵的责罪, 不过他们似乎又感觉到还需要进一步调研, 因此他们建立起自己的询查委员会. 面对政府的阻挠和当地的各种质疑 (询查难道不会破坏正在缓慢复苏的信心和贸易吗? ), 这个委员会继续努力推进, 在整个街区进行挨家挨户的巡查. 一所当地教堂的助理牧师亨利 · 怀特海 (Henry Whitehead) 教士志愿承担了巡查布罗德街本身的繁重任务, 并设法与远远超过半数的该街原居民进行了面谈. ([97] 中对他的工作给出了恰当的叙述.) 他最初反对斯诺的那些理论, 但是由于证据的积累, 而且他还发现从这个水泵喝过水的 137 人中, 有 80 人感染了霍乱, 而没喝过这些水的 297 人中, 只有 20 人得病, 因此他被迫改变了自己的想法. 最终, 他发现了谜案的关键. 就在霍乱暴发前, 一个女婴疑似因霍乱导致死亡, 她所在的那栋带有一个厕所的房子, 距离布罗德街水泵只有几英尺之遥. 经过挖掘后发现, 其中简陋、结构又有问题的排水系统, 为污染水泵的水质提供了一条几乎是直接的通道. 此外, 在水泵手柄被移除的当天, 另有一位居民 (即婴儿的父亲) 也感染了霍乱. 十之八九, 正是斯诺的及时干预才阻止了又一场霍乱的暴发.

四年后, 斯诺在辛勤撰写一本麻醉学书籍过程中去世. 他花费了 200 英镑筹备和出版的那本关于霍乱的书, 结果只卖出了 56 本, 不过 "斯诺医生的霍乱理论" 逐渐赢得了许多关心这一疾病的人的接受. 在这些信服斯诺的人当中, 就有威廉 · 法尔. 1866 年, 当一场霍乱流行性暴发袭击伦敦东区时, 他 "于是准备 …… 要仔细检查供水", 并且不顾供水公司官员们的拒绝, 追查到传染病的来源是那些露天的池塘, 这些用作应急储备的池塘遭到附近一条河流的污水污染. 这一做法被叫停, 传染病也就此结束 (参见 [164]).

同一年发生在纽约的传染病也按照斯诺的这些想法得到处理. 当时没有必要去接受, 或者甚至去理解斯诺的那些看法背后的理论支柱, 只要遵照他的实际操作建议. "煮沸饮用水或者消毒衣物和寝具, 这是任何警觉的内科医师或卫生局都能够执行的措施. 不妨尝试一下, 至少没有害处." 尽管当时这个城市在规模上已经显著增大, 而大体上的健康状况则无疑没有任何改善, 但是死亡人数却只有 1849 年发生的那一次传染病死亡人数的十分之一 (参见 [203]).

清洁用水和妥善处理污水的运动获得了许多其他来源的推波助澜, 这场运动到该世纪末时在欧洲取得了圆满的结局. 1883 年, 科赫① 分离出霍乱杆菌, 从而提供了斯诺所未能给出的病原体.

最后一次欧洲霍乱大暴发出现在 1892 年的汉堡 (Hamburg). 当时管辖这座城市的商业寡头一再拖延昂贵的供水系统改换工程, 因而居民们饮用的是来自易北河 (Elbe) 的、未经处理的水. 邻近的阿尔托纳 (Altona) 市有滤水设施. 两座城市只有一街之隔. 在街的一边, 霍乱的肆虐不可抑制; 而在另一边则几乎完全幸免于难. 约翰 · 斯诺的论证赢得了胜利.

## 1.2 迂腐的祭坛

《华尔街日报》 (*Wall Street Journal*) 是一份以头脑清醒② 而引以为傲的报纸. 1987 年 6 月 2 日, 这份报纸刊登了一篇题为 "人祭" (Human Sacrifice) 的文章.

> 上星期五, 美国食品药物管理局 (Food and Drug Administration, 缩写为 FDA) 的一个顾问小组决定向一个迂腐的祭坛献上数以千计美国人的生命.
>
> 在食品药物管理局的一间拥挤的听证室里, 在强弧光灯的照射下, 一个由管理局的药物与生物制剂中心 (Center for Drugs and Biologics) 挑选出的顾问小组拒绝了对 tPA 的推荐审批, 这种药物用于溶解心脏病发作后产生的血块. 在 1985 年由美国国家心肺血液研究所 (US National Heart Lung and Blood Institute) 组织实施的一项多中心研究中, tPA 在这方面表现出如

① 罗伯特 · 科赫 (Robert Koch, 1843—1910), 德国医师、微生物学家, 1905 年因结核病研究获诺贝尔生理学或医学奖. 他发现了炭疽杆菌、结核杆菌和霍乱弧菌, 并发展出一套用以判断疾病病原体的依据 —— 科赫法则, 被视为细菌学之父. —— 译注

② 根据我的经验, 那些声称自己头脑清醒的人, 向我们表明的不只是他们的头脑, 更说明了他们的心. —— 原注

此决定性的有效性，以至于当时就停止了试验．扣压住它不给病人使用的这个决定，应该被恰如其分地看作是将美国医学研究投入到一次重大的危机之中．

在这个工业化的世界里，心脏疾病每年杀死大约 500 万美国人，这令所有其他致死原因都显得相形见绌．相比之下，每年死于艾滋病的人为 20 万左右．每天都有超过一千条生命由于心脏病突发而丢失．在拒用 tPA 治疗的过程中，对于 tPA 会分解阻碍血液流向心脏的那些血块，委员会并没有提出质疑．但是委员会要求采用遗传工程制造了这种药物的基因工程公司 (Gentech) 收集更多的死亡率数据．这个公司呈递的资料没有包含足够的统计数据能使顾问小组信服溶解血块确实能治疗心脏病发作的患者．

然而就在星期五，这个小组也批准了链激酶的一项新流程，而这是目前正在使用的、效果较差的血块溶解剂 —— 或者叫作溶栓剂 (thrombolytic agent)．链激酶早已被准予应用在一种昂贵的、称为冠状动脉内注射法 (intracoronary infusion) 的治疗之中．意大利在 1984—1985 年间开展过一项研究，其中包括从 176 个冠心病监护室里随机抽取的 11712 名心脏病人，得到的结论是，实施静脉注射链激酶将该群体的死亡率降低了 18%．因此顾问小组决定批准链激酶的静脉使用，但是却不批准疗效优越的溶栓剂 tPA．这真是荒谬．

的确，顾问小组认为有必要证实溶栓剂功效的建议，令心脏疾病方面的诸多专家都感到震惊．当我们就委员会这一决定的合理性向哈佛医学院 (Harvard Medical School) 医学系主任尤金 · 布朗沃尔德 (Eugene Braunwald) 医生咨询时，他告诉我们："真正的问题在于，你是否接受心脏病发作的近因是源于冠状动脉中的血块这样一种主张？证明事实确实如此的证据是如此势不可挡，**势不可挡**．这是坚实的基本医学知识，出现在每一本医学教科书中．过去的几十年以来，这一点已经无可置疑地得到了稳固的确立．如果你接受这样一个事实：即这种药物 [tPA] 在打开阻塞的血管方面的有效性是链激酶的两倍，并且安全状况良好，那么这种药怎么会没有受到欢迎而核准，我对此感到大惑不解．"

那些否则可能活得更长久的病人将会死去．医学研究已容许统计学变为其各种发明的至高判决．食品药物管理局，特别是罗伯特 · 坦普尔 (Robert Temple) 领导下的药品管理局，已经将这个系统推到了荒唐的极端．这个系统现在首先是为其自身服务，其次才是为人民．数据取代了垂死的人们．

顾问小组建议 tPA 的保荐者实施进一步的死亡率研究，这就提出了一些重大的伦理问题．基于医学对于 tPA 已经了解的情况，什么样的美国医生还会给任意一位心脏病发患者使用安慰剂或者甚至是链激酶？我们直言不讳地说吧：美国医生们打算任由人们死去，由此来满足药物局的那些卡方研究①吗?

星期五对 tPA 所做的决定, 最终应该引起华盛顿的决策者们及医学研究界的警觉, 现在这个国家中控制着药物审批的那些理论和实践存在着显著的缺陷, 并且令人心痛地已经在食品药物管理局的官僚主义下误入歧途了. 作为一项临时措施, 食品药物管理局专员弗兰克 · 杨 (Frank Young) 在获得基因工程公司的赞同下可以在管理局的那些新的试验性药物条例下批准 tPA. 还有一种更好的做法是, 杨医生应该把这件事掌握在自己手中, 否定顾问小组的调查结果, 并迫使其立即进行再议. 此外, 这也该是卫生与公共服务部长 (Health and Human Services Secretary) 奥蒂斯 · 鲍文 (Otis Bowen) 在整顿食品药物管理局的努力中明确、公开地支持杨医生的时候了.

另一方面, 如果杨医生和鲍文医生坚持认为这些官僚主义做法无可非议, 那么也许他们俩都应该自告奋勇, 去亲自实施对得到 tPA 血块粉碎剂治疗和没有得到任何药物的心脏病发作患者的第一批随机死亡率试验. 或者, 收治心脏病发作患者的冠心病监护室可以采用一条电话热线, 请坦普尔医生对每个病人通过抛硬币亲自来使这项实验随机化. 管辖迂腐的众神正在要求更多的献祭.

正如这篇文章的大多数读者可能已经知道的, 还有其他的一些议题也危如累卵. 具有开拓精神的生物技术公司 —— 基因工程公司, 其命运就取决于 tPA. 食品药物管理局的官僚们通过扣压对这种新药的批准, 就能严重损伤新的 “遗传工程” 技术的发展. 对于基因工程公司来说, 所幸这项批准已经不再被扣压, 而在接下去的几年中, 该公司的收入有半数来自 tPA.

引起这份报纸愤怒的各种起因由来已久. 不妨可从科赫声称发现了导致霍乱的细菌说起. 科赫的断言也没有立即得到接受. 他的对手之一喝下了满满一烧杯科赫的细菌, 以此证明这种理论的错误. 随后, 作为 “一位德国教授向其助手们施加压力的生动说明” (参见 [54]), 他的助手又重复了这个实验. 他们两人都病倒了, 教授病情轻微, 而那名助手则较为严重, 不过他们都幸存了下来. 由于我们现在已经知道科赫是正确的, 因此每一位叙述这个故事的作者都被迫对这位教授的幸存做出解释. 遗憾的是, 这些解释都互不相同.

不过, 这位教授的经历即使不是故意被传播开来 (比如说经由那位寡妇艾雷夫人的佣人), 也必定广为流传. 斯诺当时不得不承认, 萨瑟克与沃克斯豪尔公司的大部分用户都没有染上霍乱, 而且从布罗德街水泵喝过水的人当中, 也不是所有人都因此而死亡. 在他的论文的这个最薄弱的部分中, 他提出 “霍乱毒素” 是微粒状的 (比

① 卡方研究 (chi-squared study), 即卡方检验 (chi-squared test), 是一种测定实测值与理论值间符合抽样程度的统计方法. —— 译注

如说像绦虫的卵那样), 因此并非每个咽下受污染的水的人都会吞下这种 "毒素".

如今的医学家们都很乐意承认, 与物理学家们在那些孤立的、简化的演示中所展示的因果联系相比, 生物系统并不显示出相同的直接因果联系. 只有霍乱菌会导致霍乱, 但是遭受霍乱杆菌的某个人是否会染上霍乱, 则取决于许多因素. (例如, 由于这种细菌要求碱性的环境, 因此通常在它到达肠道这一有利环境前, 就会被胃酸杀死.) 有些人对鸡蛋过敏, 而大多数人则不过敏. 合理剂量的阿司匹林可缓解头痛, 但是也可能在一百万人中杀死一个不幸的人. 一种特定的药物治愈一个病例, 而在另一个明显相似的病例中却失效了.

由于存在着这种多变性, 因此能确信某种疗法优于另一种疗法的唯一途径是, 将两种疗法都试用于大量的病例, 其中有些患者接受第一种疗法, 还有些患者则接受第二种. 单单是接受治疗这个事实, 就会令人好转, 这一点已深入人心了. (归根结底, 医生只不过是用青霉素武装起来的信仰治疗师①, 此外还能是什么呢?) 于是在实施试验的过程中, 可以让一组病人服用包含测试药物的药片, 而另一组则服用看起来完全相同但是不含有这种药物的药片 (即上文提到过的安慰剂). 只有当这种药物的表现比安慰剂好时, 才能认为它是有效的. 与此类试验相关的, 还有另一个微妙的问题. 假设用一种已经确立的流程 A 来与一种新的流程 B 做对比测试. 医生们也许会倾向于对他们认为用 A 会有效的病例使用 A, 而把 B 留给不用的话就毫无希望、已经 "再无可失" 的那些病例. 因此这种新的疗法可能看起来效果比较差, 其原因仅仅是由于它主要被用于病情更为严重的那些患者. 为了避免这一点, 各种疗法必须随机分配, 本质上来说就是 "为每位病人抛硬币决定".《华尔街日报》的评论员并不是唯一对 "安慰剂" 与 "随机化" 这些研究手段觉得反感的人 —— 每次对潜在的艾滋病新药进行试验, 都伴随着与此类似的批评.

国际心肌梗死生存研究 (International Study of Infarct Survival, 缩写为 ISIS)② 所进行的那些试验, 为现代医学实验提供了一些具有指导意义的范例. 大多数心脏病发作的起因, 都是因为有血块阻塞了通往心肌的血液供应. 测试施用 "溶栓性" 药物的效果是很自然的做法, 不过此类药物可能会导致出血, 并且至少在理论上存在随着血液流入大脑而导致严重中风 (脑出血) 的可能性, 其各种副作用带来的风险是否会超过其益处也完全不明确. 对 "血块粉碎剂" 链激酶所做的一系列试验得出了相互矛盾的结论, 而 ISIS-2 试验则意图利用一些大得多的样本来解决这个问题. 这项研究还同时考虑了阿司匹林的效果, 我们知道阿司匹林从长远看来能降低血液凝块, 不过也认为它不会带来任何短期的益处.

16 个国家的 417 所医院参与了这项实验, 最终包括 17187 名病人. 如果负责病例的医生们发现没有任何禁忌症状 (例如对链激酶过敏), 也不希望遵循某一特殊的

① 信仰治疗师 (faith healer) 是指用信仰或精神力量给人治病的人. —— 译注

② Isis 是一条穿过牛津大学 (Oxford) 的河流, 正如剑河 (Cam) 穿过剑桥 (Cambridge) 那样. —— 原注

治疗过程, 那么他们就打电话给一个指定的号码, 从而随机分配得到下列四种治疗过程之一: 阿司匹林和链激酶、安慰剂药片和链激酶、阿司匹林和安慰剂输液, 或者安慰剂药片和安慰剂输液. 随机化程序将这些病人平均分配给适当的类别 (比如说使得四组病人中的每一组都具有相似的年龄分布), 以此来用 20 世纪的方式效仿斯诺在 19 世纪展开的 "伟大实验".

图 1.5 中显示了取自 ISIS-2 报告的结果①(参见 [100]). 其中包括的那些数字大到足以让我们能够充满自信地 (而且在不使用任何统计检测的情况下) 说: 采用阿司匹林的疗法是有效的, 采用链激酶的疗法是有效的, 而同时采用这两种疗法的效果则更加好得多.

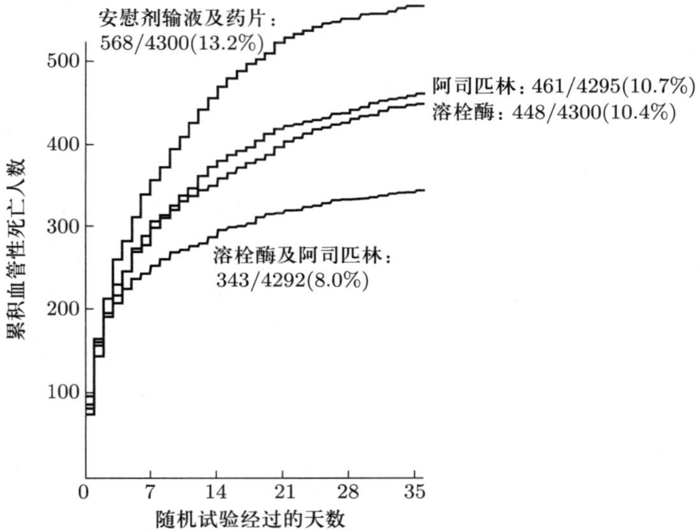


图1.5　ISIS-2试验结果: 0—35 天的累积血管性死亡人数. 分配给病人的分别是: (i) 仅活性链激酶; (ii) 仅活性阿司匹林; (iii) 以上两种活性疗法; (iv) 以上两种疗法都不用

我们也可以看出这些效应在小规模试验中不明显的原因. 假设我们把链激酶用于 100 个病例, 而将安慰剂用于另外 100 个病例, 希望以此来测试链激酶疗法. 基于图 1.5, 我们可能会预计在第一组中会有 10 到 11 例死亡, 而在第二组中则有 13 例死亡, 不过假如由于偶然事件的作用, 我们在第一组中看到有 12 例死亡, 而在第二组中有 11 例死亡, 这样测试就显然说明了链激酶疗法无效或者甚至有害. ISIS-2 报告的作者们给出了一个逗趣的例证, 以说明处理这些相对较小规模试验的重重困难. 他们用病人的出生日期星座标志来分析这些数据 (这样就把大试验分成十二个小试验), 结果发现阿司匹林对于那些双子座和天秤座的人明显具有轻微的不良作用, 而对于所有其他星座却疗效突出!

医生们部分是依靠他们所受的教育, 部分是依靠他们阅读到的东西, 还有部分是依靠从经验中获取的 "临床判断力". 值得反思的是, 不同疗法产生的效果之间的

① 请那些生性多疑的人放心, 如果用 "死亡人数" 来代替 "血管性死亡人数", 得到的结果与此相似, 并且无论如何请阅读实际的论文. —— 原注

差异 (每 100 个病例中少于 6 例) 是如此之小, 以致没有一位医生能够具有所需的经验, 从而可以用他或者她的临床判断力来区分出它们的价值. 不过, 读者也许会忍不住要把我的论据反过来而提出这样的问题: 如此微小的差别, 以致需要对 17000 个病例进行试验才能探测出来, 那么是否还值得考虑它呢? 对此可能有各种不同的答案, 其中每一种都阐明了该问题的一个不同的方面.

1. 每个人的生命都是珍贵的. 即使只挽救寥寥无几的几条生命, 也是值得付出努力的.
2. 通过观察图 1.5, 我们就可以看到, 如果没有这些治疗, 大约有 13% 的病人会死亡, 而采用组合治疗后, 大约有 8% 会死亡. 这代表着死亡率下降超过 1/3.
3. 尽管每 100 位患者中的死亡人数只下降大约 5 人, 但是心脏病突发如此常见, 以致建议的疗法改变每年会挽救数以千计的生命.

这些论据中的每一条都各有弱点, 但是大多数人都会认为其中至少有一条是令人信服的.

另一项反对这些试验的论据也许是, 它们告诉医生的, 只是他们早已知道的事情, 上文引述过的那位哈佛医学院医学系主任几乎不会对 "血块粉碎剂" 在降低死亡率方面取得的成功感到意外, 哪怕是像链激酶这样一种老式的制剂. 不过, 阿司匹林的有效性却是一个广受欢迎的惊喜, 这一点从以下事实就可以看出: 英国心脏病专家给心脏病发作的病人常规性使用阿司匹林的比率从 1987 年 (即该报告出现的前一年) 的 10% 上升到了 1989 年的 90%.

ISIS-2 的那些试验之后, 针对各种可供使用的 "血块粉碎剂", 接下去又有两项新的大规模试验 (ISIS-3 和 GISSI-2①). 图 1.6 中显示了链激酶 (streptokinase, 缩写为 SK) 和 tPA 的组合结果 (所有病人都接受阿司匹林治疗). 没有任何证据显示其中一种疗法在防止中风死亡方面优于另一种. 不过, 两种疗法之间存在着一个重大的差别, 出于这样或那样的原因,《华尔街日报》没有提及这一点. 1989 年, 一剂 tPA 的费用是 2250 美元, 而一剂链激酶的费用是 80 美元 (你花上一美元就能买到 50 片阿司匹林). 当时的新报告显示, tPA 在美国是最为广泛使用的血块粉碎剂, 而根据计算, 由于不用链激酶而使用 tPA, 每年的花费要超过一亿美元.

当我们在对基本机制还一无所知的情况下, 我们就必须退而求助于统计学. 哈佛医学院的那位医学系主任原本可能认为 "听起来像是基本的医学知识" 需要更加强有力的血块粉碎剂 —— 数字却证明情况与之相反. (附带说一下, 尽管 tPA 在其预期目标方面并不比链激酶更加有效, 但是正如理论中所提出的可能性那样, 它确实会引发更多的中风. 在 tPA 的作用下, 每 1000 名病人中大约会多两人遭受致残性中

① GISSI 的全称是 Gruppo Italiano per lo Studio della Sopravvivenza nell'Infarto Miocardico, 即意大利急性心肌梗死研究. —— 译注

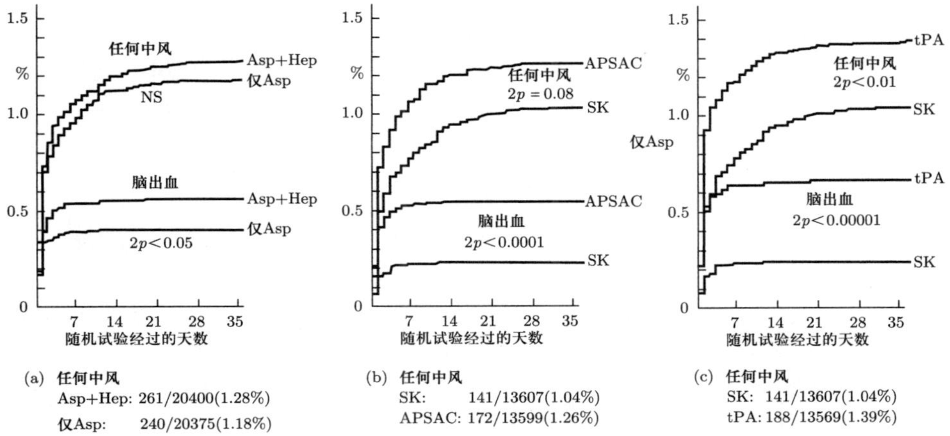


图 1.6　ISIS-3 和 GISSI-2 试验的组合结果: 从入院直至 35 天或出院前的任何中风 (上方的两根线) 和 (确定的或很可能的) 脑出血累积百分比. (a) 分配到阿司匹林 (aspirin, 图中缩写为 Asp, 较粗的那根线) 加抗凝剂 (heparin, 图中缩写为 Hep) 的所有病人, 与仅分配到阿司匹林的所有病人相比较; (b) 分配到链激酶 (streptokinase, 图中缩写为 SK, 较粗的那根线) 的所有病人, 与仅分配到 APSAC[①] 的所有病人相比较; (c) 分配到链激酶的所有病人, 与仅分配到 tPA 的所有病人相比较 (参见 [101])

风[②].) 对于阿司匹林为什么会如此有效, 我们并没有十分清晰的认识, 不过我们的数字显示它的确有效. 我们对于统计学的依赖令人难堪. 即使是用最为严格实施的调查, 我们也永远都不能完全确定, 某个设计中的微小失误就不会破坏我们的结论. 当人在扮演神的角色, 简单地依靠掷一粒骰子, 就给这个病人用一种疗法, 而给另一个病人用另外的某种疗法 (或者完全不采用任何疗法), 那么我们就永远也不会感到宽慰. 不过, 我们的确没有真实的选择权.

① APSAC 的全称是 acylated human plasminogen streptokinase activator composite, 即酰化纤溶酶原 – 链激酶复合物. —— 译注

② 心律失常抑制试验 (Cardiac Arrythmia Suppression Trial, 缩写为 CAST) 给出了一个更为戏剧化的例子. 心律失常 (即心脏跳动不规律) 与心脏病发作病人的猝死相关联. 当时得到广为接受的预防疗法是给病人用抗心律失常药物恩卡胺 (encaide) 和氟卡胺 (flecainide). 据估计, 仅仅在美国, 每年就有大约 50 万名新病人接受这两种药物. 这种疗法如此根深蒂固地被确立下来, 以至于许多医生都认为, 用安慰剂控制试验会是不道德的做法. 当上述试验真正进行的时候, 结果发现正如预期的那样, 这两种药物确实会抑制心律不齐, 而且有时候是以最为直接和永久的方式达到了这种效果. 但接受这两种药物的病人, 其死亡率却是接受安慰剂的病人死亡率的三倍 (参见 [28]). —— 原注

# 一场战役的前奏 第 2 章

## 2.1 第一场潜水艇大战

1917 年 4 月 10 日, 海军上将、第一海务大臣、英国海军 (他们此时已毫无争议地掌握着制海权达三代之久) 指挥官杰利科 (Jellicoe) 递给他的新美国同盟海军代表一张备忘录. 这张备忘录上显示的是前几个月英国及中立国的航运损失: 二月份是 536000 吨, 三月份是 603000 吨, 而四月份预计为 900000 吨. 这位美国海军上将对此回忆如下:

> 不言而喻, 这一披露的内容令我吃惊, 而这还是委婉的说法. 我简直被震惊了, 因为我以前从未想象过任何如此可怕的事情. 我向海军上将杰利科表达了我的惊愕.
>
> "是的," 他安静地说, 仿佛他在讨论的是天气, 而不是大英帝国的未来, "如果损失如此继续下去, 我们就不可能继续进行这场战争 ......"
>
> "看来德国人正在取得胜利." 我这样评论道.
>
> 这位海军上将回答: "除非我们能够阻止这种损失 —— 而且是立即加以阻止, 否则他们就会赢得战争."
>
> 我又问他: "难道这个问题就没有解决的办法吗?"
>
> "就我们现在所能看到的而言, 绝对没有." (参见 [152] 第 4 卷第 148 页)

以上引文摘自 A. J. 马尔德 (A. J. Marder) 的权威历史书《从无畏舰到斯卡帕湾》(*From the Dreadnought to Scapa Flow*), 本章所有内容均倚仗这本历史书.

制造这场灾难的那些德国潜水艇, 并不是我们如今所说的真正潜水艇, 本质上来说它们只是能潜入水中的鱼雷艇. 它们在水下使用一些由电池组供给动力的发动机, 这些发动机能够以大约 4 节 [即 7.5 千米/小时] 的速率潜行 50 英里 [即 80 千米], 或者也允许以 8 节 [即 15 千米/小时] 的速率冲刺 15 英里 [即 24 千米]. 这些电池必须在水面上用分离的柴油机重新充电. 而这些柴油机还提供潜水艇以 7 节 [即 13 千米/小时] 以及最高 16 节 [即 30 千米/小时] 的水面速率, 能行驶通常为 7500 英里 [即 12000 千米] 的水面距离.

当时只有非常缓慢的商船, 才以小于 8 节的速率行驶, 而驱逐艇的速率则在 30

节以上. 潜水艇一旦浮出水面就变得脆弱, 甚至容易遭受配备武装的商船上的轻机枪攻击. 因此, 潜水艇仅在作为伏击武器的时候才有效, 即在毫无预警、不给任何投降机会的情况下击沉猎物. 由于潜水艇中的空间只能容得下自身的船员, 而且它在浮出水面时又如此易受攻击, 因此完全无法尝试营救受害者. 如果潜水艇要实现其作为武器的潜力, 就必须以最为令人震惊的方式违反海事惯例和战争法.

直到战争爆发以后, 在允许毫无预警地击沉敌方的前提下, 潜水艇作为商业驱逐舰的有效性才变得清晰起来. 不过自那以后, 德国高级指挥部 (German High Command) 就敦促用无限制潜艇战来对付英国. 在短暂地进行了一段时间这样的战争以后, 有了一些颇有前景的军事结果, 不过其中也包括击沉定期客轮卢西塔尼亚号 (Lusitania) 而导致 124 名美国人丧生. 此前一直强烈反对卷入任何欧洲冲突的美国舆论因此哗然. 部分是由于此事, 部分也是由于德国缺乏足够的潜水艇来令其潜水艇封锁线充分起效, 因此此项试验被叫停了.

到了 1917 年初, 德国海军拥有的潜水艇数量已经大大增加, 在战争和英国海上封锁的双重压力下, 德国经济每况愈下, 而德国军队又不能保证在陆地上取得一场决定性的胜利. 德国海军参谋部 (German Naval Staff) 部长写道:

> 如果要在各方力量都耗尽, 并因之对我方造成惨重损失之前结束这场战争, 那么在 1917 年秋季以前就必须对战争做出一个决策. 关于我们的敌方, 意大利和法国在经济上受到如此严重的打击, 以致他们只能依靠英国的能源和行动来支撑. 如果我们能够击破英国的后援, 那么战争就会立即向我们有利的方向发展. 现在英国的中流砥柱就是船运, 为不列颠群岛带去必要的食物和物资, 供给各军工企业, 并保证它们的海外偿付能力……
>
> 我要毫不犹豫地断言, 在目前的情形之下, 我们借助无限制 U 型潜水艇战役, 在五个月内就能够迫使英国讲和. 不过, 这只有在真正的无限制战役的前提下才会奏效……
>
> 还有一个更进一步的条件, 那就是无限制 U 型潜水艇战争的宣布及发动应该同时进行, 这样就没有时间谈判, 特别是英国与各中立国之间的谈判. 只有在这些条件基础上, 敌方和各中立国才会被……恐惧……所感悟……
>
> 无限制 U 型潜艇战……, 及早开始, [会] 保证在下一个收获季节到来以前, 也就是在 8 月 1 日之前取得和平, 我们别无选择. 尽管冒着与美国断交的危险, 不过无限制潜水艇战尽早开始, 是结束这场战争、为我们带来最终胜利的正确手段. 而且, 这也是唯一的手段 (参见 [209] 第 258–262 页).

他的建议得到了采纳. 1917 年 2 月 1 日, 德国潜水艇再一次毫无预警地击沉对方船只. 4 月 6 日, 被这种故态复萌激怒的美国 (美国还发现德国企图秘密将墨西哥卷入对美战争) 对德宣战. 如果英国能够坚持足够长的时间, 那么新加入的美国资源也许能解决欧洲冲突. 然而在 4 月 18 日, 英国陆军大臣 (Secretary of State for War) 写信给他的首席上将: "形势非常糟糕, 我们已失去制海权." (参见 [237] 第 47 页)

由于这些专职军事家已经控制不住形势, 因此他们受到来自局外人炮珠般的大量建议, 这些建议包括: 训练鸬鹚降落在敌方潜望镜上 (据说这个策略遭受失败的原因是这些鸬鹚太优秀了, 它们是用英国潜水艇来训练的, 因此拒不使用德国的潜望镜); 用一桶桶 Eno 水果盐① 来填满北海② (水果盐产生的气泡将迫使潜水艇浮出水面); 此外还有复兴 18 世纪的护航队的做法.

在护航队系统中, 只允许商船在军舰的护送下结成大船队航行. 初看起来, 这似乎是一种显而易见的措施, 不过也有好几条很有说服力的反对意见.

1. 与其说护航队是一种攻击性措施, 倒不如说它是一种防御性措施. 海军的任务是要巡查各条海上航线, 从而保持这些航线上没有敌军.
2. 大量商船集结在一起所造成的耽搁, 会减少每个月运输的总吨位数.
3. 一个大型护航队到达港口, 会使装载和卸载设施负荷过重. (这是非常重要的一点. 马斯登③ 提出, 没有能够将支离破碎的英国港口和铁路系统调整起来以适应各种战时条件, 这对于经济的破坏性几乎与德国的潜艇攻势一样严重.)
4. 护航队只能与它最慢的船行进得一样快. 这不仅又一次减少了每个月运输的总吨位数, 而且还意味着比较快的那些船也不能利用它们的速度来作为对抗攻击的防卫手段.
5. 商船和海军的船长们都相信, 大量商船和海军护航舰将无法保持护航队所要求的紧凑编队形式. 在请教十位精通商船的专家时, 这群人的回答是, 两三艘船 "也许是能" 共同航行并保持队形的最大数量.
6. 对于潜水艇而言, 与其说护航队形成了一个较难攻击的目标, 倒不如说它提供了一个更加容易攻击的目标. 1917 年初, 海军部指令中明确地指出了这一点.

> 在任何有可能出现潜水艇攻击的区域, 都不推荐护航队 …… 系统. 显而易见, 形成护航队的船舶数量越多, 潜水艇能够对其进行成功攻击的几率就越大, 因此阻止此类攻击的护航也就越困难 …… 潜水艇 [能够] 停留在一定距离处, 而将其鱼雷射入护航队的中间 —— 具

---

① Eno 水果盐是总部位于英国伦敦的全球第三大制药公司葛兰素史克股份有限公司 (GlaxoSmithKline) 生产的一种速效泡腾剂, 功效是抗酸和消肿, 常常在烘焙中被用来替代小苏打. —— 译注

② 北海 (North Sea) 是位于大不列颠群岛与欧洲大陆之间的北大西洋海域. —— 译注

③ 欧内斯特 · 马斯登 (Ernest Marsden, 1889—1970), 英国物理学家, 1909 年与汉斯 · 盖革 (Hans Geiger, 1882—1945) 一起进行 $\alpha$ 粒子散射实验, 从而为建立现代原子核理论打下基础. —— 译注

有极高的成功机会 (参见 [237] 第 52–53 页).

7. 最后, 即使将护航队看作是一种可取的措施, 但是这些海军护航舰又从何而来呢? 海军部的统计数据 (由海关当局提供) 显示, 当时每周进入或离开英国各港口的船舶超过 5000 艘. 要对这个数量级提供护航, 是一件不可能完成的任务.

指挥英国海军的那些人既有能力又有干劲. 他们及其前一任指挥官们对半个世纪以来一直故步自封的、处于半睡眠状态的一支老式舰队进行了坚决彻底的升级换代. 他们意识到, 现代战争要求掌握各种技术和工业方法, 于是就确保这支英国舰队掌握了这些方法. 面对潜水艇带来的新威胁, 他们在新技术中寻求解答 —— 深水炸弹 (一种 "应用化学、人造地震和突然死亡" 的混合物)、水下测音器、反潜潜艇、空中巡逻队、深水雷 (事实证明英国水雷不见效, 因此采用了一种德国水雷的精确复制品) 以及其他一些装置. 一切可以抽调出来的力量都用于巡逻各条贸易路线 —— 不过, 德国人在每个月大约损失三艘潜水艇的同时, 每个月又建造起七艘潜水艇来接替它们, 因此英国和中立国的损失还在继续上升.

现在回顾起来, 我们可以发现在海军部的军械库中缺的是什么. 1917 年 5 月, 在上文所描述的危机之后, 不过也是作为这一危机的结果, 一位铁路工程师、战前任东北铁路公司 (North Eastern Railway) 经理的埃里克 · 格迪斯爵士 (Sir Eric Geddes) 被派到海军总部 (Board of Admiralty), 并成为自 17 世纪以来第一个被任命为海军上将而从未出过海的人. 他的首批决议之一, 就是建立一个统计部门, 由他在东北铁路公司的一位同僚领导.

有一位海军上将这样写道:

> 自从东北铁路公司接管了管理工作以来, 我们这里就一直混乱不堪, 不过我们还是设法应付着自己的工作. 格迪斯疯狂地迷恋统计学, 他让 40 个人一直在制作各种图表、分发充满百分数的决算表, 以及其他类似的事情. 不幸的是, 担心上个月发生的事情, 对于现在或将来都没有什么帮助, 而且浪费了大量的时间. 这在人寿保险业务或者铁路方面或许还过得去. 我们现在没有任何事情做得比去年同期快, 而且大多数事情大为减慢, 更多的是纸上谈兵 (参见 [152] 第 4 卷第 279 页).

马尔德的评论是:

> 他们看不出, 远见必定基于对过去彻底的认识, [这种] 无能的表现非常具有启发性.

他在别处还有这样的陈述:

> [海军部]在战争期间从来没有对于贸易保护问题在任何时候做过任何认真的研究. 海军部**在没有确定这种职责的精确范围的情况下**, 就把它当作海军的一项重要职责接受下来. "就好像一家保险公司不去费心查明一个人的年龄、职业或健康状况, 就接受他的人寿保险." (参见 [152] 第 4 卷第 132–133 页)

海军部也曾完全领会了科学思想在建立一支现代化舰队中的作用, 不过却没有看到, 要最为有效地使用它, 也需要类似的思想.

**练习 2.1.1**　仔细思考上文给出的那些反对护航队的论据. 在你看来, 哪些是合理的, 哪些是不合理的, 哪些又是部分合理的? 给出你的理由. 还有任何其他支持或反对的理由应该加以考虑吗?

## 2.2　护航队的到来

那些赞成护航队的人, 他们的论据是什么? 护航队是一种传统的保护形式, 最近使用这种形式是在拿破仑战争期间, 当时海军部确实得到法律授权, 强制执行护航队. 不过, 来自帆船岁月的经验本身, 并不能在蒸汽时代产生说服力. 护航队的支持者们可以指出, 主要作战舰队过去总是由一排驱逐舰保护的 —— 不过, 那也还是与日复一日地护送商船所涉及的那些情况大为不同. 最后, 也是最有说服力的, 他们可以指出过去运兵船总是受到护航的, 而且没有遭受过任何损失.

早在 1917 年, 护航队的拥护者们就可以指出另一条更深层次的证据. 英国的煤对于法国工业是至关重要的, 法国每个月需要进口至少 150 万吨煤, 需由 800 条运煤船运输. 截至 1916 年 12 月, 由潜艇战导致的破坏已经达到了如此厉害的程度, 以至于法国的工厂纷纷被迫停工. 在法国的压力下, 一个护航系统创立起来, 并恢复了供给的规律性. 与预期相反, 这些护航队对于潜艇攻击具有非凡的免疫力. 4 月份, 差不多有 2600 艘船舶在运煤护航队护送下航行, 其中由于潜艇攻击而损失了 5 艘. 在荷兰航线 ("牛肉之旅") 上采用护航队的时间更早, 但评述较少, 那里也取得了类似的结果.

当然, 靠近海军基地的短航线上获得的经验, 也许并不适用于远洋航线. 不过, 从纳尔维克①运送铁矿石的各条斯堪的纳维亚②航线却遭受了可怕的损失 (有四分

① 纳尔维克 (Narvik) 是挪威北部的一座港口城市, 1883 年起成为瑞典铁矿石的主要输出港口, 渔业也很发达. —— 译注

② 斯堪的纳维亚 (Scandinavia) 是欧洲最大的半岛, 位于欧洲西北角, 地理上包括挪威和瑞典两个国家, 但丹麦、芬兰、冰岛等北欧国家由于文化和历史背景相近, 通常被称为斯堪的纳维亚国家. —— 译注

之一的船只挺不过往返行程). 实验性地采用护航队又一次产生了令人惊愕的收获. 第一个月的损失率就下降了一百倍, 降至 0.24%, 而且港口拥堵问题也得到缓解. 一开始, 每天有 6 艘商船在严密护送下航行, 不过有了经验以后, 就更改成每五天作为一个周期、由 20 至 50 艘船构成的护航队, 既没有增加护送强度, 也没有引发更为严重的损失.

在前一节中, 我概述了几条反对护航队的异议. 让我们来看看经验是怎样应答它们的.

1. *与其说护航队是一种攻击性措施, 倒不如说它是一种防御性措施.* 在广阔无垠的海洋中是很难找到潜水艇的, 而且即使有一个巡逻队看见了它们, 它们还是有很大的机会逃脱. 不过, 不击沉商船的潜水艇是没有用处的. 如果商船队在护航下航行, 那么潜水艇就必须靠近护航队, 而且既然来了就必须大胆面对这些护航舰, 才能执行它的任务. 因此, 护航队是一种攻击性措施, 是迫使潜水艇战斗, 而不是迫使它逃离. 帆船时代的许多伟大战役以及第二次世界大战中的好几次海面战役都在护航队周围展开, 这绝非偶然.
2. *集结护航队所造成的耽搁.* 在实践中, 根据 U 型潜水艇的记录证明, 独立航海很容易遭受它们的破坏, 以致护航队实际上反倒加快了离开的速度.
3. *护航队卸货所造成的耽搁.* 事实证明, 正是由于**无法预测**那些独立航行的船舶到达, 才破坏了为它们服务的各港口和铁路系统 (相对) 平稳的运转. 护航队会按照预定时间到达和离开的可能性很高, 这是对港口拥堵问题的一种补救, 而不是引起这个问题的原因.
4. *护航队只能与它最慢的船行进得一样快.* 第二次世界大战的统计资料显示, 即使护航队的速率大大低于一艘船独自航行所能达到的速率, 但是船只在护航队中更为安全. 一艘独自航行的、较快的船每个月运输的吨数当然比较多, 不过只能维持到它沉没为止.

**练习 2.2.1** (i) 一支护航队以其最慢的那艘船的速度航行, 并且需要将这些船集结起来. 由于这些以及别的一些原因, 独立航行的船只要比护航队中的船只更快完成它们的航程. 假设独立航行的商船花费 75% 的时间完成它们的航程, 但是在每次航程中会由于潜水艇攻击而损失其数量的 14%; 而受到护航的那些船每次航程中的损失是 5%. (这些数字与第二次世界大战前几年间大西洋航线上经历的相比, 并没有什么不一致的地方. 而第一次世界大战的数据则更加支持护航队.) 我们从某一给定的商船舰队开始, 必须决定是否为其中所有商船都采用护航队, 还是让它们全都独立航行. 我们制造船舶的速度足以及时接替所有在护航队中损失的船只. 试证明在进行三次护航行程所花费的时间内, 一支独立航行的舰队会比一支护航舰队完成更多航程, 但是如果计算六次护航行程所花费的时间, 情况就会相反. 长时间航行的情况下又会发生什么?

(ii) 处理这种情况需要用到微分方程. 假设我们能够以速率 $\mu$ (即船只数/单

位时间) 来制造商船, 并假设我们以速率 $\lambda$(船只数/海面上的船只数/单位时间) 损失商船. 请简要解释为什么在这个模型中, 我们的舰队大小 $x(t)$ 由以下微分方程

$$\dot{x} = -\lambda x + \mu$$

确定, 并由此推出

$$x(t) = \frac{\mu}{\lambda} + \left(X - \frac{\mu}{\lambda}\right) e^{-\lambda t},$$

其中 $X$ 是 $t = 0$ 时该舰队的大小. 当 $t$ 较大时, 我们的这支舰队会发生什么情况?

假设我们这支舰队中的船在单位时间内都能进行 $\kappa$ 次航程. 试证明如果 $T \geqslant 0$, 那么我们的舰队在 $t = 0$ 到 $t = T$ 这段时间内就会完成

$$\frac{\mu\kappa}{\lambda}T + \frac{\kappa}{\lambda}\left(X - \frac{\mu}{\lambda}\right)(1 - e^{-\lambda T})$$

次航程. 如果我们选定在护航队的情况下取 $\kappa = \kappa_C, \lambda = \lambda_C$, 而选定在独立航行的情况下取 $\kappa = \kappa_I, \lambda = \lambda_I$. 试证明如果

$$\frac{\kappa_C}{\lambda_C} > \frac{\kappa_I}{\lambda_I},$$

那么护航队是长期的较佳策略, 但是如果

$$\kappa_I > \kappa_C,$$

那么独立航行是短期的最佳策略.

(iii) 请向一位头脑聪明但是厌恶数学的海军军官解释 (ii) 中得出的这些结论[①].

(iv) 在 (ii) 和 (iii) 中, 我们都不言明地对真实情况作了一些简化, 这样才可能进行这些计算. 尽可能多地找出这些简化, 并对你认为它们有多重要做出评论.

5. 保持队形的问题. 引用马尔德的话:

---

① 1901 年 1 月,《泰晤士报》(*Times*) 刊登了几篇社论, 内容是关于美国和法国海军正在试验中的 "潜水船" (Submarine Boat), 以及认为对英国海军军官们要求了过分的数学知识. 这位社论作者认为, 应该允许他们用 "拉丁语和对一种现代罗曼语的学术研究" 来替代. 尽管参与随后通信的那些海军上将中, 没有一个人认为拉丁语应该进入海军的教学大纲, 不过其中有好几个人一致认为应该减少数学的量. 海军中将居普良 · 布居爵士 (Sir Cyprian Bridge) 是前任海军情报处长, 他这样写道: "也许有那么一些英国海军军官, 他们的智力得到了一门数学研究课程的强化, 不过我本人从未遇见过任何一位这样的军官, 也许他们就像大海雀或者切努克语 (Chinook) 翻译者一样罕见. 假如说五十年后, 年轻的海军军官们要数月看不见大海而去学习一门课程, 而且除了无穷小的极少数以外, 没有人认为这门课程会对他们有丝毫用处, 这会被信以为真吗?" —— 原注

> 精通此业的专家们和海军军官们所预示的这些恐惧, 结果证明它们是完全没有根据的 (自 1914 年 8 月以来已有许多次成功的军队护航, 这些证据本该早已说明了这一点). 当四散在各处的船只成为送给 U 型潜水艇的礼物时, 这些专家很快就学会了以紧凑队形航行的艺术 (参见 [152] 第 4 卷第 128 页).

6. 护航队会为潜水艇提供一个更加容易攻击的目标. 这种 "常识性" 观点没有考虑到三个因素.
   (a) 海洋是如此广阔, 而护航队却只在其中占据如此小的空间, 以至于一支护航队差不多就像一艘船那么难找. 如果单独的一艘船在 10 千米距离处能被潜水艇察觉到, 而一支护航队在 12 千米距离处能被察觉到, 那么潜水艇发现护航队的几率仅比它发现单独一艘船的几率高 20%. (此外, 利用无线电可以更为容易地将一支护航队从已知的或可疑的 U 型潜水艇所在的位置处改道行驶.)
   (b) 攻击一支受到护送的护航队, 要比攻击单独的一艘船更加危险, 也更加困难. 即使一艘 U 型潜水艇设法进入到一个可攻击一支护航队的位置, 通常也只能击沉其中的一两艘船.
   (c) 在最糟糕的情况下, 即使 U 型潜水艇设法发起反复攻击, 此时由于它只携带着有限数量的鱼雷, 因此也只能击沉有限数量的船只.

邓尼兹① 在第二次世界大战期间曾领导德国的 U 型潜水艇攻击, 并在第一次世界大战中就担任过潜艇舰长. 他这样回忆采用护航队的效果:

> 海洋立刻变得荒凉空旷, 那些单独运行的 U 型潜水艇每次在大段大段的时间里都根本看不到任何东西. 然后, 突然之间隐约出现了一大群船, 有 30 或 50 艘, 也许更多, 它们四周包围着由各种各样的战舰组成的护航队②. 独行的 U 型潜水艇极有可能纯粹出于偶然地看到了护航队, 于是就会发起攻击. 如果指挥官的意志足够坚强的话, 潜水艇会一再猛冲、坚持不懈, 这样的攻击可能会维持几天几夜, 直到指挥官和全体水手都筋疲力尽地喊停为止. 这艘单独的 U 型潜水艇很有可能会击沉一两艘船, 甚至可能击沉好几艘船, 不过对于整体而言, 那只是一个很小的百分比. 这个护航队还是会冒着蒸汽继续前进. 大多

① 卡尔 · 邓尼兹 (Karl Dönitz, 1891—1980) 是纳粹德国海军元帅, 在第一次世界大战中担任潜艇舰长, 在第二次世界大战期间曾担任潜艇舰队总司令、海军总司令、纳粹德国联邦大总统和武装力量总司令, 希特勒在遗嘱中任命邓尼兹为其继承人. 战后他在纽伦堡审判中被判处十年有期徒刑, 1956 年刑满释放. —— 译注

② 邓尼兹严重夸大了这些护航队的规模 (第一次世界大战中最大的护航队有 48 艘船, 而在那次大战中大西洋护航队的平均规模是 15 艘船) 以及它们的护送强度, 不过, 这种夸大本身表明了潜水艇上的人员看到的护航队是怎样的. —— 原注

*数情况下, 不会再有别的德国 U 型潜水艇瞥见它, 因此它会抵达英国, 将满载的食物和原材料安全运到港口 (参见 [49] 第 4 页).*

"海洋立刻变得荒凉空旷" 这句话以各种不同表达方式反复地出现在当时的许多回忆录中. 这部分是由于回忆录作家们相互借鉴, 不过主要是由于这句话表达出了实情. 现在这些潜水艇不得不对付的, 不再是独行船只构成的稳定船流, 而是数量少得多的护航队, 这些护航队几乎同样难以发现, 但攻击起来却困难得多.

**练习 2.2.2** 考虑一个边长为 $a$ 的大正方形, 其中包含一个半径为 $r$ 的小圆.

(i) 如果在此正方形内随机选择一个点, 那么它位于这个圆内的概率是多少? 如果 $r$ 增大 20%, 试证明这个点位于圆内的概率增加约 40%.

(ii) 如果随机选择一条平行于此正方形一边的直线, 那么这条直线与圆相交的概率是多少? 如果 $r$ 增大 20%, 试证明这条直线与圆相交的概率增加 20%.

(iii) 你是否认为 (i) 或 (ii) 与上文中的 6(a) 更相关?

到目前为止, 一切顺利. 不过, 即使护航队策略令人满意, 海军部又怎么能解决最后那个问题呢?

7. *每周航行的船舶数量会压垮海军提供护送的能力.* 回忆一下, 海军部公布的统计资料显示, 每周进出英国各港口的船舶超过 5000 艘. 指挥官亨德森 (Henderson) 是当时法国运煤护航队组织的主管, 因此与海运部有紧密联系, 他能从海运部获取每年到达和离开的远洋商船的确切数字. 他发现, 海军部的这些数字显示的是所有国籍的、超过 100 吨的船舰每周进出港口的数量. "如果有一艘挖泥船从雅茅斯航行至费利克斯托港[①], 就会被计数一次. 如果它次日再返航, 就会被再次计数. 如果它随后再去哈维奇, 就会第三次被计数. 如果它在同一个星期内再进行与此相反的航程, 就会被计数六次." (参见 [248] 第 1 章) 如果这张清单仅局限于超过 1000 吨的那些真正的远洋蒸汽船, 那么每周 5000 艘船就缩减成了能够应付的每周 300 艘 (或者说每天有略多于 20 艘船到达和离开). 这些新的数字在说明护航队可行性的同时, 也使得现存的状况显得令人沮丧. 新闻中说德国潜水艇当时每天击沉的船舶超过 10 艘, 这相对于每周有 5000 艘船到达和离开这个数字而言, 看起来还是可以忍受的, 而对照每天 20 艘船到达和离开这个数字来衡量, 看起来就迥然不同了. (事实上, 英国当时每个月损失其远洋船舶总数的 10%.)

宣传的定义是 "说谎艺术的分支, 主要在于非常接近于欺骗你的朋友们, 而不怎

---

① 雅茅斯 (Yarmouth)、费利克斯托 (Felixstowe) 及下文的哈维奇 (Harwich) 都是位于英国东海岸的港口城市, 其中雅茅斯和费利克斯托两地距离不到 100 千米, 而费利克斯托与哈维奇之间的距离不到 10 千米. —— 译注

么欺骗你的敌人们” (参见 [39] 前言). 海军部的这些数字是经过谨慎汇编的, 目的在于要让中立国海运乃至整个世界消除疑虑. 正如一位参与过此事的军官告诉马尔德的: “事实上, 这就类似于我们的伤亡名单和公告, 像这些东西一样, 既没有说出不真实的事情, 但也没有必要说出全部的事实.” (参见 [152] 第 4 卷第 151 页) 不过, 在像海军部这样一个高度中央集权的官僚机构中, 此类误导性的数字具有其自己的生命, 在那里:

> 高层的拥堵和底层的惰性阻碍了对行动备用方案的调研工作. 可以说, 这艘船正在向岩石撞去, 这是因为船长和领航员太忙而无法停止这种新方案. 对于当前正在运转的结果, 也没有任何人系统地尝试去做分析或评估. 像护航队在 [荷兰] 航线上取得决定性成功这样具有价值的信息, 常常是被埋没在一大堆标明给决策当局的材料中而被忽略. 阅读和报告是一件事, 对其中的重点做出选择和有头脑的记录就是另外一回事了. 持续不断地精读各种记事表、电报和报告, 以及处理各种各样的问题, 其作用就像是某种药物. 它使得有感知力的职员们变得迟钝, 并使得辛勤工作这一虚假表面背后的批判和选择能力陷入瘫痪 (参见 [152] 第 4 卷第 135 页).

尽管海军部当局必定知道他们的数字中隐藏着有关船只的真实数量, 不过他们并没有试图找出这些真实的数字, 他们显然假定: 有 5000 艘船到达和离开, 这个数字只是夸大了另外某个非常大的数字①.

亨德森将这些数字传送给他的部门主管, 不过与此同时, 他还违反一切纪律, 直接联系了首相劳埃德 · 乔治②, 以敦促采用护航队. 接下去发生的事情由于不准确的记忆和各种夸张的回忆录而显得疑云密布, 这又一次证明, 成功总是得到众星捧月, 而失败却是没有人要的孤儿. 不过, 随着越来越陷于绝望, 劳埃德 · 乔治的能量和亨德森的数字迫使了海军部开始行动. 美国在参战时许下更多船舶、尤其是更多驱逐舰的诺言, 这就为政策的巨变提供了一个方便的理由.

错误确实是犯了一些的 (最初只有返港船舶受到护航, 保护了货物, 却只保护了半数的船舶), 不过采用护航队的过程进行得异常顺利. 采取护航队的策略是在 5 月初决定的, 而到 11 月的时候, 格迪斯 “像是一位公司总经理在股东大会上那样” 说话时, 已经能够告诉下议院: “9 月份, 在整个大西洋贸易中航行的船舰总数的 90% 受到了护航, 而且自从护航队系统启动以来 —— 它在某些地区受到了批评 —— 每艘通过危险区域的、受到护航的船舶的总损失百分比是 0.5%, 或者说二百分之一.” (参

① 不幸的是, 所谓道德并不是说永远不用为记录下欺诈性的叙述而付出代价, 而是如果你确实记录下欺诈性的叙述给别人看, 那么你也应该记录下正确的叙述为自己所用. —— 原注

② 劳埃德 · 乔治 (Lloyd George, 1863—1945), 英国自由党领袖. 他自 1916 年起出任首相, 1922 年辞职, 也是英国最后一位自由党首相. —— 译注

见 [152] 第 4 卷第 288 页) 虽然到战争结束的那个月, 商船得到替代速率只能及得上它们被击沉的速率, 不过危机已经过去了.

> 这是一场赢得战争的胜利, 它在当时及后来所引起的公众关注都微乎其微. 那些曾参与其中的人几乎都没有意识到自己正在走向胜利. 而那些指挥的人也常常质疑自己的成功.

从 1917 年 2 月到战争结束这段时间里, 有 83958 艘船在大西洋及国内水域中得到护航, 其中 260 艘被击沉. (有趣的是, 在所有被击沉的船只中, 只有 5 艘既有空中护航又有水面护航.) 相比之下, 从刚刚开始收集统计资料的 1917 年 11 月起, 直至战争结束, 有 48861 艘船独立航行, 其中 1497 艘被击沉. 尽管 "防御性" 护航队的那些护航舰在 "追捕力量" 和 "警戒巡逻" 方面所下的功夫远远超过护航方面, 不过与它们对应的 "攻击性" 护航队相比, 它们击沉了相同数量的潜水艇.

在两次世界大战之间, 英国、美国和日本这三大海军都没有对这场潜艇战中得到的教训投入多少思考. 我们会在下一节讨论其中的一些原因, 不过有一个促成因素在于, 人们觉得 "正规的" 海上战争应该由大型战舰的冲突构成. 从英国这方面来说, 还有可能他们不愿意承认自己曾多么接近灾难, 以及海军最钟爱的许多灵丹妙药是何等无效.

> 热爱真理的波斯人不多谈
> 马拉松附近展开的那场微不足道的小小冲突.
> 至于希腊人戏剧化的传统,
> 把那年夏天的远征,
> 不是仅仅描绘成一次武装的侦察行动,
> 其中只用了三个步兵旅和一个骑兵旅,
> (掩护他们左翼的,
> 是从波斯人主舰队中抽调出的几条被淘汰的轻舟)
> 而是说成一次波澜壮阔但星相凶险的
> 征服希腊的攻击 —— 他们对此轻蔑得不屑一顾;
> 只是偶尔会驳斥
> 希腊人声称的主要几点, 只强调
> 这次有益的演习
> 给波斯君主和波斯民族赢得了英名:
> 尽管遇到坚强防御和不利天气,
> 所有兵种通力合作、协同作战!
> (格雷弗斯 (Graves),《波斯人的说法》(*The Persian Version*))

第一次世界大战临近尾声时, 邓尼兹指挥的潜水艇在地中海被击沉, 他也因此被捕. 停战的消息传出时, 他还是直布罗陀 (Gibralter) 的一名囚犯. 当他与一位德国军官同伴 "怀着无限苦楚的心情" 观看疯狂的庆典时, 一名英国上尉加入了他们.

> 邓尼兹挥舞着他的手臂去包围道路中的所有船只, 英国的、美国的、法国的、日本的, 并询问自己是否可以从这样一次本应只属于整个协约国世界的胜利中获取任何快乐.
>
> 这位英国上尉踌躇了一下后回答道: "可以, 这真是非常不可思议." (参见 [172] 第 90 页, 基于邓尼兹自己的叙述)

## 2.3 第二场潜水艇战争

> 在前几个世纪中, 海军军官们从未费心去查明为什么护航队会如此成功. 他们只知道这些护航队成功了, 因此就采用它们. 不过在 1917 年, 一位名叫罗洛 · 阿普尔亚德 (Rollo Appleyard) 的指挥官 …… 在海军部坐下来, 开始计算这些护航队如何以及为什么会奏效. 利用这些船的航行日志、目击证人的记述、U 型潜水艇攻击的图解、护航阵式的图解和护航纵队以及护航舰部署, 再加上关于商船、护航舰、U 型潜水艇以及它们所携带鱼雷的精确知识, 阿普尔亚德对护航队攻击和防御的各种原理进行了海军历史上第一次分析工作(参见 [258] 第 115 页).

阿普尔亚德的工作是从第二次世界大战所得出的一件再好不过的 "运筹学研究", 其中包含许多清晰的建议, 不过对许多海军军官而言, 其中的那些表格、代数公式和图表构成了 "由欧几里得写就的一种对特洛伊战争的记述". 还有一个更深层次的阻碍, 造成这个阻碍的事实是, 阐明他各条结论的那些书籍

> 构成了一套**技术史**丛书的一部分, 而这套丛书被官方规定为机密书籍. 除非是要实际使用, 否则 "机密书" 一直被锁在一个保险柜里. …… 如有机密书丢失, 有人就会被送上军事法庭, 他们的职业生涯也就毁了.
>
> 因此 …… 海军视这些文档为无价之宝, 事实也确实如此, 因此剥夺了预期读者的阅读机会, 使得任何人都几乎根本不可能读到它们, 而这些书也就极不可能达到其应得的读者数量. 最终, 它们在 1939 年被宣布废弃并按令毁掉① (参见 [258] 第 122 页).

---

① 在这种情况下, 我并未见过原稿, 我的依据是 [258] 的第九章关于阿普尔亚德的工作的记述, 对此读者就不会感到意外了. —— 原注

另一件 “丢失的工作” 是一份题为《追捕潜水艇辅助笔记》(*Notes on Aids to Submarine Hunting*) 的出版物, 其中总结了飞艇部 (Airship Department) 在第一次世界大战中的经验. 1918 年, 英国皇家空军 (Royal Air Force, 缩写为 RAF) 作为一个独立部门建立起来后, 立即开始同两个控制着一切有关飞行的较老部门展开斗争, 并开始有权使用任何流动资金. 皇家空军没有任何 1918 年以前的记载, 第一次世界大战的海军史也只涉及船舶桅杆顶端以下的内容 (参见 [237] 第 731–732 页).

海军部认为阿普尔亚德的这些结论陈腐过时, 其原因可以上溯到 1915 年后期. 那个时候, 福斯湾 (Firth of Forth) 的哨兵们可能会看到过潜艇部长、海军部发明局电气分部部长理查德 · 帕盖特爵士① 倒挂在一艘船的边上, 他的头伸入水下, 而诺贝尔奖得主、当时最伟大的实验物理学家欧内斯特 · 卢瑟福爵士② 则抓住他的双腿. 帕盖特的听力异常灵敏③, 而这项实验是要设法弄清楚, 潜水艇发出的噪音是否具有某种独特的频率 “识别标志”. 结果令人失望, 不过, 身处英国的卢瑟福与身处法国的朗之万④ 研发出了现在所谓的 “声呐” (即 “声音导航及测距” (Sound Navigation and Ranging, 缩写为 SONAR), 与 “无线电探测及测距” (Radio Detection and Ranging) 有某种相似之处). 不过在第二次世界大战前, 这种仪器一直被称为 ASDIC (缩写自 “反潜艇探测委员会” (Anti-Submarine Detection Committee))⑤. 对于第一次世界大战而言, ASDIC 来得实在是太迟了, 不过在两次世界大战之间的那几年中, 它始终在得到开发, 并被广泛认为是对付潜水艇的完整办法.

为了理解第一次世界大战与第二次世界大战的潜水艇战役之间的联系, 重要的是要认识到, 和平条约完全禁止德国维持大型海军及运作任何潜水艇. 尽管发生了一些规避该条约的秘密行动, 不过直到 1933 年希特勒掌权, 一种新的 “大国” 海军及潜艇舰队才开始构建起来. 在胜利者的一方, 由于没有明显的敌人, 再加上前一

---

① 理查德 · 帕盖特爵士 (Sir Richard Paget, 1869—1955), 英国律师和业余科学研究者. —— 译注

② 欧内斯特 · 卢瑟福爵士 (Sir Ernest Rutherford, 1871—1937), 新西兰物理学家, 他证实原子中心有原子核, 并发现质子, 1908 年因为 “对元素蜕变以及放射化学的研究” 而获得诺贝尔化学奖. —— 译注

③ 完美的音高辨识能力是相当常见的, 但是帕盖特能够分辨出像元音发音那样的一个混合音中的各种构成频率. 他用这种天赋来构建出一些模型, 模拟产生人类语言中的元音和辅音的人类发音器官. —— 原注

④ 保罗 · 朗之万 (Paul Langevin, 1872—1946), 法国物理学家, 主要贡献为朗之万动力学及朗之万方程. —— 译注

⑤ 尽管卢瑟福对这项工作投入了巨大的精力, 不过他也确实曾有一次拒绝参加委员会会议, 他写道: “我忙于进行一些实验, 这些实验说明, 原子能够被人工碎裂. 如果真的是这样, 那么这比打一场战争的重要性要大得多.” —— 原注

ASDIC 应为 “反潜艇探测调查委员会” (Anti-Submarine Detection Investigation Committee) 的缩写, 原文可能有误. —— 译注

次战争的花费, 导致了整个 20 世纪 20 年代的大量裁军和低军费开支①. 这意味着第二次世界大战中的那些 U 型潜水艇与第一次世界大战中的潜水艇并无多大差异. 对于德国和英国所面临的战役中所需的数量而言, 这也意味着德国参战时拥有的潜水艇要少得多, 而英国拥有的护航舰也少得多②.

从事后的眼光来看, 我们总是有可能对军事计划者们吹毛求疵. 要么是 "他们没能从前一次战斗中接受教训", 要么是 "与其说他们准备做下一场战斗, 还不如说他们是在准备上一场". 我们知道, 对于英国和德国而言, 最关键的海战是针对大西洋护航队进行的那几场 —— 这两个国家的海军部甚至都无法确知他们武装抵抗的对象是谁. 直到一切为时太晚之前, 希特勒还一直希望避免与英国开战, 或者至少将战事延迟几年. 德国海军规划的中心是, 将一支世界级的水面舰队在 1947 年准备就绪. 英国的海军规划不得不对付位于世界两端的两大主要疑似对手, 即德国和日本. 而双方都没有想到过德国会控制从北角 (North Cape) 到比利牛斯山 (Pyrenees) 的欧洲大西洋海岸. 双方又都夸大了 ASDIC 的效力.

德国海军中有少数人仍然确信可以将潜艇作为一种赢得战争的武器. 这些人以邓尼兹为首, 建立起一些新的战术准则, 他们相信这些准则既可对抗 ASDIC 又可对抗护航队. 首先, 他们注意到 ASDIC 是一种探测潜入水中的潜水艇的手段. 这就可以充分排除掉把潜水艇用作在敌人港口外等候的 "智能水雷", 不过第一次世界大战的经验说明, 浮出水面的潜水艇可以利用其出类拔萃的速率来对护航队展开非常有效的夜袭. 单艘 U 型潜水艇会觉得很难避开护航队的防御, 而且即使获得成功, 也只能击沉一两艘船. 不过成群的潜水艇集体围捕, 就能彻底击破这种防御, 并摧毁整个护航队. 此处再次引用邓尼兹的话.

> U 型潜水艇在水面上、在夜色掩护下攻击一支护航队 …… 有很大的成功希望. 能同时加入攻击的 U 型潜水艇的数量越多, 各攻击者所得到的机会就越有利. 在夜晚的黑暗之中, 突然的猛烈爆炸及沉没的船只导致了极大的混乱, 以致那些护航的驱逐舰会发现其行动自由度受阻, 而它们自己也由于事件的不断积累而被迫分开 (参见 [49] 第 4 页).

不过, 在能够攻击一支护航队之前, 还得先找到它. 显而易见的解决办法是用许多单艘潜水艇构成长巡逻线. 一旦发现了一支护航队, 就可以尾随其后, 同时用无线电指导其他潜水艇向它驶去.

---

① 海军部的历史学家们倾向于暗示, 这种低军费开支是不负责任的做法, 不过我们很难看出, 英国会从这种与美国的军备竞赛中得到什么好处, 或者多几艘战舰, 多几支由陈旧落后的飞机组成的额外空军中队, 又会在十年后造成什么差别. 苏联海军的那些生锈的废船证明, 高额军费开支与其说会提高安全保障, 倒更可能会起到减弱的作用. —— 原注

② 邓尼兹把德国缺少潜水艇的情况称为 "海军历史上最可悲的情况之一" (参见 [49] 第 45 页), 不过这只是见仁见智的问题. —— 原注

支持水面舰艇的那些人很快就指出了这个方案中的一个重大弱点. 德国海军中流传的一句话叫 “所有的无线电通信都犯叛国罪”. 在集结和攻击本身的过程之中, 必须在海岸和潜水艇之间交换大量无线电信号, 而更为糟糕的是在多艘潜水艇与海岸间交换信号. 即使除了这段关键时段以外, 邓尼兹的系统也需要用无线电从潜水艇向陆地发出临时的情况报告. 如果这些信号能被破解, 那么敌人就会占有重大优势, 然而即使它们保持不被破解, 也会泄露潜水艇所在的位置. 对于这一点, 邓尼兹可以回答说, 新的、由机器生成的编码系统意味着他的潜艇部队能够很容易地定期改变其密码. 即使敌人在一段时间内破解了密码, 随着密码的改变, 他们又会被推回到一片黑暗之中. 在前一次大战期间, 英国破解了德国海军的密码. 不过, 由于英国海军所采用的那些老式手段 (特别是由于没能足够频繁地改变他们所使用的系统), 因此这一次形势很可能会发生逆转. 至于无线电信号泄露潜水艇位置的问题, 采用岸上测向系统进行的一些实验表明, 其误差数量级为几百千米, 而不是几十千米, 这就使得无线电测向在战术上毫无用处. 还剩下最后一个问题, 就是安排一场攻击所需要的无线电通信, 这会表明护航队正在面临威胁, 因此就使它能够加强其防御措施. 这一反对意见并没有给邓尼兹及那些与他有相似想法的人留下什么印象, 这是由于船舶行驶速度不足以实现及时的增援. 另外, 如果事实证明飞机确实会造成一个问题的话, 那么也可以在它们的基地范围以外展开攻击.

在即将到来的这场战役中, 德国的潜艇兵还会有一个更深层次的优势. 邓尼兹把对纳粹政权的绝对忠诚与伟大的战略能力以及卓越的激励其全体船员的能力结合了起来. 不过, 还是存在着一个可能的弱点. 在战争中, 有一位军官在受伤恢复期间被派作邓尼兹的职员.

> 他的这个新创造出来的职位叫作 “敌方代表”, 而他的任务是调查同盟国可能会有的情报, 并从中推断出他们接下去会采取哪些行动. 虽然他对自己的工作认真负责, 但是没有做到 “超级恭敬” …… 他向邓尼兹和 [他的副官] 戈茨 (Godt) 做过三次报告, 而他们俩显然对此恼怒不已, 以至于他的那个职位立即就被撤销了, 从此再也没有恢复, 而他本人也被发落回海上 (参见 [172] 第 496 页).

战争的前两年几乎完全证实了邓尼兹那些观点. 大战伊始, 英国每年进口 5500 万吨货物, 包括其全部的石油、大部分的原材料以及半数的食品. 英国商船队具有大约 1700 万吨的载运能力. 到 1941 年 3 月, 英国运转中的进口量大约是每年 3000 万吨, 因此其公民每两星期得到 2 盎司① 茶叶和一个鸡蛋的定量供应, 有 400 万吨船舶已经丢失, 还有 250 万吨船舶正在修理中或等待修理. 如果英国需要用本国资源来替代这些船运损失, 情况早就不可救药了, 不过她获取了从被占领的欧洲逃脱出

① 2 盎司 (ounce) = 56.7 克. —— 译注

来的 300 万吨, 并将未来的希望寄托在美国的友善及其未经考验的造船能力上 (美国在 1939 年共计制造了 28 艘远洋船舶). 与此同时, U 型潜水艇舰队也会继续增长. 对于丘吉尔①而言, 深思这种令人沮丧的前景后发现,

图 2.1 汽油的价格已上涨了一便士. "官方消息" (这幅漫画出现在《每日镜报》(*Daily Mirror*) 上, 参见 [33] 第 2 卷第 529 页)

> 大战期间唯一曾经真正令我惊恐的 [那件] 事情就是 U 型潜水艇带来的巨大危险 …… 它所表现的形式并不是火光熊熊的战斗和闪闪发光的功绩. 它通过国民不知道的、公众无法理解的那些统计数据、图表和曲线展现其自身.
>
> 这场 U 型潜艇战会在多大程度上削减我们的进口和航运? 会不会有朝一日我们的生活也将被摧毁? 这里没有姿态或感情的用武之地, 只有绘制在图表上的那些缓慢、冷漠的线条, 它们显示了可能会发生的窒息. 与此相比, 那些准备好跳到侵略者身上的, 或是为沙漠战役做周详计划的勇

① 温斯顿 · 丘吉尔 (Winston Churchill, 1874—1965), 英国政治家、军事家、演说家和作家, 曾于 1940—1945 年及 1951—1955 年期间两度任英国首相, 第一个任期为第二次世界大战期间, 他领导英国联合美国等国家对抗德国并取得最终胜利. 1953 年, 他获得诺贝尔文学奖. —— 译注

> 敢军队, 都显得毫无价值. 在这个冷酷的领域中, 人民崇高而忠诚的精神一钱不值. 来自新大陆的以及来自大英帝国的食物、供给和武器, 要么能渡过汪洋, 要么就此沉入海底.

邓尼兹的任务, 是要使得击沉船舶的速度, 比世界上其他国家能够建造的速度更快, 直至剩下的船只再也不足以供给英国为止. 从 1941 年开始, 他始终相信自己会成功, 直到 1943 年 5 月中旬希望才破灭.

# 布莱克特

# 第 3 章

## 3.1 布莱克特在日德兰半岛

1919 年, 英国海军部决定, 由于战争而中断教育的年轻军官都应送往剑桥大学, 参加为期六个月的通识课程. 其中有一位帕特里克 · 布莱克特①, 他 17 岁时曾在离马尔维纳斯群岛不远处的一场海战中参加过战斗. 当这个世界有史以来曾出现过的两支最大的作战舰队在日德兰半岛 (Jutland) 附近发生冲突时, 他是皇家海军舰艇 (Her/His Majesty's Ship, 缩写为 HMS) 巴勒姆号 (Barham) 上的一位 19 岁的枪炮官, 这艘舰艇是英国第五战列中队 (British Fifth Battle Squadron) 的旗舰号. 这次战役有 110000 人参与, 其中约 9000 人被杀.

他记得自己经过

> [巡洋舰] "玛丽皇后号" (Queen Mary) 失踪的地点. 那片油污的水面就是全体 1200 名船员中的 12 名生还者紧紧抓住船的几块残片的地方, 当我通过巴勒姆号前炮塔的潜望镜看到这片水面时, 它使我强烈地意识到, 在军事技术中假设自己具有压倒敌方的优势是危险的 ……
>
> 在 20 世纪的最初十年中, 相信英国海军在技术上的优越性几乎是一条国民的信仰. 由于敌人炮火引起的爆炸, 导致三艘英国作战巡洋舰在日德兰半岛失踪, 而这种信仰也随之动摇了. 德国的主要船只无一爆炸 —— 事实上, 在战斗过程中无一被击沉, 尽管其中有一艘损坏如此严重, 以致后来船员们将它沉没了. 这些英国的作战巡洋舰出了什么问题? 答案很简单. 它们是设计用于射击的, 因此其结构设计并不是为了在与它们同类的敌方射弹攻击下幸存. 它们为了提高攻击强度而过度牺牲了防御力量. 这一缺陷所幸仅限于作战巡洋舰 ……
>
> 既无传统也无经验的新德国海军证明了其自身在枪炮和船舶建造方面的出类拔萃. 英国只是凭借着船舶数量的明显优势, 才令德国公海舰队 (High Sea Fleet) 急促返港, 并由此带来战略上的胜利 (参见 [17] 第 27–28 页和第 73–74 页).

① 帕特里克 · 布莱克特 (Patrick Blackett, 1897—1974), 英国物理学家, 1948 年由于改进威尔逊云室及在核物理和宇宙射线领域的发现而获得诺贝尔物理学奖. —— 译注

后来他在一艘名为"鲟鱼号" (Sturgeon) 的驱逐舰上服役, 在这艘驱逐舰转移到一个新基地的 12 个小时过程内, 在未经允许的情况下全速越过各海军上将的船首, 并在已集结的舰队完全注视下击沉了一艘 U 型潜水艇, 这就招致了严重的不满.

从战略观点上来看, 日德兰海战是英国的一次成功. 正如一份美国报纸的说法: "德国舰队袭击了它的狱卒, 然后又回到它的牢房里." 不过海军对其表现依然不满意. 布莱克特与海军同样相信, 英国战舰、特别是作战巡洋舰的错误设计, 是没能给予德国舰队决定性挫败的原因所在. 不过, 马尔德在他那部关于第一次世界大战中的英国海军的巨著中给出的结论是, 这些船只的设计是合理的, 问题出在别的地方.

三艘英国作战巡洋舰爆炸的起因, 几乎肯定是由于炮塔发出的闪光或火焰从弹药升降机传下来, 并到达弹药库. 理论上来说, 内建在炮塔综合结构中的各种预防措施本应阻止此事的发生. 不过, 新的无烟线状火药爆炸物表面上看起来的安全性, 再加上想获得高射击速率的愿望, 导致无论在船舶层次上 (例如弹药库的门处于打开的状态), 还是在炸药本身的设计中, 都存在着对安全预警的普遍忽视. 德国海军的一艘船在早先的一场战役中几乎发生爆炸, 于是他们得知了其中的诸多危险. 不过, 为什么几乎没有德国船被击沉呢?

对于 1914 年的英国海军而言, 它的大炮就是一切. 枪炮分布是通往晋升的最确定道路. 英国船舶的装甲强度要低于他们的德国对手, 目的是可以装载更重的火炮.

> 枪支、大炮、射程长 (1913 年战斗进行中的射程维持在 14000 码 [13000 米], 而 1914 年春季的作战巡洋舰射程为 16000 码 [14500 米])、射击效果佳 —— 这些是海军军官的信条, 而且所有战略系统都指向对这种攻击手段的恰当开发 (参见 [152] 第 1 卷第 414 页).

随着射程的增加, 炮弹的轨道也随之发生变化. 空气阻力有更多起作用的时间, 到飞行末期, 与炮弹速度的竖直分量相比, 水平分量稳步变小. 于是炮弹以一个非常倾斜的角度轰击到目标的舷边装甲. 当这个问题被提出的时候, 有人争辩说, 现存的穿甲弹在炮弹以直角击中装甲板时奏效, 而它在倾斜撞击时也会取得良好的效果. 进行一些实际试验的要求, 则以开支问题为理由而遭到拒绝. 日德兰海战中得到的更为昂贵的教训说明, 这些炮弹在倾斜撞击时实际上 "效率低得可怜". 即使是在日德兰海战之后, 还耽搁了半年才对这种情形进行补救. 英国主舰队指挥官留下一封信, 只有在他战死的情况下才能打开. 他这样告诉他的副船长: "如果我被杀了, 那么很有可能你也一样. 如果舰队在战斗中的任何时候都没能完成其预期的任务, 那么这封信就会将过失归咎到应该归咎的地方, 而不是在我无法为他们辩护的时候, 压在舰队军官和士兵们的肩头." (参见 [152] 第 3 卷第 215 页)

炮弹设计中没能与射程改变保持同步, 这是一种严重但可以理解的错误, 在迅猛的技术变化过程中常常伴随着这种错误. “验证” (也就是测试) 炮弹质量的系统有着无可推诿的责任. 弗朗西斯 · 普里德汉姆爵士 (Sir Francis Pridham) 从 1941 年到 1945 年间对这些测试负有最终责任, 他解释了测试如何进行.

> “验证” 系统或多或少由炮弹制造者强制规定, 并且要满足这样的要求, 以致按照炮兵委员会 (Ordnance Board) 的见解, 这个程序中唯一可能言之有理的假设就是所有的炮弹都是好的, 为数极少的故障也是由于恶灵的诡计.
>
> 这些炮弹是成 “批” 生产的, 每 400 枚为一批, 每批又再分为由 100 枚构成的四个小批. 当炮弹制造者取出一批来 “验证” 时, 就从第一小批中随机选出 2 枚炮弹, 将它们在一块具有特定厚度的装甲板上、以特定的撞击速度和特定的命中角度进行测试. 如果第一枚发射的炮弹成功地完全穿透装甲板, 那么整批 [399 枚] 炮弹就投入使用. 如果第一枚炮弹不合格, 就发射 [选自同一小批的] 第二枚. 如果这一枚成功了, 那么整批 [现在是] 398 枚就获得通过. 如果第二枚炮弹也不合格, 那么这个小批就被宣判 “再验证”, 并建议炮弹制造者撤销整批的 “验证”, 或者允许剩下的 300 枚 [即三小批] 继续进行 “验证”. 不用说, 他们一般都选择后者. 于是开始对下一小批的 100 枚炮弹开始 “验证”, 是否让它们通过, 则按照与第一小批相同的程序来决定 (参见 [152] 第 5 卷第 330 页).

**练习 3.1.1**　(i) 试证明如果有 50% 的炮弹是哑弹, 那么整批 399 枚或 398 枚炮弹都获得通过的概率是 $3/4$.

(ii) 试证明如果有 84% 的炮弹是哑弹, 那么至少有 298 枚炮弹获得通过的概率大于 $1/2$.

他继续道:

> 炮兵委员会的统计学教授曾得到过当时舰队中所用重弹的这些 “验证” 发射结果, 他由此计算出, 有 30% 至 70% 很可能是哑弹, 不过从这些 “验证” 发射中得到的数据, 不足以让他给出更为接近的近似值.

马尔德称, 上文中描述的这个系统一直用到 1944 年.

**练习 3.1.2**　测试炮弹的问题绝非细枝末节. 首先, 我们必须决定炮弹的质量多大才是技术上可行的. 建造一枚能够射出 10 千米远、穿透某一厚度的装甲板后再爆炸的炮弹可不是一件容易的事. 我们必须预料到这个过程不时会出现故障. 假设炮弹是成批生产的, 每批 100 枚, 那么我们相信, 哑弹的比率能够降低到 10% (此练习中所有的数字都是杜撰的), 不过我们也准备好接受任何小于 20% 的故障率.

(i) 假设我们测试这批炮弹中的 $n$ 枚, 如果其中有任何一枚不合格, 我们就将这一批淘汰掉. 试证明为了使以 20% 的故障率通过一批炮弹的概率下降到大约 $1/10$, 我们必须取 $n = 10$.

(ii) 试证明如果我们取 $n = 10$, 那么在哑弹比率为 10% 的那些批次中, 我们会淘汰掉 65% 以上.

因此, 在取 $n = 10$ 的情况下, 即使我们所有这些批次的炮弹都具有最佳质量, 在试验中我们仍然要使用每批的 10%, 并淘汰掉所有批次的 65%. 试证明我们的炮弹产量中的 31.5% 会实际上到达战舰.

我们无法靠单纯的思考来绕开这个问题. 我们最大的希望就是去研究这些炮弹本身的生产状况. 倘若 (看起来很有可能是这样) 炮弹的质量在各批次之间不发生随机变化, 如果我们不去考虑假如说某些工厂一贯出产优质炮弹的那种情况, 那么我们就可以修改我们的程序, 以将这一点考虑在内. 虽然从过去表现良好的那些工厂里出产的批次, 也许可以进行较少次数的测试射击, 但是从好几批中得出的结果也可以被汇总起来, 为这种质量是否保持下去提供一种核查.

我们可以从这一切中总结出什么寓意? 对于年轻人而言, 最简单的寓意就是, 他们的祖辈们都是傻子. 不过, 正如马尔德所评论的,

> 有些人举出许多实例来说明海军的无准备状态, 以及由过失和缺点构成的、令人骇然的目录, 他们在战争期间及战后用这些实例来抨击政治家们和海军最高指挥部, 这些人从一开始就面对着这样一个令人尴尬的事实: 英国实际上赢得了这场战争, 而海军的胜利更是格外完美.

他继续赞扬海军军官们的 “技术能力, 以及他们的干劲、勇气、决心、坚持不懈的毅力和不可动摇的信心”. 在布莱克特学习过的那所海军学校的一端, 用鲜艳的色彩装饰着这样一句他们引以为傲的颂扬: “海军无所不能.”

如此伟大的一支海军怎么可能会拥有劣质的炮弹? 其直接原因在于制造这些武器的科学家、工程师们与使用这些武器的海军之间存在的沟壑. 海军明白自己需要最现代化的装备、最大的火炮和最快的船舰①. 不过使用这些新的设备、火炮和船舰则是专业海军军官的专属工作. 1917 年的一份备忘录反映了这个问题的本质.

① 英国海军最伟大的现代化者费舍尔的话如雷贯耳: “人类发明, 猴子模仿.” —— 原注

约翰 · 费舍尔 (John Fisher, 1841—1920) 是英国皇家海军历史上最杰出的改革家和行政长官之一, 对英国海军进行过广泛的改革, 从而确保英国在第一次世界大战中的海上优势. —— 译注

> 在接下去的讨论过程中，卢瑟福爵士、特雷法尔 (Threlfall) 先生、布拉格 (Bragg) 教授和部长提到，委员会的科学成员中普遍存在着这样一种感觉：由于缺乏有关实际实施状况的信息，也缺乏已经用于探测和摧毁敌方潜艇库的那些手段的本质信息，因此他们为海军提供的那些与反潜艇问题相关的设施在很大程度上遭到削弱．例如，[科学家们] 曾获悉，不可能让他们与那些反潜艇库发生接触．有人指出，据发现，在科学研究中，研究者应该对需要解决的那些困难具有最为广泛的知识和亲身体验，这一点至关重要．海军准将霍尔 (Hall) 提出异议并表达其观点说，唯一有必要给出的信息，就是敌军潜水艇是在海上，而这就需要找出探测到它们的方法和手段 (参见 [257] 第 383 页).

像医院和船舶这样一些依赖于立即执行决断的组织，需要明确的等级制度和不容置疑地服从某些命令．这些组织容易把等级制度和服从推行到不必要的、有时甚至是危险的极端．马尔德给出了一位枪炮官的例子，他在 1911 年

> 向他的船长报告说，有一种正在变化中的射击技术使得某些射击练习变得陈旧且费时、费弹药．因此他建议采用更为现实的射击方法，包括在战斗中很可能出现的那种不利的风和天气条件下进行分区练习．[这支本土舰队的指挥官] 表示大体同意这些提议，但又私下通知这位军官说，第一海务大臣 …… 偏向于保留这些陈旧的射击方法，而且如果这份文件被提交，那么其中隐含的对海军部政策的批评，可能会对他晋升指挥官带来成见．他建议这位军官撤回这份文件 (参见 [152] 第 5 卷第 325 页).

布莱克特后来在大西洋战役中担任主要角色，这场抗衡无论从时间长度、战场大小、参战军队总数、牺牲人数，还是从纯粹的破坏性来估量，都令日德兰海战相形见绌．不过即使在那个时候，布莱克特也不仅仅只是关心赢得战争的直接问题．他的海军经历使他强烈偏向左派①．对他而言，过度的等级制、技术资源的处置失当，以及抗拒改变，这些他在海军中发现的问题，也反映了整个社会的问题．为了发现并解决炮弹问题，本就需要海军以一种特定的方式进行思考，而要以这种方式思考，就会引起太多质疑．要找到英国技术缓慢衰退问题及其社会严重不平等现象的解决之道，也会需要一些新的思考方式，从而令许多事情陷入质疑．

布莱克特在剑桥的第一个晚上是令他难忘的一晚．“他常爱回忆起，在那以前自己从未听到过知性的对话 —— 这是 (他就读的海军军官学校和海军学院) 奥斯

① “他无法理解为什么在喊命令前需要走到离士兵们好几码远的地方．” 布莱克特不需要人为的帮助来让别人感受到他的个性 (参见 [149]). —— 原注

本 (Osborne) 和达特茅斯 (Dartmouth) 以及海上的驱逐舰所没有提供过的. 第一晚的谈话使布莱克特相信 (这也是他的特点), 其他人经历过的战争比他所经历的还要糟糕得多." (本章及下几章中的引文和传记细节都引自伯纳德 · 洛弗尔爵士[①]撰写的讣告 (参见 [149]).) 他去参观卡文迪许实验室[②], 以见识科学实验室是什么样子的, 然后在三周之内, 他就辞去了海军的职务, 成为一名大学本科生, 首先学习数学, 后来又学习物理学. 1921 年, 他成为卢瑟福的一名研究生.

> 即使没有海军部的那次具有远见卓识的战斗, 我也必定会在某所大学或某个技术型公司里找到一个位置. 不过可以这么说, 正当卡文迪许实验室在卢瑟福充满灵感的指导下逐渐上升到卓越的高度时, 我被冲击到剑桥大学的岸边, 这对我来说真是万幸. 因此我十分感激海军部 (参见 [149]).

在 1948 年布莱克特的诺贝尔奖演说中, 他解释了卢瑟福是如何分配给他一个研究问题的.

> 1919 年, 欧内斯特 · 卢瑟福爵士做出了他的 (许许多多) 划时代发现之一. 他发现采用来自放射源的快速阿尔法粒子轰击, 能够击碎某些轻元素的原子核, 其中氮就是一个显著的例子, 并且在此过程中会放射出一些非常快速的质子. 不过, 阿尔法粒子和氮原子核之间发生碰撞时实际上发生了什么, 以当时使用的闪烁法是无法确定的. 相比于指望靠威尔逊云室法来为这种新发现的物理过程揭示出更加精细的详情, 对于卢瑟福来说, 还有什么会是更加自然的做法 (参见 [170])?

第一个分配到这个任务的学生构造了一个云室, 不过工作几乎还没开始, 他就意外地必须返回日本. 布莱克特继承了这套装置和这个项目. 他以闪烁法得到的那些结果为基础, 估算出如果将 100 万个阿尔法粒子射入氮气中, 应该会产生大约 20 个希望得到的事件, 但是

> …… 卢瑟福给我提出了如此精细的一个问题, C.T.R. 威尔逊[③]为我提供了如此强大的一种手段, 而大自然赋予我的是一种喜爱机械装置的本性,

---

① 伯纳德 · 洛弗尔爵士 (Sir Bernard Lovell, 1913—2012), 英国物理学家、射电天文学家. —— 译注

② 卡文迪许实验室 (Cavendish Laboratory) 是英国剑桥大学的物理实验室, 以英国物理学家和化学家亨利 · 卡文迪许 (Henry Cavendish, 1731—1810) 的名字命名. —— 译注

③ C. T. R. 威尔逊 (C. T. R. Wilson, 1869—1959), 英国原子物理与核物理学家, 1927 年获诺贝尔物理学奖. 他发明的云室用于观察阿尔法粒子与电子的轨迹, 从而研究粒子的相互作用. —— 译注

因此我禁不住想要拍摄下大约 50 万条阿尔法射线轨迹.

布莱克特实现了云室的自动化, 这样每小时就能拍摄到 270 张照片. 他拍摄了大约 23000 张照片, 每张照片中平均包含 18 条阿尔法射线轨迹. 在这 $23000 \times 18$ 条受到检验的轨迹中, 有 8 个事件是希望得到的类型.

十年后, 他与奥基亚利尼① 合作, 改造云室用来研究宇宙射线. 由于宇宙射线穿过云室的几率极其微小, 如果对此抱着渺茫的希望去扩展云室, 效率就非常低, 因此他们在云室的上方和下方都安置了探测器. 只有当这些探测器同时被激发时, 实验才会被触发, 这样就使宇宙射线 "拍摄它们自己的照片". 他们用这种方法观察到了电子 – 正电子对的创生. 进一步的工作说明, 伽马射线 (光) 能够导致电子 – 正电子对的产生, 与此对称的过程是, 一个电子和一个正电子发生碰撞也会产生伽马射线 —— 这是一个鲜明的例证, 证明了爱因斯坦的理论: "物质的" 粒子和 "非物质的" 光辐射, 只不过是能量的不同形式②. 不过, 此时欧洲发展着的危机召唤布莱克特离开纯物理领域, 首先是为学术难民们组织帮助, 然后是为一场他认为不可避免的战争做准备.

## 3.2　蒂泽德与雷达

1934 年, 情况变得越来越明朗: 纳粹德国必须被看作是 "终极的潜在敌人", 而英国本质上无力抵抗正在成长中的德国空军. 英国任何一个地点到大海的距离都不超过 70 英里, 因此在夜晚完全没有办法拦截轰炸机, 而在白天拦截轰炸机的唯一方式, 就是保证空中有战斗机不间断地飞行 —— 这种系统迟早必然会遭遇失败, 而且只会早不会晚, 而当它失败的时候, 必然会导致整个地面作战力量被摧毁. 空军部的一份内部备忘录率直地说明了此事.

> 空军参谋部显然对战斗机的设计、对无预警使用它们的方法以及对气球防空都作过煞费苦心的思考和努力. 不过同样显然的是, 在寻求用科学找到出路方面, 则几乎或者完全没有作过任何努力 …… 除非科学发展出某种新手段来辅助防空, 否则我们很可能会输掉下一场战争.

按照真正的英国风格, 他们决定建立起一个小型委员会来考虑这件事. 温泉

① 朱塞佩 · 奥基亚利尼 (Giuseppe Occhialini, 1907—1993), 意大利物理学家, $\pi$ 介子衰变发现者之一. —— 译注

② 在安德森发现正电子、布莱克特和欧查理尼证实之前, 狄拉克就预言了正电子的存在, 这是理论学家们的一次大胜. 卢瑟福抱怨说: "依我看来, 在我们开始实验之前, 就已经有了关于正电子的一种理论, 这在某种意义上是一件憾事. 布莱克特尽一切可能不受这一理论的影响, 但是他预期结果的方式必然不可避免地在一定程度上被这种理论所影响. 如果这种理论在实验事实确立起来之后再到来, 我会更喜爱它." (参见 [174] 第 363 页) —— 原注

关①布防将由一个四人委员会来组织. 这些人全都是科学家: 温佩利斯②, 他代表空军部; 主席蒂泽德③, 他在第一次世界大战期间就曾经研究过飞机, 当时科学家们还自己做试飞员, 此后他既在学术界工作, 也在科学文职部门工作; 诺贝尔生理学奖获得者希尔④, 他与蒂泽德一样, 具有第一次世界大战的防御研究经历; 还有 "英国皇家学会会员布莱克特教授, 他在战前及战争过程中是一位海军军官, 此后以其在剑桥大学的工作证明了自己是当代最出色的年轻科学领袖之一". 这些成员都不会有报酬, 而这个委员会也将单纯提供咨询. 蒂泽德的传记作者写道:

> 在它整个存在的过程中 …… 都不具有执行权, 因此当蒂泽德希望测试一些新装置、试飞几架飞机、调用工作人员时, 或者开动空军的机械时, 这些事情都必须依靠劝说才能组织起来, 用 "老朋友关系网"、通过个别几位指挥官的好意 —— 有时还得面对那些在不屈不挠地为最后阶段的战争做准备的人的坚决反对. 这个委员会没有办公室, 工作所需的大多机密面谈都是由蒂泽德私下在他的公寓中进行的 …… 有一段时间, "秘书处" 只有 [温佩利斯的助手] 罗 (Rowe) 一个人, 这个委员会存在期间的许多时候, 他还担任着许多其他团体的秘书. 在早期, 甚至连一个打字员都很难找到, 不过有时候, 指挥官们会体贴地提出找人处理好各种备忘录和报告 (参见 [35] 第 117 页).

在委员会的第一次会议上, 他们听取了来自国家物理实验室 (National Physical Laboratory) 的沃森 – 瓦特 (Watson-Watt)提出的一条建议.

> 有一个对于空军部特别有吸引力的想法, 那就是关于死亡射线的观念, 这种射线或者会把一架飞机从空中抓下来, 或者只要一拧开关就会令侵占者们着火. ……[此类建议的支持者们] 通常都提到一些黑盒子, 这些盒子产生出由紫外线、X 射线和无线电波构成的怪异混合物. 这些方案都有两个共同点: 其一是声称绵羊或鸽子遭受这种神秘射线后立即倒毙; 另一点是在他们继续研制那些致命装置以前, 会需要大笔钱款 (参见 [20] 第 4 页).

---

① 温泉关 (Thermopylae) 是希腊东部的一个关口, 一面临海、一面是峭壁, 自古以来发生过多次著名战役. —— 译注

② 哈利 · 温佩利斯 (Harry Wimperis, 1876—1960), 英国航空工程师, 在第二次世界大战中担任英国空军部科学研究主管, 指导英国陆军利用微波科技开发雷达. —— 译注

③ 亨利 · 蒂泽德 (Henry Tizard, 1885—1959), 英国化学家、发明家, 是第二次世界大战中英国雷达防御系统的关键人物. —— 译注

④ 阿奇博尔德 · 希尔 (Archibald Hill, 1886—1977), 英国生理学家, 1922 年因阐明肌肉做机械功和生热过程而获得诺贝尔生理学或医学奖. —— 译注

曾有人向沃森–瓦特咨询过关于这样一种装置的实用性, 于是他要求自己的助手威尔金斯 (Wilkins)去计算所需的功率. 威尔金斯计算出在 10 分钟内将站在距离发射器 600 米开外的一个人 (为了计算起见, 把他看成为截面积为 1 平方米的一个 75 千克水的立体) 的温度升高 2 摄氏度所需要的无线电功率. 计算结果是好几千瓦, 这一答案就使我们不必去考虑任何类型的死亡射线了. 不过威尔金斯意识到, 也许有可能通过探测飞机反射的无线电波来查明它们的位置. 即使这样也会非常困难, 这是由于反射信号只有发射信号功率的 $10^{-19}$. 不过, 沃森–瓦特确信这是可以做到的, 因此将这一想法提交到了蒂泽德的委员会.

一个是可能会奏效的提议, 而其他诸多的可能性则几乎肯定不会奏效, 面临这样一个选择, 委员会全力支持沃森–瓦特. 不出数周, 空军部已经为实验提供了 10000 英镑 (三架战斗机的费用), 到年底时, 财政部已经秘密答应提供 10000000 英镑, 用于按照技术规格来修建一连串雷达站①, 而这些技术规格还只是停留在纸面上. (第一批雷达站于 1937 年中期交付, 出于各种各样的原因, 这批雷达站产生的结果如此令人失望, 以致考虑了要不要放弃这个项目. 对于其中的一个原因, 我们稍后会讨论. 所幸这些问题很快得到了解决.)

一位肆无忌惮的成员加入了这个委员会, 而这并没有给他们带来帮助. 布莱克特对这段插曲的回忆如下.

> 尽管防空委员会 (Air Defence Committee) 在 1935 年 1 月启动的时候, 成员只有蒂泽德、希尔、温佩利斯和我自己. 不过同年 7 月, 在温斯顿 · 丘吉尔先生的压力下, 空军大臣 (Secretary of State for Air) 对其进行扩充, 增加了 F. A. 林德曼 (F. A. Lindemann) 教授(他后来成为彻韦尔勋爵 (Lord Cherwell)). 没过多久, 会议就变得既长又争论纷纷, 辩论的要点是对于委员会所确定的各个不同项目, 应该如何分配其研究及开发的优先次序. 例如, 林德曼希望用红外辐射探测飞行器以及在敌军夜间轰炸机前方空投降落伞携带的炸弹获得较高优先级, 雷达则设为较低优先级, 而其他成员都认为这样做是不恰当的. 有一次, 林德曼对蒂泽德越来越狂怒不已, 以至于不得不把秘书们遣出会议室, 以使得这场争斗尽可能保持私密. 1936 年 8 月, 也就是这次会议后不久, A. V. 希尔和我决断, 委员会在这样的情况下是无法令人满意地运行的, 因此我们俩就辞职了. 几个星期以后, 斯维顿勋爵 (Lord Swinton) 重新任命了原来的委员会, 其中没有林德曼, 而代之以新增成员 E. V. 阿普尔顿 (E. V. Appleton) 教授, 几个月以后又增加了 T. R. 莫顿 (T. R. Merton)

① 叙述这些雷达应该如何选址的文件被送到空军部等待批准. 文件被几乎原封未动地发回, 只有一个条件 —— 地址的选择 "…… 不应对红松鸡狩猎造成重大干扰." (参见 [20] 第 27 页) —— 原注

教授[1](参见 [17] 第 106–107 页).

防空委员会的实质性成就足以令人震惊. 1935 年 1 月, 威尔金斯和沃森 – 瓦特根据在一张信封背面所做的计算, 提出可以用无线电波来探测飞行器. 到 1939 年 9 月, 整个大不列颠东海岸都已处在连续不断的雷达监护之下了. 早期预警雷达能够探测到 100 英里范围内的飞行器, 还有一些能够追踪单架飞行器的较短程装置作为辅助. 整个系统是在绝对保密的情况下建造起来的. 不过蒂泽德和他的同事们建造的不仅仅是一条雷达链, 他们建立起了一个新的防空系统.

到那时为止, 战斗机都是自主操作的, 能不能找到它们的目标, 全靠眼睛. 新方案要求它们由无线电导向到雷达定出的目标. 1936 年, 蒂泽德说服当局, 应该开展一些试验来预见这种当时尚不存在的雷达系统应该如何使用. 参与者们以某种不加解释的方式被告知, 他们会在十五分钟前得到敌军飞行器接近的警告, 并且从那时开始会接收到一些有关高度、速率和航线的大致细节. (“攻击部队” 发射出持续不断的信号, 有一个追踪这些信号的测向站自始至终用电话报告结果.)

**练习 3.2.1** (i) 考虑一个简化的二维问题: 轰炸机以恒定速率 $u$ 沿着 $x$ 轴前进, 且它在时间为 $t$ 时的位置由 $(ut, 0)$ 给出. 在时间 $t = 0$ 时, 一架战斗机在 $(x_0, y_0)$ 处. 这架战斗机具有恒定的速率 $v$, 且它的位置由 $(x_0 + vt\cos\theta, y_0 + vt\sin\theta)$ 给出. 试问 $u, v, x_0$ 和 $y_0$ 符合哪些条件时, 这架战斗机能够拦截到这架轰炸机? 应该如何选择 $\theta$ 的值来完成拦截?

(ii) 在时间为 0 时, 有一架位于 $(x_1, y_1)$ 处的轰炸机以速率 $u$ 沿着与 $x$ 轴成 $\phi$ 角度的方向前进, 而一架速率为 $v$ 的战斗机位于 $(x_0, y_0)$ 处. 这架战斗机是否能够拦截到这架轰炸机? 它应该怎样飞行才能完成拦截?

(iii) 在三维的情况下重新陈述上述第 (ii) 部分, 并尽你最大的可能来解答. (如果你采用向量方法的话, 请记住最后必须把结果转换成可以使用的形式.)

在几个星期内, 由无线电导向的战斗机几乎每次拦截都获得了成功. 不过, 这一记录是针对做直线飞行的轰炸机而取得的[2], 一旦允许目标改变航线和高度, 成功率就大为降低. 要对躲避式飞行做出计算, 就意味着在给出拦截航线时所需要的那些复杂而耗费时间的计算必须一而再、再而三地重复, 而这些计算所依据的信息, 当使用它们时很可能已经过时了. 蒂泽德根据战斗机比轰炸机飞行速度快这个事实, 为这个问题给出了一个简单的解答. 如果轰炸机从 $A$ 点开始沿着直线 $AD$ 前进, 而战斗机在 $B$ 点, 于是控制人员应该导向战斗机沿着直线 $BC$ 前进, 与 $AD$ 相交于 $C$

---

① 我选择了对这些事件的最戏剧性说法. 林德曼的辩护人们也同意, 他在委员会中的表现极其糟糕. 不过他们又声称, 他在其他场合、对于其他问题也复如此. —— 原注

② 美国人把此类练习称为 “被绑的火鸡测试”, 其概念是说一只火鸡被绑在一张桌子上, 然后用一支大口径短枪在距离一米处向它射击. 这说明 “这种概念是可行的”. —— 原注

点, 从而使 $AB$ 为等腰三角形 $ACB$ 的底边 (即 $\angle BAC$ 与 $\angle CBA$ 这两个角相等, 见图 3.1).

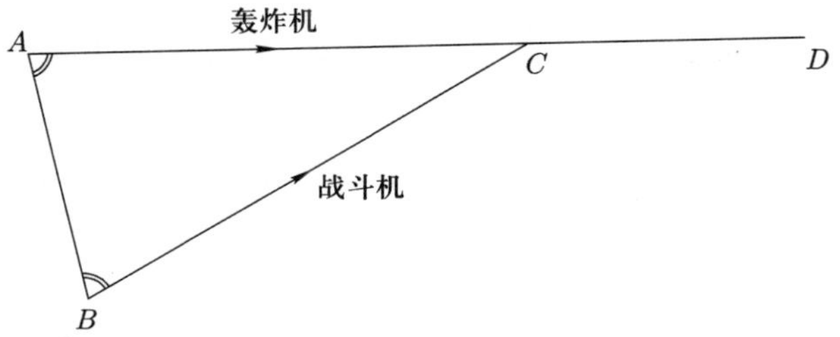


图 3.1　蒂泽德角

**练习 3.2.2**　(i) 如果现在轰炸机和战斗机都没有更改航线, 试解释为什么战斗机会在轰炸机之前先到达 "约会点"?

(ii) 通过画一些精确的图形, 探究假如轰炸机继续沿着笔直的航线前进, 而控制者按照蒂泽德法则以有规律的间隔改变战斗机的航线, 那么会发生什么?

(iii) 试解释即使轰炸机不时更改航线, 如果控制人员按照蒂泽德法则以有规律的间隔改变战斗机的航线, 那么为什么他仍然会完成拦截任务? (你需要假设控制人员改变战斗机航线的间隔要比轰炸机改变航线的间隔短得多. 不过, 如果一架轰炸机持续不断地采用剧烈的规避动作来对付一个看不见的对手, 那么它也不会对规避做出太多贡献.)

在这些试验的后期, 有一位倍受折磨的控制人员发现, 这个 "蒂泽德角" 可以用眼睛来判断, 从而一套拦截系统就确定了, 这套系统及与之相关的行话 "紧急起飞"、"天使" 和 "向量" (驾驶航线) 一直持续使用到 20 世纪 60 年代.

1937 年中期, 已有三个雷达站投入运转, 不料却引出了一个新的问题.

> 北海上方的飞行器一般会被两个站点观察到, 而且常常是三个站点都观察到. 如果每个站点对飞行器位置的报告都相同, 那么就一切顺利, 不过 …… 这种情况鲜少发生. 各种微小的校准误差、不严重的天线问题以及观察人员犯的错误结合在一起, 其结果给出的指示常常是让英国皇家空军 "绣花枕头一包草" 这个绰号名至实归 (参见 [205] 第 23 页).

事实上, 只要我们进行重复观察, 就会发生这个问题. 由于不可避免的误差, 因此观察结果**必定相互矛盾**, 因此我们就必须把这些相互矛盾的观察结果合并成一幅协调的图像. "过滤室" 的建立, 就是用于协调来自各雷达站的数据, 并给控制人员送去最佳估计.

雷达的理念显然可以应用于其他方面. 蒂泽德后来回忆道:

> ……有一天,在造访实验站后回家的路上……我在思考着,不管无线电测向器 (Radio Direction Finde, 缩写为 RDF, 这是它当时的名称) 对于空军有多么重要, 它对于海军如果不是更加重要的话, 至少也必定具有同样的重要性. 我满脑子都是这种想法, 于是寻求与一位海军专家早日面谈. 我告诉了他这项工作, 并稍稍动用了一下我的想象力. 我甚至还大胆到这种程度, 竟然说几年后无线电测向器就会在船舰之间实现精确的盲射. 他耐心地听我讲完后说道: "我可以请问你, 曾经看见过战舰吗?" 我说: "是的, 见过很多次." 他又说: "那么, 如果你曾经从足够靠近的距离看见过它们, 你就会知道它们上面已经没有任何空间架设更多天线了." 我回答说: "好吧, 我的忠告是, 请您把它们撤掉一些." (参见 [35] 第 129 页)

不过, 正是由于英国不愿意打夜战, 才导致德国舰队在日德兰半岛得以逃脱, 因此海军部提高了他们对于能够用于夜间作战的武器的支持, 这种提高最初是缓慢的, 后来热情日益高涨. (他们的远见卓识在 1941 年初得到了回报, 其时在初级雷达协助下, 三艘意大利巡洋舰在马塔潘角 (Cape Matapan) 附近遭到伏击并被摧毁. )

第一条雷达站链的独特之处在于其 100 米长的钢制桅杆. 安装了雷达的船, 其布局必须比较紧凑一些. 不过, 正如鲍文的叙述:

> 蒂泽德……在 1936 年首先建议, 应尝试把雷达装置做得小到足以装进一架飞行器. 同往常一样, 他的推理极其清晰, 这也是他总是怎样预计未来事件的一个出色实例. 他的论证如下. 早期预警雷达的成功意味着德国在白天发动的攻击会受到反攻……于是他们就会转为夜间轰炸. 在这些条件下, 地面控制能够把战斗机安排在距离轰炸机 3 到 4 英里的地方, 但是这些战斗机要到距离在 500 英尺或 1000 英尺 [150 或 300 米] 以内时, 才能看到它们 (参见 [35] 第 158 页).

怎样才能把一个雷达系统做得小到足以装进一架飞行器?

这里的关键就在于所采用的波长. 正如可以迫使小提琴的一根弦发出频率为其基频整数倍的音调 (泛音), 却不能发出更低频率的音调, 无线电发射器也不能产生波长比它自身尺寸大得多的高功率无线电波. 同样, 一个有效的无线电波接收系统, 其尺寸也必须相当于或者大于所接收的无线电波的波长. 更一般地讲, 与一个雷达系统相关的 "典型长度" 就是它所用的无线电波的波长.

不过, 随着波长的减小, 制造功率足够高的发射器就变得越来越困难. 海军部和工业科学家们设法制造出了一个工作波段为 1.5 米的系统, 而不是第一条雷达链所用的 13 米. 这个十倍的微型化意味着可以把雷达装载在船上和 (困难重重地[①]) 装载在飞行器上了. 而且此时发射系统已经足够小, 因此可以旋转并使用探照光, 而不必照亮整个天空了. 发射桅杆被现代雷达的抛物面反射器所取代.

## 3.3　最短的波长将赢得这场战争

还有一个更深入的原因也希望减小波长. 考虑图 3.2 中显示的这几个函数. 第一个函数 $f_1(x) = \sin 2\pi x/\lambda$ 表示一列波长为 $\lambda$ 的、无边际的波. 第二个函数 $f_2$ 是长度为 $\lambda$ 的许多倍的一个 "脉冲", 我们也不难给它指定一个 "典型" 波长 $\lambda$. 不过, 当我们减小脉冲长度时 (正如函数 $f_3$ 和 $f_4$), 就越来越难以看出这个具有 "典型" 波长 $\lambda$ 的脉冲可能意味着什么. 我们的结论是:

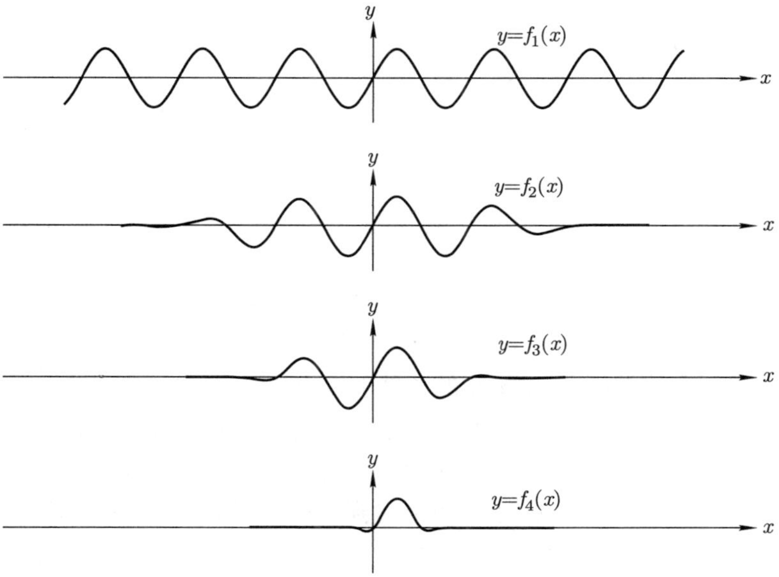


图 3.2　波长是什么?

(1) 如果我们能够说一个脉冲具有 "典型" 波长 $\lambda$, 那么它的长度必定远远大于 $\lambda$. 我们又一次看到, 与一个雷达系统相关的 "典型长度", 就是它所用的无线电波的波长. 尤其是, 由于我们无法将单个脉冲的各部分很好地区分开来.

(2) 利用一个运行波长为 $\lambda$ 的雷达系统来进行距离测量, 结果常常会出现大约为 $\lambda$ 或更大的误差.

由于我们的测距能力无法超过某一特定的精确度, 因此这就限制了我们测量方位 (角度) 的能力.

---

① 当剑鱼鱼雷轰炸机配备雷达时, 它们要成对飞行, 其中一架运载雷达, 另一架运载鱼雷. ——原注

**练习 3.3.1** 假设我们从相距为 $a$ 的两个点 $A$ 和 $B$ 来观察目标 $C$, 并且我们希望根据已知的距离 $r_1 = BC$ 和 $r_2 = AC$ 来计算方位角 $\theta = \angle ABC$. 我们假设 $r_1$ 和 $r_2$ 都远远大于 $a$(比如说 $a$ 是 1 米左右, 而 $r_1$ 和 $r_2$ 则大于 1 千米).

(i) 首先假设 $r_1 > r_2$. 在直线 $CB$ 上取一点 X, 从而使得 $CX = r_2$. 图 3.3 没有按比例来画, 不过也许可以有所帮助. 试解释为什么 $\angle AXC = \angle CAX$. 另外, 也请解释为什么 $\angle BCA$ 非常小, 并推出 $\angle AXC$ 非常接近于直角. 试推断出 $\angle AXB$ 非常接近于直角, 并利用三角学来证明, 在非常精确的近似下有

$$\cos\theta = \frac{r_1 - r_2}{a}.$$

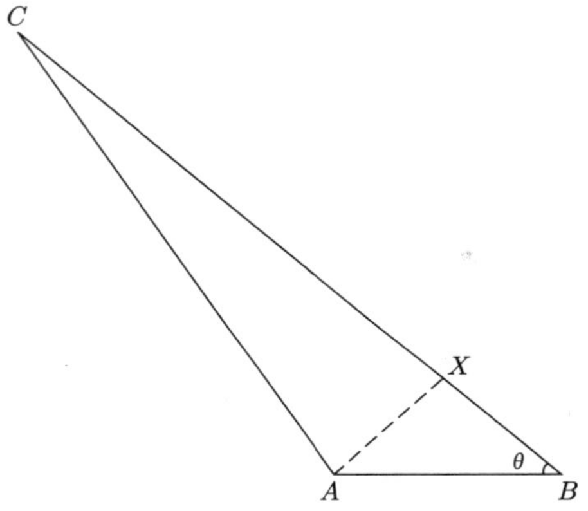


图 3.3 根据距离测方位

(ii) 试证明上述结论在 $r_2 \geqslant r_1$ 的条件下也成立.

(iii) 假如我们在测量 $r_1 - r_2$ 时产生了一个误差 $\epsilon$, 那么请推断出在计算 $\cos\theta$ 时导致的误差是 $\epsilon/a$. 因此在计算 $\cos\theta$ 时产生的误差就与基线 $AB$ 的长度 $a$ 成反比. 换言之, 对于某一给定的误差大小, 可能得到的角分辨率与基线长度成正比.

(iv) (此题需要用到一点微积分.) 假设 $3\pi/4 \geqslant \theta \geqslant \pi/4$. 试证明计算 $\theta$ 时产生的误差也与 $a$ 成反比.

对于雷达而言, “基线的长度” 相当于 “接收器尺寸”, 并且如果我们保持波长不变, 那么可以达到的角分辨率就与接收器尺寸成正比. 于是有

$$角分辨率 \propto \frac{接收器尺寸}{波长}.$$

从射电望远镜到电子显微镜, 在每一种光学和无线电装置的设计过程中, 这个关系都会出现. 作为 “海森堡不等式” (Heisenberg's inequality), 它在量子力学中位于舞台的中央; 作为 “奈奎斯特界限” (Nyquist's bound), 它又支配着一个给定的通信系统能以多快的速度传输信息. 在雷达这一方面, 它意味着如果我们在将波长减小十倍的同时保持设备尺寸不变, 我们就能够将角分辨率提高十倍.

英国船舰上装载的第一台雷达，其工作波长为 7.5 米，能以不超过 50 米的精度测量 13000 米的距离，但是方位精度却只有 $10^\circ$ 以内 (不过稍后采用的某种更高明的技术能够将误差缩小到 $1^\circ$ 以内). 这就意味着雷达测距已经比光学测距仪所可能达到的精度要高了.

**练习 3.3.2**　假设我们从相距为 $a$ 的两个点 $A$ 和 $B$ 来观察目标 $C$, 并且我们希望根据已知的方位角 $\theta_1 = \angle ABC$ 和 $\theta_2 = \angle CAZ$ 来计算距离 $r = AC$, 其中 $Z$ 位于 $AB$ 的延长线上. 我们假设 $r$ 远远大于 $a$ (比如说 $a$ 大约是 20 米，而 $r$ 则大于 5 千米), 并假设 $3\pi/4 \geqslant \theta_1 \geqslant \pi/4$. (对于 $\theta_1$ 的这些限制相当任意，不过某些限制还是需要的.)

(i) 首先假设 $\pi/2 \geqslant \theta_1 \geqslant \pi/4$. 在直线 $CB$ 上取一点 $X$, 而使得 $CX = r$. 图 3.4 没有按比例来画，不过也许会有所帮助. 试解释为什么 $\angle ACX = \theta_2 - \theta_1$, 并证明

$$AX = 2r \sin \frac{\theta_2 - \theta_1}{2}.$$

试解释为什么 $\angle CXA$ 非常接近于直角. 另外，也请解释为什么 $\angle BCA$ 非常小，并推出 $\angle BAX$ 非常接近于 $\pi/2 - \theta_1$. 试推断出 $\angle AXB$ 非常接近于直角，并利用三角学来证明，在非常精确的近似下有 $a = AX \sin \theta_1$. 推导出在非常精确的近似下有

$$a \sin \theta_1 = 2r \sin \frac{\theta_2 - \theta_1}{2},$$

并给出一个用 $a, \theta_1$ 和 $\theta_2$ 来表示 $r$ 的公式. 我们所熟知的是，当 $\psi$ 很小的时候，$\sin \psi = \psi$ 是一个非常精确的近似. 利用这一事实来得出

$$r = \frac{a \sin \theta_1}{\theta_2 - \theta_1}$$

的非常精确的近似值.

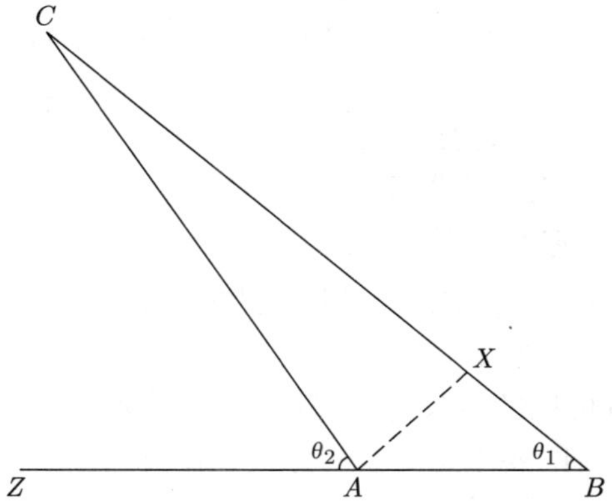


图 3.4　根据方位测距离

(ii) 试证明上述结论在 $3\pi/4 \geqslant \theta_1 \geqslant \pi/2$ 的条件下也成立.

(iii) (此题需要用到一点微积分.) 我们令 $\phi = \theta_2 - \theta_1$, 于是

$$r = \frac{a \sin\theta_1}{\phi}.$$

假如我们在测量 $\phi$ 时产生了一个误差 $\delta\phi$, 但是对于 $a$ 和 $\theta_1$ 的测量则是精确的, 那么请证明在测量 $r$ 时产生的相应误差 $\delta r$ 由下式近似给出:

$$\delta r = -\frac{a \sin\theta_1}{\phi^2}\delta\phi.$$

与测量 $\phi$ 时产生的误差相比, 测量 $\theta_1$ 时产生的误差是否重要?

此时的误差再次与基线的长度 $a$ 成反比, 因此我们希望基线尽可能地长. 战舰上的那些光学测距仪实际上就是两架安装距离尽可能远的望远镜. 到达最靠近我们的那些恒星的距离, 是通过间隔六个月观察它们而测得的, 因此是用地球的轨道直径作为基线的.

(iv) 这种测距方法 (这当然是发明雷达以前唯一可以使用的方法) 具有的一个重大问题是, 正如 (iii) 中的那个 $\delta r$ 的公式所示, 该误差与 $\phi$ 的平方成反比, 而 $\phi$ 本身将会变得非常小. 试利用 (iii) 中的那个 $r$ 的公式来证明, (在 $\theta$ 固定不变的条件下)$\phi$ 与 $r$ 成反比. 试推导出测量距离为 $r$ 时产生的误差 $\delta r$ 按距离 $r$ 的平方关系增长.

请大体解释为什么我们会预期雷达测距 (我们在这种方法中是利用信号反弹回来所花费的时间) 中的误差与距离无关?

在现代的测量中, 我们使用激光技术产生的光脉冲, 光脉冲的使用与雷达中无线电脉冲的使用是同样的.

还有另一个论点也指向减小波长的重要性. 雷达的原理是发出非常响亮的喊声, 然后再非常努力地倾听十分微弱的回声. 在发射脉冲的同时, 极其敏感的接收器就必须关闭以避免被损坏①. 因此雷达对于来自近距离物体的回声是觉察不到的. 对于早期的机载雷达, 这就意味着当夜航战斗机靠近其目标 400 米以内时, 雷达就会失去联系. 由于这个 “盲区” 的最小半径必定与脉冲长度相当, 这就使我们预计脉冲长度线性地依赖于波长, 这就给出了另一个希望减小波长的强大理由. (后来英国人和德国人的经历说明, 夜航战斗机能够以半径为 200 米的盲区非常有效地起作用, 因此这个理由就失去了它的大部分说服力.)

战前进行的一些测试已经说明, 机载雷达能够探测到大海中的船舰, 不过浮在水面上的潜水艇仍然是一个非常小的目标, 难以从包围在它周围的起伏的 “杂乱回波” 中分辨出来, 所以可用的波长越短, 这件事情就越容易做到. 可见夜航战斗机、护航舰和反潜艇飞行器的要求是完全一致的. 在英国的雷达圈子里, “在最短波长

① 某些蝙蝠具有一种机制, 它们会在发射出冲击声波的时候使自己暂时变聋. (参见 [260], 这本书的作者显然从未见过任何一只他不喜欢的蝙蝠.) 它们采用高频率的声音是因为它们的猎物很小. —— 原注

上有力量的一方将赢得战争" 成了一句老生常谈. 在蒂泽德的鼓励下, 在伯明翰大学 (Birmingham University) 开始了这项工作. 这导致了 1940 年布特和蓝道尔开发出空腔磁控管①, 而空腔磁控管日后将成为 10 厘米波长雷达的心脏. "包括用来密封两端面板的两个半便士铜币在内, 原型空腔磁控管的成本估计为 200 英镑. 倘若它的成本是 200 万英镑的话, 那么它至今应该还在讨价还价的过程中." (参见 [102] 第 2 章)(1940 年的后期, 当蒂泽德说服英国政府与当时仍然处于中立的美国分享其 (几乎) 所有科学秘密时, 美国方面对于这些秘密是否值得费力去揭晓还存在着诸多怀疑. 不过, 当蒂泽德的那个除了其他一些东西以外还装有一个空腔磁控管的黑盒子被展示出来时, 罗斯福② 的科学顾问范内瓦尔 · 布什 (Vannevar Bush) 把它看成是 "曾经来到过我们海滩上的一件最有价值的货物". )

1939 年底, 所有这一切都还是遥远的未来, 当时德国宁可将它的袖珍型战列舰 "斯佩伯爵海军上将号" (Admiral Graf Spee) 凿沉在蒙得维的亚③ 港口, 也不愿意把它派遣出去迎战一支他们认为占有优势的英国军队. 英国海军随员转寄了几份报告, 内容是关于 "一台安置在上层结构顶端的测距仪, 能够在海上持续使用, 并由一台发动机保持其不停地旋转". 对于一些战前的照片进行仔细研究后发现, 1938 年的某个时候, 在当时已有的测距仪所在的房子顶部建成了一个新的圆柱形结构. 不幸的是, 该舰的残骸受到乌拉圭海军把守, 因此似乎不可能进行更近距离的检查. 就在此时, 蒙得维的亚一家工程公司的代表维加 – 埃尔格拉 (Vega-Helgura) 先生为了废物利用沉船残骸而出了一笔相当大的金额, 而他的朋友、德国大使促成了这笔交易. 此事发生的时候, 维加 – 埃尔格拉先生的另一位朋友来蒙得维的亚访问. 由于他是英国谢菲尔德 (Sheffield) 的拆船商托马斯 · 华德先生有限公司 (Messrs Thos. Ward Ltd) 的代表, 因此他检查残骸并将一些供出售的碎片 "样品" 送回去, 这难道不是再自然不过的事情吗? 他的几份报告以及这些 "样品" 都带来了一条最不受欢迎的信息: 德国人不仅有雷达, 而且他们的雷达还在诸多方面比英国的更先进. (想要知道更多细节, 以及财政部反对花费 14000 英镑用于购买一艘烧毁的战舰这项支出的一张便笺, 都请查阅 D. 豪斯 (D. Howse) 所著的《海上雷达》(*Radar At Sea*) 一书.)

许多人许多次都想到过无线电回波定位的概念, 不过直到 20 世纪 20 年代末, 这时的技术水平才能将其付诸实践. 在 20 世纪 30 年代期间, 德国、美国、荷兰、法国以及苏联、意大利和日本都向雷达迈出了第一步, 而英国相对来说是较晚加入

① 空腔磁控管 (cavity magnetron) 是一种产生大功率超高频振荡的高效率微波电子管. 哈利 · 布特 (Harry Boot, 1917—1983) 和约翰 · 蓝道尔 (John Randall, 1905—1984) 都是英国物理学家. —— 译注

② 富兰克林 · 罗斯福 (Franklin Roosevelt, 1882—1945), 第 32 任美国总统, 在 20 世纪二三十年代经济危机和第二次世界大战中都发挥了核心作用. 他从 1933 年至 1945 年连续出任四届美国总统, 是唯一连任超过两届的美国总统. —— 译注

③ 蒙得维的亚 (Montevideo) 是乌拉圭首都. —— 译注

到这场竞赛中来的①. 在蒂泽德的委员会的冲击力之下, 英国到战争爆发的时候已经赶上了德国, 并且这两个国家都大大领先于其他各竞争对手.

人们普遍认为, 德国雷达的质量要优于英国雷达. 德国雷达是由工程师们建造的, 而英国雷达则是由物理学家们捆扎起来的. 这在一定程度上代表了一种经过深思熟虑的选择: 向着新科技急行军 (沃森 – 瓦特的箴言是与其做 "最好, 不过要下个星期", 倒不如做 "明天, 居于第二"), 不过这也在一定程度上反映出英国在工业上的弱点, 尤其是缺乏足够的、合适的工程师②. 英国系统的优势并不在于雷达本身, 而是在于它被整合到防空系统中. (于是英国人就拒绝相信德国人拥有雷达, 这是因为德国战斗机紧急起飞时要花费这么长时间, 而德国在漫无目的地搜索可能存在的英国雷达时, 仅限于一个使用波长的米数只有一位数字 (这是雷达 "应该使用" 的波长) 的系统, 而不是第一条雷达链实际使用的那个原始的 25 米波长.)

蒂尔德曾用来发现雷达可以如何使用的那些方法, 后来被称为 "运筹学" (operational research). 使用这个术语的人们觉得很难定义它究竟是什么意思, 也很难解释关于它有什么新的内容. 它当然包含着将科学不仅仅应用于发明武器, 也应用于在使用这些武器中所运用的策略. 不过, 它还要求科学家们和军方之间采取某种类型的合作形式, 其一个典型就是雷达的 "星期日苏维埃" (Sunday Soviets), 在这个项目中, 资深科学家、参谋官、初级研究工作者和 "直接来自战斗熔炉的" 现役军官进行非正式的会谈, 任何人都可以在其时对任何人说任何事情. 无论 "运筹学" 的精确含义是什么, 它一定是某种可以模仿的东西, 因此运筹学的理念传遍了整个英伦, 随后又传到美国的海陆空三军. 在德国没有发生任何与此类似的事情. 也许对于一个宁愿庆祝意志的胜利也不愿赞美才智的政体而言, 此类发展并不中意, 不过无论如何, 希特勒的第三帝国没有能孕育出任何与蒂泽德或布莱克特相当的人才.

1943 年 1 月, 德国人击落了一架携带着一颗新型雷达的英国轰炸机. 经过检查

---

① 有些难堪是由于发现了一份秘密专利而引起的, 这份 1931 年由布特门特 (Butement) 和波拉德 (Pollard) 提交的专利中为一套切实可行的雷达系统给出了诸多细节. 他们获准在伍尔维奇 (Woolwich) 做实验 —— 前提是不在他们的工作时间内. 当他们提出要做一次示范时, 却被告知: "没有陆军部的要求." (参见 [98] 第 3 页) —— 原注

② R. V. 琼斯 (R. V. Jones) 叙述了 20 世纪 30 年代期间, 白手起家的百万富翁纳菲尔德爵士 (Lord Nuffield) 试图创办一所专门致力于工程学的牛津学院. "根据我当时所听说的, 这一期盼令牛津大学中的强大人道主义群体感到惊恐, 其中为首的是副校长林赛爵士 (Lord Lindsay), 他力图通过劝服纳菲尔德扩大他的目标来减轻工程学的猛烈进攻. 他说, 如果纳菲尔德能够用某种比较微妙的措辞来代替明确提及工程学, 以此来掩饰他的意图, 那么对于创设一所新学院的反对意见就会比较少.

工程学是一门科学, 不过它对于社会产生的影响更为直接, 因此也许在很大程度上可以被描述为一门 '社会科学'. 因此, 如果纳菲尔德爵士当时将社会科学指定为主要兴趣, 那么反对其创立的对立意见就要少得多. 直到这个学院创建起来以后, 其中配备的职员不是工程师, 而是社会科学家, 此时纳菲尔德爵士才意识到自己被智取了." (参见 [105] 第 251 页) —— 原注

发现, 它的运行波长是令人难以置信的 10 厘米. 戈林[①]心灰意冷地评论说: "我预计到他们会比较先进, 不过坦白说, 我从未想到过他们会如此遥遥领先. 我确实曾希望我们至少能够在同一场竞赛之中." (参见 [190] 第 6 章) 德国军方没有要求过这样一颗雷达, 而由于德国科学的恰当职责是提供军方所需的东西, 因此也就从未制造过这样的一颗雷达[②].

## 3.4 布莱克特的马戏团

丘吉尔成为首相以后, 他将林德曼引到身边作为科学顾问. 尽管丘吉尔应该从一位他熟悉并信任的、有能力的科学家那里获取意见, 这一点很重要, 然而不幸的是, 林德曼从未原谅过他视为敌人的那些人[③]. 此时不列颠战役[④]正在进行中, 而使用蒂泽德的委员会所创立的防御系统也带来了胜利, 不过这个委员会还是被静静地解散了.

有几个月, 布莱克特做过主管高射炮的将军的科学顾问.

> 我的直接任务是协助军队人员最大程度地利用火炮瞄准雷达装置 ……当时这些装置正在被运送到伦敦周围的各防空炮塔 ……我仓促间聚集起来的与我共同工作的那一小群年轻科学家中, 除了有几位物理学家以外, 还包括几位生理学家、一位天文学家和一位数学家. 他们很快就发现自己在研究的是各种各样与雷达装置、火炮和高射瞄准器的统筹运用相关的问题, 这些研究既在总部进行, 也在各火炮点展开 (参见 [17] 第 206 页).

这个 "仓促间聚集起来的" 及其继任者们, 后来被称为 "布莱克特的马戏团".

---

① 赫尔曼 · 戈林 (Hermann Göring, 1893—1946), 纳粹德国空军元帅, 后晋升为纳粹德国帝国元帅, 仅次于希特勒的纳粹党二号人物. 在纽伦堡审判中, 戈林被控以战争罪和反人类罪并被判处绞刑, 但他在刑前两小时在狱中自杀. —— 译注

② 显然, 在 1942 年开始过一项研究项目, 其目的是制造出一台 1 厘米波长的德国雷达. 不过有人辩称, 对于这么短的波长, 无线电波不会从目标向各处散射开, 而是会被接受者反射出去 (就像可见光在抛光表面上被反射一样, 称为 "镜面反射"). 那是一场激烈的争吵, 结果导致所有厘米波研究全都明确地被禁止. 因为科学家们的记忆与将军们的记忆一样, 会以同样的方式、出于同样的原因容易出错, 因此这段插曲的准确细节很可能永远都不得而知了 (参见 [36] 第 15 章以及 [191] 中的叙述). —— 原注

③ R. V. 琼斯描述了一个令人心寒的场景: 当时蒂泽德请他带个和解的口信给林德曼, 而林德曼 "唯一的反应是轻轻地哼了一声, 接着说道: '如今我坐上了掌权的位置, 我的很多老朋友都来四下打探了.'" (参见 [104] 第 10 章) —— 原注

④ 不列颠战役 (Battle of Britain) 是指第二次世界大战期间纳粹德国对英国发动的大规模空战, 也是第二次世界大战中规模最大的空战, 以德国的失败告终. —— 译注

> 大量的科学和技术才智都投入到 [火炮瞄准雷达] 装置的快速设计和制造中去, 同样也以较为从容的步伐投入到火炮和预报器的建设中去. 可以理解但也是不幸的一点是, 部分是由于科学和技术人员的短缺, 不过部分也是由于在一定程度上对于操作的实际缺乏富于想象的洞察力, 因此关于如何实际使用 [雷达] 数据来为火炮指向, 却几乎没有引起任何仔细的关注, 这种情况直到不列颠战役的进行过程中才有所改变. 因此在对抗夜航轰炸机的防空战役的前几个月里, 战斗中采用的是高度发达的雷达装置和火炮, 然而它们之间的联系却是最粗糙、最临时拼凑的 (参见 [17] 第 208 页).

在对飞行器射击的时候, 我们必须瞄准炮弹爆炸时飞行器所在的位置, 而不是它当前的位置 —— 也就是说我们必须根据它过去的航线预测它未来的航线①. 高射炮能够将一枚炮弹抛出大约 8000 米远, 但是这枚炮弹飞完这段距离需要 25 秒钟, 而在这段时间里飞行器能够移动 3000 米. 当时在使用的那些预报器的构造采用了精确的直接目测, 而不是从早期米波长雷达得到的那些粗糙的数据. 其中存在的问题也许可以通过下面这个简单的模型来阐明. 假设我们对一个函数 $f(x)$ 感兴趣, 但是我们只能观测到 $f(x)+e(t)$, 其中的 $e(t)$ 是 “观测误差”. 进一步假设我们也许只在 $0 \leqslant t \leqslant 1$ 这段时间内观测到 $f(x)+e(t)$, 而我们希望预测 $f(2)$. 让我们把根据观测而对 $f(2)$ 的**估计值**写为 $T(f+e)$. 在许多情况下有

$$T(f+e)=T(f)+T(e).$$

因此在给定 $f+e$ 的观测值的情况下, 我们对 $f(2)$ 的估计值就是给定 $f$ 的无误差观测值情况下对 $f(2)$ 的估计值 $T(f)$ 与给定 $e$ 的无误差观测值情况下对 $e(2)$ 的估计值 $T(e)$ 之和. 但是观测中出现的误差是无法预测的, 因此 $T(e)$ 与 $e(2)$ 无关. 在我们试图使 $T(f)$ 更接近于 $f(2)$ 而获得 “更好的”$T$ 时, $T(e)$ 也会由于试图去符合本质上随机的 $e$ 而趋向于表现得越来越混乱. 总而言之, 应用于精确数据的复杂预测手段也许会给出有用的精确预测, 应用于粗略数据的简单预测手段也许会给出有用的粗略预测, 但是应用于粗略数据的复杂预测手段却几乎肯定会制造出垃圾.

**练习 3.4.1** (i) 假设 $x_1, x_2, \cdots, x_n$ 是不同实数, 试证明如果

$$g_j(t)=\prod_{i\neq j}\frac{t-x_i}{x_j-x_i}$$

(即 $g_j(t)$ 是 $n-1$ 项 $(t-x_i)/(x_j-x_i)$ 的乘积, 其中 $i\neq j$ 且 $1\leqslant i\leqslant n-1$), 那么 $g_j$

① 在对 “俾斯麦号” (Bismarck) 战列舰的攻击过程中, 剑鱼鱼雷轰炸机遭遇到来自这艘战舰上的高射炮形成的令人恐惧的火力墙, 但结果幸存下来了. 有人告诉我说, “俾斯麦号” 的那些火炮上的预报器针对新式的快速单翼机的攻击进行了调整, 因此恰好在这些老式的、缓慢的双翼飞机前开火. 这是一个似乎有理的故事, 不过我没有发现任何书面材料. —— 原注

是 $n-1$ 次多项式, 且有

$$g_j(x_j)=1,$$
$$g_j(x_i)=0,\quad \text{如果 } i\neq j.$$

(ii) 假设 $y_1,y_2,\cdots,y_n$ 都是实数, 并且我们令

$$P(t)=\sum_{j=1}^{n} y_j g_j(t),$$

试证明 $P$ 是最高为 $n-1$ 次的一个多项式, 且在 $1\leqslant i\leqslant n$ 时有

$$P(x_i)=y_i.$$

(iii) [这一部分并非论证的中心.] 设 $P$ 按照 (ii) 中的定义. 假如 $Q$ 是另一个最高为 $n-1$ 次的多项式, 且在 $1\leqslant i\leqslant n$ 时, 有

$$Q(x_i)=y_i.$$

试证明 $P-Q$ 是最高为 $n-1$ 次的一个多项式, 此多项式在 $n$ 点处取值为 0, 并推出 $P=Q$. [与 (ii) 相结合, 这告诉我们在 $1\leqslant i\leqslant n$ 时, 存在着一个独一无二的 $n-1$ 次多项式 $P$, 其中 $P(x_i)=y_i$.]

(iv) 考虑一个数字序列: $\cdots,a_m,a_{m+1},a_{m+2},\cdots$, 例如某个国家在第 $m$ 个月生产的洗衣机数量, 或者在 $m$ 这一年年底的 100 米短跑世界纪录的数值. 我们知道 $r\leqslant m$ 时的 $a_r$, 并且想猜测出 $a_{m+1}$. 有一个自然的求解方式 (尽管我们将会看到, 这并不一定是一个非常好的方式) 是考虑 $n-1$ 次多项式 $P$, 它在 $1\leqslant i\leqslant n-1$ 时, 有

$$P(i)=a_{m-n+i},$$

由此猜测出 $a_{m+1}$ 非常接近于

$$T_{n-1}(a_{m-n+1},a_{m-n+2},\cdots,a_m).$$

试证明

$$T_0(a_m)=a_m,$$

因此我们对 $T_0$ 的预测是, $a_{m+1}$ 会接近于 $a_m$, 所以 "明天将会像今天一样". 这种 "明天将会像今天一样" 的预报方法非常强大, 科学的天气预报花费了许多年才得以击败它. 我们在看预报方法的时候, 当然应该看其中预报成功的比率, 不过我们也应该将这个比率与用 "明天将会像今天一样" 的规则作为基础的预报成功比率作比较. 试证明

$$T_1(a_{m-1},a_m)=2a_m-a_{m-1}\,,$$
$$T_2(a_{m-2},a_{m-1},a_m)=3a_m-3a_{m-1}+a_{m-2}\,,$$

并求出 $T_3, T_4$ 和 $T_5$.

(v) 假如你知道二项式定理, 那么现在你应该能猜出 $T_n$ 的一般公式, 并请证明它.

(vi) [这一部分并非论证的中心.] 令

$$S_n(a_{m-n}, a_{m-n+1}, \cdots, a_m, a_{m+1}) = a_{m+1} - T_n(a_{m-n} + a_{m-n+1}, \cdots, a_m).$$

试证明

$$\begin{aligned}&S_n(a_{m-n}, a_{m-n+1}, \cdots, a_m, a_{m+1})\\&= S_{n-1}(a_{m-n+1} - a_{m-n}, a_{m-n+2} - a_{m-n+1}, \cdots, a_{m+1} - a_m),\end{aligned}$$

证明如果对于整数 $r$ 和具有确定数值的 $b_0, b_1, \cdots, b_n$, 有 $a_r = \sum_{k=0}^{n} b_k r^k$, 那么对于一切整数 $r$ 和具有确定数值的 $c_0, c_1, \cdots, c_n$(不需要明确求出它们的值), 有 $a_r - a_{r-1} = \sum_{k=0}^{n-1} c_k r^k$. 推出如果对于一切整数 $r$ 和具有确定数值的 $b_0, b_1, \cdots, b_n$, 有 $a_r = \sum_{k=0}^{n} b_k r^k$, 那么

$$S_n(a_{m-n}, a_{m-n+1}, \cdots, a_m, a_{m+1}) = 0,$$

且第 $n$ 种预测方法完美奏效, 即对于一切 $m$, 有

$$T_n(a_{m-n}, a_{m-n+1}, \cdots, a_m) = a_{m+1}.$$

通过利用第 (iii) 部分, 或者别的方法, 反过来证明如果第 $n$ 种预测方法对于某个序列 $a_r$ 完美奏效, 那么就存在着 $b_0, b_1, \cdots, b_n$, 使得对于一切整数 $r$ 都有

$$a_r = \sum_{k=0}^{n} b_k r^k.$$

(vii) 将预测方法 $T_0, T_1, T_2$ 等应用于某些恰当的序列. 如果你因为太懒而不去自己找到几个的话, 那么这里有两个是我从离手边最近的几本书中发现的. 第一个序列由 $\tan 0.20, \tan 0.21, \tan 0.22$ 等的值构成, 它们的精度都修正至五位数字: 0.20271, 0.21314, 0.22362, 0.23414, 0.24472, 0.25534, 0.26602, 0.27676, 0.28755, 0.29841, 0.30934, 0.32033 (参见 [1]). 第二个序列是纽约州 1966—1967 年、1967—1968 年等的全部预算支出 (单位是十亿美元): 4.0, 4.6, 5.5, 6.2, 6.7, 7.4, 7.8, 8.5, 9.7, 10.7, 10.8 (参见 [243] 第 65 页). 不过你会发现, 选择你自己的序列更有趣, 也更有说服力. 我希望你会发现, 随着你增大 $n$, 预测结果一开始是在变得越来越好, 而接下去在经过取决于这个级数的某个 $n_0$ 以后, 情况却发生了恶化. 我希望你还会发现, 对于你在各种数学用表中找到的那些 "规律" 类型的数列而言, 这个临界值 $n_0$ 比较大, 而对于你在物理学或经济学文本中找到的那些 "真实数据" 而言, 这个值比较小.

(viii) 令 $e_0 = 1$, 否则令 $e_r = 0$ (你可以假设 $e_r$ 表示由常数零构成的数列, 它在 $r = 0$ 时具有误差 1). 检查将预测方法 $T_0, T_1, T_2$ 等应用于数列 $e_r$ 的效果. 如果 $a_r$

是一个数列, 请将预测方法 $T_0, T_1, T_2$ 等应用于数列 $a_r$ 的效果与应用于 $a_r + e_r$ 的效果做比较. 以此来解释第 (vii) 部分中最后两句话所描述的现象.

我们可以引用一句中国谚语来作为总结: "预言非常困难, 尤其是关系到未来."

布莱克特的马戏团缓解问题所采取的第一步

> 是仅仅用纸和笔、射程和引信的表格为基础, 在一两个星期内帮助计算出绘制 [雷达] 数据及预测未来敌方位置以供火炮使用的最佳方法. 第二个任务是协助设计一些能够在几个星期内制造出来的、形式简单的绘图仪器. 第三阶段是找到将现存的预报器与雷达装置协同使用的方法. 结果发现, 如果通过对预报器工作人员进行高强度训练, 不精确的雷达数据能够进行手工修匀, 那么这一点是有可能做到的. 防空司令部开办了一个专门的学校来研究这样做的方法, 并给予必要的训练. 第四阶段是要尝试调整这些预报器, 从而使它们能更加高效地处理粗糙的 [雷达] 数据. 由于斯佩里 (Sperry) 预报器导致了所谓的 "被截肢的" 斯佩里预报器, 后者在代替一些绘图方法的使用方面起到了有用的 (尽管是有限的) 作用, 因此证明第四阶段也是有可能实现的 (参见 [17] 第 208 页).

布莱克特能够报告说, 在闪电战启动之初, 每射落一架轰炸机所发射的防空炮弹是 20000 枚, 这个 "每只鸟所用回合" 的数字到接下去那个夏天下降到了 4000①. 我们用一个实例来总结本章, 这个例子是一个特殊形式的一般问题.

> 通过研究由不同区域防御所取得的每只鸟所用回合数, 就会意外地发现, 沿海炮塔的命中率似乎是内陆炮塔的两倍, 它们射下每只鸟所用的回合数大约只有后者的一半. 各种各样的 …… 假设都被考虑用于解释这一奇怪的结果. 是沿海的火炮所在位置比较好, 还是雷达在海上效果更好? 也可能是敌军飞行器比在陆地上飞行时飞得比较低、比较直. 随后真正的解释突然在脑海中闪现出来. 在陆地上, 比如说在伯明翰地区, 一座炮塔如果声称摧毁了一架敌军飞行器, 那么这个断言就会通过搜寻和验明这架失事飞机来核查. 如果没有找到失事飞机, 那么这一断言就否决了. 但是一般而言, 沿海炮塔所做的声明却不可能做这样的核查, 因为掉进海里的飞行器就无迹可查了. 因此, 沿海炮塔命中率看起来比较高的解释, 结果是由于这些沿海炮塔 (几乎所有其他炮塔也是一样) 过高地估计了它们所断言摧毁的敌军飞行器, 高估的比例大约是两倍 (参见 [17] 第 211 页).

① 不过, 直到 1944 年采用了更为精确的 10 厘米雷达装置和美国人开发的一种新的电子预报器后, 这个问题才得到彻底的解决, 恰好及时控制住 V1 巡航导弹的威胁. —— 原注

# 飞行器对潜水艇 第 4 章

## 4.1 25 秒钟

在第二次世界大战期间, 海岸司令部 (Coastal Command) 的飞行器负责对潜水艇的空中战争. 这场战争开始得很糟糕, 当时司令部的一架飞行器袭击了一艘浮出水面的皇家海军潜水艇 "鲷鱼号" (Snapper). 这次袭击极其精准, 一枚 "反潜炸弹" 径直地击中瞭望塔底部. 这艘潜水艇仅损失了四个电灯泡, 此外没有遭受到任何进一步的毁坏. 幸好, 在空投深水炸弹方面研发出了一种更为有效的武器.

飞行器与潜水艇之间的典型遭遇战, 是一场掌握时机的竞赛, 这种时机取决于 U 型潜水艇非常快速下潜的能力. (在军事演习中, 潜水艇在听到警钟响起后的 25 秒钟内完全潜入水中.) 飞行器发现潜水艇的一瞬间即开始笔直向它冲去, 并在最后看到潜水艇的地点上方投掷深水炸弹. 这些深水炸弹 "棒" 沿着飞行器航线差不多以直线形式下落. 随后深水炸弹下沉到预定的深度并发生爆炸. 如果 U 型潜水艇与爆炸中心相距一定范围 (即杀伤半径, 大约为 6 米), 那么它就几乎肯定会被炸沉. 如果距离稍微远一些, 那么 U 型潜水艇也许会遭到损坏, 不过, 如果没有任何一枚深水炸弹在足够近的距离爆炸的话, 那么这次袭击就完全失败了. 图 4.1 用图解形式说明了这样一次袭击的鸟瞰图 (即平面图).

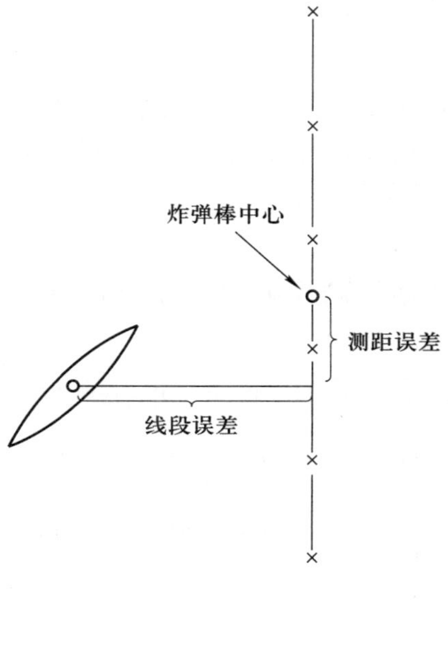


图 4.1 深水炸弹棒在一艘 U 型潜水艇附近下落的平面图

维修人员和其他人员需要花费大约 170 工时来实现一小时的作战飞行, 而实现一次袭击平均而言可能需要 200 小时的飞行. 因此, 一次寥寥几分钟的袭击, 代表的是至少 34000 工时的工作结果. 1941 年, 有 2%—3% 左右的袭击取得成功 —— 也就是说击沉一艘潜水艇需要 150 万工时. 对此有计可施吗?

布莱克特在 1941 年阐述他的那些运筹学理论时写道:

> "以新武器替换旧武器" 动辄就会变成一具非常流行的口号. 某些新装置的成功导致了一种逃避现实的新形式, 这种逃避现实多少是这样流传的: "我们目前的装备运行得不太好; 训练无方, 供给不足, 备件也不存在. 让我们换上全新的设备吧! " 然后就出现了这样的景象: 一种新的设备像阿佛洛狄忒[①]一般从飞机生产部突然冒了出来, 全面投入生产, 包括备用零件, 并由一群训练有素的工作人员共同照管 (参见 [17] 第 175–176 页).

他的总结是:

> …… 迄今为止, 在生产新设备方面投入了相对过多的科研工作, 而在恰当使用我们已经拥有的东西方面, 则投入太少.

那一年, 海岸司令部邀请布莱克特组建一个运筹学小组来研究他们的一些问题, 因此他就得到了证明自己的观点正确的机会. (在他离开防空司令部的时候, 总指挥官哀叹道: "他们偷走了我的魔术师.") 战争即将结束的时候, 他的继任者 C. H. 沃丁顿[②] (我们还会遇到他作为一位对形态发生感兴趣的杰出生物学家以及杜莎 · 麦克道夫[③]的父亲出现在后文中) 对已经完成的工作有下面的叙述.

> 当时 [1946 年], 通往发表的行程 …… 已经到了修正过的长条校样. 不过结果却证明这只是一个虚幻的版本. 政治气候的变化、对冷战态度的降温, 导致安全部门撤回了发表许可.

《第二次世界大战中的统筹学》(*OR in World War 2*) 一书最终在 1973 年问世. 本

---

① 阿佛洛狄忒 (Aphrodite), 古希腊神话人物, 爱与美的女神, 罗马神话中称为维纳斯. 她诞生于海浪的泡沫之中. —— 译注

② C. H. 沃丁顿 (C. H. Waddington, 1905—1975), 英国生物学家、遗传学家和哲学家, 他建立了系统生物学的基础. —— 译注

③ 杜莎 · 麦克道夫 (Dusa Macduff, 1945—), 英国数学家, 她的主要工作是微分几何中的辛几何 (Symplectic geometry). —— 译注

章精确基于沃丁顿的叙述[①], 我希望会引起一些读者足够的兴趣去设法阅读原书. 这些读者会发现, 他们付出的努力能够得到充分的回报.

在没有新设备的情况下, 或者甚至是在有新设备的情况下, 能够做些什么来改善状况呢? 读者应该把所有能想到的可能性列成一张清单.

1941 年 4 月的一天晚上, 布莱克特正在反潜作战室里.

> 挂在墙上的一幅大型地图上, 展示的是据猜测 U 型潜水艇在大西洋中的位置. 根据海岸司令部记录的飞行器经过相关区域的飞行小时数, 我在一张信封的背面用几行验算计算出了飞行器应该看到的 U 型潜水艇数目. 结果得到的数字大约是实际看到的四倍. 这种差异可以用以下两种方式之一来解释: 假设 U 型潜水艇是潜入水下巡航的; 或者假设它们在水面上巡航, 但是在 4/5 的情况下, 它们在被飞行器看到之前, 就先看到了飞行器并潜入水下. 从 U 型潜水艇抓到的俘虏声称, 除非是在看到飞行器的时候, 否则 U 型潜水艇很少下潜, 因此第二种解释很有可能是正确的 (参见 [17] 第 216 页).

(请回忆一下, 潜入水中的 U 型潜水艇行进非常缓慢, 因此这些 U 型潜水艇必须尽可能多地在水面上航行.)

**练习 4.1.1** 布莱克特在信封背面所做的计算很可能是基于下面这个近似公式:

$$N = 2svHD,$$

其中 $N$ 是在潜水艇不下潜的情况下应该被看到的数量, $s$ 是一架飞行器应该会发现潜水艇的最大距离, $v$ 是飞行器速率, $H$ 是飞行小时数, 而 $D$ 是 U 型潜水艇密度 (即海面上每单位面积的 U 型潜水艇数目). 说明这个公式的合理性, 并讨论其中做了哪些近似.

通过分析到 1941 年 5 月为止的所有有报告记录的目击事件, 获得了进一步的信息.

> 看来在几乎 40% 的情况下, U 型潜水艇最初被看到时已经在下潜过程中了, 这就意味着是它先看到飞行器的. 另外还有 20% 的情况下, U 型潜水艇在被看到时早已潜入水下 (只剩下它的潜望镜还能看见)(参见 [251] 第 151 页).

---

① 本章图片也根据同一原始资料重新绘制.—— 原注

由此可见, 这些实际上被看到的潜水艇中, 有 60% 在自身被发现前早已发现了飞行器. 为了试图估计有多少艘潜水艇完全未被探测到, 当时将飞行器发现潜水艇和潜水艇发现飞行器之间的估计时间绘制成了一张直方图. 其结构在图 4.2 中给出. 这张图显示了从最大值 5 分钟 (飞行器在最大距离处发现潜水艇, 而潜水艇在遭到攻击前没能发现飞行器) 到最小值 −6 分钟 (潜水艇在它最大可见距离处发现飞行器) 的范围. 光滑的钟形曲线看来十分好地表示了已知的那些数据, 而且从中可以看出大约有 2/3 的潜水艇 (相对于曲线下方的阴影面积) 逃脱了侦察[①].

图 4.2 行器与 U 型潜水艇, 发现时间的差值

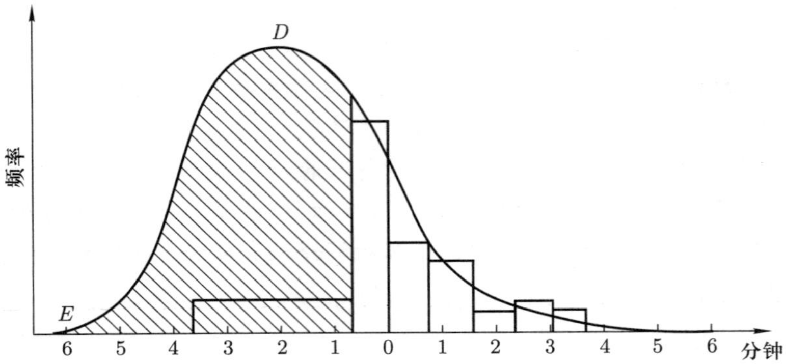


到1941年5月为止所有目击事件数据, 下潜的U型潜水艇损失的百分比为67%

那么, 如何才能提高飞行器先看到潜水艇的几率 ……? 只要是有必要的地方, 所有明显的行动方向都得到了考虑和推荐 —— 加强对机组人员的瞭望训练、配备更好的双筒望远镜, 等等. 随后还考虑到了与太阳有关的最佳飞行器航线方向. 如果飞行器是向着太阳飞行的, 那么 U 型潜水艇上的船员也许较难看到它. 某天, 大家在海岸司令部里讨论这些问题的时候, 有一位皇家空军中校随意地说起: "海岸飞行器是什么颜色的?" 我当然知道, 它们主要是黑色的, 这是因为它们主要是夜航轰炸机, 例如惠特利式 (Whitley) 轰炸机. 不过在他向我提出这个问题之前, 我忽略了这个事实的重要性. 夜航轰炸机被漆成黑色, 目的是为了尽可能少反射来自敌方探照灯的光线. 在没有探照灯产生的人工照明的时候, 一架在中低空飞行的飞行器, 无论它是什么颜色, 也无论是白天还是晚上, 从远距离来看, 它通常都呈现为明亮的天空衬托下的一个深色物体 (参见 [17] 第 216–217 页).

在北大西洋的一般情况下, 可以在无阳光直射的多云阴天背景下看见飞行器.

① 在和平时期也会发生相关的问题. 假设我们希望建造一些防洪设施, 这些设施要能够应对在未来 200 年中可能预期到的最高海水水位. 如果我们具有过去 50 年的海水水位记录, 那么我们如何才能预测出未来 200 年中的最高海水水位呢? —— 原注

飞行器的下侧被海面反射的光线照亮,其亮度大约是天空亮度的 1/20. 因此, 即使下侧面反射了被照射到的全部光线, 它在背景衬托下还是显得很暗.

这种推理说明, 应该把海岸司令部的飞行器重新漆成白色. 对白色飞行器和黑色飞行器以平均目击距离进行模型以及全尺寸试验, 其结果表明, 在相同的被发现几率下, 白色飞行器应该能够靠近大约 20%. 再结合图 4.2 所显示的那种估计方法, 这就说明在 U 型潜水艇下潜之前发现它们的数量会上升大约 40%①. 事实上, 到 1943 年中期, 与我们前文所描述的相同估计方法表明:

> 逃脱的 U 型潜水艇数目已从 66% 左右下跌到了低可见度下的 10% 到高可见度下的 35% 这样一个数字. 这一非常令人满意的结果很可能是由于飞行器瞭望的改善以及 [重新上漆的] 效力, 不过 U 型潜水艇戒备水准的劣化也可能起了一定的作用 (参见 [251] 第 158 页).

读者也许会觉得我在陈述这个问题的过程中没有做到公平行事. 我们没有告诉读者, 飞机被漆成了什么颜色, 而我强调不使用新设备, 读者可能认为, 这也排除了给现有的飞行器重新涂一层油漆. 不过, 在本章的叙述过程中, 我们已经给了读者全部所需的信息, 来为这场战争提出最为成功的运筹学建议之一. 在这一刻, 也许读者会想要合上书来思考一下.

分析一个结构上的问题的最佳方法之一, 不是去问 "我们能够做什么改进?" 而是问 "我们可以做什么改变?" 当我们发现某件可以改变的事情时, **接下去**我们就可以问, 改变它会有什么效果. 让我们回到本章第二段中描述的飞行器与潜水艇的遭遇. 我们列出下列几种可能性.

1. 提高飞行器发现潜水艇的能力, 或者降低潜水艇发现飞行器的能力. 这一点我们早已讨论过了.
2. 使用较快速的飞行器. 这是从 "设备上" 给出了一个解决问题的方法.
3. 提高投弹精确度. 这一点我们会在后文中讨论.
4. 改变深水炸弹的设定爆炸深度.

读者可能还会想到别的一些可能性, 不过上面的第 4 点建议特别有意思, 因为就像我们的飞行器颜色一样, 深水炸弹的设定深度以某种方式在我们的掌握之中, 而飞行器的速率和投弹的精度却不是这样. 美国众议院议员、众议院军事委员会成

① 如果我们希望在这件事以后变得明智些, 那么我们可以注意到, 可能会有与反潜艇飞行器有同样这些问题的海鸥和其他海鸟也长着全身白色的羽毛. 因为甚至是漆成白色的飞行器, 在白天的大西洋天空衬托下看起来也还是很暗, 因此这就说明, 通过使用人工照明, 就会获得更好的结果. 如果采用恰当的照明, 飞行器实际上就会隐形. "美国人以他们在命名方面的天赋, 将这个计划命名为 'Yahoody the Impossible' " (参见 [251]), 但是结果一无所获. —— 原注

"Yahoody" 是一个杜撰出来的词, 这句话的大概意思是 "去他的不可能". —— 译注

员杰克逊 · 梅 (Jackson May) 在太平洋战区巡视回来后, 召开了一次新闻发布会, 他在会上说, 美国潜水艇很不错地挺了过来, 这是因为日本人将他们的深水炸弹爆炸深度设定得过浅, 于是日本人就改变了他们的深水炸弹设定 (参见 [249] 第 337 页).

我们应该如何设定深水炸弹? 粗略说来, 这个选择本身可分解为浅 (7.5 米, 对浮出水面的或者正在下潜过程中的潜水艇有效)、中等和深 (30 米). 在袭击的过程中是不可能改变深水炸弹的设定的, 因此必须在飞行器起飞前就做出决定. 由于一架飞行器只能携带几枚深水炸弹, 而深水炸弹只有在靠近潜水艇的地方发生爆炸才能摧毁它 (也就是说无论是深度还是海面上的位置都要正确定位), 所以我们将不同的深水炸弹设定在不同深度处爆炸的一个 "折中", 就会是在最佳解决方案 (无论这个方案可能是什么) 与最差方案之间的一种 "折中". 由此, 我们必须在浅、中等和深之间做出明确的选择. 读者选择的是什么? 原因何在? 请记住, U 型潜水艇一旦看到攻击的飞行器, 就会立即下潜, 并设法去到尽可能深、离它所在位置尽可能远的地方.

有一个关于一名警察的老笑话, 说他看见一个醉汉双手双膝着地趴在路灯下. 警察问道: "你在干什么? ""我在找我的钥匙." "你在哪里把它们丢了的?" "在那里." "那你为什么在这里找?" "因为这里亮啊."

对于深度设定的正确选择是由 E. J. 威廉姆斯 (E. J. Williams, 他在和平时期是一位原子碰撞的量子理论方面的专家) 发现的, 这为那个笑话制造了一个意想不到的转折. 我们再次引用布莱克特的话.

> 由于假设 U 型潜水艇平均而言会在大约袭击发生前 2 分钟看到攻击的飞行器, 而在这段时间里, 它能够下潜到大约 100 英尺 [30 米] 的深度, 因此海岸司令部和海军部下令, 将深水炸弹都设定在 100 英尺深处引爆.
>
> 威廉姆斯在这个导致设定 100 英尺深度的论证中找到了一个推理谬误. **平均而言**, U 型潜水艇也许在距离很远处就会看到飞行器, 因此会设法在遭到袭击前达到 100 英尺深处, 这可能是正确的. 不过, 就是在这些情况下, U 型潜水艇消失在飞行器视线以外的时间太长, 以致机组人员不可能知道将深水炸弹投掷在何处, 于是这个袭击计划中的有效精确度就非常之低. 威廉姆斯提醒大家注意 U 型潜水艇没能及时看到飞机, 因而受到袭击时还浮在水面上的几个例子. 在这些例子中, 海面上的投弹精确度很高, 这是由于在袭击的时候, U 型潜水艇是可见的. 不过威廉姆斯也指出, 就是在这些例子中, 深水炸弹会在 100 英尺处爆炸, 由于深水炸弹的杀伤性损毁半径只有大约 20 英尺 [6 米], 因此就不会对 U 型潜水艇造成严重损坏的结果. 可见, 现存的攻击手段由于投弹精度低而无法击沉深入水下的 U 型潜水艇, 又由于深度设定问题而无法击沉浅水处的 U 型潜水艇 (参见 [17] 第 217 页).

换言之,那个醉汉在路灯下寻找的做法是正确的. 只有少数潜水艇在受到攻击的时候会浮在水面上,但是既然我们有任何攻击机会的,就只有这几艘,因此我们就应该把深水炸弹设定在浅水爆炸,从而集中力量攻击这几艘潜水艇. 就我们可以判断的情况来看,改变设定后,每一百次袭击中被击沉的潜水艇数量翻了四倍.

> 被俘的德国 U 型潜水艇船员以为我们采用了一种新的、强大得多的爆炸方式. 实际上我们只是把深度设定调节器从 100 英尺标记处调到了 25 英尺标记处 (参见 [17] 第 217 页).

一个简单的战略改变,就把飞行器的角色,从吓唬潜水艇的稻草人转变成了潜水艇杀手.

现在我们转而讨论投弹精确度的问题 (请注意,仅限于浮在水面上的或正在下潜过程中的潜水艇,这一新的限制条件将事情大大简化了). 初看起来这里似乎没有什么问题,因为参加实验的机组人员展示了令人印象深刻的精确度. 不过,实际攻击中得到的结果却令人失望. 这可能意味着精确度在用于军事行动的情形下发生了实质性恶化,或者也可能是深水炸弹存在着什么问题①. 为了解决这个问题,他们决定在飞机上装载照相机,用来以确定的时间间隔拍摄袭击过程. 当然,做这样的决定要比实际执行容易得多. 请读者深思一下这里所牵涉的各种问题. 读者还应该自问,要怎样着手来解释结果得到的那些数据.

使用这些数据的一种方法,是将所有袭击的结果重叠在同一张图中. (我们忽略其中涉及的几何及其他问题. 在沃丁顿的书的第 7.3 节中会找到一段相关的讨论.) 图 4.3 中显示了用有待分析的最初 16 次袭击这样做的结果. 图中的点给出了深水炸弹棒的中心点,箭头则表示攻击方向. 外圈半径是 300 英尺 (大约 90 米). 我们立即就能看出,这些中心点相当分散 (结果发现误差大约比机组人员所预计的大三倍),不过除了劝勉以外,还能对此有所作为吗?

如果我们不仅仅是画出各个中心,而是也同时画出各中心的平均值,那么就会出现一件相当有趣的事情. 从形式上,如果各个中心都具有笛卡儿坐标 $(x_1, y_1), (x_2, y_2), \cdots, (x_n, y_n)$,那么它们的平均点或者说重心是 $(\bar{x}, \bar{y})$,其中

$$\bar{x} = \frac{x_1 + x_2 + \cdots + x_n}{n}, \quad \bar{y} = \frac{y_1 + y_2 + \cdots + y_n}{n}.$$

该结果显示在图 4.4 中,图中画有阴影线的小圈即表示这个平均点,距离以英尺为单位来标记. 从这张图中可以清楚地看出

① 在两次世界大战期间的各个不同时段,德国、英国和美国海军使用过设计有缺陷的鱼雷. 这三个国家的海军部团结一致,宁可将鱼雷攻击的失败归咎于潜水艇,也不责怪鱼雷本身. —— 原注

图 4.3 对潜水艇发起的 16 次袭击

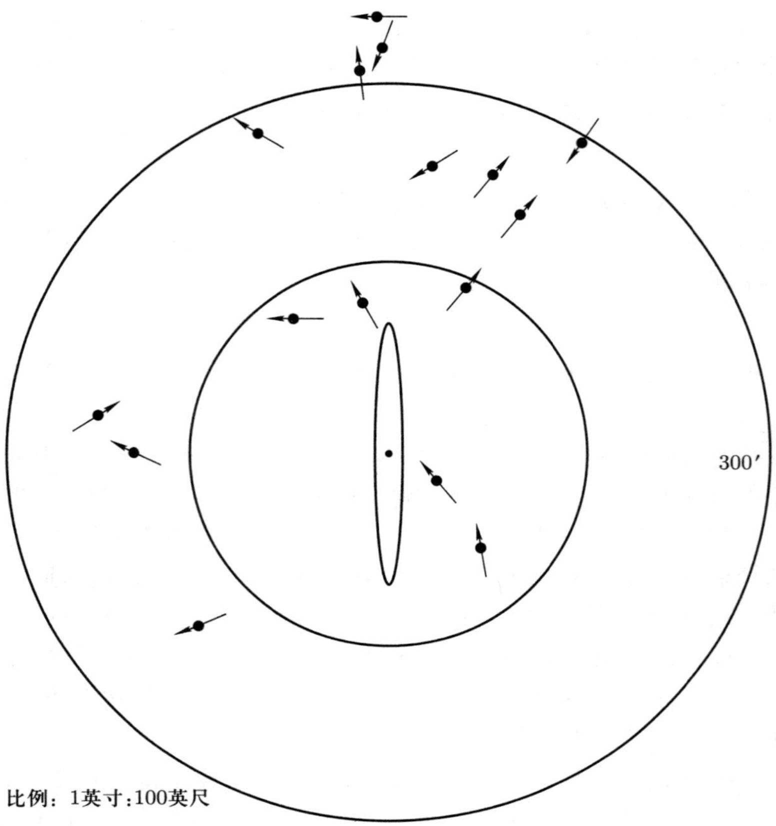


这些炸弹棒的中点分布的中心并不是在指挥塔上，而是在它前方大约 60 码 [55 米] 处的一个点. 当时的战略指导以及低空轰炸训练都在相当程度上注重将瞄准提前的要求，以便考虑到深水炸弹下落过程中 U 型潜水艇的向前移动. 这种提前瞄准显然是做得过分了. 在飞行器向前飞的时候，要靠眼睛来估计海上的距离，其中的困难是众所周知的 (这种困难也解释了飞行员对他们投弹的精确度为何做出乐观的估计). 可以证明，在这种情况下治疗比疾病本身更糟糕. 假如飞行员完全忘记 U 型潜水艇在向前移动而直截了当地瞄准指挥塔的话，就会获取较高的百分比. 这一建议得到了采纳，在随后所进行的分析中，这种超前系统误差消失了 (参见 [251] 第 188 页).

从图 4.5 中可以看到其结果. 除去这种系统误差后，(就我们可以判断的情况来看) 导致杀伤率提高了 50%.

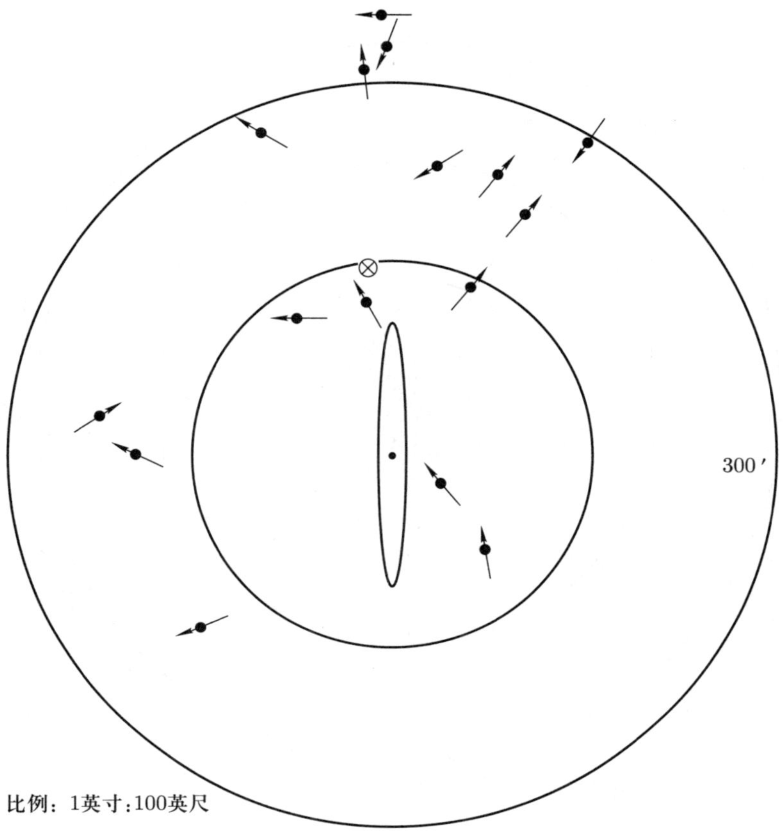


图 4.4　对潜水艇发起的 16 次袭击的平均中心点

到 1945 年初, 每次袭击杀伤 U 型潜水艇的百分比已提高到 40% 以上. 这种改善的部分原因是技术的提高, 还有部分据推测是 U 型潜水艇船员水准的下降, 不过很大程度上必须归功于没有把科研工作花费在制造新器械上, 而是找出现有器械的恰当使用方法 —— 用一个词来说就是运筹学.

作为本小节的总结, 我们沿着前两幅图的线索来讨论另一幅图. 图 4.6 是 1942 年 7 月到 12 月间飞行器看到的护航队周围的 U 型潜水艇位置的合成图. (内部的圆圈半径约为 18.5 千米, 护航队方向用箭头表示.) 我们再次请读者暂停一下, 看看能从这幅图中提取出什么有用的信息.

> [我们]一直以来总是希望能够通过描绘出目击事件的相对位置来发现群攻战略. 出没于护航队前方大约 8 ~ 16 英里 [13 ~ 26 千米] 处, 并且位于其航线的 45° 以内的一些 U 型潜水艇, 其更为诡秘的踪迹也可能被发现. 这看起来足够明显了, 不过也有大量目击事件发生在护航队后方的整个区域中, 向外延伸至大约 30 英里 [50 千米] 甚至更远. 似乎没有什么理

图 4.5 取消提前瞄准后的袭击平均中心点

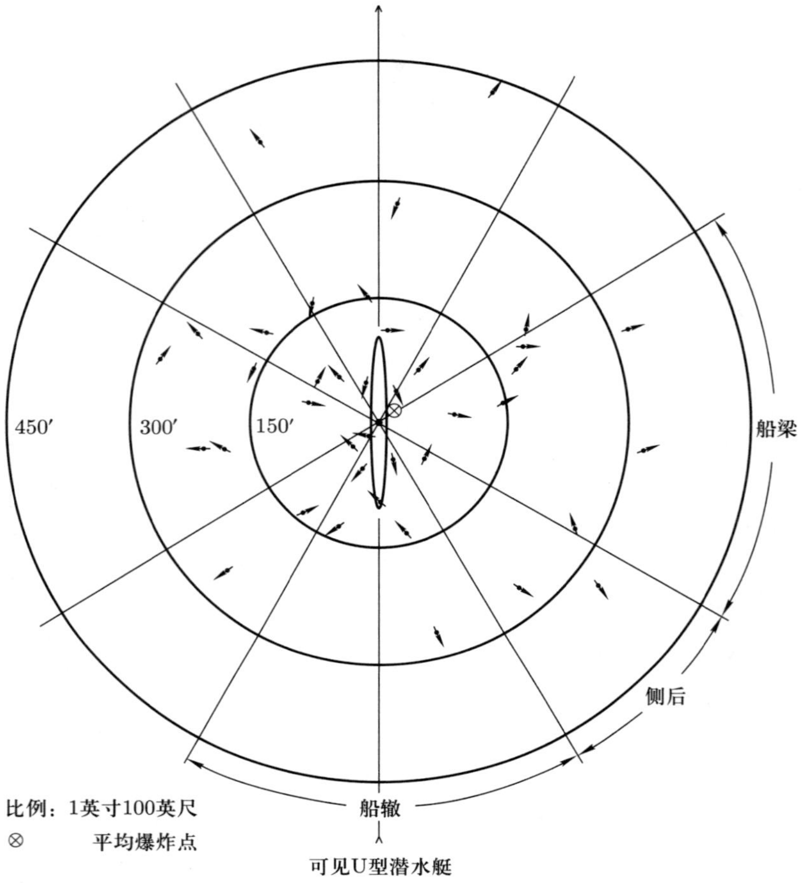


由能解释 U 型潜水艇为什么要进入这样的位置. 直到我们意识到, 我们所发现的这些潜艇群由于与护航队部分或完全中断了接触, 因此早已打乱了队形, 此时我们才得以理解, 为什么这种战术上不利的位置处, 会有如此高密度的 U 型潜水艇 (参见 [251] 第 255 页).

1942 年 8 月, 邓尼兹告诉一位瑞典记者说: “飞机无法消灭 U 型潜水艇, 这正如乌鸦无法跟鼹鼠打架一样.” 不过潜水艇要避开飞机就必须得下潜. 一旦潜入水下, 它实际上就又聋又瞎, 因此既无法与群体中的其他潜艇进行通信, 也无法追踪护航队, 而且它的速率也变得大大低于它的猎物. 空中护航可防止 U 型潜水艇跟踪及进入攻击位置, 而 U 型潜水艇如果不攻击护航队的话, 它们就毫无用处. 只要潜水艇还必须花费大量时间浮出水面来给电池重新充电, 只要潜入水中的潜水艇速率还会变得甚至比最慢的护航队还要慢 (除非是短距离冲刺), 那么这个时候飞行器还是能够把潜水艇将死.

同盟国对潜水艇战争所取得的成功并不是一个预料之中的必然结局. 日本人输掉了战争. 他们直到 1943 年底才开始采用商船护航队, 他们没能使其护航无线电保密, 也没能开发出有效的反潜艇战术. 他们丧失了商船中的八分之七.

1945 年 4 月 30 日, U-2511 成为进行作战巡航的第一艘 XXI 型 U 型潜水艇. 它能以 18 节 [即 33 千米/小时] 的最大水下速率行驶一个半小时, 能以 12 ~ 14 节 [大约 26 千米/小时] (大大快于多数护航队) 的水下速率行驶 10 小时, 还能以 6 节 [即 11 千米/小时] 的水下速率行驶长达 48 小时. 使用水下通气管后, 潜水艇就不必浮出水面来对电池重新充电了, 因而使它能够以 12 节 [即 22 千米/小时] 的速率无限期地行驶, 只需要将一个水下小通气管的头露出海面就可以了. 除非是在平静的海面上, 否则在波涛中用肉眼或者雷达去搜寻这样一个目标的任务 "可以比作一个高尔夫球手在一块无边无际的开满雏菊的田野中寻找一个球" (参见 [189]). 5 月 2 日, U-2511 被一个英国巡逻队侦察到, 但是却以高速水下冲刺轻易逃脱. 5 月 5 日午夜, 此时 ("由于功高盖主" (参见弥尔顿 (Milton),《失乐园》(*Paradise Lost*), 第二册)) 已成为希特勒继任者的邓尼兹下令德国投降, 而这条消息在这艘潜水艇准备好要在近距离内袭击一艘英国巡洋舰时到达. 船长执行一次模拟袭击后, 在未被发现的情况下返回基地. 正在优势即将从飞行器移回到潜水艇的时候, 战争结束了.

## 4.2　让我们换换花样, 试一下计算尺

在海岸司令部待了九个月后, 布莱克特接到要求, 让他在海军部组建起一个运筹学小组. 对抗 U 型潜水艇的战争仍然是他主要关切的问题, 不过如今他的任务是要从一般性的立场上来对它加以考虑. 例如, 在运载货物的商船和保护它们的护航舰之间, 如何分配有限的造船资源才是最佳方案?

为了回答这个问题, 我们就必须知道, 在一支护航队中, 每多分配一艘护航舰, 结果会多挽救该护航队中的几艘商船. 据推测, 一支护航队中平均损失的船只数量是护航舰数目 $n$ 的函数 $f(n)$, 但是我们怎么才能计算出 $f$ 呢? 布莱克特的回答是, 我们无法计算, 不过我们也不需要计算. 如果 $f$ 的行为规范, 那么我们预计 $f$ 在局部近似为线性, 因此对于某个常数 $A$, 当 $h$ 相当小的时候, 有

$$f(x+h) \approx f(x) + Ah.$$

(如果你懂一点微积分, 那么就会写成 $A = f'(x)$. 我们在第 8.2 节中会回过来讨论这一点.) 仅 $-A$(请注意我们预期 $A < 0$) 这个数字就告诉我们增加一艘护航舰会挽救的商船数量. 如果我们以平均损失数目为纵轴、护航舰数目为横轴作图, 那么我们就可以指望它们会**非常粗略**地处于一条斜率为 $A$ 的直线上. (不难指出这种处理方法中出现的各种问题, 但是读者能提出一种更好的方法吗? "如果我能够的话, 我就

会…… 很乐意为圣米迦勒提供一支蜡烛, 也给他的龙提供另一支蜡烛①.” (参见蒙田 (Montaigne),《随笔集》(*The Essays*), 第三册第一篇)) 此类分析表明, 与六艘护航舰组成的护航队相比, 如果一支护航队中有九艘护航舰, 那么平均而言损失就会减少 25%. 可见, 按照当时实施的护航队形式, 每多增加一艘护航舰服役, 预计每年就能救下两到三艘商船. 以减少建造商船为代价, 来建造更多的护航舰, 这是值得的. 不过, 这个毫不含糊的结论还必须与实际困难作权衡.

> 这种实际困难在于将各造船厂迅速从建造商船转变成建造护航舰. 正如经济学理论预言中经常出现的那样, 理论上的最优生产规划, 无法在实践中快速实现 (参见 [17] 第 229 页).

由于护航队必须以最慢的那艘船的速率航行, 因此海军部分别组织起快速和慢速护航队. 布莱克特的小组发现, **在护航队具有空中掩护的情况下**, 快速 (9 节) 护航队损失的船只数量, 只有慢速 (7 节) 护航队的大约 3/5. 平均而言, 一支每天有八小时空中掩护的护航队, 其损失的船只数量, 只是没有空中掩护的护航队的 2/5. 产生这种令人吃惊的增益的原因, 与护航队速率略有提高相关, 图 4.6 揭示了这一原因. U 型潜水艇只有大部分时间在水面上航行, 才能赶得上快速护航队. 即使飞行器进行的是一次不成功的袭击, 也会迫使它下潜而失去与护航队的接触②.

单靠速率还不足以提供保护. 1940 年 11 月, 丘吉尔的私人科学顾问林德曼说服内阁相信, 速率能够达到高于 12 节的那些船不应该在护航队中航行③. 接下去六个月的结果显示, 速率能够达到 15 节的那些船在独自航行时遭受的损失率与普通护航队相同. 只要再慢一点, 情况就大大恶化. 在关键的北大西洋航线上, 独自航行的船舶中, 13.8% 损失了. 相比之下, 在护航队中航行的船舶损失为 5.5%. 巨型定期客轮的速率为 30 节, 这意味着它们能够比浮出水面的潜水艇跑得快, 因此只有这些船不加入护航队要比加入护航队来得更为安全. 这一决定撤销了.

**练习 4.2.1** 每支护航队损失 5%, 这个数字看起来似乎很小, 也反映出了许多护航队

---

① 圣米迦勒 (Saint Michael) 是神话中的天使长, 在基督教的绘画与雕塑中经常以与巨龙搏斗的形象出现. —— 译注

② 大多数人会认为, 几乎没有什么比软式飞艇更加不符合军事规程的东西了, 而美国海军的大部分军官也会同意这种评价. 不过, 制造这些飞艇的那家公司很有势力, 因此海军不得不采用大约 30 艘这种飞艇来供沿海护航队使用. 正如可以预料到的, 软式飞艇从未击沉过任何一艘潜水艇, 不过同样值得注意的是, 它们所护送过的 89000 艘船中, 也没有任何一艘船由于潜水艇直接攻击而遭到损失 (参见 [189] 第 150 页). —— 原注

③ 当时的护航队规划官员写道: “他的建议令我们大为惊骇…… 我那时常常晚上祈祷, 希望他会被公共汽车碾死.” (参见 [258] 第 166 页) 林德曼还改变了船舶损失的分类方法, 以致一开始在护航队中航行、但后来脱离的那些船都被**列入**护航队损失 —— 这样就多算了护航队损失, 而少算了独立航行的损失 (参见 [252]). —— 原注

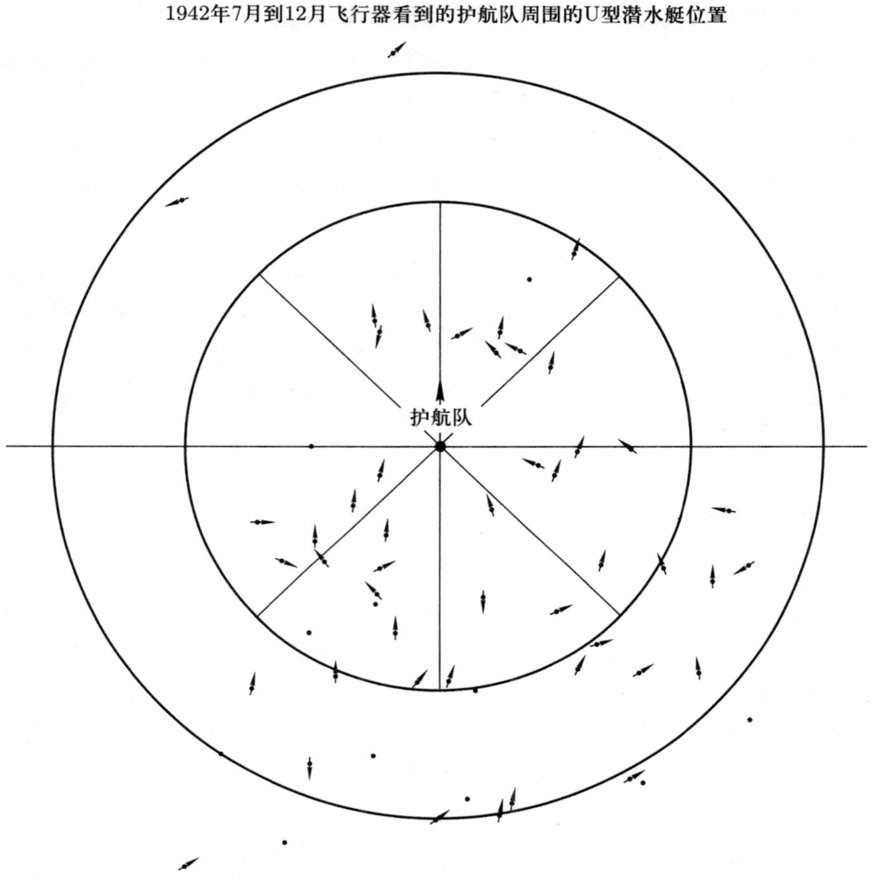


图 4.6　见到的 U 型潜水艇相对于护航队的位置

逃脱了攻击这样一个事实. 不过, 运送到英国的每件货物都需要两次护航行程, 一次运载货物向东航行, 还有一次空船向西航行. 因此运送 10 批货物的航程就需要 20 次护航队.

(i) 假如被击沉的船都得到接替, 那么在 20 次护航队中必定会找到多少艘接替船只 (表示为在最初包括的船舶中所占的比例)?

(ii) 假如有一名水手签约受雇于 20 次护航行程, 那么他在其中一次航程中遭到鱼雷袭击的概率有多大?

既然每一艘可以利用的船都要投入使用, 那么就没有任何办法来提高护航队的速率, 不过有一些方法可用于增加空中掩护. 当时的岸基飞机能够在除 "缺口" (冰岛与纽芬兰之间的一片宽度大约为两三天航程的海洋) 上方以外的地区提供掩护. 正是在这里, 这个被邓尼兹的手下称为 "恶魔峡谷" (The Devil's Gorge)、盟军水手称为 "鱼雷枢纽站" (Torpedo Junction) 的地方, 邓尼兹集中展开了他的袭击.

跟德国人一样, 英国人为了打这场战争也在榨干他们的经济. 即便如此, 但是资源是有限的, 因此每分配给海岸司令部一架飞行器, 轰炸机司令部就得少一架. 轰炸机司令部首脑哈里斯确信, 单靠轰炸就能够迅速击溃德国, 他的这种观点也得到了林德曼的支持. 对于这两个人来说, 大西洋战役是防御性的, 它分散了伟大的攻击性轰炸机战役的力量, 而他们相信, 后者的这种战役很快就会赢得这场战争.

哈里斯写道, 海岸司令部 "只不过是通往胜利道路上的一个障碍".

> 为了在海上摧毁一艘潜水艇, 需要花费大约 7000 小时的飞行时间, 这就近似于摧毁科隆①的三分之一所需要的量. …… 对空军力量进行纯粹防御性的使用, 这是十足的浪费. 海军对飞行器的使用包括: 捡拾敌方军力的牙慧, 等待可能不会. 事实上永远也不会发生的机会, 在干草堆里找针 (参见 [88] 第 179 页).

他得到了林德曼的支持.

> 一方面是一次 100 吨级的突袭对德国 40 多个大城市中的任何一个所造成的破坏, 另一方面是击沉 400 艘 U 型潜水艇中的一艘从而挽救 5500 艘船中的三四艘所带来的好处, 这两方面很难定量地加以比较. 不过, 无论在俄罗斯还是在这里都成立的一点是, 轰炸机进攻对于 1943 年的战争进程必定具有更为直接的效果 (参见 [88] 第 179 页).

布莱克特的回答是, 完全有可能进行一些定量比较. 根据护航队的统计数据,

> [一架] 远程飞行器 (例如从冰岛起飞并在大西洋中部护送护航队的 "解放者 I" (Liberator I)) 在其大约 30 飞行架次②的服役寿命内, 至少**挽救**六艘商船. 如果同一架飞行器用于轰炸柏林, 那么在它的服役寿命内会投掷不到 100 吨的炸弹, 杀死不超过几十个敌方的男女老少, 并摧毁若干栋房子. 挽救六艘商船及其船员和货物, 这为盟军战争带来的价值, 是杀死二三十个敌方的平民百姓、摧毁若干栋房子以及对生产造成的某种微乎其微的影响所无法企及的, 没有人会对此提出争议 (参见 [17]).

读者会注意到, 布莱克特的飞行器并不是像哈里斯所暗示的那样在海洋上方逡巡, 寻找发现一艘潜水艇的渺茫机会, 而是停留在靠近护航队的地方, 潜水艇必定会

① 科隆 (Cologne) 是德国人口第四多的城市, 面积约 405 平方千米. —— 译注

② 布莱克特的 30 飞行架次这个数字应该提醒我们, 海岸司令部在战争过程中损失了 1777 架飞行器和 5866 名飞行员及机组人员. —— 原注

来到此处, 它甚至也不像林德曼所描述的那样去击沉 U 型潜水艇, 而仅仅是导致它们对于其唯一的目标无所作为.

最终还得由丘吉尔来做决定, 因此他遭到了争论各方的连珠炮似的发问.

> 经过一些激烈的争论后, 哈里斯突然冲口而出: "我们打这场战争用的是武器还是计算尺?" 面对这个问题, 丘吉尔停顿了比平时更短的时间, 吐出一口雪茄的烟后说道: "这是个好主意, 让我们换换花样, 试一下计算尺吧." (参见 [103] 第 79 页)

很不幸, 林德曼的计算尺、哈里斯对阻塞性战术的精通, 再加上丘吉尔自己对攻击的偏爱也胜于防御, 这些因素横行了一年, 在这一年之中损失了几乎八百万吨船舶 (1664 艘船), 其中超过六百万吨是被潜水艇击沉的, 而建造的船舶却只有七百万吨.

唯一具有足够航程去掩护那个空中缺口的飞行器, 看来只有美国的甚远程 (very-long-range, 缩写为 VLR) 型 "解放者" (B24). 美国的兵种对抗也同英国一样激烈, 负责美国海军行动的海军上将金[①]此时正全神贯注于太平洋战争, 因此倾向于让英国人自己去火中取栗. 英国海军部最终不得不直接向美国总统求助. 罗斯福亲自介入, 并通过特殊总统令将相当大数量的甚远程型 "解放者" 分派到海岸司令部. 与此同时, 有几艘 "护航机运输舰" (用商船改装成的飞行器运输舰) 也开始可用于履行护航队职责了. 我们会在第 13.2 节讨论这一 "空中缺口" 闭合所带来的影响.

侦探小说具有一种明显的人为结构, 其中所有的叙述都是线索、转移注意力的事情或者纯粹的装饰. 不过所有的叙述都包含着精挑细选, 并强加上了一种人为的顺序. 读者现在知道 (这是参与者当时肯定不知道的), 同盟国会赢得大西洋战役的胜利. 即使读者以前对布莱克特一无所知, 现在也知道了布莱克特是这个故事中的英雄, 通常来说, 结果也会证明他是正确的. 现实的混乱是不可能重现的[②]. 不过我所做的是, 不断地给读者提供大量的事实, 力图能提供做出真正的决策时所要应付的、至少其中一些不明朗状况. 现在我请读者停下来, 合上书想一想, 是否还存在着什么别的事情是布莱克特的马戏团本应考虑到的. 我们会在下一节中回过来讨论这个问题, 不过在转入这一课题以前, 我们先用数学在战争中的一次应用来结束本节, 这一应用事件要追溯到 1916 年.

**练习 4.2.2**　(兰彻斯特定理 (Lanchester's theorem); 此题需要用到初等微积分.) 兰彻

① 欧内斯特 · 金 (Ernest King, Ernest Joseph King, 1878—1956) 在第二次世界大战期间担任美国海军军令部长及美国舰队总司令, 1944 年被授予五星上将. —— 译注

② 在马丁 · 路德维奇 (Martin Rudwich) 的《大德文郡的论战》(*The Great Devonian Controversy*) 一书中对此进行了一次卓越的尝试. 谁会想到, 一本 19 世纪 30 年代的 450 页厚的地质学书籍, 竟会像惊险小说那样吸引人? —— 原注

斯特是一位有才华的、另类的工程师，除了他的许多其他成就以外，他还在 1895 年写过一篇论文，他在这篇论文中奠定了持续飞行的各种基本条件. 经修改后的一个论文版本被认为不适合由英国皇家学会 (Royal Society) 发表而转投到物理学会 (Physical Society)，物理学会又在 1897 年拒绝录用. 此文扩充成两卷的形式分别在 1907 年和 1908 年出版后，成为飞机设计师们的教科书，时间长达二十年之久. (莱特 (Wright) 兄弟的第一次飞行发生在 1903 年.) 1916 年，他出版了一本书①，题为《战争中的飞行器》(*Aircraft In Warfare*) [136]，他在此书中提出了 "兰彻斯特 $N$ 平方律" (Lanchester's N-square Rule). 他将各种陈旧的条件与现代的条件作对比，在陈旧的条件下，"通过任何战略计划或者战术调遣可能得到的结果，只能是将大致相等的人数投入实际战斗前线：一名士兵通常都会发现自己在对抗敌军的一名士兵"，而在现代的条件下，"优势数量的集中直接导致了现行的战斗等级上的优势，而在数量上处于弱势的军队就会发现自己处于更猛烈的炮火之下，一人对一人，而无力还击".

(i) 考虑两支用步枪武装的军队之间展开的一场战役，蓝军在 $t$ 时刻有 $b(t)$ 名士兵，而红军在 $t$ 时刻有 $r(t)$ 名士兵. 在一段给定的短时间内，红军展开的有效攻击次数会与该军队中的士兵人数成正比. 其结果是，蓝军的损失人数也会与红军的士兵人数成正比.

$$b'(t) = -cr(t),$$

其中 $c$ 是一个严格意义下的正常数. 与此类似，

$$r'(t) = -kb(t),$$

其中 $k$ 是另一个严格意义下的正常数. 试证明

$$\frac{\mathrm{d}}{\mathrm{d}t}(kb^2(t) - cr^2(t)) = 0,$$

并推出

$$kb^2(t) - cr^2(t) = kb^2(0) - cr^2(0).$$

如果

$$kb^2(0) - cr^2(0) > 0,$$

试得出蓝军就会赢得一场歼灭战的结论. 结果会剩下多少士兵? (在整道题目中，我们都假设 $b(0), r(0) > 0$.)

(ii) 为了简单起见，令 $c = k$. 假设红军有 7000 名士兵，分成 4000 和 3000 的两队. 如果蓝军的 5000 名士兵先攻击其中一队红军，等战局已定后，再攻击第二队红军，那么会发生什么事? 如果在蓝军攻击之前，红军设法将其两队联合在一起，又会发生什么? 兰彻斯特根据敌对的英国海军和德国海军的例子说明了他的观点. 德国

① 根据战争即将爆发前所写的一些文章，这些文章中包括对反潜战术、空投鱼雷和战略轰炸的讨论. —— 原注

海军的战前计划要求在一系列小型战役中蚕食英国兵力, 而英国的反击方式则是将其各主要部队联合成一支 "大舰队" (Grand Fleet). 他将自己的结论概括为: 一支军队的战斗力按其兵力的平方变化.

(iii) (这一部分并非论证的中心.) 回顾第 (i) 部分, 试证明

$$r''(t) = ckr(t)$$

且

$$r'(0) = -kb(0).$$

从而求出 $r(t)$, 并证明如果 $kb^2(0) - cr^2(0) > 0$, 则存在一个 $t_0 > 0$ 使得 $r(t_0) = 0$. $t_0$ 代表什么?

(iv) 不过, 现代战役中的很多情况下, 都是抱着能击中点什么的希望, 向敌军所在的大方向开火. 请解释为什么在这些情况下, 似乎更加合理的一组方程是

$$b'(t) = -cr(t)b(t), \quad r'(t) = -kr(t)b(t),$$

其中 $c, k > 0$. 试证明现在有

$$kb(t) - cr(t) = kb(0) - cr(0).$$

从而在这些情况下更合理的说法是, 一支军队的战斗力随着其兵力成正比关系变化.

(v) (这一部分并非论证的中心.) 为了简单起见, 假设在第 (iv) 部分中有 $k = c = 1$ 及 $b(0) - r(0) = 1$. 试证明 $b(t) = 1 + r(t)$, 并推出

$$r'(t) = -(1 + r(t))r(t).$$

从而证明

$$\frac{r(t)}{1 + r(t)} = \frac{r(0)}{1 + r(0)}e^{-t},$$

且对于所有的 $t \geqslant 0$ 都有 $r(t) > 0$, 而在 $t \to \infty$ 时有 $r(t) \to 0$.

试证明在 $kb(0) - cr(0) > 0$ 的条件下, 同样的这些结论对于 $k, c, b(0)$ 及 $r(0)$ 的一般 (严格正) 值都成立. 在 $kb(0) - cr(0) < 0$ 及 $kb(0) - cr(0) = 0$ 的条件下, 又会发生什么?

兰彻斯特的 $N$ 平方律在军事圈中受到高度赞扬, 这可能是由于它似乎为那些标准的战略规则提供了科学上的支持. 不过, 布莱克特的评价是: "一般而言, 在任何一种特定的情况下都很难决定这样的一条规律是否适用." (例如, 护航舰与 U 型潜水艇之间发生的一场战役是比较接近 (i), 还是比较接近 (iv)?)

> 这样的**先验性**研究对于处理复杂事件 (比如说一大群 U 型潜水艇与一支护航队作战) 几乎毫无用处. 在处理此类战役的一些挑选出来的部分时, 这些研究有时候还有些作用, 例如去算计在特定的天气条件下, 一艘 U 型潜水艇穿透由一定数量护航舰组成的护航屏障的几率. 在研究各种实际武器的性能方面, [它们] 几乎总是有用的, 也是必要的. 例如, 在某些假定的平面误差和深度误差条件下, 计算比如说用一颗 14 型深水炸弹去摧毁一艘 U 型潜水艇的几率 (参见 [17] 第 198 页).

在纽曼 (Newman) 的《数学的世界》(*TheWorld of Mathematics*) 一书中转载了兰彻斯特的书中处理 $N$ 平方律的两章.

## 4.3 面积法则

正如我们在上一节中看到过的, 布莱克特的小组研究了护航队的损失与所提供的护航舰数目、护航队的速率以及是否具备空中护航这些因素之间有怎样的依赖关系. 如果我们仔细地思考一下, 可以怎样分析这些可用的信息, 就会豁然想到, 这里还牵涉到另一个更为重要的变量 —— 护航队的规模. 而且这是一个在我们掌控之中的变量, 而运筹学的关键就是识别出这样的一些变量.

读者应该暂停下来想一想, 应该有哪些全局性的考虑因素来决定护航队的规模. 读者会采用少量的大型护航队, 还是大量的小型护航队, 还是某种别的体系? 如果想要更多的信息, 那么这些信息是什么, 又该如何使用它们?

一个明显可以作为起点的就是那些现存的法则.

> 在一种非常危急的局面中的紧迫要求下, 护航队及其护航舰的组织在相当程度上不可避免地成为一件偶然的事. 不过海军部还是制定了某些宽泛的原则, 来管理它们的组织情况. 一般而言, 人们都认为大型护航队相对比较危险, 而小型护航队则相对较为安全. 一支由 40 艘商船组成的护航队被认为是接近最佳规模, 而超过 60 艘船的护航队则遭到禁止. 至于一支给定规模的护航队所需要的护航舰数量, 由来已久的那条 $3 + N/10$ 法则已经提供了一种粗略而现成的指导原则. 这一原则决定了一支非常小的护航队最少要有 3 艘护航舰, 而护航队中每 10 艘船就需要增加 1 艘护航舰. 因此, 一支有 20 艘船 ($N = 20$) 的护航队就会有 5 艘护航舰, 而一支有 60

艘船的护航队就会有 9 艘护航舰. 这条从未有人查探过其来源①的法则的含义是, 这一数量的护航舰会保证不同规模的护航队同样安全, 也就是说, 可以预期它们会具有相同的平均百分比损失率.

不过, 可以证明, 海军部队的 $3+N/10$ 法则与小型护航队比大型护航队安全的通例不相容. 为此考虑下列两种不同的运行情况: (a) 均有 20 艘船的三支护航队, 每队都根据该法则配备 5 艘护航舰; (b) 一支有 60 艘船的护航队, 配备可供使用的所有 15 艘护航舰. 根据这条法则, 显然大型护航队会安全得多. 因为将此法则用于一支 60 艘船的护航队, 给出的结果是, 只需要 9 艘护航舰, 就能与小型护航队同样安全, 而将各由 5 艘护航舰构成的三个分立的护航小组集中在一起, 就会有 15 艘护航舰可供使用.

浏览不同规模护航队中船舶损失数量的实际记录时, 我们惊奇地发现, 在过去的两年中, 大型护航队遭受的相对损失远远低于小型护航队. 这些数字令人吃惊. 将护航队分成小于 40 艘船和大于 40 艘船的两种类型, 结果发现平均规模为 32 艘船的较小护航队所遭受的平均损失是 2.5%, 而平均规模为 54 艘船的大型护航队所遭受的平均损失只有 1.1%. 如此看来, 大型护航队实际上比小型护航队安全两倍以上.

尽管这些统计数据看起来相当可靠, 不过 [运筹学小组中的] 科学家们还是觉得, 在试图说服海军部相信他们对于小型护航队的那种建立已久的偏爱是错误的之前, 有必要尽人力所及去确证大型护航队事实上确实要比较小的护航队安全. 毕竟, 统计数据也可能会出错 —— 尤其是通过在这类计算中所牵涉的这些相对较小的数字所产生的几率涨落. 也许前两年中大型护航队的损失较低就是由几率导致的. 我们觉得, 如果能找到一种合理的解释, 来说明为什么大型护航队应该比小型护航队更安全, 就会使这种情况更加突出, 从而要求改革政策 (参见 [17] 第 230–232 页).

读者能提供所需的 “合理解释” 吗?

布莱克特继续写道:

…… 对关于 U 型潜水艇对护航队作战的所有可供利用的事实展开了一

① 布莱克特的这个评注令人想起一则无疑不足凭信的故事, 其内容是关于野战炮兵射击的一项运筹学研究. 科学家们发现, 除了实际操纵火炮的五名人员以外, 还有第六名士兵, 他在整个射击过程中都处于立正的状态, 似乎不起任何别的作用. 过去的和当前的指令手册对此都没有给出什么线索, 询问在役的和退伍的军官们也同样毫无帮助, 直到请教到一位参加过布尔战争的老兵才解答了这个问题. “这第六名士兵是牵马的.” —— 原注

布尔战争 (Boer war), 英国与南非布尔人建立的共和国之间的战争. 历史上共有两次布尔战争, 分别发生在 1880—1881 年和 1899—1902 年. —— 译注

> 项集中研究. 提供了很大帮助的, 是从沉没的 U 型潜水艇上抓获的战俘, 他们给出了对护航队展开的 “狼群” 袭击中, U 型潜水艇所采用的详细战术. 经过几个星期的集中研究分析和讨论后, 以下这些事实浮现了出来. 在任何一次航程中, 某一特定的商船会被击沉的几率, 取决于三个因素: (a) 它航行时所在的护航队被看到的几率; (b) 一艘 U 型潜水艇在看到护航队后, 穿透其周围护航舰构成的屏障的几率; (c) U 型潜水艇穿透屏障后, 这艘商船被击沉的几率. 结果发现: (a) 大型护航队和小型护航队被看到的几率几乎是相同的; (b) 一艘 U 型潜水艇穿透屏障的几率, 仅取决于护航舰的线密度, 也就是需要防卫的周长上每英里的护航舰数量; (c) 当一艘 U 型潜水艇确实穿透屏障时, 被击沉的商船数量对于大型护航队和小型护航队而言都是相同的 —— 这只是因为目标数量总是绰绰有余①.

考虑一支护航队, 其圆形周长上有若干护航舰巡逻. 如果我们将这个圆圈的半径加倍, 那么由于周长与半径具有**线性**依赖关系②, 因此我们要保持每英里周长上的护航舰数目相等, 就需要两倍的护航舰数量. 另一方面, 圆的面积随着半径以**平方**关系变化③, 因此受到护送的船只数量是原来的四倍. 利用布莱克特在刚才那段引文末尾所陈述的这些事实, 我们就会看到: (a) 对于两种护航队而言, 被看到的概率本质上是相同的; (b) 假如护航队被发现, 那么对于两种护航队而言, 一艘潜水艇会穿透防卫屏障的几率也相同; (c) 两种护航队中被任何一艘已穿透防护屏障的潜水艇击沉的船舶数量也相等. 由此可见, 两种护航队都会损失 (平均而言) 相同数目的船舶, 因而大型护航队的百分比损失率 (平均而言) 就是小型护航队的四分之一. 此外, 较大护航队用来护送每艘商船的护航舰数量是较小护航队的一半. 换言之, 如果我们将每支护航队的规模增大为原来的四倍, 那么我们遭受的损失就是原先的四分之一, 而需要的护航舰队却只有原先的一半!

**练习 4.3.1** 试证明对于周长为圆形的护航队, 如果每英里周长具有固定数量的护航舰, 那么有

$$\text{每艘商船所需护航舰数量} \approx AN^{-1/2},$$

且

$$\text{预期百分比损失} \approx BN^{-1},$$

其中 $N$ 为护航队中的船舶数量, $A$ 和 $B$ 则是常数. 对于以不同队形 (例如正方形) 航行的那些护航队, 你能说些什么呢?

---

① 一般的 U 型潜水艇携带 14 枚鱼雷, 因此, 假设一艘潜水艇击沉一艘船要消耗 3 枚鱼雷, 那么它的 “猎物” 最多大约是 5 艘船. 在两次世界大战中, 在袭击过程中每艘成功袭击护航队船舶的 U 型潜水艇平均击沉一艘船 (参见 [252]). —— 原注

② 如有必要, 请回忆一下这个公式: “周长 $= 2\pi\times$ 半径”. —— 原注

③ 如有必要, 请回忆一下这个公式: “面积 $= \pi\times$ 半径的平方”. —— 原注

对于大型护航队比小型护航队更为安全的议题, 于是有了统计证据和理论支持. 不过, 正如布莱克特所说:

> 在我们建议海军实行这一重大改革之前, 必须得先决定我们是否真正相信自己的分析. 就我个人而言, 我使自己确信, 我是相信这个分析的. 根据这一信念, 如果在 U 型潜水艇袭击高峰期间, 我要把我的孩子们送去横渡大西洋, 那么我宁可用大型护航队去送他们, 也不愿意用小型护航队 (参见 [17] 第 115 页).

读者会注意到, 第 (a) 点和第 (c) 点就是我们在第 2.2 节中给出的为什么护航队起作用的原因. 这条 "面积法则" 在阿普尔亚德对第一次世界大战的教训所做的那些被人遗忘的调查中早已给出了. 倘若在 1940 年有人想起它, 原本会大大减小数量极为有限的可用护航舰的负担. 布莱克特计算出, 如果从 1942 年春天开始采纳大型护航队政策, 而不是从 1943 年春天开始, 那么五百万吨商船的实际损失原本可以缩减到四百万吨 (相当于挽救了大约 200 艘船), 他还把他的小组没能更早些去探究变更护航队规模产生的作用看作是他们犯过的最为严重的错误.

事实上, 到大西洋战役获胜以后, 才采用多达 160 艘商船组成的更大型护航队, 因此这一理论没有得到直接的检验. 大西洋护航队任务所需护航舰数量的缩减, 有助于增加支援诺曼底登陆 (Normandy invasion) 的反潜舰艇数量.

**练习 4.3.2**　我们只考虑过将护航队作为一种挽救船舶的手段. 然而, 它也是摧毁潜水艇的一种手段. 尽管对于双方而言, 最重要的比例是

$$\frac{\text{商船每月损失的运送吨数}}{\text{商船每月额定的运送吨数}},$$

不过邓尼兹用交换比例

$$\frac{\text{袭击一支护航队过程中损失的 U 型潜水艇数量}}{\text{袭击造成船舶沉没的数量}}$$

来衡量战术上的成功. 增加每支护航队中的护航舰数量, 就增大了一艘前去袭击的 U 型潜水艇会被击沉的几率, 而且也使得幸存下来的 U 型潜水艇的任务更为艰巨. 沃特斯 (Waters) 就 13 世纪以来的护航队统计数据撰写过一项引人入胜的研究 (参见 [252] ). 他声称, (在没有空中掩护的情况下) 护航舰的作用可以总结为两条定律:

$$(1)\quad K = C_1 U E\,,$$

$$(2)\quad L = C_2 \frac{U}{E}\,,$$

其中 $L$ 为损失的商船数量, $U$ 为展开袭击的 U 型潜水艇数量, $E$ 为护航舰数量, $K$ 为被摧毁的 U 型潜水艇数量, 而 $C_1$ 和 $C_2$ 为常数. 结果发现, 取 $C_1 \approx 1/100, C_2 \approx 1/5$ 时, 这两个方程对于 1941—1942 年的数据成立. (在 $C_1E$ 不太大的前提下, 第 (1) 条定律看起来似乎非常可信, 不过我对第 (2) 条定律的广泛适用性比较怀疑.) 假如这两条定律成立的话, 试证明

$$\text{交换比例} = C_3E^2,$$

其中 $C_3$ 是一个常数. 求证对于 1941—1942 年所取得那两个常数, 如果采用 5 艘或更多护航舰, 那么此交换比例会升高到 1 以上. 假如我们采用大型护航队, 那么我们可以为每支护航队使用较多的护航舰, 从而对于任何一支遭受到袭击的护航队都能得到较高的交换比例.

在过于苛责海军部对小型护航队的偏爱之前, 我们必须记住, 在战前的英国和德国, 大多数海军专家都预计, 来自水面的袭击者会对护航队造成主要威胁. 一艘潜水艇只能发射有限数量的鱼雷, 而一艘袖珍战列舰却可以歼灭整支护航队. 当 "舍尔海军上将号" (Admiral Scheer) 袭击护航队 HX84 时, 全靠武装商船 "杰尔维斯湾号" (Jervis Bay) 的英勇牺牲和天色渐暗, 才将损失降低到 6 艘船.

**练习 4.3.3** (i) 假设一艘战舰会歼灭它所发现的任何护航队, 并且此战舰发现一支护航队的几率与其规模无关. 试证明此时平均百分比损失率与护航队规模无关.

(ii) 考虑在帆船时代, 布莱克特的 (a)、(b)、(c) 三点会怎样更改? (注意到下面这个事实也许会有所帮助: 当危险由一些单独的私掠船① 构成时, 超过 200 艘商船的护航队中也许只有一艘护航舰, 而当预料到会有强大的对手时, 也许就要用到主要作战舰队了.)

到布莱克特的小组开始进行其研究时, 大西洋战役已经转为护航队与潜水艇之间的一长串战役, 对于这些战役, 可以收集到它们的统计数据, 并研究其中采用的战略. 我们还应该记住, 在长时间的战争中, 公众舆论会逐渐对于一些偶然的灾难想开了, 并且选择这样的一些战术以带来 "最佳平均结果", 而不是 "避免最糟结局"②. 不过, 我们可以再次转述布莱克特论及的以下重要性:

> 使一个作战军中或司令部中尽可能多的规则和教条受到具有批判性、却又富于同情心的分析. 在十分之九的情况下, 我们都发现这些规则或教条

① 私掠船 (Privateer), 也称为武装民船, 是 16 至 19 世纪欧洲列强为了争夺海上霸权而由国家授权拥有武装的民用船, 用来攻击他国船只, 实质上就是国家支持的海盗行为. —— 译注

② 在美国加入战争的时候, 美国海军犯了一个代价昂贵的错误: 延迟了对沿海运输使用护航队. 当一位英国军官对此发表意见时, 他被告知: "正像皇家海军同英国人的关系一样, 美国海军也不享有美国公众的尊重. 如果有一艘美国船在护航队中被击沉, 哪怕是在最弱的护航条件下, 就会有人强烈要求海军办公室里的某人应被绞死." (参见 [258] 第 230 页) —— 原注

> 具有稳健的基础; 而在第十种情况下, 有时候环境的变化致使这些规则变得陈旧过时 (参见 [17] 第 210 页).

**练习 4.3.4** 考虑有一个公司, 其主要生意是运转 $N$ 台机器, 这些机器会发生一些罕见但代价很昂贵的事故, 每次事故都要花费公司 $k$ 英镑. 显然, 公司越大, 就越有能力承受这些事故带来的开销. 但是如果公司没有投保, 而在一年内又发生了 $N/10$ 或者更多事故, 那么公司就会破产. 投保是一种可行的方法, 不过每年要花费 $2Nk/1000$ 英镑. 在任何特定的一年内, 任何一台特定的机器发生一次事故的概率是 3/2000. 该公司希望, 在任何特定的一年内由于事故被迫停业的概率小于 1/100, 否则的话就希望其平均花销尽可能低. 试证明一家 $N = 10$ 的小公司会投保, 而一家 $N = 100$ 的大公司则不会. (这种类型的产业并不是很多, 不过这里提出的这种考虑因素适用于航空公司.)

为了确保有一些甚远程飞行器用于护航防御而进行的斗争, 是关于用轰炸机进攻德国城市的一场更大争论中的一部分. 本性使然, 布莱克特反对 "对敌方的平民百姓展开一场重大军事行动, 而不是去对抗其武装部队. 我年轻时, 在第一次世界大战中在海军服役期间, 这样的一场战役是不可思议的." (参见 [17] 第 122 页) 他和蒂泽德相信, 支持这场战役的那些人严重夸大了其可能产生的效力. 他们分析了林德曼 对接下去 18 个月中摧毁德国房舍的估计. 蒂泽德的结论是, 这个估计值比实际高了五倍, 而布莱克特的结论是, 这个值高了六倍. 林德曼泰然地回答说, 他的这些计算并不是为统计学分析而做的, 而是 "在一定程度上帮首相省去了算术计算的麻烦", 并 "意图证明, 利用我们应该可以获得的那类空军力量去轰炸一些建筑物密集的地区, 确实能够造成许多破坏."

> 据传说, 在当时的空军部里, 任何一个人, 如果他把二和二加在一起而得出四的话, 就会有人说: "不能信任他, 他跟蒂泽德和布莱克特交流过." 此外还流传着一些不那么令人愉快的故事: 任何做此类计算的人必定是一个失败主义者 (参见 [17] 第 110 页).

最终, 我发现很难相信科学论证以这样或那样的方式有着很大的影响. 像 H. G. 威尔斯① 所著的《空中的战争》(*The War in the Air*) 这样的半回忆性书籍、对轰炸伦敦的直接回忆、担忧斯大林倘若觉得俄国在承受战争的全部最沉重冲击就会进行单方面媾和、希望在不依赖于美国的情况下承担一些重要军事行动的愿望、害怕在

① 赫伯特 · 乔治 · 威尔斯 (Herbert George Wells, 1866—1946), 英国小说家、新闻记者、政治家、社会学家和历史学家, 创作过《时间机器》(*The Time Machine*)、《星际战争》(*The War of the Worlds*) 等多部影响深远的科幻小说. —— 译注

欧洲大陆登陆可能不成功而导致的伤亡、兵种间的对抗, 再加上觉得如果在德国投掷足够烈性的炸药, 那有些东西就必须让步[①]—— 所有这些因素中, 每一个本身都比 "单纯的数字" 带有更多的情感威力, 而事实证明, 它们加在一起的结果是无法抵抗的.

我们的兄弟火正在得意扬扬地过着他的狗日子
他尾巴上带着几百万个叮当作响的锡罐,
跳过伦敦的街巷, 这时我们听见有几个阴影说道:
"给那条狗一根骨头"—— 于是我们把自己的骨头给了他;
夜复一夜, 我们注视着他淌着口水、吧唧吧唧地嚼掉
一条条人命、一座座无顶塔楼的屋顶.

他的暴食对我们而言只是素斋,
像刚出生般一丝不挂、吮吸着火花的样子令人不寒而栗,
虽然有嘶嘶作响的空气栅栏包围着,
有着如同一名罪犯那样的条纹 —— 黑色、黄色和红色;
于是我们断了念, 放弃去了解这种
驱使着自然界但也驱使着我们死亡的意愿.

哦, 精致的步行者、喋喋不休的碎嘴、辩论的能手 —— 火,
哦, 我们自己的敌人和影像,
在那些警报解除后的早晨,
在你带着原始的欢乐洗劫商店
并唱着歌爬上城市的大厦和尖塔时,
难道我们没有在自己的脑海中回荡着你的想法吗? "摧毁! 摧毁!"
(参见麦克尼斯 (MacNiece),《兄弟火》(*Brother Fire*, 1943))

不过, 布莱克特并不觉得这种结局是不可避免的.

我承认有一种个人失败的感觉挥之不去, 我确信蒂泽德也有同感. 只要我们更有说服力些, 从而迫使人们相信了我们的简单演算, 假如我们曾用更为聪明的方式去与官僚作风抗争、更加起劲地去游说那些部长们, 难道我们还不可能去改变这一决定吗? (参见 [17] 第 126 页)

① 关于德国海军战略的讨论, 特别是论及两次潜艇战争时, 常常会谈到一种 "对一些简单的、说得更合适是 '残酷的' 计划的致命信念, 按照这些计划, 敌人就会让他们自己陷入绝境." —— 原注

现在看来很清楚的是, 对于轰炸攻势所产生的效果, 布莱克特和蒂泽德的看法是正确的, 不过对于其战略必要性仍然存在着争议. 希望继续深入探究这个问题的读者, 可以从马克斯 · 黑斯廷 (Max Hasting,《轰炸机司令部》(*Bomber Command*) 作者) 和约翰 · 泰瑞恩 (John Terraine,《队列的右侧》(*The Right of the Line*) 作者) 的书开始入手. 黑斯廷的结论是: "以生命、财产和道德上压过敌方的优势来计算, 轰炸机攻势耗费的代价可悲地超过了它所达成的结果." 而泰瑞恩提出的论点则是别无选择, 因此他用基钦纳① 的话来作为结论: "我们无法按照应该怎样来进行战争, 只能按照我们力所能及地来进行."

战后, 布莱克特利用他作为政府顾问的地位, 据理反对英国试图建造其自己的原子武器. 他的讣告作者评论如下:

> 回顾往事, 看来非同寻常的一点是, 在与他同时代的那些精英之中, 布莱克特是唯一一个意识到英国无法在这场技术竞赛中存留下去的人, 而且他进而还以巨大的勇气在政府最高层中强调了自己的这些看法 (参见 [149]).

有兴趣的读者在葛文 (Gowing) 的《独立与威慑》(*Independence and Deterrence*) 一书的第一卷中会找到他提出的异议的全文. 他也不完全是孤军作战, 蒂泽德也不赞成给予原子武器以高优先等级.

> 我们执意把自己看作是一个强国, 无所不能, 目前只是由于经济上的一些困难而暂有残障. 我们并不是一个强国, 也永远不会再是了. 我们是一个伟大的国家, 不过如果我们继续表现得像一个强国, 那么我们很快也不会再是一个伟大的国家了. 让我们将过去那些强国的命运引以为戒, 不要洋洋自得了 (看看关于青蛙的那则伊索寓言吧)(参见 [73] 第 229 页).

直到布莱克特死前, 他还提出, 对于像英国这样的次级强国而言, 原子武器是不恰当的策略手段. 必须声明的是, 即使是现在, 英国的大多数国民, 甚至是绝大多数国民, 还是与他意见相左 —— 尽管很难迫使他们去表明, 持有原子武器已给他们的国家带来了什么特别的好处②.

布莱克特非常公开地表达了对美国核政策的质疑, 这就导致该国在数年中禁止

---

① 赫伯特 · 基钦纳 (Herbert Kitchener, 1850—1916), 英国陆军元帅, 英国历史上最具影响力的名将之一, 在第一次世界大战中发挥核心作用, 并被炸死. —— 译注

② 有个人每过片刻就要打个响指. 当有人问他为什么要这样做时, 他回答道: "我这么做 —— 噼啪 —— 是为了防止 —— 噼啪 —— 大象接近." "可是这里附近 1000 英里以内都没有大象啊." "是啊 —— 噼啪 —— 你看到这有 —— 噼啪 —— 多么有效了." —— 原注

他入境. 他曾有一次遭到逮捕, 因为当时他所乘坐的飞机为了加油不得不在美国做一次计划外的降落. 想必此事并没有对他本人造成重大困扰, 根据他获得的美国功绩勋章①的嘉奖令所说, 他

> 在自己国家的各项科学活动中起到过决定性的作用 …… 他对运筹学数据所做的杰出分析和解释, 是致使同盟国在反潜艇战役中获得胜利的一个主要因素. 他的工作对于美国的价值不同凡响, 而他给我们的意见和忠告对于我们的战争努力是无价的贡献.

到以后的适当时候, 他的这些看法就不再被视为危险的异端, 而是认定为只不过是一种邪说而已, 这就为他成为英国科学界中的一位受人尊敬的政界元老扫清了道路.

作为曼彻斯特的一位物理学教授, 他鼓励发展射电天文学及建造一些最早期的电子计算机 (附带说一下, 这两件事情都是偃武修文的范例, 射电天文学发源于雷达, 而电子计算机则来自第十五章中描述的那些代码破译机的后代). 他的个人研究则转移到了地磁学领域, 在这个领域中, 他设计和建造出了极端灵敏的磁力计. 利用这些磁力计, 他能够测量出在古老沉积岩中的弱磁场. 这些磁场的方向会 (视不同的解释而定) 显示出在这些岩石沉积下来时, 地球磁场的方向. 用这种方法, 他为当时极具争议的大陆漂移理论获取了证据②.

如果要列出他所出任的咨询委员会、主席身份和发表的公众演讲, 那将会是一张冗长乏味的清单. 他试图在这些活动中驾驭科学思维和技术进步, 以服务于他的国家, 及一般而言地服务于人类. 他的这些尝试, 时而成功, 时而不成功. 一根金线连接起了日德兰半岛的枪炮官、卢瑟福的学生、战争时期的科技研究者和切尔西的布莱克特男爵、功绩勋章③获得者, 以及英国皇家学会的主席.

> 至于那种于德无所施, 于行无所表的逋逃和隐遁性的道德, 那种从未有冲杀迎敌之劳, 而只是临阵一逃了事的道德, 我委实不敢盛赞一辞; 须知不朽之花环是很少可以不备极艰苦而后得到的 (参见弥尔顿 (Milton), 《论出版

---

① 美国功绩勋章 (American Medal for Merit) 是 1942—1952 年美国政府授予做出突出贡献的公民的奖章, 在它颁发期间是美国的最高公民奖章. —— 译注

② 理论学家们曾否认大陆漂移的可能性, 他们的根据是, 想象不到任何可说明其存在的机制. 这一次, 是实验主义者们说了算. —— 原注

③ 正如这一勋章的名字所暗示的, 它是根据功绩而颁发的, 因此在英国各式各样的勋章中显得卓尔不群. —— 原注

功绩勋章 (Order of Merit) 是英联邦的一种勋章, 1902 年创设至今, 由君主本人自由决定获勋者, 以嘉奖在军事、科学、艺术、文学或推广文化方面有显著成就的人士. 连同君主在内, 此勋章的限额只有 25 人. —— 译注

自由》(*Areopagitca*)).

对此, 布莱克特也许补充了弥尔顿① 的训谕, 以牢记

因你从其他人的辛勤汗水中得到的种种幽僻想法, 而给予你安逸及悠闲 (参见弥尔顿 (Milton),《教会政府存在的理由》(*The Reason of Church Government*)).

## 4.4 我们能学到什么?

下文是布莱克特回忆 1941 年春天在海岸司令部进行的一次讨论.

远程德国飞行器福克–沃尔夫 200 (Focke-Wolf 200, 缩写为 FW200) 致使我们在爱尔兰西部的船运遭受到重大损失. 可以用来对付它的, 只有几架俊士战斗机 (Beaufighter). 问题在于如何最好地使用这些战斗机. 作战参谋们为如下程序提出了一条强有力的论据. 假设已知这些 FW200 主要在爱尔兰西部的一片长和宽都是 200 英里的区域内活动. 再进一步假设单独的一架俊士战斗机能够 "扫出" 一条 20 英里宽的航道, 也就是说可望能发现距离为 10 英里处的一架敌方飞行器. 有人主张, 最佳策略是等到能征调到的所有十架俊士战斗机全都处于战备状态, 然后再让它们在这片区域上方等间距飞行, 这样它们扫出的十条宽度各为 20 英里的航道就会覆盖 FW200 的整个假设活动面积. 用这种方法, 这一区域就有望得到 "扫清", 也就是说任何当天在运作的飞行器都肯定会被发现.

只有在所有十架战斗机都处于战备状态时才飞行, 这种做法的缺陷显然在于, 大多数日子里根本就不会有任何战斗机出征. 此外还有可能发生的情况是, 战斗机出航的那一天, 敌方却不会出现. 另一种选择, 当然是每天都让所有战斗机做好战备就起飞, 即使只有一架也不例外, 从而每天都有一定的几率发现敌军飞行器, 即使只是很小的几率. 两种战术各自的拥护者之间的论战转成了这样一个问题: 一方面是所有十架战斗机都出航的几天中, 发现任何敌军飞行器的理论上的确实性, 另一方面是凡是有飞行器出航的所有日子中, 发现敌军飞行器的微小几率, 这两者之间如何进行比较? 运筹学部的看法是, 假定敌方每天都出航, 且飞行数量相同, 那么这两种战术提供的发现敌军的几率总体而言是相同的, 不过出于许多原因,

① 约翰·弥尔顿 (John Milton, 1608—1674), 英国诗人、思想家, 代表作有《失乐园》(*Paradise Lost*)、《论出版自由》(*Areopagitca*) 等. 这里的上面一段引文和下面一段引文分别出自他的《论出版自由》和《宗教政府反对高级教士的理由》(*The Reason of Church Government Urged Against Prelacy*), 其中上面一段为高健的译本. —— 译注

在实际情况中却有强烈的证据支持后者, 即每天都让所有做好战备的战斗机出航, 无论数量多少都不例外 (参见 [17] 第 217–219 页).

经过 "许多次热烈的讨论" 后, 运筹学部的看法占上风了.

几天后, 我获得了运筹学主管满意的赞扬: "我说, 布莱克特, 我真高兴你向我解释过有关概率的所有内容. 只要战争一结束, 我就要直接去往蒙特卡洛①, 那时我就真正会赢了." (参见 [251] 第 207 页)

**练习 4.4.1** 试清楚地解释为什么上文给出的论据与接下去这段引文中陈述的论据是一致的. 在搜寻 U 型潜水艇的过程中, 有效飞行的基本衡量标准是 "飞行英里数", 而不是 "飞行小时数".

那些已经被诱惑去谈及飞行小时数, 而随后又被要求遵守规程的官员们, 有时会设法自圆其说. 他们的理由是: 既然假设 U 型潜水艇随机地浮出水面, 那么它们在海面上任何地点出现的可能性都是完全一样的; 因此从理论上来说, 我们就可以坐在一艘软式飞艇里, 守在某一个地点上空等待, 其效果不亚于四处飞行; 由此他们提出, 重要的是小时数, 而不是飞行距离. 如果我们感兴趣的只是看到 U 型潜水艇浮出水面, 那么这当然是相当正确的; 而如果我们想要在它们停留在水面上这段时间里抓住它们, 那么这就不正确了.

就像布莱克特的运筹学主管一样, 我们所感兴趣的是, 从 U 型潜水艇战争中吸取的这些教训中, 有多少可以在和平时期应用. 必定可以应用于对最佳维护间隔时间所进行的那些深入研究之中.

1943 年中期所承担的第一项研究, 处理的可能是所有问题中最为基本的一个. 这些检测成功地降低了飞行器发生故障的倾向吗? 一次 [检测] 以后的飞行周期被划分成若干个以 10 小时为单位计算的时间间隔, 而每飞行 100 小时中发生的维修或故障次数则对于第一个 10 小时周期、第二个 [10 小时] 周期等分别确定 …… [这些图显示] 在刚进行完一次检测后, 故障率或维修率最高, 随后越来越低, 在飞行大约 40 ~ 50 小时后逐渐恒定不变.

图 4.7 为有关于此的数量情况提供了一定的概念②.

① 蒙特卡洛 (Monte Carlo) 是摩纳哥公国 (Principality of Monaco) 的一座城市, 以赌业著称. 而以该城市命名的蒙特卡洛方法则是以概率和统计理论为基础的一类非常重要的数值计算方法. —— 译注

② 不过这里省略了重要的细节, 任何人如果希望严肃地使用这些数据, 那么他都必须去查阅沃丁顿的书中第 64 页. —— 原注

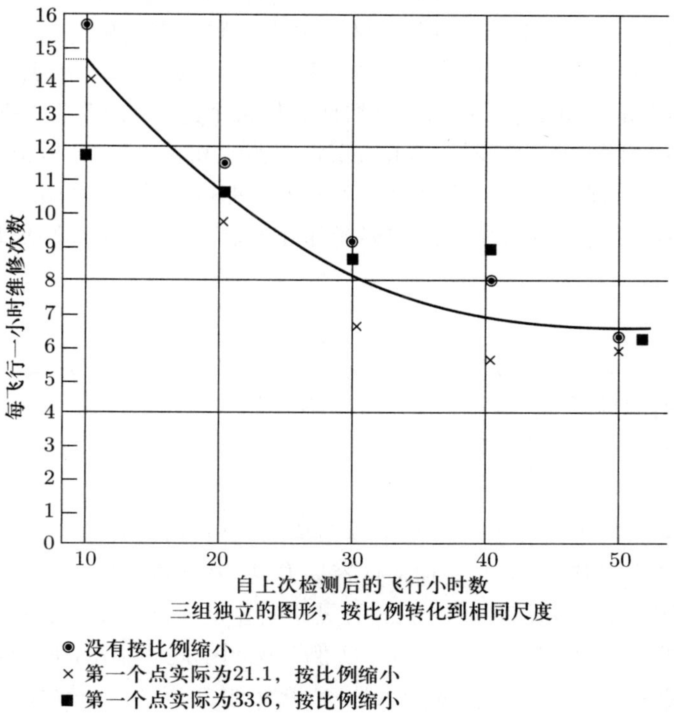


图 4.7　纵轴为维修发生率, 横轴为距上次检测的时间

> 从这个最意想不到的结果中, 立即可以推断出两个结论. 首先, ……检测具有**增加**故障的倾向, 而这只能是因为它扰乱了一种原本还算令人满意的事态, 从而造成了确实的危害. 第二, 在飞行 40—50 小时以后, 故障率没有开始出现任何再次上升的迹象, 而此时飞行器已临近它的下一次 [检测].
>
> 这两点中的第二点也许没有那么令人惊奇, 不过在实践中却很可能更加重要. 如果没有更为全面地研究过这些刚刚完成检测后而必需的故障和维修的本质, 也许就会认为它们只是无关紧要的微小不适用, 而且只要付出小小的代价去调整一些决定飞行器安全、而且如果没有进行过检测的话原本会比较容易出故障的部件. 不过, 如果这些基本部件确实存在, 并且正在临近具有预定时间间隔的检测, 那么我们可以预期, 会有一些迹象表明, 随着检测时间的逐渐接近, 故障率也不断增加. 缺乏这样的迹象, 就表明进行检测的间隔安排得过于稠密了.

换句话说, 就是 "如果东西还没坏的话, 就不要去修理它." 拉长检测时间间隔绝非易事 (谁会希望下令减少维护呢?), 不过维护周期的长度最终还是加倍了.

结果证明, 检测的时间安排是一个复杂的问题. 有些组件是 "可以检测的", 因为通过检验能够揭示出一些警示信号 (这样, 我们就可以测量轮胎的胎纹深度). 而别的组件 (例如保险丝) 却是 "不可检验的", 因为我们完全无从检测它们是否有可能在不久的将来发生熔断. 如果某个部件是不可检测的, 那么我们能做的是, 要么等着它出故障, 要么定期更换它. 我们很自然地会从每个部件的 "寿命" 角度来思考 (尽管即使在这里, 我们也必须区分不同的部件: 像发动机零件那样的部件, 其恰当的度量标准想必是飞行时间; 另外像飞机起落架零件那样的部件, 其恰当的度量标准想必是起飞次数; 还有容易发生腐蚀的那些部件, 其恰当的度量标准想必是经历的时间). 于是

> 进行了 [一次] 尝试, 为某些零件设定了一个寿命, 不过对于几乎所有已发现的各种故障而言, 零件在某一时刻不是非常有可能出错, 而在下一个时刻却很可能了 (参见 [251] 第 70 页).

基于各种简单机械装置和复杂生物系统的耗损方式, 我们的直觉告诉我们, 随着事物变得越来越陈旧, 它们就越来越容易失灵. 然而许多电子设备却具有这样一种特性: 无论使用了多长时间, 它们的失灵倾向总是保持不变. 初看之下, 这似乎是一个吸引人的特性, 但是接下去的这个实例会说明由此产生出的那类问题.

考虑一家有 100 台照明设备的工厂, 这些照明设备必须始终保持工作状态. 我们可以选择使用普通灯泡, 它们在 1000 小时内发生故障的概率可以忽略不计, 但是容易在此后很短时间内就烧毁. 或者我们也可以选择氖灯, **无论已经使用了多久**, 它们的平均预期寿命都是 5000 小时. 每个灯泡和每个氖灯的费用都是 5 英镑. 组建一个小组来替换一台照明设备需要花费 100 英镑, 但是一经组建, 这个小组就能够随意更换多少次照明设备, 其追加费用为每台设备 5 英镑. 如果使用普通灯泡, 那么我们可以安排一个小组每 1000 个小时来一次, 换掉所有灯泡, 灯泡的花费是 500 英镑, 再加 100+500=600 英镑的人工费. 总共花费为 1100 英镑, 而由于这个程序每 1000 个小时就必须重复一次, 因此替换灯泡的平均每小时费用就会是 1.1 英镑. 另一方面, 如果我们使用氖灯, 那么就没有理由去替换掉仍在工作着的氖灯, 因为新的氖灯就像旧的一样容易失灵. 于是我们就必须一直等到某个氖灯坏了, 然后再替换掉它. 既然我们有 100 个氖灯, 每个氖灯的平均寿命都是 5000 小时, 因此平均而言, 每 50 个小时会发生一次氖灯损毁和替换事件, 我们要为此支付 105 英镑的人工费和 5 英镑的灯泡费. 于是我们平均每 50 个小时必须花费 110 英镑, 因此替换氖灯的每小时费用就会是 2.2 英镑. 尽管氖灯的平均持续时间是普通灯泡的五倍长, 但它们的平均替换费用却要高一倍.

**练习 4.4.2** 在这个练习中, 你应该使用上一段中的那些虚构的数据.

(i) 试证明如果你只有 8 台照明设备, 那么使用氖灯比较便宜.

(ii) 假设我们有 100 个正在工作的氛灯. 无论迄今为止发生过什么, 一个正在工作的氛灯的平均预期寿命都是 5000 小时, 试利用这一事实证明, 到其中 10 个氛灯失灵为止的平均时间是

$$\frac{5000}{100}+\frac{5000}{99}+\frac{5000}{98}+\cdots+\frac{5000}{92}+\frac{5000}{91}>500$$

小时.

(iii) 试证明假如至少要有 90 台照明设备在工作, 该工厂才能运营, 那么使用氛灯比较便宜. (每当只有其中 90 个氛灯在工作的时候, 就派一组人去替换失灵的氛灯.)

(iv) 同前面一样, 假设我们必须让所有照明设备都保持工作状态, 但我们给每台设备都配置 2 个氛灯, 其装配方式是, 直到 2 个氛灯都失灵之前, 该照明设备一直能够提供令人满意的灯光. 试证明使用这一系统 (在一台设备失灵时, 派一组人去把 2 个氛灯都替换掉) 几乎与使用普通灯泡一样便宜. 并证明如果我们为每台设备使用 3 个氛灯, 那么使用氛灯就要比使用灯泡便宜.

正如我在前文提到过的, 海岸司令部正在忙着与轰炸机司令部进行一场旷日持久的斗争, 目标是为了得到更多的飞行器. 有人建议, 海岸司令部不需要更多飞行器也可以将就, 简单的权宜之计就是让现有的那些飞行器增加服役强度 (也就是飞行小时数). 在战争时期的背景下, 我们发现这种论点是荒谬的.

> 假设每架飞行器服役强度都加倍 [而不增加提供给海岸司令部的飞行器比率], 那么事故发生率就会加倍, 由于敌方军事行动而造成的损耗率可能会加倍, 以及飞行器因使用而造成的磨损率也会加倍. 因此, 如果更新率保持不变的话, 前线的实力就会迅速下降. 在一段短时期内, 总服役强度会加倍, 但总损耗率也随之加倍. 不过, 随着前线实力的下降, 服役强度和损耗也会下降, 直至与更新率之间再次达到最终的平衡 …… 这个平衡点将出现在初始前线实力的一半处, 而这一实力会产生出与以前相同的总实力. 由此可见, 提高飞行器的使用效率会导致飞行强度的暂时增长, 也会导致管理费用的长期节省 (因为初始兵力的一半就会产生出相同的服役强度). 但是, 除非加快损耗替换的速度, 以满足必定可以预期到的更大损失, 否则的话就不可能实现任何长期的额外飞行. 如果海岸司令部想要增强对抗 U 型潜水艇的攻击作用, 就必须要得到更大的飞行器供给 (参见 [251] 第 42 页).

**练习 4.4.3**　为什么刚才给出的论据不适用于和平时期的商用航空机队?

在布莱克特的马戏团中有两位未来的诺贝尔奖获得者 (布莱克特和肯德鲁[①])、五位英国皇家学会会员以及数位未来的教授. 鉴于这一点, 读者也许会问, 我在这里提出的这些论据是否具有典型意义? 这样一个阵容强大的团体, 当然会使用各种强大的数学论据? 我认为公平地来说, 尽管他们也进行一些相当复杂的研究, 但是他们的最大成功都是利用这里所呈示的这些简单数学工具而获得的[②]. 其中的原因之一必定在于, 正如在石料开采过程中使用一些精密工具是无益之举, 对不精确的数据采用一些精致的数学技巧也同样无益. 而另一个原因是, 在潜水艇战争迅速变化的情况下, 一个今天是合理的提议, 要比一个对明天是最佳的提议有用得多. 如同在人类的许多活动中那样, 在运筹学中, 最初 10% 的努力创造出 90% 的结果. 在和平时期的各种稳定条件下, 采用一些复杂精密的工具去创造出完整的 100% 也许非常值得, 甚至可以说是至关重要的, 不过在战争中可不是这样.

如果这些结果是用一些如此简单的工具产生出来的, 那么为什么还需要这样一个阵容强大的团体来产生它们呢? 我认为答案就在于 "知识" 与 "能力" 之间的差异. 对于一个 8 岁的孩子来说, 乘法看起来可能是一种困难的运算. 对于一个 16 岁的少年而言, 代数计算也许看起来很难, 但乘法却简单无比. 18 岁的时候, 微积分很难, 而代数计算就几乎不会出现什么问题了. 学习了一年左右的大学数学以后, 多元微积分很难, 而高中的一元微积分则再熟悉不过了. 诸如此类的事情一再发生. 我们缺乏信心和能力去使用我们所具有的那些最高知识层次, 但是拥有这些最高的层次, 就给了我们使用较低层次知识的信心. 当我们不会说一门外语, 或者只能说得很糟的时候, 即使是买一张火车票也会变成一次令人劳累而激动的体验. 当我们能够说好一门语言的时候 (读者必定将其母语说得很好), 我们就能把注意力集中在自己的想法上, 而不用去担心用来表述这些想法的语言. 对于布莱克特的小组而言, 他们的数学是一种熟知的语言, 这就让他们能够自由地全神贯注于研究他们的问题的精髓.

对于在 "要有计算能力" 的那些科目 (比如数学、物理学和工程学) 上取得了学位的学生, 总是有着经久不衰的需求. 有些雇主要求专业知识, 不过对于绝大多数雇主而言, 他们对未来的这些雇员所获得的最高数学知识层次, 无论是伽罗瓦[③]理论也好, 还是粒子物理也罢, 都不感兴趣. 他们想要的是这些较高层次知识所预示的、在较低层次 (例如说, 大学一年级的那些层次) 上表现出来的能力与信心.

---

① 约翰 · 肯德鲁 (John Kendrew, 1917—1997), 英国生物学家, 主要研究领域是血红蛋白结构, 1962 年获诺贝尔化学奖. —— 译注

② 我轻描淡写地讲述这项工作的统计学和概率性方面, 不过它同样也依赖于对一些相对较简单的概念的使用和理解. —— 原注

③ 埃瓦里斯特 · 伽罗瓦 (Évariste Galois, 1811—1832), 法国数学家, 21 岁时死于一场决斗. 伽罗瓦理论提供了域论和群论之间的联系, 一般五次方程没有求根公式是该理论的成果之一. 参见《从一元一次方程到伽罗瓦理论》, 冯承天著, 华东师范大学出版社 2012 年出版. —— 译注

## 4.5　一些问题

今天, 如果你走进任何一家数学或工程学图书馆, 就会发现一个很大的运筹学分区. 其中有论述维修周期的书籍、涉及网络理论的书籍 (参见 11.1 节和 11.2 节)、处理备件库存的书籍, 等等. 这些应用中有些会让布莱克特高兴, 例如关于医院服务组织的著作; 另外一些则肯定不会令他动心, 例如组织广告活动的著作. 总的说来, 馆中陈列的对 "提高我们这个社会系统的效率和我们这个群体的福祉这一伟大任务" (参见 [17] 第 199 页) 能做出直接贡献的书籍是如此之少, 这一点很可能会使他感到失望.

本书中的这些实例表明, 利用数学可以有多少作为. 我们为什么不能做得更多呢? 如果读者仔细观察, 就会发现我们到现在为止所选择的这些例子 —— 征服霍乱、反潜水艇战争 —— 都只有一个单一的共同目标. 霍乱杀死穷人, 但它也杀死富人; 霍乱的流行于任何人都无益. 同样, 在一场现代战争中存活下来, 成为所有人高于一切的唯一利益. 不过, 社会上具有单一共同目标的情况却是少之又少.

在最简单的层次上来说, 任何改变都不太可能使一个社会中的所有成员都得益. 如果我们用一家大医院来取代好几家小医院, 那么我们也许会获得较高的效率和较好的疗法, 但是没有汽车的那些人就会发现到达医院要困难得多. 数学并不能使我们有能力做出道德上的选择, 而过分热情地使用数学, 则可能会把我们所必须做出的一些道德上的选择搞混.

更有意思的是, 社会常常希望同时追求好几个目标, 比如说自由、平等和效率. 有人宣称其中有一个目标支配着其他所有目标, 也有人鼓吹甚至更加令人欣慰的信条, 即社会的一切目标都完美地和谐共存着, 这些人总是不乏热情的听众. 尽管有大量的书籍都是依照这些思想路线来写的, 不过我仍然觉得, 从逻辑上来讲, 大多数社会还是在追求彼此不相容的目标, 我希望自己生活在其中的所有社会当然也在此列.

我们如何将 "科学方法" 去应用于一个其各目标相互抵触的社会? 我们是要去宣称自己的目标中, 有 50% 是自由, 20% 是平等, 还有 30% 是效率吗? 而假如我们这样做的话, 这又是什么意思呢?

有时有这样的看法: 与个人的理性 (这常常用演讲者或者其听众来作为例证) 相比, 追求彼此抵触的目标是社会不理性的一个标志. 但是观察表明, 个人也追求一些互不相容的目标①. 人们普遍相信, 仔细选择饮食, 并且坚持锻炼, 就能延长我们的预期寿命. 我们戒绝的乐趣越多, 我们在痛惜失去这些乐趣的同时就活得越长. 在短暂、快乐的生活和长久、不那么快乐的生活之间, 我们应该怎样做出抉择②? 我

① 我认识一位经济学家, 他为了自己的职业的声誉, 总是在设法扮演一位经济学人的角色, 不过即使是他, 偶尔也会对此感到厌倦. —— 原注

② 这既是对于我们自己, 也是对于他人而言. 例如, 可参见邦克 (Bunker)、巴恩斯 (Barnes) 和莫斯特勒 (Mosteller) 主编的《手术的费用、风险和收益》(*Costs, Risks and Benefits of Surgery*) 一书中收集的论文. —— 原注

们将自己生命长度的天数与快乐指数相乘吗?

即使我们将自己的注意力限定在一些非常简单的事情上,人类的愿望还是显著地抵抗着数学的. 假设你被绑架了, 在狭窄的环境下飞行了很长的距离, 沿着积雪的道路被运送, 又被猛地推进一架机器, 这架机器把你带到一个山顶, 然后给你的双脚都捆上滑板, 再把你推上一条漫长、陡峭、积雪覆盖的斜坡. 你对自己陷入的各种危险的看法, 也许要比假如你选择滑雪度假的情况下悲观得多. 众所周知, 与没有选择权的情况 (水受到硝酸盐污染、有关原子能的风险) 下相比, 人们在自愿做一些事情 (攀岩、吸烟或驾车) 的时候思想上有准备去接受的风险程度要高得多. 我们很难称之为非理性, 不过这无疑是与数学家的那个思维简单的等式

$$\text{提高安全性的价值} = \frac{\text{挽救的生命数}}{\text{提高安全性的费用}}$$

背道而驰的.

为预防一种致命的传染病而进行疫苗接种, 这本身就具有一定的死亡风险. 只要这种疾病在流行, 父母们就会出于焦虑而让他们的孩子接受接种, 但是 (也许是出于接种项目本身的结果) 当这种疾病变得不那么流行时, 家长们也就变得不那么愿意让他们的孩子接受接种了. 根据明显 "理性" 的数学模型, 如果不接种的孩子染病死亡的概率高于接种死亡的概率, 那么家长就会希望他们的孩子接受接种. 而事实上, 除非不接种的孩子染病死亡的概率远远高于由于接种而造成的死亡的概率, 否则的话许多家长都会拒绝让他们的孩子接受接种. 想必他们在应用的准则是, 行动导致的危害比不行动导致的危害更加糟糕, 而我可不愿意与人去争论说这样的一条准则是非理性的.

优秀的教师带领他们的学生走进黑暗, 然后再引导他们走出黑暗. 我们其他人至少能够遵从这条指示中的前一部分. 在此, 我的用意并不是要提供解答, 而只是要提出一些问题. 我的最终问题涉及存在于每个决定之中的那位沉默的搭档. 当人们谈论到我们对于子孙后代的职责时, 我们也许禁不住要重述艾迪生的大学同窗老友的话①.

> 他说道: "我们总是在为子孙后代做些事情, 但是我倒乐意看看子孙后代又为我们做些什么."

不过, 我们总是不断地受到敦促: "为了子孙后代的利益", 应避免破坏雨林、避免污染大气. 因此当然就值得一问: 我们应该以怎样的行动对待子孙后代?

① 约瑟夫 · 艾迪生 (Joseph Addison, 1672—1719), 英国散文家、诗人、剧作家及政治家. 理查德 · 斯蒂尔 (Richard Steele, 1672—1729), 爱尔兰作家和政治家. 他们二人是同窗好友, 后共同创办著名的杂志《闲谈者》(*Tatler*) 与《旁观者》(*Spectator*). 这段引文即出自《旁观者》, 作者为理查德 · 斯蒂尔. —— 译注

在询问我们应该怎样行动以前, 先值得一问的是, 我们现在如何确实去行动. 一位说话风趣的经济学家在被问及 "子孙后代值多少钱" 时, 他的回答是: "每年百分之三." 他说 "每年百分之三" 的意思是指当时投资者们对其投资所预期的实际利率 (考虑到通货膨胀). 如果我们不是像现在这样消耗掉 100 条面包, 而是将与这一价值等同的总金额用于投资, 那么我们每年就会得到 3 条面包的价值, 直至永远. 另一种选择是, 如果我们每年都将这一利息再投资, 那么 100 年以后, 通过复利产生的奇迹, 我们就会拥有大约 1922 条面包的价值. 呈现同样结果的, 还有一种更加令人震惊的方法, 即现在的 1 人死亡等价于 100 年后的 19 人死亡. 用这种方式来表达, 这就清楚地说明: "每年百分之三" 是未来布下的诱饵, 引诱人们不去花费. 我们大多数人都对渡渡鸟[①]的灭绝感到痛惜, 而且毫无疑问的是, 只要用一笔足够数额的钱, 本可以说服那些驱使其灭绝的水手们放过它们. 不过, 将同样数额的钱以回报为 3% 的实际利率用于投资, 超过 350 年后其价值将以大约 31000 的倍数翻番. 如果 (以现值计的)10000 英镑在当时足以挽救渡渡鸟, 那么我们的祖先为了我们的利益而做出的选择, 显然是选渡渡鸟还是选 31000 万英镑两者之一. 假如我们代表自己来做出决定, 我们也很有可能会牺牲渡渡鸟, 无论那有多么遗憾.

海象说: "我为你们哭泣,
我深表同情."
他整出最大声的啜泣
和最大滴的泪珠,
用他的手帕,
掩住自己流泪的双眼.

木匠说: "噢, 牡蛎们,
你们愉快地溜达了一回,
我们该快快跑回家了吧?"
但是什么回答都没有 ——
而这也没什么奇怪, 因为
他们已经把牡蛎全部吃光
(参见路易斯 · 卡罗尔 (Lewis Carroll),
《海象与木匠》(*The Walrus and the Carpenter*)).

**练习 4.5.1**　对在上文出现的关于复利的各种不同陈述做出检验.

---

① 渡渡鸟 (dodo), 又称毛里求斯渡渡鸟、愚鸠、孤鸽, 是一种不会飞的巨鸟, 仅产于印度洋毛里求斯岛. 这种鸟在 1505 年被人类发现后由于人类活动的影响而大量减少, 约在 17 世纪 60 年代前后彻底灭绝. —— 译注

由此看来, 似乎实际利率越低, 未来对于我们的各种决定就拥有越高的发言权[①]. 是否存在着一种 "伦理上的" 利率, 从而能使未来对我们的各种决定具有 "正确的" 发言权? 也许我们应该计划使用 0% 的伦理利率? 这样, 现在留出的一条面包就等价于 100 年后的一条面包, 现在拯救的一条生命就等价于 100 年后的一条生命. 让我们回过来谈谈我们投资 10000 英镑超过 350 年以后显然会得到的 31000 万英镑. 我们将这笔钱投资在何处? 在过去的 350 年中, 银行纷纷倒闭, 许多房屋付之一炬, 股票市场泡沫一一破灭, 各种产业新兴了又破产了, 大国分崩离析, 一个个帝国从地图上消失. 我们的钱很可能在尚未注意到的情况下, 已经在某次隐约记得的金融灾难中消失殆尽了. 每年 3% 中的一部分是为了未来的利益而牺牲当前消耗的诱饵, 不过也有一部分是为了承担各种未知的风险而支付的.

在我们建造一条运河、一段铁路或者一条公路的时候, 我们是为了未来而建造的, 然而未来却是无法预知的[②]. 建造了各条运河的那些人, 他们认为自己会没完没了地建造下去. 不出一个世纪, 铁路就使得大多数运河没有生意可做了. 而一个世纪以后, 汽车和飞机又主宰了运输业. 我们的各种行动就像是在一座空荡建筑物中回响着的那些喊叫声一样, 变得越来越失真, 最终逐渐消逝在寂静之中. 从这种角度来看, "伦理利率" 体现的是我们的行动产生的难以预料的结果, 每年 2% 的 "伦理利率" 使今天的 100 条确定的面包与 100 年后的 724 条不确定的面包打平了.

**练习 4.5.2** 用 2% 的年利率重新讨论渡渡鸟的问题.

几乎无须告知读者, 2% 的 "伦理利率" 这个数字是凭空杜撰出来的. 3% 的 "可接受实际回报率" 这个数字则具有比较可靠的基础, 因为大多数实际从事长期投资的人都相信, 良好的管理会产生 25% 到 4% 之间的回报. 不过, 正如我们不知道未来一样, 我们也不知道自己对于未来有多少不知道的事情. 大多数经济学家认为, 过去是对于未来的一种良好指导. 他们指出, 过去有一些预言, 说英国为了建造船舶, 会把橡树都用完, 或者说世界会耗尽煤、石油或水银. 在每种情况下, 都找到了一些替代资源或新资源. 他们相信, 每年 3% 的原则在过去很好地服务于子孙后代, 因此在将来也会提供同样好的服务.

旅鼠在迁徙的时候会游过它们所遇到的任何水域, 从而开辟出一条穿越原野的直线道路. 它们成功地渡过许多河流和湖泊, 但是当它们到达海洋时, 过去曾很好地服务过它们的那条原则失效了, 于是它们被淹死了.

---

① 诱惑所需的花费越低, 就能收买越多的人. —— 原注

② 一所大型的、富有的剑桥学院已经存在了 500 年, 并且也有充分的意向再力挺 500 年. 这所学院最近接见了四组投资顾问, 对每组人都询问他们所认为的 "长期" 是什么意思. 其中三组说是 5 年, 而第四组则说 3 天. —— 原注

# II 关于测量的几点思索

# 暗房里的生物学　第 5 章

## 5.1 伽利略论落体

1638 年, 荷兰出版商埃尔泽菲尔 (Elzivir)① 出版了伽利略撰写的一本书, 题为《关于两门新科学的对话》 (*Dialogues Concerning Two New Sciences*)②. 由于天主教会此时已判处伽利略终身软禁, 并禁止他出版任何书籍, 因此在这部著作开头的序言中, 对于这样一部原本打算只给几位私交好友看的手稿, 最终竟会落入出版商之手, 伽利略对此表示了惊奇. 尽管此书的成文过程中局势艰难③, 但是其中仍然闪耀着幽默的火花. 书体所采取的形式是三位朋友之间的一段对话: 萨尔维亚蒂 (Salviati), 他提出伽利略的新物理学观点; 辛普利修 (Simplicio), 他提出旧的观点; 萨格列陀 (Sagredo), 他代表一个有智慧的外行. 他们在这里讨论了亚里士多德的下列观点: 物体下落的速率与它们的重量成正比.

> 萨尔维亚蒂: …… 我非常怀疑亚里士多德曾经进行过实验验证以下事实是对的: 两块石头, 一块的重量是另一块的 10 倍, 如果从 100 库比特④ 的高度令其同时下落, 其速度差别会如此大, 以至于一块落地而另一块下落还不到 10 库比特, 这会是真的吗?
>
> 辛普利修: 他的话好像说明他已经做了这种实验, 因为他说: **我们看到较重的**; **看到**这个词表明他做过这个实验.
>
> 萨格列陀: 辛普利修, 但是做过这个实验的我可以向你保证, 一枚重 100 或 200 磅或者更重的炮弹和一粒重量仅半磅的子弹, 倘若都从 200 库比特的高度下落, 前者将不会在后者之前一拃落地.

---

① 如果这与现代出版商埃尔泽菲尔有一个直接的关联就好了. 不幸的是, 埃尔泽菲尔家族公司存在于 1581 年至 1712 年之间, 而这个名字目前的持有者是从 1880 年开始从事出版的. —— 原注

② 此书的中译本由北京大学出版社 2006 年出版, 武际可译, 下文的对话即来自此译本. —— 译注

③ 例如, 伽利略遭到禁止, 不得前往附近的佛罗伦萨 (Florence), 去向医生咨询他日渐逼近的失明. 如果他要离开自己的住宅, 哪怕是去教堂参加圣周的礼拜仪式, 都需要获得特许才行, 还必须承诺不与任何人交谈. —— 原注

圣周 (Holy Week) 是指基督教中的复活节前一周, 其中包括 "逾越节三日庆典", 是基督徒礼仪生活的高峰. —— 译注

④ 库比特 (cubit), 也称为腕尺, 是一种古代的长度单位, 即从肘部到中指指尖的长度. —— 译注

萨尔维亚蒂: 但是, 即使不做进一步的实验, 还是可能以简短的和决定性的论证清楚地证明, 一较重的物体并不比较轻的物体运动得快, 倘若两个物体简直就如亚里士多德所说的是由相同的材料做成的. 但是, 辛普利修, 请告诉我, 你是否承认每一个落体具有由本性确定的一定的速度, 除非施以力 [violenza] ① 或阻力, 其速度是不会增加或减小的.

辛普利修: 无可怀疑, 在单一介质中运动的完全相同的物体具有由其本性决定的确定的速度, 并且除非有动量 [impeto] 给以补充其速度是不可能增加的, 或者除非被某个阻力所阻挡其速度也不可能减小.

萨尔维亚蒂: 那么, 如果取两个本性上速度不同的物体, 显然当把两者合在一起时, 较慢的物体将使较快的物体有些减速, 而较快的物体将使较慢的物体有些加速. 难道你们不同意我的这一意见吗?

辛普利修: 你无疑是对的.

萨尔维亚蒂: 但是如果这是真的, 并且如果一块大石头具有速度 8, 而一块较小的石头具有速度 4, 那么当它们合在一起时, 系统将以低于 8 的速度运动; 但是, 当把它们绑在一起时就变成一块比原来以速度 8 运动的石头还要大的石头了. 这样较重的物体反而比较轻的物体以较低的速度运动; 结果是与你的推测相矛盾. 由此你可看到, 我如何从假设较重的物体比较轻的物体运动得更快中推出较重的物体运动较慢.

辛普利修: 我像坠入大海一样, 因为在我看来, 较小的石头被加在较大石头上时增加了它的重量, 但我看不出为什么增加重量不提高它的速度, 或者至少不降低速度.

萨尔维亚蒂: 辛普利修, 这里你又犯了一个错误, 因为说较小的石头给较大的石头加了重量是不对的.

辛普利修: 这的确是在我理解能力之外.

萨尔维亚蒂: 一旦告诉你使你苦恼的错误, 这就不在你理解能力之外了. 注意, 必须区分运动中的重物与静止中的同一物体. 一块处于平衡状态的大石头不仅具有另一块置于其上的石头的附加重量, 而且还要附加一束亚麻, 其重量依亚麻的量增加了 6 ~ 10 盎司. 但是如果你把亚麻绑在石头上并且让它们从某一高度自由下落, 你相信亚麻将向下压石头使其运动加速呢, 还是认为其运动将被部分向上的压力减缓? 当一个人阻止他身上的一个重担运动时总是感到在他肩膀上的压力; 但是如果他以重担下落的速度下降, 重担是向下对他加重还是向上压他呢? 正如你打算用一根长矛刺一个人, 而他正在以一个等于甚至大于你追他

① 原文的英译者还在艰难地推敲这样一些问题: 像 "力" 这样的词在伽利略那个时代还只有非技术性的意思, 而由于伽利略和牛顿的那些理论的成功, 现在这些词已经获得了一种额外的、技术性的意思. —— 原注

的速度远离你，难道你没有注意到与刚才的情形是相同的吗？由此你必然得出结论，在自由地和自然地下落过程中，小石头不会对大石头施压，结果不会像静止时那样增加后者的重量.

辛普利修：但是如果我们把较大的石头放在较小的石头之上将会怎样呢？

萨尔维亚蒂：如果较大的石头运动更快，其重量会增加；但是我们已经得出结论说，当小石头运动较慢时，它就在一定程度上阻止速度更快的物体，以至于两者合并成一块比两块石头中的较大石头还重的石头，它将以较慢的速度运动，这个结论是与你的假设相反的. 于是我们推论，倘若是同一比重，大的和小的物体是以相同的速度运动的.

辛普利修：你的讨论是令人钦佩的；然而我并不轻易相信一粒鸟枪子弹和一枚大炮弹下落得一样快.

萨尔维亚蒂：为什么不说一粒沙子和一个磨盘一样快？不过，辛普利修，我相信你不会像许多人一样，使讨论离开主要意图，并把某些带有一丝一毫的错话强加于我，以掩盖别人粗如缆绳的错误. 亚里士多德说："一个 100 磅重的铁球从 100 库比特的高度下落比一个 1 磅重的球从 1 库比特的高度下落早到地面." 我说它们同时到达地面. 通过实验你会发现，重量较大者超过较小者大约是两指宽的距离，即，当较大者达到地面时，另一个落后两指宽；现在你不会把亚里士多德的 99 库比特隐藏在两指宽后面，也不会提及我的很小的错误而同时用沉默的方式放过他的十分大的错误了 …… (参见 [61]，第一天)

由此，伽利略用两种方式抨击了亚里士多德的重物下落比轻物快的观点. 借由萨格列陀之口，他报告了一个实验，其中说明了"一枚重 100 或 200 磅或者更重的炮弹和一粒重量仅半磅的子弹，倘若都从 200 库比特的高度下落，前者将不会在后者之前一拃落地."①. "但是，" 他又借萨尔维亚蒂之口补充说，"即使不做进一步的实验，还是可能以简短的和决定性的论证清楚地证明，一较重的物体并不比较轻的物体运动得快，倘若两个物体简直就如亚里士多德所说的是由相同的材料做成的." 在解释他的论证时，让我们来考虑两块完全相同的物质并排下落. 无论它们是连接在一起形成单独的一块，还是完全分离，我们都会预期它们的下落速率相同. 由于单独的一块所具有的质量，是分离的两块中每一块质量的两倍，因此我们就会发现，质量为 $2m$ 的一块与质量为 $m$ 的一块具有相同的下落速率. 采用与此类似的论证，就能

① 对于事实上是否真的进行过这样的实验提出质疑，这在过去是很流行的. 不过，历史研究中揭示出如此众多的例子，以至于任何人如果从一座高大的建筑物下方经过，那么他似乎必定处于持续不断的危险之中，而这种危险就来自那些孜孜探求的哲学家们 (参见 [50]). —— 原注

证明所有由相同物质构成的团块都以相同方式下落, 而与它们的质量无关①.

伽利略的"思维实验"做了两件事. 首先, 它确立了亚里士多德的观点必定是错误的. 其次, 它建议了我们应该做出什么假设 —— 即一切物体, 无论它们由什么构成, 都以相同的方式下落. 当然, 它并没有证明这个假设是正确的. 正如辛普利修所说, "一粒鸟枪子弹与一个磨盘下落得一样快"是不对的, 我们只能期望自己的假设符合物体在真空中下落时的确切事实. 即使是在这种情况下, 伽利略也谨慎地将他的论证局限于那些由相同物质构成的物体. 不过, 如果我们相信伽利略的观点: 自然界是由一些简单的数学定律来描述的, 那么将我们的假设进行扩展, 从而成为一条适用于由不同物质构成的物体的**假设**, 就是一条正确的前进道路. 既然我们也同意伽利略的看法, 即理论的最终判决是实验而不是权威②, 于是我们就希望通过实验来检验这种假设. 伽利略的假设一直是匈牙利物理学家厄缶③ 等人的一系列精妙而困难的实验的主题, 并且也游刃有余地通过了这些检验.

伽利略继续讨论我们现在所谓的空气阻力效应. 他的主要方法是考虑通过水这种阻力较大的介质下落, 不过他也利用对炮火的观察. 他得出的各种结论中包含一条清晰的陈述, 其中说明了我们现在所称的终极速度. 他报告了对一些球滚下斜面所做的观测和实验, 这些引导他得出的结论是: 在真空中下落的物体经历恒定不变的加速度. 他还由此证明抛射体所经过的路径是一条抛物线, 从而用这一数学杰作进行了总结. 虽然正如伽利略所指出的, 对于运动的研究是一个非常古老的课题, "由哲学家们撰写的有关这一研究的书籍, 数量不在少数, 部头也不小", 但是所有这一切却是崭新的, 也正如他所声称的那样, 他已经"向这种广阔无垠的、超凡卓越的科学敞开了大门, 而我对这种科学所做的工作仅仅是它的开端, 还有其他比我敏锐的头脑会用他们的方法和手段去探索这一科学的角角落落"—— 不过我难以相信会有许多头脑比伽利略更加敏锐.

## 5.2 长的、短的和高的

伽利略的"两门新科学"中的第一门是动力学, 第二门则处理各种材料的强度. 伽利略在这里再次使用了他应用于下落物体的那种思维实验. 例如, 考虑一根柱体,

① 请对照第 4.3 节中布莱克特的证明, 即 $3 + N/20$ 法则与应该避免采用大型护航队的看法不一致. —— 原注

② 伽利略在晚年所写的一封信中声称自己是亚里士多德的一名真正的追随者 (这一声称着实令他的这位通信者大吃一惊), 这是因为他煞费苦心地使用正确的推理, 以及 "…… 寻求真理最稳妥的方法之一, 就是在做任何推理之前先让经验说话, 因为我们确信, 任何谬误都会包含在推理之中, 至少是隐含在其中, 可感知的经验不可能与真理相悖. 连亚里士多德也将此奉为至理名言, 而且 [他] 认为它的价值和力量远远高于世上所有权威. …… 我们不仅不应对另一位权威让步, 而且只要我们发现感知所明示的矛盾之处, 我们就应该对我们自己否认权威." (参见 [50] 第 409 页) —— 原注

③ 厄缶 (Loránd Eötvös, 1848—1919), 匈牙利物理学家, 在引力和表面张力方面做出巨大贡献. —— 译注

其横截面是边长为 $a$ (采用恰当的单位) 的正方形, 它在压坍前能够承受的最大重量是 $W$ (采用恰当的单位). 我们可以把四根这样的柱体边靠边放置而构成一个新的竖直柱体, 使其横截面是边长为 $2a$ 的一个正方形, 恰好支撑分别重 $W$ 的四件负荷, 或者相当于重 $4W$ 的一件负荷. 原来的柱体具有的横截面积是 $a^2$, 恰好支撑重 $W$ 的一件负荷; 新的柱体具有的横截面积是 $4a^2$, 恰好支撑重 $4W$ 的一件负荷. 由此可见, 对于一根具有正方形横截面的柱体而言, 若其横截面积为原来的四倍, 那么它能够承受的负荷也是原来的四倍. 这有力地说明 (进一步的论证也确证): 一根具有固定长度的柱体, 其强度与横截面积成正比. 如果忽略这根柱体的重量, 那么我们就会预期它所能够支撑的最大负荷与它的长度无关; 但是如果将它的自重也考虑在内, 那么我们就会预期最大负荷随着它的长度增加而减小.

现在假设我们有一根长为 $h$、横截面积为 $A$ 的柱体, 它能承受的重量是 $W$. 如果我们用相同材料构造一根相同形状的柱体, 但是将其尺寸加倍 (这样它的高度就是 $2h$, 而横截面积是 $4A$), 那么这种论证就会表明, 它能够支撑的最大重量至多为 $4W$. 伽利略的分析更加精妙, 而且能处理一些更加困难的问题①. 不过我们理解的内容已经足以领会他的结论了.

> 从已经说明了的结果, 你们能够明白地看出, 不管是人工还是在自然界, 把结构的大小增加到巨大尺寸的不可能性. 同样地, 也不可能建造出巨大尺寸的船、宫殿或庙宇, 而能使它们的桨、桅杆、梁、铁栓等, 简言之, 所有其他的零件, 都结合在一起. 在自然界也不可能产生超常尺寸的树, 因为树枝会在它们自身重量下折断; 同样, 如果人、马或其他动物增大到非常的高度, 要构造出它们的骨骼结构, 而把这些骨骼结合在一起并且能执行它们的正常的功能也是不可能的; 因为这种高度的增大只能通过采用一种比通常更硬和更强的材料, 或者增大骨骼的尺寸, 这样就改变了它们的外形, 以至于这种动物的形状和外貌便成为一种怪物才行 (参见 [61], 第二天).

例如, 考虑有一座庙宇, 其屋顶由一些圆柱支撑. 假如我们把所有线性尺度都乘以某个很大的 $\lambda$, 那么这座庙宇的每个部分的体积 (从而它的重量) 就会扩大 $\lambda^3$ 倍, 而这些起支撑作用的圆柱的横截面积却只会扩大 $\lambda^2$ 倍, 因而它们的强度随之至多会增大 $\lambda^2$ 倍. 如果我们将 $\lambda$ 取得太大, 那么这些圆柱就必定会出毛病②. 同样, 如果有一个巨人是以与正常人相同的方式构造出来的, 只是他的所有线性尺度都乘以某个很大的 $\lambda$, 那么他的重量就会是一个正常人的 $\lambda^3$ 倍, 但是他的双腿中的那些骨骼

① 在一种情况下是有错误的, 不过用来评判先驱们的, 是他们做对了什么, 而不是他们做错了什么. —— 原注

② 在参观一座中世纪的大教堂时, 据说要问的第一个问题就是: “中心塔是何时倒塌的?” —— 原注

的强度, 却至多只会是正常人的 $\lambda^2$ 倍.

霍尔丹①在他的经典短文《论采取正确的尺寸》(*On Being the Right Size*) 中回忆起

> ...... 我孩提时在插图本《天路历程》中看到的巨人教皇和巨人异教徒②. 这两个怪物不仅有基督徒的十倍那么高, 而且有十倍那么宽、十倍那么厚, 因此他们的总重量就是他的一千倍, 或者说大约是八十到九十吨. 不幸的是, 他们的骨骼横截面只有基督徒的一百倍, 因此巨人骨骼的每平方英寸所必须支撑的重量, 是普通人每平方英寸骨骼所负荷重量的十倍. 由于人类的股骨大约在十倍的人类重量下会折断, 因此教皇和异教徒每走一步, 都会将他们的大腿折断. 这毫无疑问就是他们在我所记得的图片中为什么总是坐着的原因了. 不过这却减少了我们对于基督徒和巨人杀手杰克③的敬意 (参见 [79]).

与此类似的一些简单计算也清楚地阐明了心脏的跳动. 心脏利用周围肌肉的收缩将血液排出. 由于肌肉能够收缩到的长度, 只能比它静止长度的一半还要长得多 (并且在需要较少大幅收缩的情况下运行状态最好), 因此初看之下, 似乎心脏不可能很有效率. 不过, 既然心脏的体积随着其线性尺度的**立方**发生变化, 那么如果一次收缩使得长度变成周围肌肉静止长度的 0.8, 就会产生 $0.8^3 \approx 0.5$ 的容积收缩, 从而就能排出心脏的大约一半容量.

**练习 5.2.1** (i) 试利用同样的模型证明: 如果一次收缩使得长度变成周围肌肉静止长度的 0.6, 就会排出心脏容量的大约四分之三.

(ii) 更现实地来说, 假设当心脏处于充满的状态时, 周围肌肉的体积是其中所容纳的血液体积的两倍. 试证明要排出心脏的一半容量, 现在只需要周围肌肉收缩 6%, 而排出全部血液, 则需要一次 13% 的收缩④

尽管本章主要关注的并不是数论在生物学上的应用, 不过我还是按捺不住去讨论其中的一项应用. 有些竹子生存 80 年或者更长时间而不开花, 然后开花了、结籽了, 这些籽厚厚地铺满它下方的地面, 然后这棵竹子就死了. 其他一些较为普通的竹

---

① 霍尔丹 (Haldane, 1892—1964), 出生于英国的印度遗传学家和生物进化学家, 种群遗传学的奠基人之一. —— 译注

②《天路历程》(*The Pilgrim's Progress*) 是英国基督教作家约翰 · 班扬 (John Bunyan, 1628—1688) 所著的基督教寓言作品. “基督徒” 是其中的主要人物, 而 “教皇” 和 “异教徒” 则是其中的两个巨人, 后文还会提到一个 “绝望” 巨人. —— 译注

③ 巨人杀手杰克 (Jack the Giant Killer) 是英国童话故事中的人物, 他杀死了许多巨人. —— 译注

④ 这个例子摘自一本引人入胜的书籍 —— 沃格尔 (Vogel) 的《生命的回路》(*Vital Circuits*). 这本书表明, 只要稍微用点物理学, 稍微用点数学知识, 就能阐明我们的血液循环运行. —— 译注

子开花、结籽的频率较高，但是它们的这些行为都是同步发生的，即它们全都在同一时间结籽. 初看之下，这似乎是一种古怪而浪费的过程，因为此时结下的种子大多不可能繁殖出新竹子. 这个谜题的答案并不在于这些竹子本身，而在于能够吃掉这些种子的大量昆虫和鸟类 —— 生物学家们将它们称为捕食者[①]. 这些竹子在如此短暂的一段时间内提供了如此众多的种子，以至于这些捕食者无法将它们全吃光，于是就有一些种子必定会幸存下来.

尽管这种 "捕食者饱足" 策略看起来是大有可为的，但是如果这些竹子每年都结籽，那么它也不会奏效，这是因为那样的话，那些种子吞食者们也会调整它们自己的繁殖季节，以便让它们的后代能够利用一年一度的盛宴. 几乎没有竹子在 15 或 20 年中开花一次以上. 在美国北部有一种蝉也遵循一种相似的模式，它们作为 "蛹" 在地下生活 17 年，而后数以百万计地涌出地面，并在几个星期的时间内完成成熟、交配、产卵和死亡的生命周期. 在南方有一种有亲缘关系的蝉，也具有相同的行为，只不过它们的生命周期是 13 年.

为什么我们有生命周期为 13 年和 17 年的蝉，却没有 12, 14, 15, 16 或 18 年的生命周期呢? 13 和 17 共享一种共同的特质. 它们足够大，从而超过任何捕食者的生命周期，不过它们又是素数 (不能被任何比它们自身小的整数整除). 许多潜在的捕食者都具有 2 至 5 年的生命周期. 虽然这样的周期并不是由周期性的蝉出现与否来决定的 (因为它们极其经常地在没有蝉涌现那些年份中达到峰值)，不过在两者的周期发生重合的时候，这些蝉就可供贪婪地食用. 试考虑一个生命周期为 5 年的捕食者: 如果蝉每 15 年涌现一次，那么它们每次出现时都会遭受这种捕食者的追杀. 以一个大的素数进行周期循环，蝉就能将重合次数减至最小 (在本例中是每 $5 \times 17$ 年，或者说 85 年). 13 年和 17 年这两种生命周期不可能被任何比它们小的数字追踪到 (参见 [72] 第 102 页).

现在我们再回到本章的主题上来. 当一个质量为 $m$ 的球体下落时，作用在球上的有两个力: 由重力导致的恒力 $mg$ 和阻力 $F$，阻力与它的速度 $v$ 的平方和它的面积 $A$ 都成正比，即 $F = CAv^2$，其中 $C$ 为某个常数. 如果这两个力相互平衡，那么就没有加速度，因此这个球体将以恒定的 "终极速度" $V$ 下落. 这个平衡条件告诉我们

$$mg = CAV^2,$$

因此

$$V = \frac{m^{1/2} g^{1/2}}{C^{1/2} A^{1/2}}.$$

① 不过对于看过罗伯特·谢克里 (Robert Sheckley) 的那本妙趣横生的《奇迹的维度》(*Dimension of Miracles*) 的那些读者而言，这就不必一提了. —— 原注

如果这个球体的半径为 $r$、密度为 $\rho$，那么对于某个常数 $K$，有

$$V = Kr^{1/2}\rho^{1/2}g^{1/2}.$$

于是这个球体的终极速度就会与它的半径的平方跟成正比. 更一般地来说，我们预计具有相似形状的物体，它们的终极速度都与它们的长度的平方根成正比变化 (因此如果线性尺度缩减 100 倍，那么它们达到的最大速度就会缩小 10 倍. 霍尔丹以他典型的生动笔触描述了这个问题.

> 重力对于基督徒而言只不过是一件讨厌的事，对于教皇、异教徒和绝望而言却是一件恐怖的事情. 对于老鼠以及更小的动物而言，它实际上并不存在任何危险. 你可以把一只老鼠扔下 1000 码①深的一口矿井，而它在跌落井底的时候只是轻微地受了一惊，然后就走开了. 如果是一只田鼠，就会被杀死；如果是一个人，就会骨断筋折；如果是一匹马，就会血肉四溅了. 这是由于空气对运动产生的阻力是与运动物体的表面积成正比的. 将一个动物的长度、宽度和高度各除以十，这时它的重量会减小到一千分之一，而它的表面积却只减小到一百分之一. 因此就一只小动物的情况而言，它下落中受到的阻力要比驱动力相对大十倍.
>
> 因此，一只昆虫不惧怕重力：它可以毫无危险地下落，它还能不凡地不费吹灰之力就附着在天花板上. 它能摆出一些优雅而奇妙的支撑形式，就像 "长腿叔叔" 蜘蛛② 那样. 不过，有一种力对于昆虫而言，就如同重力对于哺乳动物那样可怕，那就是表面张力. 一个人从浴盆里出来时，身上带着一层大约五十分之一英寸 [半毫米] 厚的水膜. 其重量约为 1 磅 [500 克]. 一只打湿的老鼠必须携带大约与它自己等重的水. 一只打湿的苍蝇必须要举起比它自身重许多倍的水，而众所皆知，一只苍蝇一旦被水或任何其他液体打湿，就真的处于非常危急的处境之中了. 一只去喝水的昆虫所身处的危险程度，就如同一个人从悬崖上探身出去搜寻食物. 假如它一旦跌入水的表面张力掌握之中 —— 也就是说被打湿了 —— 那么它很可能就会保持这种状态，直到淹死为止. 有几种昆虫，比如说龙虱，它们设法做到无法被打湿. 大多数昆虫则依靠一根长长的喙，与它们的饮料保持遥远的距离 (参见 [79]).

霍尔丹的这些例子说明下面这个事实的生物学重要性：表面积以典型长度 $L$ 的

① 1000 码 = 3000 英尺 = 914.4 米. —— 译注

② "长腿叔叔" 蜘蛛 (daddy-long-legs)，也称为收割蛛 (harvestman) 或盲蛛 (opilionid) 等，足细长，可达到体长的 20 倍. —— 译注

平方 $L^2$ 的形式增大, 而体积的增大则更加迅速, 以此长度的立方 $L^3$ 的形式增大①. 这一事实对于恒温动物也非常重要, 这些动物的构造就是为了保持恒定的温度. 我们会料想热量损失与表面积成正比, 因此这种动物的产热率就应该与 $L^2$ 成正比. 既然一个动物的体积 (因此它的质量 $M$ 也是) 与 $L^3$ 成正比, 那么这就意味着一个动物的产热率应该与 $M^{2/3}$ 成正比. 请注意, 这就意味着单位质量的产热率按照 $M^{-1/3}$ 的形式变化 —— 因此一克老鼠的新陈代谢活跃性就会是一克大象的 20 倍左右.

于是我们所预期的一种关联形式是

$$P = cM^{\alpha},$$

其中的 $P$ 是新陈代谢率, $M$ 是质量, $c$ 是常数, 而 $\alpha = 2/3$. 研究像这样的一些关系自然而然的方式就是取对数, 于是得到

$$\log P = \log c + \alpha \log M.$$

如果我们以 $\log P$ 为纵轴、$\log M$ 为横轴作图, 就应该看到一条斜率为 $\alpha$ 的直线.

"集代达罗斯②的心灵手巧与约伯③的极度忍耐于一身的" 生物学家们测量了大量恒温动物的新陈代谢率, 其结果明示在图 5.1 中 (复制自施密特–尼尔森 (Schmidt-

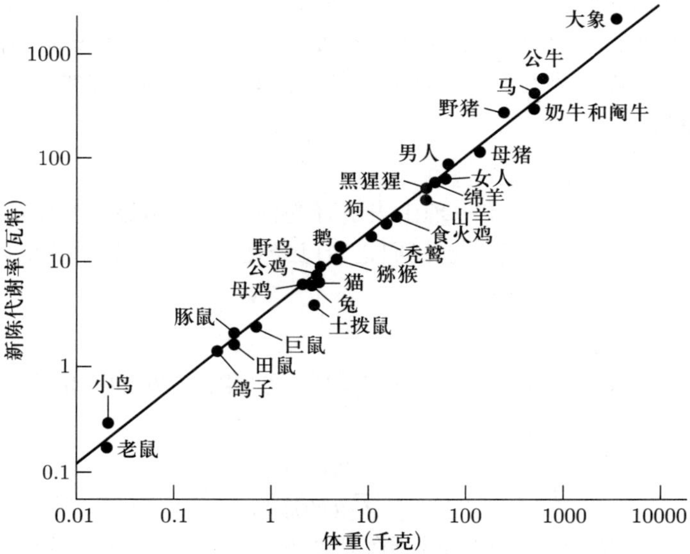


图 5.1　哺乳动物和鸟类的新陈代谢率

① 假设长度、宽度和高度同时增大. 蛇类和蠕虫类避免了本章所考虑的一些尺寸增大问题. —— 原注

② 代达罗斯 (Daedalus) 是希腊神话中著名的工匠, 为克里特岛 (Crete) 的国王米诺斯 (Minos) 建造了关押半牛半人怪物弥诺陶洛斯 (Minotaur) 的迷宫, 但是自己也无法逃离, 用蜜蜡做成翅膀试图逃脱, 他的儿子伊卡洛斯 (Icarus) 尝试飞出迷宫时飞得太高, 蜡被太阳融化而坠入海洋. —— 译注

③ 约伯 (Job) 是圣经中的人物, 上帝的忠实仆人, 以虔诚和忍耐著称. —— 译注

Nielsen) 的《定标》(*Scaling*) 一书, 我在本节中广泛地引用了此书). 这条所谓的 "老鼠到大象曲线" 异乎寻常地有规律, 但是并不非常符合我们的预测, 因为这里所显示的 "最佳拟合" 直线的斜率是 0.74 (为了讨论的目的, 我们也许还不如将它四舍五入成 3/4), 而不是 2/3.

人们提出了好几种具有独创性的理论来解释这一差异. 例如, 有人提出, 新陈代谢率与表面积成正比, 但是由于动物都具有不同的形状 (一头大象可不是一只按比例放大的老鼠), 因此表面积的增长要比 $M^{2/3}$ 更慢. 对于核实此类生物学理论时存在的困难, 下面的这段引文给出了某种概念.

> 我们已经采取了许多手段来测量表面积. 可以将一只动物的表皮剥下来, 以测量皮肤面积, 但是我们又怎么知道要将皮肤拉伸到多大的程度呢? 可以把动物分成许多圆柱体和圆锥体, 并分别测量它们各自的面积. 可以把动物用纸包裹起来, 然后再测量这些纸的面积, 可以使用测面法, 也可以通过称量这些纸的重量. 曾有人用一个油墨滚筒来刷遍一头奶牛, 并计算滚筒转过的周数, 由此测量这头动物的表面积 …… 即使只测量一只动物的时候, 不同的作者也意见不一. [例如, 一只给定体重的田鼠, 其表面积的数值可能会相差两倍. ] …… 就连表面积是什么意思, 都不甚明确. 一只动物的 "真正" 表面积包括两腿之间不暴露在外的那些皮肤面积吗? 要把双耳计算在内吗? 如果要计算的话, 耳朵的两面都要算吗? (参见 [211] 第 80–82 页)

我的意见是, 与其寻求单一理由去解释为何自然界明显偏爱 3/4 律而不是 2/3 律, 我们更应该暂停下来, 想一想我们是否已经任由自己的数学热情高涨得有点儿过分了. 以下是我的一些理由.

**指数相近** 一头大象的重量大约是一只老鼠的 $10^5$ 倍. 这两者由 3/4 律预测得到的新陈代谢率之比 $R_{3/4}$ 由下式给出:

$$R_{3/4} = \left(\frac{\text{大象的质量}}{\text{老鼠的质量}}\right)^{3/4},$$

而这两者由 2/3 律预测得到的新陈代谢率之比 $R_{2/3}$ 则由下式给出:

$$R_{2/3} = \left(\frac{\text{大象的质量}}{\text{老鼠的质量}}\right)^{2/3}.$$

由此可得

$$\frac{R_{3/4}}{R_{2/3}} = \left(\frac{\text{大象的质量}}{\text{老鼠的质量}}\right)^{3/4-2/3} = \left(\frac{\text{大象的质量}}{\text{老鼠的质量}}\right)^{1/12} \leqslant (10^5)^{1/12}$$
$$= 10^{5/12} \approx 2.6,$$

因此应用 3/4 律按照老鼠来预测大象的新陈代谢率，结果只是应用 2/3 律预测结果的大约 5/2 倍大. 在这一方面，我们很难相信，如此小的一个差别会有什么重要性.

**起因不唯一** 为了产生热量，动物们就必须燃烧氧气. 如果大象的单位质量新陈代谢率与一只老鼠相同，那么它的总新陈代谢率就应该是实际值的 20 倍左右. 它不仅必须得在单位时间内摆脱掉 20 倍的热量，还必须得在单位时间内消耗 20 倍的氧气. 我猜想大多数工程师都会宁愿选择的任务，是重新设计大象的冷却系统，以应付 20 倍的热量输出增量，而不愿意去重新设计它的呼吸器官，以应付 20 倍的氧气消耗增量. 由于氧气吸收率也与使用的表面积成正比，因此一些基于氧气消耗的简单定标论证也给出一条 2/3 律. 那么，我们是否应该说这条从老鼠到大象的曲线取决于热量损失？或者应该说它取决于氧气消耗？这无疑是一个错误的二分法. 我们只能说，如果任何动物的新陈代谢率严重偏离 2/3 律，那么它在热量平衡和氧气供给两方面都会碰到麻烦. 我们也不应该指望自己已经确定了这样一只动物所面临的一切问题.

**目的不唯一** 如果你仔细检查一把螺丝刀，就会发现刀杆远远超过了拧螺丝钉时要避免扭曲所需要的粗细，甚至拧松一枚生锈的螺丝钉也不需要这么粗. 这看起来似乎非常浪费，直到你需要用它来撬开一罐油漆的盖子，那时你才感到有这个必要了. (埃里克 · 莱思韦特①将此与一些快餐店中所使用的搅茶棒做对比："一根塑料长条由于中间的一条狭槽而易弯折了，因此它永远不会用作螺丝刀或者凿子，同时它又太粗而不能用作牙签，锋利程度又不足以成为一根画线针. 它不能撬锁，不能削苹果皮，也不能打开切片培根的包装袋. 它只能用来搅拌饮料." (参见 [134]))

不过总的来说，我们的各种机器，从大型喷气式客机到交通信号灯，从电视机到软饮料自动售货机，其设计目的都是只做一件事，并且是在相当良性的环境下做这件事. 动物们必须做许多事，并且要在许多不同的环境条件下做这些事. 霍尔丹有一段文章说明，人类的骨骼比他们站着不动所需要的要强壮十倍. 不过，我们需要走路，人类过去还需要跑步和跳跃. 这就使得我们的骨骼处于强烈的弯曲应力之下，并使它们更大大地接近于其安全极限. (读者会注意到，我们说明过骨骼在**压缩**条件下的强度与它们的横截面积成正比. 伽利略证明，在**弯曲**条件下这一点也成立. 不过，仍还有其他的一些方面，其中会出现不成立的情况，而对此面积法则也失效了.) 由于骨骼强度随着横截面积的增大而提高，而重量则随着体积增大，因此我们预计一只动物身体中的骨架所占比例会随着其尺寸增长. 确实，一只老鼠的骨架比例约为 4.5%，一只猫的骨架比例约为 7%，而一头大象的骨架比例则约为 12%. 不过，要维持骨骼的相对强度，这

① 莱思韦特 (Laithwaite, 1921—1997) 是一位英国电器工程师，由于他开发出线性感应电动机和磁悬浮铁路系统而被誉为"磁悬浮之父". —— 译注

种比例的提高还远远不够 —— 大象与老鼠相比是脆弱的, 至少就其骨骼结构而言是这样. 另一方面, 大象的生活远远比不上老鼠那么艰辛, 因此给予它骨骼的作用也就要小得多. 如果一只老鼠在一片空地上闲逛, 那么它是冒着最终沦为某只动物的晚餐的风险 —— 大象却可以随心所欲地闲庭信步. 老鼠的单位质量新陈代谢率是大象的 20 倍, 因此它每天单位体重燃烧的能量也是大象的 20 倍, 于是就必须消耗 20 倍的食物 (一只老鼠每天要消耗的食物大约是它自身体重的四分之一). 小型哺乳动物们所过的生活是由疯狂忙乱的活动构成的.

**设计的变化** 我们迄今所用的这些简单的定标论证中, 都忽略了设计发生变化的可能性. 例如, 动物们可能会具有毛皮, 或者用脂肪来充当隔热材料. (像大象这样的一些大型热带动物更关心的是摆脱热量, 而不是保存热量, 因此它们没有毛皮.) 请注意, 正如较大的护航队所需要的防御努力成比例地减小, 大型动物要比小型动物更容易使它们自己隔热. 厚达一厘米的隔热层, 其质量与隔热表面积成正比, 因此也就遵循我们所熟悉的 2/3 律 (即隔热层重量与 $M^{2/3}$ 成正比, 其中 $M$ 是总体重). 在北极区域中, 绝对不存在任何小型哺乳动物.

尽管说了这一切, 我们还是很清楚地看到, 这些定标论证确实对动物们的生活方式提供了实质性的洞见. 我们再举三个动物运动的例子来结束讨论 —— 潜水、攀爬和跳跃. (无须提醒读者, 这里所包含的计算是用一张信封背面就可以做的那种类型, 而以 "$a$ 等于 $b$ 这种形式出现的那些陈述, 则应该读作 "$a$ 约等于 $b$, 甚至是 "如果有那么点儿运气的话, $a$ 和 $b$ 会具有相同的数量级".)

**潜水** 考虑一只正在潜水的哺乳动物, 它必须随身携带自己所需要的所有氧气. 我们会预计它能够携带的氧气量与它的体积成正比, 因此也就与它的质量 $M$ 成正比. 然后它消耗氧气的速率与它的新陈代谢率 $M^\alpha$ 成正比, 因此它能够持续潜在水下的时间就会正比于

$$\frac{M}{M^\alpha} = M^{1-\alpha}.$$

3/4 律表明 $\alpha = 3/4$, 因此它能够持续待在水下的时间与它的质量的**四次根** $M^{1/4}$ 成正比, 而这也许就是鲸类为什么如此巨大的原因之一. (这个例子摘自梅纳德 · 史密斯 (Maynard Smith) 的《生物学中的数学观念》(*Mathematical Ideas in Biology*). 由于此书是为生物学家们撰写的, 所以作者使用了简单的数学, 因此大部分读者也就完全能读懂本书了.)

**攀爬** 如果我们将一件质量为 $M$ 的物体举起 $h$ 的高度, 那么我们就将它的势能提高了 $Mgh$. 如果有一只质量为 $M$ 的动物以稳定的速度 $v$ 攀爬, 那么它就会需要以 $Mgv$ 的速率消耗能量. 假如它的新陈代谢率是 $cM^\alpha$, 那么

$$\text{产生用于攀登的总能量比例} = \frac{\text{用于攀登的能量消耗率}}{\text{新陈代谢率}} = \frac{Mgv}{cM^\alpha},$$

其中 $K$ 为某个常数. [211] 中引用的一些实验表明, 一只老鼠每小时竖直攀爬 2000 米, 只需要多消耗 23% 的氧气这样一个几乎无法察觉的增量, 而对于一只黑猩猩而言, 这一增量就是非常可观的 189%. 一只松鼠蹦上树干时表现出来的灵活轻松是货真价实的, 因为对于像这么小尺寸的一只动物来说, 它是往上跑还是往下跑几乎没有什么差别.

**跳跃** 跳蚤能够跳到它自身体长的 100 多倍高度, 而我即使是在运动生涯的巅峰时期, 也不可能跳过自己身高的一半高度. 本章的这些定标论证对此又有什么可说呢? 一次跳高的能量 $E$ 来自于该动物体内的肌肉缩短, 而如此产生的能量, 则与可用的肌肉体积成正比. 可用的肌肉体积又转而与该动物的身体体积成正比, 因此也就与它的质量成正比. 于是就有

$$E = KM,$$

其中 $K$ 为某个常数. 由于高度为 $h$ 的一次跳跃所提升的势能是 $Mgh$, 因此我们有

$$KM = E = Mgh,$$

从而得到

$$h = Kg^{-1}.$$

换言之, 一只动物能够跳跃的高度与它的尺寸大小无关. 事实上, 跳蚤、人类、袋鼠、跳鼠和蚱蜢跳跃的最大高度, 彼此相差都不到 3 倍①.

**练习 5.2.2** (i) 利用定标论证来讨论以下事实: 孩子们看起来似乎摔倒时感受到的痛苦比成年人小.

(ii) 撑竿跳运动员怎么能跳到他们自己身高的三倍高度的?

我们已经为生物学中的各种与数字有关的事实找到了一些貌似可信 (尽管不一定正确) 的理由. 如果不提及一组数字巧合, 那么任何讨论都不能算完整, 而对于这组巧合我们还没有给出过任何真正有说服力的解释. 小型哺乳动物都具有高新陈代谢率: 它们快速呼吸, 以获取自己必须燃烧的氧气; 它们的心脏快速跳动, 将含氧的血液输送到自身各处的肌肉中; 它们快快生活、早早死亡. 大型哺乳动物行事缓、死得晚. 尼尔森将这个问题说得很清楚 (请记起, 我们在谈论的不是一些确切的量, 而是在谈论数量级).

---

① 不过, 跳蚤的表演仍然出类拔萃. 由于跳蚤如此之小, 因此它在起跳前能够用来加速的距离就很微小 (不到 1 毫米), 于是起跳时间也非常短暂 (不到 1 毫秒), 这样就导致加速度相应很大 (超过 $200g$, 也就是由重力引起的加速度的 200 倍. 由于肌肉收缩不可能进行得如此快速, 因此跳蚤通过压缩一片弹性物质来储存能量, 然后通过触发一种释放机制将此能量释放出来. —— 原注

> 一只 30 克重的老鼠以每分钟 150 次的频率呼吸, 那么它在 3 年的寿命中会呼吸大约 2 亿次; 一头 5 吨重的大象以每分钟 6 次的频率呼吸, 那么它在 40 年的寿命中会呼吸大约同样的次数. 老鼠的心脏滴滴答答以每分钟 600 下的频率跳动, 这会让老鼠在其一生中约有 8 亿次心跳. 大象的心脏每分钟跳动 30 下, 因此这也给予了大象的一生相同数量的心跳次数 (参见 [211] 第 146 页).

对于大多数哺乳动物而言, 每种寿命的心跳次数都大致相同 (大约 $10^9$ 次)①. 为什么会这样?

诗人彼特拉克② 戏弄他的一个同时代的人③ 所持有的一些博物学理念, 并转而说道:

> …… 即使他们是正确的, 他们也不会对幸福生活有任何贡献. 知道四足动物、家禽、鱼类和蛇类的本质, 却不去了解或者甚至是忽视人类的本质、我们出生的目的, 以及我们的游历源自何处、去往何方, 那么 —— 我恳求你告诉我 —— 这些又有什么用处呢? (参见 [178])

这话有些真实的成分, 不过界定一次旅行的, 并不是其目的地, 好的旅行者会力图去熟知他们所途经的国家.

---

① 人类略处高端, 超过了这个数字的两倍. —— 原注

② 弗朗西斯克 · 彼特拉克 (Francesco Petrarca, 1304—1374), 意大利学者、诗人, 以其十四行诗闻名. 他也是文艺复兴早期的人文主义者, 被誉为 "文艺复兴之父". —— 译注

③ 他所犯的错误是称彼特拉克为 "当然是一个好人, 不过却是一位无甚功绩的学者". —— 原注

# 暗房里的物理学 第 6 章

## 6.1 金字塔英寸

现在我们再次讨论前一章中提出的一些概念,读者可能想重新读一下. 在第 5.1 节中我们看到, 对于亚里士多德提出的一个物体的下落速率与其重量成正比, 伽利略是如何证明了这种提议的不可信. 伽利略的论证是 "暗房里的物理学" 的一个例子. 在这种物理学中, 我们试图仅仅通过纯粹的思维来找到一些约束, 而这些约束必定适用于任何一条可能的物理定律 —— 一种危险却又令人着迷的消遣. "量纲分析" 给出了其中一例.

考虑一个边长分别是 $a$ 和 $b$ 的矩形的面积 $A$ 的公式

$$A = ab. \tag{6.1}$$

如果我们以厘米为单位来测量 $a$ 和 $b$, 那么我们就得到 $A$ 的一个值 (以平方厘米度量), 这个值是假如我们以米为单位来测量 $a$ 和 $b$ 时得到的 $A$ 值 (以平方米度量) 的 $10000 = 100^2$ 倍. 我们说 $A$ 具有长度平方的量纲, 并写作

$$[A] = L^2. \tag{6.2}$$

从形式上来说, 这意味着如果我们使用两种长度单位 (称它们为新单位和旧单位), 从而使得旧单位是新单位的 $K$ 倍, 那么用新单位测量 $A$ 所得到的答案, 是旧单位所得答案的 $K^2$ 倍. 正如读者所知道的, 这个结果更为普遍地适用于一切具有合理形状的面积. 同理可知, 体积具有长度立方的量纲.

现在假设我们希望求出一个圆锥的体积 $V$, 这个圆锥的高是 $h$, 底面是半轴长度分别为 $a$ 和 $b$ 的一个椭圆. 如果某人提出公式

$$V = \pi h a^2 b^2,$$

那么我们立刻就知道这个提议是行不通的, 这是因为如果我们使用前一段中说到的新单位和旧单位, 就有

$$V_{新} = K^3 V_{旧},$$

但是

$$h_{新} a_{新}^2 b_{新}^2 = K^5 h_{旧} a_{旧}^2 b_{旧}^2.$$

因此, 假如这个公式在一组单位中给出的答案是正确的, 就不可能在另一组单位中给出正确答案. 注意到:

$$[V] = L^3, \quad [ha^2b^2] = [h][a]^2[b]^2 = LL^2L^2 = L^5.$$

可以更简洁地给出同样的论证. 因为上述假定存在的公式两边 "具有不同的量纲", 因此我们说这个公式 "从量纲上来说是不正确的".

**练习 6.1.1** 试证明以下公式从量纲上来说是正确的 (这个公式事实上也是正确的):

$$V = \frac{\pi}{3}hab.$$

1864 年, 苏格兰皇家天文学家 (Astronomer Royal of Scotland) 查尔斯 · 皮亚兹 · 史密斯① 出版了一本书, 题为《大金字塔中我们的遗产》(*Our Inheritance in the Great Pyramid*), 马丁 · 加德纳② 称此书为此类书中的一本经典之作. 当时大金字塔的第一块外层框石刚刚被挖掘出来.

> 测量了这块石头, 其结果略长于 25 英寸. 史密斯的结论是, 这一长度不是别的, 正是神圣的库比特. 假如我们采用一种新的英寸 —— 史密斯称之为 "金字塔英寸", 其长度恰好为这块外层框石宽度的二十五分之一, 那么我们就得到了这座历史古迹建构中所使用的最小神圣测量单位. 这恰好是地球极半径的一千万分之一. 出于某种原因, 这种长度单位世代相传, 不过在此过程中发生了细微的改变, 从而使得英国所用的英寸比这个神圣的单位短了些许. 许多年以后, 大量其他外层框石也被挖掘了出来. 它们都具有完全不同的宽度. 不过到这个时候, 金字塔英寸早已在金字塔学文献中如此稳固地确立起来了, 以至于其信徒们仅仅耸了耸肩, 而承认了第一块外层框石只是 "碰巧" 一库比特宽 (参见 [65] 第 15 章).

美国成立了一个社团, "工作的目的是为了修正各种测量单位以符合神圣的金字塔标准, 并与法国的 '无神论的米制系统' 作斗争. 詹姆斯 · A. 加菲尔德总统③ 是该社团的支持者, 不过他拒绝担任主席一职." 加德纳部分引用了该社团的号召歌曲之一:

---

① 查尔斯 · 皮亚兹 · 史密斯 (Charles Piazzi Smyth, 1819—1900) 是 "金字塔学" 的创始人, 他对大金字塔做了一番测量后声称金字塔具有许多神秘数字. —— 译注

② 马丁 · 加德纳 (Martin Gardner, 1914—2010), 美国著名的数学科普作家, 他在《科学美国人》(*Scientific American*) 杂志上开设了 25 年的 "数学游戏" (Mathematical Games) 专栏. —— 译注

③ 詹姆斯 · A. 加菲尔德 (James A. Garfield, 1831—1881), 美国第二十任总统 (1881—1881), 上任半年后遇刺身亡. —— 译注

然后打倒每一条“米制的”方案,
它们由外国的学校教授,
我们仍然会崇拜我们父辈的上帝!
还会保存我们父辈的“规矩”①!
完美的一英寸, 完美的一品脱②,
盎格鲁人诚实的一磅③,
会在这个地球上占有它们的一席之地,
直到听见最后庆贺的号角响起之时!

假如我是一名这种类型的金字塔学家, 那么如果各种物理学公式在用神圣的英寸表达时是正确的, 而在米制系统中却不再成立了, 我也不会感到意外. 我会预期, 在用那些正确的、神授的英制单位来表达时, 这些自然界的规律会表现出其正确的形式. 我还会预期, 犹如有人试图用无神论的、法国的米制单位把它们写出来, 就会得到一些毫无意义的 (或者至少是丑陋的) 结果. 既然我不相信自然界具有一套受偏爱的单位, 那么我也就相信自然界的各种规律不会依赖于一种对单位的选择, 而我把这种信念表达为要求各种物理学公式从量纲上来说都应该是正确的.

在牛顿力学以及与之相关的那些体系中, 所有的量都是从质量、长度和时间的角度来表达的. 例如, 密度可以表达为千克每立方米 (或者克每立方厘米). 我们说密度 $\rho$ 具有的量纲是 $ML^{-3}$, 并写成

$$[\rho] = ML^{-3}.$$

一个半径为 $r$、密度为 $\rho$ 的球, 其质量 $m$ 由下式给出:

$$m = \frac{4\pi}{3}r^3\rho, \tag{6.3}$$

于是我们看到, 正如我们所要求的那样, 这个公式从量纲上来说是正确的, 这是因为

$$\left[\frac{4\pi}{3}r^3\rho\right] = [r^3][\rho] = [r]^3[\rho] = L^3ML^{-3} = M = [m].$$

同理可知, 速度具有 $LT^{-1}$ 的量纲 (因此我们用米每秒或者千米每小时来度量速度), 而加速度具有 $LT^{-2}$ 的量纲. 牛顿第二定律说明, 一个质量为 $m$ 的粒子, 在力 $F$ 的作用下, 其加速度由下式给出:

$$F = ma.$$

① 这里原文是 rule, 有“尺”和“规则”两种意思. —— 译注

② 1 品脱 (pint) 约等于 473 毫升. —— 译注

③ 盎格鲁 (Anglo) 是指英美人的祖先, 大部分英国人和美国人都是盎格鲁 – 撒克逊人 (Anglo-Saxon) 后裔. 1 磅 (pound) 约等于 454 克. —— 译注

既然我们要求物理公式都应该从量纲上来说是正确的, 那么我们必定有

$$[F] = [m][a] = MLT^{-2}.$$

**练习 6.1.2** 拉姆齐[①]的教科书《动力学》(*Dynamics*)[②] 中要求我们证明: 从高度为 $h$ 处投出一个粒子, 要使它落在离投射点水平距离 $a$ 处, 则所需的最小投射速度 $v$ 由下式给出:

$$v = (g((a^2 + h^2)^{1/2} - h))^{1/2}. \tag{6.4}$$

试检验这个给出的答案从量纲上来说是正确的. (请记住, $g$ 是由于重力引起的加速度.)

经验很快就说明, 给定任何从量纲上正确的公式, 我们都可以通过巧妙的处理将它转变成另一种形式, 其中所有出现的量都是无量纲的 (即在我们改变单位的情况下, 它们的大小都不发生变化). 例如, 下面的公式

$$s = ut + \frac{1}{2}at^2$$

给出了一个具有初速度 $u$ 和稳定加速度 $a$ 的粒子在 $t$ 时间中走过的距离, 这个公式可以改写为

$$\pi_1 + \frac{1}{2}\pi_2 - 1 = 0,$$

其中

$$\pi_1 = \frac{ut}{s}, \quad \pi_2 = \frac{at^2}{s}$$

是无量纲的. (例如, $[\pi_1] = [u][t][s]^{-1} = LT^{-1}TL^{-1} = L^0T^0$; 读者应该检验 $\pi_2$ 也是无量纲的.) 读者茶余饭后可以使自己信服这一点[③], 不过目前应该暂时把它作为一个事实接受下来, 看看接下去会得到哪些结果.

既然物理学公式从量纲上来说都是正确的, 那么由此得出的结论就是, 它们都可以被改写成用一些无量纲的量来表示的形式. 于是每个物理学公式都可以改写成以下形式:

$$f(\tau_1, \tau_2, \cdots, \tau_k) = 0,$$

其中的 $\tau_1, \tau_2, \cdots, \tau_k$ 全都是无量纲的量. 取 $f(\tau_1) = \tau_1 - 1$ 及 $\tau_1 = A/ab$, 公式 (6.1) 就变成

$$f(\tau_1) = 0.$$

---

① 亚瑟 · 斯坦利 · 拉姆齐 (Arthur Stanley Ramsey, 1867—1954), 英国物理学家, 撰写了多本数学和物理教科书. —— 译注

② 拉姆齐的一个儿子是卓越的数学家和哲学家弗兰克 · 拉姆齐 (Frank Ramsay), 另一个儿子是坎特伯里大主教 (Archbishop of Canterbury). —— 原注

③ 回忆一下我从一位俄罗斯物理学家那里听到的一条珠玑妙语也许会有所助益: "物理学中的各种证明都遵循英式法律制裁, 因而直到被证明有罪之前, 都是无辜的被告人. 数学中的各种证明则遵循斯大林主义的法律制裁, 因此直到被证明无辜之前, 都有被指控的罪行." —— 原注

取 $f(\tau_1)=\tau_1-4\pi/3$ 及 $\tau_1=m/(r^3\rho)$, 公式 (6.3) 就变成

$$f(\tau_1)=0.$$

取 $f(\tau_1,\tau_2)=\sqrt{\sqrt{\tau_1^2+\tau_2^2}-\tau_2}-1$ 及 $\tau_1=ga/v^2, \tau_2=gh/v^2$, 公式 (6.4) 就变成

$$f(\tau_1,\tau_2)=0.$$

我们到现在为止所做的事情也许看起来远不如金字塔学那么激动人心 (甚至也许无聊透顶, 还不如去看小草生长), 不过现在我们可以得出一些有趣的结论了.

**单摆** 考虑有一个摆, 它由一个重物 (比如说质量为 $m$) 悬挂在一根长而轻的绳或棒 (比如说长度是 $l$) 下方构成. 如果我们令它轻轻摆动, 那么我们知道它会在一段时间 $t$ 内来回摆动. (我们将 $t$ 称为此摆的周期. 摆钟就是一种用来计算一个钟摆的摆动次数的机器). 显然, $m, l, t$ 和 $g$ (由重力引起的加速度) 由某个公式联系在一起, 不过是哪个公式呢? 根据前一段的讨论, 我们可以将它进行改写, 从而使它只包含一些无量纲的变量. 我们从 $m, l, t$ 和 $g$ 能构成哪些无量纲的变量呢? 由于

$$[m]=M, [l]=L, [t]=T, \quad 及\ [g]=LT^{-2},$$

因此不难看出, 我们可以由这些量构造出来的无量纲变量只有

$$\tau=gl^{-1}t^2.$$

(当然, $2\tau, \tau^{-1}$ 之类也是无量纲的, 不过这些并非真正不同的变量.) 于是这个摆的方程就具有如下形式:

$$f(\tau)=0.$$

我们知道, (除非 $f$ 具有某种非常特殊的形式) 从方程 $f(x)=0$ 能解出 $x$ 的值 (作为 $f$ 的根). 因此我们推出, 对于某个常数 $A$ 有

$$\tau=A,$$

从而有

$$gl^{-1}t^2=A,$$

由此可得

$$t^2=A\frac{l}{g}.$$

$A$ 必为正数, 因此我们可以取 $C=A^{1/2}$, 从而得到

$$t=C\sqrt{\frac{l}{g}}.$$

可见单摆的周期不依赖于摆锤的质量, 而是正比于其长度的平方根. 如果一个单摆的长度变成原来的四倍, 那么它的摆动周期就变成原来的两倍.

**盘旋的直升机** 由于一个质量为 $m$、速度为 $v$ 的物体的动能 $E$ 由公式 $E=\frac{1}{2}mv^2$ 给出, 因此我们有

$$[E]=[m][v]^2=M(LT^{-1})^2=ML^2T^{-2}.$$

能量守恒原理告诉我们, 所有形式的能量都可以互相转换, 那么它们必定都具有 $ML^2T^{-2}$ 的量纲. 由于一台发动机的功率就是单位时间内所产生的有用能量, 因此功率必定具有 $(ML^2T^{-2})T^{-1}=ML^2T^{-3}$ 的量纲.

假设我们希望求出允许一架质量为 $m$ 的直升机在静止空气中盘旋需要多大的功率 $P$. 想来 $P$ 应取决于各旋翼叶片的长度 $l$、直升机的重量 $W=mg$ 和空气的密度 $\rho$. 我们有

$$[P]=ML^2T^{-3},[l]=L,[W]=MLT^{-2},[\rho]=ML^{-3},$$

再经过一点研究很快就使我们确信, 从本质上讲, 我们能构建出的唯一无量纲变量是

$$P^2W^{-3}\rho l^2.$$

采用对单摆所做的同样论证, 现在给出

$$P^2W^{-3}\rho l^2=A,$$

且对于某常数 $A$ 和 $C$, 有

$$P=CW^{3/2}l^{-1}\rho^{-1/2}=Cm^{3/2}g^{3/2}l^{-1}\rho^{-1/2}.$$

于是我们就明白了为什么直升机具有长长的旋翼叶片.

**练习 6.1.3** (深水中的波) 深水中的一列波的波长 $\lambda$ 是指其相继的波峰之间的距离. 作为一级近似, 似乎可以合理地假设这列波的速度 $v$ 仅取决于波长 $\lambda$、由于重力引起的加速度 $g$, 以及水的密度 $\rho$. 试证明其速度与波长的平方根成正比.

假如你搅拌一杯咖啡, 然后把它放着不动, 那么液体的运动会由于摩擦力而相当快速地平息下去. 事实证明, 正确度量这种摩擦趋势的物理量, 是液体的**黏滞系数** (*coefficient of viscosity*) $\eta$. 一切流体 (即液体或气体) 都具有这样的一个黏滞系数. 空气具有较低的黏滞系数, 糖蜜则具有非常高的黏滞系数①. 对

① 根据材料科学家们的观点, 当熔化的玻璃冷却时, 仍然保持为一种液体, 只是它的黏滞系数随着温度降低而增大. 因此我们可以在高温下吹玻璃, 在较低的温度下对它塑形, 如此等等. 不过, 在室温下示范玻璃的液体特性, 则归于现代实验技术的最前沿. —— 原注

于 $\eta$, 我们唯一要用的事实就是它的量纲

$$[\eta] = ML^{-1}T^{-1}.$$

**环形管中的流量** 考虑一根长度为 $l$、圆形横截面半径为 $a$ 的圆柱形长管道. 假设有一种黏滞系数为 $\eta$ 的液体稳定地沿着该管道流动. 我们感兴趣的是将这种液体的流动速率 $Q$ (以每单位时间中的体积来度量) 表示为每单位长度的压强下降 $P$ 的函数. 由于压强由每单位面积所受的力给出, 因此

$$[P] = [\text{力}][\text{面积}]^{-1}L^{-1} = (MLT^{-2})(L^2)^{-1}L^{-1} = ML^{-2}T^{-2}.$$

再加上

$$[Q] = L^3T^{-1}, [a] = L, [\eta] = ML^{-1}T^{-1},$$

以及一点研究, 很快就使我们确信, 本质上来说, 我们能够给出的唯一无量纲变量就是

$$P\eta^{-1}Q^{-1}a^4,$$

由此根据我们通常的论证, 就有

$$Q = \frac{Ca^4P}{\eta},$$

其中 $C$ 为某个常数. 因此, 对于一个给定的压强梯度 $P$, 体积流量 $Q$ 随着半径的四次幂增大. 将输油管的直径加倍, 就能够使它运送的量变成原来的 16 倍之多.

我们的身体中有两根相当大、相当重要的管道 —— 左右冠状动脉, 它们为心肌供给血液. 当脂肪物质堆积在这两条动脉壁上的时候, 它们就变得狭窄了, 于是上面的公式表明, 它们的输运容量随着半径的四次幂下降. 在这个系统中内建有一个重大的安全要素, 不过这条四次幂定律意味着一旦到达危险水平, 事情就会非常迅速地发生恶化.

**风洞** 支配流体行为的那些方程, 其难解程度可谓臭名昭彰. 据说研究它们的那些纯数学家们总是在他们的黑板旁边保留着一桶水, 作为一种提醒: 自然界早已发现一些解答了. 绕开这个问题的一种方法, 就是利用比例模型.

假设我们希望求出作用在一架低速飞行器机翼上的提升力 $F$ (一种力). 我们假设黏滞性变化和压强变化都可以忽略不计, 而且 $F$ 仅取决于一个代表长度 $a$ (比如说翼展长度)、空气密度 $\rho$ 和空气流过机翼的速度 $v$. 读者应利用量纲分析来证明

$$F = A\rho a^2v^2,$$

其中 $A$ 为某未知的常数. 在一个风洞中, 通过对一个按比例缩小的模型做实验, 我们就能够确定 $A$, 并由此求出作用在全尺寸机翼上的提升力.

**双线摆** 双线摆的构成方式是: 一根长度为 $b$、质量为 $m$ 的水平横杠, 两端由两根长度相等的竖直细绳从固定的两个支点悬挂下来, 并允许它作小幅振荡. 过去在学校时, 我们要着手去做一项实验: 求出此时的周期 $t$ 是怎样随着 $b$ 和 $m$ 变化的. 出于年轻人的自信和纯数学家的自大, 我首先进行了上文这种类型的量纲分析, 随后又痛苦地花了一小时去让这个摆按照预测的形式摆动.

不过, 正如读者可能早已发现的那样, 这里还包含着另一个长度 —— 细绳的长度 $a$. 这些有关的量具有以下各式给出的量纲:

$$[a] = L, [b] = L, [g] = LT^{-2}, [m] = M, [t] = T.$$

由此, 我们可以构成**两个**无量纲的量:

$$\tau_1 = \frac{a}{b}, \quad \tau_2 = \frac{gt^2}{a},$$

这两个量彼此都没有依赖关系. 我们还可以构成许多其他无量纲的量 (例如 $\tau_3 = gt^2/b$), 不过只要做一点计算就会令读者信服, 它们全都是 $\tau_1$ 和 $\tau_2$ 的函数 (例如 $\tau_3 = \tau_1\tau_2$. 我们说, $\tau_1$ 和 $\tau_2$ 构成了这个问题的无量纲量的一个完全集. (请注意, $\tau_1$ 和 $\tau_3$ 也构成这样一个集合. 对于同一个问题, 存在着许多不同的完全集.) 由于我们相信, 我们的所有公式都可以写成无量纲的形式, 于是我们就得到

$$f(\tau_1, \tau_2) = 0.$$

乍看之下, 这似乎没什么用处, 但其实不然. 如果固定 $\tau_1$, 那么 $\tau_2$ 就作为 $f(\tau_1, x)$ 的一个根被确定下来. 抛开其中可能有好几个根的任何问题不谈, 我们的结论是, $\tau_2$ 是 $\tau_1$ 的函数, 即

$$\tau_2 = F(\tau_1).$$

由此可得, 对于某个适当的函数 $H$, 有

$$\frac{gt^2}{a} = H(ab^{-1}),$$

因此对于某个适当的函数 $G$, 有

$$t = \sqrt{\frac{a}{g}}G(ab^{-1}).$$

于是, 如果我们知道 $a$ 和 $b$ 取某些值时的 $t$ 值, 我们就知道了 $a$ 和 $b$ 取所有值时的 $t$ 值, 只要此时的 $a$ 和 $b$ 有相同的比例 $ab^{-1}$. 这对于在完全不做任何实验的情况下设法求出双线摆的行为是毫无用处的, 不过一旦你咬紧牙关, 它确实会大大缩减所需的实验次数.

**练习 6.1.4** 有一个传统的力学问题, 考虑一个质量为 $m$ 的球, 以速度 $u$ 竖直向上抛出. 现在告诉你, 当这个球具有速率 $u$ 时, 它受到一个与其运动方向相反

的阻力 $ku^\alpha$, 由此要求你求出它返回投射点要花费的时间. 求出 $k$ 的量纲, 并证明对于某个适当的函数 $F$, 有

$$t = \frac{u}{g}F\left(\frac{ku^\alpha}{mg}\right).$$

**超音速风洞** 假设有一个特征长度为 $a$ 的物体在一种密度为 $\rho$、静止时对它施加压强 $P$ 的气体中以高速 $v$ 运动. 我们感兴趣的是作用在这个物体上的曳力 (一种力) $D$. 我们会预料黏滞效应可以忽略不计, 从而希望上述的这些量是其中涉及的主要量. 读者应检验, 以下两个无量纲的量

$$\tau_1 = \frac{v\rho^{1/2}}{p^{1/2}}, \quad \tau_2 = \frac{D}{\rho v^2 a^2}$$

构成了一个完全集, 从而根据与双线摆时相同的论证可知

$$\tau_2 = G(\tau_1),$$

及对于某个函数 $F$, 有

$$D = \rho v^2 a^2 F\left(\frac{v\rho^{1/2}}{p^{1/2}}\right).$$

$(p/\rho)^{1/2}$ 这个量具有速度的量纲. 事实上, 我们知道在不受扰动的气体中, 对于某个常数 $\gamma$ (取决于该气体), 声速 $c$ 由下式给出:

$$c = \left(\frac{\gamma p}{\rho}\right)^{1/2},$$

因而对于某个函数 $G$, 有

$$D = \rho v^2 a^2 G\left(\frac{v}{c}\right).$$

(无量纲的量 $v/c$ 称为马赫数①, 喜欢有关试飞员电影的那些人因而会很熟悉这个量.) 读者会看到, 很容易将此类风洞实验的结果按比例放大.

**船舶运动** 在建造船舶时, 我们感兴趣的是要保持一艘长度为 $l$、以恒定速度 $v$ 运动的船所需的功率 $P$. 可以假定这会取决于水的密度 $\rho$ 和黏滞度 $\eta$. 由于在产生波浪的过程中必定要做一些功, 因此我们还必须考虑由于重力而产生的加速度 $g$. 现在,

$$[P] = ML^2T^{-3}, \quad [l] = L, \quad [v] = LT^{-1},$$

① 马赫数 (Mach number) 是以奥地利物理学家恩斯特 · 马赫 (Ernst Mach, 1838—1916) 命名的, 定义为流场中某点的速率与该点的当地声速之比, 即该处的声速倍数, 因此其中的 $c$ 表示当地声速. 马赫数小于 1 为亚音速, 马赫数大于 5 为超高音速. —— 译注

$$[\rho] = ML^{-3}, \quad [\eta] = ML^{-1}T^{-1}, \quad [g] = LT^{-2},$$

再经过一点点研究后表明，我们现在需要**三个**无量纲的变量来构成一个完全集. (在许多选择之中) 有一种可能的选择是

$$\tau_1 = \frac{v}{(lg)^{1/2}}, \quad \tau_2 = \frac{vl\rho}{\eta}, \quad \tau_3 = \frac{P}{\rho l^2 v^3}.$$

类似于我们在双线摆的例子中所采用的那类论证，在这一情况下就表明存在着一个函数 $f$, 使得

$$f(\tau_1, \tau_2, \tau_3) = 0,$$

以及另一个函数 $F$, 而有

$$\tau_3 = F(\tau_1, \tau_2).$$

我们引入

$$\mathsf{Fr} = \tau_1 = \frac{v}{(lg)^{1/2}}, \quad \mathsf{Re} = \tau_2 = \frac{vl\rho}{\eta},$$

于是得到

$$P = \rho l^2 v^3 F(\mathsf{Fr}, \mathsf{Re}).$$

Fr 称为弗劳德数①，它与兴波阻力相联系. Re 称为雷诺数②，它与黏滞阻力相联系③.

在实际中，我们无法随心所欲地改变 $\eta$, 因此出于讨论的目的，让我们假设完全无法改变 $\eta$. 在这样的情形之下，Re/Fr 就与 $l^{3/2}$ 成正比，因此我们无法在保持弗劳德数和雷诺数两者都相同的情况下按比例缩小成一个模型. 不幸的是，事实证明兴波阻力和黏滞阻力都很重要，因此建模者们就不得不求助于各种各样的职业技巧 (例如，通过分别求出兴波阻力和黏滞阻力，然后利用经验估算出它们的联合效应). 我们注意到，除非是鱼和潜水艇靠近水面的情况，否则它们就不会制造出水波，因此它们的行为就会受到雷诺数的支配④.

---

① 弗劳德数 (Froude number) 是以英国船舶设计师弗劳德 (W. Froude) 命名的，$\mathsf{Fr} > 1$ 时，惯性力对水流起主导作用，水流为急流；$\mathsf{Fr} < 1$ 时，重力起主导作用，水流为缓流；$\mathsf{Fr} = 1$ 时，重力、惯性力作用相等，水流为临界流. —— 译注

② 雷诺数 (Reynolds number) 是以英国物理学家奥斯鲍恩 · 雷诺 (Osborne Reynolds, 1842—1912) 命名的，它表征流体流动情况. 雷诺数较小时，黏滞力对流场的影响大于惯性力，流体流动稳定，为层流；雷诺数较大时，惯性力对流场的影响大于黏滞力，流体流动较不稳定，形成紊乱、不规则的紊流流场. —— 译注

③ 由于定义方式的关系，因此**小**的雷诺数与**高**黏滞性 (糖蜜) 相联系，而大的雷诺数则与低黏滞性相联系. —— 原注

④ 核动力潜水艇又短又胖，这是因为它们仅在进出港口的时候才会浮出水面. 它们在水面上的效率极低，此时大多数的功率都消耗在制造水波上. 第一次和第二次世界大战中的那些潜水艇大部分时间浮在水面上，因此它们又长又瘦，以减小兴波阻力. 现代的常规潜艇在利用通气管对它们的电池进行重新充电时，必须要花时间靠近水面航行，而尽管在通气管深度处的兴波阻力要比表面处低得多，但仍然是很大的. 因此它们的形状就是一种折中的结果. —— 原注

**练习 6.1.5**　考虑有一艘船运载着货物以速度 $v$ 航行一段距离 $d$. 运转这艘船的每单位时间费用 (由于船员薪水等) 是 $\alpha$ 美元, 而每单位能量费用是 $\beta$ 美元. 以速度 $v$ 航行所需要的功率是 $P(v)$, 因此以速度 $v$ 推动这艘船的每单位时间费用就是 $\beta P(v)$ 美元. 试求将货物运输到要求的距离所需的花费 $\kappa(v)$.

假如在所考虑的 $v$ 范围内 $P(v) = A + Bv + Cv^2[A, B, C > 0]$, 试证明

$$\kappa(v) = d\left[\left(\frac{(\alpha+\beta A)^{1/2}}{v^{1/2}} - (\beta C)^{1/2}v^{1/2}\right)^2 + \beta B + 2(\beta C(\alpha+\beta A))^{1/2}\right].$$

试推出按照要求的路线运送货物的最便宜方法是选择 $v = v^*$, 其中

$$v^* = \left(\frac{\alpha+\beta A}{\beta C}\right)^{1/2}.$$

随着 $\alpha$ 增大, $v^*$ 会发生什么变化?

有一段时间里建造了一些由美国船员操纵的油轮, 这些油轮比英国船员操纵的那些油轮具有功率更大的发动机. 当时美国船员们拿到更高的工资, 因此也就产生了更高的 $v^*$.

计算机能力的不断提高, 也许将最终使得建模者们的工作完全被淘汰, 随之而去的还有他们的水道、水槽、水洞、风洞、激波风洞、船舶拖曳水池、高速铁路、环形水道、旋转臂、受缚动力模型、转向盘、紧急迫降水池、落体、火力驱动和火箭驱动模型、螺旋风洞、缓冲槽和潮汐模型盆. 不过许多年以来, 他们将科学、艺术和少许魔法混合在一起, 这对工程学的进展发挥了实质性作用.

在本文的讨论过程中, 我忽略了许多各种各样的要点. 其中有较为数学的几点, 比如像如何求出无量纲变量的一个完全集的问题, 或者我们如何知道每个完全集中都会具有相同数量的变量的问题, 这些问题都要使用大学数学课程第一年或第二年所教授的抽象线性代数中的一些方法来进行解答①.

还有一个更为重要的问题, 那就是对于变量的选择. 我们如何知道对于一架盘旋的直升机而言, 关键的变量是功率、旋翼叶片的长度、直升机的重量和空气的密度? 飞行员的眼睛颜色显然不重要, 但是空气的压强和黏滞性又如何呢? 在现实生活中, 量纲分析开始于对有关方程的仔细研究, 还取决于长时间的经验.

考虑我们开始讨论时的单摆那个例子. 我将摆长 $l$、悬挂重物的质量 $m$ 和由于重力引起的加速度 $g$ 取为关键变量. 我忽略了摆动的幅度 (长度), 因为 "众所皆知",

① 这些概念综合起来被称为白金汉 $\pi$ 定理 (Buckingham $\pi$ theorem). 如同许多此类结果一样, 这条定理也存在着许多不同的形式. 其经典阐述出现在伯克霍夫 (Birkhoff) 的《流体力学》(*Hydrodynamics*) 一书中, 不过洛根 (Logan) 的《应用数学》(*Applied Mathematics*) 的第一章也许更加容易理解. 我所给出的量纲处理方法遵循传统模式, 解释了某些要点. 在 [261] 中, 巴伦布莱特 (Barenblatt) 采用一种比较现代的途径, 从而说明了如果我们思考得再努力一点, 我们的理解就会大大增加. ——原注

(对于小幅振荡而言) 周期 $t$ 与振幅无关. 不过, 这种不相关性并不是一个明显的事实, 而是伽利略 (在 19 岁时做出) 的第一个伟大发现. 在闭上眼睛沉思单摆之前, 我暗暗偷窥了一眼真实世界①.

1953 年, 爱因斯坦为伽利略的《两大世界体系的对话》(*Dialogue Concerning the Two Chief World System*) 撰写了一个序言. 这位暗房里的物理学的现代大师写道:

> 任何一种经验方法都有其思辨概念和思辨体系; 而且任何一种思辨思维, 它的概念经过比较仔细的考察之后, 都会显露出由它们所产生的经验材料 (参见 [65] 引言).

## 6.2 一个不同的年代

如果有一篇论文报告了一个至关重要的物理实验, 那么你预料它会有多长? 你又会预料它会是怎样写成的? 以下是 G. I. 泰勒②在 1909 年所写的一篇题为《微弱光干涉条纹》(*Interference Fringes with Feeble Light*) 的论文的全文 (可在他的文集中找到).

> 由光和伦琴射线③导致的电离现象, 已经导致了一种理论的产生, 根据这种理论, 能量不均匀地分布在整个波阵面上. 有些区域具有最大的能量, 它们被一些很大的、未受扰动的面积远远地分开. 当光线强度减弱时, 这些区域之间的间隔变得更加远离, 不过其中任何一个区域中的能量的总量并不改变, 也就是说, 它们都是不可分割的单元.
>
> 迄今为止, 所有提出来支持这种理论的证据都是间接性质的. 这是因为所有一般光学现象都是平均效应, 从而无法在通常的电磁学理论和我们正在考虑的经过修改的电磁学理论之间做出区分. 不过, J. J. 汤姆孙爵士④提出, 如果在衍射图样中的光线强度大大减弱, 以至于仅有若干个这样的不可分割的能量单元万一同时在一个惠更斯区 (Huygens zone) 上产生, 那么普通的衍射现象就会发生改变. 实验中对一根针的阴影拍摄了一些照片, 采用的光源是一盏煤气灯前方的一条狭缝. 光线强度借助于一些用烟熏过的玻璃屏加以减弱.
>
> 在进行任何曝光之前, 有必要找出这些屏所阻隔的光线比例. 将一张

① 我们可以在利用量纲分析方面更迈进一点,我会在练习 8.2.5 中加以说明. —— 原注

② G. I. 泰勒 (G. I. Taylor, 1886—1975), 英国物理学家, 数学家, 主要研究领域是流体动力学与波理论. —— 译注

③ 伦琴射线 (Röntgen ray) 即 X 射线, 由德国物理学家威廉 · 康拉德 · 伦琴 (Wilhelm Conrad Röntgen, 1845—1923) 于 1895 年发现, 故又称伦琴射线. —— 译注

④ J. J. 汤姆孙 (J. J. Thomson, 1856—1940), 英国物理学家, 1906 年由于发现电子而获得诺贝尔物理学奖. —— 译注

底片在煤气灯下直接曝光一段时间. 然后用准备使用的各种不同屏来遮蔽煤气灯光, 并对同类型其他底片进行曝光, 直至它们变得与第一张经过完全显影的底片一样黑为止. 令产生这种结果所需的曝光时间与光强成反比. 为了检验这一假设正确性的一些实验证明, 它在光线不太微弱的情况下是正确的.

随后拍摄了五张衍射的照片, 其中第一张采用直接光照, 其余的则用各种不同的屏插在煤气灯和狭缝之间. 第一张照片的曝光时间是通过试验得到的, 当底片完全显影时就得到了黑色程度的某一标准. 剩余的那些曝光时间, 则是从第一次的曝光时间用光强的反比例得到的. 最长的时间是 200 小时, 或者说大约 3 个月. 无论在什么情况下, 图样的锐利程度都没有发生任何降低, 尽管这些底片并没有全都达到第一张照片的标准黑色程度.

为了对这些实验中落在底片上的光线能量有所了解, 将一张同类型的底片在一根标准蜡烛的 2 米距离外曝光, 直至完全显影使它达到标准的黑色程度. 这需要 10 秒钟就够了. 通过一个简单的计算, 会表明最长时间的曝光期间落在底片上的能量总量, 就等同于在略微大于一英里距离处的一根标准蜡烛所给出的能量. 采取德鲁德[①]给出的一支标准蜡烛光谱可见部分的能量值, 得到落在一平方厘米底片上的能量总量为 $5 \times 10^{-6}$ 尔格/秒[②], 而这种辐射在每立方厘米中的能量总量是 $1.6 \times 10^{-16}$ 尔格.

根据 J. J. 汤姆孙爵士的看法, 对于上文所述的这些不可分割单元, 这一数值对其中每个单元中所包含的能量总量设置了一个上限.

1905 年, 当时在伯尔尼专利局 (Bern Patent Office) 工作的 “三级技术专家” 爱因斯坦撰写了数篇论文, 分别宣告了他的狭义相对论, 通过布朗运动证明了分子的物理存在, 以及依据光的量子理论解释了光电效应. 当时的科学界很容易地信服了前两种理论的真实性, 但是对第三种却怀疑了 20 年.

爱因斯坦提出, 光是由分立的粒子或量子构成的, 即我们现在所谓的光子. 这看起来似乎不仅仅完全与已取得了巨大成功的麦克斯韦理论 (这种理论将光看作是电磁扰动波动式传播) 相对立, 也完全与 100 年来观测到的光的波动特性相对立. 粒子以直线前进, 但是波却向外扩散. 而且波谷与波峰相互抵消以及波峰与波峰、波谷与波谷相互加强, 这就形成了 “干涉图样”, 而这些图样是波动的特征. 假如我们将一束很细的光照射在一根针上, 我们看到的不是我们预计一连串粒子会造成的锐利阴影, 而是在波的传播过程中典型的干涉图样.

---

① 保罗 · 德鲁德 (Paul Drude, 1863—1906), 德国物理学家, 开发了用于解释热学、电学、光学性质的德鲁德模型. —— 译注

② 尔格 (erg) 是热量和功的单位, 1 尔格 $=10^{-7}$ 焦耳. —— 译注

要使爱因斯坦的提议与这种观测现象取得调和，其中的一种方法是，认为“光学现象都是平均效应”，以及大量相互推搡的光子以某种方式产生了观测到的那些波动状现象. 当刚刚从剑桥大学数学和物理学本科学习毕业的 G. I. 泰勒在寻找一个研究项目时，J. J. 汤姆孙建议他研究：如果光束的强度减小到如此程度，以致这些假定的光子都远远地分开，那么这时干涉图样是否会消失.（毕竟，声音不会穿越接近真空的环境，几个水分子也不会形成波浪.）泰勒在家里搭起了实验，所用的设备花费不到一英镑，结果证明，正如上文的那篇论文中所报告的那样，这些微弱到不可思议的光束也制造出了与强光束相同的干涉图样. 他在晚年声称，他选择这个项目的原因，是因为这个实验运行的时候，他就能自由地去进行一次为期一个月的航游了.

这个实验看来似乎决定性地排除了光子的存在，不过真相远比此奇怪得多. 20 世纪 20 年代所做的一些实验所显示的现象，必须解释成电子和光子之间的相互碰撞，而我们现在已经确信光是由光子构成的. 在 G. I. 泰勒的那个实验中，光子具有的能量大约是 $3\times10^{-12}$ 尔格，因此考虑泰勒论文中的倒数第二句话，我们就会看到，在他最昏暗的光束中，大约每 10000 立方厘米包含有一个光子. 出于某种原因，这些分立的光子保持了波动式特征①. 因此，当时 J. J. 汤姆孙和 G. I. 泰勒可能是把这个实验当作是一个有一定水平的实验，用于再次证实一种经典理论，以及消除各种莫名其妙传播开来的胡乱推测，如今它却被认为是取代了这种经典理论的新理论中的一个核心实验.

在用刚才描述的这种方式写完了他的第一篇论文后，泰勒回到了他的主要兴趣上来，这些兴趣不在于搜寻基本定律的“高级物理”，而在于另一项同样艰难的任务，即利用这些基本定律来理解我们周围的世界. “当我还是中学生的时候，无意之中在我叔叔 [的]…… 藏书室里发现了拉姆②的《流体力学》，尽管我当时还无法读懂，它的主题却使我深深着迷，希望自己有朝一日会有能力用它来理解帆船的力学机制，这是一个我从实用性观点上来说早已非常感兴趣的主题.”③他最初研究的是气象学（其中包括一次为期 6 个月的远征，在泰坦尼克号灾难之后去研究冰山）. 第一次世界大战之初，他主动请缨，要在战地上建立起一套天气预测装置. 他向一位军官提出这个建议，而那位军官

① 如果你希望知道现代物理学如何处理这个问题，那么你可以先读费曼的小册子《QED: 光和物质的奇妙理论》(*QED, The Strange Theory of Light and Matter*). —— 原注

理查德 · 费曼 (Richard Feynman, 1918—1988)，美国物理学家，1965 年由于在量子电动力学方面的贡献而获得诺贝尔物理学奖. QED 是 quantum electrodynamics 的缩写，即量子电动力学. 此书中译本由湖南科学技术出版社出版，译者张钟静. —— 译注

② 霍勒斯 · 拉姆 (Horace Lamb, 1849—1934)，英国物理学家. 他撰写了多部影响深远的物理学教材，其中《流体力学》(*Hydrodynamics*) 和《声音动力理论》(*Dynamical Theory of Sound*) 至今还在使用. —— 译注

③ 这段引文摘自巴彻勒 (Batchelor) 为 G. I. 泰勒所写的讣告，我在本章中对此有广泛的引用. —— 原注

> 看来并不怀疑我能够判断天气将会怎样 —— 他很有可能怀疑过 —— 而是认为这些知识在战场上毫无价值. "士兵们不会撑着伞去打仗, 无论下不下雨他们都得上." (参见 [234] 第 527 页)

于是他转而加入了位于法恩伯勒市 (Farnborough) 的英国皇家飞行器工厂 (Royal Aircraft Factory). 在那里, 除了其他许多事情以外, 他还 (在上级的坚持要求下) 参与了一个项目, 其目的是开发一种用于从飞机上向下方敌军部队投掷的飞镖. 在试投了一捆飞镖后, 他和一位同事

> 仔细检查场地, 并把一张方形的纸压在我们所能找到的每一枚戳中地面的飞镖上. 我们用这种方法查遍了整个场地后, 正在查看其分布的时候, 一位骑兵军官走过来问我们在做什么. 我们解释了这些飞镖是从一架飞机上投掷下来的, 于是他注视着这些飞镖, 并在看到被飞镖刺穿的每张纸后评论道: "要不是我亲眼所见, 我永远也不会相信有可能从空中进行如此出色的射击." (参见 [234] 第 527 页)

他又补充说, 这些飞镖从未投入使用,

> 不过显然不是出于我们最初提出来作为反对意见的那个理由 —— 它们的效率会很低. 我们被告知, 它们被认定为不人道的武器, 因此不能为绅士们所用.

如同当时在法恩伯勒市的许多科学家 (其中包括蒂泽德和林德曼) 一样, 他断定如果自己学会飞行, 就可以更好地展开工作. 他动情地回忆起自己的训练飞机. 这架飞机的最大水平速度是 60 英里/小时 (大约 95 千米/小时), 据说它的熄火速度是 37 英里/小时.

> 尽管发动机在空中频繁停工, 但是由于它的低着陆速度, 因而有可能在许多草地上安全着陆. 而且, 如果真的发生坠机, 那么支撑前方升降舵的起落架也可以起到减震器的作用. 这些飞行器都是用钢琴钢丝 ① 束缚在一起的, 其所需的用量如此之多, 以至于机械师们过去常常说, 他们在装配这种飞行器的时候, 就在两翼之间放飞一只金丝雀 —— 如果它飞出来了, 就说明缺少一根钢丝.

① 钢琴钢丝 (piano wire) 是一种高强度的含碳钢丝, 主要用于钢琴、弹簧等. —— 译注

(此类结构在我们看来似乎很老式, 不过事实上却是在低速下使用的一种合理结构. 只有在高速的情况下, 流线型单翼机才具有优越性. 第一次世界大战和新型飞机致富了好几家钢琴钢丝制造商.)

> 我的教官是一位空军上士, 他曾经由于他的一名学员导致的坠机而遭受过损伤. 他决定此类事情绝不可再次发生, 因此如果任何一名学员对双重控制杆施加相当大的力量, 他就报告说他们手脚笨重, 永远也不会成为好的飞行员. 由于当时可供训练使用的飞行器数量极少, 又有许多人想要加入空军, 大家都要不惜一切避免被驱逐出去的威胁, 因此这位教官的许多学生在首次单独飞行时都是第一次完全控制他们的飞机. 由此致使的古怪动作有时令人心惊胆战. 我因为在法恩伯勒市待过几个月, 所以比大多数人通过得顺利得多. 至少我知道这些控制装置应该用来干什么 (参见 [234] 第 527–528 页).

泰勒在法恩伯勒市的工作给了他在材料强度和断裂问题方面终身受用的得益. 战争结束后, 他回到了剑桥 (他在那里组建了 "三一学院谈话八人组" (Trinity talking eightsome) 的一部分 —— 一个由卢瑟福领导的周日高尔夫手小组), 也回归了一种不间断研究生涯.

他的四卷本论文全集中充满了像《两个旋转圆柱体之间包含的黏性流体的稳定性》(*Stability of a viscous fluid contained between two rotating cylinders*, 此文中包含了对伴随着层流的破坏而出现的那种异乎寻常的 "乱中有序" 现象的经典论证) 和《晶体中的塑性变形机制》(*The mechanism of plastic deformation in crystals*) 之类的标题, 这些题目都是我们预料会发表在《英国皇家学会学报》(*Proceeding of The Royal Society*) 及类似期刊上的. 找到一篇重印自 1934 年 4 月版的《游艇月刊和摩托艇杂志》(*The Yachting Monthly and Motor Boating Magazine*) 的文章, 则更加令人惊奇. 这篇文章题为《锚的抓力》(*The holding power of anchors*), 其中宣告了 2000 年以来锚的设计的首次发展. 原版的论文太长, 因而无法在此重印, 不过泰勒为剑桥大学本科生数学杂志《尤里卡》① 所撰写的一文中对他的发明做了些说明.

> 阿基米德不仅仅是一位借助于写在沙滩上的数字来表达自己想法的数学家, 正如你们的名称 "尤里卡" 提醒我们的, [他] 还在不用任何数字或者符号的情况下, 解决了一些实质性数学问题 ……
>
> 1923 年, 我购买了 48 英尺 [14.5 米] 长的游艇 "嬉戏号" (Frolic), 这艘

① "尤里卡" (*Eureka*) 是一个希腊语中表达发现某件事物、真相时的感叹词, 意思是 "我发现了". —— 译注

游艇重 20 吨, 吃水深度 8 英尺 3 英寸 [2.5 米]. 其大锚重 120 磅 [55 千克]. 把锚缠绕上来的时候, 直到锚几乎到达水面, 船帆才有能力控制住船. 而在有向岸风的情况下, 在 10 英寻 [18 米] 或者更加靠近海岸的地方抛锚时, 要在漂流到岸上之前将锚缠绕上来以使情况正常, 这对我而言所需要的努力太大了. 这个问题以及一些与水上飞机相关的问题, 激发了思考设计较轻的锚的动机.

最早期的锚单单就是一些石块, 因而抓力/重量 ($H/W$) 小于空气中测得的摩擦系数, 通常这个数值小于 1. 希腊人意识到, 利用一个会钻入地下的钩子, 得到的 $H/W$ 就会大得多, 因此他们或者其同时代的人们就发明了锚杆, 也就是一根长杆, 它与钩子所在平面成直角, 一旦锚杆钻入地下, 钩子就会阻止它再行脱出. 如果锚爪 (即钩子向上弯曲的部分) 落下去的时候是指向上方的, 那么锚杆就会使它保持这种状态, 从而阻止了它发挥作用, 因此有必要在锚柄的对面再加上第二个钩子, 这样就使锚对于通过锚柄的两个平面对称. 这第二个钩子必须与锚柄成一个角度以阻止第一个钩子将锚柄向下拽. 出于这个原因, 单独一个钩子也许能够得到的高 $H/W$ 值, 用单独的一个锚就无法得到.

因此, 我的问题就是要思考一种方法, 使单独一个没有锚杆的钩子无论以何种方式下落都能够钻入海床, 并在水面下被水平拉动时保持稳定. 我所想到的解决方案明示在这张示意图 [图 6.1] 中. 锚柄 $A$ 用一个螺栓 $C$ 连接在锚爪 $B$ 上, 螺栓 $C$ 的轴线用虚线 $CE$ 表示. 叶片 $D$ 和 $J$ 接近于圆柱的一部分, 这两个圆柱具有共同的母线 $FG$. 这张示意图显示了这种锚的俯视图, 并且它下落后是以 $A$, $J$ 和 $G$ 着陆的. 当链条拉动时, $G$ 点就开始掘入土中, 这是因为它是对准斜下方的. 而侧向压强的中心在 $CE$ 线的前方, 从而使该叶片又进一步转向下方. 在此叶片将自己埋入地下的过程中, 侧向压强的中心随之向后移动. 而当它经过 $CE$ 线时, 这两片叶片关于 $C$ 点的转动方向发生逆转. 拖动一段很短的距离后, 锚呈现出一种对称面竖直的姿势. 以这种姿势, 两片叶片就能把锚杆拉入地下. 而且在水平锚杆和两片叶片都在地下的情况下, 锚受到拉力时也保持稳定, 这是因为如果它发生轻微的滚动, 从而使叶片 $J$ 比叶片 $D$ 低, 那么 $J$ 就会插入更深的地下, 因此也就比沿着 $D$ 移动更加困难. 于是这两片叶片就会绕着螺栓以这样一种方式转动, 使得 $G$ 点向下旋转, 结果锚就会回到对称状态. 通过对一个模型在沙滩上进行实验, 我发现该锚能够保持圆圈状在水面以下被拖行. 当我在进行这项实验的过程中把两片叶片掘起来时, 我发现这两片叶片就像一架飞机转弯时那样发生倾斜, 但是在直线拉动时则保持对称状态.

$H/W$ 的最大值随着海床的性质发生变化, 在有些海床上 $H/W$ 超

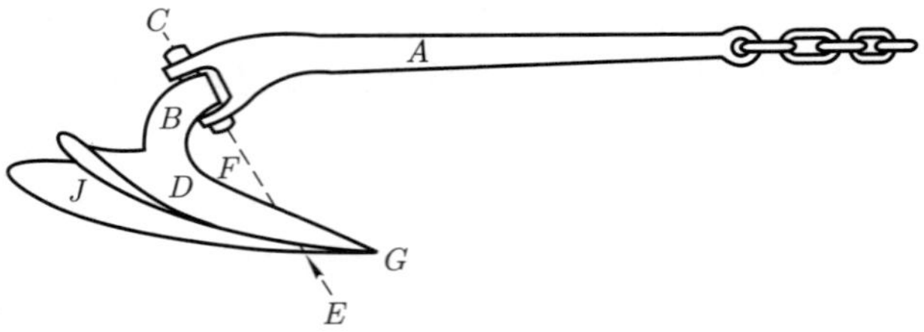


图 6.1 CQR 锚

过 100, 这是用传统的装有锚杆的锚所能达到的值的 4 到 5 倍, 是所有大型蒸汽船所携带的那种没有锚杆的锚所能达到的值的 20 倍.

发明了这种锚以后, 我和几位朋友 …… 创办了一家小型公司, 来为我们的航海朋友们制造这种锚. 我们把这家公司称为 "安全专利锚公司" (The Security Patent Anchor Co.), 我们还想把 "安全" (secure) 这个词铸在这种锚上, 不过以这种方式用一个常用单词注册是不允许的, 因此我们折中了一下, 把这种产品称为 "CQR". 在此后的很长一段时间里, 人们都在问我其中的 Q 表示什么意思①.

第二次世界大战期间, 海军采纳了 CQR 锚, 用于其鱼雷艇, 并用来锚定诺曼底登陆中采用的漂浮 "桑葚" 港②. 泰勒本人研究了大量与药炸有关的军事问题, 其范围包括从建造防空洞到深水炸弹和 "成形装药"③. 1941 年, 有人询问他关于一种爆炸的性质, 这种爆炸中涉及以 "一种无限浓缩的形式" 释放出极高的能量 (也就是原子弹).

他对这个问题的讨论中大量利用了有关量纲的考量, 而我们下面将阐述一种仅使用量纲论证的较简单形式④. 我们假设爆炸的能量 $E$ 是瞬间产生的, 且激波向外扩散, 在 $t$ 时间内形成一个半径为 $r$ 的球形. 在我们所感兴趣的这段非常早的时间内, 激波后方的压强会比不受扰动的情况下大数十万倍, 因此其他可能具有重要性的变量只有初始空气密度 $\rho$. 我们所认定的这四个量的量纲由下列各式给出:

$$[E] = ML^2T^{-2}, \quad [r] = L, [t] = T, \quad [\rho] = ML^{-3},$$

我们从这些量中能够构建出的唯一 (独立) 无量纲的量是 (读者应自行检验)

$$E^{-1}\rho t^{-2}r^5.$$

① "CQR" 实际上就是 "安全" (secure) 的缩写, 两者读音相近. —— 译注

② "桑葚" 港 ("Mulbery" harbour) 是第二次世界大战期间研发的可移动大型人工码头. —— 译注

③ 成形装药 (shaped charge), 又称锥形装药或聚能装药, 即炸药装入漏斗形金属壳中, 使炸弹爆炸时将能量集中. —— 译注

④ 泰勒所做的那些详细计算对于决定去继续实现那些最初的设想起到了重要作用. 后来他又对炸弹的内爆机制提供了建议. —— 原注

于是根据前一节中的那些论证可得

$$\frac{\rho r^5}{Et^2} = C\ (\text{一个常数}).$$

所以

$$r = C\left(\frac{Et^2}{\rho}\right)^{1/5}.$$

因此我们仅通过量纲论证就证明了激波波前的半径随着时间的五分之二次幂增大.

1950 年, 当第一次原子试验的那些照片销密后, 泰勒出版了他的工作, 并将自己的理论预言与照片记录做了比较, 这些记录显示 "火球确实 …… 膨胀, 与爆炸发生前四年多所做的理论预言非常精准地一致."① (请参见他的全集中题为《非常强烈的爆炸产生的爆炸波的形成》(*The formation of a blast wave by a very intense explosion*) 的两篇论文.)

要在数学和物理方面取得进展有两种方法. 其一是把某件事情做得更好, 另一种是开创某件事情. G. I. 泰勒专注于开创各种事情. 他喜欢把自己视为一名业余爱好者、一名像他外祖父乔治 · 布尔②那样的门外汉, 而这样的一个人表明了 "成为一位科学家的愉悦和兴趣, 不必局限于那些有天赋、有能力从事高度专业化研究的人们, 这些研究对于那些要达到科学进展各主要前沿的人们而言是必不可少的." 作为说明泰勒有善于发现新的、重大的问题的能力的一个最后的例子, 让我在此举出他在微生物游泳方面的研究. 他开始这项工作时早已年过六十了.

我在第 5.2 节中谈论到哺乳动物之时, 用老鼠和大象来作为两个极端的例子, 不过老鼠和大象两者在生物的尺度中都是庞然大物. 既然我们都属于庞然大物之列, 那么我们对偏爱大尺寸有偏见. 这种偏见最具有误导性的地方, 莫过于当我们用显微镜来观看微小的游泳生物之时. 我们看到一种 "看起来错误的" 运动, 用善意的话来说 (既然我们是善意的庞然大物), 这种运动缺乏鲑鱼的那种有目的性的优雅. 我们对此并不感到意外, 因为对于我们而言, 小就意味着粗陋和原始.

而事实正如泰勒所觉察到的, 与此存在着相当大的差异. 就像我们在前一章中提到过的, 游泳的物体的行为是由无量纲的雷诺数

$$\mathsf{Re} = \frac{vl\rho}{\eta}$$

支配的, 其中 $l$ 是此生物的典型长度, $v$ 是它的速度, 而 $\eta$ 和 $\rho$ 分别是周围液体的黏滞性和密度. Re 越小, 黏滞 (摩擦) 的效应就越重要. 我们可以在水中游泳, 不过要穿过糖蜜, 其困难程度就是众所皆知的了. 对于水中的鱼来说, Re 的数量级通常是好

① 精准到令人尴尬的程度. 尽管这些照片已经解密, 不过 $E$ 的值却仍然是一项受到高度戒备的秘密. 泰勒能够从其他工作中得出 $C$ 的值, 而他对 $E$ 的估算也非常接近真实值. —— 原注

② 乔治 · 布尔 (George Boole, 1815—1864), 爱尔兰数学家, 哲学家, 在符号逻辑运算方面做出了特殊贡献. —— 译注

几千; 对于蝌蚪来说, 其数量级是 $10^2$; 而对于具有精子尺寸的微生物而言, 其数量级就是 $10^{-3}$ 或者更小. 因此, 问题并不在于 "为什么精子游得这么怪异", 而是 "它们究竟是怎么移动的". 泰勒用两篇论文着手解决了这个问题:《对微生物游泳的分析》(*Analysis of the swimming of microscopic organisms*) 和《微生物推进过程中的摆动圆柱形尾巴动作》(*The action of waving cylindrical tails in propelling microscopic organisms*).

在第二篇论文的引言中, 他清楚地解释了为什么微生物的游泳方式不同.

> 飞机、轮船和大鱼的自推进都完全依靠周围液体的惯性. 有一套推进单元产生向后的动量, 这一动量恰好平衡了与流体阻力相关的、向前的动量. 当微生物在水中游泳时, 由于黏滞性而产生的力比由于惯性而产生的力大得多, 以至于后者可以忽略不计. 一个柔韧的躯体获得自推进的方法, 是通过将它的表面扭曲成这样: 为了使由于周围流体中的黏滞应力而产生的作用在躯体上的合力可能为零, 它就必须向前移动.

为了证明这样的运动具有可能性, 他首先描述了一种假设的、圆环形 (甜甜圈形状) 的生物, 它能够像一个烟圈那样绕着其圆环轴线转动, 从而通过这种方式移动. (不幸的是, 泰勒的这种圆环形生物从未引起过埃舍尔 ① 的注意.) 随后, 他又将注意力转移到了精子的一种简化形式上.

为了检验自己的计算, 他建造了一个在甘油槽 ( "在这项工作过程中学会了保持 …… 手和衣服避开甘油的技巧") 中游泳的运作模型 (图 6.3 中显示了这个模型, 这主要是因为我无法抗拒要将它纳入进来. 其中突起的 $n$ 是一个平衡物, 防止模型转动. 对于这张图中其余部分的解释, 你必须去看泰勒的那两篇论文). 他 (1967 年与教育服务公司 (Educational Services Inc.) 合作) 制作了一部电影, 题为《低雷诺数流动》(*Low Reynolds Number Flows*), 其中包括这个模型运作中的一些镜头. 我还是本

① 埃舍尔是一位荷兰艺术家, 他的作品对数学家们具有强烈的吸引力. 尽管他没有接受过正式的数学训练, 但是他在浏览数学和科学书籍中的那些图片过程中汲取了他的一些灵感. 从数学上来说, 埃舍尔最有意思的作品是他的 "周期性图形" (Periodic Drawings), 这是建立在他对于对称的深刻理解基础上的. (在国际结晶学学会 (International Union of Crystallography) 的赞助下, 这些作品收集出版在《M. C. 埃舍尔的周期性图形中的对称方面》(*Symmetry Aspects of M. C. Escher's Periodic Drawings*) 一书中 (作者 C. H. 麦克吉利弗雷 (C. H. Macgillavry)), 无论需要花多少工夫去找到这本书, 都会得到充分的回报 (参见 [146]).) 康威—— 在对称方面最伟大的数学家之一 —— 有 "…… 一本埃舍尔图册放在我的钢琴上. 我尽力做到每天只去看一幅埃舍尔的图. 而我时常禁不住要违规, 提早翻页, 不过我总是坚持至少在我翻到下一页之前先走出房间." (参见《泰晤士报》(*The Times*) 第 12 页, 1995 年 8 月 21 日)—— 原注

莫里茨 · 科内利斯 · 埃舍尔 (Maurits Cornelis Escher, 1898—1972), 荷兰版画家, 因其绘画中的数学性而闻名. 约翰 · 何顿 · 康威 (John Horton Conway, 1937—), 英国数学家, 研究领域包括有限群、趣味数学、纽结理论、数论、组合博弈论和编码学等. —— 译注

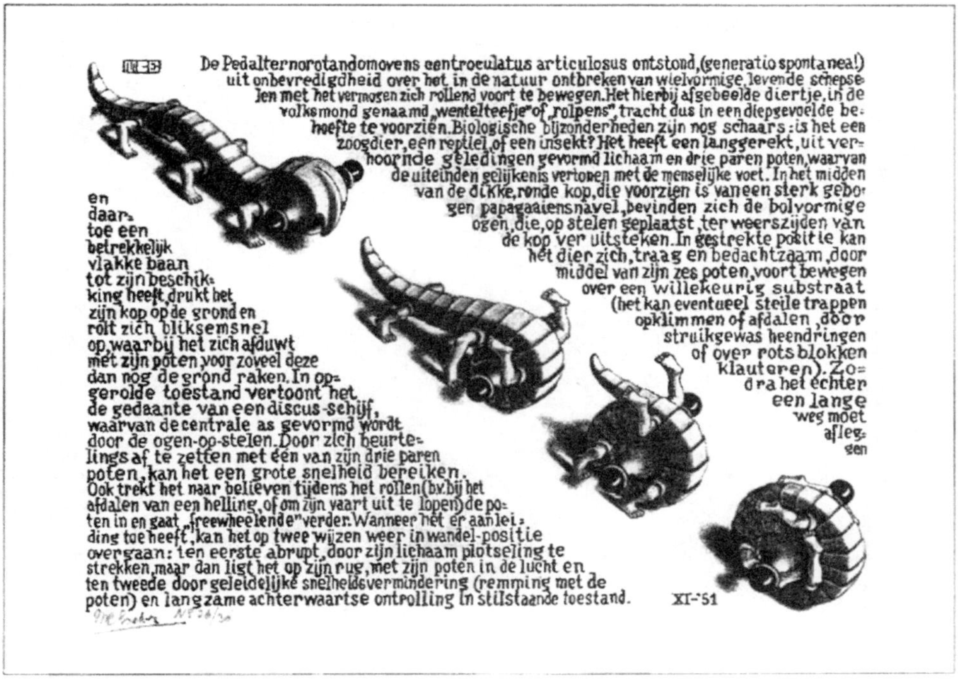


图 6.2　埃舍尔对以下问题的回答: “为什么鲜少有机器长腿，也没有动物长轮子呢?” (©1995 M. C. Escher / Cordon Art-Baarn-Holland)

科生的时候, 这部电影曾上映过. (电影中的细节早已从我脑海里消退了, 不过讲解中的那种热情却牢牢地印刻在我的记忆之中.)

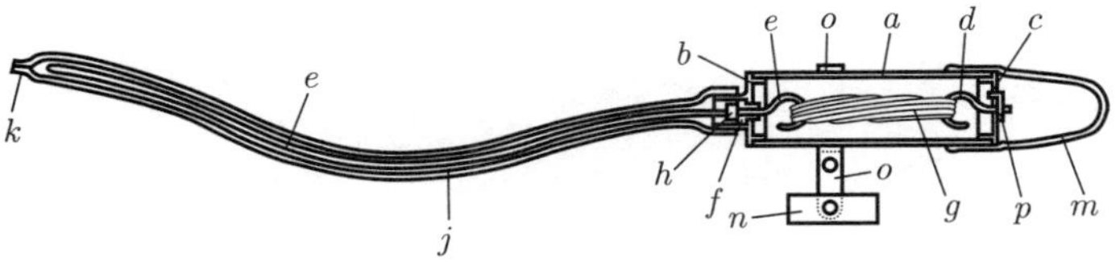


图 6.3　一个游泳的精子的运作模型

G. I. 泰勒为了愉悦而追求科学. 与理查森 (我们会在本书的下一个部分中遇到他) 和布莱克特不同, 他并不担心科学可能的用途, 不过和他们一样, 他也对个人权利或得益毫无兴趣. 他的传记作者留下了一段引人入胜的写照, 描绘了泰勒作为元老参加会议的情景. 当时 “⋯⋯ 会议的组织者们期望, 这位伟大的权威会关于某个热门主题做一个报告, 并对目前的研究提出些看法. 但取而代之的却是对某个小巧实验的清新温和而充满热情 (有时候还是不连贯) 的描述, 这个实验的内容论及喷流, 或者是一薄层液体上的波, 又或者是剥离一条黏合剂.” 这个充满个性的人在自娱自乐, 也在温和地嘲弄这个由研究小组、年度经费申请、计算机、统计论文引用数以及热衷于晋升所构成的美丽新世界.

# 上帝是微妙的　第 7 章

## 7.1　伽利略和爱因斯坦

伽利略与天主教会之间的摩擦致使他遭到软禁, 而引起这些摩擦的是一本书, 因为它 (在最淡薄的掩饰下) 提倡了哥白尼的观点: 正是地球的转动导致了太阳在天空中和繁星在苍穹中的视运动. 反对地球在转动的主要论据之一, 是我们没有看到过任何直接的效应. 对此, 伽利略通过他的代言人萨尔维亚蒂做出了如下回答.

> 萨尔维亚蒂: ······ 把你和一些朋友关在一条大船甲板下的主舱里, 再让你们带几只苍蝇、蝴蝶和其他小飞虫. 舱内放一只大水碗, 其中放几条鱼. 然后, 挂上一个水瓶, 让水一滴一滴地滴到下面的一个宽口罐里. 船停着不动时, 你留神观察, 小虫都以等速向舱内各方面飞行, 鱼向各个方向随便游动, 水滴滴进下面的罐子中. 你把任何东西扔给你的朋友时, 只要距离相等, 向这一方向不必比另一方向用更多的力, 你双脚齐跳, 无论向哪个方向跳过的距离都相等. 当你仔细地观察这些事情后 (虽然当船停止时, 事情无疑一定是这样发生的), 再使船以任何速度前进, 只要运动是匀速的, 也不忽左忽右地摆动. 你将发现, 所有上述现象丝毫没有变化, 你也无法从其中任何一个现象来确定, 船是在运动还是停着不动. 即使船运动得相当快, 在跳跃时, 你将和以前一样, 在船底板上跳过相同的距离, 你跳向船尾也不会比跳向船头来得远, 虽然你跳到空中时, 脚下的船底板向着你跳的相反方向移动. 你把不论什么东西扔给你的同伴时, 不论他是在船头还是在船尾, 只要你自己站在对面, 你也并不需要用更多的力. 水滴将像先前一样滴进下面的罐子, 一滴也不会滴向船尾, 虽然水滴在空中时, 船已行驶了许多拃. 鱼在水中游向水碗前部所用的力, 不比游向水碗后部来得大; 它们一样悠闲地游向放在水碗边缘任何地方的食饵. 最后, 蝴蝶和苍蝇将继续随便地到处飞行, 它们也决不会向船尾集中, 并不因为它们可能长时间留在空中, 脱离了船的运动, 为赶上船的运动显出累的样子. 如果点香冒烟, 则将看到烟像一朵云一样向上升起, 不向任何一边移动. 所有这些一致的现象, 其原因在于船的运动是船上一切事物所共有的, 也是空气所共有的. 这正是为什么我说, 你应该在甲板下面的缘故; 因为如果这实验是在露天进行, 就不会跟上船的运动, 那样上述某些现象就会发现或多或少的显著差

别. 毫无疑问, 烟会同空气本身一样远远落在后面. 至于苍蝇、蝴蝶, 如果它们脱离船的运动有一段可观的距离, 由于空气的阻力, 就不能跟上船的运动. 但如果它们靠近船, 那么, 由于船是完整的结构, 带着附近的一部分空气, 所以, 它们既不费力, 也没有阻碍地会跟上船的运动. 由于同样的原因, 在骑马时, 我们有时看到苍蝇和马蝇死叮住马, 有时飞向马的这一边, 有时飞向那一边, 但是, 就落下的水滴来说差别是很小的, 至于跳跃和扔东西, 那就完全觉察不到差别了.

沙格列陀: 虽然在航行时我没想到去试验、去观察这些, 但我确信, 这些现象会像你所说的那样出现. 为了证实这一点, 我想起坐在舱里时, 常常不晓得船是在行驶, 还是停着不动; 有时我幻想船朝某一个方向行驶, 其实是向着相反的方向行驶. 至今我还是确信, 并且认为证明地球不动比地球运动的可能性来得大的所有实验都是毫无价值的 (参见 [62] 第二天).

如今, 我们乘坐的飞机以每小时好几百千米的速率飞行. 在吸烟区, 我们看到小小的烟团都保持静止, 并非向一边运动比另一边更多. 我们以飞机运动的方向沿着过道来回走动同样容易. 当我们倾倒饮料时, 液体竖直往下落, 并没有朝我们后方源源流出. 同沙格列陀一样, 我们手边实际上没有一群蝴蝶或者一碗金鱼, 不过我们确信伽利略所说的一切都会以他描述的方式发生. 只有当飞机碰到湍流, 因而不再以稳定、均匀的速度运动时, 我们才会产生任何运动的感觉.

两个多世纪以后, 伟大的物理学家麦克斯韦① 在一段独特的文字中回响了伽利略的观点.

到此刻为止, 我们的整个进步可以描述成是一切物理现象的相对性信条的逐渐发展……

空间里没有任何界碑: 空间的任何一个部分都与其余每一个部分完全相同, 因而我们辨别不出自己身在何处. 我们可以说自己是在风平浪静的海上, 没有恒星, 没有指南针, 没有声响, 没有风, 也没有潮汐, 于是我们就辨别不出自己在去往何方. 我们没有航海日志, 因此也不能用它来精确地做出计算; 我们可以计算出自己相对于那些相邻物体的运动速率, 但是却不知道这些物体在空间中可能在如何运动 (参见 [155] 第 102 篇).

不过, 麦克斯韦最伟大的成就, 即他的光的电磁理论, 却与刚才描述的相对论信

① 詹姆斯 · 麦克斯韦 (James Maxwell, 1831—1879), 英国理论物理学家、数学家. 他是经典电动力学的创始人和统计物理学的奠基人之一. —— 译注

条背道而驰. 麦克斯韦的理论所需要的那种数学, 是在标准大学数学课程的前两年中教授的, 因此下面所讲述的只能纯粹是描述性的了① . 众所周知, 变化的磁场会产生电场 (这就类似于发电机工作的原理), 而变化的电场也会产生磁场. 麦克斯韦方程组表明, 电磁扰动有可能通过真空传播. 在真空中, 衰减的 (因此也就是变化的) 电场导致磁场的产生, 磁场衰减又转而导致电场的产生, 电场的衰减再形成磁场, 以此类推. 在真空中, 这种扰动以光速运动, 因此麦克斯韦认为它就完全等同于光. 实验 (特别是赫兹制造出无线电波) 证实了麦克斯韦的理论. 就我们的目的而言, 重要的是要注意到, 麦克斯韦理论不仅告诉我们电磁扰动以光速运动, 而且**它们只能以光速运动**.

作为一个 16 岁的男学生, 爱因斯坦对此冥思苦想. "…… 我想到这样一个问题: 如果某人以 [等同于] 光速 [的速度] 追逐一列光波, 那么此人会遇到一个不随时间变化的波动场. 但是这样的事情看来并不存在." 如果有人以光速沿着一束光的路径前进, 那么他们就会看到电场和磁场交替地发生衰减和增长, **但是扰动却会显得停滞不前.** 对于这个佯谬的标准回答是, 这是由于将从动力学 (这一学科处理的是蝴蝶的飞翔和水珠的下落) 中得出的相对论原则不合规则地延伸到了电磁学. (我所引用的那一段麦克斯韦的文章, 其题目是 "动力学知识的相对性" (Relativity of dynamical knowledge). ) 根据这一回答, 应存在麦克斯韦方程组在其中精确成立 (且在其中光向所有方向的行进速率都相等) 的一种特别的静止系统. 如果某人以均匀的非零速度相对于此体系运动, 那么他就会发现麦克斯韦方程组并不精确成立, 而光也并非在所有方向以相等的速率行进.

如果我们假设码头的坞边是麦克斯韦方程组精确成立的这种优选体系, 那么伽利略的航行者就能够根据麦克斯韦方程组的细微改变来辨别出自己是在运动中, 其中最容易探测到的, 可能就是光速沿不同方向的变化. 像我们这样居住在一颗围绕着太阳运动的行星上, 而太阳本身又在空间穿行, 那么我们就与伽利略的航行者具有相同的处境, 因此从原则上来说, 我们就可以实施同样的这些实验. 不过, 与地球的速度相比, 光速非常大, 因此麦克斯韦曾疑虑是否可能做出这样一个精致的实验. 这一挑战由伟大的美国实验物理学家迈克耳孙②承担了下来, 他为此目的而设计了 "干涉仪"③. 不过, 尽管他的实验设置的灵敏度足以探测出预期的那些效应, 但

① 而且是极不充分的. 正如赫兹所写的: "对于这个问题: '麦克斯韦理论是什么?' 我所知道的最简短、最明确的答案莫过于此: 麦克斯韦理论就是麦克斯韦方程组." (参见 [92] 引言 B 部分) (另请参见《费曼物理学讲义》(*The Feynman Lectures on Physics*) 第二卷第 20.3 节中的开头两段. —— 原注

海因里希 · 赫兹 (Heinrich Hertz, 1857—1894), 德国物理学家, 对电磁学做出了很大贡献, 1887 年首先用实验证实了电磁波的存在, 国际单位制中频率的单位以他的名字命名. —— 译注

② 阿尔伯特 · 迈克耳孙 (Albert Michelson, 1852—1931), 波兰裔美国籍物理学家, 以测量光速而闻名, 1907 年获诺贝尔物理学奖. —— 译注

③ 许多年以后, 爱因斯坦问迈克耳孙为什么花费了这么多时间设法以前所未有的更高精度去测量光速. 迈克耳孙用德语回答: "**因为我感到这很有乐趣.**" (*Weil es mir Spaß macht.*) —— 原注

结果却什么都没有观察到. 在他的实验十年之后、爱因斯坦的研究五年之前, 麦克耳孙写道:

> 这项实验对我具有历史性的意义, 因为正是为了去解决这个问题, 才设计了干涉仪. 我认为这个问题会因为导致发明干涉仪而得到公认, 这大大补偿了这一特定实验给出否定结果的这一事实 (参见 [161] 第 157 页).

有一个明显的解决方案, 也许是宣称电磁学各定律的表现就如同力学定律一样, 对所有人都是相同的, 无论是在码头沿岸还是在船上. 不幸的是, 结果表明牛顿的力学定律和麦克斯韦的电磁学定律在码头沿岸和在船上不能两者都保持不变. 当我们回忆起我们在第 6.1 节中冷嘲热讽地摒弃 "金字塔英寸" 时, 一个说明什么地方出错的暗示出现了. 我们不相信在宇宙中的某处存在着一种 "金字塔英寸", 它以某种方式被烙上了印记, 以说明只有它, 而没有任何其他长度, 才是宇宙中的基本长度单位. 不过, 假如电磁学的各定律处处成立, 无论是在码头沿岸还是在船上, 那么光速也应处处相等, 这没有给我们一种 "金字塔长度", 而是一种 "金字塔速率". 这样, 在一种速度中就存在着一个优选的单位, 而所有的速度都应该作为光速的分数给出. 根据这种方案, 速度 $u$ 变成无量纲的, 因此 $LT^{-1} = [u]$ 就是无量纲的. 换言之, 即长度和时间具有相同的量纲.

我们不必进行到这么远去得出一个矛盾之处. 力学中的那条速度相加定律告诉我们, 如果有一个物体相对于一艘以速度 $v$ 向北运动的船以速度 $u$ 向北运动, 那么这个物体就相对于固定的码头沿岸以速度 $u + v$ 运动. 假如这个物体是一束光 (因而 $u = c$), 那么我们立即就得出了一个矛盾. (不幸的是, 这段话原先是从德语翻译成日语, 然后再翻译成英语的, 不过它还是以我们所能合理希望的最大程度带领我们接近这个发现的关头. 恕我冒昧地修正了其中的一些句法结构, 因此对原文感兴趣的读者应去查阅后面给出的参考文献.)

> 不过, 光速的不变性与力学中所熟知的速度相加原则相抵触.
>
> 我感到解决这两种 [需求] 为什么彼此矛盾的这个问题十分棘手. 我耗费了几乎一年的时间进行着徒劳无功的思考 ……
>
> 后来, 我的一位伯尔尼的朋友① 出乎意料地帮助了我. 那是一个明媚的日子, 我去拜访他, 并与他开始了如下的谈话.
>
> "最近我有以个难以理解的问题, 所以今天我来这里与它决一雌雄." 跟他进行了大量讨论之后, 我突然明白了这个问题. 第二天我又去拜访他, 不待寒暄就对他说: "谢谢你. 我已经完全解决这个问题了." 我解决的方案

① 迈克尔 · 贝索 (Michele Besso), 他是爱因斯坦学生时代的朋友, 也是专利局的同事. —— 原注

> 实际就是在处理时间这个概念上, 也就是说, 时间不是有绝对定义的, 而是在时间与信号速度之间存在着一种不可分割的联系. 有了这种概念, 之前那种非同寻常的疑难也就彻底迎刃而解了. 在我认识到这一点的五周后, 目前称之为狭义相对论的理论也就完成了." (参见 [173] 第 7a 节)

在下一章中, 我们会考虑爱因斯坦理论的部分内容.

## 7.2 洛伦兹变换

让我们回来讨论那位在码头沿岸的观察者和那位在船上的观察者. 假设在码头沿岸的那位观察者有一个坐标系 $S$, 构成这个坐标系的是相对于固定在码头沿岸上的三根轴的三个正交坐标 $x, y, z$①, **连同一个时间坐标** $t$. 他这样谈到一个事件: 在 $t$ 时间发生在 $(x, y, z)$ 这一点. 船上的那位观察者则有一个坐标系 $S'$, 构成这个坐标系的是相对于固定在船上的三根轴的三个正交坐标 $x', y', z'$, **连同一个时间坐标** $t'$. 他这样谈到一个事件: 在 $t'$ 时间发生在 $(x', y', z')$ 这一点. 假如某一事件 (比如说一只蝴蝶扇动翅膀或者一次烟花迸发) 在码头沿岸的那位观察者的坐标系 $S$ 中在 $t$ 时间发生在 $(x, y, z)$ 这一点, 而在船上的那位观察者的坐标系 $S'$ 中则在 $t'$ 时间发生在 $(x', y', z')$ 这一点, 那么我们就写成

$$(x, y, z, t) \longleftrightarrow (x', y', z', t').$$

假如我们随机选择坐标系 $S$ 和 $S'$, 那么我们只是将逻辑演算复杂化了, 而没有增加讨论的一般性. 为了简单起见, 我们假设这艘船具有沿 $x$ 轴方向的速度 $u$, 且 $x$ 轴和 $x'$ 轴沿同一直线方向. 我们进一步假设 $y$ 轴和 $y'$ 轴相互平行, $z$ 轴和 $z'$ 轴也相互平行. 最后, 我们假设

$$(0, 0, 0, 0) \longleftrightarrow (0, 0, 0, 0)$$

(即对于这两位观察者, 这两个坐标系的原点在零时间重合). 我们所强加的这些条件确保了: 如果

$$(x, y, z, t) \longleftrightarrow (x', y', z', t'),$$

那么就有以下结果:

(i) 如果 $y = 0$, 那么 $y' = 0$,

(ii) 如果 $z = 0$, 那么 $z' = 0$,

(iii) 如果 $x = ut, y = 0, z = 0$, 那么 $x' = y' = z' = 0$.

条件 (iii) 是根据这艘船具有沿 $x$ 轴的速度 $u$ 这个事实得出的.

在经典力学中, 前一段中的这些条件意味着:

$$\text{如果 } (x, y, z, t) \longleftrightarrow (x', y', z', t'), \text{ 那么}$$

① 也就是我们熟知的三维笛卡儿坐标系, 其中的 $x$ 轴、$y$ 轴和 $z$ 轴互成直角. —— 原注

$$x' = x - ut,$$
$$y' = y,$$
$$z' = z,$$
$$t' = t.$$

爱因斯坦提出,我们在 $S$ 系和 $S'$ 系之间进行变换时,事实上应该使用一种不同的法则.

如果 $(x,y,z,t) \longleftrightarrow (x',y',z',t')$, 那么

$$x' = px + qt,$$
$$y' = y,$$
$$z' = z,$$
$$t' = sx + rt.$$

我们是否有可能选择 $p$、$q$、$r$ 和 $s$ 的值, 从而使光速对于这两位观察者来说是相等的? 请记住我们早已要求过, 如果

$$(x,y,z,t) \longleftrightarrow (x',y',z',t')$$

且 $x = ut, y = 0, z = 0$, 那么 $x' = 0$. 因此

$$0 = put + qt,$$

进而有

$$q = -pu. \tag{7.1}$$

现在考虑在 $t = 0$ 时, 从 $S$ 系原点向 $x$ 轴正方向发射出一次闪光. 它会沿着 $x$ 轴正方向以速度 $c$ 向外传播, 因此对于在码头岸边的那位观察者而言, 它的运动方程是

$$(x,y,z,t) \longleftrightarrow (ct,0,0,t).$$

但是 $(0,0,0,0) \longleftrightarrow (0,0,0,0)$, 且光速对于船上的那位观察者和对于码头岸边的那位观察者是相同的. 因此对于船上的那位观察者而言, 它的运动方程是

$$(x,y,z,t) \longleftrightarrow (ct',0,0,t').$$

于是

$$(ct,0,0,t) \longleftrightarrow (ct',0,0,t'),$$

所以, 使用上文提出的变换

$$ct' = pct + qt,$$
$$t' = sct + rt$$

就有

$$c(sct + rt) = pct + qt$$

及

$$sc^2 + rc = pc + q. \tag{7.2}$$

另一方面, 如果我们考虑在 $t = 0$ 时, 从 $S$ 系原点向 $x$ 轴**负**方向放射出一次闪光, 我们就得到

$$(-ct, 0, 0, t) \longleftrightarrow (-ct', 0, 0, t'),$$

因此

$$-ct' = -pct + qt,$$
$$t' = -sct + rt.$$

于是有

$$-c(-sct + rt) = -pct + qt$$

及

$$sc^2 - rc = -pc + q. \tag{7.3}$$

将方程 (7.2) 和方程 (7.3) 分别相加和相减, 我们就看到

$$(sc^2 + rc) + (sc^2 - rc) = (pc + q) + (-pc + q),$$
$$(sc^2 + rc) - (sc^2 - rc) = (pc + q) - (-pc + q),$$

因此

$$2sc^2 = 2q,$$
$$2rc = 2pc,$$

进而有

$$q = sc^2 \text{及} r = p.$$

如果现在我们再利用方程 (7.1), 就得到

$$r = p, q = -pu \text{及} s = -\frac{pu}{c^2}.$$

因此我们所提出的转换法则现在变成了:

如果 $(x, y, z, t) \longleftrightarrow (x', y', z', t')$, 那么

$$x' = p(x - ut),$$
$$y' = y,$$
$$z' = z,$$
$$t' = p\left(t - \frac{ux}{c^2}\right).$$

我们开始时有四个待定系数 $p$、$q$、$r$ 和 $s$, 而现在只有一个待定系数了. 我们如何才能求出 $p$? 请记住, 爱因斯坦听从伽利略的说法, 即没有任何理由认为码头岸边的参考系优于船上的参考系. 既然码头沿岸在以速度 $-u$ 沿着 $x'$ 轴运动, 那么将 $S$ 系与 $S'$ 系互换后, 遵循与以上完全相同的论证就表明:

$$\text{如果 } (x,y,z,t) \longleftrightarrow (x',y',z',t'), \text{那么}$$

$$\begin{aligned}
x &= p'(x'-ut'),\\
y &= y',\\
z &= z',\\
t &= p'\left(t'+\frac{ux'}{c^2}\right),
\end{aligned}$$

其中 $p'$ 到现在为止仍然是一个待定系数. 由此可得, 如果

$$(x,y,z,t) \longleftrightarrow (x',y',z',t'),$$

那么

$$x = p'(x'+ut') = p'p\left(x-ut-u\left(t-\frac{ux}{c^2}\right)\right) = p'p\left(x-\frac{u^2x}{c^2}\right),$$

因此

$$p'p = \left(1-\frac{u^2}{c^2}\right)^{-1}.$$

$S$ 系与 $S'$ 系之间的对称性提示我们应该取 $p=p'$, 于是

$$p = \gamma_u,$$

其中

$$\gamma_u = \left(1-\frac{u^2}{c^2}\right)^{-1/2}.$$

现在我们就得到了变换定律:

$$\text{如果}(x,y,z,t) \longleftrightarrow (x',y',z',t'), \text{那么}$$

$$\begin{aligned}
x' &= \gamma_u(x-ut),\\
y' &= y,\\
z' &= z,\\
t' &= \gamma_u\left(t-\frac{ux}{c^2}\right).
\end{aligned}$$

这些方程看起来不对称, 这是因为我们还没有找到确信的勇气. 如果光速是一个基本单位, 那么我们就应该用它来度量速度. 在本章的其余部分中, 我们会将速率

作为光速的一部分比例来进行度量, 从而取 $c=1$. (请注意, 如果我们保持用秒来作为我们的时间单位, 那么现在 $A$ 和 $B$ 两点之间的距离就要用光从 $A$ 到 $B$ 所花费的秒数来度量了.)

**练习 7.2.1**　光速大约为 $3\times10^{10}$ 厘米/秒. 试求一辆赛车的速率 (用光速的部分比例来表示).

用我们的这些新单位来表示, 变换定律就变成:

$$\text{如果 } (x,y,z,t)\longleftrightarrow(x',y',z',t'), \text{那么} \tag{7.4}$$

$$x'=\gamma_u(x-ut), \tag{7.5}$$

$$y'=y, \tag{7.6}$$

$$z'=z, \tag{7.7}$$

$$t'=\gamma_u(t-ux), \tag{7.8}$$

其中 $\gamma_u=(1-u^2)^{-1/2}$.

我们现在知道了如何把两位观察者的坐标联系起来. 速度又将如何呢? 考虑有一个在码头岸边的坐标系中以恒定的速度运动的物体. 为了计算上简单起见, 我们会假设它在 $t=0$ 时通过原点. 于是这个物体在 $S$ 系中的坐标就是

$$x=Ut,$$
$$y=Vt,$$
$$z=Wt,$$

其中 $U$、$V$、$W$ 是 "速度的分量", 因此 $(U^2+V^2+W^2)^{1/2}$ 就是由码头岸边的那位观察者所测得该物体的速率. 应用方程 (7.5)—(7.8) 中给出的那些变换定律, 我们就会看到, 对于船上的那位观察者来说,

$$x'=\gamma_u(Ut-ut)=\gamma_u(U-u)t,$$
$$y'=Vt,$$
$$z'=Wt,$$
$$t'=\gamma_u(t-uUt)=\gamma_u(1-uU)t.$$

因此 $t=t'/(\gamma_u(1-uU))$, 代入上面三式后给出

$$x'=\frac{U-u}{1-uU}t',$$
$$y'=\frac{V}{\gamma_u(1-uU)}t',$$
$$z'=\frac{W}{\gamma_u(1-uU)}t'.$$

由此可见, 对于船上的那位观察者而言, 这个粒子也在沿着一条直线运动, 其 "速度的分量" 为

$$U' = \frac{U-u}{1-uU}, V' = \frac{V}{\gamma_u(1-uU)}, W' = \frac{W}{\gamma_u(1-uU)},$$

因此速率是

$$(U'^2+V'^2+W'^2)^{1/2} = \frac{((U-u)^2+(1-u^2)(V^2+W^2))^{1/2}}{1-uU}.$$

**练习 7.2.2**　如果 $U=-u$, $U$ 的大小相当于一辆赛车的速度, $U'$ 的定义与上面一段中相同, 试估计

$$1-\frac{U-u}{U'}$$

的值.

从爱因斯坦之前的观点看来, 这着实奇特 (我们期望 $U'=U-u$, $V'=V$ 及 $W'=W$). 不过从我们新的、爱因斯坦式的观点来看, $U'$、$V'$ 和 $W'$ 的这些新表达式具有一个特别的功效. 假设被观察的这个物体是一束光, 那么由 $U^2+V^2+W^2=1$ 和我们的变换定律就给出

$$\begin{aligned}
U'^2+V'^2+W'^2 &= \frac{(U-u)^2+(1-u^2)(V^2+W^2)}{(1-uU)^2}\\
&= \frac{(U-u)^2+(1-u^2)(1^2+U^2)}{(1-uU)^2}\\
&= \frac{(U^2-2uU+u^2)+(1-u^2-U^2+u^2U^2)}{(1-uU)^2}\\
&= \frac{u^2U^2-2uU+1}{(1-uU)^2} = 1,
\end{aligned}$$

因此对于这两位观察者而言, 光速都相同, 而与它的传播方向无关.

**练习 7.2.3**　同前文一样, 考虑一个物体在码头岸边的坐标系中以恒定的速度运动, 但是并不加上它在 $t=0$ 时通过原点这个条件. 因此这个物体的 $S$ 系坐标就是

$$\begin{aligned}
x &= x_0 + Ut,\\
y &= y_0 + Vt,\\
z &= z_0 + Wt,
\end{aligned}$$

试证明, 对于船上的那位观察者, 有

$$\begin{aligned}
x &= x_0' + U't',\\
y &= y_0' + V't',\\
z &= z_0' + W't',
\end{aligned}$$

这里与前文一样, 有

$$U' = \frac{U-u}{1-uU}, \quad V' = \frac{V}{\gamma_u(1-uU)}, \quad W' = \frac{W}{\gamma_u(1-uU)},$$

且

$$x_0' = \gamma_u x_0 + uUx_0, \quad y_0' = y_0 + uVx_0, \quad z_0' = z_0 + uWx_0.$$

让我们回来讨论这两位在船上和在码头上的观察者. 假设在对于码头上的观察者 $(x,y,z,t)=(0,0,0,0)$、对于船上的观察者 $(x',y',z',t')=(0,0,0,0)$ 时, 他们商定在一个单位时间以后两人同时放出烟花. 进一步假设船上的那位观察者位于船载坐标系 $S'$ 的原点. 那么, 根据方程 (7.5) 和 (7.8), 船上这位观察者的时间 $t'$ 会由下式给出:

$$t' = \gamma_u(t-ux) = \gamma_u(t-u(ut)) = \gamma_u(1-u^2)t = (1-u^2)^{1/2}t,$$

而在码头上的那位观察者会 (在考虑到闪光到达他所花费的时间后) 说, 焰火是在 $\gamma_u = (1-u^2)^{-1/2}$ 这样一段时间后从船上放出的. 这一延迟被称为 "时间膨胀" (time dilation). 由于在爱因斯坦的宇宙中不存在任何优选体系, 因此与前文完全相同的论证就说明, 在船上的那位观察者会 (在考虑到闪光到达他所花费的时间后) 说, 焰火是在 $\gamma_u = (1-u^2)^{-1/2}$ 这样一段时间后从码头上放出的.

当宇宙射线到达地球大气时, 生成了大量称为 $\mu$ 介子的不稳定粒子. 它们具有非常短的半衰期, 因此如果经典物理学是正确的, 那么在海平面处就几乎不应该观察到任何 $\mu$ 介子. 然而, 它们的行进速度如此之快, 以致时间膨胀具有重要效应, 从而使这场衰变的烟花表演延迟了足够长的时间而使它们能在海平面处被观察到.

**练习 7.2.4**　假设一个 $\mu$ 介子 (相对于地球上的一位观察者) 的速度以光速为单位来表示是 0.99. 试证明它的 (由这位观察者所测得的) 生存时间与一个静止的 $\mu$ 介子相比, 增大了 7.1 倍.

(7.5) $\sim$ (7.8) 的这些变换仅仅标志着爱因斯坦的任务的起点. 他详细地证实了麦克斯韦方程组在这些变换下保持其形式不变 (因此它们无论是在码头上还是在船上的表现形式都是一样的). 在随后的第二篇论文中, 他又证明了牛顿的各力学方程必须要进行修改, 才能使它们在这些新的转换下保持其形式不变. 这篇论文也包括了这个著名的公式:

$$E = mc^2.$$

对于这个 20 世纪最伟大的方程说三道四, 看起来也许是一种亵渎行为, 不过如果我们坚持我们的这些原则, 并使用在其中 $c=1$ 的一些单位, 那么这个方程就变成了

$$E = m,$$

也就是说

$$能量 = 质量.$$

一块砖只是以相当密集的形式出现的能量, 而一束光则是以相当弥散的形式出现的质量. 如今, 基本粒子的质量都以电子伏特 (一种能量的度量单位) 为单位给出的[①].

玛雅·爱因斯坦 (Maja Einstein) 带着作为妹妹的偏袒之心写下了他的第一篇相对论论文在《物理年鉴》(*Annalen der Physik*) 上发表后的情况.

> 这位年轻的学者想象, 自己在声名卓著且拥有大量读者的杂志上发表的这篇论文会立即引起关注. 他期待着尖锐的反对和最严厉的批评. 但结果令他非常失望. 随着他的论文发表而来的是冰冷的沉寂. 这份杂志接下去的几期根本没有提起他的论文…… 在这篇论文出现的一段时间之后, 艾尔伯特·爱因斯坦收到了一封来自柏林的信. 这封信是著名的普朗克教授写的, 他要求澄清他觉得晦涩不清的几点. 在长久的等待之后, 这是第一个迹象表明他的论文毕竟还是有人读过了. 这位年轻科学家欢欣尤盛, 因为当时最伟大的物理学家之一承认了他的这些工作 (参见 [173] 第 7 章).

## 7.3 接下去发生了什么?

事实上, 当时对于爱因斯坦的理论而言时机已经成熟. (伟大的荷兰物理学家洛仑兹[②]已经写下了现在通常被称为洛仑兹变换的 (7.5) ~ (7.8) 这一组方程体系, 不过还不能给予两位观察者同等的待遇. 他后来写道: "我没能成功 [先于爱因斯坦] 的主要原因, 在于我固守着这样一种想法: 只有变量 $t$ 才能看作真正的时间, 而我的本地时间 $t'$ 必定只能被看作是一个辅助的数学量而已." (参见 [173] 第 8 章)) 较早转变看法的人包括杰出的数学家闵科夫斯基[③], 他是爱因斯坦的教授之一[④]. 他建立了狭义相对论的现代几何形式, 在他相关的一次重要公开演讲时, 他是这样开场的:

> 我希望展示在你们面前的这些关于空间和时间的观点, 是从实验物理的土壤中萌芽的, 而那里也是它们的力量来源. 它们有了根本性的改变. 从今

① 我们也用时间单位来度量距离, 因为现在一米被正式地定义为光在 1/299792458 秒内行进的距离. —— 原注

② 亨德里克·洛伦兹 (Hendrik Lorentz, 1853—1928), 荷兰物理学家, 经典电子论的创立者. 1902 年, 他与彼得·塞曼 (Pieter Zeeman, 1865—1943) 因发现与解释的 "塞曼效应理论" 共享诺贝尔物理学奖. —— 译注

③ 赫尔曼·闵可夫斯基 (Hermann Minkowski, 1864—1909), 德国籍犹太数学家, 四维时空理论的创立者. —— 译注

④ 据说他曾说过: **"哦, 那个爱因斯坦啊, 他老是逃课 —— 我原先真的不会相信他有此能力."** (Ach, der Einstein, der schwänzte immer die Vorlesungen —— den hätte ich das gar nicht zugetraut.) 这段轶闻摘自康斯坦西·瑞德 (Constance Reid) 的《希尔伯特》(*Hilbert*) 一书, 其中并没有给出其来源, 不过每一位教师都会确信它在心理上似乎是很合理的. —— 原注

> 以后, 空间本身和时间本身注定会逐渐消退, 仅剩一些阴影, 只有这两者的一种联合体才会保持一种独立的真实性 (参见 [53],《空间与时间》(*Space and Time*)).

到 1910 年, 在正在成长的一代中, 狭义相对论已经是认可的物理学的一个组成部分了 (对于我们在第 6.2 节中提到过的爱因斯坦的光子理论, 还不能说同样的话 —— 这种理论要再过 15 年, 才得到普遍的接受).

狭义相对论处理的是相对于彼此做均匀的、**非加速的**运动的参考系 (所谓的 "惯性参考系"). 关于加速运动, 我们能说些什么呢? 让我们来回忆一下我在第 5.1 节中引用伽利略的那一段文章.

> 注意, 必须区分运动中的重物与静止中的同一物体. 一块处于平衡状态的大石头不仅具有另一块置于其上的石头的附加重量, 而且还要附加一束亚麻, 其重量依亚麻的量增加了 6 ~ 10 盎司. 但是如果你把亚麻绑在石头上并且让它们从某一高度自由下落, 你相信亚麻将向下压石头使其运动加速呢, 还是认为其运动将被部分向上的压力减缓? 当一个人阻止他身上的一个重担运动时总是感到在他肩膀上的压力; 但是如果他以重担下落的速度下降, 重担是向下对他加重还是向上压他呢? 正如你打算用一根长矛刺一个人, 而他正在以一个等于甚至大于你追他的速度远离你, 难道你没有注意到与刚才的情形是相同的吗? 由此你必然得出结论, 在自由地和自然地下落过程中, 小石头不会对大石头施压, 结果不会像静止时那样增加后者的重量.

现在让爱因斯坦来发言.

> 1907 年, 我在写一篇关于狭义相对论的综述文章时 …… 也不得不尝试去以某种方式修正牛顿引力理论, 从而使它的各条定律满足这种理论. 沿着这个方向的尝试确实表明这是可行的, 但还是不能令我满意, 因为这些尝试的基础是一些没有物理根据的假设.
>
> 那时候, 突然涌现了我一生中最快乐的想法, 它的形式如下. 引力场只有相对的存在性, 类似于磁感应产生电场的方式. **因为对一位从房顶自由下落的观察者而言**—— 至少在他周围很近的环境中 ——**不存在引力场**. 确实, 如果这位观察者让一些物体下落, 那么这些物体相对于他仍然保持一种静止的或是匀速运动的状态, 而与它们特定的化学和物理性质无关 (在这一考虑过程中忽略了空气的阻力). 因此这位观察者有理由将自己

> 的状态解释为“静止的”.
>
> 由于这种想法, 引力场中所有物体以相同加速度下落这一极不寻常的实验定律立刻就获得了一种深刻的物理意义. 也就是说, 只要存在一个物体在引力场中的下落方式与其他物体不同, 那么观察者就可以借助于这一点而意识到, 自己正处于一个引力场中并且正在其中下落. 然而, 如果这样的一个物体不存在——[实验] 已经以极高的精确度证明了 [它不存在], 那么观察者就没有任何途径能觉察到自己是在引力场中下落. 相反, 他有理由认为自己处于静止状态, 而在他周围的环境中也没有引力场.
>
> 因此, 这种由实验得知的落体加速度对于物质的独立性 [即这样一个事实: 一切物体, 无论其构成成分如何, 都以相同的加速度下落] 就是一种强有力的论据, 证明相对性假设必须要推广到相对于彼此做非均匀运动的那些坐标系 (参见 [173] 第 9 章).

于是爱因斯坦决定, 物理学中的各条定律在相对于那些自由下落 (即像自由落体那样运动) 的坐标系来表述的时候, 应该呈现它们的最简单形式. 不过, 他花了近十年的时间才把这种洞见转化为一种令人满意的理论. 我们可以再次引用他的原话.

> 我有过一些杰出的老师 (例如赫维兹① 、闵科夫斯基), 因此我原本确实可以得到一段健全的数学教育. 不过, 我大部分时间都在物理实验室里工作, 与亲身体验的直接接触深深吸引着我. 其余的时间我主要都用于在家学习基尔霍夫②、亥姆霍兹③ 和赫兹等人的著作. 我在某种程度上忽视数学的这个事实, 其原因不仅仅是由于我对自然科学的兴趣比数学更为强烈, 还由于下面这种奇怪的体验. 我曾觉得数学被分裂成许多专业, 其中的每一门都可以轻易地占去我们被赋予的短暂生命. 其结果是, 我发现自己身陷布里丹之驴④的处境, 它对于取舍无论哪一捆干草都无法做出明确决断. 这显然是由于我的直觉在数学领域中还不够强, 不足以清楚地将具有根本重要性的、即真正基本的那些学识, 从其余那些多少有点可有可无的学识中区分出来. 不过, 除此之外, 我对于自然界的知识的兴趣也绝对要强烈得多: 我做学生的时候并不清楚, 通往各种物理学基本原理的更深奥知识,

---

① 阿道夫 · 赫维兹 (Adolf Hurwitz, 1859—1919), 德国数学家, 主要研究领域为黎曼曲面和数论等. —— 译注

② 古斯塔夫 · 基尔霍夫 (Gustav Kirchhoff, 1822—1887), 德国物理学家, 在电路、光谱学领域都有重要贡献. —— 译注

③ 赫尔曼 · 冯 · 亥姆霍兹 (Hermann von Helmholtz, 1821—1894), 德国物理学家、生理学家, 在电磁辐射和感知研究方面都有重要贡献. —— 译注

④ 布里丹之驴 (Buridan’s ass) 是中世纪哲学中的一个角色. 这头可怜的生物被放在两捆具有同样吸引力的干草之间, 因此无法决定从哪一堆开始, 结果被活活饿死. —— 原注

是与那些最为错综复杂的数学方法紧密地联系在一起的. 直到经过多年的独立科学研究之后, 我才逐渐明白了这一点 (参见 [210]).

爱因斯坦的陈述中的这两半都使人将信将疑. 任何一名能够 "在家学习基尔霍夫、亥姆霍兹和赫兹等人的著作" 的学生, 都必定具有实质性的数学知识和技巧, 而且他后来所使用的 "那些最为错综复杂的数学方法" 都是从数学的一个特殊分支中提取出来的. 不过, 他早期的几篇论文中所用的那些数学技巧, 是当时任何一位优秀数学物理学家都掌握的, 而他评论说, 闵科夫斯基对相对论的几何解释是 "过分的博学" (überflüssige Gelehrsamkeit), 则反映了物理学家通常所持的那些偏见.

选定利用自由下落坐标系来观察自然界, 却造成了一些用简单的数学技巧无法解决的问题. 我们可以选择一个位于北极的自由下落坐标系, 我们也可以选择一个位于南极的自由下落坐标系, **但是我们却不能选择单独一个在两极都自由下落的坐标系**. 更为一般的是, 每一小块空间都有其自己的自由下落坐标系, 它们彼此全都不一致. 我们的处境就像是一位地理学家, 面对一屋子堆积到屋顶的碎纸片, 每张小纸片都包含着地图的一个微小部分.

对于这样一房间的地图碎片的数学研究可以回溯到高斯, 他用这些碎片来研究曲面. 1854 年, 当年轻的黎曼① 为了申请试用必须要去做一个演讲时, 他为此提交了三个可供选择的题目. 按照管理规定, 应该选择他的第一个题目, 但是高斯选择了第三个: "关于作为几何学基础的那些假设" (*On the Hypotheses That Underlie Geometry*). 黎曼迎接了挑战, 并做出了一次至今仍然为人们所研读的演讲. 用细细的数学上的类比去阐明黎曼的思想, 这对专家们来说是令人厌倦的, 而对初学者们而言却又是无法理解的. 然而, 我们可以非常粗略地说, 黎曼表明了如何去把这一房间的地图, 就其自身而不以任何其他事物为参考的前提下, 当作一个物体 (一个曲面, 或一个空间) 来对待. 黎曼的这些想法由贝尔特拉米② 、克里斯托费尔③, 以及特别是意大利的里奇④ 及其学生列维 – 奇维塔⑤ 发展成了一个可以计算的系统.

在 1901 年, 对于大多数数学家而言, 这种 "绝对微分学" (absolute differential calculus) 必定是那种在公开场合受到尊重对待 (它显然非常难, 因此有着值得尊重的门第血统) 而私下却受到怀疑的理论之一. 研究这个领域的人寥寥无几, 而其中的复杂

① 波恩哈德 · 黎曼 (Bernhard Riemann, 1826—1866), 德国数学家, 对数学分析和微分几何做出了重要贡献, 创立了黎曼几何学、复变函数论等. —— 译注

② 欧金尼奥 · 贝尔特拉米 (Eugenio Beltrami, 1835—1899) , 意大利数学家, 主要工作领域是拓扑学和微分几何等. —— 译注

③ 埃尔温 · 布鲁诺 · 克里斯托费尔 (Elwin Bruno Christoffel, 1829—1900), 德国数学家, 研究领域包括数值分析 、函数论 、位势理论 、微分方程 、微分几何学 、不变式理论等许多方面. —— 译注

④ 格雷戈里奥 · 里奇 – 库尔巴斯托罗 (Gregorio Ricci-Curbastro, 1853—1925), 意大利数学家, 张量分析创始人之一. —— 译注

⑤ 图利奥 · 列维 – 奇维塔 (Tullio Levi-Civita, 1873—1941), 意大利数学家, 为张量微积分及其应用做出了重要贡献. —— 译注

符号系统又使漫不经心的探究者弄不清作为其基础的那些理念. (即使是如今, 微分几何中的入门课程中还包含着大量粗面粉, 几乎没什么果酱.) 不过, 正如爱因斯坦所讲述的:

> 如果所有 [加速] 系都等价, 那么欧几里得几何就不可能对它们全都成立. 要抛弃几何而保留各 [物理] 定律, 就相当于不用语言去表达思想. 我们在表达思想以前, 必须要寻找语言, 此时此刻, 我们应该寻找什么呢? 直到 1912 年, 我才发现这个问题是可以解决的. 当时我突然意识到, 高斯的曲面理论中包含着解开这个谜的钥匙. 我认识到高斯的曲面坐标具有一种深刻的意义. 不过, 我那时还不知道黎曼已经用一种更加深刻的方法研究过几何的基础. 我忽然回想起自己当学生时, 盖泽尔 (Geiser) 教的几何课程里就包括了高斯的理论 …… 我认识到几何的基础具有物理意义. 当我从布拉格回到苏黎世时, 我亲爱的朋友、数学家格罗斯曼①也在那里. 从他那里, 我首次学到了里奇的几何, 后来又知道了黎曼.

格罗斯曼的第一反应是: “这是一堆物理学家们不应卷入的可怕混乱”, 不过他接下去还是与爱因斯坦合作, 将张量分析应用到爱因斯坦的那些问题中去. (现在 “绝对微分学” 被称为 “张量分析” 就是因为爱因斯坦如此称呼它.) 尽管许多困难依然存在, 不过最终在 1915 年浮现出来的广义相对论就是一种张量理论.

并不是每一名难弄的学生都会成为爱因斯坦, 也不是每一种孤苦无依的纯粹数学理论都会转变成自然界的语言. 当这样的一个奇迹发生时, 我们应该欢欣鼓舞.

我已经说明了伽利略和爱因斯坦是如何考虑落体的. 尽管下面的引文与我们无关, 不过我还是忍不住要引用它, 这是牛顿晚年的一位朋友的回忆录, 这份回忆录是在 1936 年被发现并出版的. 他在其中叙述了一次 “到艾萨克爵士的住处” 拜访他的部分过程, “…… [当时我] 与他一起进餐, 并与他度过了一整天.” (我做了一些微小的变动, 不过其中的拼写、标点和语法在我们看来仍然有点奇怪.)

> 餐后天气温暖, 于是我们去到花园里, 在几棵苹果树的树荫下喝茶, 只有他和我. 在交谈之间, 他告诉我, 当先前引力的概念突然出现在他脑海中的时候, 他就处于相同的情形中. 他正坐在那里冥思的时候, 一只苹果掉了下来, 这导致他产生了引力的概念. 他自己思忖着, 为什么苹果总是会垂直地落到地面? 为什么它不往旁边或往上, 却总是去向地球的中心?
>
> 毋庸置疑, 原因一定是因为地球在牵引它. 物质中必定存在着一种牵

① 马赛尔 · 格罗斯曼 (Marcel Grossmann, 1978—1936), 犹太裔瑞士数学家, 主要研究领域是画法几何. —— 译注

> 引的力量: 地球的物质中的所有牵引力之和必定位于地球的中心, 而不是在地球的任何一边. 因此这个苹果才垂直地、或者说向着中心落去. 如果物质这样牵引着物质, 那么它必定与它的量成正比. 于是当地球牵引着苹果的时候, 苹果也牵引着地球①(参见 [230]).

正如爱因斯坦的那个快乐的想法只不过是广义相对论的发端一样, 意识到 "当地球牵引着苹果的时候, 苹果也牵引着地球" 也只不过是牛顿的**万有**引力理论的发端, 不过这一意识当时确实是牛顿理论的起源.

每一天, 每个人都在看到东西下落. 伽利略、牛顿和爱因斯坦, 这三个人看着每个人每天都在看着的事物, 而他们看到了宇宙的计划. 某一天会有第四个这样的人出现吗?

> 一颗沙粒中看见一个世界,
> 一朵野花中看见一座天堂,
> 你的手掌中握着无限,
> 一个小时中含着永恒.
> (参见布莱克 (Blake),《天真的预示》(*Auguries of Innocence*))

**扩展阅读**

亚伯拉罕 · 派斯 (Abraham Pais) 撰写了爱因斯坦绝妙的一生:《上帝是微妙的 ……》(*Subtle is the Lord ...*), 其中清楚地说明了爱因斯坦为什么是 20 世纪最伟大的物理学家. 有两本在一般的物理背景下论述相对论的简易读本, 其一是爱因斯坦与英费尔德②的《物理学的进化》(*The Evolution of Physics*), 其二是玻恩③的《爱因斯坦的相对论》(*Einstein's Theory of Relativity*). 如果读者到《相对性原理》(*The Principle of Relativity*)[53] 这本文集中去查阅爱因斯坦的论文原稿, 她也许会对自己能够理解的内容之多感到意外. 如果你希望了解更多关于光的波粒二象性, 那么我再次推荐我先前提到过的《QED: 光和物质的奇妙理论》, 其中费曼沿袭了他的那种无法仿效的、清晰简明的写作风格. 如果你对暗房中的物理学能够进行到什么程度这个普遍性的问题感兴趣, 那么同样由费曼撰写的《物理定律的本性》(*The Character of Physical Law*) 一书就充满了真知灼见.

---

① 一些历史学家曾质疑过牛顿的苹果的真实性. 这种不相信的表现从未在剑桥大学找到过任何回应. 去参观剑桥大学的游客都会去看原来那棵树的两棵子嗣 —— 很不幸地, 它们却属于两个不同的品种. —— 原注

② 利奥波德 · 英费尔德 (Leopold Infeld, 1898—1968), 波兰物理学家. —— 译注

③ 马克斯 · 玻恩 (Max Born, 1882—1970), 犹太裔德国物理学家, 量子力学创始人之一, 1954 年诺贝尔物理学奖获得者. —— 译注

## 7.4 地球旋转吗?

哥白尼、伽利略和其他一些人的新理论和新发现在多恩①那里找到了悲观主义的回应, 他写道:

新的哲学质疑一切,
火的元素已完全熄灭,
太阳消失, 地球也不见,
非人类的智慧所能完美指引他寻找的方向.
人们无所顾忌地承认, 这个世界已经衰竭,
而在行星上, 在苍穹中,
他们搜寻如此多的新事物; 他们看到
这里已被重新粉碎成原子.
一切都成为碎片, 全无干系;
一切来源、一切联系:
君臣、父子,
这些事情全都被遗忘.
因为每个人, 也只有他, 认为自己必定是一只凤凰,
当世无双, 只有他.
这就是现在世界的状况 ……

[摘自《世界的解剖》(*An Anatomy of the World*). 每次只能有一只凤凰存活在世间. ]

爱因斯坦的这些相对性理论激发起了类似的情绪, 只是表达方式没有那么好. 也许在某个人心中有某种隐约觉得荒谬的东西, 他从未理解过牛顿的力学或者欧几里得的几何学, 却激烈地维护着它们, 以抵抗 "篡夺者爱因斯坦". 又或者有另一个人, 他从未对时间的本质进行过一分一秒的沉思, 却突然哀悼起 "绝对时间" 的消失, 而不论他现在认为那曾是什么. 还有人则有点心怀险恶, 他声称第一次世界大战后, 随之而来的对种种传统制度和习俗的信心沦丧, 都与物理学的一种新理论相联系. 不过, 这些感觉都是真诚的, 总结成一句话就是: "爱因斯坦声称万事万物都是相对的."

如果万事万物都是相对的, 那么伽利略的那些审判者也许就是正确的, 而就如同地球绕着太阳转一样, 我们同样也可以说, 太阳绕着地球转. 读者如果认为这样的一个命题貌似可信, 那么她就应该立即出发前往最近的公共露天游乐场. 如果幸运的话, 她就会发现巨型离心机实际上是什么. 付完入场费后, 她就会被引进一个很大

① 约翰 · 多恩 (John Donne, 1572—1631), 17 世纪英国玄学派诗人, 作品包括十四行诗、爱情诗、宗教诗、拉丁译本、隽语、挽歌、歌词等. —— 译注

的圆形房间, 并被告知背靠墙站着. 当这个房间开始旋转的时候, 她会感觉到好像有一只巨大的手把自己推向墙壁, 然后她会突然看到房间旋转了 90°, 于是她就会发现自己停靠在一个竖直的轮子的最低点, 同时看着其他人被粘在周缘的各点上. 经受了这种体验后, 我想读者对于自己曾经高速旋转就会毫不怀疑了.

但是, 如果她真的发生过旋转, 那么问题就产生了: "相对于什么?" 牛顿实施过一个不那么惊心动魄, 而更为简单的实验, 在许多 "亲自动手" 的科学博物馆里, 也许都能找到类似的这种实验.

> 如果有一个容器, 用一根长绳悬挂起来, 容器通常会绕着绳索旋转, 以致绳索被强烈扭转. 随后在容器中注满水, 并使它与水一起保持静止, [然后再放开它]······ 在绳索松开的时候, 容器有一段时间持续做这种运动, 而水的表面一开始会是一个平面, 就如同容器开始运动之前那样. 不过在那之后, 容器通过逐渐将自身的运动传递给水, 会使水明显地开始旋转, 并从中间一点一点地后退而上升到容器边缘处, 从而使自身形成一个凹形 (正如我体验过的那样). 而且这种运动变得越迅速, 水就会上升得越高 (参见 [169]).

牛顿的桶里的水怎么知道自己在旋转, 因而应该自动形成一个凹形呢?

开始回答这些问题的一种方法, 是想象自己正在北极. 如果你抬头仰望星空, 那么你就会看到布满繁星的天空似乎每 24 小时就旋转一次. 是这些恒星在绕着地球旋转, 还是恒星静止而地球在旋转? 牛顿定律告诉我们, 如果我们用一根细绳将一个小砝码悬挂起来, 然后放手, 那么结果形成的单摆会**沿着一条直线**来回运动. 让我们使这样的一个单摆开始运动, 然后在地球表面上沿着第一次摆动的方向画一条直线. 如果是星空在旋转而地球静止, 那么我们就会看到单摆的摆动方向相对于标记在地上的那条线不会发生任何变化. 不过, 如果是地球在旋转而天空静止, 那么每 24 个小时地球就会 (带着标记在地面上的那根线一起) 相对于单摆摆动的那根线旋转一整圈, 因此单摆摆动的那根线也就会相对于地面上的那根线旋转一整圈.

据我所知, 虽然还没有人在北极做过这个实验, 但是还有一种与此相似的论证方法可以在地球表面上的其他各点进行. (不过, 这种论证方法的各细节进行起来会难得多.)

**练习 7.4.1**　(i) 试证明 (如果天空固定不动而地球旋转) 我们会在两极看到同样的效应, 只不过单摆摆动的那根线相对于地面上那根线的旋转方向会相反.

[提示: 考虑从背后去看一个透明的钟面. 它的各根指针是顺时针走还是逆时针走?]

(ii) 在赤道处会发生什么?

为了检验发生了什么，我们需要一个摆线非常长、摆锤非常重，且支点几乎没有摩擦的单摆. 不过，这个在许多科学博物馆里都可能看到的实验给出了明确无疑的答案，那就是地球在旋转而恒星岿然不动. (这个实验以发明者的名字而被称为"傅科摆" (Foucault's pendulum). )

我们在北极还可以展开另一个实验，那就是简单地向南方扔出一块石头. 牛顿定律告诉我们，当地球 (如我们所相信的那样) 在下方转动的时候，粒子会笔直向南行进. 因此这块石头的路径会显得略微向着与地球旋转相反的方向漂移. (当然，如果地球是固定不动的，就不会有这样的效应.) 由于地球转动得如此缓慢 (每 24 小时转动一圈)，而石头在空中的时间又如此短暂，因此这种效应会很微小. 但是，如果我们要发射的是一颗远程炮弹，那么这种漂移就会多达好几十米.

**练习 7.4.2**　如果你学习过支配着抛体运动轨道的数学知识，就应该能够估算出一门射程为 10 千米的大炮以 45° 发射出的一枚炮弹会留在空中多长时间. 试利用此结果来检验我的关于上述漂移的陈述.

同样，在地球表面上的其他点也存在着一种类似的效应 (不过漂移的大小和方向不仅取决于这门大炮在何处发射，还取决于它向什么方向发射).

第一次世界大战初期，英国和德国船舰都参与了马尔维纳斯群岛附近的战役. 英国具有大炮射程更远的优势，因此在最大射程内作战. 但是他们发现，他们的连番炮轰不断地落向左边 100 米处. 原来是这些大炮的瞄准器都针对地球转动进行过校准，不过是在假设海战发生在北海 (北纬 50°) 的情况下. 马尔维纳斯群岛位于南纬 50° 处，因此转动效应相反. 在最大射程处 (15000 米) 由此所导致的双重误差是这种向左的漂移的原因①.

于是，对于"我们为什么必须要考虑远程炮火中发生的漂移"这个问题，我们的回答是："因为地球正在相对于那些遥远的恒星和星系旋转." 同样，对于"为什么一个孩子转圈的时候会觉得头晕，而站着不动的时候却不会"这个问题，答案是地球相对于那些遥远的恒星的旋转要比这个孩子的旋转慢得多. 如果现在有人问我们，为什么应该由这些遥远的恒星来决定是什么使孩子头晕，我们的回答是，宇宙的大部分都是由遥远的恒星和星系构成的，而这个孩子则构成了宇宙中微乎其微的一部分. 伽利略的那些审判者们的宇宙是一个由位于其中心处的地球所支配的小宇宙 —— 伽利略的宇宙则是一个大宇宙，在其中没有任何东西位于中心，也没有任何一个单独的物体处于支配地位.

在爱因斯坦的第一篇关于狭义相对论的论文中，他评论道，他的理论具有一

① 这桩轶事摘自李特尔伍德 (Littlewood) 的《杂记》(*Miscellany*) [145]，想必是转述自布莱克特. 李特尔伍德在那次大战期间研究弹道学 (即研究炮弹射程等内容的数学)，他回忆起自己作为这项工作的一部分而撰写的一篇论文，其中"作为结尾的句子是：'于是 $\sigma$ 必定要尽可能小.' 这句话在发表 [的版本] 中并没有出现，[但是] …… 在结尾的空白处有一个小斑点，原来这是我曾经见过的最微小的 $\sigma$ (印刷工人们为了它一定找遍了整个伦敦)." —— 原注

种 "特殊的后果", 即后来所谓的 "双生子佯谬" (twin paradox). 假设 (将我们的那个船和码头岸边的比喻修改为) 有两位孪生的太空旅行者安妮 (Anne) 和卡洛琳 (Caroline), 她们住在一个 (相对于那些固定的恒星静止的) 空间站里. 在 $t=0$ 时, 安妮进入她的太空船, 在经过一段短暂的加速后, 她以速度 $u$ (以光速为单位度量) 远离空间站而去, 由她的手表给出的这段旅行时间是 $(1-u^2)T$, 然后经过一段短暂的减速再加速后, 她又以速度 $u$ 向着空间站行进, 而她的手表给出的这段时间也是 $(1-u^2)T$, 然后又经过短暂的减速后, 她与空间站的姐妹卡洛琳重聚了. 由于时间膨胀 (请回忆一下前一节中对于 $\mu$ 介子的讨论), 根据卡洛琳的手表, 安妮离开的行程和返回的行程所耗费的时间都是 $T$. (我们忽略做短暂加速的那些时间.) 于是, 当这对孪生姐妹对表的时候, 安妮的表会显示已经过了 $2(1-u^2)T$ 时间, 而卡洛琳的表则会显示经过了 $2T$ 时间. 既然狭义相对论声称适用于所有体系, 无论是力学体系、电磁学体系或者任何什么体系, 那么它也就适用于人类及其手表, 因此安妮的年龄增长了 $2(1-u^2)T$, 而卡洛琳的年龄则增长了 $2T$.

有许多论证都极力反对这个结论, 不过其中大部分都是这样的形式: "如果地球是圆的, 而人们住在相对的两头, 那么他们就会掉出去", 或者 "如果地球在旋转, 那么我们就都会头晕目眩了." 最貌似可信的论证强调一切都是相对的, 因此我们不说安妮以速率 $u$ 离开卡洛琳, 而说卡洛琳以速率 $u$ 离开安妮. 不过, 安妮和卡洛琳的经历并非完全相同. 安妮为了从某个参照系转移到另一个参照系, 先后加速了三次, 而卡洛琳则停留在同一个参照系中一直没有加速. (当飞机起飞时的突然加速将我们向后推向我们的座位时, 机场候机厅里的那些观察者们并没有感受到同等而相反的感觉.) 安妮和卡洛琳之间不存在完全的对称性, 因此也就没有任何矛盾之处①.

1971 年, 有一群科学家让一口原子钟绕着地球飞行了一周 (为了节约美国纳税人的钱, 它乘坐的是普通定期航班的经济舱), 并将它与留在原地的一口完全相同的钟作比较. 这个实验在数学上没有我们那个太空船实验那么简单, 因为不同高度处具有不同的引力, 而这就意味着必须使用广义相对论来计算预期的时间改变②. 不过, 由狭义相对论和广义相对论共同得出的那些预言被证实了 ——**其中一口孪生钟的年龄增长比另一口多**.

现在仍有一些哲学家、历史学家和社会学家认为, 我们对宇宙的看法是一个惯例问题, 或者是社会协定问题, 又或者仅仅只是相互竞争的科学家们之间的权力斗争问题. 所有这些看法中都包含着一些真实的成分, 但是更重大的真实性却包含在伽利略对他的早期对手之一的强力驳斥之中:

---

① 并非一切看起来对称的事物都是对称的. 考虑有一个滑雪胜地, 那里满是正在寻找丈夫的年轻女士们和正在寻找年轻女士的丈夫们. —— 原注

② 关于如何从实验上去验证像广义相对论这样的理论, 更为清晰的描述以及更为详细的讨论请参见 C. M. 威尔 (C. M. Will) 的优秀普及读物《爱因斯坦正确吗? 》(*Was Einstein Right*?)—— 原注

也许他认为哲学就是某位作家缩写的一本小说，就像《伊里亚特》或者《疯狂的罗兰》[①]，这些作品中最不重要的事情就是其中所写的内容是否真实．不过⋯⋯这并不是实际情况．哲学被写在一本宏伟的书中，那就是这个总是在迎接着我们的凝视的宇宙．不过我们无法理解这本书，除非我们首先学会去理解写作这本书所用的语言、阅读这本书所用的字母．它是用数学的语言写成的，而它所用的字符是三角形、圆形和其他几何图形．如果没有它们，要理解它的一个词都是人力所不能及的．如果没有它们，我们只是在黑暗的迷宫中徘徊 (参见 [63]，《试金者》(*The Assayer*))．

① 《伊里亚特》(*Iliad*) 和《疯狂的罗兰》(*Iliad of Orlando Furioso*) 分别是古希腊诗人荷马 (Homer, 约前 9 世纪 —前 8 世纪) 和意大利文艺复兴时期的诗人阿里奥斯托 (Ludovico Ariosto, 1474—1533) 的长篇叙事诗．—— 译注

# 一位是贵格会教徒的物理学家 第 8 章

## 8.1 理查森

在英国的一家银行中, 如果迎接顾客的经理穿着牛仔裤、运动衫和一双显然已历尽沧桑的鞋, 那么顾客就会觉得不安. 同样, 如果有人在街上被引见给一位身着三件套正装的数学家, 那么他也会感到不快. 他觉得一位优秀的数学家就应该是不修边幅的、心不在焉的、古怪的. 既然数学家们不仅得到允许, 而且还得到积极的鼓励可以行为反常, 于是有相当数量的少数派有点特殊也就不足为奇了. 有些数学家的穿着像爱因斯坦, 有些则穿得像某种远东地区宗教的祭师, 还有穿得像点缀花园的小矮人雕塑似的. 有些数学家从来不打开他们的邮件, 有些数学家白天整天睡觉却在晚上工作, 有些数学家用叉子来吃酸奶, 有些数学家只吃酸奶, 有些数学家光着脚演讲, 还有好几位知晓整个不列颠群岛的铁路和长途汽车时刻表.

这种多样性主要都存在于表面. 大多数数学家都共享同一种数学价值观念, 并追求着相似的事业. 路易斯 · 弗莱 · 理查森①却是异类 —— 他与众不同的原因是他是一位贵格会②教徒, 遵照贵格会的宗教教规和和平主义准则生活. 他 1881 年出生在英国纽卡斯尔市 (Newcastle) 的一个中产阶级贵格会家庭中. 他在小学里的主要乐趣是 "威尔金森 (Wilkinson) 先生教授的" 欧几里得几何学, 他从那里转入一所贵格会寄宿学校, 其中的各位精通不同方面的大师使他瞥见了 "种种科学奇迹", 教会了他 "如何观察和描述", 并令他确信 "科学应该服从于道德"③. 他在达勒姆科学学院 (Durham College of Science, 达勒姆大学在纽卡斯尔市的一所分校, 后来成为纽卡斯尔大学, 不过当时并不是一家授予学位的机构) 读了两年, 后来又在剑桥攻读了一个为期三年的科学学位. 接下去的十年中, 他担任了一连串的教学和研究工作.

关于声呐和雷达的那些比较学术化的历史中, 提到了理查森 1912 年取得的几项专利: **一种当船舶在雾中靠近大型物体时向其发出警报的装置以及对海上的船舶与全部或部分在水下的大型物体的接近程度发出预警的装置**, 其中提出了一种利用高频率声波进行回声定位的系统. 不过, 正如我们在讨论雷达时已经看到的那样, 企

---

① 路易斯 · 弗莱 · 理查森 (Lewis Fry Richardson, 1881—1953), 英国数学家、物理学家、气象学家、心理学家, 他是将现代数学技术用于天气预报的先驱, 并应用与此类似的技术研究战争起因. 他在分形和线性方程组方面也做出了开拓性的工作. —— 译注

② 贵格会 (Quaker), 也称为教友派 (Religious Society of Friends), 是基督教新教的一个派别, 主张和平主义和宗教自由, 反对战争和暴力. —— 译注

③ 我在此处及其他地方都采用了戈尔德 (Gold) 撰写的讣告和阿什福德 (Ashford) 的《预言家还是教授? 》(*Prophet or Professor?*) 中的记述 —— 原注

图将发明的优先级分配给这些依赖于技术进展来实现一些特殊理念的系统, 这并没有什么意义①. 我提及这一点主要是为了引用理查森向他的儿子展示自己的想法时的迷人图景:

> 那天傍晚, 我们将一个声调很高的哨子系在一把大型高尔夫伞的声波焦点上, 然后出发去寻找大约为轮船尺寸的建筑物. 当我们找到这样的一座建筑物时, 就把该伞指向各个不同方向 (也包括该建筑物方向), 同时吹响哨子, 并用秒表测定回声的时间. 一群既觉得有趣又感到迷惑的群众聚集了过来, 其中还包括一位警察! 我父亲回答他们的问题后, 他们的嬉笑起哄很快就转变成了兴趣和关注 (参见 [7] 第 40 页).

他的任职之一, 是在一家提取泥炭的公司中. 他在那里解决了以下问题: "倘若给定年降雨量, 那么为了恰好排除正确的水量, 必须如何挖出 [一个泥炭沼中的] 下水道?" 有关这个问题的方程组没有已知的精确解, 因此他不得不采取一些近似方法. 当他在几年以后加入气象局 (Meteorological Office) 时, 他很自然地将一些与此类似的想法应用于天气预报. 当时做预测的自然而然的方法是通过寻找过去的天气中与当前模式足够接近的那些模式, 因而就可以预计当前的模式会以相同的方式演化. 理查森提出用支配天气的那些基本物理定律来取代这种方法.

提出这样的一种方案是容易的, 而要贯彻执行就完全是另一回事了. 当时有一些支配天气的方程是已知的, 而另外的就必须要从基本原理中研究出来了. 无法精确地去解出这些方程, 因此就必须编制出一些求解它们的数值方法. 同样, 此类方法的大体思想也不难解释. 我们不可能希望去描述所有点的天气, 因此我们只考虑在某个规则阵列中的点 —— 比如说某个正方形网格各顶点上方的各种不同高度处的点. 在某个时刻 $t$, 我们知道这些点中的每一点处的温度、风速、气压, 等等. 在 $t+\delta t$ 时刻, 这些量会发生变化, 但是 (在很好地近似下) 它们的变化形式会以一种易于计算的方法取决于相邻各格点的温度、风速、气压, 等等. 一旦我们重新计算出了所有格点处的所有相关量, 接下去就可以用这些新的值, 按照完全相同的方法来进一步计算 $t+2\delta t$ 时刻的值, 以此类推. 请注意, 如果重新计算某一点的 "天气" 需要 $k$ 次计算, 那么要重新计算我们的三维网格中的所有 $N$ 点处的 "天气" 就需要 $Nk$ 次计算, 而要预报在 $M\delta t$ 时刻的 "天气" 就需要 $MNk$ 次计算. 为了提高预报质量, 我们需要让 $N$ 尽可能大而 $\delta t$ 尽可能小 —— 但是 $N$ 越大、$\delta t$ 越小, 我们需要的计算次数也就越多.

① 英国皇家发明家奖励委员会 (British Royal Commission on Awards to Inventors) 力图将优先级和推荐财政奖励分配给在第二次世界大战期间所采用的那些发明, 他们在收到德国 1904 年为 "远距移动观测仪" (Telemobilscope) 申请的一项专利时目瞪口呆, 克里斯蒂安 · 休尔德麦尔 (Christian Hüldmeyer) 的这项发明中涵盖了雷达的基本理念. —— 原注

尽管这是理查森全职工作以外的额外工作, 不过他还是设法设计出了一些适当的方法, 而且在不到三年后的 1916 年, 他就已写好了一本书的初稿, 但此书的出版却被耽搁了六年. 这里有两方面的原因. 其一是他希望有一个完全解答出的数值计算实例来使其完整. 第二个原因可以用他自己的话来描述.

> 1914 年 8 月, 我既带着强烈的好奇心想要近距离看到战争, 又强烈地反对杀戮, 我在其间左右为难. 这两者都混杂着公众职责的思想, 也夹杂着对自己是否能够承受危险的怀疑. 历经重重困难之后, 我在 1916 年 5 月 [从气象局的职位上] 摆脱出来, 并加入了友军 [贵格会] 救护小组①. 1916 年 9 月, 我被派到一支借调给法国军队的机动救护车队. 我们运送步兵第 16 师的伤病员.

理查森随身携带了他的书稿.

> 手稿已做了修改, 详细的例子也 …… 在法国运送伤员期的间歇中设计出来了. 在 1917 年 4 月的香槟战役 (battle of Champagne) 期间, 工作本被送到了后方并在那里遗失了, 后来又在一堆煤块下面找到了.

剑桥大学出版社在要求皇家学会、气象局和理查森本人共同提供一笔出版补贴后, 才承担了出版工作. 1922 年《天气预报的数值处理》(*Weather Prediction by Numerical Process*) 一书出版后, 被广泛而带有同情心地看作一项有趣但又不切实际的工作. 尽管印数只有 750 册, 但是这一版在接下去的 30 年内都没能售完 (因此, 即使加上那笔补助金, 剑桥大学出版社还是做了一笔亏本生意). 有一位书评家的预言是说对了, 他说这本书会 "只有数量有限的读者, 而且很可能 [会] 很快被图书馆束之高阁, 而购买了该书的那些人, 大多数也会让它过上不受打扰的清静日子."

这本书相对而言的失败, 存在着两个原因. 第一个原因是书中所概述的这种方法, 用理查森自己的话来说就是, 看起来似乎完全是不现实的.

> 我花了六周中的大部分时间来草拟这些计算形式, 并首次计算出两纵列的新分布. 我的办公室是在一间寒冷的修养宿营地中的一张干草床. 经过练习, 一位平均水平 [的计算师] 的工作速度也许可以快大概十倍. 如果时间步长是 3 小时, 那么要跟上天气的变化速度, 32 个人也只能计算出两个点 ……

① 友军 [贵格会] 救护小组 (Friends's [Quakers'] Ambulance Unit) 是英国贵格会成员建立的一个志愿者救护小组, 在两次世界大战期间及战后在全世界各地进行救护工作. —— 译注

理查森计算出, 6400 位计算员 (他所用的 "计算机" (computer) 这个词在当时的意思是 "人工计算员")

> …… 会是跟上全球天气变化速度所需要的人数. 这是一个令人震惊的数字. 也许在若干年内, 可能会有人给出一种简化方法来处理这种过程, 但是无论如何, 上述这种体制是全球的一个中枢预报制造处.

随后他又在一段受到大量引用的文章中继续写道:

> 想象有一个像剧院那样的巨型大厅, 只是楼座和廊台径直围成圈遍及通常被舞台所占据的空间. 这个厅堂的墙壁被粉刷成一幅世界地图. 天花板表示北极地区, 英格兰在廊台中, 热带在上层楼座、澳大利亚在一楼前排座席, 而南极则在一楼后席. 虽然有无数人 [计算员] 正在计算各自所坐的地图那一部分的天气, 但是每一个 [计算员] 仅照料一个方程或一个方程的一部分. 每个区域的工作都由一位级别较高的官员进行协调. 许许多多的小型 "夜间标志" 显示出即时数值, 以便邻近 [计算员] 能够读到它们. 因此, 每个数字都显示在三个毗连的区域中, 以保持地图上的南北通信. 从一楼后席的地板上, 竖起一根很高的柱子, 它的高度是大厅的一半. 在它的上端顶着一个高架操控台, 其中坐着的那个人主管整个剧院. 他身边围绕着数位助手和报信者. 他的职责之一是要维持全球所有部分的匀速进展. 从这方面来讲, 他就像是一支管弦乐队中的指挥, 而所使用的乐器则是计算尺和计算器. 不过, 他不是挥舞着指挥棒, 而是将一束玫瑰色的光投向任何跑到其余部分前面的区域, 把一束蓝色的光投向那些落后的人.
>
> …… 外面有运动场, 有房屋, 有山, 还有湖, 因为大家认为这些计算天气的人应该好好地放下心来.

第二个问题在于这个做出的例子本身. 理查森以 1910 年 5 月 20 日格林尼治标准时间 (Greenwich Mean Time, 缩写为 GMT) 上午 7 点钟欧洲中部的大气状态为起点, "如此选择的原因是在我写作的时候这些观测数据构成了就我所知的最完整集合", 他应用自己的方法来计算 6 小时以后在两个地点的天气. 结果表明会有史无前例的强烈暴风雨, 而那一天实际上却是绝对的风平浪静. 理查森发表了这一结果, 这是对他那种知识上的严格诚实的一个明证 (他本可以相当合宜地选择用一个多少有点人造的例子来阐明自己的方法), 但是这对于他要阐明的论点就鲜有什么帮助了.

1920 年进行的一次行政重组将气象局安置在空军的管理之下. 这就意味着, 假如理查森继续在那里工作下去，就会成为武装部队的一名雇员. 在与自己的良知进行了一番较劲后，他辞了职，去了威斯敏斯特培训学院 (Westminster Training College) 担任讲师职务. 他在那里帮助学生们准备攻读伦敦校外学位，自己也参加了一些考试 (这着实不同寻常)，首先获得心理学与纯数学和应用数学的合格通过理学士学位，随后又在 1929 年 (时年 48 岁并成为皇家学会成员两年以后) 获得了心理学特设学士学位.

1929 年，他被任命为佩斯里工学院 (Paisley Technical College) 的校长，他在那里成为一名全职教师和管理者. (除了一整天的工作以外，他的职责还包括教授夜间班的数学和物理，以达到伦敦校外学位标准.) 他将自己的所有自由时间都投入了心理学和战争起因的研究，并发表了数篇心理学论文.

1945 年以后，随着电子计算机的出现，对数值天气预报的兴趣又复兴起来，这最初是在伟大的数学家冯 · 诺伊曼①的推动下开始的. 结果证明，需要对理查森提出的这些计算程序进行实质性修改，才能避免产生由天气模型或者所用的数值方法的本质而导致的，与实际事件无关的 "人工暴风雨". 例如，倘若我们询问湍流在空气中能够行进得多快，那么答案显然是声速. 但是天气变化的行进速度要慢得多，因此调整到声速而进行的计算就会给出一些非常具有误导性的结果②. 不过，正如理查森在对他的预报制造处的描述中所显示的那样，数值气象学成为应用电子计算机 (特别是我们可以放眼于未来，加上高度并行计算机) 的一个理想领域. 1953 年理查森去世前有机会见到了第一批结果，这 "尽管不是广受欢迎的那一类伟大成功，但是对于 [我的书] 最后得到的单一而且谬之千里的结果而言，这无论如何都是一次巨大的科学进步." 1965 年，理查森的书得以再版，而这一次在不到十年的时间里就卖出了 3000 册. 自那时起，越来越快的计算机、改良的数学方法和越来越好的观测数据 (特别是使用卫星观测到的数据) 携手并进，令理查森的梦想成真.

## 8.2　理查森的极限延迟方法

数学家们都站在他们前辈的肩上. 每一代都在改进和发展上一代的各种方法，其结果是使得我们的工具变得更强有力，但是也更加难以掌握. 这个进程是不可避免的，而且从总体上来说也是富有成效的，不过同时也有可能遮掩住课题的一些基本思想. 理查森的长处之一，在于他有能力用崭新的目光看待这些作为基础的思想.

现代数学 (至少是从 1600 年到 1900 年) 的主旋律是微积分. 倘若给你一台由一个输入标度和一个输出标度构成的机器，你可以把输入标度设置在你所希望的任何

① 约翰 · 冯 · 诺伊曼 (John von Neumann, 1903—1957)，匈牙利裔美国籍犹太数学家，现代计算机创始人之一. 他对计算机科学、经济、物理学中的量子力学及许多数学领域都做出了重大贡献. —— 译注

② 在普拉茨曼 (Platzman) 撰写的一篇题为《对理查森有关天气预报一书的回顾一览》(*A Retrospective View of Richardson's Book on Weather Prediction*) 的有趣的文章中，有一段关于理查森 1922 年的预报为什么会失败的讨论. 不消说，其中的原因都相当微妙. —— 原注

值 $x$, 而输出标度则自动记下 $f(x)$, 它是你输入的 $x$ 产生的结果. 你知道 $f(10.02)=6.04$ 和 $f(10.08)=6.07$, 现在要求你猜测给出 $f(y)=6.05$ 的 $y$ 值. 你猜测是多少? 假如像我所预料的那样, 你猜测 $y=10.04$ (这也是我会猜测的值), 那么你很有可能是在假设, 在输入的 $x$ 发生微小变化时, 输出值与 $x$ 近似呈线性关系, 于是至少当 $h$ 很小时, 有

$$f(10.02+h)=6.04+0.5h.$$

(我们在第 4.2 节中已经看到布莱克特使用了这种方法.) 微积分研究的就是在局部上非常精确近似于多项式形式的 "光滑" 函数. 因此, 如果 $f$ 是光滑的, 那么我们就有

$$f(x+h)\approx b_0+b_1h,$$

即至少当 $h$ 很小时, $f$ 近似为线性. 再进一步, 还存在着更精确的二次近似

$$f(x+h)\approx b_0+b_1h+b_2h^2,$$

甚至还有更加精确的三次近似

$$f(x+h)=b_0+b_1h+b_2h^2+b_3h^3+\cdots, \tag{8.1}$$

或者有时也写成

$$f(x+h)=a_0+\frac{a_1}{1!}h+\frac{a_2}{2!}h^2+\frac{a_3}{3!}h^3+\cdots. \tag{8.2}$$

(当然, 方程 (8.2) 只是方程 (8.1) 用 $a_r=r!b_r$ 代入后得到的, 不过对于任何一位了解泰勒展开的读者而言, 这种形式也许比较熟悉.)

我们会通过设法计算 $\pi$ 来阐明我们的讨论. 既然一个单位半径的圆的面积是 $\pi$, 因此有一种方法就是注意到, 中心在原点 $(0,0)$、半径为 1 的圆的笛卡儿方程为

$$x^2+y^2=1.$$

如果 $y\geqslant 0$, 那么这个方程就可以改写为

$$y=(1-x^2)^{1/2},$$

因此我们看到, 该圆在第一象限中有

$$\{(x,y):x^2+y^2\leqslant 1, x,y\geqslant 0\},$$

它的面积是 $\pi/4$, 如图 8.1 中的阴影面积所示. 如果你懂得一点微积分的话, 很可能会更喜欢写成

$$\frac{\pi}{4}=\int_0^1(1-x^2)^{1/2}\mathrm{d}x.$$

尽管大多数非数学家都会说, 图 8.1 中显示的这条曲线 $y=(1-x^2)^{1/2}$ 是光滑的, 但是从本章所用的意义上来说, 它并不是光滑的, 这是因为它在 $x=1$ 处有一条竖直的切线 (因而在 $x=1$ 附近看起来就不像是多项式的形式). 为了绕开这个问题, 我们转而考虑图 8.2(a) 中的阴影部分所表示集合

$$\{(x,y): x^2+y^2 \leqslant 1, 2^{-1/2} \geqslant x \geqslant 0, y \geqslant 0\}$$

的面积 $\Delta^*$.

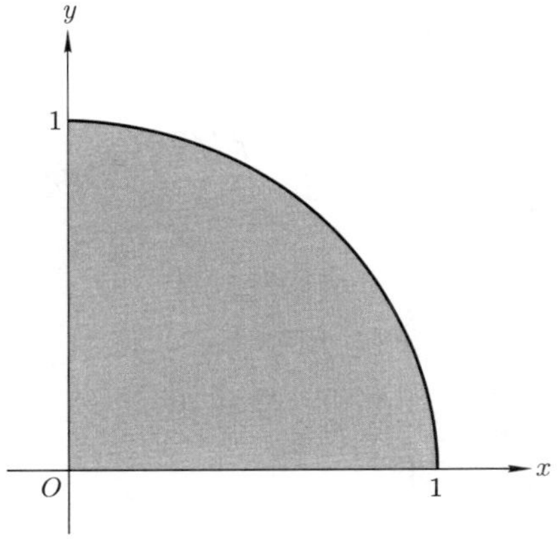


图 8.1　单位圆的第一象限

**练习 8.2.1**　利用图 8.2(b) 中明示的分解方式, 或者使用其他方法, 证明 $\Delta^*=\pi/8+1/4$.

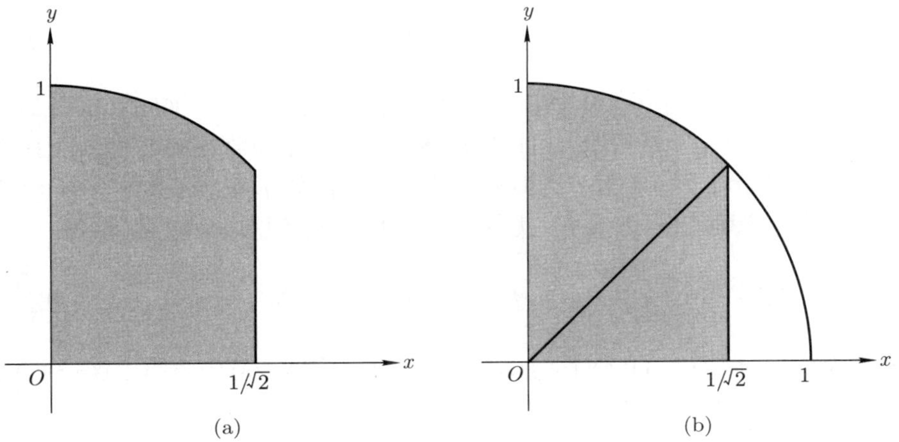


图 8.2　大小为 $\pi/8+1/4$ 的面积

我们怎样才能估算出 $\Delta^*$? 更一般地说, 如果 $f$ 是一个良态的正函数, 且 $b>0$, 那么我们如何估算图 8.3(a) 中阴影部分所表示的集合

$$E=\{(x,y): f(x) \geqslant y \geqslant 0, b \geqslant x \geqslant 0\}$$

的面积 $\Delta$? (或者如那些懂微积分的人可能会写的那样, 我们如何估算 $\int_0^b f(x)\mathrm{d}x$?) 有一种自然的方法, 是将集合 $E$ 分成 $N$ 条

$$E_r = \{(x,y) : f(x) \geqslant y \geqslant 0, rb/N \geqslant x \geqslant (r-1)b/N\},$$

它们的面积分别是 $\Delta_r[r = 1, 2, \cdots, N]$, 如图 8.3(b) 中所示. 显然,

$$\Delta = \Delta_1 + \Delta_2 + \cdots + \Delta_N.$$

用微积分的语言来表示就是

$$\int_0^b f(x)\mathrm{d}x = \sum_{r=1}^N \int_{(r-1)b/N}^{rb/N} f(x)\mathrm{d}x.$$

图 8.3 用多边形近似估算面积

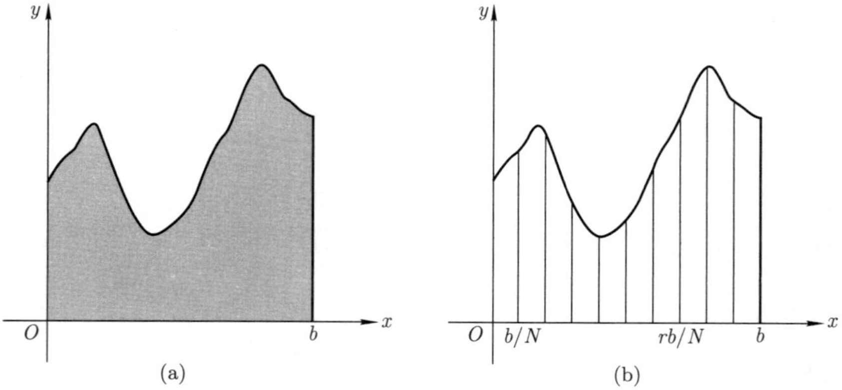


这种方法的优势在于, (至少当 $N$ 很大时) 这样做以后 $(r-1)b/N$ 和 $rb/N$ 之间的间隔长度就很小, 于是我们就可以应用本节第二段中所陈述的那些想法了. 特别是, 我们回想起, 对于小变化 $f$ 近似为线性. 现在, 假如 $f$ 在 $(r-1)b/N$ 和 $rb/N$ 之间的间隔中为**精确**线性, 那么 $E_r$ 就会是一个梯形, 其各顶点坐标 $(x, y)$ 为

$$((r-1)b/N, 0), ((r-1)b/N, f((r-1)b/N)), (rb/N, f(rb/N)), (rb/N, 0),$$

而面积为 $\Delta_r = (f((r-1)b/N) + f(rb/N))b/(2N)$. (图 8.4(a) 中表明了这一点.) 在公式 (8.2) 中利用这一近似, 我们得到

$$\begin{aligned}\Delta \approx (&f(0) + 2f(b/N) + 2f(2b/N) + 2f(3b/N) + \cdots \\ &+ 2f((N-2)b/N) + 2f((N-1)b/N) + f(b))b/(2N),\end{aligned}$$

这个公式有时被称为梯形法则.

梯形法则有多精确? 我们知道一般而言, $E_r$ 并不是一个精确的梯形, 这是因为即使在自变量发生微小变化的情况下, $f$ 也只是近似线性. 让我们换一种方法, 考虑更好的二次近似

$$f((r-1)b/N+h) \approx f((r-1)b/N) + A_r h + B_r h^2,$$

我们知道这个近似会在 $h$ 足够小的条件下成立. 如果在 $(r-1)b/N$ 和 $rb/N$ 之间的间隔中, 这个公式**精确**成立, 那么 $E_r$ 就会被包含在一个梯形 $G_r$ 中, 该梯形的各顶点为

$$\begin{gathered}((r-1)b/N, 0), \quad ((r-1)b/N, f((r-1)b/N + |B_r|(b/N)^2)),\\ (rb/N, f(rb/N) + |B_r|(b/N)^2), \quad (rb/N, 0),\end{gathered}$$

同时它又包含另一个梯形 $H_r$, 其各顶点为

$$\begin{gathered}((r-1)b/N, 0), \quad ((r-1)b/N, f((r-1)b/N - |B_r|(b/N)^2)),\\ (rb/N, f(rb/N) - |B_r|(b/N)^2), \quad (rb/N, 0)\end{gathered}$$

(参见图 8.4(b)). 在这种情况下

$$H_r \text{ 的面积} \leqslant E_r \text{ 的面积} \leqslant G_r \text{ 的面积},$$

因此

$$\begin{aligned}&(f((r-1)b/N) + f(rb/N)b/(2N) - |B_r|(b/N)^3 \leqslant \Delta_r\\ \leqslant\ &(f((r-1)b/N) + f(rb/N)b/(2N) + |B_r|(b/N)^3.\end{aligned}$$

换言之,

$$|\Delta_r - (f((r-1)b/N) + f(rb/N)b/(2N)| \leqslant |B_r|(b/N)^3,$$

因此我们用这种方法估算出的 $E_r$ 的面积, 其最大误差就正比于 $N^{-3}$. 当然, $B_r$ 取决于 $r$ 和 $N$. 不过我们也可以合理假设 (而且事实也确实如此, 虽然我们不准备证明这一点) 我们可以找到一个独立于 $r$ 和 $N$ 的 $B$, 从而使得无论 $N$ 和 $r$ 的取值如何, 都有 $B \geqslant |B_r|$, 于是由前一个不等式可得

$$|\Delta_r - (f((r-1)b/N) + f(rb/N))b/(2N)| \leqslant B(b/N)^3.$$

将 $r = 1, 2, \cdots, N$ 的这些不等式相加, 我们就得到

$$\left|\sum_{r=1}^{N}\Delta_r - \sum_{r=1}^{N}(f((r-1)b/N) + f(rb/N))b/(2N)\right| \leqslant \sum_{r=1}^{N} B(b/N)^3,$$

因此

$$
\begin{aligned}
&|\Delta-(f(0)+2f(b/N)+2f(2b/N)+2f(3b/N)+\cdots \\
&+2f((N-2)b/N)+2f((N-1)b/N)+f(b))b/(2N)| \\
&\leqslant Bb^3N^{-2}.
\end{aligned} \tag{8.3}
$$

估算每一条形面积最大误差正比于 $N^{-3}$, 但是我们要将 $N$ 条这样的条形面积相加才能得到整个面积, 因此最大总误差也扩大了 $N$ 倍, 结果就与 $N^{-2}$ 成正比.

(读者也许会想知道, 如果我们不用方程 (8.2) 中的二次近似, 而是采用更高阶的近似, 比如说三次近似

$$
\begin{aligned}
&f((r-1)b/N+h) \\
&\approx f((r-1)b/N)+A_rh+B_rh^2+C_rh^3,
\end{aligned}
$$

那么会发生什么呢? 我们很容易查证, 至少在 $h$ 很小的时候, 与 $B_rh^2$ 对应的误差相比, $C_rh^3$ 对应的那一项新增的误差项很小, 因此我们的估算结果本质上没有发生变化.)

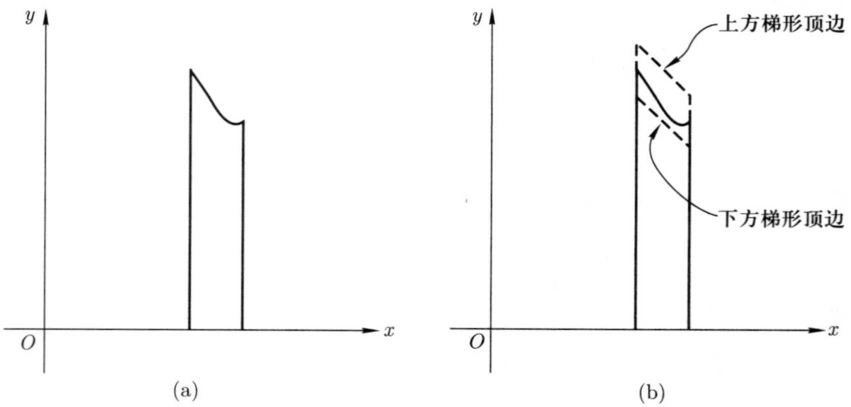


图 8.4 估算某一条形面积

(8.3) 中的误差估计告诉我们, 梯形法则是一种相当好的估算面积的方法. 这种算法所需的计算次数与 $N$ 成正比, 但是误差却以 $N^{-2}$ 的形式减小. 因此 (粗略地讲), 工作量增大 10 倍, 误差就减小 100 倍. 作为一个实例, 让我们来利用梯形法则估算 $\Delta^*$, 即我们一开始准备计算的那块面积 (见图 8.2(a)). 表 8.1 中列出了条状面积的数量 $N$、用梯形法则估算的 $\Delta_N^*$, 以及相关的 $\pi$ 估计值 $P_N=8\Delta_N^*-2$. (请回忆一下练习 8.2.1, 其中 $\pi=8\Delta^*-2$.)

**表 8.1　用梯形法则估算 $\pi$**

| $N$ | $\Delta_N^*$ | $P_N=8\Delta_N^*-2$ | 误差 |
|---|---|---|---|
| 10 | 0.6422828269041334 | 3.1382626152330673 | $3.3\times10^{-3}$ |
| 20 | 0.6425949409968993 | 3.1407595279751943 | $8.3\times10^{-4}$ |
| 100 | 0.6426949150737193 | 3.1415593205897547 | $3.3\times10^{-5}$ |
| 200 | 0.6426980400346621 | 3.1415843202772971 | $8.3\times10^{-6}$ |
| 1000 | 0.6426990400320625 | 3.1415923202564997 | $3.3\times10^{-7}$ |
| 2000 | 0.6426990712820574 | 3.1415925702564591 | $8.3\times10^{-8}$ |

**练习 8.2.2**　请利用一台手持式计算器检验表中 $N=10$ 的情况. 编写一段程序来检验其余的条目, 并且在可能的情况下运行这段程序. 在理查森的时代, 可以利用的唯一辅助工具, 只有一台手摇曲柄的机器, 用来做加减乘除, 再加上几本像平方根那样的常用函数表手册. (请注意, 将精度提高一位小数, 在当时就意味着要么使用 10 倍长度的表, 要么借助于更多计算.)

梯形法则是一种估算面积的明显方法, 已经使用了几个世纪. 误差以 $N^{-2}$ 的形式减小这个事实, 我们也知道很长时间了. 下一个练习说明如何严格地证明这一点, 但是这对理解本章内容并非必要.

**练习 8.2.3**　(此题是为那些学过许多微积分的人准备的.)

(i) 假设 $g$ 是一个二次可微函数, 对于一切 $|x|\leqslant a$, $a>0$, 都有 $g''(x)\geqslant 0$. 试证明如果对于 $|x|\leqslant a$ 有 $g'(x)>0$, 那么 $g(-a)<g(a)$, 而如果对于 $|x|\leqslant a$ 有 $g'(x)<0$, 那么 $g(a)<g(-a)$.

(ii) 假设除了我们前面提出的这些条件以外, 我们还有 $g(-a)=g(a)=0$. 试利用 (i) 的结果或者其他方法证明存在一个满足 $-a\leqslant c\leqslant a$ 的 $c$, 从而使得 $g'(c)=0$. 通过考虑 $-a\leqslant x\leqslant c$ 时 $g'(x)$ 的符号, 或者用其他方法, 证明对于 $-a\leqslant x\leqslant c$ 有 $g(x)\leqslant 0$. 并证明对于 $c\leqslant x\leqslant a$, 有 $g(x)\leqslant 0$, 因此对于一切 $-a\leqslant x\leqslant a$, 有 $g(x)\leqslant 0$.

(iii) 假设 $F$ 是一个二次可微函数, $a>0$, $F(-a)=F(a)=0$ 以及对于一切 $|x|\leqslant a$, 有 $|F''(x)|\leqslant M$. 通过考虑

$$g(x)=M\frac{x^2-a^2}{2}-F(x),$$

并利用 (ii) 的结果或者其他方法, 证明对于一切 $|x|\leqslant a$, 有

$$F(x)\geqslant M\frac{x^2-a^2}{2}.$$

试推出

$$\int_{-a}^{a}F(x)\mathrm{d}x\geqslant-\frac{2Ma^3}{3},$$

并证明

$$\left|\int_{-a}^{a} F(x)\mathrm{d}x\right| \leqslant \frac{2Ma^3}{3}.$$

(iv) 假设 $G$ 是一个二次可微函数, $a>0$, 且对于一切 $|x|\leqslant a$ 有 $|G''(x)\leqslant M|$. 在适当选取 $A$ 和 $B$ 的情况下, 通过考虑

$$F(x)=G(x)+Ax+B$$

或者其他方法, 试证明

$$\int_{-a}^{a} G(x)\mathrm{d}x - a(G(a)+G(-a))| \leqslant \frac{2Ma^3}{3}.$$

(v) 假设 $f$ 是一个二次可微函数, $h>0$, 且对于一切 $b\leqslant|x|\leqslant b+h$, 有 $|f''(x)|\leqslant M$. 试证明

$$\left|\int_{b}^{b+h} f(x)\mathrm{d}x - \frac{h}{2}(f(b)+f(b+h))\right| \leqslant \frac{Mh^3}{12}.$$

(vi) 假设 $f$ 是一个二次可微函数, $N$ 是一个正整数且 $b>0$, 且对于一切 $0\leqslant|x|\leqslant b$ 有 $|f''(x)|\leqslant M$. 试证明

$$\begin{aligned}&\Big|\int_0^b f(x)\mathrm{d}x-(f(0)+2f(b/N)+2f(2b/N)+2f(3b/N)+\cdots\\&\quad+2f((N-2)b/N)+2f((N-1)b/N)+f(b))b/(2N)\Big|\\&\leqslant Bb^3N^{-2}\leqslant\frac{Mb^3}{12N^2}.\end{aligned}$$

(vii) 为了理解来龙去脉, 你应该在论证过程中的每一步都画了一些图形. 如果你还没有画这样的图形, 那么现在就画吧.

(viii) 假设 $h>0, M>0$. 试写出一个二次可微函数 $f$, 使其满足

$$\left|\int_{b}^{b+h} f(x)\mathrm{d}x - \frac{h}{2}(f(b)+f(b+h))\right| = \frac{Mh^3}{12}.$$

通过直接计算检验它确实具有此性质.

[提示: 如果你无法直接猜测出 $f$, 那么就把第 (i)—(v) 部分仔细查阅一遍, 寻找其中 “最糟糕的” 函数.]

不过, 理查森引入了一种新的想法. 在许多方面, 与其从 $N$ 本身的角度来思考, 倒不如从 “步长”$\eta=b/N$ 的角度来思考更为自然. 梯形法则对 $\Delta$ 给出的估计值是

$$\Delta(\eta)=(f(0)+2f(\eta)+2f(2\eta)+2/(3\eta)+\cdots+2f((N-2)\eta)+2f((N-1)\eta)+f(N\eta))\eta/2.$$

理查森所做的是, 将 $\Delta(\eta)$ 作为 $\eta$ 的一个函数来考虑. 既然 $f$ 是 "良态的", 又由于梯形法则也是一个 "良态公式", 由此看来 $\Delta(\eta)$ 是 $\eta$ 的一个良态函数也就是一个似乎合理的假设. 特别是, 因为它是 "良态的", 我们按照 (8.1) 的本旨就有

$$\Delta(\eta) = \Delta(0+\eta) = c_0 + c_1\eta + c_2\eta^2 + c_3\eta^3 + \cdots .$$

我们回忆起, 这意味着例如当 $\eta$ 很小时, 下面这个近似

$$\Delta(\eta) \approx c_0 + c_1\eta + c_2\eta^2 \tag{8.4}$$

是非常精确的.

当我们令 $\eta$ 越来越接近零时, (8.4) 式左边的 $\Delta(\eta)$ 就接近于要求的面积 $\Delta$, 而右边的 $c_0 + c_1\eta + c_2\eta^2$ 就接近于 $c_0$. 由此得出的结论是 $\Delta = c_0$, 因此 (8.4) 式可以改写为

$$\Delta(\eta) \approx \Delta + c_1\eta + c_2\eta^2. \tag{8.5}$$

不过, 我们可以说的还不止这些. 如果 $c_1 \neq 0$, 那么 (至少当 $\eta$ 非常小的时候)$c_2\eta^2$ 的量级与 $c_1 \neq 0$ 相比就会非常小. 于是当 $\eta$ 非常小的时候就有

$$\Delta(\eta) - \Delta \approx c_1\eta,$$

且利用梯形法则求面积的近似值时产生的误差 $|\Delta(\eta) - \Delta|$ 的大小就会与 $\eta$ 成正比. 但是我们从前文的讨论 (见 (8.3) 式) 中已经知道, 最大可能误差与 $N^{-2}$ 成正比, 因此也就与 $\eta^2$ 成正比. 要把这更快的减少与本段的其余部分协调起来, 唯一的方法事实上就是得出 $c_1 = 0$ 的结论, 从而

$$\Delta(\eta) \approx \Delta + c_2\eta^2. \tag{8.6}$$

我们预期由 (8.6) 式给出的近似 (至少在 $\eta$ 非常小的时候) 会非常精确. 让我们暂且假设它是**正确的**, 因此

$$\Delta(\eta) = \Delta + c_2\eta^2. \tag{8.7}$$

我们希望知道 $\Delta$, 但是我们既不知道 $\Delta$, 也不知道 $c_2$. 因此, 如果我们只知道对于一个 $\eta$ 值的 $\Delta(\eta)$, 那么我们是无法求出 $\Delta$ 的. 不过, 如果我们知道对于两个 $\eta$ 值的 $\Delta(\eta)$, 那么我们就可以求了. 特别是, 由于

$$\Delta(\eta) = \Delta + c_2\eta^2$$

以及

$$\Delta(\eta/2) = \Delta + c_2\eta^2/4,$$

这样我们就有

$$\Delta = (4\Delta(\eta/2) - \Delta(\eta))/3.$$

**练习 8.2.4** (i) 验证以上结论.

(ii) 如果你知道辛普森法则 (Simpson's rule)① 的话, 试验证我们所得到的 $\Delta$ 表达式就是辛普森法则给出的结果②.

最后这个等式是在假设 (8.7) 式对于一切 $\eta$ 都精确成立的情况下获得的. 由于即使在 $\eta$ 很小的时候, 这实际上也只是一个近似, 因此我们的结论是

$$\Delta \approx (4\Delta(\eta/2) - \Delta(\eta))/3. \tag{8.8}$$

在推导出 (8.8) 式的过程中, 有些地方我们如履薄冰. 不过, 请不要将它弃之如敝屣, 而是用表 8.2 中显示的这些结果来对我们的主要示例试用一下. (请记住, 第一个吃螃蟹的人确实是勇敢者.) 其结果令人震惊. 看起来利用这种简单的想法, 我们就能在本质上保持精度不变的情况下将计算工作量降低 30 倍.

**表 8.2 根据理查森的想法修改后的梯形法则估算 $\pi$**

| $N$ | $(4\Delta_N^* - \Delta_N^*)/3$ | $Q_N = 8(4\Delta_N^* - \Delta_N^*)/3 - 2$ | 误差 |
|---|---|---|---|
| 10 | 0.6426989790278212 | 3.1415918322225700 | $8.2 \times 10^{-7}$ |
| 100 | 0.6426990816883097 | 3.1415926535064775 | $8.3 \times 10^{-11}$ |
| 1000 | 0.6426990816987224 | 3.1415926535897789 | $1.4 \times 10^{-14}$ |

在我还是一个本科生的时候, 剑桥大学由一台中央计算机提供服务. 这台计算机凭借着大量的、持续的努力而保持日夜运行. 由于夜间的计算时间最容易获得, 因此任何需要进行重要计算的人, 结果都很快养成了夜间活动的习惯. 今时今日, 你走进任何一所大学里的任何一间办公室, 都会看到一台比任何 1965 年的机器功能强大得多的台式计算机, **而且它通常都会处于关机状态**. 在 20 世纪 60 年代, 大多数计算机使用者都受到他们的机器的可用计算能力的限制, 因而被迫尽可能做到经济节约. 如今的大多数使用者都已没有这种压力了. 不过, 仍然有少数 "严肃的使用者", 他们对计算能力的需求实质上是无限的.

有这么一条非常粗略的法则: 相同成本产生可用计算速度 (以每秒钟计算次数来度量) 每 10 年就提高 10 倍. 因此 (对于那些严肃的使用者而言), 计算工作量降低 100 倍, 就相当于技术发展跃进了 20 年. (还有另一种可能性, 那就是由于各物理定律所强加的种种约束, 我们也许即将抵达这条特定的技术之路的终点, 因而也有可能再经历一次 100 倍的加速后, 要继续提高我们的计算机速度就会难上加难了.) 许多对计算能力提出严重需求的问题都具有一个 "典型网格长度". 例如, 数值天气

① 辛普森法则 (Simpson's rule) 是英格兰数学家托马斯 · 辛普森 (Thomas Simpson, 1710—1761) 创立的一种数值积分方法, 以二次曲线逼近的方式求得定积分的数值近似解. —— 译注

② 数学中**纯粹巧合**的情况是极为罕见的, 这个结果也不例外. 不过, 我认为正确的说法是, 理查森的想法是一种总体策略, 而在本例中, 这种策略恰好给出了辛普森法则. 如果读者希望参加 "追踪先驱者" 的游戏, 那么他除了别的以外, 尤其可以查阅一下 17 世纪日本数学家关孝和 (Seki Kōwa) 在计算 $\pi$ 时所使用的 "求长法" (rectification method) (参见 [162]). —— 原注

预报仍然遵循着理查森首先提议并在第 8.1 节的第四段中描述的那种模式. 网格长度越小, 结果就越精确, 但是所需的计算次数也越多. 如果我们能够首先以网格长度 $\eta$ 来计算出结果, 再以网格长度 $\eta/2$ 来计算出结果, 然后以某种方式将这两个结果结合在一起, 其方法类似于我们推导出 (8.8) 式的过程, 这样我们就能在速度和精度方面都得到实质性提高. 理查森将这种策略称为 "极限延迟方法" (deferred approach to the limit), 不过也许还是将它命名为 "极限外推方法" (extrapolation to the limit) 更好. (他关于这个课题的工作是与一位年轻得多的朋友合作完成的, 这位名叫 J. R. 格兰特 (J. R. Grant) 的年轻朋友当时还是剑桥大学数学系的一位本科生!)

遗憾的是, 采用理查森的方法, 出错的地方可能会相当多. (这在人工计算的情况下没有那么严重. 些许的危险有助于人工计算员在一连串的计算过程中保持清醒, 否则的话这些千篇一律的计算就会显得冗长而乏味. 不过, 没有任何一台电子计算机具有危机感, 而这些机器的使用者中, 也只有为数极少的、精明而谨慎的人才拥有这种危机感, 因此如今所使用的那些方法必定嵌入了安全措施.) 出于这个原因, 理查森的方法在 20 世纪 60 年代之前并未得到大量使用. 不过自那时开始, 这些方法得到了密集的研发, 并构成了一些重要问题所选用的方法的基础.

斯威夫特将格列佛的旅程之一专门用来讽刺挖苦他那个时代的数学家们[①]. 他在另一处也明确地表示了自己的看法:

> 无论是谁, 只要他能使原来只生长一串玉米穗或者一片草叶的土地上长出两串玉米穗或者两片草叶来, 他就比所有的政客加在一起更有功于人类, 对国家的贡献也更加重大 (参见斯威夫特 (Swift),《格列佛游记》(*Gulliver's Travels*) 中的《大人国游记》(*Voyage to Brobdingnag*)).

更准确的天气预报意味着更好地管理采收, 更大的丰收成果. 更快的计算意味着更准确的天气预报. 理查森和他的继承者们确实在原来只生长一串玉米穗的地方给了我们两串玉米穗.

**练习 8.2.5**　(在这个练习中, 我们要回来讨论第 6.1 节中考虑的那种对单摆的量纲分析.)

(i) 在图 8.5 中, $O$ 是一个半径为 $R$ 的圆的圆心, 这个圆通过 $A$ 和 $B$ 两点. 圆弧 $AB$ 的长度是 $s$. 使你自己确信 (如果你需要确信的话), 我们能够通过将角度 $\theta = \angle AOB$ 定义为

$$\theta = \frac{s}{R} = \frac{\text{弧长}}{\text{半径}}$$

① 乔纳森 · 斯威夫特 (Jonathan Swift, 1667—1745), 英国 – 爱尔兰作家.《格列佛游记》(*Gulliver's Travels*) 是他的一部游记体讽刺小说, 包括小人国游记、大人国游记、诸岛国游记和慧骃国游记四个部分. —— 译注

来度量这个角的大小. (如果我们这样做的话, 那么我们就说这个角是用弧度来度量的.) 试推断出这个角度是一个无量纲的量.

(ii) 假设支配着一个单摆的周期 $t$ 的关键量是它的长度 $l$、底端的摆锤质量 $m$、由于重力引起的加速度 $g$, 以及单摆启动时摆线与竖直向下方向的夹角 $\theta$. 试利用量纲分析证明

$$t = F(\theta)\sqrt{\frac{l}{g}},$$

其中 $F$ 为某个未知的函数. 既然 $t$ 取决于 $\theta$, 那么我们就写成 $t = t(\theta)$, 于是我们的公式就变成

$$t(\theta) = F(\theta)\sqrt{\frac{l}{g}}.$$

(iii) 我们预期 $F$ 是良态的, 因此按照本节的要旨, 当 $h$ 很小的时候, 就有一个非常好的二次近似:

$$F(h) \approx b_0 + b_1 h + b_2 h^2.$$

继续按照本节的要旨思考下去, 我们会暂时假定这个近似是一个精确的等式, 从而

$$F(h) = b_0 + b_1 h + b_2 h^2,$$

因此

$$t(\theta) = (b_0 + b_1\theta + b_2\theta^2)\sqrt{\frac{l}{g}}.$$

试解释为什么 $t(\theta) = t(-\theta)$, 并推断出 $b_1 = 0$. 同样请记住我们不得不去论述的是一个近似, 于是我们就得到

$$t(\theta) \approx (b_0 + b_2\theta^2)\sqrt{\frac{l}{g}}.$$

由此可见, 当振幅很小的时候 (即当 $\theta$ 很小的时候), 周期非常接近于 $b_0(g/l)^{1/2}$.

(iv) (问题的这一部分需要基础力学知识.) 选择水平的 $x$ 轴和竖直的 $y$ 轴. 考虑有一个质量为 $m$ 的粒子在重力的作用下沿着路径 $y = k|x|$ 移动, 其中 $k > 0$. (你应该假设能量是守恒的.) 如果这个粒子由静止开始由 $x = a$ 处释放, 试求该例子回到

图 8.5 以长度的比例表示的角度

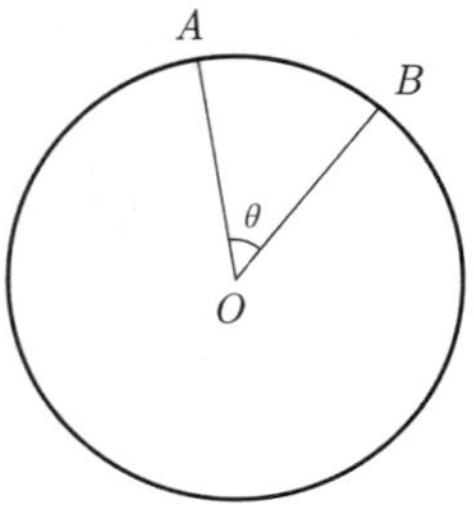

起点所需的时间 $t = t(a)$. 根据问题的前几部分, 你原本预计到的结果是这种形式的吗? 如果不是的话, 你认为应如何解释这种差异?

## 8.3　风具有速度吗?

在我继续叙述理查森的工作之前, 我要花一页左右的篇幅偏离正题, 来介绍一下卡茨[①]对于物理学与数学之间的关系的看法. 在马克 · 卡茨介绍他自己的**论文选粹**的自传体引言的最后部分中, 他回忆了自己还是一名年轻的数学系学生时, 怎样努力学习热力学与统计力学 (即关于热量和气体运动论的研究), 并发现这是

> …… 一次特别令人不安的经历, 因为我发现自己始终处于理解的外部边缘, 而我所阅读的每一行中都会产生出一些新的问题和疑惑. 热力学尤其困难, 因为它在概念上而言很微妙, 而与此同时从技术方面看来又微不足道. 在气体运动论中, 体积 $\Delta v$ "足够小而可以将它当作积分元, 又足够大而包含许多粒子", 对于一个早已养成习惯寻求清晰和严格的年轻头脑来说, 这导致了这一课题显得不合口味, 甚至对它有些反感.

卡茨在战前的职业是一位卓越的纯数学家, 对于概率特别感兴趣, 而后主要是由于他在战争中的工作的结果, 特别是由于他与数学物理学家乌伦贝克[②]的交往, 他将工作转向物理学, 并撰写了数篇关于统计力学的深刻论文 —— 正是他学生时代感到如此困惑不解的这一课题. 他叙述了自己的早期体验

> …… 来强调数学中与物理学中的**理解**行为之间的区别. 物理学的演绎性, 就其在任何程度都是演绎性的而言, 也只是"**局部**"演绎性的. 并且由于其概念都不是固定不变的, 而是经历着持续不断的演变, 因此仅仅从数学的角度是不可能理解它的. 在数学中, 模棱两可是一种罪恶, 而矛盾就是一场灾难. 在物理学中, 一定程度的模棱两可是无可回避的事实, 而矛盾则很有可能是一次重要的新发展的开端. 根据尼尔斯 · 玻尔[③]的那句精妙的至理名言, 数学关注的是那些"普通的事实", 也就是说, 这些陈述的否定形式就是错误的; 而另一方面, 物理学处理的则是"深刻的事实", 也就是说, 这些陈述的否定形式也是深刻的事实. 正是因为这一切, 才使得自学物理学从本质上来说是不可能的, 或者引用乌伦贝克的话来说: "你必须要追随一位

---

① 马克 · 卡茨 (Mark Kac, 1914—1984), 波兰数学家, 主要研究领域是概率论. —— 译注

② 乔治 · 乌伦贝克 (George Uhlenbeck, 1900—1988) 是荷兰裔美国理论物理学家, 电子自旋的发现者之一. —— 译注

③ 尼尔斯 · 玻尔 (Niels Bohr, 1885—1962), 丹麦物理学家, 在原子结构及量子力学等方面都做出了重要贡献, 1922 年获诺贝尔物理学奖. —— 译注

> 大师.” 当然, 物理学有些部分的基础得到了非常明确的公式化表述, 因此许多问题就变得几乎完全数学化了. 在解开自然界的那些深刻奥秘方面, 此类问题的解答不太可能会具有决定性的作用.

人人都知道速度是什么意思. 我们以 60 千米/小时的速率驾车, 乘坐飞机的速率是 900 千米/小时. 我们知道风速是什么意思, 如果有必要, 我们甚至可以设计出一些仪器来测量它. 理查森为了达到其进行数值天气预报的目标, 需要测量地面以上不同高度处的风速, 因此他开发出了一种典型的理查森式方法来做这件事, 即用一杆枪向上发射钢球. (“对于直径为 0.4 厘米的那些钢球, 戴上一顶眼睛上方有宽边帽檐的布鸭舌帽就足够了. 对于豌豆大小 (直径 0.8 厘米) 的那些钢球, 有时用一件厚外套和一个军用钢盔来保护观测者 …… 对于樱桃大小 (直径 1.8 厘米) 的钢球, 一个坚固的固定屋顶就必不可少了.” (参见 [202] 第 1 卷第 454 页))

不过, 理查森是这样开始他的重大论文之一的 (论文印有《在距离 – 邻域图线上显示大气扩散》(*Atmospheric diffusion shown on a distance-neighbour graph*) 这个令人扫兴的标题, 在他的论文全集中又以一节的形式重印, 标题是《风具有速度吗?》(*Does the wind possess a velocity*?)):

> 这个问题初看起来很傻, 但是通过了解, 情况就不会那样了. 例如在拉姆的《动力学》(*Dynamics*) 中, 速度的定义大意如下: 令 $\Delta x$ 为在经过时间 $\Delta t$ 后沿 $x$ 方向经过的距离, 那么速度的 $x$ 分量就是当 $\Delta t \to 0$ 时 $\Delta x/\Delta t$ 的极限. 但是对于一个空气粒子而言, 当 $\Delta t \to 0$ 时 $\Delta x/\Delta t$ 是否会达到一个极限就不那么明显了.

考虑有一辆汽车沿着一条笔直的道路行驶, 因此在经过 $t$ 小时的一段时间后, 它离起点的距离是 $x(t)$ 千米. 为了求出它在 $t = 0$ 时的速率 (单位是千米/小时), 我们可以先从测量它在一个小时内行驶的距离开始, 并写成

$$\text{速率} \approx x(1) - x(0).$$

不过, 在这一个小时内, 这辆汽车既有加速也有减速, 因此显然测量它在 1/10 个小时内行驶的距离更好, 因此写成

$$\text{速率} \approx \frac{x(10^{-1}) - x(0)}{10^{-1}}.$$

更好的做法是, 由于即使在 1/10 个小时内, 车速也会发生变化, 我们可以测量它在 1/100 个小时内行驶的距离, 并写成

$$\text{速率} \approx \frac{x(10^{-2}) - x(0)}{10^{-2}}.$$

于是我们期望

$$\frac{\Delta x}{\Delta t}=\frac{x(\Delta t)-x(0)}{\Delta t}$$

会越来越接近“$t=0$ 时的真实速率 $v$”. (用前一节中的语言, 这就等同于说

$$x(h)\approx x(0)+vh,$$

当 $h$ 变得越小, 其中的近似就变得越精确. )

理查森的问题是, 我们预期会发生的事情是否会发生, 他还指出, 魏尔斯特拉斯①已经构建出了一个函数, 而这种预期对于此函数完全无效. 在下面的这个练习中, 我依照范德瓦尔登②的路线给出一种与其相似但较为简单的构建方法.

**练习 8.3.1**　(如果你无法做完此题, 也不用担心, 不过请设法尽量做完 (vi).)

(i) 函数 $g$ 由以下条件给定:

若 $k$ 为任意整数, 且 $-1/2<x\leqslant 1/2$, 则 $g(x+k)=|x|$,
请画出此函数的大致图像.

(ii) 设 $g_n(t)=2^{-n}g(8^n t)$. 试着画出函数 $g_1,g_2$ 和 $g_3$ 的大致图像.

(iii) 设 $x_n(t)=g_1(t)+g_2(t)+\cdots+g_n(t)$. 试画出函数 $x_1,x_2$ 和 $x_3$ 的大致图像.

(iv) 假设 $x_3(t)$ 代表一个 (沿 $x$ 轴运动的) 粒子在 $t$ 时刻的位置. 假设我们希望通过选取某个适当的 $h$ 来考虑

$$\frac{x(t+h)-x(t)}{h},$$

从而测量它在 $t$ 时刻的“速度”. (不用任何计算) 试解释为什么这一“速度”会与 $h$ 的值有至关重要的依赖关系.

(v) 我认为还有一点也很清楚, 那就是如果 $x_3$ 的情况不妙, 那么 $x_4$ 的情况就会更糟, 以此类推. 另一方面, $x_4$ 与 $x_3$ 接近, 而 $x_5$ 则与 $x_4$ 更加接近.

(a) 试证明对于一切 $t$, 有 $0\leqslant g(t)\leqslant 1/2$.

(b) 试证明对于一切 $t$, 有 $0\leqslant g_n(t)\leqslant 2^{-n-1}$.

(c) 试证明如果 $M\geqslant N+1$, 那么

$$x_M(t)-x_N(t)=g_{N+1}(t)+g_{N+2}(t)+\cdots+g_M(t),$$

并利用 (b) 部分, 试证明

$$0\leqslant x_M(t)-x_N(t)\leqslant 2^{-N}+2^{-N-1}+\cdots+2^{-M-1}<2^{1-N}.$$

① 卡尔 · 魏尔斯特拉斯 (Karl Weierstrass, 1815—1897), 德国数学家, 在数学分析、解析函数等方面都做出了重要贡献, 为函数的极限建立了严格的定义. —— 译注

② 范德瓦尔登 (Van der Waerden, 1993—1996), 荷兰数学家和数学史学家, 主要研究领域是抽象代数. —— 译注

由此看来极为可信 (并且可以用大学一年级或二年级课程中的那些概念加以证明) 的是, 当 $n \to \infty$ 时, $x_n$ 接近一个连续函数 $x$. 还有另外一点也似乎可信, 那就是 $x$ 会传承关于 "速度" 的、我们通过 $x_3, x_4$ 等已经看到的那些困难. 本练习的其余部分关注的是如何证明这一点.

(vi) 试证明对于一切 $t$ 和一切 $h \neq 0$, 都有 $|(g(t+h)-g(t))/h| \leqslant 1$. 推出对于一切 $t$、一切 $h \neq 0$ 以及一切整数 $n \geqslant 1$, 有 $|(g_n(t+h)-g_n(t))/h| \leqslant 4^n$, 且由此得到

$$\left|\frac{x_n(t+h)-x_n(t)}{h}\right| \leqslant 4^1+4^2+\cdots+4^{n-1}+4^n < \frac{4^{n+1}}{3}.$$

推断出对于一切 $t$、一切 $h \neq 0$ 以及一切整数 $n \geqslant 2$, 有

$$\left|\frac{x_{n-1}(t+h)-x_{n-1}(t)}{h}\right| < \frac{4^n}{3}.$$

(vii) 设 $r$ 为一个整数. 试证明 $g_n(r8^{-n})=0$, 并求 $g_n((r+\frac{1}{2})8^{-n})$. 求证

$$\left|\frac{g_n((r+\frac{1}{2})8^{-n})-g_n(r8^{-n})}{\frac{1}{2}8^{-n}}\right| = 4^n.$$

将此结果与 (vi) 的最后结果相结合, 得出

$$\left|\frac{x_n((r+\frac{1}{2})8^{-n})-x_n(r8^{-n})}{\frac{1}{2}8^{-n}}\right| \geqslant 4^n - \frac{4^n}{3} = \frac{2}{3}4^n.$$

(viii) 求证

$$x_n(r8^{-n}) = x_{n+1}(r8^{-n}) = x_{n+2}(r8^{-n}) = \cdots$$

并推断出 $x(r8^{-n}) = x_n(r8^{-n})$. 类似地, 请证明 $x((r+\frac{1}{2})8^{-n}) = x_n((r+\frac{1}{2})8^{-n})$. 利用 (vii) 的结果推断出

$$\left|\frac{x((r+\frac{1}{2})8^{-n})-x(r8^{-n})}{\frac{1}{2}8^{-n}}\right| \geqslant \frac{2}{3}4^n. \tag{$*$}$$

由此可知, 如果我们取 $h=\frac{1}{2}8^{-n}$, 且考虑

$$\frac{x(t+h)-x(t)}{n}$$

来测量在 $t=r8^{-N}$ 时刻的 "速度"$v$, 那么我们就会发现 $|v| \geqslant \frac{2}{3}4^n$. 当 $n$ 很大时, 这会对速度给出一种极为奇特的看法.

另请证明

$$\left|\frac{x((r+1)8^{-n})-x((r+\frac{1}{2})8^{-n})}{\frac{1}{2}8^{-n}}\right| \geqslant \frac{2}{3}4^n.$$

(ix) 现在请考虑任何一个固定的 $t$. 对于每个 $n \geqslant 1$ 的整数, 请证明我们要么可以找到一个满足 $r8^{-n} \leqslant t < (r+\frac{1}{2})8^{-n}$ 的 $r$, 要么可以找到一个满足 $(r+\frac{1}{2})8^{-n} \leqslant t < (r+1)8^{-n}$ 的 $r$. 假设第一种情况成立. 利用以下事实:

$$\left(x\left(\left(r+\frac{1}{2}\right)8^{-n}\right)-x(t)\right)+(x(t)-x(r8^{-n}))=x\left(\left(r+\frac{1}{2}\right)8^{-n}\right)-x(r8^{-n})$$

再加上 (viii) 中的不等式 $(*)$, 试证明

$$\max\left(\left|x\left(\left(r+\frac{1}{2}\right)8^{-n}\right)-x(t)\right|,|x(t)-x(r8^{-n})|\right)\geqslant\frac{2^{-n}}{6},$$

并通过选取 $h=((r+\frac{1}{2})8^{-n})-t$ 或者 $h=t-r8^{-n}$, 求证存在一个满足 $|h|\leqslant\frac{1}{2}8^{-n}$ 的 $h$, 从而有

$$\left|\frac{x(t+h)-x(t)}{h}\right|\geqslant\frac{\frac{2^{-n}}{3}}{\frac{1}{2}8^{-n}}=\frac{4^n}{3}.$$

试证明在第二种情况下同样的结果也成立.

通过将 $n$ 的值越取越大, 我们就会看到, 任何企图测量一种前后一致的 “速度” 的尝试都必然会失败. 在这种情况下, “当 $\Delta t\to 0$ 时 $\Delta x/\Delta t$ 达到一个极限” 并不正确.

理查森继续写道:

> 鉴于下列这些考量, 让我们不要考虑速度, 而是只考虑各种带有前缀的速度, 比如说一分钟速度, 或者说六小时速度, 前缀的这些词表明了 $\Delta t$ 的值.

建造第一座泰河大桥时, 咨询专家提供的风速类型是许多分钟内的速度, 其中忽略了阵风的可能性 (即具有大得多的一分钟内的速度突然显现). 一次猛烈的暴风雨中, 在阵风的助威下, 这座桥垮塌了①.

不仅在某一固定地点测得的风速和风向会发生不规律的变化, 而且在某一固定时间测得的风速和风向也随着地点的不同而发生不规律的变化. 理查森在他的《天气预报的数值处理》一书中这样写道:

> 对流运动受到一些细小涡流的形成过程而引起的阻碍, 就同由动力学不稳定性所引起的那些涡流相似. 因此 C. K. M. 道格拉斯 (C. K. M. Douglas) 在他的飞机观测笔记中评注道: “大块积云产生的向上气流在云块的内部、下

① 泰河 (Tay) 是苏格兰最长的河流. 发源于苏格兰高地, 向东流入北海. 1879 年 12 月 28 日, 泰河上的铁路桥在暴风雨中坍塌, 造成正巧驶过的一列火车坠入河中, 车内的 75 名乘客无一幸免. —— 译注

> 方和周围产生了大量湍流, 因此云块的结构常常十分复杂.” 我们从一个固定点开始绘制一块上升的积云时, 也会获得类似的印象, 在草图还没能完成前, 各种细节就发生了变化. 于是我们意识到: 大的旋涡中有小的旋涡, 前者的速度为后者提供能源, 而小的旋涡中又有更小的旋涡, 以此类推, 直至黏滞性的层次 —— 从分子的意义上而言 (参见 [199] 第 66 页).

众所周知, 天气情况从某种意义上来说, 是自西向东移动的, 这是由于盛行风的吹动. 如果不是因为这些大大小小的旋涡, 天气预报就会容易得多. 我们将这种现象称为 “湍流” (turbulence).

对于湍流的研究是 20 世纪物理学的主题之一, 不过至少有一个更早的研究自然界的学生为它的魔力所倾倒. 列奥纳多 · 达 · 芬奇[①]艺术的评论家们都倾向于惋惜

> …… 这种几乎可以被认为是痴迷的感情 …… 在水的运动中存在着某样事物, 它的盘旋和涡流, 相当于他自己本性中的某种根深蒂固的偏执. 他的整个一生中都在研究这些运动. 他力图对这些波动进行整理, 并把涡流归类成一个几何体系, 因而写了不少论述, 而这就构成了他的长篇巨著中的那些最大的章节 (参见 [187] 第 71 页).

图 8.6 中显示了他对于水的一些研究. 图 8.7[②] 中显示的是几个被暴风雨所困的骑马者. 请注意, 这些驾驭着风的风神, 而与我们目前的讨论更加相关的是, 达 · 芬奇如何

> 用他在移动的水流中研究所得的泄流和气流布满了大气 (参见 [34] 第 245 页).

我们现在回过来讨论理查森的论证. 研究这些旋涡的一种方法是释放一批气球, 然后看看它们会发生什么 (当然, 这样的一个实验不会探测到比气球小得多的旋涡). 不过, 如果我们测量出它们在一段给定的时间内离开一个固定点有多远, 那么主要贡献就会是来自所有这些气球所在的那个大旋涡. 理查森提议, 我们代之以研究各气球**对之间**的距离. 更精确地说, 他提议我们应该研究 $d(t)^2$, 即经过时间 $t$ 后

---

① 列奥纳多 · 达 · 芬奇 (Leonardo da Vinci, 1452—1519), 意大利文艺复兴时期的画家、雕刻家、建筑师、音乐家、数学家、工程师、发明家、解剖学家、地质学家、制图师, 植物学家和作家. —— 译注

② 这两幅图都很著名. 它们是波帕姆 (Popham) 的达 · 芬奇绘画集中的第 281 幅和第 290 幅全页图. —— 原注

图 8.6　达 · 芬奇的一页文稿 (皇家收藏 ©伊丽莎白女王)

图 8.7 暴风雨 (皇家收藏 ©伊丽莎白女王)

它们之间的距离平方. (在练习 8.3.2 和 8.3.3 中我们会提出研究距离平方的一个理由, 不过这也是出于许多原因而做出的自然选择.) 当然, 对于任何特定的一对气球而言, $d(t)^2$ 取决于是哪一阵特定的阵风捕捉到它们, 以及是哪些旋涡将它们分开, 因此我们考虑用对许多对气球取平均而得到的**平均值** $\langle d(t)^2\rangle$. 在理查森撰写论文的时候, 已经有大量理论和实验证据显示, $\langle d(t)^2\rangle$ 与 $t$ 呈线性关系, 即

$$\langle d(t)^2\rangle = Kt + d(0)^2,$$

其中 $K$ 是一个常数, 而 $d(0)$ 则是初始的间距.

**练习 8.3.2** (醉汉的行走: 这个练习需要一些非常基本的概率知识.)

(i) 考虑有一个醉汉在 $t = 0$ 时刻从原点开始出发沿着 $x$ 轴游荡. 他每分钟迈出长度为一个单位的一步, 向左或向右的概率相等, 而不依赖于他先前的任何走法. 让我们设定, 如果他在第 $i$ 步向左移动, 那么 $U_i = -1$, 而如果他向右移动, 那么 $U_i = +1$. 如果这个人在 $n$ 时刻位于 $X_n$ 处, 试证明

$$X_n = U_1 + U_2 + \cdots + U_n.$$

(ii) 试证明 $\mathbb{E}U_i = 0$ 及 $\mathbb{E}U_i^2 = 1$. (请回忆一下, $\mathbb{E}Z$ 表示 $Z$ 的**期望值**或**平均值**.) 试证明如果 $i \neq j$, 那么

$$P\{U_iU_j = 1\} = 1/2,$$
$$P\{U_iU_j = -1\} = 1/2,$$

并推出 $\mathbb{E}(U_iU_j)=0$. 如果 $i=j$ 会发生什么?

(iii) 试证明

$$X_n^2=\sum_{i=1}^{n}\sum_{j=1}^{n}U_iU_j,$$

以及

$$\mathbb{E}X_n^2=\sum_{i=1}^{n}\sum_{j=1}^{n}\mathbb{E}(U_iU_j).$$

利用 (ii) 证明 $\mathbb{E}X_n^2=n$. 因此, 对于这位醉汉而言, 当他像一个被困在风中的气球那样随机走动时, 他离开起始位置的距离的平方直接随着所花费的时间而发生变化.

(iv) 假设现在这位醉汉在二维平面上游荡, 于是他在 $n$ 时刻的位置就是 $(X_n,Y_n)$, 其中 $(X_0,Y_0)=(0,0)$. 让我们写出 $U_n=X_n-X_{n-1}$ 及 $V_n=Y_n-Y_{n-1}$. 进一步假设

$$\begin{aligned}P\{U_n=1,V_n=0\}&=P\{U_n=-1,V_n=0\}=P\{U_n=0,V_n=1\}\\&=P\{U_n=0,V_n=-1\}=1/4.\end{aligned}$$

试用文字描述这条路径的本质.

试证明 $\mathbb{E}U_i=0$, 如果 $i\neq j$, 则 $\mathbb{E}(U_iU_j)=0$, 以及 $\mathbb{E}U_i^2=1/2$. 求证 $\mathbb{E}X_n^2=n/2$. $\mathbb{E}Y_n^2$ 是什么? 求证

$$\mathbb{E}(X_n^2+Y_n^2)=n,$$

也因为如此, 与一维的情况中同样, 他距离起点的行程平方的平均值直接随着所花费的时间而发生变化.

(v) 将此结果扩展至三维[①].

**练习 8.3.3**　(i) 假设 $g$ 是一个函数, 它对于一切实数 $s$ 和 $t$ 都满足

$$g(s+t)=g(s)+g(t).$$

通过设定 $s=t=0$ 或者其他方法, 证明 $g(0)=0$. 试推出 $g(-t)=-g(t)$.

假如 $n$ 是一个正整数, 试证明 $g(nt)=ng(t)$. 利用前面这个结果推出, 假如 $m$ 是一个整数, 那么 $g(mt)=mg(t)$. 求证如果 $m$ 和 $n$ 都是整数, 其中 $n\geqslant 1$, 那么 $g(1/n)=g(1)/n$, 且

$$g\left(\frac{m}{n}\right)=g(1)\frac{m}{n}.$$

假定 $g$ 尚为良态, 那么对于一切 $t$, 它都遵循

$$g(t)=g(1)t.$$

① 本书手稿的读者之一这样评论道: “你可能需要把酒换成别的物质才行.” —— 原注

(ii) 假设 $g(t)$ 仅对于 $t \geqslant 0$ 有定义, 且对于一切 $s, t \geqslant 0$ 都满足

$$g(s+t) = g(s) + g(t).$$

试证明 $g(0) = 0$. 求证如果我们对于一切 $t \geqslant 0$ 定义 $\tilde{g}(t) = g(t)$, 而对于一切 $t \leqslant 0$ 定义 $\tilde{g}(t) = -g(-t)$, 那么对于一切实数 $s$ 和 $t$, 有

$$\tilde{g}(s+t) = \tilde{g}(s) + \tilde{g}(t).$$

利用 (i) 对于一切 $t \geqslant 0$ 推出

$$g(t) = g(1)t.$$

(iii) (这一小题比前面的练习要求的概率知识略微多一些.) 假设有一个粒子在沿着 $x$ 轴随机移动, 而按照它的移动方式得到的位置 $X(t)$ 是连续的. 因此, 在某种程度上我们看到一个粒子被一阵阵随机的阵风四处扔来扔去. 既然 $X(t)$ 是随机的, 那么我们就可以谈论期望值. 我们假设

(a) $\mathbb{E}(X(t) - X(s)) = 0$, 也就是说在 $s$ 时刻和 $t$ 时刻之间的平均位置变化是零 $[t > s]$.

(b) 如果 $t > s > u$, 那么 $X(t) - X(s)$ 和 $X(s) - X(u)$ 就是相互独立的, 因此在 $u$ 时刻和 $s$ 时刻之间粒子所发生的情况, 对于在 $s$ 时刻和 $t$ 时刻之间该粒子所发生的情况毫无影响.

(c) 支配着该粒子行为的那些法则不随时间或者位置而发生改变.

试利用 (a) 和 (b) 证明, 如果 $t > s > u$, 那么

$$\mathbb{E}(X(t) - X(s))(X(s) - X(u)) = 0.$$

试解释为什么 (c) 意味着, 无论何时只要 $t, s > 0$ 就有

$$\mathbb{E}(X(t+s) - X(s))^2 = \mathbb{E}(X(t) - X(0))^2.$$

现在, 令 $g(t) = \mathbb{E}(X(t) - X(0))^2$, 通过写下

$$g(s+t) = \mathbb{E}((X(s+t) - X(s)) + (X(s) - X(0)))^2$$

并展开, 证明若 $s, t \geqslant 0$, 则

$$g(s+t) = g(s) + g(t),$$

并利用第 (ii) 部分推出, 对于一切 $t \geqslant 0$ 及某个常数 $K$, 有 $g(t) = Kt$. 如果 $t \geqslant s$, 那么试推出

$$\mathbb{E}(X(t+s) - X(s))^2 = K(t).$$

由此可见, 在相当普遍的情况下, 行程平方的平均值直接随着所花费的时间而发生变化.

(iv) 假设另有一个粒子遵循与 (iii) 中的粒子相同的那些法则沿着 $x$ 轴随机移动, 但是它的运动是完全独立的. 如果这个粒子在 $t$ 时刻的位置是 $Y(t)$ 且 $Z(t) = Y(t) - X(t)$, 试证明如果 $t \geqslant s$, 则

$$\mathbb{E}(Z(t+s) - Z(s))^2 = 2Kt.$$

## 8.4　三分之四法则

理查森注意到, 尽管有数位作者都使用了

$$\langle d(t)^2 \rangle = Kt + d(0)^2$$

这种类型的等式, 但是

> 测量结果发现, $K$ 在毛细管中的值为 0.2 厘米$^2$/秒, …… 从平均风中消除掉阵风后的值为 $10^5$ 厘米$^2$/秒, …… 当平均值延伸到时间相当于 4 小时的时候测得 $10^8$ 厘米$^2$/秒, 而当平均值取为该纬度处的一般环流特征时测得 $10^{11}$ 厘米$^2$/ 秒 …… 由此可见, 所谓的常数 $K$ 以 2 比一万亿的比例发生变化.

于是他提出, 这个 "常数 $K$" 事实上并不是恒定不变的, 而是取决于两个粒子的间距. 他在这里描述了大气中是如何发生混合的.

> 假设我们要释放一个直径为 0.01 厘米的乙炔球, 乙炔的密度几乎与空气完全相同. 这个球中包含大约 $10^{13}$ 个分子. 在最初的几百分之一秒中, 它的扩散速度会相当于分子的值 $K = 0.2$; 随后微湍流会使它的扩散变得没有这么慢; 再过几分钟, 可能有一部分会陷入一阵像管式压力计中显示的那些阵风中, 而另一部分则可能仍然停留在暂时平静的状态, 因此它被撕裂成了碎块然后被阵风吹散, 此时的 $K$ 值为 $10^4$. 接下去的几阵持续数分钟的狂风更快地将它吹散. 现在它的扩散速度测量值为 $K = 10^8$. 此后一部分卷入一个气旋, 另一部分则卷入一个反气旋而落在后面, 它的扩散速度由德芬 (Defant) 测得的值是 $K = 10^{11}$. 最后, 它们相当均匀地遍布整个地球大气, 在表面空间中, 其比率大约为每个边长为 70 米的立方体里有一个乙炔分子.

这篇论文的大部分篇幅都是详细的数学运算,他力图在其中建立起新的图像模型.他证明了(这在直觉上似乎是可信的)将两个粒子分开一段距离 $l$ 的首要动因是大小与 $l$ 相当(或者正如我们应该说的那样,是具有典型尺度 $l$)的那些涡流.更大的涡流将两个粒子沿着大致相同的方向扫出去,而更小的涡流则将这两个粒子随机地扫来扫去而不产生什么总效应.因此,假如 $d(0) \approx l$,那么我们的等式就变成

$$\langle d(t)^2 \rangle = K(l)t + d(0)^2,$$

而这个等式只有在 $t$ 足够小从而 $K(l)t$ 不会比 $l$ 大很多的条件下才保持成立.(想必不用知会读者,理查森对于这个问题的处理方法明显要更为深奥.)

$K(l)$ 如何随 $l^2$ 发生变化?通过研究火山灰的下落和施放气球的竞赛记录(其中气球行至最远处的参赛者获胜),理查森对先前的 $K(l)$ 测量值进行了增补.(后来的一份笔记中又包括了对太阳光束中的尘埃微粒和蒲公英种子散放的一些观测①.)

$K(l)$ 可能取决于 $l$ 的最简单的自然方式,应通过一个具有如下形式的等式:

$$K(l) = Cl^{\alpha},$$

其中 $C$ 和 $\alpha$ 是两个常数.正如在第 5.2 节中那样,我们对其两边取对数而得到

$$\log K(l) = \log C + \alpha \log l.$$

倘若我们以 $\log K$ 为纵轴、$\log l$ 为横轴作图,那么如果这样的一种关系确实成立,我们就应该看到一条斜率为 $\alpha$ 的直线.(请回忆一下例如第 5.2 节中的图 5.1.)当理查森将他的数据绘图后,他得到了图 8.8 中所显示的结果.可以看出,对应于 $K(l) = 0.2l^{4/3}$ 这一关系的直线

$$\log K(l) = \log 0.2 + \frac{4}{3}\log l$$

与数据符合得相当好.

G. I. 泰勒为大气湍流理论的发展撰写了一篇很好的综述,他在其中将理查森描述为"一个非常有趣而有独创性的杰出人物,他的思路与他同时代的人鲜少有相同的时候,也常常不为他们所理解."(参见 [233])他还说,理查森的论文开创了湍流这

① "两根细长的竹竿以 30 厘米的间距竖直安置,并用一些细绳保持其稳固.在每根竹竿的顶端固定一把小剪刀.每把剪刀中各插入一粒带着它的绒毛状降落伞的蒲公英(学名 *Taraxacum officinale*)种子,并轻轻地托住它以免被剪断.……随着一根细绳的突然抽动,两把剪刀一起合上,于是这两颗绒毛一起获得自由,同一瞬间秒表开始启动."(参见 [202],论文 1929:1)——原注

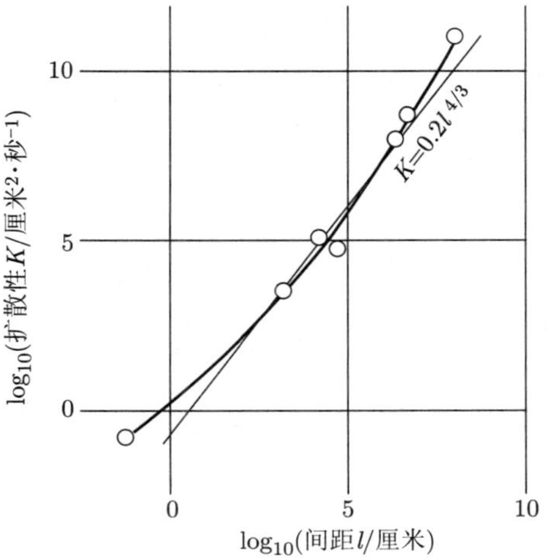


图 8.8 理查森的 4/3 图像

个课题的现代方法①. 在讨论图 8.8 时他评论道:

> 由于此处的这条曲线看来似乎包含了理查森在宣布他这条非凡定律的时候所持有所有观测数据, 因此它显示出一种高度发达的物理学直觉, 即他选择了 $\frac{4}{3}$ 作为他的指数, 而不是比如说 1.3 或者 1.4, 不过他也具有这样一种想法: 这个指数是由某样事物所决定的, 而这样事物则与能量从较大的涡流向下传递到越来越小的涡流的方式相联系. 他觉察到, 由于这个过程的普遍性, 因此它必定服从于某条简单的普遍规律 (参见 [233]).

"高度发达的物理学直觉" 这句话, 就相当于在技术和运气密不可分的混合作用下, 一位斯诺克台球手成功地击球入袋, 这时观众席中响起的一片窃窃私语. 理查森回忆道: "之所以选择 $\frac{4}{3}$, 部分是由于将其作为一个粗略的平均值, 还有部分原因是它简化了某些积分运算." (参见 [202] 第 1 卷, 1926:1) 如果我们要把 $\frac{4}{3}$ 看作纯粹是一次幸运的意外, 那么我们也应该记住拿破仑在挑选将军的时候总是会问的问题: "此人

① 理查森应该会对这样的一个笔者的赞扬感到高兴. 有一个支配大气中开始形成湍流的、无量纲的重要常数现在被称为理查森数 (Richardson number)$Ri$. 他受邀评论一篇论文《理查森数在气象学问题中的应用笔记》(*Note on the use of the Richardson number in meteorological problems*), 在其中谈及战时配给制时他写道: "我对有一个数字以我的名字来命名深表感激. 不过, 这使得应该是一种客观研究的内容变得令人尴尬地有关于我个人了. 从定量配给制的观点看来, G. I. 泰勒应该得到许多以他的名字来命名的数字, 比如说 $Ta_1, Ta_2, Ta_3, \cdots$" (参见 [7] 第 122 页) (关于如何提及一个以自己的名字来命名的数学对象, 这个问题有着各种各样的解决之道. 有一位德国教授说道: "我有幸享有其名字的那个函数." 狄拉克总是将 "狄拉克方程" 称为 "方程 4.2", 因而造成了没完没了的错判. J. F. 亚当斯 (J. F. Adams) 直到无意间听到他的研究生们说起有某个 "所谓的亚当斯教授" 这样的指称时, 他才不再使用 "所谓的亚当斯谱序列" 这样的表述了. )—— 原注

运气好吗?”

我刚才所描述的这篇论文是理查森在气象学方面最后的一项重大工作. 当时英国唯一对他的这些研究工作感兴趣的一大群体是隶属于波顿化学战争实验站 (Chemical Warfare Experimental Station at Porton) 的气象学家们, 他们中的一位这样写道:

> 对于陆军部而言, 这些研究的首要目标是要对化学武器制作出一些可靠的“射程表”, 不过他们也认可, 在可能实现这一目标之前, 必须要更加深入地理解低层大气的动力学和物理学 ……
>
> 我们这些气象学家实在不算是“毒气”专家. 我们所关心的是大气湍流, 而并不十分操心化学武器. 我们在实验中极少使用军用毒气, 而宁可采用一些无害的代用品, 其中的原因显而易见. 不过, 如果不去使用出于防御目的而调集的资源和技术力量, 我们是不可能完成这项工作的. 由于在第二次世界大战中没有使用毒气, 因此我们如此仔细构建起来的这些射程表从未投入使用, 但是后来在大气污染研究、蒸发评估以及一般而言的低层大气气象学方面, 我们都得到了值得一提的回报. 如果当初有人能说服理查森参加这项工作, 那么他就会首次得到一些平均值, 而凭借这些平均值, 他的一些最富于想象力的假设本可以以真正的精密性和准确度经受实验的检验, 而气象学也会因之大大地向前推进了 (参见 [182]).

有一些人小心翼翼地接近理查森, 根据他的妻子所说: “当事实证明, 对于他的‘上层空气’最感兴趣的那些人都是‘毒气’专家时, 随之而来的是一段令人心碎的时间. [他] 停止了自己的气象学研究, 销毁了尚未发表的资料之类. 他为此付出了多大的代价, 永远也不会有人知道.” (参见 [181])① 出于这样和那样的原因, 他先是将自己的兴趣转移到将数学和物理学应用于纯粹心理学, 后来又将兴趣转移到对战争进行数学研究. 气象学自此往后就成了需要抗拒的一种诱惑.

理查森提前从他在佩斯里的职位上退休, 并拒绝了别处提供的教授职位, 其中的原因他这样写道: “我觉得自己必须要腾出时间来, 完完全全地从事关于和平不稳定性的研究.” 这必然使得收入大大缩水, 因此从此以后, 理查森过着甚至比以前更加节衣缩食的日子. 即使如此, 理查森还是无法抗拒有过一次短暂地回归到他从前的求知热情. 当时年轻的美国海洋学家亨利 · 斯托梅尔 (Henry Stommel) 来信询问是否可以前去拜访, 理查森回信道: “来吧, 不过带些高尔夫球来.” 在他还没能成功地找到任何高尔夫球之前 (战后像这样的奢侈品都供应短缺), 就收到了一封电报, 其

① 如果有人像我一样倾向于认为这是完全令人钦佩的态度, 那么这些人应该牢记于心的是, 希特勒之所以抑制住没有在第二次世界大战中使用神经毒气, 仅仅是因为他错误地相信外星人也必定拥有一些与此类似的可怕武器. —— 原注

中的信息是: "忘记高尔夫球吧, 它们都沉了." 理查森希望看看大气湍流中的 4/3 法则是否适用于他每天从窗口看到的海湾中的湍流. 最终结果是他们在《气象学杂志》(*Journal of Meteorology*) 上合作发表了一篇论文, 开头是:

> 我们观测了两片漂浮的防风草之间的相对运动, 并对许多不同初始间距的这样的防风草对重复进行了观测.

这些防风草也满足 4/3 法则. 论文的结尾是一个注释:

> 在提交此文以后, 本文作者阅读了由 C. F. 冯 · 魏茨泽克 (C. F. von Weizsäcker) 和 W. 海森堡 (W. Heisenberg) 撰写的两篇尚未发表的稿件, 他们在文中用演绎方法处理大雷诺数湍流问题, 结果也得到了 4/3 法则.

事实上, 4/3 法则早在 1941 年就已经从理论上导出了. 伟大的俄罗斯数学家柯尔莫戈洛夫的研究范围涉及如此众多截然不同的数学领域, 以至于伦敦数学学会为了撰写他的讣告, 需要十一位专家才能描述他的工作, 但凡他所触及的问题, 无一不格外生色 (参见 [113]). 他在 19 岁时以一篇描述 "一个几乎处处发散的傅里叶级数"① 的论文而一举成名②, 但这仅仅是他数学生涯交响乐的第一个音符而已. 柯尔莫戈洛夫是现代概率论的创始者之一, 因此他会在将概率技巧应用于湍流方面一试身手也就是自然而然的事情了.

柯尔莫戈洛夫在稍后的一篇论文中说自己的工作 "是基于理查森的形象化理念, 即在一个湍流中存在着具有范围处于一个 '外部标度' $L$ 和一个 '内部标度' $l$ 之间所有可能尺度 $l < r < L$ 的各种涡流, 并且存在着一种将能量从大尺度涡流转移到小尺度涡流的统一的能量传递机制." (参见 [126] 第 1 卷第 58 页) (不过, 看来柯尔莫戈洛夫对于理查森的工作的了解显然是二手信息. 特别是柯尔莫戈洛夫对于理查森关于 4/3 法则的那篇论文一无所知.) 在柯尔莫戈洛夫论述这个课题的第一篇论文中, 他用两段文字总结了这个过程, 现在我将其转述如下 (参见 [126] 第 1 卷第 55 页):

---

① 根据阿诺尔德 (Arnol'd) 在 [264] 中所述, 柯尔莫戈洛夫最初是一名学历史的学生. 他的第一篇论文是在十七岁时撰写的. 这是一篇关于诺夫哥罗德 (Novgorod) 中世纪时税收记录的论文. 在他把论文的结论递交给一个学术讨论会后, 他问主持讨论会的那位历史学家, 是否同意他的结论. "年轻人," 那位教授回答道, "在历史学中, 对于任何结论, 我们都至少需要给出五个证明." 第二天, 柯尔莫戈洛夫便转向学数学了. —— 原注

② 他说: "我对于系数的数量级一无所知." 笔者对于能够就此发表一些言论感到无比自豪 (参见 [130]). —— 原注

> 本文所考虑的这类湍流可以用以下方式来描述. 平均的流动伴随着强加于它的“一阶涨落”, 这些涨落由直径各为 $l_1$ 数量级、相对速度为 $v_1$ 数量级的单独的流体体积 (相对于彼此) 做混沌运动而构成. 接下去, 这些一阶涨落不稳定, 因此又有“二阶涨落”强加于前者, 这些二阶涨落具有的典型长度尺度 $l_2 < l_1$、典型相对速度 $v_2 < v_1$. 这个湍流涨落的连续细化的过程不断进行下去, 直至对于足够高阶的那些涨落而言, $l_n v_n$ 的结果变得足够小, 因而第 $n$ 阶涨落的黏滞效应产生相当大的影响, 从而阻止了强加于其上的、第 $n+1$ 阶涨落形成, 此时细化过程才停止.
>
> 从能量的立场来看, 湍流混合的过程可以用以下方式来考虑: 一阶涨落从平均运动中吸收能量, 随后又将能量传输给更高阶涨落; 至于最小的那些涨落, 它们的能量由于黏滞性而被耗散并转化为热能.

现在, 在稳定的状态中, 离开和进入第 $r$ 阶涨落的能量必须一样多. 于是整个过程就仅由速率 $\epsilon$ 支配, 能量由于黏滞性的作用而以此速率从这个系统中被移除 (例如说, 每单位质量), 因此 $\epsilon$ 也就是能量从第 $r$ 阶涨落转移到第 $r+1$ 阶涨落的速率以及能量进入此系统的速率. 这个系统可以很自然地被看作是一个长度 (即在黏滞性阻止形成进一步的涨落前阶段数量) 由黏滞性控制的**层叠瀑布**. 柯尔莫戈洛夫通过使用基于基础统计和量纲概念的一些简单而不失一般性的论证①, 在容许进行实质性深入理论研究的背景下, 得到了与 4/3 法则等价的结果.

G. I. 泰勒指出, 倘若理查森采用与柯尔莫戈洛夫相同的那种来自量纲分析的想法, 那么他本应得到一个理论原因来令人满意地选择 $\frac{4}{3}$ 而不是某个其他的指数. (读者在继续阅读之前, 可能会想要先查阅第 6.1 节.) 请记住, 理查森作为起点的等式是

$$\langle d(t)^2 \rangle = Kt + d(0)^2,$$

其中 $\langle d(t)^2 \rangle$ 是 $t$ 时刻两个粒子间距增加量的平方的平均值. 因此 $K$ 具有 $L^2T^{-1}$ 的量纲. 理查森这时提出, 尽管在粒子间距 $l$ 变化不太大时, 这个等式在这些时间段内都是成立的, 不过我们还是必须对其进行修改, 修改方法是取 $K$ 为 $l$ 的函数. 如果

---

① 这一措辞作为“数学语言”的一个完美实例令我感到烦恼. 一方面, 我认为, 只要向任何数学家解释柯尔莫戈洛夫的论证, 他们就会称之为“简单而不失一般性的”, 这指的是一旦理解了这些想法, 其中的数学就“下笔如有神”了. 另一方面, 巴伦布莱特 (Barenblatt) 说: “柯尔莫戈洛夫关于各向同性湍流的两篇论文也许现在看起来绝对是通透易懂的, 但是在 40 年代后期, 即使是他自己的学生们也觉得这两篇论文难以理解. 于是, 在传播柯尔莫戈洛夫的这些想法方面, G. K. 巴彻勒关于柯尔莫戈洛夫局部各向同性湍流理论的论文就发挥了极其重要的作用, 不仅是在西方, 而且也包括在苏联本国及柯尔莫戈洛夫最亲近的同事们之间. 尽管事实上柯尔莫戈洛夫的学生们都不懂英语, 这还是发挥了作用 —— 他们采用了巴彻勒论文的一个俄语译本, 这个译本自那时起就一直被细细地珍藏.” (参见 [113] 第 37–38 页)—— 原注

你寻找的是一种具有如下形式的关系:

$$K = Al^{\alpha},$$

那么 $A$ 就具有 $L^{2-\alpha}T^{-1}$ 的量纲. 如果我们考虑理查森的层叠瀑布, 其中能量从较大的涡流向下传递到较小的涡流, 并最终通过黏滞性发生耗散, 那么我们就会看到, 唯一控制者 $A$ 的相关量只有 $\epsilon$, 即单位质量的能量耗散率. (黏滞性决定了层叠瀑布的**长度**而不是它的**结构**.) 现在, $\epsilon$ 具有 $L^2T^{-3}$ 的量纲, 而我们希望用 $A$ 和 $\epsilon$ 构造出一个无量纲的量. 既然 $A^{\lambda}\epsilon^{\mu}$ 具有 $L^{\lambda(2-\alpha)+2\mu}T^{-\lambda-3\mu}$ 的量纲, 那么能够做到这一点的方法只能是取 $\alpha = \frac{4}{3}$.

**练习 8.4.1**　检验关于 $K, A$ 和 $\epsilon$ 的量纲的那些陈述. (如果 $\lambda$ 和 $\mu$ 都不为零) 试检验只有在满足 $\alpha = \frac{4}{3}$ 的条件下, $A^{\lambda}\epsilon^{\mu}$ 才是无量纲的. 假如 $\alpha = \frac{4}{3}$, 那么 $\lambda/\mu$ 取何值时使得 $A^{\lambda}\epsilon^{\mu}$ 无量纲?

理查森为他那本关于数值天气预报的书设有 "修正卷宗" 一栏. 其中有一个注记是这样写的:

> 当我还是一个学童的时候, 算术题目的答案算出来是一个整数, 那时我们对自己算出了正确答案确信无疑. 简单中必然蕴含着正确, 这种想法并不仅限于学童们.
>
> 爱因斯坦曾在某处谈到过, 引导他做出他的那些发现的, 从一定程度上来说就是这样一种观念: 重要的物理定律都是真正简单的. 有人曾听到 R. H. 福勒①说起, 两个公式之中, 比较优雅的那个很可能就是正确的. 狄拉克最近在寻找一种可代替电子自旋的解释, 因为他觉得, 自然界不可能用如此复杂的一种方式来安排事物 ……
>
> [如果这些数学家]会屈尊来关注一下气象学, 那么这个课题可能会受益匪浅. 不过我料想他们就不得不抛弃真相都是真正简单的这一想法了 (参见 [181] 第 547 页).

在这些情形之下, 很难预期柯尔莫戈洛夫的工作会标志着故事的结束②. 一方面, 4/3 法则的 (至少是近似准确的) 适用范围要远远大于柯尔莫戈洛夫的理论推理的适用范围, 另一方面, 即使是柯尔莫戈洛夫的理论推理确实适用的地方, 实验证据也表明湍流所具有的结构比柯尔莫戈洛夫的那些简单假设所给出的结构更为复

① 拉尔夫 · 福勒 (Ralph Fowler, 1889—1944), 英国物理学家、天文学家, 主要研究领域包括统计物理、恒星光谱等, 并提出热力学第零定律. —— 译注

② 有一个古老的故事, 说的是有人问一位卓越的科学家, 他最想要问上帝的是哪两个问题. "我会请他解释将量子力学和广义相对论联系在一起的那种理论." "那么第二个问题呢? 您会请他解释湍流吗?" "不会, 我可不想为难他." —— 原注

杂. “理查森的 4/3 扩散定律继续引发着物理学家和数学家们的好奇心, 但与此同时, 这个 [公式] 为计算自然界和工业上的许多流动提供了必不可少的基础.” (参见 [202] 第 27 页)

1953 年, 理查森看到他原来那所学院发布的一则公告, 其中提供了几个他可能符合条件的研究员职位. 在收到具有适度鼓励性的回复后 (此时他 71 岁), 他提交了一份正式申请. 他希望将自己关于战争起因的研究继续下去, 他写道, 他已经分析了 1820 年以来的较大规模战争, “但是较小的斗殴事件清单还远非完全, 而每次这样的斗殴事件中都有约 1000 人被杀. 搜索这些小事件所需要的图书馆, 要比格拉斯哥市 (Glasgow) 的那些图书馆更大. 剑桥大学图书馆的书库会有助于填补这些缺口.” 在 “任职资格” 这个标题下, 他写道:

> 一般而言, 我的任职资格在于有一种去发现、整理和发表的倾向. 一旦完成这一过程, 我很快就不放在心上了. 名声常常是过了时的, 而我的名声总是与那些我已经不再从事的活动以及我已经部分遗忘的结果联系在一起.

几天后, 他在睡眠中安静地去世了. 他的妻子写信给皇家学院院长, 叙述了他是如何

> 以如此真挚的一种深情热爱着他的学院, 并常常惋惜自己当时不得不放弃或者拒绝那些科学任命, 而他原本可能在那些职位上为他的学院带来荣誉, 因为他生怕自己的研究可能会被用于战争 …… 他去世的前一晚还在梦见皇家学院, 梦见自己在那里受到了老朋友和旧同事们的欢迎 (参见 [7] 第 235 页).

# 理查森论战争 第 9 章

## 9.1 军备与不安全

在理查森生命的最后 25 年间, 他的主要科学兴趣是研究战争的种种起因. 在大多数人看来, 任何试图将数学方法应用于一个如此复杂的社会现象, 似乎都是从一开始就注定要失败的. 他所撰写的关于这个主题的两本书在他的有生之年都没能找到出版商, 直到他去世 7 年之后, 这两本书才借助于利陶尔基金会 (Littauer Foundation) 的补助金而得以出版. (事实上, 这两本书都必须再版, 其版税就足以抵偿这笔补助金了.)

其中第一本书题为《军备与不安全》(*Arms and Insecurity*), 这本书试图为军备竞赛提供一种数学理论. 其中用到的数学并不十分难, 因而可以向任何读过几年微积分的人解释说明. (如果你没有读过微积分, 只要跳过这一部分讨论即可.) 考虑两个国家, 他们在 $t$ 时刻在武器装备上的花费速率为 $x(t)$ 和 $y(t)$ (其度量单位比如说是每年的美元数). 第一个国家如果察觉到其对手在经费方面带来的威胁, 它的反应就会是倾向于增加自己的经费, 不过又会受到自身经费所构成的负担的约束. $y(t)$ 越大, $x(t)$ 的增加速率也越大, 但是 $x(t)$ 越大, 增加量就越小. 我们可以设法用微分方程

$$\frac{dx}{dt} = ky - \alpha x$$

来为这些陈述建立模型, 其中 $\alpha$ 是一个正常数, 它代表军备的劳损和消耗, $k$ 也是一个正常数 (理查森称之为 "防御系数" (defence coefficient)), 它代表对于威胁的反应. 从这种情况来说, 这个方程就意味着, 如果在某一时刻 $x = y = 0$, 那么也就不会存在备战的趋势, 因此我们再插入一个附加项 $g$ "来表示怨愤和野心, 暂时认为它是恒定不变的", 从而得到

$$\frac{dx}{dt} = ky - \alpha x + g. \tag{9.1}$$

同理, 我们将第二个国家的行为描述为

$$\frac{dy}{dt} = lx - \beta y + h. \tag{9.2}$$

对于这两个方程的完整分析并不难, 可以在理查森的书中找到. 当这两个国家足够相似的时候, 会出现一个尤为简单的例子, 这时我们可以取 $k = l$ 和 $\alpha = \beta$, 从而得到

$$\frac{dx}{dt} = ky - \alpha x + g, \tag{9.3}$$

$$\frac{dy}{dt} = kx - \alpha y + h. \tag{9.4}$$

如果我们将这两个等式相加, 就得到

$$\frac{dx}{dt} + \frac{dy}{dt} = k(x+y) - \alpha(x+y) + g + h, \tag{9.5}$$

于是双方的军费总开支 $z(t) = x(t) + y(t)$ 满足以下微分方程:

$$\frac{dz}{dt} = (k-\alpha)z + (g+h). \tag{9.6}$$

很容易解得方程 (9.6) 的解

$$z(t) = A\exp((k-\alpha)t) - (g+h)/(k-\alpha), \tag{9.7}$$

其中 $A$ 是一个常数.

**练习 9.1.1** 验证以上计算过程.

假如 $k - \alpha > 0$ (且 $A > 0$), 那么 $z(t)$ 呈指数形式增长. 如果这些方程构成了一个完整的模型, 那么在一段相当短的时间之内, $z(t)$ 就会超过参赛两国的经济承载力, 不过在此发生之前, 战争就已经爆发了. 到这里为止, 这种理论看起来就像是某种我们会在澡盆里凭空想出来的东西, 如果不是因为下列理由之一, 我们就可以立即把它弃之脑后了. 方程 (9.6) 实际上说的是, 经过一段很短的时间 $\Delta t$, $z(t)$ 的增量 $\Delta z(t)$ 以很高的精确度由下式给出:

$$\frac{\Delta z}{\Delta t} = (k-\alpha)z + (g+h). \tag{9.8}$$

理查森采用 1909—1914 年法俄同盟和奥德同盟的国防预算, 得到了图 9.1 中再现的这条非同寻常的直线. (我们的 $z$ 就是他的 $u+v$, 他的货币单位是百万英镑.)

如果有一种物理学理论的实验验证给出这样的一条直线, 我们就会认为这是一次卓越的确证. 理查森继续考虑第一次世界大战之后的裁军问题和 1929—1939 年的重整军备问题, 在两种情况下都提供了惊人的数值证据. 不过, 正如理查森自己所指出的, 存在的问题也还有好几个. 第一个问题是, 看来似乎只有极少数战争之前发生过军备竞赛. 理查森提出, 这是因为军备竞赛是一种现代现象 (只有现代战争才需要漫长的资源调动, 也只有现代的国家才能够支撑如此的调动), 但是他对于 19 世纪下半叶和 20 世纪初期的三次重大战争 (普法战争、俄土战争和俄日战争) 的分析中, 都没有给出任何先前发生过军备竞赛的证据. 第二个问题是理查森不可能讨论的, 那就是 1945—1988 的这些年似乎是以高水平的军备和敌对阵营之间的深刻不信任为特征的, 但是期间却没有引发以战争为终点的军备竞赛 ①.

① 关于单凭经验来做研究的参考文献在桑德勒 (Sandler) 和哈特利 (Hartley) 的《防御经济学》(*The Economics of Defence*) 一书的第 4.7 节中给出, 这本书中还包含了大量其他令人感兴趣的内容. 他们的总体结论是, 纯粹的理查森式军备竞赛在战后时期并未发生过. —— 原注

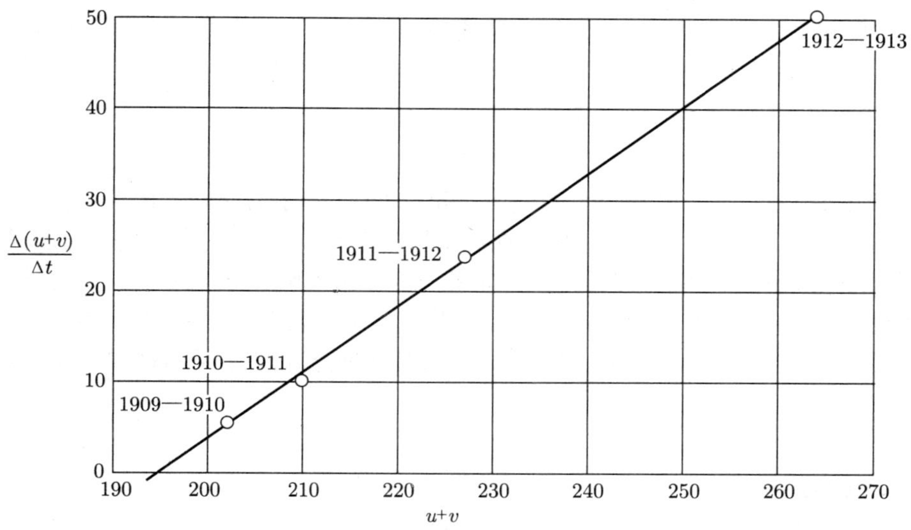


图 9.1　第一次世界大战前两个竞争联盟的总国防预算

第三个问题是这样的: 理查森研究战争是希望有更多的知识就会有助于防止它的发生. 但是, 假如一场理查森式的军备竞赛遵循着一条预先决定的道路, 那么我们作为个人又如何能够寄希望于对它产生影响呢? 对于这种异议, 理查森争辩道, 一旦我们辨认出有军备竞赛发生的条件存在, 我们也许就有能力阻止它开始. 正如图 9.1 提示我们想到的, 如果第一次世界大战以前敌对双方阵营的国防预算总和 $z = u + v$ 确实是由方程

$$\frac{\Delta z}{\Delta t} = 0.73(z - 194)$$

支配的, 那么如果这些国家在 1909 年不是总共花费了 1.99 亿英镑用于防御, 而是花费了 1.94 亿英镑, 那么就不会有军备竞赛, 因此想必也就不会发生战争了. 持怀疑态度的读者可能会观察出, 根据这个方程的预测, 只要他们的花费少于 1.94 亿英镑, 就会有一场裁军竞赛, 其中 $z$ 以持续加速的步速减小, 最终变成负数.

**练习 9.1.2**　简要讨论方程 (9.7) 的类似行为.

这并没有使理查森的论证失效, 这是因为正如我们预期对于非常大的 $z$ 我们的模型会失效那样, 我们会预期对于非常小的 $z$ 它也会失效. (例如, 作为一个主要的殖民强国, 法国需要一支庞大的陆军和海军来控制它的帝国统治, 而无论它与德国的关系状态如何.)

1909 年国防支出的这个特例也许过于简单化了, 不过理查森更为普遍地论证道:

在能够控制局势之前, 首先必须理解局势. 如果你驾驶一艘船时所基于的理论是，它应该去往你移动舵柄的那一边，那么这艘船看起来就会无法控制. 穷兵黩武者说："如果我们恐吓威胁，他们就会变得温顺." 而事实上，他们是变得愤怒，并威胁要报复. 他将舵柄转向了错误的一边. 或者从数学上来表达，他弄错了防御系数的正负号.

对于我们而言，当时最重要的气象学家花费了 20 年的时间去探求一种支配战争爆发的数学理论，在这一奇迹中存在着某件非常奇怪的事情. 去相信 (理查森显然是相信的) 战争的起因是可知的，并且如果知道了这些起因，各国就会按照这种认识行事，从而避免战争，这显得荒唐可笑. 在我们大多数人看来，第一次世界大战的爆发似乎既是偶然的，又是不可避免的 —— 而对于理查森而言，它并不是一次偶然事件，因此也就是可以避免的.

似乎在我逃离战争后
在某个久已挖掘的深邃又阴暗的通道之下
穿过因那些恢宏的战争而形成穹隆形的花岗岩.
然而那里也令满塞的睡眠者们呻吟，
思想和死亡都太快而无法奋起.
随后，在我探查他们时，其中一个挺身跃起，凝神注视，
他盯住不放的双眼中带着哀怨的神情，
举起令人悲痛不堪的双手仿佛是要祈福.
从他的微笑中，我认识了这间阴郁的厅堂，
从他那没有生命的微笑中，我知道了我们站立于地狱之中.
那张幻觉中的脸因上千种痛苦而纹理纵横；
不过没有血从上方的地面降落到这里，
没有枪炮轰鸣，也没有向下的气道发出凄切声.
"陌生的朋友，" 我说道，"这里没有哀伤的理由."
对方说道："什么都不会挽救那些被毁掉的年岁，
无望呀. 无论你的希望是什么，
那也曾经是我的生活；我曾狂热追猎过
世界上最狂野的美丽，
这种美丽并不是平静地存在于双眼中，也不在发辫中，
而是嘲弄着时间的稳定流逝，
假如它悲伤哀恸，那么它的悲痛比这里更浓重.
也许我的欢欣已令许多人大笑不已，
而我的哭泣则留下一些，
如今这些都必须逝去. 我意指真相还未曾透露，

战争的悲悯、战争中洁净的悲悯.
现在人们会对我们所掠夺的一切感到心满意足.
抑或心怀不满, 热血沸腾, 又四溅.
他们会如母虎一般迅捷,
没有人会掉队, 尽管各国的跋涉都阻滞不前.
我曾大胆无畏, 这使我神秘莫测,
智慧曾属于我, 因此我掌控自如;
我并未领会: 战争已将这一崩溃之中
的世界推向一座毫无设防的无用要塞.
然后, 当大量血液阻塞了他们的两轮战车的轮子,
我就会前去用甘甜的井水将它们洗净,
甚至是用那些隐藏至深而未受玷污的真相.
我本会毫不吝啬地倾尽我的心灵,
但不是通过这些创伤; 不是靠着战争的命数.
人们没有伤口的前额流下了血.
我的朋友, 我就是被你杀死的敌人.
我在这黑暗之中还是认出了你: 因为你昨天戳刺杀死我时
也是这样皱着眉.
我企图伸手抵挡; 但我的双手却不愿动弹、仿佛失去了知觉.
现在让我们沉睡吧 ……"
(参见威尔弗雷德 · 欧文 (Wilfred Owen),《奇异的聚会》(*Strange Meeting*))

## 9.2 关于致死纷争的统计学

除了前一节中所描述的理论工作以外, 理查森还以尽可能系统和客观的方式来收集 1820 年到 1949 年之间的所有战争的数据. 在他的《关于致死纷争的统计学》(*Statistics of Deadly Quarrels*) 一书的第一部分中, 他以表格的形式给出了他收集的结果.

图 9.2 中显示了其中的一条典型的条目. 左上角的数字 6 表示死亡人数大约为 $10^6$. (你也许甚至都没有听说过这场战争, 那么我们应该告诉你, 巴拉圭损失的人数占其总人口的比例达到了难以置信的 56%, 占其兵役年龄男子的比例则要达到 80%.) 我们看到乌拉圭白党与巴西从 1864 年 10 月持续战斗到 1870 年 3 月. $A|B|C$ 这个符号用于将以下三种因素分开: $A$ 是历史学家们提出来的, 这些因素降低双方的敌意; $B$ 是显然存在, 但没有被受到咨询的历史学家们提出来作为起因的那些因素; $C$ 是被提出来作为起因的那些因素. 因此理查森的记录中没有任何因素降低白党和巴西人之间的敌意. 他提出 g (相似的宗教信仰) 和 I (不同的语言) 这两个因素, 认为它们是显然存在, 但是历史学家们并没有提出它们来作为影响冲突爆

发的因素. $M_{13}$ 这个符号表示这两个群体过去发生过战斗, 并且他们之间的上一次冲突的结束时间在这次冲突爆发的 13 年前. 最后, $\eta\uparrow$ 这个符号告诉我们, 由于巴西人对于那些处于白党控制之下的人们的同情, 结果导致双方敌意增长.

图 9.2 理查森式历史

**1865—1870 年拉普拉塔大战**

<table>
<tr><td>6</td><td>对比自己强大的<br>邻居们起疑的<br>乌拉圭白党</td><td>在洛佩兹 (López) 领导下的<br>巴拉圭人<br>对抗巴西干涉乌拉圭</td><td>参考文献<br>卡拉维拉斯 · 列文<br>(Calaveras Levene)<br>H23, 660, 616, 620</td></tr>
<tr><td>乌拉圭科罗拉多党[1]</td><td>$—|gi|M_{0.2}$<br>1864 年 7 月—1870 年 3 月</td><td>$—|gi|\phi\downarrow T\downarrow\omega\downarrow$<br>1865 年 2 月—1870 年 3 月</td><td>E17,259<br>E14,387</td></tr>
<tr><td>巴西人[2]对抗<br>用牲畜突袭的乌拉圭人</td><td>$—|gI\ M_{13}|\eta\uparrow$<br>1864 年 10 月—1870 年 3 月</td><td>$—|gI|\phi\downarrow\omega\downarrow$<br>1864 年 11 月— 1870 年 3 月</td><td></td></tr>
<tr><td>中央集权支持者米特雷<br>领导下的阿根廷人[2]</td><td>$—|gi\ M_{13}|—$<br>1865 年 3 月—1870 年 3 月</td><td>$—|gi|\phi\downarrow T\downarrow\omega\downarrow$<br>1865 年 3 月—1870 年 3 月</td><td></td></tr>
</table>

结果: 洛佩兹被杀. 巴拉圭人口减少.

[2] 都是对抗巴拉圭独裁者的粗暴.

要拟定这样一张清单会牵涉到许多问题, 而阅读理查森的文章时的主要乐趣之一就在于观察一个真正的聪明人是如何处理这些困难的. 其中的一个问题是什么构成了战争的定义. 在这里, 理查森通过考虑 "致死纷争" 来取而代之, 从而避免了其中的一些困难, 这里的

> 致死纷争的意思是指任何导致人员死亡的纷争. 因此这个术语就包括残杀、土匪行为、兵变、暴动和大大小小的战争.

(在对于残杀的讨论中, 理查森估算出从 1820 年至 1945 年间全世界所发生的残杀数量是 $6\times 10^6$. 他相信这一估计值的误差不太可能超过 3 倍.) 第二个问题是, 由于战争导致的死亡人数从未有确切的已知数据. 理查森的评析是, 有三种资料来源

> 表明在美国内战中联邦军队的死亡人数分别是 359258 或 279376 或 166623, 这三个数字中的每一个单独看来都似乎精确到个人. 与它们相应的 [以 10 为底的] 对数可以四舍五入为 5.6, 5.4 [和] 5.2.

出于这种原因, 理查森在给出死亡人数时采用对数标度.

**练习 9.2.1** 理查森指出,

> 对于几场战争, 似乎这个数量级的所知精度在 0.04 以内; 对于许多场战争, 存在的不精确度为 0.1 至 0.5; 还有另外几场战争, 我们的怀疑程度可能高

达 0.8.

如果在一场战争中的死亡人数所具有的数量级为 $6 \pm 0.3$, 试求死亡人数较高估计值 $10^{6.3}$ 和较低估计值 $10^{5.7}$. 对于理查森给出的各种不同误差范围, 也作同样计算.

理查森的心理学研究给了他选用对数标度的另一个理由. 对于像光和声音这样的刺激, 我们的反应往往会与刺激的量级的对数成正比.

另外一个问题是, 对于一张给定量级的纷争一览表, 要判定它何时算是完整了.

> 最佳证据是由进展性探究提供的 …… 一开始我的汇总集合迅速增长, 随后变得缓慢 [见表 9.1] …… 从中可以看出有某种收敛趋势, 这就使得目前的这些数字值得探讨了. 对于在 $2.5 < \mu < 3.5$ 范围内的那些较小事件, 我的汇总集合继续增长. [理查森发现在 1820 年至 1929 年间有 184 起这样的事件, 并认为这可能代表了实际发生数量的一半.] 对于 0.5 至 2.5 的那些量级, 信息零碎且杂乱. 而能找到的这些信息则说明, 这样的小型致死纷争数量太多, 以致无法系统地作为史料记载下来, 但是其规模又太大、又太过于政治性, 因此也无法记录为罪案.

**表 9.1　理查森的一览表中 1820 年至 1929 年之间的致死纷争数量**

| 数量级范围 | $7 \pm 1/2$ | $6 \pm 1/2$ | $5 \pm 1/2$ | $4 \pm 1/2$ |
|---|---|---|---|---|
| 1941 年 11 月 | 1 | 3 | 16 | 62 |
| 1948 年 12 月 | 1 | 3 | 20 | 60 |
| 1953 年 8 月 | 1 | 4 | 19 | 67 |

**练习 9.2.2**　(i) 你会如何着手去汇编这样的一张一览表?

(ii) 理查森鉴别出在 1820 年至 1929 年期间, 量级大于 4.5 (即结果导致的死亡人数超过 30000) 的致死纷争有 24 起. 你能够鉴别出多少起?

一旦收集起了统计数据, 我们就可以检验有关战争起因的各种不同理论了. 例如, 20 世纪前半叶的经历导致我们将德国分类为一个军事强国. 这是否正确? 理查森计算出涉及每个国家的、每段量级范围内的致死纷争比率, 于是得到了表 9.2. (由于德国并不是在 1820—1945 年这整段时期内都存在, 因此 1870 年之前按照普鲁士计算, 之后则按照德国计算.)

即使表 9.2 并不迫使我们改变自己的看法, 也令我们意识到, 必须要更加小心谨慎地提出这些看法才行. 这张表格无疑支持理查森的结论, 即

表 9.2 理查森的一览表中, 在 1820—1945 年这个时间段内, 一些交战方的表面迹象

| 数量级范围 | 7.5 至 6.5 | 6.5 至 5.5 | 5.5 至 4.5 | 4.5 至 3.5 | 3.5 至 2.5 | 命名的交战方的平均边境数量 |
|---|---|---|---|---|---|---|
| 全世界致命纷争总数 | 2 | 5 | 24 | 63 | 94 | |
| | 命名的交战方参加的致死纷争数量 | | | | | |
| 英国 | 2 | 0 | 1 | 25 | 28 | 22.5 |
| 法国 | 2 | 0 | 4 | 15 | 18 | 15 |
| 俄罗斯 | 2 | 0 | 6 | 10 | 18 | 9.5 |
| 土耳其 | 1 | 0 | 8 | 6 | 15 | 8.7 |
| 中国 | 1 | 2 | 4 | 7 | 14 | 10 |
| 西班牙 | 0 | 1 | 2 | 8 | 11 | 4.9 |
| 德国或普鲁士 | 2 | 0 | 5 | 3 | 10 | 10.6 |
| 意大利或皮埃蒙特区 (Piedmont) | 2 | 0 | 3 | 5 | 10 | 6.1 |
| 在各种组合中的奥地利 | 2 | 0 | 2 | 5 | 9 | 9.3 |
| 日本 | 2 | 0 | 2 | 5 | 9 | 1.6 |
| 美国 | 2 | 1 | 2 | 4 | 9 | 3.3 |
| 希腊 | 2 | 0 | 1 | 3 | 6 | 2.7 |

侵略现象是如此广泛地存在着, 以至于任何一种方案, 如果企图通过遏制其中任何一个命名的国家来阻止战争, 那么这种方案与 1820 年至 1945 年的历史不符合.

(理查森的讨论所撰写的时间, 就在英国和美国领导下的一场大战刚刚结束之后, 这场大战永久地摧毁了德国和日本军国主义. 1991 年, 英国和美国政府又满腔仇恨地抱怨德国和日本拒绝参加对伊拉克的战争.)

希腊是一个骁勇善战的民族. 那么, 为什么他们参与的战争这么少呢? 一个自然的解释是, 作为一个贫穷的国家, 他们只能与自己的邻居们交战. 另一方面, 英国作为一个富裕的强大海上帝国, 能够也确实卷入了全世界各地的战争. 剥离掉其中的愤世嫉俗 (这是我的观点而不是理查森的观点), 这种解释意味着一个国家所参加的外战数量可能与它有共同边界的不同国家数量成正比. 表 9.2 看来似乎确实显示出这样一种趋势, 而理查森无疑也相信, 他的统计分析证实了这一点 —— 不过我认为, 英国和法国都具有许多不同的边界, 并且都进行过许多战争, 如果将这两大主要殖民帝国排除在外, 那么这种模式就变得不那么清晰了.

还有一组发人深省的数据汇总也来自《军备与不安全》, 这组数据明示在图 9.3 中. 通常用于解释和平时期维持高防御开支的理由是, 具有精良的武装 "要么让一个国家免于卷入战争, 要么在它万一卷入时减小其损失." 理查森的图像以战前防御

开支为纵轴, 以第一次世界大战中被杀的人口百分比为横轴, 这个图像揭示出并不存在某种简单的联系. (同样, 正如理查森的评注所说, 这张图也无法支持与此相反的命题, 即军备越强大, 则损失也越大.) 读者也许会觉得 (而我谅解他的感受) 这并不是一场公平的检验. 不过, 这样读者就必须自问, 什么才会构成一种公平的检验? 如果武器装备会提高安全性, 这一点 (或者其逆命题) 是真实的, 那么这个真相就必定是可以检验的. 假如我们仅凭信任就简单地接受如此重要的一些陈述, 那无疑会是非常奇怪的做法.

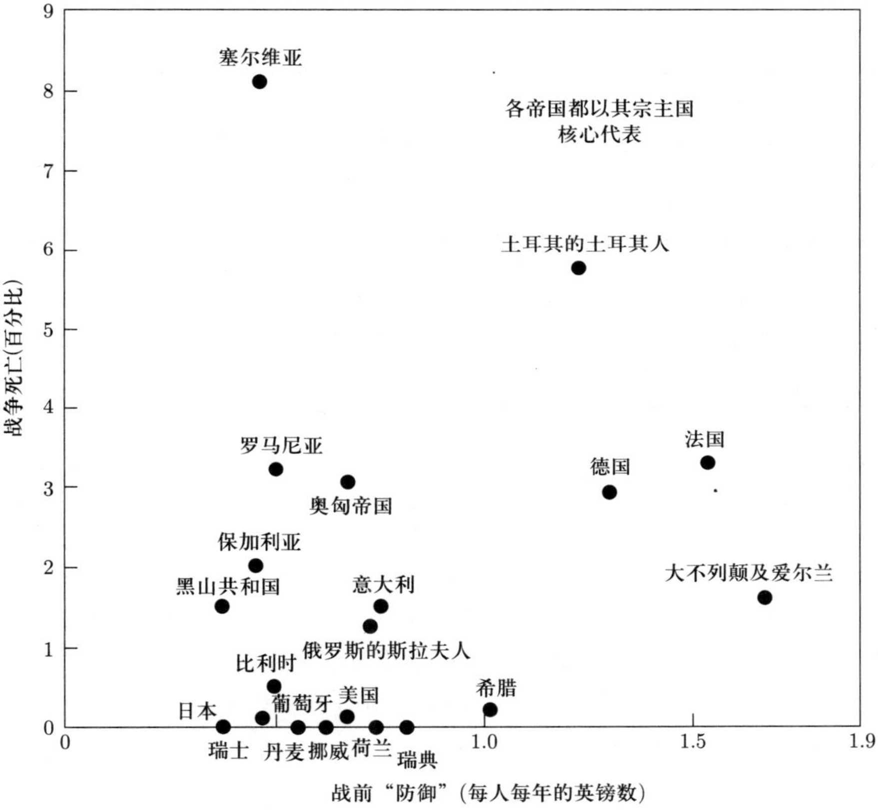


图 9.3　战前防御支出减少了第一次世界大战中的伤亡吗?

**练习 9.2.3**　(i) 根据你的 (不是我的, 也不是理查森的) 看法, 军备是提高还是降低一个国家的安全性? 为什么?

(ii) 有什么 (统计上的或者其他的) 证据会令你改变想法?

战争爆发 (或者事实上应该说是和平突现) 的时间存在着什么模式吗? 理查森将 1820 年至 1929 年之间的年份按照量级为 3.5 至 4.5 的致死纷争的爆发次数制成表格, 其中没有爆发这种纷争的年数为 $f(0)$, 恰好爆发了一次的年数为 $f(1)$, 恰好爆发了两次的年数为 $f(2)$, 以此类推. 随后他又对和平的突现也如法炮制. 两个国家之间爆发战争是稀有事件. 出于比较的目的, 理查森考虑了另一种稀有事件, 即在一张七位数的对数表中, 111 这个序列作为某一条目的最后三位数出现的次数. 正如存在着许多成对的国家, 在它们之间可能爆发战争一样, 在这张表格的每一页上也有许多条目. 他在一本七位数对数册里对第 6–105 页中的每一页, 111 这个序列作为该页某一条目最后三位数的情况恰好发生 $x$ 次的页数 $h(x)$ 制成了表格. 这些结果在表 9.3 ~ 表 9.5 中给出.

**表 9.3　1820 年至 1929 年间量级为 3.5 至 4.5 的致死纷争爆发次数**

| $x$ = 一年中的战争爆发次数 | 0 | 1 | 2 | 3 | 4 | $>4$ | 总数 |
|---|---|---|---|---|---|---|---|
| $f(x)$ = 爆发该次数的年数 | 65 | 35 | 6 | 4 | 0 | 0 | 110 |

**表 9.4　1820 年至 1929 年间量级为 3.5 至 4.5 的致死纷争终结次数**

| $x$ = 一年中的和平突现次数 | 0 | 1 | 2 | 3 | 4 | $>4$ | 总数 |
|---|---|---|---|---|---|---|---|
| $g(x)$ = 突现该次数的年数 | 63 | 35 | 11 | 1 | 0 | 0 | 110 |

**表 9.5　在一张对数表中, 最低有效位数的某种指定模式的出现次数**

| $x$ = 一页中的出现次数 | 0 | 1 | 2 | 3 | 4 | $>4$ | 总数 |
|---|---|---|---|---|---|---|---|
| $h(x)$ = 出现该次数的页数 | 56 | 37 | 3 | 4 | 0 | 0 | 100 |

大学一年级的数学知识说明, 表 9.5 中记录的这类事件是由泊松概率定律支配的. 假设你屡次重复玩一台水果机①. 在任何一轮中赢得满堂红的概率 $\eta$ 是非常小的, 但是如果你重复玩非常多次 (比如说 $N$ 次), 那么你就会有合情合理的几率赢上好几次. 恰好赢 $n$ 次的概率由下式 (相当精确地) 给出: $k(n) = \lambda^n e^{-\lambda}/n!$ (其中 $\lambda = N\eta$). 作为一个例证, 假设我们取 $\lambda = 59/110$ (应用这个公式并不需要知道 $\eta$ 和 $N$ 的实际值). 于是我们就得到表 9.6. 如果我们继续进行 $M$ 次这样的豪赌, 那么 (平均而言) 我们就会预期在大约 $Mk(n)$ 次出手中恰好赢得 $n$ 次满堂红. 如果我们设 $M = 110$, 那么我们就得到表 9.7.

**表 9.6　一场豪赌中赢得 $n$ 次满堂红的概率**

| $x$ = 赢得满堂红的次数 | 0 | 1 | 2 | 3 | 4 | $>4$ | 总数 |
|---|---|---|---|---|---|---|---|
| $k(x)$ = 赢的概率 | 0.5848 | 0.3137 | 0.0841 | 0.0150 | 0.002 | 0 | 1 |

① 水果机 (fruit machine), 也称为 “老虎机” (slot machine), 是一种赌博机器. 投入硬币后会随机出现不同图案, 根据不同的图案连线吐出硬币, 吐出全部硬币的情况称为 “满堂红” (jackpot). ——译注

表 9.7　110 场豪赌中赢得 $n$ 次满堂红的情况的预期出现数量

| $x$ = 赢得满堂红的次数 | 0 | 1 | 2 | 3 | 4 | $>4$ | 总数 |
|---|---|---|---|---|---|---|---|
| $Mk(x)$ = 该情况的平均出现数量 | 64.3 | 34.5 | 9.3 | 1.7 | 0.2 | 0 | 110 |

表 9.3 ~ 表 9.5 和表 9.7 看起来非常相似. 在表 9.5 和 9.7 的情况下, 很容易解释这种相似性. 在对数表中查找到一条与在水果机上玩一轮的条目相对应. 条目中的最后三个数字是 111 这种不太可能发生的事件, 就对应于赢得满堂红. 观察一页上的所有条目, 就对应于进行一场豪赌. 表 9.5 记录的是 100 场如此豪赌的结果.

**练习 9.2.4**　(i) 如果理查森采用的不是一张七位数的对数表, 而是用了一张九位数的对数表, 那么你预计会得到同类的结果吗? 如果他采用了一张四位数的对数表, 情况又会如何?

(ii) 假如理查森的写作时间放到今天, 他就会用一台计算机来模拟一个泊松过程. 利用你的机器上的随机数生成器来编写一段程序, 模拟上文所描述的这些豪赌, 取 $\eta = 10^{-4}, N = 5636$ 和 $M = 110$. 用表 9.3 ~ 表 9.5 和表 9.7 的方式来将你的结果制成表格. (请注意, $59/110 \approx 0.5636$.)

(iii) 幸亏火车相撞事件是很罕见的. 你预计在英格兰每年由此导致的死亡人数会遵循泊松分布吗? 为什么?

同理, 表 9.3 就类似于如果在每一年中的每一天, 战神都要玩一轮水果机, 其结果会出现的模式. 对他而言, 满堂红就表示为一场致死纷争的爆发, 每年的结局就对应于一场豪赌的结局, 而这张表格则记录了 110 场如此豪赌的结果.

**练习 9.2.5**　(此练习仅针对学习过统计学入门课程的那些读者.) 用 $\chi^2$ 检验来核查理查森的断言: 通过假设每种情况下都有一个内在的泊松分布, 则可以很好地对表 9.3 ~ 表 9.5 做出解释. (请记得要考虑自由度.) $\chi^2$ 检验的发明者是卡尔 · 皮尔逊①, 而理查森能够记录下 "1906 年 …… 为了筹钱去看卡尔 · 皮尔逊教授, 并学习统计证明, 我变卖了我的物理书籍." 这是他学术的一生具有一贯性的一个明证.

当把水果机模型应用于彼此进行核威慑的情况时, 它就具有一种阴森森的貌似合理性, 在这种情况下, 每一天由于意外而导致战争的几率微乎其微. 表 9.3 看上去表明了这一模型更为普适. 那么, 如果是这样的话, 正如理查森的评注所说的

> …… [这种] 对于战争起因的统计上的、不带个人色彩的观点, 与一场战争往往可以归咎为一两个被指名道姓的人这种受到广泛信奉的看法形成了鲜明的对比. 不过在其他的一些社会事务中, 也存在着类似的对比. 例

① 卡尔 · 皮尔逊 (Karl Pearson, 1857—1936), 英国数学家、哲学家, 现代统计学的创始人之一. ——译注

> 如, 对于婚姻的统计数据就与任何一位传记作者所描述的、导致两位有名人物结为夫妻的那些插曲大相径庭.

第一次世界大战的爆发是以一系列危机为先导的, 其中每一次危机原本都**能够**促成一次欧洲战争, 但结果却并没有发生, 而**确实**促成了战争的那次刺杀斐迪南大公 (Archduke Franz Ferdinand) 的危机, 则是一次奇特的巧合事件①. 美国的奴隶制度必然会产生某种冲突 ("当我反思上帝是公正的时候, 我为我的国家而感到战栗"②), 但是这种冲突的日期和形式, 则是许多不可预知的事件和决定交互作用的结果.

自然, 理查森寻找减少或者增加两个群体之间发生致死纷争危险的那些因素. 理查森有一位兄弟是伊多语 (Ido, 这是一种源自世界语 (Esperanto) 的人造语言③) 的热心支持者, 而推广此类 "国际语言" 背后的驱动力之一, 就是相信共同的语言会促进理解, 进而促进和平. 理查森的救护队中有一位成员回忆道, 理查森

> 曾学说过世界语, 因为他认为这会使人们更加紧密地团结起来. 记得有一次, 我们正在防线后的一个绷扎所, 这时有几名德国俘虏被带来接受医治. 他试图用世界语来审问他们, 而他们的反应只是瞪着他, 这使他很失望 (参见 [7] 第 57 页).

不过, 他对于战争的分析显示, 一门共同的语言并没有减少 (或者增加) 两个群体之间发生致死纷争数量的总体趋势. (各种语言之间存在着一些差异, 说西班牙语的人倾向于比较好斗, 而说中文的人则反之.)

理查森的书中还包含了好几项发人深思的研究. (共同的宗教信仰会降低战争的风险吗? 战争规模正在扩大吗? 各种经济起因的重要性如何? ) 有兴趣的读者应该去查一下理查森的原书, 并自己做出判断. 不过, 在我看来, 从他的这些研究中得出的结论是, 和平出现的唯一重大推动力就是时间. 在表 9.8 中, 理查森为 1820 年至 1929 年间的重大致死纷争记录下了同一敌对双方之间自前一次冲突以来的时间④.

---

① 几年前, 有人问及这个暗杀集团中的三名幸存成员, 他们是否对此感到后悔. 其中的两人说, 鉴于各种后果, 他们感到自己犯了错. 而第三个人则说, 他还会再做一次. —— 原注

② 这句话是美国第三任 (1801—1809) 总统托马斯 · 杰弗逊 (Thomas Jefferson, 1743—1826) 的名言, 记录在《独立宣言》中. —— 译注

③ 在伊多语中, "ido" 这个单词的意思是 "后裔". —— 原注

④ 理查森写道: "这张表格是针对 1820 年至 1929 年间量级大于 3.5 的那些战争的 (对于先前的战争则向上搜索至 1750 年). 出现.5 的原因是这些观察间隔位于两个相邻十年期的分界线上. 三个长期战争的情况已删去. 以前没有发生过争战的敌对双方, 其构成对的数目取决于对一个独立交战方的看法, 不过其数字在 97 至 118 之间." —— 原注

表 9.8　同一对交战双方之间自前一次战争以来的时间

| 两次战争之间的年数 | 0 至 10 | 10 至 20 | 20 至 30 | 30 至 40 | 40 至 50 | 50 至 60 | 60 至 70 | 70 至 80 | 80 至 90 | 90 至 100 | 100 以上 | 总数 |
|---|---|---|---|---|---|---|---|---|---|---|---|---|
| 观察到的次数 | 32 | 20.5 | 9.5 | 10 | 7 | 6 | 1 | 0 | 0 | 0 | 3 | 98 |

尽管其他一些解释也有可能成立, 不过对于表 9.8 的最简单解释是, 两国处于和平状态的时间越久, 他们就越有可能保持和平. 在这种乐观主义的调子之下, 让我来结束我对理查森这本书的叙述.

**练习 9.2.6**　(此练习仅针对学习过统计学入门课程的那些读者.) 理查森提出, 通过假设一种内在的几何概率分布

$$P\,(\text{自上次战争以来的十年数} = n) = \frac{r^n}{1-r},$$

就可以很好地解释表 9.8. 用 $\chi^2$ 检验来核查理查森的提议. (你会需要考虑统计单元的大小.)

理查森关于战争的研究既新颖又非同寻常. 它有成效吗? 他的处理方法存在着许多问题. 从统计学的观点来看, 自 1820 年以来量级大于 3.5 的战争数量相当少, 而且这些战争本身也并不具有我们对于受制于统计调查的那些事件通常所要求满足的均匀性. 这就降低了我们对于各种观察到的效应的重要性的信心. 从数量有限的数据中, 我们只能提取出数量有限的信息.

令读者印象深刻的首要事情之一, 是理查森拒绝归咎过失. 由于在一场致死纷争中 (或者甚至在更加轻微的一些事件中), 参与者们常常相互谴责对方挑起事端, 因此这可能是开展研究的唯一科学方法, 当然也带来了面目一新的变化. 不过, 这也使我对两点感到不安. 理查森处理战争的方法, 与医学研究者处理疾病的方法相同, 即将其作为有待理解并且某一天会得到治愈的一种系统的病理学. 他不研究在某些特定的环境下, 战争可能代表着合理的国策这种可能性. 当然, 在一场战争中, 不太可能交战双方都会得益. 经常发生的情况是, 双方都以更加恶劣的处境告终, 不过这也并不总是事实. 我们有理由认为, 像俾斯麦[①]时期的普鲁士、从 1660 年到 1914 年的大英帝国, 以及从建国至今的美国, (平均而言) 战争带来的利益超过了它们的代价. 要用理查森的这些方法来求出使某一方在战后境况更好的战争比例, 这会很困难, 但是也很有趣.

更加严重的是, 理查森的这些方法对于一切不能计数的事物、一切对于某一次特定战争具有特殊意义的事物以及一切有关个人意见的事物都不予考虑. 无疑, 我

① 奥托 · 冯 · 俾斯麦 (Otto von Bismarck, 1815—1898) 是普鲁士王国首相 (1862—1890), 通过一系列铁血战争统一德意志, 并成为德意志帝国第一任宰相. —— 译注

们对于 1846 年的墨西哥战争[①]的部分认知出自于格兰特将军[②], 他认为这是 "有史以来由一个强国向一个弱国发动的最为不公正的战争之一." 如果一个分类系统不能在希腊独立战争和第一次鸦片战争之间划清道德界线, 那么这种系统中就存在着某种不足之处. 在我看来, 似乎强调各历史事件特殊性的历史学家们看到的真相部分要大得多. 不过, 尽管理查森只看到真相的一小部分, 但这是一个**新**的部分, 而这也正是令他的工作如此激动人心的研究, 我认为也是令它如此有价值的所在之处.

在下一节中, 我会给出理查森的一篇论文中的部分内容, 以便读者可以聆听到他真实的声音. 我们已经看到, 表 9.2 表明, 具有许多边境的那些国家比边境很少的国家战事更多. 这就意味着, 一个由几个大联邦构成的世界, 可能会比一个由许多主权国构成的世界要更为和平. 这种可能性对于理查森的重要性体现在下面摘录的这段苏格拉底式对话中. 他的这一本书就这样开始了.

联邦支持者: [当我们拥有] 一个由人民选举出来的世界政府, 各种事务就会大大改善.

批评者: 我们得到的只不过是大部分的老麻烦以新名字出现而已. 战争仍然会存在, 不过它们会被称为叛乱或者内战.

联邦支持者: 但是历史证实, 出于习俗而被联合在一起的那些民族很少四分五裂. 内战比超越国界的外战要少见.

批评者: 如果我们知道这种断言是正确的, 那么它就会很重要. 不过这需要受到统计学的检验.

为了比较内战与外战的发生机会, 理查森力图将全世界分成若干具有相等人口的单元, 这些单元 (从他所讨论的某种意义上来说) 应该是密集的, 并尊重各种自然的和国家的分界线. 他写了一篇很长的论文, 此文在他去世后发表在《一般系统研究学会年鉴》(*The Yearbook of the Society of General Systems Research*) 的第六卷上, 这是一个不为数学界所知的标题, 而且 (至少对于不知情的人而言) 听起来像是一家万精油制作工场的内部刊物 (参见 [202] 第 2 卷, 论文 1951:2). 他的这篇论文的第 7 节题为《陆地边境或海岸的长度》(*Lengths of Land Frontiers or Seacoasts*), 这一节也构成了本章的下一节.

## 9.3 理查森论边境

[本节内容直接摘自理查森的论文.]

① 墨西哥战争 (Mexican War), 也称为美墨战争 (Mexican-American War), 是 1846 年至 1848 年美国与墨西哥之间发生的一场战争. —— 译注

② 尤利西斯 · S. 格兰特 (Ulysses S. Grant, 1822—1885), 美国第 18 任总统 (1869—1877). 他参加过美墨战争, 在南北战争期间任联邦军总司令. —— 译注

在 [理查森的论文的] 前一节中, 积分都是围绕着一些简单的几何图形来求的, 以此作为在行政地图上的那些边境周围求积分的一种预备. 关于实际的边境是否真的如此错综复杂, 以至于使得否则会很有希望的理论失效, 这里出现了一个令人尴尬的疑问. 我们进行了一次特殊的调查, 以解决这个问题. 有一些奇怪的特征引起了我们的注意, 不过我们也发现, 有可能进行一种全面性的普遍修正. 现在将报告这些结果 ······

最初, 我设法在地图上通过滚动一个直径为 1.8 厘米的轮子来测量这些边境, 但是常常有一些精微的细节, 轮子无法沿着这些地方滚动. 关于怎样的细节应该被忽略, 什么又应该被保留, 需要某种规约: 要依照任何这样的决断来操纵轮子, 需要相当的技巧; 而实践中得到的结果则涨落不定.

我们还进行了更为明确的测量, 其方法是用一副圆规沿着边境行走, 从而计算出各顶角都位于这条边境线上的一个多边形的相等边数量. 从这个角度来讲, 这个多边形就类似 "内接于" 一个圆, 但是有些边可能位于边境之外, 而且这个多边形也不必要闭合. 我们将其总长度 $\sum l$ 作为长度 $l$ 的函数加以研究, 其中 $l$ 是它的边长. 这种处理过程是从阿基米德流传下来的, 并且在纯数学中也是一种标准的程序. 如果要做到尽善尽美, 那么这副圆规就应该沿着一张球形地图行走, 但当时能够得到的只有平面地图. 为了避免大多数由于将球面投射至平面而导致的误差, 研究仅局限在地球表面的一些适度小的部分中, 其中最大的一块是澳大利亚. 而且为了明确起见, 这些地图都是具体制定的. $l$ 通常是预先确定的, 在行走的末尾处则估计一个分数边长. 如果想得到的是整数条边长, 那么 $l$ 就必须通过逐次逼近来加以调整. 其主要目的是为了研究 $\sum l$ 随着 $l$ 的大致平均变化. 不过, 有些附带的细节非常有趣, 因此也值得一提, 这是因为它们与教科书中用积分求得其长度的光滑曲线所具有的那些特征形成了鲜明的对比. 圆规的两个移动的尖端描绘出一个圆, 而这个圆可能与边境相交在不止一个点处. 如果是这样的话, 那么要选择的交点应是沿着边境按顺序前进接下去的一个点. 这条显而易见的规则具有一些令人惊讶的后果, 有时它会使得出的各多边形不具有整数条边.

为了解释在一个亨利 · 庞加莱[①]认为是严格决定论的世界中, 如何能够产生几率, 他提醒大家注意, 有些无足轻重的原因, 会引起非常显著的效应 (参见 [183]). 海岸提供了一个贴切的例证. 因为圆规的尖端可能会恰好错过, 也可能恰好触到陆地的一个海角或者海湾的一个岬角. 因此, 如果 $l$ 发生一点无足轻重的变化, 可能会显著地改变 $\sum l$.

---

① 亨利 · 庞加莱 (Henri Poincaré, 1854—1912), 法国数学家、天体力学家、数学物理学家、科学哲学家, 他的研究涉及数论、代数学、几何学、拓扑学、天体力学、数学物理、多复变函数论、科学哲学等许多领域, 被公认为 19 世纪后和 20 世纪初的领袖数学家, 是继高斯之后对于数学及其应用具有全面知识的最后一个人. —— 译注

**表 9.9 英国的西海岸**

| 起点 | 北或南 | 北 | 南 | 南 | 南 | 南 | 南 |
|---|---|---|---|---|---|---|---|
| 边长 (千米) | 971 | 490 | – | 200 | 100 | 30 | 10 |
| 边数 | 1 | 2 | 2 | 5.9 | 15.4 | 69.1 | 293.1 |
| 总长度 (千米) | 971 | 980 | – | 1180 | 1540 | 2073 | 2931 |

从兰兹角 (Land's End) 到丹坎斯比角 (Duncansby Head) 的英国西海岸被选定为在世界地图集中看起来比其余大部分海岸都更加不规则的一个海岸的例子. 英国地图的质量和比例, 使得绘制、印刷或者阅读这些地图的过程中很可能发生的任何误差, 不过与这一海岸的这些不规则性相比真是小巫见大巫了. 对于较长的步长, 采用的是 1900 年版的《泰晤士报世界地图集》(*Times Atlas 1900*). 10 千米步长的计数是由英国皇家地理学会会员 (Fellow of the Royal Geographical Society, 缩写为 FRGS) 约翰 · 巴塞洛缪 (John Bartholemew) 在 1935 年版的《不列颠群岛口袋地图集》(*British Isles Pocket Atlas 1935*) 上完成的. 在后面这本地图集中, 狭窄的水域都被认为由一些桥梁所阻隔. 默西河隧道 (Mersey tunnel) 也被当作一个阻隔, 但塞汶河隧道 (Severn tunnel) 则被忽略了. 这些规则对于所有步长都保持不变. 结果发现用圆规走一步得到的总长度为 971 千米. 试图走出恰好相等的两步的过程值得详细叙述, 因为其中阐明了各种原则和特质. 使用的地图是日期标注为 1900 年的《世界地图集》第 15 页. 一个圆心在丹坎斯比角、半径为 490 千米的圆与坎伯兰郡 (Cumberland) 海岸相交在赛尔克罗夫特 (Silecroft) 附近的一点 $P$. 还有其他一些交点, 但是那些交点都在沿着海岸向前的更远处, 因此必须忽略它们. 以 $P$ 为圆心, 同样半径的圆与海岸在苏格兰的北部约有十个交点, 我们必须忽略沿着海岸向后的那些点, 第一个向前的交点位于兰兹角. 于是在这趟向南的旅程中就有两步, 其总长度为 980 千米. 向北的旅程则与此大不相同. 在莫克姆海湾 (Morecambe Bay) 有一点 $Q$, 该点到兰兹角或者到丹坎斯比角的距离都是 498 千米. 一个圆心在兰兹角、半径为 498 千米的圆与海岸相交于数点, 但是 $Q$ 点首先出现在海岸上. 以 $Q$ 点为圆心、半径相同的第二个圆也与海岸相交于数点, 其中向前的下一个沿海岸的点是在拉斯角 (Cape Wrath) 附近. 因此我们无法到达丹坎斯比角. 此外, 我们想搜寻任何一个其他的中点, 从而能够将向北的行程分成相等的两步, 结果却找不到任何一个这样的点. 根据 "沿着边境向前的下一个交点" 规则, 向北的行程是不可能完成的. 不过这条规则看起来太合理了, 以致我们无法将它抛弃. 引起这种奇怪的不可能的原因, 是我们试图恰好得到整数条边. 而如果在终点处我们用分数值估计出最后一条边长, 那么这就不可能发生. 这些结果都总结 [在表 9.9 中] 了. 至于我们预计总长度 $\sum l$ 可能会怎样随着边长 $l$ 而发生变化, 我对此没有任何理论. 我们采用相当经验主义的方法, 用这两个变量的对数分别为横轴和纵轴作图 [图 9.4], 并画一条通过这些点的直线. 在我们能够说与这些直线的偏离具有什么意义之前, 还需要更多证据. 我倾向于认为它们是随机的. 就当前目的而言的重要特征在于, 即使是像大不列颠西海岸这样一条犬牙

交错的海岸线, 这条图线的斜率也只是中等大小而已. **在图 9.4 中的这条直线上, 总长度与边长的四次根成反比形式发生变化, 即**

$$\sum l \propto l^{-0.25}. \tag{9.9}$$

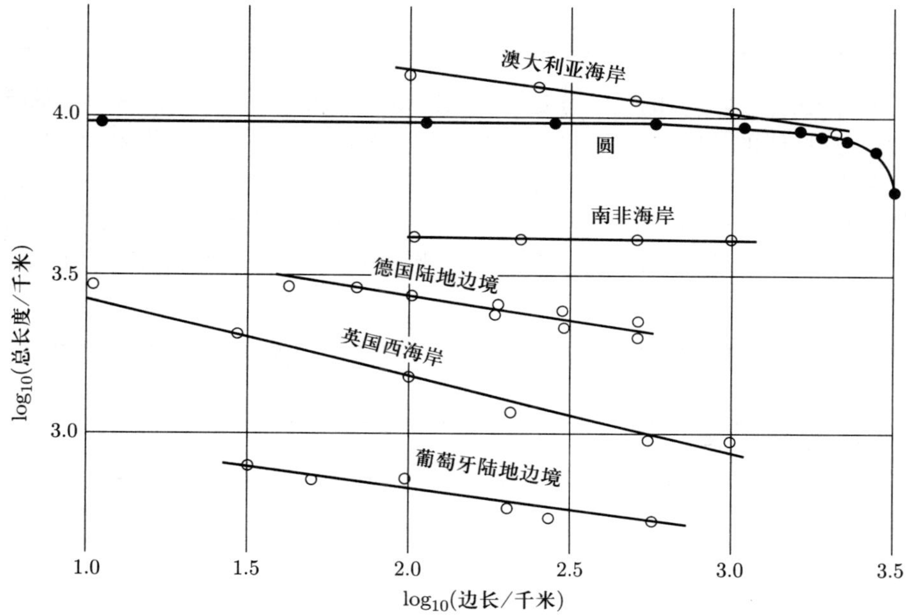


图 9.4 通过多边形 (图中未显示) 方法获得的曲线测量值, 这些多边形各边长相等且各顶点都在该曲线上. 每条直线的斜率显示了多边形的总长度如何随着其边长变短而增大. 圆的会聚倾向与各边境线的行为迥然不同

作为一个不那么参差不齐的海岸的例子, 我们选择了澳大利亚的海岸, 尤其是它出现在日期标注为 1900 年的《泰晤士报世界地图集》上的第 30 号地图中的样子. 起点总是在最南端的点, 并且总是以逆时针形式移动. [结果显示在表 9.10 中.] 这些数值的对数在图 9.4 中标出. 这些点都位于一条斜率为 $-0.13$ 的直线附近. 这大约是英国西海岸斜率的一半. 为了与澳大利亚的海岸作比较, 我们将一个包含平面面积为 $7.636 \times 10^6$ 平方千米 (这相当于澳大利亚大陆的面积) 的圆内接于各种正多边形, 计算这些正多边形所得的周长也显示在图中.

**表 9.10 澳大利亚大陆的海岸**

| | | | | | |
|---|---|---|---|---|---|
| 步长 (千米) | 2000 | 1000 | 500 | 250 | 100 |
| 步数 | 4.7 | 11.04 | 23.9 | 52.8 | 144.2 |
| 总长度 (千米) | 9400 | 11040 | 11950 | 13200 | 14420 |

研究南非的海岸, 是因为它在很长的距离上都保持异常平滑. 起点在斯瓦科普蒙德 (Swakopmund), 终点则是圣卢西亚角 (Cape St. Lucia). 所使用的地图是 1900 年版《泰晤士报世界地图集》的第 118 页. [结果在表 9.11 中给出.] 我们再次发现, 同

一类型的经验公式在此也适用, 只是参数比较小, 因此

$$\sum l \propto l^{-0.02}. \tag{9.10}$$

**表 9.11 南非的海岸**

| | | | | |
|---|---|---|---|---|
| 边长 (千米) | 1000 | 500 | 250 | 100 |
| 边数 | 4.12 | 8.31 | 19.78 | 43.34 |
| 总长度 (千米) | 4120 | 4155 | 4263 | 4334 |

加拿大的陆地边境的一部分是由一条经线和一条纬线的平行圈来界定的, 到目前为止, 这些线的长度都是确定的. 但是有许多其他的陆地边境却沿着蜿蜒的河流. 因此关于这些边境的长度, 各官方说法之间存在分歧也就不足为奇了. 这里 [表 9.12 是从《1938 年军备年鉴》(*Armaments Year-Book 1938*) 的其他协调一致的数据中收集到的一些分歧. 显然, 没有任何官方的协定能够牵制关于各边境长度的学术讨论.

**表 9.12 陆地边境**

| 共享陆地边境的两国 | 两国分别陈述的千米数 | |
|---|---|---|
| | 前者 | 后者 |
| 西班牙和葡萄牙 | 987 | 1214 |
| 荷兰和比利时 | 380 | 449.5 |
| 苏联和芬兰 | 1590 | 1566 |
| 苏联和罗马尼亚 | 742 | 812 |
| 苏联和拉脱维亚 | 269 | 351 |
| 爱沙尼亚和拉脱维亚 | 356 | 375 |
| 南斯拉夫和希腊 | 262.1 | 236.8 |

这些边境线中的每一条都是不规则的. 我们选择西班牙和葡萄牙之间的边境来做测量, 并将其较为精确地界定为日期标注为 1900 年的《泰晤士报世界地图集》的第 61 号地图中所显示的、从西北方的一座铁路桥到南方的一个河口末端. 其中一些结论取决于这个多边形是起始于南端还是西北端, 正如从 [表 9.13] 中可以看到的那样. 在尝试用起点在西北端的三条边来构建一个多边形时, 出现了一种特殊的困境. 如果边长 $\geqslant 206$ 千米, 它就实在太短了; 而如果边长 $> 206$ 千米, 它又实在太长. 所以就不存在任何解答了. 这个 206 千米的临界长度恰好使圆规的尖端触到葡萄牙的东北肩. 尽管存在这种特殊性, 不过这些点在图上的一般走势还是相当直的.

作为一个部分以河流为界, 部分以山脉为界, 其余地方则既非河流也非山脉为界的多样化陆地边境的实例, 我选择了标注日期为 1900 年的《泰晤士世界地图集》第 39–40 页刊出的德国地图. 自那时以后, 这条边境发生了很大的变化, 不过从 1871 年到那之前, 它一直维持不变. [结果在表 9.14 中给出.] 总长度又一次取决于起始点是在东还是在西. 不过概而观之, 在图上作一条直线还是有用的.

表 9.13　西班牙与葡萄牙之间的陆地边境

| 起点 | 南或西北 | 南或西北 | 南 | 西北 | 南 | 西北 | 南 | 西北 | 南 | 西北 |
|---|---|---|---|---|---|---|---|---|---|---|
| 边数 | 1 | 2 | 3 | – | 7.05 | 7.07 | 13.10 | 13.06 | 27.2 | 27.05 |
| 边长 (千米) | 543 | 285 | 201 | – | 100 | 100 | 56.29 | 56.36 | 30 | 30 |
| 总长度 (千米) | 543 | 570 | 603 | – | 705 | 707 | 737 | 736 | 816 | 812 |

表 9.14　德国的陆地边境

| 起点 | 东 | 西 | 东 | 西 | 东 | 西 | 东 | 西 | 西 | 西 |
|---|---|---|---|---|---|---|---|---|---|---|
| 边长 (千米) | 500 | 500 | 300 | 299 | 180 | 180 | 100 | 99.6 | 66.0 | 40.5 |
| 边数 | 4.02 | 4.52 | 7.62 | 7.85 | 13.75 | 14.92 | 28.05 | 28.1 | 44.45 | 74.9 |
| 总长度 (千米) | 2010 | 2260 | 2286 | 2353 | 2475 | 2686 | 2805 | 2799 | 2934 | 3053 |

## 关于边境的内接正多边形的几条结论

1. 整数边数拟合只能通过麻烦的逐次逼近来完成.
2. 偶尔会发生不可能拟合得到整数条边的情况.
3. 拟合整数条边的可能性偶尔会取决于将边境的哪一端作为起点.
4. 由于以上三条原因, 比较可取的方法是允许将最后那条边估计为标准边的一个分数.
5. 多边形的总长度, 包括那个估计的分数在内, 通常略微取决于取为起始处的那个点.
6. 当多边形的边长趋向于零时, 海岸线的多边形总长度是否趋向于什么极限, 这一点尚有疑问.
7. 由此, 简单地说一条海岸的 “长度”, 就是做出了一个没有根据的假设. 当有人说他 “沿着海岸走了 10 英里” 时, 他的意思通常是说, 他在海岸**附近**走了 10 英里.
8. 某些陆地边境长度的官方陈述彼此不一致, 其分歧的比例为 [1.1 至 1.2] 左右.
9. 尽管第 2、3、5、6 点中提及的这些现象古怪而令人不安, 不过与它们共存的还有一些宽泛的平均规律性, 这些规律总结为以下这个有用的经验公式:

$$\sum l \propto l^{-\alpha}, \tag{9.11}$$

   其中 $\sum l$ 是多边形的总长度, $l$ 是多边形的边长, $\alpha$ 则是一个正常数, 即该边境的特征.
10. 可以预期常数 $\alpha$ 会与我们对边境不规则性的直接视觉感知具有某种正相关. 对于在地图上看起来笔直的一条边境, $\alpha = 0$, 这是一个极端. 另一个极端则选为英国的西海岸, 这是因为它看起来似乎是全世界最不规则的边境之一, 对于这条边境求得的 $\alpha$ 为 0.25. 另外三条边境根据它们在地图上的外观看来, 更像是全世界不规律性的平均值, 它们给出: 对于德国在大约 1899 年的陆地边境, $\alpha = 0.15$; 对于西班牙和葡萄牙之间的陆地边境, $\alpha = 0.14$; 对于澳大利亚的海岸, $\alpha = 0.13$. 还有一个海岸由于看起来是地图集中最平滑的海岸之一而被选中, 对于这个南非的海岸, $\alpha = 0.02$.

11. $\sum l \propto l^{-\alpha}$ 这个关系与光滑曲线的一般行为形成鲜明对比, 光滑曲线满足

$$\sum l = A + Bl^2 + Cl^4 + Dl^6 + \cdots , \tag{9.12}$$

其中 $A, B, C, D, \cdots$ 都是常数. 这种性质被用在 [第 8.2 节中讨论过的] "极限延迟方法" 中.

[理查森的论文中, 这一部分的其他内容是讨论他这篇论文中的前几个公式必须如何依据公式 (9.11) 加以改变. ]

## 9.4 为什么一棵树看起来像一棵树?

纯数学家们从 19 世纪末以来就已经在研究无限长曲线的性质. 一个尤其简单优雅的例子是冯 · 科赫的 "雪花曲线"①. 我们在图 9.5 中明示了如何按阶段构建出这条曲线. 在第一阶段时, 我们有一条单位长度的直线段 $AB$. 在第二阶段时, 我们将这条线段分成三个相等的部分: $AX, XY$ 和 $YB$, 并构成一个等边三角形 $XZY$. 这四条线段 $AX, XZ, ZY, YB$ 构成了雪花曲线的第二阶段, 比如说称它为 $E_2$. 要形成第三阶段 $E_3$, 我们将第二阶段中的四条线段中的每一条都重复如图所示的这个构建过程. 第四阶段 $E_4$ 则通过对第三阶段中的十六条线段中的每一条都重复这种构建过程而获得, 以此类推.

**练习 9.4.1** 求证冯 · 科赫雪花的第 $n$ 阶段 $E_n$ 具有 $4^{n-1}$ 条线段, 其中每条线段长为 $3^{-n+1}$. 并求证第 $n$ 阶段的总长度为 $(4/3)^{n-1}$.

雪花曲线序列 $E_1, E_2, \cdots$ 接近最终的一根错综复杂的曲线 $E$, 而这根曲线就构成了科赫曲线, 这一点貌似极其合理. (请对照练习 9.4.1. 冯 · 科赫的意图就是令他的雪花对那里给出的例子在几何上给出一个类比例子, 从而比较容易理解.)

如果我们沿着曲线 $E$ 尝试理查森的 "行走一副圆规" 的程序, 那么会发生什么呢? 如果我们用曲线序列 $E_1, E_2, \cdots$ 中的任意一条, 首先将圆规的两脚间距设定为 1, 并将其中一脚置于 $A$, 随后第二只脚就会停靠在 $B$. 看来似乎可以合理假定: 对于最终曲线 $E$, 同样的情况也会成立. 现在假设我们将圆规两脚间距设定为 1/3. 如果我们沿着 $E_1$ 行走, 这就会标注出 $A, X, Y$ 和 $B$, 这个过程中总共走 3 步. 但是如果我们沿着 $E_2, E_3, \cdots$ 这些曲线中的任意一条行走, 就会标注出 $A, X, Z, Y$ 和 $B$, 这个过程中总共走 4 步. 看来似乎可以合理假定: 对于最终曲线 $E$, 同样的情况也会成立. 同理, 如果我们将圆规两脚间距设定为 $3^{-2}$, 那么要使圆规沿着 $E_3, E_4, \cdots$ 这

① 冯 · 科赫 (von Koch, 1870—1924) 是一位瑞典数学家. 他提出的雪花曲线 (snowflake curve) 是最早的分形曲线之一. —— 译注

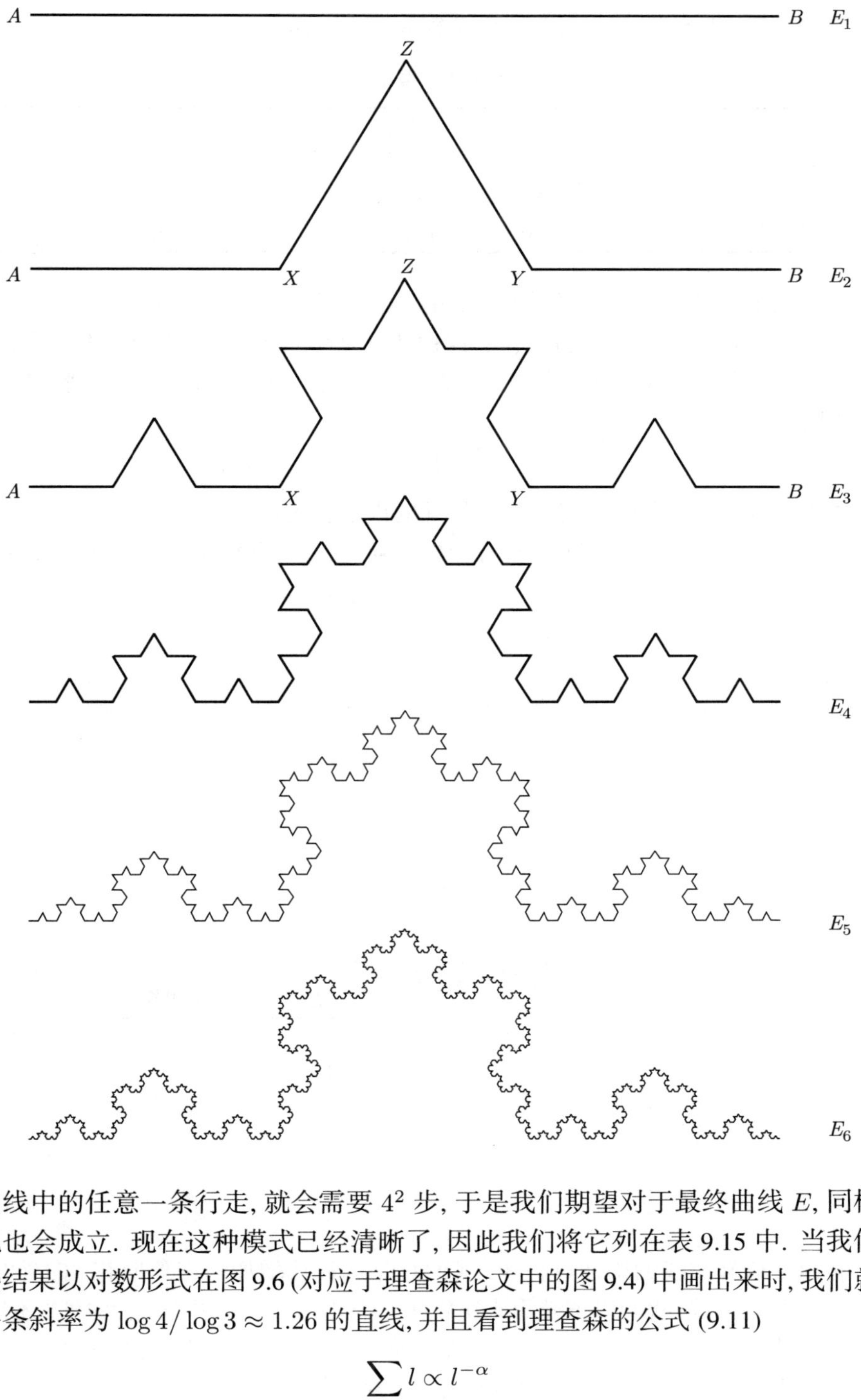


图 9.5　冯 · 科赫雪花

些曲线中的任意一条行走, 就会需要 $4^2$ 步, 于是我们期望对于最终曲线 $E$, 同样的情况也会成立. 现在这种模式已经清晰了, 因此我们将它列在表 9.15 中. 当我们将这些结果以对数形式在图 9.6 (对应于理查森论文中的图 9.4) 中画出来时, 我们就得到一条斜率为 $\log 4/\log 3 \approx 1.26$ 的直线, 并且看到理查森的公式 (9.11)

$$\sum l \propto l^{-\alpha}$$

成立了, 此时 $\alpha = \log 4/\log 3$. 下文中我们会将理查森的这个公式中的 $\alpha$ 称为 "理查森数", 并说冯 · 科赫的雪花具有理查森数 log 4/ log 3.

**表 9.15 雪花曲线**

| 起点 | $A$ | $A$ | $A$ | $A$ | $A$ | $A$ |
|---|---|---|---|---|---|---|
| 边长 | 1 | $3^{-1}$ | $3^{-2}$ | $3^{-3}$ | $3^{-4}$ | $3^{-5}$ |
| 边数 | 1 | 4 | $4^2$ | $4^3$ | $4^4$ | $4^5$ |
| 总长度 (千米) | 1 | (4/3) | $(4/3)^2$ | $(4/3)^3$ | $(4/3)^4$ | $(4/3)^5$ |

一位具有适当存疑精神的读者会评论道, 我们总是从 $A$ 点出发, 并且将圆规设定为 $3^{-n}$, 这就使得事情轻松容易了. 这种怀疑是相当正确的. 我们很难证明无论从何处出发, 无论选择以什么序列来设置圆规, 理查森的程序都会奏效. (请记住, 我们并不期望

$$\sum l \propto l^{-\alpha}$$

都会精确成立, 但是我们确实期望当圆规的设定长度减小到零时, 误差也会随之减小到零.) 不过, 在这种情况下, 理查森的程序确实奏效, 并给出上文所述的理查森数.

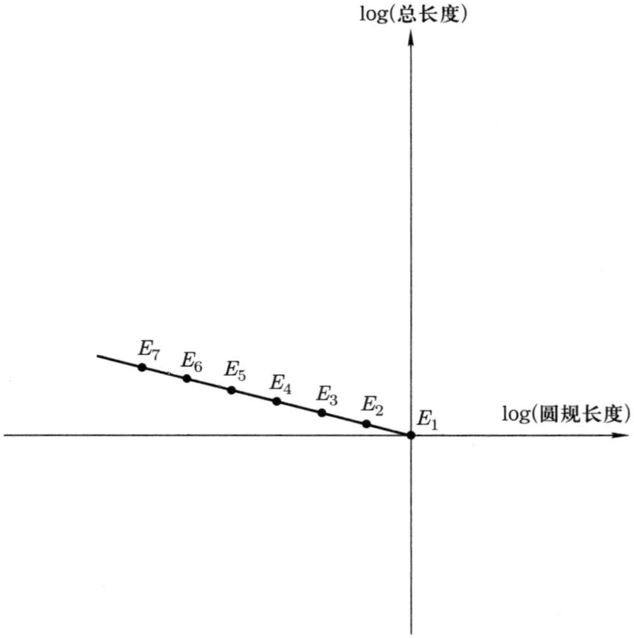


图 9.6 与海岸线测量相对应的雪花测量

在冯 · 科赫曲线的构建过程中, 我们总是选择让增加的三角形有 "向外" 的指向. 如果, 与之不同, 我们以掷硬币来决定每个新增三角形的指向是 "向外" 还是 "向内", 那么我们就得到图 9.7 中所例示的这种 "随机雪花". 请注意, 理查森的方法会对 "随机" 雪花和 "非随机" 雪花给出同类结果, 因此随机雪花也会具有理查森数 $\log 4/\log 3 \approx 1.26$.

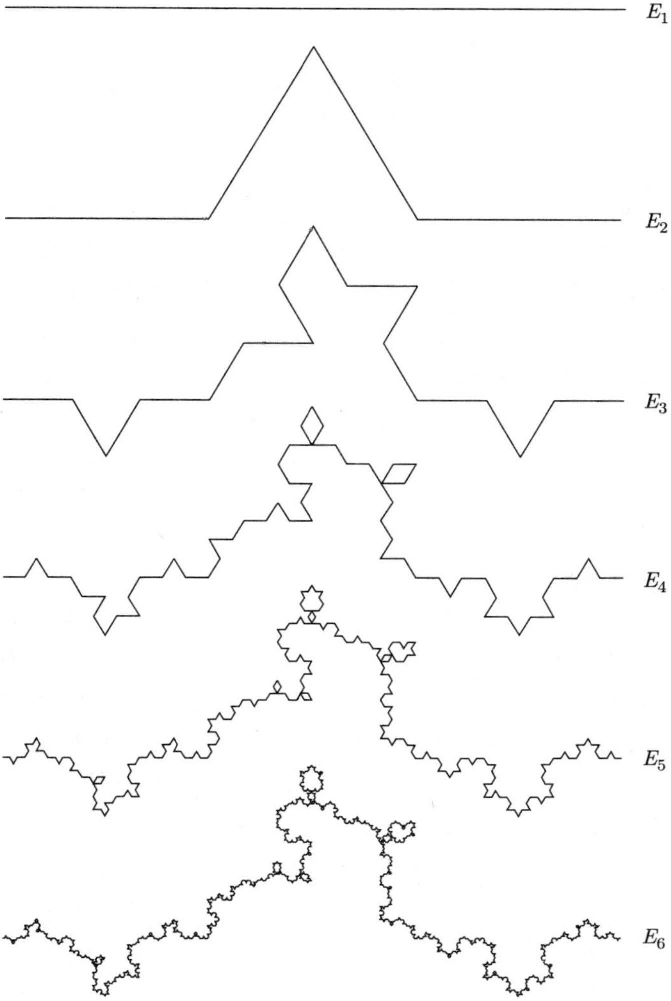


图 9.7　一种随机雪花

数学家们长久以来一直对维度的概念深深着迷, 1919 年, 豪斯多夫①发明了一种新的维度. 豪斯多夫维对于“正常物体”而言就相当于普通的维度. 因此举例来说, 一个球的豪斯多夫维是 3, 其表面的豪斯多夫维是 2, 画在球面上的一条经线维度是 1, 而一个点的维度是 0. 不过, 豪斯多夫的定义也适用于我们的普通三维空间的任何不管怎样的子集. 可以证明, 如果一条曲线具有理查森数 $\alpha$, 那么它具有豪斯多夫维 $\alpha$. 但是正如我们会预期到的那样, 存在许多曲线, 对于它们理查森的程序是无法产生任何有意义的结果的. 于是纯数学家就倾向于认为豪斯多夫维优于理查森数, 因为前者适用于任何曲线, 而后者则只适用于一些曲线. 不过,

① 费利克斯 · 豪斯多夫 (Felix Hausdorff, 1868—1942), 德国数学家, 拓扑学的创始人之一, 对集合论和泛函分析也有许多贡献. —— 译注

世上人人都伟大,
人间个个非豪杰
(参见吉尔伯特 (Gilbert) 与沙利文 (Sullivan),
《威尼斯船夫》(*The Gondoliers*)).

正如一个甜甜圈和一辆自行车的豪斯多夫维都是 3 那样, 非常不同种类的曲线也可能具有相同的豪斯多夫维. 另一方面, 如果理查森的程序对于两条曲线都奏效, 并给出相同的理查森数, 那么我们就会预期它们在某种意义上彼此相似.

当时的许多数学家都或多或少地意识到, 海岸线和河流类似于一些无限长的曲线①. 我们的肺是用来在大气和血液之间交换气体的, 因此需要具有尽可能大的表面积. 它们错综复杂精细的结构代表了自然界对一种具有无穷大面积的曲面的逼近, 这早就是老生常谈了. 不过, 数学家们并没有自问, 自然界用这种方法制造出来的是什么类型的曲线和曲面, 尤其是似乎也没有任何人曾预期这些曲线和曲面会具有如此良好的行为, 从而足以让任何像理查森的程序之类的东西能够奏效. 在第 8.4 节中, 理查森准备在其他人只看到杂乱无章之处寻找秩序. 图 9.4 和图 8.8 从才智上来说如出一辙. 理查森对于解释的兴趣要远远大于描述, 对于战争起因的兴趣也要远远大于海岸线的结构, 因此他对别人注意他的发现并不作任何勉力.

除了后来解释理查森关于英国海岸线的工作的那个人以外, 我们很难再想象出同腼腆而不善社交的理查森更加不同的人了. 曼德博②是法国精英数学教育体制培育出来的一个拥有壮志雄心和求胜心理的人物, 他在 20 岁的时候就 "告诉所有愿意聆听的人, 我的志向是要发现科学的一角, 并不一定要非常广泛, 甚至也不必有重大意义, 而我对这一角知之甚稔, 足以成为它的开普勒, 或者甚至是它的牛顿." (参见 [31] 第 5 页) 进入中年时, 他已有很高的声望, 但是他仍然受到 "想要成为在其他所有人都看到混沌的地方发现秩序的第一人 …… 这种贪婪却又不明确的雄心" 的折磨③. 一位图书管理员在处理掉一系列鲜少有人查阅的杂志之前, 请曼德博看一眼. 其中有一期《一般系统年鉴》(*General System Year-book*), 就包括了第 9.3 节所

① 因此, 例如施坦豪斯所著的《数学万花镜》(*Mathematical Snapshots*) 的 1950 年英文版中, 就包含一条关于 "长度佯谬" 的清晰陈述, 这条陈述出现在题为 "镶嵌图形、液体的混合、面积和长度的测量" (*Tessellations, Mixing of Liquids, Measuring Areas and Lengths*) 那一章的靠近结尾处 (在以后的几个版本中也重复出现). 还有另外一个数学 "佯谬问题" 也以同类方式四处流传, 这个问题是, 如果你让一根完全柔韧的细绳落到桌子上, 结果会发生什么. 提出这个问题的是杰出的理论物理学家 J. L. 辛格 (J. L. Synge) (参见 [231]), 另外还有数位杰出的数学家和物理学家也详尽地讨论过这个问题 (参见 [118]), 不过我对这个问题是否有了一个真正令人满意的答案还拿不准. —— 原注

② 本华 · 曼德博 (Benoit Mandelbrot, 1924—2010) 是一位具有法国和美国双重国籍的数学家, 他的研究范围包括数学物理和金融数学等众多领域. 他创立了分形几何, 并创造了 "分形" (fractal) 这个名词. 本华 · 曼德博是他自己所用的中文名字. —— 译注

③ 读者如果想要对这位非同寻常的人物的品格和生平有更多的了解, 就应该阅读《数学人》(*Mathematical People*)[3] 上对他的访谈. —— 原注

摘抄的那篇论文. 对于具有曼德博这种背景 (参见 [108]) 的一位数学家而言, 并不难识别出理查森的公式 $\sum l \propto l^{-\alpha}$ 中的 $\alpha$ 与豪斯多夫维具有简单的相关性. 不过, 曼德博并没有止步于此. 他不是说英国海岸线看起来像是一条具有理查森数 $\alpha_B$ 的随机曲线, 而是通过画出这样的一些曲线来证明**一条具有理查森数 $\alpha_B$ 的随机曲线看起来就像是英国海岸线!** (尽管我们的 "随机雪花" 还不够随机, 因而不足以令人真正心悦诚服, 但是它与一条程式化的海岸线也并非全无相似之处.)

同理, 尽管许多人必定都曾注意到, 有些树的构成方式是从一棵 "简单的树" 上又长出一些较小的 "简单的树", 从这些较小的树上依次又再接着长出一些更小的 "简单的树", 但是几乎没有人曾把一棵树看作是一个理查森 – 柯尔莫哥洛夫级联 (Richardson-Kolmogorov cascade), 在这种模型中, 为了适应第 8.4 节中给出的对湍流的描述,

> …… 一棵树可以用以下方式来表示. 树干上长出一些 "第一阶树", 它们由长度大约为 $l_1$ 的树枝构成. 接下去, 这些第一阶树上又长出 "第二阶树", 它们具有的典型长度标度 $l_2 < l_1$. 这个逐步细化的过程持续下去, 直至对于足够高阶的数值, $l_n$ 变得足够小, 因此从它们那里长出了树叶为止.

我们会预期各种不同阶的树之间的标度比例应取决于某种定标程序, 例如在 "老鼠到大象曲线" (图 5.1)中所揭示出来的那种标度关系. 曼德博所看到的是, 一种具有正确标度比例的、类型恰当的随机理查森 – 柯尔莫哥洛夫级联, 看起来就会像是一棵树.

曼德博的评论是数学对于视觉艺术已做出的寥寥无几的贡献之一. (透视是另外一大贡献, 不过除了这两者以外, 余下的名录不仅短小, 而且颇多争议.) 难怪当他在《大自然的分形几何学》(*The Fractal Geometry of Nature*) 一书中发表他的这些想法时, 立即就极为理所当然地得到了大众和学术界的一片赞扬, 而这也是名至实归的. 既然如今已经有许多精良的书籍专门论述曼德博的 "分形", 我就不再进一步对此进行讨论了①, 不过我会在本章结尾处推荐一些可供进一步阅读的书籍.

然而我要指出的是, 观察到某件物体是 "分形的", 这并没有为它为什么是分形的这个问题给出答案. 我们的处境像是有了理查森的 4/3 法则而没有柯尔莫哥洛夫的解释. 我可能知道一棵树的 "分形结构" 使它看起来像一棵树, 但是我却不知道为什么这棵树具有这种分形结构.

---

① 当我们谈论氧气吸收时, 我们假设一只动物的吸收面积 $A$ 与其体积 $V$ 的关系, 就相当于一个球的表面积与其体积的关系, 因此就有 $A \propto V^{2/3}$. 不过我们从前面已经注意到, 肺的样子非常 "分形". 如果肺的表面所具有的 "理查森数" 与一个球的表面不同, 那么我们就会得到 $A \propto V^{\beta}$, 其中 $\beta \neq 2/3$, 从而那条老鼠 – 大象曲线就变得比较容易解释了 (参见 [261] 的第 342–345 页). ——原注

可能构成这样一种解释的一个很好的例子是由我们的循环系统提供的,在这个系统中,每根动脉分支都反复地分成一些更小的动脉.对于这种“动脉级联”中的每一层次,我们知道在一段合理的时间内,血液流入和流出的量是相等的.另一方面,我们在第 6.1 节标注为**环形管中的流量**的那一段中获得的四次幂定律说明,如果这个系统要能有效运作,就会需要某种定标关系.结果证明这种必需的定标关系是由穆雷定律 (Murray's law)给出的:“父血管的半径的立方等于其子血管的半径的立方之和.”

**练习 9.4.2** (i) 如果各子血管再分成孙血管,求证祖父血管的半径的立方等于孙血管的半径的立方之和.

(ii) 如果在反复细分后,单独一根半径为 $r$ 的血管被分成 $n$ 根相同大小的血管,求证其中每根新血管的半径会是原先那根血管半径的 $n^{-1/3}$,但是它们的总横截面积则会扩大 $n^{1/3}$ 倍.给出当 $n=2, n=10$ 和 $n=100$ 时的那些确切值.

(iii) 假设在反复细分后,单独一根半径为 $r$ 的血管被分成 $n$ 根半径分别为 $r_1, r_2, \cdots, r_n$ 的血管,并且对于每一个 $j$ 都有 $r_j < \delta$.通过注意到 $r_j^3 < \delta r_j^2$,或者用其他方法,求证总横截面积至少会扩大 $\delta^{-1}$ 倍.请思考一下,这对于你的循环系统意味着什么.

**练习 9.4.3** (穆雷推导出穆雷定律的过程.这在临近结尾处需要一点微积分知识.) 穆雷作为起点的问题是,要在某一根特定的血管内维持速率为 $Q$ (以每单位时间内的体积为测量单位) 的循环,身体要付出多大的代价? (参见 [166]) 为了简单起见,他将这根血管看作是一根半径为 $a$ 的简单圆柱形管道.(对于实际血流的测量结果说明,这一简化是合理的.)

(i) 穆雷以每单位时间消耗的能量来测量这种代价.你认为这种做法合理吗? 为什么?

(ii) 假设要以速率 $Q$ 推动一种黏滞性为 $\eta$ 的液体通过一根半径为 $a$ 的管道,此时如果用 $W_p$ 来表示在此过程中管道在每单位时间、单位长度中消耗的能量,用第 6.1 节中的符号来表示,是证明有

$$[W_p] = MLT^{-3}.$$

沿着标注为**环形管中的流量**的那一段中所给的思路,利用量纲论证来证明对于某个常数 $K_p$,有

$$W_p = \frac{K_p Q^2 \eta}{a^4}.$$

(从前文中的那条与压强、流量、黏滞性和半径有关的规则出发,通过考虑压强、流量和做功之间的联系,可以直接得出相同的结果.)

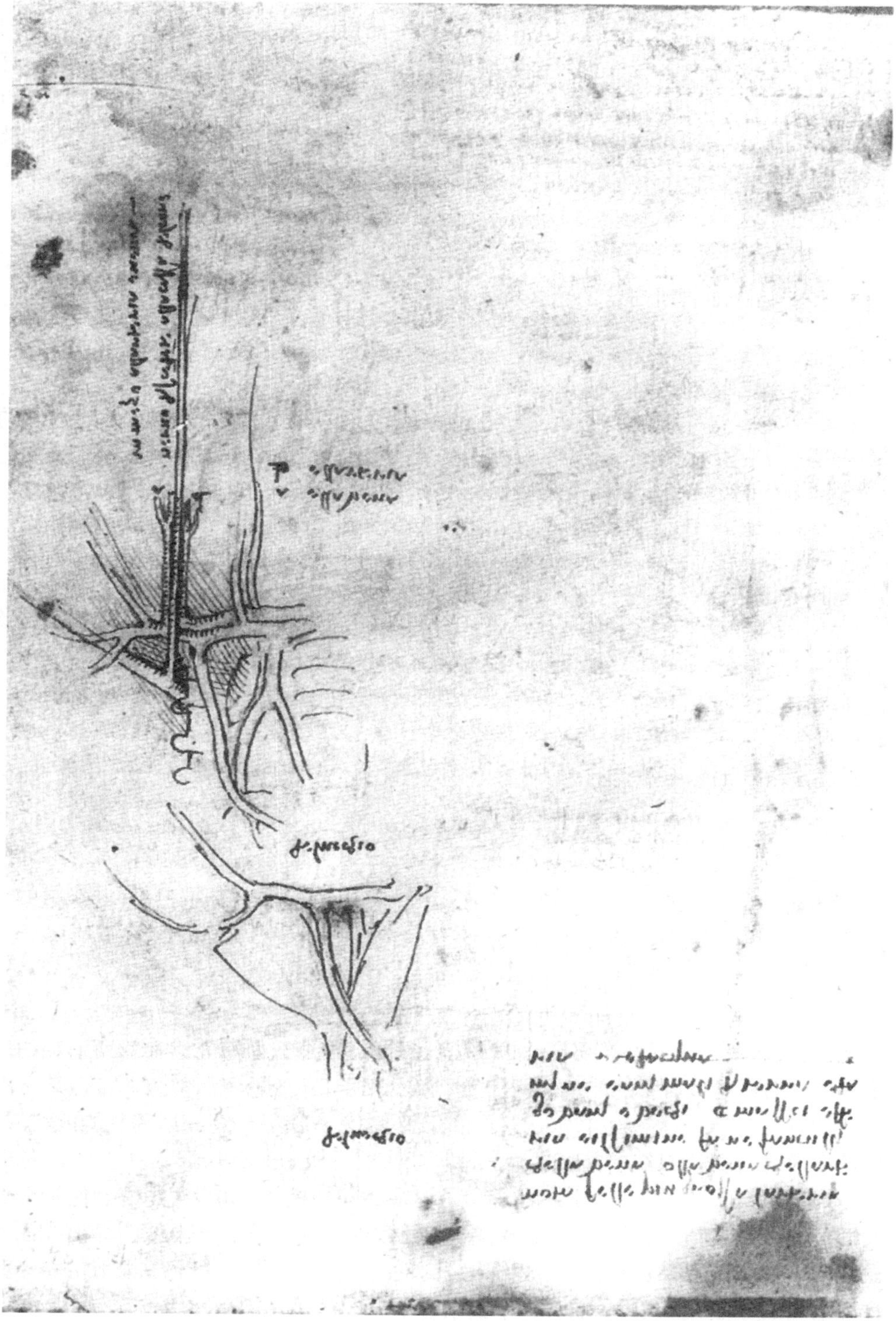

图 9.8　达 · 芬奇画的解剖图 (皇家收藏 ©伊丽莎白女王)

(iii) 穆雷随后指出，将血液抽运到各处的代价不是与系统相联系的唯一代价. 就身体而言，血液本身就是一种昂贵的有用之物. 他指出，除了直接被血细胞消耗掉的少量能量以外，还有常规性更换血液成分的代价、控制血管的代价，以及 "一般而言仅仅由血液的重量加诸身体之上的负担". 据推测，一定体积的血液在单位时间内的能量消耗应与其体积成正比. 尤其是要充满血管，那么单位时间、单位长度的血液所需要的能量消耗 $W_b$ 与横截面积成正比，因此对于某个常数 $K_b$，有

$$W_b = K_b a^2.$$

由此可知，运作血管所需要的总代价就是

$$W(a) = \frac{K_p Q^2 \eta}{a^4} + K_b a^2.$$

如果 $Q$ 固定不变，试求使 $W(a)$ 最小化的 $a$ 值. 推出一根血管以速率 $Q$ 输送血液的最佳半径由下式给出：

$$Q = Ca^3,$$

其中 $C$ 是一个取决于 $K_p, K_b$ 和 $\eta$ 的常数.

(iv) 假设有一条半径为 $a$ 的血管，以速率 $Q$ 输送血液. 这条血管又分成 $n$ 条血管，其中第 $j$ 条半径为 $a_j$ 的血管以速率 $Q_j$ 输送血液. 如果这些血管都具有最佳半径，那么试利用 $Q = Q_1 + Q_2 + \cdots + Q_n$ 这个事实来推导出穆雷定律

$$a^3 = a_1^3 + a_2^3 + \cdots + a_n^3.$$

(v) $K_p$ 有可能通过计算或者实验求出，$\eta$ 也有可能通过实验得到，但是我们的理论中看来似乎还含有一个未知的常数 $K_b$. 穆雷表明，$K_b$ 可以用以下方法求出. 回到第 (iii) 部分结尾处的计算，假设 $Q$ 固定不变，并且将给定半径 $a$ 的抽送代价写作 $W_p(a)$，将血液代价写作 $W_b(a)$，而总代价则写作 $W(a)$. 设 $\tilde{a}$ 是 $W(a) = W_p(a) + W_b(a)$ 最小化的 $a$ 值，求证它满足以下方程：

$$2W_p(\tilde{a}) = W_b(\tilde{a}). \qquad (*)$$

因此，假如像我们所预期的那样，血管具有最佳尺度，那么**血液充满血管所消耗的能量是抽送血液通过血管的能耗的两倍.** 因为对于循环系统的每一部分而言都是这样的，所以对整个循环系统也必定是这样的. 于是**血液充满循环系统所消耗的能量，是抽送血液通过循环系统的能耗的两倍.** 但是抽送所做的所有功都是由心脏完成的，而生物学家们已经测量出心脏抽送血液所使用的单位能量. 如果穆雷的理论是正确的，我们就由此可知血液的单位时间总能耗，而现在用简单的算术就能算出我们的血液的单位体积能耗 (而且如果我们愿意的话，还可以算出 $K_b$ 的值). 由穆雷的计算过程给出的血液代价，与我们身体中其余各部分的代价是同一量级.

穆雷将自己的见解总结如下. "假如血液是一种更廉价的材料, 那么我们也许会料想所有的动脉都一律大于它们现在的尺寸, 从而大大降低心脏的负担. (例如, 将所有动脉的半径都加倍, 而保持它们的长度不变, 这就意味着体积增加为原来的四倍, 进而将心脏做功降低为原来的十六分之一.)" 反过来说, 倘若血液更为昂贵, 我们就会料想有一场 "吝啬血液、加大心脏的竞赛". 请检验你是否理解穆雷的数值算例.

(vi) 第 (v) 部分中的方程 (*) 并不全然是一次红运当头. 假如 $A, B > 0$ 且 $n, m > 0$, 求证如果 $f(x) = Ax^n$ 且 $g(x) = Bx^{-m}$, 那么使 $f(x) + g(x)$ 最小化的 $x$ 的正值 $\tilde{x}$ 满足方程

$$nf(\tilde{x}) = mg(\tilde{x}).$$

如果 $A > 0 > B$, 会发生什么错误?

在对我们的 "生命的回路" 所做的超凡卓越的阐述中, 沃格尔说道, 穆雷定律 (在我们可以合理预期一条生物学定律能够成立的精确程度上) 对于很大范围的有机体都成立. 它甚至对于某些特定的海绵动物也奏效, 这些海绵动物通过一些细微的小孔吸水, 从中分离出可食用的微生物, 然后再将水通过一些尺寸逐渐增大的管道, 直至最后将水排出为止. 他继续写道:

> 如果这是我们能够推动穆雷定律所达到的最大程度, 那么它无疑会是一条美妙的普遍原理, 是理论的另一次令人满意的应用 …… 也是证明物理有其重要性的另外一点佐证. 不过, 最近又出现了一些诱人的、随之而来的事情. 人们发现, 如果在实验中降低血管中的流量, 血管的内径就会不断减小, 直至它在一个新的、较小的尺寸上稳定下来为止. 如果系统在重新自我调整, 以使得血管壁处的速率梯度保持不变, 那么直径的减小基本上就是我们会预计到的事情.

尽管我们不能指望量纲分析会揭示出液体实际上是如何流动的, 不过大多数关于流体动力学的初等教程① 中会找到的较为详细的直接讨论都说明, 在远离血管壁过程中的速度增加率 (即沃格尔所谓的 "速率梯度") 对于一切满足穆雷定律的管道都是相同的.

> 矫正的机制正在变得清晰起来. 在不深究细节的情况下, 看起来似乎血管内膜细胞能够相当确实地感觉到紧挨着它们的速率梯度变化. 梯度的增大刺激细胞分裂, 而细胞分裂又会酌情增大血管直径, 以补偿加快的血流. 无论是血压的变化还是减少神经供给都不会造成任何差别 —— 对细胞的

① 请查看此类教程索引中关于泊肃叶流 (Poiseuille flow) 的内容. —— 原注

> 某种化学信号综合梯度的一个直接效应. 也许这一方案中最为干净利落的特征在于, 一个细胞并不需要知道 [它自身所在] 那一部分血管的尺寸的任何信息. 穆雷定律的一个结果是, 无论这个细胞可能身在何处, 它都能得到相同的特别指示, 这种指示是一条命令, 告诉它在速率梯度超过某一特定值的时候就开始分裂 (参见 [250] 第 92–93 页).

沃格尔指出, 这如何巧妙地使我们从婴儿成长为大人, 他还提出这样一个问题: 如果没有这样的自我调节机制, 我们如何从哪怕最轻微的损伤或手术中恢复过来?

如果我在叙述理查森的工作的过程中忘乎所以了, 那么我只能托词说, 他长久以来一直是我崇拜的对象. 在我家乡的公立图书馆无意中发现他的两本关于冲突的数学书籍 (至于图书馆如何有这两本书, 我却不知道), 这就是导致我选择数学作为我的学位科目的因素之一. 无论如何, 提醒一下下面这一点还是对我们有益的:

> 如果一个人跟不上他的同伴们的步伐, 也许是因为他听到了一种不同的鼓声. 就让他跟着自己听到的音乐走吧, 无论这音乐的韵律如何, 或者有多么遥远 (参见梭罗 (Thoreau),《瓦尔登湖》(*Walden*), 结束语).

## 关于参考书籍的一点注解

在过去的 25 年中, 有三组相互联系的数学理念抓住了公众的想象力: 突变理论 (catastrophe theory)、分形 (fractals) 和混沌 (chaos). 公众的兴趣突然高涨, 但往往对情况却不甚了解, 面对这些, 许多数学家们只是简单地附和牛顿的话.

> 现在, 这是否不太好? 发现、解决和从事一切的数学家们, 必须满足于自己只不过是枯燥无味的计算者和苦力的角色, 而什么都不做, 只不过是假装一切、攫取一切的另一位, 却必定将后人及其前辈的全部创造都占为己有 (参见 [254] 第 10 章).

我必须坦承, 我对于这种观点是暗自赞同的, 尽管在一些对话以 "啊, 你是一位数学家. 我在上学的时候从来都做不出数学" 开始的时候, 我的心情还是会稍感低沉, 而当这些对话以 "啊, 你是一位数学家. 那我就可以跟你谈论特里斯舛 · 项狄① 的分形结构了" 开始的时候, 我的心情就更是大大地低落下去了.

① 特里斯舛 · 项狄 (Tristram Shandy) 是英国作家劳伦斯 · 斯特恩的代表作《绅士特里斯舛 · 项狄的生平与见解》(*The Life and Opinions of Tristram Shandy, Gentleman*) 中的主人公, 此书中有很多特别的页面、符号和图示. —— 译注

(既然数学家们被普遍认为没有进行交谈的能力①, 那就让我来偏离一下正题, 提供一点意见. 某天, 读者会与一位彬彬有礼的老先生进行一次谈话, 这位老先生说话时可能略带欧洲中部口音. 当他离开的时候, 会给读者留下这样的印象, 觉得自己参与了最有趣的半小时交谈, 这是他自己生命最有趣的几个半小时之一. 只有通过努力集中注意力, 他才能够重新整理出一段实际过程如下的对话:

礼貌的老先生: 告诉我, 你靠什么谋生?

本人: 事实上我的工作是 “白鱼质量管理员”.

礼貌的老先生: 这真是不同寻常. 我一直都很欣赏白鱼质量管理员的工作. 告诉我, 你是怎样着手做你的工作的?

本人: 好吧, 我们的工作实际上有三方面 ······ (滔滔不绝地谈了 5 分钟.)

礼貌的老先生: 这一切看起来都十分困难. 在你能够做这项工作以前, 必定需要大量的训练.

本人: (谦虚地说.) 哦, 这在某种程度上无疑是一种天赋, 不过我们都至少接受十个星期的训练. 当然, 你在工作的过程中还在继续学习 ······ (又滔滔不绝地继续谈了 5 分钟.)

礼貌的老先生: 真是令人着迷. 不过白鱼质量管理员们必定面临着许多问题. 你觉得其中哪一个是最重要的呢?

对话如此继续下去. 以这位礼貌的老先生为榜样, 你就不可能错得太离谱.)

所幸, 其他的数学家们持有一种更为宽宏大量的看法, 他们寻求让公众了解这些简短语句背后的理念. 因此关于每个主题, 都有好几本极好的书 (我或许应该特别提及伊恩 · 斯图尔特②所撰写的那些书). 如果要求我对每个主题都只选择**唯一的一本书**, 那么我会做出如下选择.

- **《突变理论》**(*Catastrophe Theory*), V. I. 阿诺尔德 (V. I. Arnol’d) 著. 一位伟大数学家撰写的一本精美的小册子.
- **《分形》**(*Fractals*), H. 劳雷尔 (H. Lauwerier) 著. 简单地解释数学, 并对分形美学具有一种真诚感.
- **《混沌的本质》** (*The Essence of Chaos*), E. N. 洛仑兹 (E. N. Lorenz) 著, 相比于其他

① 问题: 你如何分辨一位数学家是内向的还是外向的呢? 回答: 外向的数学家们在跟你交谈的时候会看着**你的**脚. —— 原注

② 伊恩 · 斯图尔特 (Ian Stewart, 1945—) 是英国著名数学家与科普作家, 英国皇家学会会员, 他有多本科普书已译成中文. —— 译注

某些叙述会略微枯燥一点，但这是出自权威的第一手信息①.

不过，如果要求我选择一本配有最令人屏息凝神的图片的书，那么我会和所有其他人一样，提名 H.-O. 派特根 (H.-O. Peitgen) 和 P. H. 里希特 (P. H. Richter) 合著的《分形之美》(*The Beauty of Fractals*)②.

① 此书揭示了洛仑兹的数值实验，它们必定可跻身于有史以来最有影响力的实验行列. 这些实验是在一台 Royal-MacBee LGP-30 上进行的，我原以为这台机器仅存在于黑客的神话之中. (参见雷蒙德 (Raymond) 所著的《新黑客字典》(*The New Hacker's Dictionary*) 第 406 页.) —— 原注

② 此书中译本题为《分形 —— 美的科学》，1994 年由科学出版社出版，井竹君，章祥荪译. —— 译注

# III 计算的各种乐趣

# 几种经典算法 第 10 章

## 10.1 每组五个数字的两组

如果你是一位正在数绵羊的牧羊人,那么你有一种自然的记数方法. 每头绵羊都用单独的一个笔画 I 来记录. 在你写到十笔 IIIIIIIIII 的时候 (请通过掰手指来检验), 就把它们划掉, 并画上一个交叉符号 X. 现在再重新开始写笔画 I, 遇到十的时候把它们划去, 并画上另一个 X, 以此类推. 按照这种方式, 假如你有四十三头绵羊, 你最后就会得到四个 X 和三个 I, 即 XXXXIII. 如果你有一大群羊, 那么你有可能会达到十个 X, 在这种情况下, 你把它们也划去, 写上一个 C (来自 "centum", 这个词在拉丁语中表示一百). 这样, CCXIIIIIIII 就代表二百一十八. 为了使数字更加容易阅读, 罗马人用 V 来表示五, 用 L 来表示五十, 于是 CCXVIII 就代表二百一十八, 而 CCLXXXI 则代表二百八十一[①].

随着社会变得越来越复杂 (尤利乌斯 · 恺撒[②]率领下的一个罗马军团由六千人组成, 其中的普通士兵每年扣除口粮后的军饷是二百二十五第纳里[③]), 罗马人又增加了两个符号: M 表示一千、D 表示五百. 由于我们不习惯使用罗马数字, 因此我们倾向于夸大用它们来进行计算的难度, 但是举例来说, 用罗马数字来做加法并不比采用我们自己的数字更困难. 计算

$$\mathrm{MCCCXVIIII} + \mathrm{MCVII}$$

这两个数相加之和的方法是注意到我们有六个 I, 它们给出一个 V 和一个 I. 现在我们有了三个 V, 于是给出一个 X 和一个 V. 这转而又给出两个 X、四个 C 和两个 M, 因此我们的答案是 MMCCCCXXVI.

**练习 10.1.1** 用相同的方法求 MMCCCCLXVI+CCLXXXXVIIII.

减法并不比这更困难, 而小整数的相乘则可以通过重复相加来完成. 更加复杂的计算可能会比较困难, 不过对于某个具有经验和一系列 "诀窍" 的人而言, 肯定也

① 后来罗马人又更进一步修改了这种方案, 从而使得字母的书写顺序也起作用, 例如 IX 的意思是九. 为了简单起见, 我不会顾及这种使叙述复杂化的做法. —— 原注

② 尤利乌斯 · 恺撒 (Julius Caesar, 前 100 年 — 前 44 年), 罗马共和国末期的军事统帅、政治家. 公元前 49 年, 他率军占领罗马, 并开始实行独裁统治. —— 译注

③ 第纳里 (denarius) 是古罗马的银币, 其首字母 d 后来曾用作英国旧便士的缩略, 在后文第 10.2 节中会提到此事. —— 译注

不会太难. 我认为无论是罗马税收员、谷物进口商还是军队中发饷的出纳员, 他们所面临的那些主要问题都未必会来自算术.

无论如何, 这样的一个人很可能会使用一个算盘. 这种器械将一些珠子或者类似的计数物排布成一列一列. 其中第一列上的珠子表示个位, 第二列上的珠子表示十位, 第三列上的表示百位, 以此类推. 中国和日本到现代还在使用算盘, 而一位有技巧的算盘操作员能够比机械计算器工作得更快. (罗马算盘上的计数物当时被称为 "calculus", 这是一种鹅卵石, 表示计算的动词 "calculare" 就源于此.)

算盘有着非常古老的起源, 并且在整个古代世界的各处都能找到. 公元 500 年前后, 印度记账员们想出了一种记录下算盘内容的新方法. 让我们把从一到九的这些数字用符号 **a,b,c** 等来表示 (因此 **c** 就是三, **f** 就是六, 以此类推). 于是我们就可以记录下每一纵列上计数物的数字, 从最高位开始, 到个位结束. 这样, 二千五百一十七就会被记录为 **beag**. 这种方法非常有效, 除非中间那些纵列中, 有一列是空的 (例如发生了二百零五的情况). 这个问题通过创造出一个符号 (比如说 **Z**) 来表示一个空列而得到了解决. 于是一千零二十五 (在千的那一列上有一块卵石, 在百的那一列上没有卵石, 在十的那一列上有两块卵石, 在一的那一列上有五块卵石) 就变成了 **aZbe**, 或者用我们通常的符号来表示就是 1025.

大约在公元 800 年, 阿拉伯帝国形成了世界上最先进的文明. 巴格达的几位哈里发, 其中特别是哈伦 · 拉希德 (Harun al-Rashid, 他是《一千零一夜》(*Arabian Nights*) 中的一个主要角色) 和他的儿子阿尔 – 马蒙 (al-Mâmûn), 他们是知识的主要庇护者. 数学家阿尔 – 花剌子密[①] 在巴格达法庭工作. 他撰写了两部关于代数和算术的著作, 他在这两本书中将希腊和印度的各种思想 (很可能还有他自己的一些想法) 集中在一起.

第一本著作的标题是 "*Hisâb al-jabr w'almuqâbah*", 或者译为 "重新组合和相互抵消的科学" (*The Science of Reuniting and Cancelling*). 300 年后, 当他的工作影响到欧洲时, 造成如此巨大的轰动, 以致 "al-jabr" 这个词进入了欧洲所有的语言, 演变成 "algebra", "algèbre", 等等. 他的第二本著作处理的是用新的印度记号法来做计算, 而他自己的名字, 译成拉丁语是 "Algoritmi", 后来又进一步变形为 "Algorithm" (算法), 逐渐成为 "用位置记数法做计算" 的意思. 13 世纪的一位法国僧侣对此热情高涨, 以至于写了一首 "算法之歌" (Song of the Algorithm) 来帮助他的学生们学习这种新的系统.

算法从这里开始  
在这种被称为算法的新艺术中,  
从印度人的这每组五个数字的两组

① 阿尔 – 花剌子密 (al-Khowârizmî, 约 780— 约 850), 波斯数学家、天文学家和地理学家. ——译注

> 0 9 8 7 6 5 4 3 2 1
> 我们获益匪浅 (参见 [159] 译文).

最终, 算法逐渐变成 "一种标准计算方法" 的意思, 我会用本章及下一章来专门描述几种典型的算法. 当时人们在使用这种新的印度记号法时产生了一些问题, 其中尤其是关于零 (表示一个空的列) 的概念, 这些问题都在英语这门语言中留下了些许踪迹. 印度人将他们的新符号称为 "śūnya", 意思就是 "空". 这个词在阿拉伯语中变成了 "sifra", 而从这个阿拉伯单词中, 又产生了 "zero" 和 "cipher" 这两个单词. 如果我们说某人是一个 "cipher", 那么我们的意思就是说他是一个无名小卒, 是一个无用之辈. 如果我们说某件事情是用 "cipher" 表示的, 那么我们的意思就是说它是用密码包住的, 因此是普通人所无法理解的. 如果我们说某些人学过 "ciphering", 那么我们的意思是说他们学过算术 (不过这种用法现在已经过时了).

为什么这种新的系统最终取代了老的系统? 科学史学家们指出, 这些与印度人相近的系统似乎在其他时候、其他地方都被创造出来过, 但是都没有流行起来. 在表示像 6530461 (在罗马体系下, 这个数字会需要新的符号来表示 5000000, 1000000, 500000 和 100000) 这样的非常大的数字方面, 这种新的系统无疑优于老的系统, 不过当时这么大的数字不太可能出现在真实生活中 (当然, 现在即使在相当小的公司的账户中, 也会出现这样的数字). 它还有助于我们后来所谓的纸笔计算, 即不使用算盘, 不过从它的开端几乎不可能预料到这一点. 要不是有相当丰富而廉价的书写材料, 这一发现原本也不可能得到开发, 不过这些印度数字来到欧洲时与纸张 (最初是在中国发明出来的, 然后经由阿拉伯人得以扩散) 的到来不谋而合, 而纸张是永久存储信息的第一种廉价手段.

进行冗长的计算, 并把它们记录下来, 这种能力对从事越来越复杂的交易的商人们特别有吸引力, 而且新的商人阶级的兴起和这种新的算术的兴起之间, 似乎存在着一种共生关系. 这种新的算术帮助商人们进行交易, 而商人们又转而坚持让自己的孩子们得到这种新算术的教育.

由于这种新体系能够做的任何事情, 用旧体系也能做 (尽管有时候用的方式更为烦琐, 比如说要做长除法的情况), 因此这两种体系共存了三个或四个世纪. 斯蒂文① 发明小数, 随后奈皮尔② 发明对数, 这两项发明对这些旧方法给予了致命的打击, 因为这些新概念与印度数字相处自然, 与罗马数字却不行.

鉴于我们已看到的这些, 很自然地会产生这样一个问题: 我们目前用于书写数字的系统就不能再改进了吗? 我们用个、十、百等来计数, 这个事实想必是由于我

① 西蒙·斯特芬 (Simon Stevin, 1548—1620), 荷兰数学家、工程师. 他推广了小数的标准化使用, 并比伽利略更早用实验证明两个不同重量的球同时落地. —— 译注

② 约翰·纳皮尔 (John Napier, 1550—1617), 苏格兰数学家、物理学家和天文学家. 他发明了对数, 以及计算器的前身, 对小数点的推广也有贡献. —— 译注

们有十个手指这种造化所致. 人们提出各种各样的以 $b$ 为基数来记录数字方法, 形如

$$\sum_{n=0}^{N} a_n b^n,$$

其中 $0 \leqslant a_n < b$. 其中最有意思的选择似乎是:

$b = 12$. 这里所声称的优势是, 12 比 10 具有更多的因数.

**练习 10.1.2** (i) 求 $1/n$ 以 10 为基数 (即我们通常所用的基数) 的十进制展开, 其中 $n = 1, 2, 3, \cdots, 9$.

(ii) 求 $1/n$ 以 12 为基数 (用 A 表示十、B 表示十一) 的 "十进制" 展开①, 其中 $n = 1, 2, 3, \cdots, 9, A, B$.

$b = 11$. 伯特兰 · 罗素②写道:

> 经验教会了我一种技巧来对付 [那些具有奇思异想的人] …… 我崇拜斯芬克斯, 以此反对那些大金字塔的信徒; 我指出榛子和核桃就像别的食物一样有害, 只有巴西坚果才应该得到虔诚徒众的宽容, 以此反对坚果爱好者 …… 在这种基础上, 就有可能进行一种愉快而无定论的论证 (参见 [65]).

遵循这种原理, 数学家们在面对那些 $b = 12$ 的热心支持者时, 已经坚持认为选择一个没有任何非平凡因数的基数, 会导致对倒数的处理更加统一.

**练习 10.1.3** 如果你喜欢这类问题的话, 请求出 $1/n$ 以 11 为基数 (用 $A$ 表示十) 的 "十进制" 展开③, 其中 $n = 1, 2, 3, \cdots, 9, A$.

$b = 2$. 众所周知, 现代电子计算机 (从某种程度上来说, 它就是一个大型的、快速的电子算盘) 使用二进制来储存数字. 此外, 如果读者下功夫稍做练习, 就会发现用二进制来计算对于人类而言是非常容易的. 不过, 这个数字系统并不适用于 (为人类所用的) 记录系统. 英国历史上最著名的日期变成了 10000101010④, 而且尽管这种形式的一个对象能够被熟记, 但是我仍然感到怀疑的是, 即使通过反复练习, 大多数人是否能够应付一个很长的列表.

$b = 8$. 这是一个相当具有吸引力的选择. 它作为一个记录系统是完全可以接受

① 更正确地说是 "十二进制" 展开. —— 原注

② 伯特兰 · 罗素 (Betrand Russell, 1872—1970), 英国哲学家、数学家和逻辑学家, 1950 年诺贝尔文学奖获得者, 分析哲学的创始人之一. —— 译注

③ 更正确地说是 "十一进制" 展开. 至少许多不同的古典学者都使我确信这一点. —— 原注

④ 即 1066 年, 这一年发生诺曼征服 (Norman conquest), 法国诺曼底公爵威廉入侵和征服英格兰. —— 译注

的 (上文提到的这个著名日期变成了 2052), 而采用这个基数 (八进制) 的数字能够被很容易地转换为二进制, 反过来也是一样.

**练习 10.1.4**　为八进制数转换为二进制数给出一条规则, 并为二进制数转换为八进制数也给出一条规则. 用上文所给的这个日期来检验你的这两条规则.

另外还存在着一种不同类型的提议, 我在学校时曾有人就此向我做过解释, 而且这种系统似乎在过去一千年以来已被屡次重新发现. 其中的想法是, 不仅使用正整数来记录数字, 而且也使用负整数来记录数字, 如

$$\sum_{n=0}^{N} a_n 10^n,$$

其中 $-5 \leqslant a_n \leqslant 5$. 我们定义 $\bar{n} = -n$, 于是举例来说, 有 $\bar{3} = -3$. 采用我们的标准位置记数法, 再举个例子来说, 有

$$\begin{aligned}3\bar{4}25\bar{2}\bar{1} &= 3 \times 10^5 + (-4) \times 10^4 + 2 \times 10^3 + 5 \times 10^2 + (-2) \times 10^1 + (-1) \times 10^0\\ &= 2 \times 10^5 + 6 \times 10^4 + 2 \times 10^3 + 4 \times 10^2 + 7 \times 10^1 + 9 \times 10^0 = 262479.\end{aligned}$$

**练习 10.1.5**　(i) 将 $45\bar{1}\bar{4}3$ 和 $30\bar{2}3\bar{3}$ 转换成通常的形式. 将通常形式的 2773 和 10926 转换成我们的新形式.

(ii) $\bar{4}3$ 表示哪个整数? 如果 $n$ 写成这种新形式, 试给出一条求得 $-n$ 的新形式的简单规则.

用这种新的记号法来做加法运算, 遵循着与旧计数法中完全相同的模式, 只不过我们必须在思想上有所准备, 进位的量可正可负.

**练习 10.1.6**　注意到 $6 = 1\bar{4}, \bar{6} = \bar{1}4$ 和 $\bar{5} = \bar{1}5$, 我们就有以下求和运算.

$$\begin{array}{l}3\bar{4}\bar{4}2\\ \underline{1\bar{2}\bar{3}4} +\\ 334\bar{4}\end{array}$$

**练习 10.1.7**　选择三个用这种新形式写成的六位数, 并将它们相加. 通过将全部数字转换回旧形式来检验你的答案.

在这种新的系统中, 应用练习 10.1.5 (ii) 中的观察结果就能把减法简化成加法.

两个一位数的乘法很简单. 例如, $4 \times 4 = 16 = 2\bar{4}, 4 \times \bar{3} = -12 = \overline{12}$, 以及 $\bar{2} \times \bar{3} = 6 = 1\bar{4}$. 在这种新系统中, 一个多位数乘以一个一位数, 做法也与旧系统中一样, 只不过 (就像加法一样), 我们必须考虑到, 进位的量可正可负. 读者可检验

$$4 \times 3\bar{3}2\bar{4} = 11\bar{1}\bar{4}4$$

及

$$\bar{3} \times 3\bar{1}2 = \bar{1}124.$$

长乘法现在依照标准模式进行:

$$\begin{array}{r} 4\bar{3}2 \\ \underline{1\bar{4}\bar{2}} \;\; \times \\ \bar{1}3\bar{4}\bar{4} \\ \bar{2}512\phantom{0} \\ 4\bar{3}2\phantom{00} \\ \hline 22\bar{4}\bar{2}4 \end{array}$$

**练习 10.1.8** (i) 将刚刚做过的这道题目转换成旧的记号法, 进行长乘法计算 (不用计算器), 并检验这两个答案是否相符.

(ii) 选择三个写成这种新形式的四位数, 并用刚才明示的方法将它们相乘. 将全部数字转换回旧形式并进行长乘法计算 (不用计算器), 以此来检验你的答案.

这种新方案的优势是什么? 如果读者做了刚才建议的这些计算 (或者如果他自己思考过片刻), 就会看到这种新形式的乘法并不要求我们使用 $0 \leqslant n, m \leqslant 10$ 的 $n \times m$ 乘法表, 而是只需要 $0 \leqslant n, m \leqslant 5$ 的乘法表, 再加上带符号数相乘的那些简单规则. 由于有充分的证据证明, 我们能够执行脑力任务的速率取决于我们已记住的不同事物的数量, 因此这就意味着, 我们在经过充分的练习后, 应该就能够用这种新系统进行比旧系统更快的算术计算. (此外, 如果普遍采纳了这种思想, 那么孩子们必须用心计算的各种表格就会比目前的形式更加小, 也更加简单.)

不过我敢说, 一百位读者中, 也不会有一位准备给这种新系统一场公平的审理. 毕竟, 如果所有的结果都必须要转换回旧形式, 那么花费大量时间去学习一种新系统又有什么意义呢? 如果读者考虑一下自己为什么不会采纳这种新系统, 就会更好地理解为什么这些印度数字要花了这么长时间才取代罗马数字.

当然, 以上描述的这种系统对于任何 $b \geqslant 3$ 的基数都奏效.

**练习 10.1.9** (i) 在 $b = 3$ 的情况下描述该系统. 这是一个极富吸引力的系统. 根据高德纳① 所说, 对于早期计算机, 这个系统曾被认真地考虑作为二进制系统的一种替代方案. 他说: “也许有一天会证明, 这个系统的各种对称特性和简单算法是相当重要的 —— 此时 “噼啪” 的双稳态触发器将被 “噼呖啪” 的三稳态触发器取代了. ” (参见 [121] 第二卷第 4.1 节)

(ii) 当 $b = 2$ 的时候会发生什么?

① 高德纳 (Donald Knuth, 1938—), 美国著名计算机科学家. 他创造了算法分析领域, 并发明了排版软件 TeX 和字体设计系统 Metafont. “高德纳” 这个中文名字是他 1977 年访问中国前取的. —— 译注

在我看来, 上文描述的这些系统中, 虽然有一些 (特别是用 8 作为基数) 要优于我们目前的系统, 但是其中没有任何一个的优越程度大到值得付出转换带来的苦痛. 不过, 也许存在着一种优势如此巨大的系统? 我们知道, 古代最伟大的数学家阿基米德对这类问题很感兴趣, 因为他在《数沙者》(*The Sand Rechoner*) 中写下了一种可能的大数计数法 (参见 [90]). (由于这一论著的写作方式很像是《科学美国人》(*Scientific American*) 杂志上的一篇非常优秀的文章, 因此读者可能会希望亲自去阅读它.) 如果甚至连阿基米德都有可能错过一条如今看来如此显而易见的路径, 那么我们也可能已忽视了某个要点.

## 10.2　美好的往日

当政治家们和祖父母们谈论学校里只教授那些基本技能的美好往日时, 他们心里想着的是像下列这些事情 (例如, 可参见杜雷尔 (Durell) 编写的优秀教科书《学校通用算术》(*General Arithmetic for Schools*) 中的第二十二章). (这里的货币单位指的是英国在 1971 年前使用的那些单位.)

**例 10.2.1**　一个人以 $2\frac{3}{4}\%$ 的年应付复利借了 132 英镑 (pound) 17 先令 (shilling) $6\frac{3}{4}$ 便士 (penny) (写作 £132 17s $6\frac{3}{4}$d). 两年后他会欠多少钱 (精确到最接近的法新 (farthing))?

为了充分理解这个例子, 读者需要以下各条信息.

1. 款项 £$A$ $B$s $C$d 应读作 $A$ 英镑 $B$ 先令 $C$ 便士. 据说 d 是第纳里 (denarius) 的缩写, 这是罗马的一种小硬币, 而 £符号则来自罗马的一种重量单位磅 (libra), 在盎格鲁 – 撒克逊 (Anglo Saxon) 时代, 一磅指的是一磅重量 (拉丁语中叫作 “pondo libra”) 银币的价值. 我不知道为什么 £这个符号在它所指的数字之前, 而 s 和 d 则在数字之后.
2. 当时一英镑值 20 先令, 一先令值 12 便士. 四分之一便士称为法新. 法新硬币到 20 世纪 50 年代还仍然在使用. (这个货币体系包含法新、半便士 (halfpenny)、便士、三便士硬币、六便士硬币、先令、弗罗林 (florin, 值二先令) 以及半克朗 (half-crown, 值二先令六便士). 当时不存在克朗 (crown). 像律师这样的专业人士按照几尼 (guinea) 收费, 当时并不存在几尼的硬币或纸币, 不过价值一英镑一先令的几尼令人感觉更有绅士派头.)
3. 以 $x\%$ 的年应付复利计算, 那么你在年初所欠款项的 $x\%$, 会在年尾加到你的债务中去. (货币单位可能会发生变化, 但复利却从来不会过时.)
4. 我在学生时代要求解这类问题时, 还没有袖珍计算器.

为了解答这道题目, 我们用法新为单位来计算.

| | | |
|---|---|---|
| £132 | 等于 | 2640s |
| £132 17s | 等于 | 2657s |
| £132 17s | 等于 | 31884d |
| £132 17s 6d | 等于 | 31890d |
| £132 17s 6d | 等于 | 127560 法新 |
| £132 17s $6\frac{3}{4}$d | 等于 | 127563 法新 |

下一步是用法新来计算复利. 我们运算到两位小数, 以保持足够的精度. 为了理解这些计算过程的来龙去脉, 读者应该时时记起, 我们是在没有计算工具帮助下进行所有计算.

| | | |
|---|---|---|
| 初始总额 | 等于 | 127563.00 法新 |
| 初始总额的 $\frac{1}{4}$% | 约等于 | 318.91 法新 |
| 初始总额的 $\frac{3}{4}$% | 约等于 | 956.73 法新 |
| 初始总额的 2% | 等于 | 2551.26 法新 |
| 第一年的总额 | 约等于 | 131070.99 法新 |
| 第一年总额的 $\frac{1}{4}$% | 约等于 | 327.68 法新 |
| 第一年总额的 $\frac{3}{4}$% | 约等于 | 983.04 法新 |
| 第一年总额的 2% | 约等于 | 2621.42 法新 |
| 第二年的总额 | 约等于 | 134675.45 法新 |

当然, 如果我们有一台计算器的话, 那么只要简单地输入几条指令, 就能得到

$$\text{第二年的总额大约是 } 127563 \times 1.0275 \times 1.0275 = 134675.43 \text{ 法新}.$$

尽管我们在用两位小数来计算时损失了一点精度, 不过精确到最接近的法新, 两种方法给出的两年后的欠款都是 134675 法新. 余下还需要做的就只要把这笔欠款转换回英镑、先令和便士了.

| | | |
|---|---|---|
| 134675 法新 | 等于 | $33668\frac{3}{4}$d |
| 33668d | 等于 | 2805s 8d |
| 2805s | 等于 | £140 5s |

因此两年后的欠款总额就是 £140 5s $8\frac{3}{4}$d.

读者现在可以自己去试做一些例子.

**练习 10.2.2** 一个人以 $3\frac{3}{4}$% 的年应付复利借了 119 英镑 12 先令 $8\frac{1}{2}$ 便士 (写作 £119 12s $8\frac{1}{2}$d). 两年后他会欠多少钱 (精确到最接近的法新)? 请在不使用计算器的情况下开始计算. 如果你觉得事情变得太棘手, 那么就利用一台计算器来检验你到此时所做的计算, 并用它继续做下去. 如果你在不用计算器的情况下做完, 那么祝贺你! 然后请用一台计算器来检验你的结果.

**练习 10.2.3** 用以下方法重新做例 10.2.1: 首先将钱的金额从英镑、先令和便士转换成英镑 (而不是法新, 确保你保留了足够多的小数位数), 计算出复利, 然后再转换回英镑、先令和便士.

由于当时我学校里的数学教师们都格外优秀, 因此就值得一问: 为什么他们要出像这样的一些问题? 他们不会感知到这样一个商业界, 其中满是寻找 £213 14s $7\frac{1}{2}$d 贷款的人的, 而且即使是在我的童年时期, 每年 $2\frac{3}{4}\%$ 的利率也不是轻易可以达到的. (我们那时并不抱怨, 比起用 $5\frac{7}{8}\%$ 来计算, 有点脱离实际还是可取的.)

事实上, 我们都是冗长、精确的计算这样一种我们引以为傲的传统的继承者, 这样的计算可回溯到开普勒, 并经由牛顿和高斯传承下来. 如果一位数学家希望知道一颗星星的轨道, 或者某个新创造出来的函数的值, 那么除了手工计算以外, 并无其他出路. 我们都学习过组织清晰而简明的长计算的艺术. 随着计算机的到来, 曾要求我们掌握的这些技术已遭到淘汰, 不过它们在那个时代都是必要而有用的.

另一方面, 货币系统简直可谓荒唐可笑 (我们的教师们对此并无责任). 假如读者去计算下一个例子, 用不用计算机均可, 那么就会看到在先前这些题目的困难中, 有多少是由于涉及的货币单位而引起的.

**练习 10.2.4** 一个人以 $2\frac{3}{4}\%$ 的年应付复利借了 172.34 英磅 (写作 £172.34). 两年后他会欠多少钱 (精确到两位小数)?

与英国的旧货币相关的是一个同样独特的重量和长度体系. 据说瑞典人毫无幽默感, 不过在我列举英国的长度系统时, 一屋子的瑞典人就狂笑不止了.

| | | |
|---|---|---|
| 12 英寸 (inch) | 构成 | 1 英尺 (foot) |
| 3 英尺 | 构成 | 1 码 (yard) |
| $5\frac{1}{2}$ 码 | 构成 | 1 杆 (rod, pole 或 perch) |
| 4 杆 | 构成 | 1 测链 (chain) |
| 10 测链 | 构成 | 1 弗隆 (furlong) |
| 8 弗隆 | 构成 | 1 英里 (mile) |

一英亩 (acre) 等于 10 平方测链.

**练习 10.2.5** (i) 多少英亩构成一平方英里?

(ii) 一个面积为 1 英亩的正方形, 其边长是多少码、英尺和英寸? (利用一台计算器, 且精确到最近的英寸.)

当时英国居家关系中的乐趣之一, 就是在现实生活中遇到像下列这些问题.

**练习 10.2.6** 一个男子和他的妻子希望为一个长方形房间铺上地毯, 这个房间测得的尺寸是长 17 英尺 4 英寸、宽 14 英尺 3 英寸. 如果每平方码地毯的费用是 17 先令 4 便士, 那么这会花费他们多少钱?

作为一个返场加演节目, 我还会给出英国的重量体系.

| | | |
|---|---|---|
| 16 盎司 (ounce) | 构成 | 1 磅 (pound) |
| 14 磅 | 构成 | 1 英石 (stone) |
| 2 英石 | 构成 | 1 四分之一英担 (quarter) |
| 4 四分之一英担 | 构成 | 1 英担 |
| 20 英担 | 构成 | 1 吨 |

盎司的缩写是 oz, 磅的缩写是 lb①, 而英担的缩写是 cwt.

这种体系给计算造成了不必要的困难, 我们也许会设想当时的英国人应在这样一个体系之下呻吟. 正相反, 他们对此如此深深依恋, 以至于需要 100 年的时间, 才能说服他们将货币改成十进制. 改为公制重量和长度单位的进程直到 1966 年还未完成. 1979 年, 新一届保守党政府的首要行动之一, 就是撤销了负责这一转换工作的机构②.

为什么会这样? 我认为, 首先我们必须记住, 对于大多数成年人而言, 转换就包含着**额外的**工作. 旧的系统也许很难学会, 但是他们已经学会了, 而新的系统虽然容易学, 他们却还必须再去学. 他们在做学童时可能曾遇到过的那些困难都被归入 "我上学时从来就不大擅长数学" 这个模糊不清的标题之下. (此外, 无论成年人们可能遭受到怎样的兴衰浮沉, 童年却并不属于其中.)

其次, 只有为数极少的人是积极的计算者. 假如你以每磅 1 先令 8 便士的价格买了两磅苹果, 这几乎不可能是你第一次这样做. 根据经验, 你既知道 2 磅苹果看起来是怎样的, 还知道它们的大概价格是多少. 如果索价略多于 3 先令, 那么大多数人也就会感到满意了. (大多数人事先知道自己的超市账单会是什么样吗? 你知道吗?) 如果单位改变了, 我们就失去了从旧单位中获得的经验所带来的一切好处.

读者也许会问, 为什么我没有提到经济成本和收益? 至少从原则上来说, 我们也许有可能估算出某些成本, 比如说更换新的算术教科书的成本 (不过请记住, 此类教科书在通常的使用过程中会得到定期的更换), 也可能估计出某些收益 (称重机制造商们可以为国内市场和出口市场生产同一型号.) 其他一些方面则是有争议的. 大多数经济学家都会期望, 去除人为贸易障碍后的一个结果是导致竞争加剧, 而这会带来一些实质性的收益. 还有少数经济学家则会比较持怀疑态度. 当然, 对于使用不同测量单位在何种程度上阻碍了国际贸易, 我们可以预料不会达成任何一致意见.

---

① 这是理所当然的. 请回忆一下 "pondo libra", 其中 pondo 的意思是 "根据重量", 而 libra 是 "磅" 这个量. 英镑的符号 £就是 L 的花体. —— 原注

② 拿破仑应该会同意这项决定. 在被流放到圣赫勒拿岛 (Saint Helena) 期间, 他沉溺于一篇攻击公制的长篇大论, 其荒唐的开头是向数学家们咨询 "关于一个完全属于行政范畴之内的问题. …… 没有任何东西可能 [比公制] 更加违背思维、记忆和想象力的组织条例了. …… 这种新的重量和长度系统会给好几代人招致尴尬和重重困难……. 于是各国都为琐事所扰." (参见 [29] 第 238–240 页)—— 原注

最后, 如果读者仍然无法理解, 对于这样的一些改革, 怎么可能会存在任何反对意见, 那么他就应该回忆一下我们的那些尚未改为十进制的时间和角度单位. (将单位分成 60 个次级单位的做法要追溯到公元前 1000 年的巴比伦天文学家们.) 读者应该设法详细描绘出一种情况, 其中的一天由 10 个新小时构成, 每个新小时再被划分为 100 新分钟, 而每一新分钟又转而被划分为 100 新秒钟.

我觉得科学家们和工程师们会乐意用秒为单位来计算, 与其用分钟和小时来计算, 他们宁可将它们只留作记录的单位. 由于弧度是数学家测量角度的自然单位, 因此将角度改为十进制的压力就大为降低了. (不过我的科学计算器有一个标记为 "grad" 的模式, 在这个模式中直角被分为 100 个单位.)

正如我在本节开头所指出的, 由于重量和长度单位的公制化和手持式计算机的引入, 随之带来了学校教学大纲的改变, 许多人都对此感到惋惜. 他们问道: "如果拿走了计算器, 现在的学生还会做什么呢?" 不过, 只有把我放逐到一个荒岛上的这种唯一情况下, 才能够使我摒弃使用计算器, 而在这样的一种情况下, 我是否应该把自己的时间大量花费在计算复利上, 我对此深感怀疑. 数学应该被教授正在于它有用或者有趣. 手工长计算从来就不是十分有趣, 而且也不再有用了. 对于它的消失我们应该感到毫不惋惜.

## 10.3　欧几里得算法

数学家们所知道的最为绝妙的算法之一, 同时也是最古老的算法之一. 欧几里得算法已经超过 2300 年了 (它出现在欧几里得的《几何原本》中), 但是高德纳在他的著作《计算机程序设计艺术》(*The Art of Computer Programming*)中, 用了 40 页专门去讨论这种算法.

读者很可能在学校时曾经碰到过最大公约数 (greatest common divisor, 有时也称为最高公因数 (highest common factor)) 的概念. 如果 $m$ 和 $n$ 是两个严格正整数, 能够同时整除 $m$ 和 $n$ 的最大整数就称为它们的**最大公约数**. 因此, 举例来说, 12 和 30 的最大公约数是 6, 15 和 30 的最大公约数是 15 (因为 15 能够整除 15), 而 17 和 30 的最大公约数则是 1. 为了简洁起见, 我有时会把 $m$ 和 $n$ 的最大公约数写成 $\gcd(m, n)$.

如果 $m$ 和 $n$ 这两个整数都很小, 我们也许能够一眼就看出它们的最大公约数. 不过即使是对于像 1890 和 7623 这样相对较小的整数对, 我们就需要有一种更加系统的处理方法了.

当我还在上学时, 老师教过我一种求最大公约数的方法, 这种方法需要对两个整数都做因数分解. 例如

$$1890 = 2 \times 3^3 \times 5 \times 7,$$
$$7623 = 3^2 \times 7 \times 11^2.$$

因此通过观察它们共同的那些素数因子, 就得到

$$\gcd(1890, 7623) = 3^2 \times 7 = 63.$$

这种方法只将我们稍稍向前推进了一步, 这是因为即使是中等大小的数字也并不容易分解为因数. (我当时所在的学校只是想使我们对因数分解更感兴趣.)

**例 10.3.1** 选择两个三位数, 并设法求出它们的最大公约数. 再用另两个三位数重复这一计算. 现在, 用两对随机选择的四位数来做同样的计算. 如果你觉得这很容易, 那么用五位数再重复做这个练习 (如果你觉得不容易的话, 就不要去费心了.)

欧几里得算法是基于以下这种简单的结果.

**引理 10.3.2** 假设 $m$ 和 $n$ 是两个整数, 其中 $m \geqslant n \geqslant 1$. 假设用 $n$ 去除 $m$ 得 $q$ 并有余数 $r$. (比较正式的说法是, 假设

$$m = qn + r,$$

其中 $q$ 和 $r$ 都是整数, 且 $n > r \geqslant 0$.) 那么

$$\gcd(m, n) = \gcd(n, r).$$

**证明** 注意到, 如果整数 $u$ 能整除 $n$ 和 $r$, 那么它也能整除 $qn + r = m$. 于是 $n$ 和 $r$ 的最大公约数就能整除 $m$, 因此也就能整除 $n$ 和 $m$. 从而

$$\gcd(n, r) \leqslant \gcd(m, n).$$

反过来, 如果 $u$ 整除 $m$ 和 $n$, 那么它也能整除 $m - qn = r$. 重复我们的前一条论证, 现在我们得到

$$\gcd(m, n) \leqslant \gcd(n, r),$$

因此将两个结果结合起来, 我们就得到题中要求的 $\gcd(m, n) = \gcd(n, r)$. ■

[我们可能需要告诉一些读者, “引理” (lemma) 是 “定理” (theorem) 的另一种说法. 数学家们通常将他们的那些中心结论称为 “定理”, 而用来建立这些中心结论的那些结论, 则被称为 “引理”, 不过这两个名词在用法上很少有完全的一致性. 哈尔莫斯[①] 创造的 ■ 这个符号用来表示证毕.]

让我们将这种引理应用于 270 和 80 这对整数. 我们注意到

① P. R. 哈尔莫斯 (Paul Halmos, 1916—2006), 生于匈牙利的美国数学家, 主要研究领域为概率论、统计学和泛函分析. 在附录 A1.1 的 “数学生活” 部分中推荐了他的《我想成为一名数学家》(*I Want to Be a Mathematician*) 一书. ——译注

$$270 = 3 \times 80 + 30 \quad 因此 \quad \gcd(270, 80) = \gcd(80, 30),$$
$$80 = 2 \times 30 + 20 \quad 因此 \quad \gcd(80, 30) = \gcd(30, 20),$$
$$30 = 1 \times 20 + 10 \quad 因此 \quad \gcd(30, 20) = \gcd(20, 10).$$

但是 10 能够整除 20, 因此 $\gcd(10, 20) = 10$, 并由此可得 $\gcd(270, 80) = 10$.

这种方法给人的印象看起来并不十分深刻, 不过我们也可以将同样的方法应用于两个多少有点随机选择出来的七位整数 2064135 和 1515562. 一些简单的计算给出

$$2064135 = 1 \times 1515562 + 548573, 1515562 = 2 \times 548573 + 418416,$$
$$548573 = 1 \times 418416 + 130157, 418416 = 3 \times 130157 + 27945,$$
$$130157 = 4 \times 27945 + 18377, 27945 = 1 \times 18377 + 9568,$$
$$18377 = 1 \times 9568 + 8809, 9568 = 1 \times 8809 + 759,$$
$$8809 = 11 \times 759 + 460, 759 = 1 \times 460 + 299,$$
$$460 = 1 \times 299 + 161, 299 = 1 \times 161 + 138,$$
$$161 = 1 \times 138 + 23.$$

于是由于 23 能整除 138, 根据与前文相同的推理, 说明 2064135 和 1515562 的最大公约数是 23.

**练习 10.3.3**　作者所挑选的任何例子, 是否都是专为用一种特别有利的方法来证明他自己特别钟爱的方法而选择出来的, 人们对此必定总是心存怀疑. 用前两段中介绍的方法重新计算例 10.3.1 中你所选择的那几个例子. 现在, 请自行选择一对七位数, 并用它们来测试这种方法.

(为了用我的手持计算器求出 652 除 526290 的余数, 我首先计算 526290/652. 我的计算器显示 807.19325515, 因此我就知道, 用 652 除 526290 的商是 807, 并且有一个范围在 0 到 806 之间的余数. 由于 (再次使用我的计算器)

$$526290 - 807 \times 652 = 126,$$

因此要求的余数就是 126.)

我们将此方法总结如下.

**算法 10.3.4 (欧几里得)**　*假设 $a_1$ 和 $a_2$ 是两个整数, 其中 $a_1 > a_2 \geqslant 1$. 我们定义一个整数序列 $a_1 > a_2 > a_3 > \cdots$, 定义的规则为 $a_{j+2}$ 是 $a_j$ 除以 $a_{j+1}$ 的余数. (更加正式的表述为*

$$a_j = q_{j+1}a_{j+1} + a_{j+2},$$

*其中 $q_{j+1}$ 和 $a_{j+2}$ 都是整数, 且 $a_{j+1} > a_{j+2} \geqslant 0$.) 我们在第一个 $a_{k+2}$ 能整除 $a_{k+1}$ 的时刻停止这一进程. 整数 $a_{k+2}$ 就是 $a_1$ 和 $a_2$ 的最大公约数.*

警觉的读者可能会问, 我们怎么能确信是否存在**任何一个** $k$, 从而使得 $a_{k+2}$ 能整除 $a_{k+1}$ 呢? 但是如果不是这样的话, 我们就会得到一列无穷无尽的正整数序列, 其中每一个都严格小于它前面的正整数, 而这显然是不可能的.

任何一位读者如果按照例 10.3.3 中提出的这些思路尝试过几个例子, 就不会对欧几里得算法是否常常极其有效心存什么怀疑了. 我们是否总是能够保证, 它不仅只是像我们早已证明的那样会得到正确的答案, 而且还会很快地得到这个答案? 回答是肯定的. 我们通过一个简单的论证序列来证明这一点.

**引理 10.3.5** (i) 假设 $m = qn + r$, 其中 $q$ 和 $r$ 是两个整数, 且 $n > r \geqslant 0$. 那么 $m/2 > r$.

(ii) 如果 $a_1, a_2, a_3, \cdots$ 是算法 10.3.4 中的序列, 且对于所有满足 $1 \leqslant r \leqslant k$ 的 $r$, 有 $a_r/2 > a_{r+2}$, 那么 $k < 2N$.

(iii) 如果 $a_1, a_2, a_3, \cdots$ 是算法 10.3.4 中的序列, 且对于某个正整数 $N$, 有 $a_1 \leqslant 2^N$, 那么 $k < 2N$.

**证明** (i) 注意到, 由于 $n > r$ 且 $q \geqslant 1$, 因此

$$m = qn + r \geqslant n + r > 2r.$$

(ii) 这一点从 (i) 可立即推断得到.

(iii) 从 (ii) 中我们看到, $a_3 < 2^{-1}a_1, a_5 < 2^{-1}a_3 < 2^{-2}a_1$, 以及更具普遍性的, 对于一切满足 $1 < 2l + 1 \leqslant k + 2$ 的整数 $l$, 都有 $a_{2l+1} < 2^{-l}a_1$. 由于 $a_{2l+1} \geqslant 1$ 和 $a_1 \leqslant 2^N$, 因此就有

$$1 \leqslant a_{2l+1} < 2^{-l}a_1 \leqslant 2^{-l}2^N = 2^{N-l},$$

于是对于一切满足 $1 < 2l + 1 \leqslant k + 2$ 的整数 $l$, 都有 $N - l > 0$, 即 $N > l$.

如果 $k$ 是奇数, 我们就取 $l = (k+1)/2$ 来得到 $N > (k+1)/2$; 而如果 $k$ 是偶数, 我们就取 $l = k/2$ 来得到 $N > k/2$. 无论在哪种情况下都有引理中所声称的 $k < 2N$. ∎

既然整数 $k$ 代表了用欧几里得算法所需要的步数, 那么我们就可以将前面这条引理的第 (iii) 部分重述如下.

**引理 10.3.6** 如果 $m, n$ 和 $N$ 是三个整数, 满足 $2^N \geqslant m, n \geqslant 1$, 那么用欧几里得算法求得 $m$ 和 $n$ 的最大公约数最多需要 $2N$ 步.

**证明** 利用引理 10.3.5 (iii). ■

正如每一位计算机爱好者[①]都知道的,

$$2^{10}=1024>1000=10^3.$$

于是引理 10.3.6 告诉我们, 如果 $m$ 和 $n$ 都小于 1000(因此也就是当 $m$ 和 $n$ 都是三位数时), 那么欧几里得算法就最多需要 20 步. 这可能不会令读者产生十分深刻的印象, 不过根据同样的原因, 由于 $2^{30}=(2^{10})^3>(10^3)^3=10^9$, 因此我们就知道, 将欧几里得算法应用于两个九位整数, 最多会需要 60 步. 特别是如果读者备有一台精确的十位数计算器, 他就会有自信在远远少于一小时的时间内完成下面这个练习. )

**练习 10.3.7** 随机选择两个九位整数 (或者找其他某个人来帮你做选择), 并求出它们的最大公约数.

读者所选择的例子很有可能需要的步骤多少会小于 60 步. 为了**确保**我们的估算总是会奏效, 我们做了一些相当悲观的假设. 我们会在下一章中回来讨论这一点.

现在假设我们有一台现代的台式计算机来进行编程达到要求精度的计算. 如果我们有两个 150 位整数, 欧几里得算法最多会需要 1000 步. 这台机器返回这个最大公约数的速度要远远快于我用键盘输入这个整数的速度.

**练习 10.3.8** (贝祖定理[②]. 我们会在练习 16.1.1 中利用这个结果, 而那个练习叙述的是将机密信息译成密码的一种现代方法. ) 假设我们用欧几里得算法来求出两个整数 $u=a_1$ 和 $v=a_2$ 的最大公约数 $w$, 其中 $u\geqslant v\geqslant 1$. 我们得到一系列等式:

$$\begin{aligned}
a_1&=q_2a_2+a_3, &&(1)\\
a_2&=q_3a_3+a_4, &&(2)\\
&\ \vdots\\
a_j&=q_{j+1}a_{j+1}+a_{j+2}, &&(j)\\
&\ \vdots\\
a_{n-2}&=q_{n-1}a_{n-1}+a_n, &&(n-2)\\
a_{n-1}&=q_na_n+a_{n+1}, &&(n-1)\\
a_n&=q_{n+1}a_{n+1}. &&(n)
\end{aligned}$$

① 还有受过教育的音乐家也熟知. 近似等式 $1024\approx 1000$ 给出 $(5/4)^3\approx 2$, 于是表明三个大三度大约等于一个八度. 施罗德 (Schroeder) 所著的那本迷人的书籍《科学与通信中的数论》(*Number Theory in Science and Communication*) 中给出了更多的细节. 要找到有充实内容的讨论, 请参见任何一本论述“给音乐家们写的物理学”的书籍中关于乐律的章节 (参见 [259] 第 11 章). —— 原注

② 贝祖定理 (Bezout's Theorem) 以法国数学家艾蒂安 · 贝祖 (Étienne Bézout, 1730—1783) 的名字来命名. 其内容为: 设 $a, b$ 是不全为零的整数, 则存在整数 $x, y$, 使得 $ax+by=\gcd(a,b)$, 其中 $\gcd(a,b)$ 是 $a$ 和 $b$ 的最大公约数. —— 译注

这种算法告诉我们, $w = a_{n+1}$.

如果我们看一下等式 $(n-1)$, 就会发现

$$w = a_{n-1} - q_n a_n,$$

因此对于恰当的整数 $k_{n-1}$ 和 $l_{n-1}$, 有

$$w = k_{n-1}a_{n-1} + l_{n-1}a_n. \qquad (n-1)'$$

根据等式 $(n-2)$, 我们知道

$$a_n = a_{n-2} - q_{n-1}a_{n-1},$$

因此代入等式 $(n-1)'$ 中的 $a_n$, 我们就得到, 对于恰当的整数 $k_{n-2}$ 和 $l_{n-2}$, 有

$$w = k_{n-2}a_{n-2} + l_{n-2}a_{n-1}. \qquad (n-1)'$$

一般而言, 一旦我们得到

$$w = k_{j+1}a_{j+1} + l_{j+1}a_{j+2}, \qquad (j+1)'$$

我们就由等式 $(j)$ 得知

$$a_{j+2} = a_j - q_{j+1}a_{j+1},$$

因此代入等式 $(j+1)'$ 中的 $a_{j+2}$, 我们就得到, 对于恰当的整数 $k_j$ 和 $l_j$, 有

$$w = k_j a_j + l_j a_{j+1}. \qquad (j)'$$

按照这种方法继续下去, 我们最终得到, 对于恰当的整数 $k_1$ 和 $l_1$, 有

$$w = k_1 a_1 + l_1 a_2, \qquad (1)'$$

换言之, 对于恰当的整数 $k$ 和 $l$, 有

$$w = ku + lv.$$

(i) 在直到现在为止的讨论过程中, 我们一直假设 $u \geqslant v \geqslant 1$. 试证明, 若给定任何具有最大公约数 $w$ 的非零整数 $u$ 和 $v$, 则存在两个整数 $k$ 和 $l$, 从而使

$$w = ku + lv.$$

(ii) 如果 $u$ 和 $v$ 是具有最大公约数 $w$ 的非零整数, 而 $r$ 是任意整数, 试证明存在两个整数 $k$ 和 $l$, 从而在当且仅当 $r$ 能被 $w$ 整除时, 有

$$r = ku + lv.$$

(iii) 这一基础性的讨论也许看起来有点抽象, 因此这里有一个具体的例子. 让我们来求出 538 和 191 的最大公约数. 欧几里得算法给出

$$\begin{aligned}
\mathbf{538} &= 2 \times \mathbf{191} + \mathbf{156},\\
\mathbf{191} &= 1 \times \mathbf{156} + \mathbf{35},\\
\mathbf{156} &= 4 \times \mathbf{35} + \mathbf{16},\\
\mathbf{35} &= 2 \times \mathbf{16} + \mathbf{3},\\
\mathbf{16} &= 5 \times \mathbf{3} + \mathbf{1},\\
\mathbf{3} &= 3 \times \mathbf{1}.
\end{aligned}$$

我们在这里使用了一些粗体字, 其意图是要帮助读者领会这些计算过程, 而除此以外并无任何其他更深入的含义①.

$$\begin{aligned}
\mathbf{1} &= \mathbf{16} - 5 \times 3\\
&= \mathbf{16} - 5 \times (\mathbf{35} - 2 \times \mathbf{16}) = 11 \times \mathbf{16} - 5 \times \mathbf{35}\\
&= 11 \times (\mathbf{156} - 4 \times \mathbf{35}) - 5 \times \mathbf{35} = 11 \times \mathbf{156} - 49 \times \mathbf{35}\\
&= 11 \times \mathbf{156} - 49 \times (\mathbf{191} - \mathbf{156}) = 60 \times \mathbf{156} - 49 \times \mathbf{191}\\
&= 60 \times (\mathbf{538} - 2 \times \mathbf{191}) - 49 \times \mathbf{191} = 60 \times \mathbf{538} - 169 \times \mathbf{191}.
\end{aligned}$$

通过直接计算证实

$$1 = 60 \times 538 - 169 \times 191.$$

随机选择一对三位数 $u$ 和 $v$. 试求它们的最大公约数 $w$, 并求满足

$$w = ku + lv$$

的两个整数 $k$ 和 $l$. 通过直接计算来验证你的答案.

选择另一对三位数 $u'$ 和 $v'$. 令 $u = 3u' + 9$, $v = 9v'$, 并重复前一段中的计算过程.

(iv) 求 92 和 $-16$ 的最大公约数. 求两个满足

$$w = k \times 92 + l \times (-16)$$

的整数 $k$ 和 $l$.

**练习 10.3.9** 人们认识欧几里得算法已经有 2000 多年了, 而人们通晓它如此卓越的原因也有 100 年以上了. 因此当我获悉它现在有一个真正的竞争对手时, 就感到极

① 我的这种想法来自蔡尔兹 (Childs) 的优秀书籍《高等代数具体导引》(*A Concrete Introduction to Higher Algebra*), 任何对本文讨论的这类问题有兴趣的读者, 都会发现此书非常具有参考价值. ——原注

大的震惊, 这个竞争对手是 J. 斯坦 (J. Stein) 1961 年发明的. 下面我们就来说说它. 假设我们希望求出两个整数 $a$ 和 $b$ 的最大公约数, 其中 $a, b \geqslant 1$.

**步骤** 1　令 $a_1 = a, b_1 = b, c_1 = 1$.

**步骤** $n$　我们有整数 $a_n, b_n, c_n$, 其中 $a_n, b_n \geqslant 1$.

(i) 如果 $a_n = b_n$ 就停止. 最大公约数为 $a_n c_n$.

(ii) 如果 $a_n$ 和 $b_n$ 都是偶数, 则令 $a_{n+1} = a_n/2, b_{n+1} = b_n/2$ 和 $c_{n+1} = 2c_n$.

(iii) 如果 $a_n$ 是偶数而 $b_n$ 是奇数, 则令 $a_{n+1} = a_n/2, b_{n+1} = b_n$ 和 $c_{n+1} = c_n$.

(iv) 如果 $a_n$ 是奇数而 $b_n$ 是偶数, 则令 $a_{n+1} = a_n, b_{n+1} = b_n/2$ 和 $c_{n+1} = c_n$.

(v) 如果 $a_n$ 和 $b_n$ 都是奇数, 则令 $a_{n+1} = |a_n - b_n|, b_{n+1} = \min(a_n, b_n)$ 和 $c_{n+1} = c_n$.

现在继续进行到第 $n+1$ 步.

(a) 在进入问题的其余部分之前, 请先用几个例子 (例如 $a = 2152$ 和 $b = 764$) 来试验这种算法, 看看它是如何工作的.

(b) (如果该算法在第 $n$ 步之前没有停止的话) 试证明

$$c_{n+1} \gcd(a_{n+1}, b_{n+1}) = c_n \gcd(a_n, b_n),$$

而 (如果该算法在第 $(n-1)$ 步之前没有停止的话) 证明

$$a_{n+2} b_{n+2} \leqslant a_n b_n / 2.$$

由此证明, 如果 $a, b \leqslant 2^N$, 那么这种算法最多在第 $4N$ 步时会停止. 试解释如何由 $a_n, b_n$ 和 $c_n$ 的最终值来得到 $\gcd(a, b)$.

(c) 通过考虑

$$a = 3(2^{N-2} + 2^{N-3} + \cdots + 2^2 + 2 + 1), b = 3$$

来证明, 如果 $N \geqslant 5$, 就存在两个整数 $a, b \leqslant 2^N$, 该算法对于这两个整数至少需要 $N$ 步.

于是就确保了斯坦算法与欧几里得算法在大致相同的步数内奏效. 不过, 欧几里得算法在每一步都要求一次 "长除法", 而斯坦算法只要求除以 2, 而这在二进制算术中是一种简单的运算 (为什么?). 因此如果每一微秒都有价值的话, 而我们也准备好用机器语言来编程, 那么斯坦算法也许会运行得更快①.

斯坦算法并不是一个惊天动地的发现, 不过由于在理解它并在这里将它写下来所带给我的乐趣, 因此我在此转述庞加莱的话:

① 凡是读过我的手稿的数学家们, 全都在页边写了长篇大论来讨论斯坦算法的新颖程度, 以及 "分支运算" 的增加在何种程度上压过了 "简单除法" 的优势. 显然, 要说的还有很多. —— 原注

> …… 行家们在数学中发现的乐趣, 就类似于绘画和音乐所给予的乐趣. 他们赞叹数字和形式的精致和谐; 当一项新发现揭示出来, 而这对他们而言是一种未曾预料到的观点时, 他们惊讶不已; 而他们由此体验到的这种欢乐, 尽管各种感官都没有参与其中, 但是难道不是也具有审美特征吗? 只有寥寥无几的天之骄子被吸引而去完全享受到这种欢乐, 确实如此, 不过一切最高贵的艺术不都是这样吗? (参见 [163])

## 10.4 怎样数兔子

在将这些新的印度数字以及与它们相关的各种计算方法引入欧洲方面, 贡献最多的是列奥纳多 · 斐波那契①. 他在 1202 年编写的教科书是各种计算方法的宝库, 因此在长达两个世纪之中, 它一直是一本权威著作.

像大多数优秀的教科书作者一样, 斐波那契随心所欲地从他的前辈们 (其中也包括花剌子密) 那里借用例子. 事实上, 他的一个题目是这样写的:

> 有七位老妇人在去往罗马的路上, 每位妇人有七头骡, 每头骡驮着七个麻袋, 每个麻袋里装有七个面包, 每个面包和七把刀放在一起, 每把刀各装在七个刀鞘里. 老妇人、骡、麻袋、面包、刀、刀鞘, 总共有多少东西正在去往罗马的路上?

这道题目可上溯至公元前 1650 年前后, 当时有与此非常相似的内容作为一个教学案例出现在《林德手卷》② 中. 大部分英国的孩童至今仍然知道此题的一个变化形式, 它的答案是设有圈套的, 其开头如下:

> 在我去往圣爱芙斯 (St Ives) 的路上, 我遇见一个带着七个妻子的男人 ……③

不过斐波那契也向这个公用的大题库中增加了一些新的例子.

---

① 列奥纳多 · 斐波那契 (Leonardo Fibonacci, 1175—1250), 意大利数学家, 他将印度数字系统引入欧洲, 以他名字命名的斐波那契数列由于与黄金分割以及自然的密切关系而具有非常重要的地位. —— 译注

②《林德手卷》(Rhind papyrus) 是古埃及遗留下来的一部写在纸草上的数学著作. 1858 年为苏格兰收藏家林德 (Rhind) 购得, 现藏于大英博物馆. 另有少量缺失部分 1922 年在纽约私人收藏中发现, 现藏于美国纽约布鲁克林博物馆. —— 译注

③ 此题的大意为: "在我去往圣爱芙斯的路上, 我遇见一个带着七个妻子的男人. 每个妻子都有七个麻袋, 每个麻袋装了七只猫, 每只猫有七只小猫. 小猫、猫、麻袋, 还有妻子们, 在去往圣爱芙斯的路上共有多少个?" 答案应该是一个, 因为只有 "我" 去往圣爱芙斯. —— 译注

> 他问道:“如果每一对兔子每个月都会生出一对小兔子,而小兔子从第二个月开始有生殖能力,那么如果开始只有一对兔子,一年后会能繁殖出多少对兔子?”

让我们把在第 $r$ 个月末不繁殖的兔子总对数写成 $D_r$,第 $r$ 个月末繁殖的兔子总对数写成 $E_r$,而 $F_r$ 则表示总共有几对. 对斐波那契的问题进行合理解释后,给出表 10.1. 因此,如果 $r \geqslant 1$,则

$$F_r = E_r + D_r,$$

而如果 $r \geqslant 2$,则

$$E_r = E_{r-1} + D_{r-1} \text{ 且 } D_r = E_{r-1}.$$

将这些结果结合起来,我们就看到

$$\text{对于 } r \geqslant 2 \text{ 有 } E_r = F_{r-1}, \quad \text{而对于 } r \geqslant 3 \text{ 有 } D_r = E_{r-1} = F_{r-2}.$$

因此,如果 $r \geqslant 3$,则

$$F_r = E_r + D_r = F_{r-1} + F_{r-2}.$$

条件

$$F_r = F_{r-1} + F_{r-2}, F_1 = F_2 = 1$$

定义了著名的斐波那契数 $F_n$.

**表 10.1 斐波纳契的兔子**

| 月份 | $r$ | 1 | 2 | 3 | 4 | 5 | $\cdots$ | $r$ | $\cdots$ |
|---|---|---|---|---|---|---|---|---|---|
| 不繁殖 | $D_r$ | 1 | 0 | 1 | 1 | 2 | $\cdots$ | $E_{r-1}$ | $\cdots$ |
| 繁殖 | $E_r$ | 0 | 1 | 1 | 2 | 3 | $\cdots$ | $D_{r-1} + E_{r-1}$ | $\cdots$ |
| 总数 | $F_r$ | 1 | 1 | 2 | 3 | 5 | $\cdots$ | $D_r + E_r$ | $\cdots$ |

**练习 10.4.1** 计算 $r = 1, 2, \cdots, 15$ 所对应的 $F_r$. [作为一项检验, $F_{15} = 610$. ]

斐波那契数与许多美丽的结果有关,并出现在整个数学领域的各种出乎意料的、重要的地方①. 让我来援引优雅公式的一个例子 —— 卡西尼恒等式 (Cassini's identity),它可以上溯到 1680 年.

① 甚至有一份数学杂志《斐波那契季刊》(*The Fibonacci Quarterly*) 专门刊载斐波那契数列以及相关的一些数列. 尽管包括我自己在内的许多数学家都觉得,这是在将数列崇敬推向极端,但是这份杂志却销路很好. 在格雷厄姆 (Graham)、高德纳 (Knuth) 和帕塔许尼克 (Patashnik) 合著的《具体数学》(*Concrete Mathematics*) 一书中,以其特有的优雅和热情阐释了本节中的这些定理以及关于斐波那契数的其他一些结果. —— 原注

**定理 10.4.2**　如果 $n \geqslant 2$, 则

$$F_{n+1}F_{n-1} - F_n^2 = (-1)^n.$$

**证明**　利用定义 $F_r = F_{r-1} + F_{r-2}$, 我们得到

$$\begin{aligned} F_{n+1}F_{n-1} - F_n^2 &= (F_n + F_{n-1})F_{n-1} - F_n^2 = F_{n-1}^2 + F_n(F_{n-1} - F_n) \\ &= F_{n-1}^2 - F_nF_{n-2} = -(F_nF_{n-2} - F_{n-1}^2). \end{aligned}$$

于是, 如果我们令 $G_n = F_{n+1}F_{n-1} - F_n^2$, 就得到

$$G_n = -G_{n-1} = G_{n-2} = -G_{n-3} = \cdots = (-1)^{n-2}G_2.$$

但是 $G_2 = F_3F_1 - F_2^2 = 2 - 1 = 1$, 因此 $G_n = (-1)^{n-2} = (-1)^n$, 而这就是要求的结果. ■

卡西尼恒等式是路易斯 · 卡罗尔①最钟爱的谜题之一的基础. 在这道谜题中, 一个边长为 $F_n$ 个单位的正方形以图 10.1 中所表示的方式被切开, 然后似乎又被组装起来构成一个 $F_{n+1}$ 乘 $F_{n-1}$ 的矩形. 卡西尼恒等式告诉我们, 我们增加了或者损失了一平方单位的面积. 这张图中 $n = 6$, 因此我们切开了一个 $8 \times 8$ 的正方形, 而得到了一个 $13 \times 5$ 的矩形. 一块 64 单位的面积被转化成了一块 65 单位的面积!

**练习 10.4.3**　试证明, 如果 $n$ 是偶数, 那么分成的各小块实际上是按图 10.2 所示的那样重组的, 只是该图表示的非常夸张. 这里的 $ABC$ 和 $DEF$ 都是直线, $ACFE$ 是一个矩形, 而 $AHFG$ 则是一个平行四边形. $AF$ 的长度是多少? 三角形 $AHF$ 的面积是多大? 从 $H$ 点到 $AF$ 的垂线 $l_n$ 的长度是多少? 计算 $l_6$. 为什么这种错觉如此真切? 如果 $n$ 是奇数又会发生什么?

**练习 10.4.4**　(i) 编写一段计算机程序来求一个 $2 \times 2$ 矩阵的逆矩阵②.

(ii) 对于一切 $n \geqslant 2$, 试求矩阵

$$E_n = \begin{pmatrix} F_n & F_{n+1} \\ F_{n-1} & F_n \end{pmatrix}$$

的行列式和逆矩阵.

---

① 路易斯 · 卡罗尔 (Lewis Carroll, 1832—1898), 英国作家、数学家、逻辑学家、摄影家查尔斯 · 路特维奇 · 道奇森 (Charles Lutwidge Dodgson) 的笔名, 他最著名的作品是儿童文学《爱丽丝梦游仙境》(*Alice's Adventures in Wonderland*) 及其续集《爱丽丝镜中奇遇》(*Through the Looking-Glass*). —— 译注

② 矩阵存在逆矩阵的充要条件是它的行列式不等于 0. —— 译注

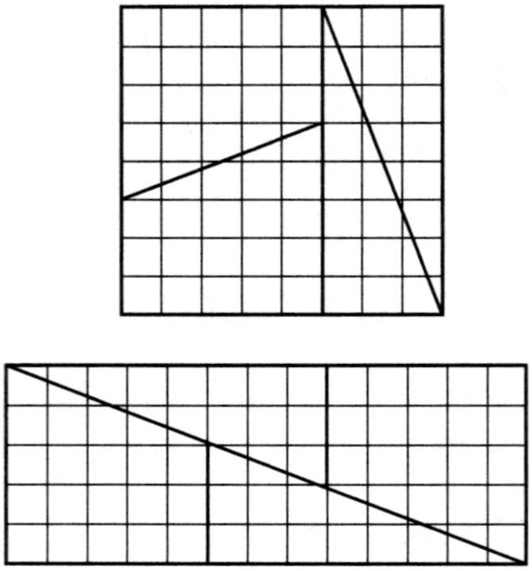

图 10.1　$n=6$ 时, 卡罗尔的谜题

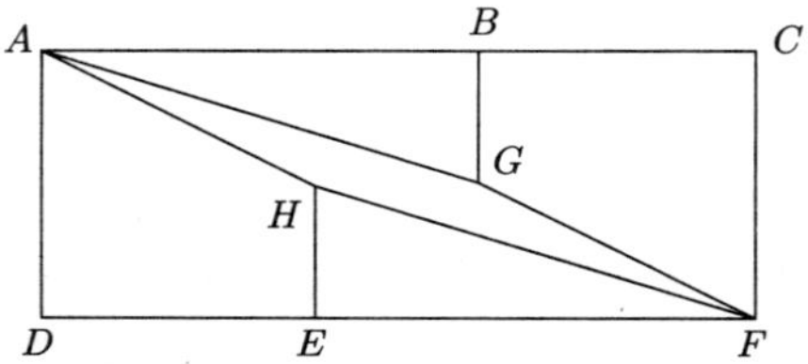


图 10.2　认出增加的面积

(iii) 在一台真的计算机 (或者可编程计算器) 上, 对应于 $n$ 的各种不同取值, 用你的计算机程序求 $E_n$ 的逆矩阵 (你可以从 $n=10,20,30,\cdots$ 开始, 然后再补充计算看起来最有趣的那些数值). 在 $n$ 取什么值的时候, 你的程序第一次显示出一些困难的迹象? 当你将 $n$ 继续增大到超过这一点时, 发生了什么? 这为什么原本是可以预见到的? 如果你的便携式计算器具有一个求逆矩阵的程序, 请用它来尝试解答同一个问题.

(iv) 在这个练习和前一个关于卡罗尔的谜题的那个练习之间, 你能看出有什么关联?

在转而讨论一些更加严肃的问题过程中, 我们注意到 $F_n$ 满足下面这个美妙的公式.

**引理 10.4.5**

$$F_n=\frac{1}{\sqrt{5}}\left(\left(\frac{1+\sqrt{5}}{2}\right)^n-\left(\frac{1-\sqrt{5}}{2}\right)^n\right).$$

**证明**　让我们引入:

$$u=\frac{1+\sqrt{5}}{2} \text{ 及 } v=\frac{1-\sqrt{5}}{2}.$$

读者很容易能验证

$$u^2 = u + 1 \text{ 及 } v^2 = v + 1.$$

因此, 如果我们令

$$G_n = \frac{1}{\sqrt{5}}(u^n - v^n),$$

就得出以下结果:

$$\begin{aligned}
G_{r-1} + G_{r-2} &= \frac{1}{\sqrt{5}}(u^{n-1} - v^{n-1}) + \frac{1}{\sqrt{5}}(u^{n-2} - v^{n-2}) \\
&= \frac{1}{\sqrt{5}}(u^{n-1} + u^{n-2}) - \frac{1}{\sqrt{5}}(v^{n-1} + v^{n-2}) \\
&= \frac{1}{\sqrt{5}}u^{n-2}(u+1) - \frac{1}{\sqrt{5}}v^{n-2}(v+1) \\
&= \frac{1}{\sqrt{5}}u^{n-2}u^2 - \frac{1}{\sqrt{5}}v^{n-2}v^2 \\
&= G_n
\end{aligned}$$

但是, 正如读者很容易能验证的那样, $G_1 = 1$ 且 $G_2 = 1$. 于是 $G_n$ **就满足与** $F_n$ **相同的定义关系**, 因此有引理中所述的 $F_n = G_n$. ■

**练习 10.4.6** 在上述证明中验证 "读者很容易能验证" 的那些部分.

**练习 10.4.7** 我们可以将引理 10.4.5 作如下推广. 假设 $U_n$ 由以下各条件定义:

$$U_r = aU_{r-1} + bU_{r-2}, U_1 = u_1, U_2 = u_2,$$

并假设 $p$ 和 $q$ 是方程

$$t^2 = at + b$$

的两个不同根 (即 $p^2 = ap + b, q^2 = aq + b$). 试证明如果 $C$ 和 $D$ 满足

$$\begin{aligned}
Cp + Dq &= u_1, \\
Cp^2 + Dq^2 &= u_2,
\end{aligned}$$

则

$$U_r = Cp^r + Dq^r.$$

引理 10.4.5 有一个值得注意的结果. 利用一台便携式计算器, 我们很容易验证

$$0 > \frac{1-\sqrt{5}}{2} > -0.62 \text{ 及 } 0.45 > \frac{1}{\sqrt{5}} > 0.$$

于是对于一切 $n \geqslant 1$, 有

$$\left|\frac{1}{\sqrt{5}}\left(\frac{1-\sqrt{5}}{2}\right)^n\right| < 0.3.$$

因此引理 10.4.5 就给出以下定理.

**定理 10.4.8** $F_n$ 是最接近 $\frac{1}{\sqrt{5}}(\frac{1+\sqrt{5}}{2})^n$ 的整数.

**练习 10.4.9** (i) 检验刚才给出的这个不等式.

(ii) 根据定义精确计算出 $F_{16}$. 利用你的便携式计算器来计算出 $\frac{1}{\sqrt{5}}(\frac{1+\sqrt{5}}{2})^{16}$. 你预料随着 $n$ 的增大, $\frac{1}{\sqrt{5}}(\frac{1+\sqrt{5}}{2})^n$ 会越来越精确地近似等于 $F_n$ 吗? 为什么?

现在让我们回到上一节开始研究的欧几里得算法上. 为了重新记起当时的内容, 读者应该先做下面这个练习.

**练习 10.4.10** (i) 随机选择两个五位数, 并对它们应用欧几里得算法.

(ii) 利用定理 10.4.8 和一台便携式计算器来计算出 $F_{20}$ 和 $F_{19}$. 将欧几里得算法应用于这两个数字. 你注意到什么? 对于所有 $n \geqslant 2$, $F_n$ 和 $F_{n-1}$ 的最大公约数是什么? 用欧几里得算法来求它需要多少步?

练习 10.4.10 强烈暗示, 斐波那契数列对欧几里得算法给出了 "最糟情况". 让我们来看看我们能否证明这一点. 假设 $a$ 和 $b$ 是两个整数, 其中 $a > b \geqslant 1$, 并假设欧几里得算法恰好需要 $n$ 步来求出它们的最大公约数 $c$. 如果我们定义 $a_{n+3} = a, a_{n+2} = b$ 和 $a_2 = c$, 那么就可以将此算法的 $n$ 步罗列如下.

$$\begin{array}{ll}
\text{第 } 1 \text{ 步} & a_{n+2} = q_{n+1}a_{n+1} + a_n, \\
\text{第 } 2 \text{ 步} & a_{n+1} = q_n a_n + a_{n-1}, \\
\vdots & \qquad\vdots \\
\text{第 } (n+2-k) \text{ 步} & a_{k+1} = q_k a_k + a_{k-1}, \\
\vdots & \qquad\vdots \\
\text{第 } (n-1) \text{ 步} & a_4 = q_3 a_3 + a_2, \\
\text{第 } n \text{ 步} & a_3 = q_2 a_2.
\end{array}$$

其中 $a_{k+1}, a_k, a_{k-1}$ 和 $q_k$ 都是整数, 且在 $3 \leqslant k \leqslant n+1$ 的情况下满足 $a_{k+1} > a_k > a_{k-1} > 0$ (即 "用 $a_k$ 除 $a_{k+1}$ 的商为 $q_k$ 且余数为 $a_{k-1}$"), 而 $a_3, a_2$ 和 $q_2$ 都是整数, 其中 $a_3 > a_2$ (即 "$a_3$ 恰好被 $a_2$ 整除, 商为 $q_2$"). 注意到, 由于 $a_{k+1} > a_k$, 因此对于 $3 \leqslant k \leqslant n+1$, 我们有 $q_k \geqslant 1$, 而 $q_2 \geqslant 2$.

如果我们现在将欧几里得算法应用于 $F_{n+2}$ 和 $F_{n+1}$, 我们就得到一种有启发性的平行对应关系:

$$\begin{array}{ll}
a_{n+2} = q_{n+1}a_{n+1} + a_n, & F_{n+2} = F_{n+1} + F_n, \\
a_{n+1} = q_n a_n + a_{n-1}, & F_{n+1} = F_n + F_{n-1}, \\
\qquad\vdots & \qquad\vdots \\
a_{k+1} = q_k a_k + a_{k-1}, & F_{k+1} = F_k + F_{k-1}, \\
\qquad\vdots & \qquad\vdots \\
a_4 = q_3 a_3 + a_2, & F_4 = F_3 + F_2, \\
a_3 = q_2 a_2, & F_3 = 2 = 2 \times 1 = 2F_2.
\end{array}$$

如果我们回忆起前一段最后一句话中给出的那些关于 $q_k$ 的事实, 我们就会得到更有启发性的平行对应关系:

$$\begin{aligned}
a_{n+2} &\geqslant a_{n+1}+a_n, & F_{n+2} &= F_{n+1}+F_n,\\
a_{n+1} &\geqslant a_n+a_{n-1}, & F_{n+1} &= F_n+F_{n-1},\\
&\vdots & &\vdots\\
a_{k+1} &\geqslant a_k+a_{k-1}, & F_{k+1} &= F_k+F_{k-1},\\
&\vdots & &\vdots\\
a_4 &\geqslant a_3+a_2, & F_4 &= F_3+F_2,\\
a_3 &\geqslant 2a_2, & F_3 &= 2F_2.
\end{aligned}$$

读者也许早已明白了这个论证如何终结, 但是万一你还不知道的话, 我们将最后一组方程按照相反的顺序写出来, 并且注意到 $a_2=c\geqslant 1, F_2=1$, 从而得到

$$\begin{aligned}
a_2 &\geqslant F_2, & & & &(1)\\
a_3 &\geqslant 2a_2, & F_3 &= 2F_2, & &(2)\\
a_4 &\geqslant a_3+a_2, & F_4 &= F_3+F_2, & &(3)\\
&\vdots & &\vdots & &\vdots\\
a_{k+1} &\geqslant a_k+a_{k-1}, & F_{k+1} &= F_k+F_{k-1}, & &(k)\\
&\vdots & &\vdots & &\vdots\\
a_{n+1} &\geqslant a_n+a_{n-1}, & F_{n+1} &= F_n+F_{n-1}, & &(n)\\
a_{n+2} &\geqslant a_{n+1}+a_n, & F_{n+2} &= F_{n+1}+F_n. & &(n+1)
\end{aligned}$$

我们立即就看到

| | | |
|---|---|---|
| 从 (1) 我们得到 | $a_2\geqslant F_2,$ | $(1)'$ |
| 从 $(1)'$ 和 (2) 我们得到 | $a_3\geqslant F_3,$ | $(2)'$ |
| 从 $(1)'$、$(2)'$ 和 (3) 我们得到 | $a_4\geqslant F_4,$ | $(3)'$ |
| 从 $(2)'$、$(3)'$ 和 (4) 我们得到 | $a_5\geqslant F_5,$ | $(4)'$ |
| $\vdots$ | $\vdots$ | $\vdots$ |
| 从 $(k-2)'$、$(k-1)'$ 和 $(k)$ 我们得到 | $a_{k+1}\geqslant F_{k+1},$ | $(k)'$ |
| $\vdots$ | $\vdots$ | $\vdots$ |
| 从 $(n-2)'$、$(n-1)'$ 和 $(n)$ 我们得到 | $a_{n+1}\geqslant F_{n+1},$ | $(n)'$ |
| 从 $(n-1)'$、$(n)'$ 和 $(n+1)$ 我们得到 | $a_{n+2}\geqslant F_{n+2}.$ | $(n+1)'$ |

于是我们就证明了下面这个值得注意的结果.

**定理 10.4.11** 设 $a$ 和 $b$ 是满足 $a > b \geqslant 1$ 的两个整数. 如果欧几里得算法需要 $n$ 步来求出它们的最大公约数, 则 $a \geqslant F_{n+2}$ 且 $b \geqslant F_{n+1}$.

另一种表述我们这些结果的方法如下.

**定理 10.4.12** 设 $a$ 和 $b$ 是满足 $a > b \geqslant 1$ 的两个整数. 如果 $a < F_{n+2}$ 或者 $b < F_{n+1}$, 那么用欧几里得算法来求得它们的最大公约数需要少于 $n$ 步. 如果 $a = F_{n+2}$ 且 $b = F_{n+1}$, 那么用欧几里得算法来求得它们的最大公约数恰好需要 $n$ 步.

将定理 10.4.8 和定理 10.4.12 结合起来, 我们就得到

**引理 10.4.13** 如果 $m, n$ 和 $N$ 都是满足

$$\frac{1}{\sqrt{5}}\left(\frac{1+\sqrt{5}}{2}\right)^N > m, \quad n \geqslant 1$$

的整数, 那么用欧几里得算法来求得 $m$ 和 $n$ 的最大公约数至多需要 $N$ 步.

**练习 10.4.14** (i) 写出前 15 个斐波那契数和 2 的前几次幂 (即 $2 = 2^1, 4 = 2^2, 8 = 2^3, \cdots$), 并用它们来比较由引理 10.4.13 和引理 10.3.6 给出的欧几里得算法所需步数的界限.

(ii) 利用

$$\frac{1+\sqrt{5}}{2} < 2$$

这个事实来证明, 如果引理 10.4.13 表明需要不超过 $N$ 步就能求 $n$ 和 $m$ 的最大公约数, 那么引理 10.3.6 就会表明需要不超过 $2N$ 步就能求出 $n$ 和 $m$ 的最大公约数.

(iii) (这部分可能需要掌握一定的对数运算.) 试证明如果 $N$ 非常大, 且引理 10.4.13 说明求 $n$ 和 $m$ 的最大公约数需要的步数不超过 $N$, 那么引理 10.3.6 就会说明求 $n$ 和 $m$ 的最大公约数需要的步数不超过 $1.4N$.

正如前面这些练习所说明的, 虽然引理 10.4.13 并不比引理 10.3.6 要好多少, 不过在我们证明引理 10.3.6 的时候, 完全不清楚它还能够有多大的改进. 有了引理 10.4.13, 我们就知道自己拥有的已是可能得到的最佳结果了.

# 几种现代算法 第 11 章

## 11.1 铁路问题

1859 年, 法国和奥地利在意大利开战. 在各支军队沿着大路行军的时候, 他们向旁边疾驰而过的列车愉快地挥着手. 这是一场很传统的战争, 只有一些小型的职业行军部队为有限的几个目标而作战, 每场战役都是早晨开始、傍晚结束. 两年后开始的美国内战则是一种具有意识形态色彩的新型战争, 作战目的是为了让对方无条件投降, 作战的双方都是大型的征召军队, 他们乘坐列车匆匆跨越漫长的距离, 去参加空间跨度不断延伸、时间长度不断增加的一场场战役.

普鲁士首领老毛奇① 当时也是德国军事成员②, 他并没有非常重视内战开始时所展示的将领指挥才能 (他将对方军队称为 "一伙武装的乌合之众, 在全国各地相互追逐" (参见 [150] 第 126 页)). 不过, 他很快就从一次冲突中吸取了教训, 在这次冲突中, 避免陷入僵持的唯一方法就是 "使大多数人首先赶到那里", 而达到此目的的手段就是铁路.

> 老毛奇下令: "不要再建造堡垒了, 建造铁路." 他已经在一张铁路图上排布好他的战略, 并将铁路是战争的关键这一信条传了下去. 在德国, 铁路系统处于军方控制之下, 每条线路都配有一名参谋官. 假如没有总参谋部的允许, 就不能铺设或者改变任何轨道. 一年一度的调集军事演习使军官们保持不断地演练, 同时也测试他们根据电报中所报告的线路被切断和桥梁被摧毁的消息来临时调集和转变交通的能力. 据说, 由军事学院培养出来的那些最出色的人员都去了铁路部门, 而他们最终在精神病院中死去 (参见 [242] 第 6 章).

1870 年, 形式上统一的德国打败了法国, 德国军事参谋坚持要求占领阿尔萨斯–洛林 (Alsace-Lorraine), 以提高防御法国可能复仇的军事安全性. 当然, 法国失去了

---

① 老毛奇 (elder Moltke) 是普鲁士军事家赫尔穆特 · 卡尔 · 贝恩哈特 · 冯 · 毛奇 (Helmuth Karl Bernhard von Moltke, 1800—1891) 的绰号, 1857 年到 1888 年任普军和德军总参谋长. 他的侄子赫尔穆特 · 约翰内斯 · 路德维希 · 冯 · 毛奇 (Helmuth Johannes Ludwig von Moltke, 1848—1916) 的绰号是小毛奇, 1906 年到 1914 年任德军总参谋长. —— 译注

② 他在对丹麦、奥地利和法国的各场战争中都取得了胜利. 据说他只微笑过两次, 一次是他岳母去世的时候, 还有一次是他看到丹麦的防御工事的时候. —— 原注

阿尔萨斯 – 洛林, 这就排除了德国与法国取得永久和解的任何可能性. 尽管德国十分强大, 足以在法国孤身赴战的情况下将其击溃, 但是如果法国找到同盟的话, 情况也许就不是这样了. 当时, 俄罗斯与德国结盟, 而俄罗斯的铁路系统并不发达, 但是如果俄罗斯改变立场, 开发自己的铁路系统和铁路工业, 它就会构成一个令人望而生畏的挑战. 为了延缓这一进程, 德国政府关闭了德国对俄罗斯的资本市场, 于是驱使它投入法国的臂弯. 如今法俄同盟致使德国为在两条前线上制定作战计划成为势在必行, 而且制定出来的计划必须要在俄罗斯军队尚在调动过程中的时候就给法国致命一击, 而获胜后的军队再匆忙赶回来面对俄罗斯的攻击.

随着一年一年过去, 同时随着俄罗斯铁路系统的发展, 能够用于击败法国而获得决定性胜利的时间越来越少. 为了赢得迅速的胜利, 军队调集过程就必须做到与攻击完全平滑地衔接. 在外交官们进行谈判的时候, 列车和军队都不能在法国边境停留, 而计划中的胜利所需要的各种技术条件, 则要求通过中立的比利时向前推进, 从而使英国进入对德作战状态.

在 1914 年斐迪南大公遇刺而导致的日渐升级的外交紧张局势中, 俄罗斯人开始调集起来. 对于俄罗斯而言, 这只是外交手腕中的另一张牌而已, 然而对于德国军队而言, 俄罗斯人得以调集的每一天, 都意味着在与法国的冲突中损失了一天. 法国人急切地要向英国显示, 如果战争爆发, 他们就会别无选择, 而只能将他们的兵力撤退到其边境后方十千米处. 德国总参谋部决定, 宁愿接受毫无理由的进攻所带来的公愤, 也不愿意接受由于耽搁而引起的军事风险. 第一批军队越界进入了中立的卢森堡, 去夺取各铁路枢纽. 这一刻, 德国皇帝恐慌了. 难道不使法国卷入, 就无法着手对付俄罗斯了吗? 这些军队受命返回, 所给的解释是 "犯了一个错误". 德国军队指挥官这时告诉皇帝说, 计划已不可能改变. "此事不能做①. 不可能临时调集数百万的军队. ······ 这些安排花费了一年时间才完成 ······ 一旦确定了就不可能更改." 这些军队重新进入卢森堡, 于是第一次世界大战爆发了②.

铁路在接连的两次世界大战中都扮演着至关重要的角色, 并且也在为随后的冷战中所构想的第三次世界大战所制定的计划之内. 美国武装部队委托开展研究, 目的是为了发现一些方法, 来使新发明的电子计算机能够应用于解决各种运输和供给问题. 其中一个问题是 "铁路问题", 即提出沿某一给定铁路网从 $A$ 地到 $B$ 地的最大列车数量. 这个问题由福特 (Ford) 和福尔克森 (Fulkerson)给出了解答. 正如经常发生的那样, 他们俩以及其他一些人后来又发现了几种更加简单也更加吸引人的方法, 我会介绍其中的一种. (先驱性的工作总是显得笨拙, 因此根据伯西柯维

① 当这条给德国皇帝的建议在战后揭露时, 德国军队的铁道部部长对这样一条诋毁他的专业胜任能力的诽谤感到怒不可遏, 以致写了一本充斥着大量图表的书, 以此表明此事本可行, 而且他原本也可以完成此事. —— 原注

② 读到这里, 读者已经读到了导致第一次世界大战的三个可能的原因: 由于斐迪南大公被谋杀而导致; 由于一场军备竞赛而导致; 或者是由一张铁路时间表所导致. 这三种推断的原因相互并不排斥. —— 原注

奇[①]的说法, 数学家们的名声依赖于他们所给出过的劣质证明的数量.)

首先我们需要从数学上来阐述这个问题. 假设有 $n$ 个镇, 我们将它们标记为 $1,2,\cdots,n$. 在 $i$ 镇和 $j$ 镇之间的铁路线每小时最多能够运行 $c_{ij}$ 趟从 $i$ 镇到 $j$ 镇的列车. (如果 $i$ 镇和 $j$ 镇之间没有铁路, 我们就令 $c_{ij}=0$.) 我们的方法并没有假设 $c_{ij}=c_{ji}$, 因此就没有假设每小时向一个方向能够运行的列车数量与另一个方向的数量相同, 尽管实际情况常常如此. 把按照我们的计划, 每小时从 $i$ 镇到 $j$ 镇的实际列车数量写作 $x_{ij}$. 取 $c_{ii}=x_{ii}=0$ (我们对于从 $i$ 镇出发后再回到 $i$ 镇的那些列车不感兴趣). 显然, 对于一切 $1\leqslant i,j\leqslant n$, 都有

$$0\leqslant x_{ij}\leqslant c_{ij}.$$

如果我们希望列车从 1 镇移动到 $n$ 镇, 那么离开那些中途镇的列车数就必须和进入这些镇的列车数一样多. 于是对于 $2\leqslant i\leqslant n-1$ 有

$$\sum_{j=1}^{n}x_{ij}=\sum_{j=1}^{n}x_{ji},$$

而每小时离开 1 镇和到达 $n$ 镇的列车数量 $F$ (车**流量**) 就由下式给出:

$$F=\sum_{j=1}^{n}x_{1j}=\sum_{j=1}^{n}x_{jn}.$$

我们希望将这个**流量值** $F$ 最大化.

为了比较透彻地理解这个问题, 我们将这些镇构成的集合 $\{1,2,\cdots,n\}$ 分成两个子集 $S_1$ 和 $S_2$, 其中第一个子集包含 1 镇 (源头), 而第二个子集则包含 $n$ 镇 (终点). (规范的表述是, 我们要求 $S_1\cup S_2=\{1,2,\cdots,n\}$, $S_1\cap S_2=\varnothing$, $1\in S_1$ 及 $n\in S_2$. 我们将这种分解 $\{S_1,S_2\}$ 称为一个**截集**.) 现在假设我们在从 $S_1$ 中的镇到 $S_2$ 中的镇之间的每条轨道旁边都安置观察者. 他们每小时观察到的列车总数会大于或者等于从 $S_1$ 到 $S_2$ 每小时的总列车数 (有些列车可能是从 $S_2$ 向 $S_1$ 行驶), 而后者转而又等于每小时从 1 镇到 $n$ 镇的流量值 $F$. 正式的表述为

$$\sum_{i\in S_1,j\in S_2}x_{ij}\geqslant\sum_{i\in S_1,j\in S_2}x_{ij}-\sum_{i\in S_1,j\in S_2}x_{ji}=F.$$

(此处 $\sum_{i\in S_1,j\in S_2}x_{ij}$ 的意思是满足 $i\in S_1$ 和 $j\in S_2$ 的一切 $x_{ij}$ 之和. ) 回想起 $x_{ij}\leqslant c_{ij}$ (每小时的列车数量不能超过轨道的承载能力), 我们就会看出

$$\sum_{i\in S_1,j\in S_2}c_{ij}\geqslant\sum_{i\in S_1,j\in S_2}x_{ij}\geqslant F.$$

① 艾伯拉姆 · 伯西柯维奇 (Abram Besicovitch, 1891 — 1970), 俄罗斯数学家, 主要研究领域为概率论. —— 译注

假如我们将 $\sum_{i\in S_1,j\in S_2} c_{ij}$ 称为截集 $\{S_1,S_2\}$ 的**截值**, 我们就得到

$$\text{截值 } C \geqslant \text{流量值 } F.$$

既然我们在论证过程中没有明确规定任何特定的流量或截集, 那么事实上我们就证明了

$$\text{任何截值} \geqslant \text{任何流量值},$$

因此

$$\text{最小截值} \geqslant \text{最大流量值}.$$

进一步说, 如果我们发现一个流量 $x_{ij}$ 和一个截集 $\{S_1,S_2\}$, 它们的流量值和截值相等, 那么前面的这个不等式就说明, 不存在任何具有更大流量值的流量, 也不存在任何具有更小截值的截集.

我们将这些结论总结为一条定理.

**定理 11.1.1** 对于任何网络都有

$$\text{最小截值} \geqslant \text{最大流量值},$$

并且如果我们能够找到一个流量和一个截集, 使它们满足

$$\text{截值} = \text{流量值},$$

那么这个流量值就是最佳可能值.

这条定理又转而构成了一种求最佳可能流量的算法的基础. (可能会有许多不同的流量模式都给出相同的最大流量值.)

我们假设所有的 $c_{ij}$ 都是整数. 从表面上看来, 这似乎是一条约束性很强的限制条件, 但其实并不是这样. 如果其中一条轨道的承载能力是每小时 $3\frac{1}{2}$ 趟列车, 而另一条轨道的承载能力则是 $4\frac{2}{3}$, 那么我们用每小时 $\frac{1}{6}$ 趟列车作为单位来进行计算, 从而足以将题目重新叙述为一道只包含整数的题目. 我们的算法需要:

**一个初始整数流量** 我们需要一个可能流量模式, 其中所有的 $x_{ij}$ 都是整数. 有这样的一个流量是显而易见的, 这是因为我们可以对一切 $i,j$ 都使用 $x_{ij}=0$ (即根本没有任何列车在行驶), 但是事实上, 我们可以对最佳流量做一个好得多的猜测, 以此作为我们的起点.

一旦我们有了一个整数流量, 我们就可以应用:

**中心提高步骤** 定义

$$A_0 = \{1\},$$
$$A_1 = A_0 \cup \{j : c_{1j} > x_{1j} - x_{j1}\},$$
$$A_2 = A_1 \cup \{j : \text{对于某一 } i \in A_1, c_{ij} > x_{ij} - x_{ji}\},$$

以及更具有一般性的

$$A_{r+1} = A_r \cup \{j : \text{对于某一 } i \in A_r, c_{ij} > x_{ij} - x_{ji}\}.$$

于是 $A_0$ 仅由源头的 1 镇构成. 构成集合 $A_1$ 的是源头的 1 镇, 再加上 1 镇对其供给不足的所有 $j$ 镇, 即每小时从 1 镇输送到 $j$ 镇的列车总数 $x_{1j} - x_{j1}$ 小于从 1 镇到 $j$ 镇的轨道承载能力 $c_{1j}$. 一旦找到这些镇构成的集合 $A_r$, 我们就取 $A_{r+1}$ 作为由 $A_r$ 中的所有镇再加上 $A_r$ 对其供给不足的所有 $j$ 镇构成的集合, 即在 $A_r$ 中存在着一个 $i$ 镇, 对于该镇每小时从 $i$ 镇输送到 $j$ 镇的列车总数 $x_{ij} - x_{ji}$ 小于从 $i$ 镇到 $j$ 镇的轨道承载能力 $c_{ij}$.

在每一个阶段, 要么 $A_{r+1} = A_r$, 要么 $A_{r+1}$ 中包含的镇至少比 $A_r$ 中多一个. 既然一共只有 $n$ 个镇, 那么其结果就是, 对于某个 $r \leqslant n$, 我们达到的状态是, 要么

(I) $n \in A_r$, 要么

(II) $n \notin A_r$, 但是 $A_{r+1} = A_r$.

在达到这种状态的那一刻, 我们就停下来. 如果 (II) 成立, 那么我们就移至下文给出的**最终步骤**. 如果 (I) 成立, 我们就继续作如下处理.

令 $i(r) = n$. 既然 $n = i(r)$ 在 $A_r$ 中但不在 $A_{r-1}$ 中, 那么 $A_{r-1}$ 中必有一个 $i(r-1)$ 镇对其供给不足, 但在 $A_{r-2}$ 中却没有这样的镇. 接下去的结论就是, 对于在 $A_{r-1}$ 中而不在 $A_{r-2}$ 中的 $i(r-1)$ 镇, $A_{r-2}$ 中必有一个 $i(r-2)$ 镇对其供给不足, 但在 $A_{r-3}$ 中却没有这样的镇. 按照这种方式继续下去, 我们就发现一连串镇 $i(s) \in A_s$, 对于其中的每一个镇, 前一个 $i_{s-1}$ 镇都对其供给不足, 于是在 $1 \leqslant s \leqslant r$ 的情况下, 下列不等式成立:

$$c_{i(s-1)i(s)} > x_{i(s-1)i(s)} - x_{i(s)i(s-1)}.$$

既然 $i(0) \in A_0$, 且 $A_0$ 仅由源头的 1 镇构成, 从而有 $i(0) = 1$, 因此我们就有一连串供给不足的镇, 它们从源头的 1 镇延伸到终点的 $n$ 镇. 现在我们显而易见的做法就是沿着这根链增加每小时运行的列车数量. 令

$$u = \min_{1 \leqslant s \leqslant r} (c_{i(s-1)i(s)} - (x_{i(s-1)i(s)} - x_{i(s)i(s-1)}))$$

(于是 $u$ 就是沿着这跟链的最小底流). 通过增大 $x_{i(s-1)i(s)}$ 或者减小 $x_{i(s)i(s-1)}$ (或者两者同时进行), 我们就能够求出两个新的整数值 $x'_{i(s-1)i(s)}$ 和 $x'_{i(s)i(s-1)}$, 它们仍然

满足

$$0 \leqslant x'_{i(s-1)i(s)} \leqslant c_{i(s-1)i(s)} \text{ 及 } 0 \leqslant x'_{i(s)i(s-1)} \leqslant c_{i(s)i(s-1)},$$

但是对于每个 $1 \leqslant s \leqslant r$ 还有

$$x'_{i(s-1)i(s)} - x'_{i(s)i(s-1)} = x_{i(s-1)i(s)} - x_{i(s)i(s-1)} + u,$$

因此沿着整根链每小时的列车数量增加量为 $u$. 如果现在对于所有其他的 $i, j$ 对, 我们令 $x'_{ij} = x_{ij}$ (从而使其余的交通流量保持不变), 那么我们就有一个新的整数流量, 其流量值比我们开始时的流量每小时多 $u$ 趟列车. (既然 $u$ 是一个严格正整数, 那么我们就将流量值至少提高了 1.)

现在我们对这个新的流量进行**中心提高步骤**. 这或者会带领我们进入第 (II) 种情况和**最终步骤**, 或者会产生另一个流量值至少增加 1 的流量, 我们转而能对这个流量进行**中心提高步骤**, 以此类推. 这一进程必定会终止, 因为我们知道流量值不可能超过任何截值, 而每应用一次**中心提高步骤**, 我们的流量值就至少增加 1. 能终止此进程的唯一方式必定是通过第 (II) 种情况和**最终步骤**.

**最终步骤** 回顾我们如何经由**中心提高步骤**中的第 (II) 中情况而到达此处, 我们就会看到, 我们有一个包含 1 但不包含 $n$ 的集合 $A_r$, 而使得

$$A_r = A_{r+1} = A_r \cup \{j : \text{对于某一 } i \in A_r, c_{ij} > x_{ij} - x_{ji}\},$$

因此

$$\text{对于一切 } i \in A_r \text{ 及一切} j \notin A_r, c_{ij} = x_{ij} - x_{ji}.$$

由于 $x_{ji} \geqslant 0$ 且 $c_{ij} \geqslant x_{ij}$, 因此上面的最后结论可以被加强, 从而给出

$$\text{对于一切 } i \in A_r \text{ 及一切 } j \notin A_r, c_{ij} = x_{ij} \text{ 及 } x_{ji} = 0.$$

如果我们令 $S_1 = A_r$ 并将 $S_2$ 取为由余下那些镇所构成的集合, 那么前面一段内容就告诉我们, 有一个截集, 使得

$$\text{对于一切 } i \in S_1 \text{ 及一切 } j \in S_2, c_{ij} = x_{ij} \text{ 及 } x_{ji} = 0,$$

并且没有列车从 $S_2$ 向 $S_1$ 行驶, 而从 $S_1$ 到 $S_2$ 的所有轨道都满负荷使用. 因此, 正在讨论的流量和截集满足

$$\text{截值} = \sum_{i \in S_1, j \in S_2} c_{ij} = \sum_{i \in S_1, j \in S_2} x_{ij} = \text{流量值},$$

于是根据定理 11.1.1, 我们的流量就是最佳可能流量.

我们在图 11.1 中给出此进程的图解. 希望亲手尝试一下福特 – 福尔克森算法 (Ford-Fulkerson algorithm) 的读者会在图 11.2 中找到从剑桥大学数学测验试卷

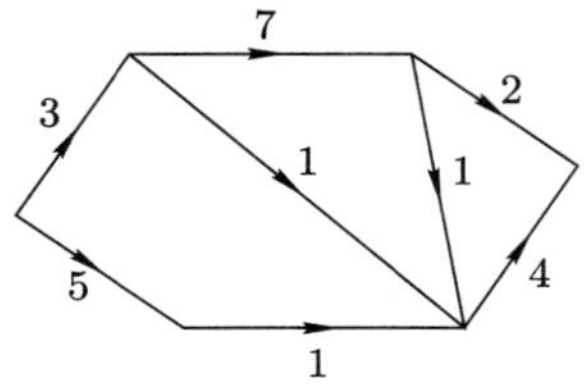


(a) 数字表示最大承载能力
(所有未标记的线路为零)

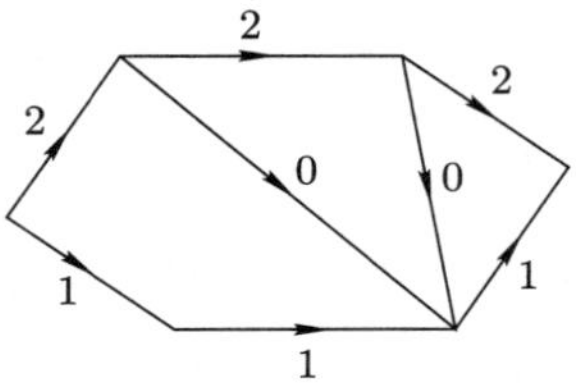


(b) 一种可能的流量

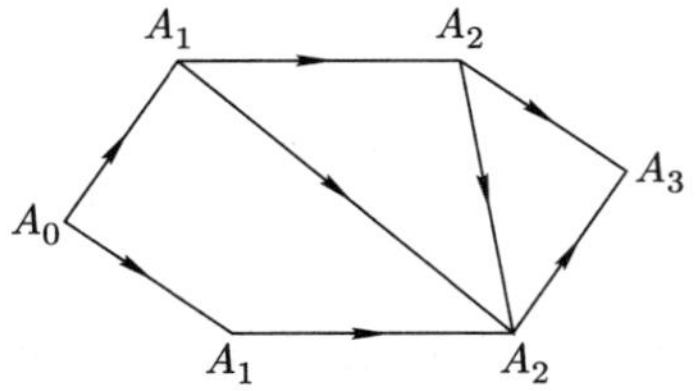


(c) 各底流镇

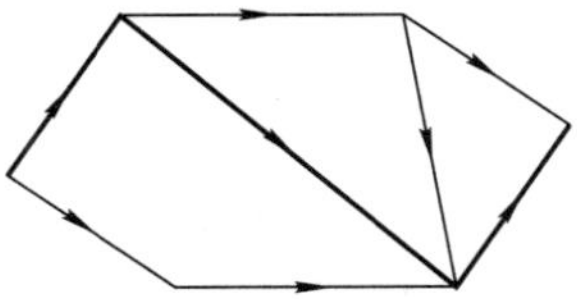

(d) 一条底流路径

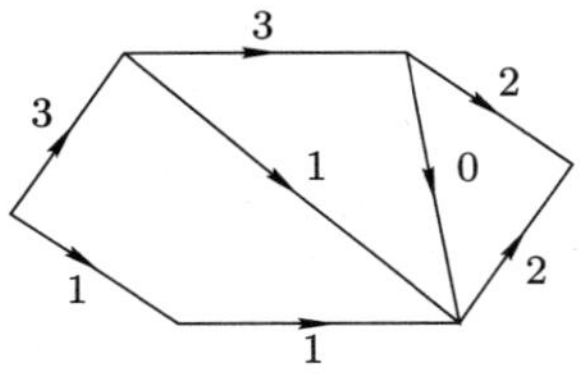


(e) 新的流量

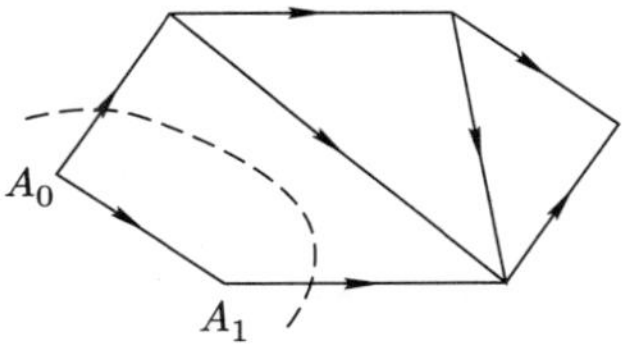


(f) 新流量中的各底流镇，以及证明这种流量为最大的一种截集

图 11.1　福特－福尔克森算法在起作用

中收集到的一系列问题.(请注意,图中的这些箭头表示允许的方向.如果 $i$ 和 $j$ 之间没有线,就表示 $c_{ij}=0$,如果有线但没有箭头,就表示 $c_{ij}=c_{ji}$.)

**练习 11.1.2**　求出图 11.2 中显示的这些系统的最佳流量.在每种情况下都求出一个流量值等于截值的截集,以此来检验你的解答.

**练习 11.1.3**　(i) 提提普① 地铁系统有编号为 0 到 $2n+1$ 的 $2n+2$ 个车站,并且从 $i$ 站到 $j$ 站的承载能力是 $c_{ij}$ (单位是每一刻钟的地铁趟数),其中

$$\begin{gathered}
\text{若 } 1\leqslant j\leqslant n,\ \text{则 } c_{0j}=n;\\
\text{若 } n+1\leqslant i\leqslant 2n,\ \text{则 } c_{i(2n+1)}=n;\\
\text{若 } 1\leqslant j\leqslant n \text{ 且 } n+1\leqslant i\leqslant 2n,\quad \text{则} c_{ij}=0 \text{ 或 } c_{ij}=1;\\
\text{否则 } c_{ij}=0.
\end{gathered}$$

① 提提普 (Titipu) 是 1885 年首演的英国漫画风格歌剧《日本天皇》(*The Mikado*, 又名《提提普镇》(*The Town of Titipu*)) 中的地名. —— 译注

图 11.2 福特 – 福尔克森算法的两个练习

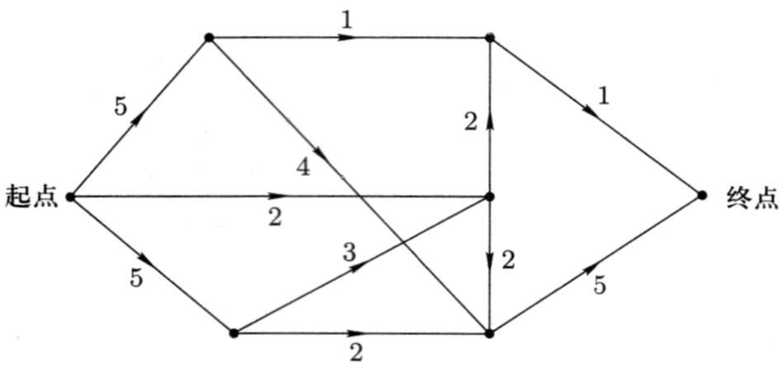


(a)

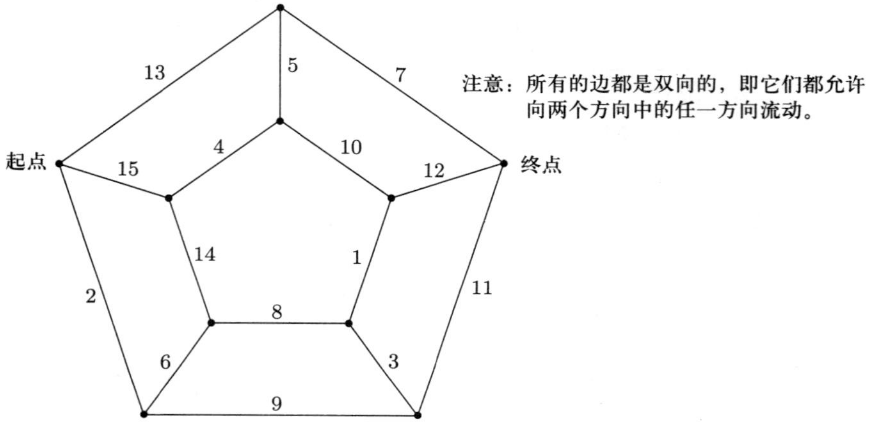


(b)

图 11.3 中表示了这个系统. 这个系统仅是单向运行的, 这一点并不是一个缺陷, 而是一种设计特点, 因为日本天皇 (他有一辆车) 支持健康锻炼. 每一刻钟有 $n$ 列车从 0 车站到 $2n+1$ 车站的充要条件是: 每当 $S$ 是 $\{1,2,\cdots,n\}$ 的一个有 $k$ 个成员的子集时, 我们就有 $\sum_{i\in S}\sum_{j=n+1}^{2n} c_{ij} \geqslant k$ (因此编号在 1 至 $n$ 之间的车站构成的每个集合都至少与同样数量的、编号在 $n+1$ 至 $2n$ 之间的车站相连接), 试证明当且仅当满足这一条件时, 每一刻钟有 $n$ 趟地铁可以从 0 站运行至 $2n+1$ 站.

(ii) 最近在提提普发生了一些事件之后, 天皇宣布: "年轻人结婚时应该少唱歌、少跳舞." 在一个指定的日期, 学校的 $n$ 位符合条件的少女都必须各自呈交一张清单, 其中列出她准备下嫁的那些符合条件的年轻男子. 随后 "总管其余一切大臣" (顺便说一下, 他也设计了地铁) 必须草拟一个清单, 将每一位少女嫁给她准备考虑的那些年轻男子中的一位. (由于某种奇异的巧合, 提提普恰好有 $n$ 位符合条件的年轻男子. ) 倘若任务失败, 就会受到提提普常见的那些处罚. 试证明当且仅当由 $k$ 位少女构成的每个集合都至少指定 $k$ 位可能的情郎时, 这位 "总管其余一切大臣" 才能够取得成功 (这被称为 "菲利普 · 霍尔婚姻引理" (Philip Hall's marriage lemma), 而且事

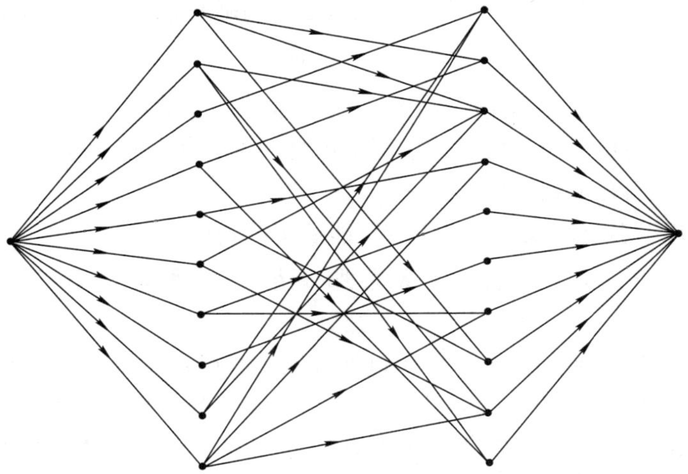

图 11.3　提提普地铁

实证明这在广泛的各种数学学科中都是一个极其有用的结果). 如果可能的话, 试给出一种算法, 让 “总管其余一切大臣” 能够完成他的任务.

如果提提普符合条件的年轻男子数量没有明确指定为 $n$, 那么你的这些答案会如何改变? 为什么?

正如最大流量不必是唯一的那样, 流量值等于截值的 “临界截集” (critical cut) 也可能不止一种. 不过, 如果我们有一个临界截集 $(S_1, S_2)$, 其中 $1 \in S_1, n \in S_2$, 那么我们就知道:

1. 除非 $i$ 属于 $S_1$ 且 $j$ 属于 $S_2$, 否则增大从 $i$ 到 $j$ 的线路的承载能力 $c_{ij}$ 并不会提高最大总流量. (由于从 $S_1$ 到 $S_2$ 的所有线路都在满负荷运作, 因此提高其他地方的列车流量也就毫无意义.) 临界截集是一个 “瓶颈”.
2. 如果从 $S_1$ 中的一个 $i$ 镇到 $S_2$ 中的一个 $j$ 镇的线路被损坏, 从而导致承载能力 $c_{ij}$ 降低, 那么截集 $(S_1, S_2)$ 的截值也随之下降, 进而导致 (这是因为最大流量绝对不超过任何截集的值) 最大总流量减小. 因此, 如果是在军事背景下, 你就应该专注于保护那些跨越截集的线路, 而你的对手则应该专注于摧毁它们.

倘若读者还没有因数学之美而大为惊叹, 那么对于将它应用在真实铁路上运行真实列车时的情况, 他也许仍然保持着一些怀疑. 当然, 铁路绝不仅仅只是一个数字 $c_{ij}$—— 还有感到疲惫而出错的铁路工人们; 还有那些发生故障的列车; 即使是在和平时期, 也可能会有一百零一件事情出错, 而在战争的烟雾和混乱之中, 就会有一千件事情出错了. 我认为, 如果我们把计算机视为永无过错的神谕, 那么这样的一些异议是适用的, 但是如果我们将它视为一位额外的顾问, 依据在算法中没有兼顾到的其他信息来提出几种可供尝试和修改的计划, 那么这种异议就不适用了.

当然, 福特 – 福尔克森算法可应用于从电话和计算机网络到管道的一切事物. 这是第一个不断扩展的网络算法集合, 其中包含的内容举例来说有为复杂项目制定时间表等. 在下一节中, 我们会考虑在大型通信网络的管理中所浮现出来的许多问题之一.

**练习 11.1.4** 假设给你 $n$ 个镇: $1, 2, \cdots, n$, 再加上一张清单, 对于每一对 $i, j$ 镇 (其中 $i \neq j$), 这张清单都要么告诉你这两个镇之间没有任何直接连线, 要么告诉你它们之间的最短直接连线长度为 $l_{ij}$.

(i) 试给出一种算法来辨别是否有可能从 1 镇到达 $n$ 镇.

(ii) 如果从 1 镇到 $n$ 镇有一条路线, 那么请给出一种算法来求出从 1 镇到 $n$ 镇的最短路线.

[存在着许多不同的可能算法, 不过你应该争取找到某种速度显著高于 “检验所有可能路线” 的方法. 第 (ii) 部分比第 (i) 部分要难. 如果你对第 (ii) 部分完全没辙, 那么就画一张有适度复杂度的道路图, 并把从 $1, 2, \cdots, n-1$ 各镇出发的最短路线都涂成红色. 你在这个图案中注意到什么?]

## 11.2 布雷斯悖论

数学家们喜欢在力所能及的情况下证明一些事情, 这在一定程度上是由于他们喜欢精确推理本身, 不过此外也是由于经验告诉他们, “显而易见” 的事情未必总是正确的. 1968 年, 布雷斯①给出了以下这个例子②(参见 [112]).

考虑汽车司机们在一段交通拥挤时间从 $A$ 镇驾驶到 $B$ 镇. 两镇之间存在着两条路线, 其中一条经由 $X$, 另一条经由 $Y$. 当较多的汽车使用其中一条道路时, 每辆车的平均速率就降低了. 在这个例子中, 我们将假设如果每小时有 $p$ 千辆汽车使用道路 $AX$, 那么每辆汽车从 $A$ 行驶到 $X$ 所花费的时间就是 $10p + 10$ 分钟. 所有四条道路的时间都显示在表 11.1 和图 11.4 中.

**表 11.1 布雷斯的路线系统所需时间**

| 路线 | $AX$ | $XB$ | $AY$ | $YB$ |
|---|---|---|---|---|
| 花费的分钟数 | $10p + 10$ | $p + 60$ | $p + 60$ | $10p + 10$ |

假设现在每小时有 $2n$ 千辆汽车从 $A$ 镇行驶到 $B$ 镇 (2 这个因子减少了计算过程中分数出现的次数, 但是除此以外没有任何其他意义), 其中每小时有 $x$ 千辆汽车使用通过 $X$ 的路线, 有 $y = 2n - x$ 千辆汽车使用通过 $Y$ 的路线. 经由 $X$ 的行驶时

---

① 迪特里希 · 布雷斯 (Dietrich Braess, 1938—), 德国数学家, 他提出的布雷斯悖论在上海科技教育出版社出版的《不可思议?—— 有悖直觉的问题及其令人惊叹的解答》(朱利安 · 哈维尔著, 涂泓译, 冯承天译校) 一书中也有详细讨论. —— 译注

② 布雷斯教授的主页是:http://homepage.ruhr-uni-bochum.de/Dietrich.Braess. 其中有讨论他这一卓越悖论论文的清单. —— 原注

间是

$$t_X = (10x + 10) + (x + 60) = 11x + 70,$$

而经由 $Y$ 的行驶时间是

$$t_Y = 11y + 70.$$

假如允许司机们自行选择道路, 那么想必他们都会选择花费最短时间的那一条. 但是, 由于较多司机选择这条路线, 它就会变得更加拥挤, 因此花费的时间也会上升. 与此同时, 由于较少司机选择另一条路线, 它所耗费的时间也会减少. 直到两条路线花费的时间相等时, 这些变化才会停止, 这时司机们就不会有任何动机宁愿选择一条路线而不愿意选择另一条. 这个系统就会稳定下来, 处于一种两条路线花费同样时间的状态, 因此

$$11x + 70 = t_X = t_Y = 11y + 70.$$

由此可见, 如果允许司机们自主决定, 那么就会有 $x = y$, 因此 $x = y = n$. 每位司机的行程时间就会是 $70 + 11n$ 分钟.

现在假设我们决定不再允许自由选择, 取而代之的是由我们来用某种方法指挥司机们, 从而使**平均**行程时间 $A(x, y)$ 最小化. 容易看出,

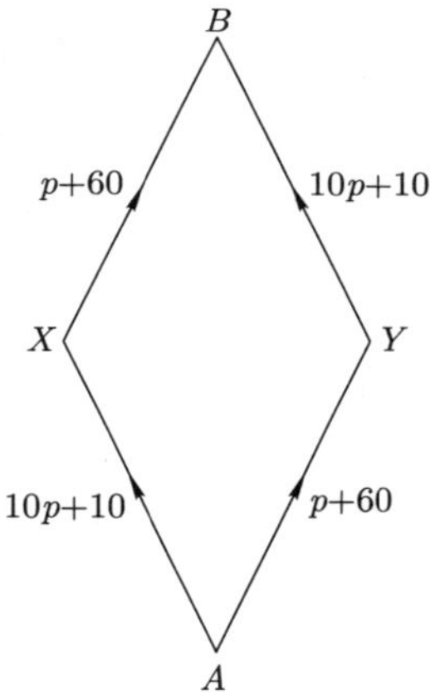

图 11.4　布雷斯的路线系统, 修建缓解道路之前

$$\begin{aligned} A(x, y) &= (2n)^{-1}(xt_X + yt_Y) \\ &= (2n)^{-1}(x(11x + 70) + y(11y + 70)) \\ &= (2n)^{-1}(11(x^2 + y^2) + 70(x + y)), \end{aligned}$$

又由于 $x + y = 2n$, 因此

$$\begin{aligned} A(x, y) = A(x) &= 11(2n)^{-1}(x^2 + (2n - x)^2) + 70 \\ &= 11(2n)^{-1}(2x^2 - 4nx + 4n^2) + 70. \end{aligned}$$

我们必须对 $x$ 做出选择, 从而使 $A(x)$ 最小化, 许多读者都会知道如何做到这一点.

**引理 11.2.1**　如果 $a, b$ 和 $c$ 都是实数, 且 $a > 0$, 那么

$$at^2 + bt + c \geqslant c - \frac{b^2}{4a^2}.$$

这个不等式仅在唯一取值 $t = -b/(2a)$ 时变成一个等式.

**证明**　注意到

$$at^2+bt+c=a\left(t+\frac{b}{2a}\right)^2+c-\frac{b^2}{4a^2}.$$

(我们说这个公式是由“配方法”得到的.) 由于

$$a\left(t+\frac{b}{2a}\right)^2\geqslant 0,$$

该式仅在 $t=-b/(2a)$ 时取等号, 因此就得到题中所述的结果. ■

引理 11.2.1 告诉我们 $A(x)\geqslant 70+11n$, 并且仅在 $x=y=n$ 时得唯一最小值. 于是就说明, 我们为了社会的更大利益而进行的这些复杂计算①, 结果却与这些驾车的人各自做出自私的决定有相同的结果. 当此类事情发生的时候, 经济学家们就摆出一副自鸣得意的样子, 然后就提起亚当 · 斯密②的那个“看不见的手”的比喻说法.

**练习 11.2.2**　陈述并证明当 $a<0$ 时一个对应于引理 11.2.1 的结果. 如果 $a=0$ 又会发生什么? (在这两种情况下, 分别画出函数 $at^2+bt+c$ 的图像, 也许是一个好主意.

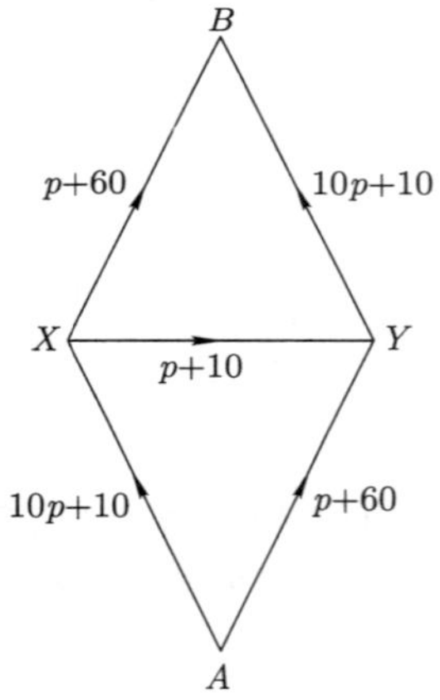


图 11.5　布雷斯的路线系统, 修建缓解道路之后

现在假设从 $X$ 到 $Y$ 修建了一条单向缓解道路, 并且如果每小时有 $p$ 千辆汽车使用这条从 $X$ 到 $Y$ 的路线, 那么每辆车从 $X$ 行驶到 $Y$ 所花费的时间是 $p+10$ 分钟. (我们将这条道路设定为单行道是为了简化数学. 双向道路的情况留给读者在练习 11.2.6 中完成. ) 这个系统的所有其他部分都保持不变. 图 11.5 中显示了这个新的道路系统. 现在从 $A$ 到 $B$ 有三种可能的路线: 原来的两条路线 $AXB$ 和 $AYB$, 以及使用缓解道路的新路线 $AXYB$. 让我们假设每小时有 $2n$ 千辆车从 $A$ 行驶到 $B$, 其中每小时有 $x$ 千辆车使用路线 $AXB$, 有 $y$ 千辆车使用路线 $AYB$, 还有 $2z$ 千辆车使用路线 $AXYB$. 我们注意到 $x+y+2z=2n$.

既然使用路线 $AXB$ 的那些车辆与使用路线 $AXYB$ 的那些车辆共用 $AX$ 这段道路, 那么路线 $AXB$ 的行驶时间就是

$$t_X=(10(x+2z)+10)+(x+60)=11x+20z+70.$$

同理, 路线 $AYB$ 的行驶时间是

$$t_Y=11y+20z+70,$$

---

① 我们有可能利用对称性来减少工作量. 在一次演讲中, 爱因斯坦对他的听众们这样说: “闵科夫斯基有一种聪明的方法来做这项计算. 不过, 粉笔要比头脑廉价, 所以我们会用愚蠢的方法来做.” —— 原注

② 亚当 · 斯密 (Adam Smith, 1723—1790), 英国苏格兰哲学家和经济学家, 经济学的主要创立者. 他所提出的“看不见的手” (invisible hand) 的意思是说自由市场表面看似混乱, 实际上有一种无形的力量引导市场做出正确的反应. —— 译注

而那条新的、由三段路构成的路线 $AXYB$ 的行驶时间是

$$t_Z = (10(x+2z)+10)+(2z+10)+(10(y+2z)+10) = 10(x+y)+42z+30.$$

倘若驾车人自由选择他们自己的路线, 那么如果 $x<y$, 就会有 $t_X<t_Y$, 因此这些驾车人就会从路线 $AYB$ 转换到较快的路线 $AXB$. 于是就会变成 $x \geqslant y$, 而出于同样的理由又会得到 $y \geqslant x$, 因此 $x=y$. 其结果是 $x=y=n-z$,

$$t_X = t_Y = 11n+9z+70 \text{ 且 } t_Z = 20n+22z+30.$$

于是

$$t_X - t_Z = 40-9n-13z. \tag{$*$}$$

既然 $z \leqslant n$, 我们就得到 $t_X - t_Z \geqslant 40-22n$, 因此如果 $n \leqslant 20/11$, 这条新的路线就会比那些旧的路线要快. 驾车人就都将选择这条新的路线, 于是 $z=n, x=y=0$, 而每辆车都会花费 $42n+30$ 分钟. 于是

$$\begin{aligned}&\text{新道路修建前的时间} - \text{新道路修建后的时间}\\&= (11n+70)-(42n+30) = 40-31n,\end{aligned}$$

因此在 $n \leqslant 40/31$ 的情况下, 这些驾车人就会赞美这条新道路的修建者们. 不过, 当 $n$ 增大到超过 40/31 时, 这些驾车人的行程时间就会比新道路修成前的行程时间更加漫长. **修建一条新道路增加了行程时间!**行程所增加的时间随着 $n$ 的增大而不断上升, 直至 $n=20/11$ 时才会停止, 这时每位驾车人的行程时间已增加了 180/11 分钟 (超过一刻钟).

现在假设形成交通拥堵, 而使得 $40/9>n>20/11$. 如果 $z=n$, 那么等式 $(*)$ 告诉我们 $t_X-t_Z<0$, 因此这些驾车人就应该从新路线转移到那两条旧的路线, 即选择 $z<n$. 另一方面, 如果 $z=0$, 那么 (由于 $40/9>n$) 等式 $(*)$ 告诉我们 $t_X-t_Z>0$, 因此这些驾车人就应该从旧路线转移到新路线. 于是就会有 $n>z>0$, 且新旧路线都会得到使用. 既然三条线路都得到了使用, 那么它们必定花费同样的时间 (否则的话司机们就会从较慢的路线转移到较快的路线). 于是 $t_X=t_Z$, 并且由 $(*)$ 可得 $z=(40-9n)/13, x=y=n-z=(22n-40)/13$. 现在,

$$\begin{aligned}&\text{新道路修建前的时间} - \text{新道路修建后的时间}\\&= (11n+70)-t_X = (11n+70)-(11n+9z+70)\\&= -9z = -9(40-9n)/13,\end{aligned}$$

因此由于修建了新道路而导致每位驾车者损失的时间从 $n=20/11$ 时的最大值下降到 $n=40/9$ 时的零. 为一个拥堵的系统增加一些额外的连接线路可能会使事情变得更糟, 这个事实被称为布雷斯悖论①.

① 对于那些熟悉 "局部有力意味着整体无力" 这条标语的工程师而言, 这个悖论也许不会令他们像我们其余人那么感到意外. —— 原注

**练习 11.2.3**　(i) 检验上文的这些计算.

(ii) 证明如果 $n > 40/9$, 并且允许这些驾车人自由选择, 那么没有任何一位驾车人会使用这条新路线, 而交通会恢复到 $z = 0, x = y = n$ 的旧模式.

(iii) 将完成一次行程所花费的时间作为 $n$ 的函数, 分别画出新旧道路模式的图像.

**练习 11.2.4**　很自然的问题是, 怎样的流量模式会给出最短**平均**时间

$$A(x, y, z) = (2n)^{-1}(xt_X + yt_Y + 2zt_Z).$$

(i) 试证明

$$2nA(x, y, z) = 11(x^2 + y^2) + 4z^2 + 80(n-1)z + 140n.$$

(ii) 试证明如果 $z$ 保持不变, 那么 $A(x, y, z)$ 仅在 $x = y = n - z$ 点处取得唯一最小值.

(iii) 试证明 $2nA(n-z, n-z, z) = B(z)$, 其中

$$\begin{aligned} B(z) &= 26z^2 + (36n - 80)z + (140n + 22n^2) \\ &= 26\left(z - \frac{20-9n}{13}\right)^2 + 140n + 22n^2 - \frac{2(20-9n)^2}{13}. \end{aligned}$$

(iv) (a) 如果 $n \leqslant 10/11$, 试证明 $B(z)$ 随着 $z$ 从 0 增大到 $n$ 而减小. 推出当 $z = n, x = y = 0$ 时 $A(x, y, z)$ 取最小值. 于是那只看不见的手发挥作用了, 司机们自私的个体选择给出了最短平均行程时间.

(b) 如果 $10/11 \leqslant n \leqslant 20/9$, 试证明 $B(z)$ 随着 $z$ 从 0 增大到 $(20-9n)/13$ 而减小, 随后再随着 $z$ 从 $(20-9n)/13$ 增大到 1 而增大. 推出当 $z = (20-9n)/13, x = y = (22n-20)/13$ 时, $A(x, y, z)$ 取最小值. 于是我们就可以利用这条新道路来缩短平均行程时间 (不过有些司机的行程时间会比其他司机的长. 如果司机们准备通力合作, 却并不接受比其他司机更差的行程, 那么又会发生什么? 关于这个问题请参见练习 11.2.5).

(c) 如果 $20/9 \leqslant n$, 试证明 $B(z)$ 随着 $z$ 从 0 增大到 $n$ 而减小. 并推出当 $z = 0, x = y = n$ 时 $A(x, y, z)$ 取最小值. 那只看不见的手在 $20/9 \leqslant n \leqslant 40/9$ 时没能找到这个最小值, 但在 $40/9 \leqslant n$ 时却取得了成功 (参见练习 11.2.3(ii)).

(v) 画出最佳平均时间如何随着 $n$ 发生变化的图像.

**练习11.2.5**　读者也许会问,我们如果不寻求将每位驾车人花费的**平均**时间$A(x, y, z)$最小化 (如上面练习中那样), 而是寻求将一位驾车人花费的**最长**行程时间 $M(x, y, z)$ 最小化, 那么又会如何呢?

(i) 设

$$\begin{aligned}&\text{若 } x \neq 0 \text{ 则 } S_X = T_X, \text{ 若 } x = 0 \text{ 则 } S_X = 0;\\&\text{若 } y \neq 0 \text{ 则 } S_Y = T_Y, \text{ 若 } y = 0 \text{ 则 } S_Y = 0;\\&\text{若 } z \neq 0 \text{ 则 } S_Z = T_Z, \text{ 若 } z = 0 \text{ 则 } S_Z = 0.\end{aligned}$$

试解释为什么 $M(x,y,z) = \max(S_X, S_Y, S_Z)$.

(ii) 试证明 $M((x+y)/2, (x+y)/2, z) \leqslant M(x,y,z)$, 并推出我们可以将搜索仅局限于 $x = y$ 的情况和函数

$$N(z) = M(n-z, n-z, z).$$

(iii) 试证明取 $x = y$ 时 $M(x,y,z)$ 最小化, 且

$$\begin{aligned}&\text{若 } 0 < n \leqslant 20/11, \text{ 则 } z = n,\\&\text{若 } 20/11 < n \leqslant 40/31, \text{ 则 } z = \frac{40-9n}{13},\\&\text{若 } 40/31 < n, \text{ 则 } z = 0.\end{aligned}$$

(iv) 画出将完成一次行程所花费的时间作为 $n$ 的函数的图像. 画出 $z$ (作为 $n$ 的函数) 的最佳值. 试证明对于某些规定范围的 $n$ 值, 最长行程时间的最小值解答, 既不同于无形的手, 也不同于最小平均值 (练习 11.2.4) 的解答.

**练习 11.2.6**　大多数读者都会觉得自己到现在已经做了足够多的练习. 不过, 有些读者也许会喜欢一道没有被分解成诸多小块有暗示的练习, 还有些读者则还未准备好去接受我的明述, 即如果将 $XY$ 这条路改成双向的, 布雷斯悖论也不会受到影响. 这两组读者都应该按照图 11.5 中所显示的样子来考虑布雷斯的网络, 只是其中的 $XY$ 允许双向流动, 因此如果每小时有 $p$ 千辆汽车从 $X$ 行驶到 $Y$ (另有 $p$ 千辆车从 $Y$ 行驶到 $X$), 每辆汽车从 $X$ 行驶到 $Y$ (或者从 $Y$ 行驶到 $X$) 所花费的时间是 $p + 10$ 分钟①. 对于一切 $n > 0$, 试求看不见的手、最短平均时间和最长行程时间的最小值.

当然, 关于布雷斯悖论在道路系统中是否确实发生, 也已产生过大量讨论. 道路改善工程有时候没能实现既定的各项目标, 这当然是真实情况. 更一般地说, 虽然与经济学家们或者其他一些情况下的生态学者相比, 数学家们和工程师们倾向于对亚当 · 斯密的看不见的手持比较怀疑的态度, 但是没有人知道各种自然系统或者现代经济学的复杂结果是否接近最佳状态 —— 或者说在此类意境下, 最佳实际上意味着什么.

① 这差不多就是此类网络中我们徒手能够计算的最复杂情况. (对于数学家们而言, "徒手" 这种措辞所携带的弦外之音既有褒义, 也有贬义, 只有北牛津 (North Oxford) [82] 的那些民粹分子们除外. 请比较 "作者没有使用拉格朗日乘子 (Lagrange multiplier), 而是徒手进行了计算" 与 "他不知道如何操作一台起重机, 因此他徒手修建起了水坝". )—— 原注

不过，如果我们从道路和经济转移到电讯网络，那么我们就接触到了一个我们已知的布雷斯悖论及其相关问题在其中实际发生的领域. 读者可能不明白这为什么是一个问题. 计算机和电话交换机不是汽车司机 —— 它们当然可以为共同利益而协同合作? 但是为了协同合作，它们就必须互相传递信息，又由于计算机之间的信号至多只能以光速前进，因此在必须决定选择路线之前就没有足够的时间来进行这样的信息传递. (在单一的一台计算机**内部**，也会出现一些同样类型的问题. 为了缩减信息传递时间，计算机的内核就必须尽可能紧凑，于是就随之产生了放热和冷却的问题. 因此在 20 世纪 80 年代，一台超级计算机是由一个小盒子和一房间的制冷设备构成的，这些设备用于对付这个小盒子所产生的热量.)

为了领会这个问题，请考虑布雷斯的网络，其中汽车沿着这些道路双向行驶，并在这四个镇的任意两个之间往来. 进一步假设进入这个系统的汽车数量以一种无规律的方式发生变化，并且**两镇之间传送信息的唯一方式就是依靠汽车**. 每个不同镇上的交通管理员应该如何将这些汽车分配到各条路线上? 我们可以怎样构建出一些局部规则来指导决策的制定，而这些局部规则又会结合在一起而产生有效的全局决策? (在并行计算机中，许多分离的 "子计算机" 都设法处理同一个问题，它们应该如何相互联系，又应该何时相互联系? 如果我们给出的是一些差劲的规则，那么它们就会把所有时间用来彼此沟通，而不是用来工作.) 用来着手解决这些问题的武器是高难度的现代数学再加上老式的经验法则. 如果读者希望对此有所理解，那么他可以查阅凯利 (Kelly) 的论文《网络路由》(*Network Routing*)，特别是由于这篇论文的结尾处讨论了一个在商业上取得成功的应用.

## 11.3 求最大值

到现在为止我们已经读过了两种重要的算法 —— 欧几里得算法和福特 – 福尔克森算法. 回顾这两种算法，我们可以看到，对于任何一种算法，都必须要去问各种各样的重要问题.

1. **我的贴身男仆能使用它吗?** 换句话说，这些指令是否足够清晰，从而在不具备任何专门知识的情况下也能够使用它们? 用不那么古雅的语言来说，能把它们翻译成一种计算机语言吗?
2. **它有起点吗?** 福特 – 福尔克森算法是通过提高某一给定流量而开始运行的. 我们必须给它一个初始流量 (所幸，在这里总是可以使用零流量). 任何人如果曾经认真地使用过一台计算机，那么他就必定会编出一些无法开始的程序.
3. **它有终点吗?** 任何人如果曾经认真地使用过一台计算机，那么他也必定创作过一些无法结束的程序①. 如果你回顾一下我对于欧几里得算法和福特 – 福尔克森算法的叙述，你就会看到，我非常谨慎地证明它们是有终点的.

① 算法类的书籍惯常有这样两项索引条目: "Loop: 参见 Cycle" 和 "Cycle: 参见 Loop". —— 原注
"Cycle" 和 "Loop" 在计算机语言中都是循环的意思. —— 译注

4. **它停止在正确答案处吗?** 这一点不再做评述了.
5. **它快吗?** 我们只对欧几里得算法考虑这个问题 (请参见第 10.3 节末的讨论和引理 10.3.6、引理 10.4.13), 而对福特 – 福尔克森算法则没有讨论过这一点.

对排序算法的研究非常清晰地阐明了问题 (5) 的普遍性. 我们都很熟悉字典里提供的有序列表. (我虽然有憎恨纵横填字游戏的倾向, 但是也拥有一本易位构词词典, 还有一本先按照单词长度 $n$ 排序、然后再按照第 $k$ $[1 < k \leqslant n]$ 个位置上的字母排序的词典, 这只是为了拥有的乐趣而已. ) 如果我希望的话, 我在写作本书时正在使用的计算机系统会为其中的所有单词制作一个词语索引 (即一张有序列表). 稍后我会利用一些排序系统来将我的索引和参考书目按照字母顺序排列. 无论是人类还是计算机系统都觉得用有序列表来进行搜索和操作比较容易, 因此排序问题就是一个重要的问题.

高德纳至今仍未完成的史诗巨著《计算机程序设计艺术》① 的第三卷中, 有令人着迷的 388 页内容专门描述各种排序算法. 他在引言中写道:

> 计算机厂家们估计, 把他们所有的顾客都考虑在内, 在他们的计算机上, 运行时间的 25% 以上是花在排序上. 有许多计算机装置, 排序竟用去计算机时间的一半以上. 由这些统计, 可以得出结论: 要么 (i) 排序有许多重要的应用, 要么 (ii) 当不应该进行排序时, 有许多人却这样干了, 要么 (iii) 低效的排序算法正被普遍地使用着. 真实情况可能包括所有三种可能中的某一些.

在一定程度上是由于高德纳在第 (iii) 点中所抨击的一个结果, 25% 这个数字现在很可能严重地过分估计了, 不过排序仍然是一个重大任务.

要衡量一种排序算法的效率, 有一种方法就是询问它需要做多少次比较.

**练习 11.3.1** 以下练习也许可以帮助读者领会我们所关注的这类问题. 取一盒廉价的扑克牌, 然后为这些牌选择某种顺序 (例如 A 击败 K、K 击败 Q 等, 而如果两张牌的面值相同, 那么梅花击败黑桃、黑桃击败红心、红心击败方块). 彻底洗牌, 然后发出十张牌, 使它们正面朝下在桌子上排成一行. 允许你翻开其中任意两张牌, 在对它们进行检查后, 你或者将这两张牌互换, 或者任由它们保持原来的顺序, 然后再把它们翻过去正面朝下. 你重复这一过程, 需要多少次就用多少次, 以确保它们有正确的顺序. 你不可以使用从先前几轮由记忆获得的信息, 也不可以使用 “外来信息” (例如梅花 A 是级别最高的牌).

---

① 此书前三卷中译本由北京国防工业大学出版社出版, 苏运霖译, 下段译文即援引自该译本. —— 译注

如果你觉得这太简单了, 那就用 20 张或 40 张牌来做相同的练习. 用同样的方式来尝试下文所给出的那些算法, 你也许会觉得有用.

让我们从一个更简单的问题开始: 找出由 $n$ 个两两不同的数 $x_1, x_2, \cdots, x_n$ 构成的一个集合中的最大数字. 这里是一种方法.

**第 1 步** 令 $y_1 = x_1$.

**第 2 步** 比较 $y_1$ 和 $x_2$. 如果 $y_1 < x_2$, 就令 $y_2 = x_2$; 如果 $y_1 > x_2$, 就令 $y_2 = y_1$.

**第 3 步** 比较 $y_2$ 和 $x_3$. 如果 $y_2 < x_3$, 就令 $y_3 = x_3$; 如果 $y_2 > x_3$, 就令 $y_3 = y_2$.

**第 $j$ 步** 比较 $y_{j-1}$ 和 $x_j$. 如果 $y_{j-1} < x_j$, 就令 $y_j = x_j$; 如果 $y_{j-1} > x_j$, 就令 $y_j = y_{j-1}$.

**第 $n$ 步** 比较 $y_{n-1}$ 和 $x_n$. 如果 $y_{n-1} < x_n$, 就令 $y_n = x_n$; 如果 $y_{n-1} > x_n$, 就令 $y_n = y_{n-1}$. 记录下 $y_n$ 并停止.

**练习 11.3.2** 将这一算法应用于 $x_1 = 3, x_2 = 1, x_3 = 4, x_4 = 6, x_5 = 5, x_6 = 7$ 和 $x_7 = 2$.

在本节开头, 我们对任何一种假设的算法提出了所要询问的五个问题. 我希望读者会认可对于问题 (1) (“我的贴身男仆能使用它吗?”) 的回答是肯定的. 问题 (2) 和 (3) (“它有起点和终点吗?”) 的答案也是肯定的. 那么问题 (4) 呢? 它停止在正确答案处吗? 通过练习 11.3.2 的验算, 读者很可能已经信服它确实停止在正确答案处. 如果还没有信服的话, 那么注意到 $y_j = \max(x_1, x_2, \cdots, x_j)$ 就足够了. (这种方法被称为 “冒泡法求最大值”, 其中的 $y_j$ 就是上升的气泡. ) 我们还剩下问题 (5)(“它快吗?”). 请注意, “冒泡法求最大值” 需要 $n-1$ 次比较来求得最大的元素. 我们可以用较少的比较次数来完成这项任务吗?

**引理 11.3.3** 任何用来求由 $n$ 个两两不同的数构成的一个集合中的最大数字的算法都需要至少 $n-1$ 次比较.

**证明** 每次比较都告诉我们一个元素小于另一个元素. 如果我们比较 $r$ 次, 那么最多就会说明有 $r$ 个元素小于其他某个元素, 因此也就至少有 $n-r$ 个元素还没有证明它们小于其他某个元素, 而这其中的每一个都有可能是最大的那个元素. ■

于是我们就证明了用冒泡法求最大值是找到最大元素的最快方法 (至少是在我们用比较次数来衡量速率的条件下). 不过, 这并不是唯一的最快方法. 下面考虑的这种方法我们称之为 “淘汰法”, 用于在 $2^N$ 个两两不同的实数 $x_1, x_2, \cdots, x_{2^N}$ 中求出最大的数字.

**第 1 步**　对于 $1 \leqslant r \leqslant 2^N$, 令 $x_r(1) = x_r$.

**第 2 步**　对于每一个满足 $1 \leqslant p \leqslant 2^{N-1}$ 的 $p$, 比较 $x_{2p-1}(1)$ 和 $x_{2p}(1)$. 如果 $x_{2p-1}(1) > x_{2p}(1)$, 就令 $x_p(2) = x_{2p-1}(1)$; 如果 $x_{2p}(1) > x_{2p-1}(1)$, 就令 $x_p(2) = x_{2p}(1)$.

**第 3 步**　对于每一个满足 $1 \leqslant p \leqslant 2^{N-2}$ 的 $p$, 比较 $x_{2p-1}(2)$ 和 $x_{2p}(2)$. 如果 $x_{2p-1}(2) > x_{2p}(2)$, 就令 $x_p(3) = x_{2p-1}(2)$; 如果 $x_{2p}(2) > x_{2p-1}(2)$, 就令 $x_p(3) = x_{2p}(2)$.

**第 $j$ 步**　对于每一个满足 $1 \leqslant p \leqslant 2^{N-j+1}$ 的 $p$, 比较 $x_{2p-1}(j-1)$ 和 $x_{2p}(j-1)$. 如果 $x_{2p-1}(j-1) > x_{2p}(j-1)$, 就令 $x_p(j) = x_{2p-1}(j-1)$; 如果 $x_{2p}(j-1) > x_{2p-1}(j-1)$, 就令 $x_p(j) = x_{2p}(j-1)$.

**第 $n$ 步**　比较 $x_1(N-1)$ 和 $x_2(N-1)$. 如果 $x_1(N-1) > x_2(N-1)$, 就令 $x_1(N) = x_1(N-1)$; 如果 $x_2(N-1) > x_1(N-1)$, 就令 $x_1(N) = x_2(N-1)$. 记录下 $x_1(N)$ 并停止.

**练习 11.3.4**　将这一算法应用于 $x_1 = 5, x_2 = 1, x_3 = 4, x_4 = 6, x_5 = 8, x_6 = 7, x_7 = 3$ 和 $x_8 = 2$.

我们的五个问题现在怎么样呢? 一些国际委员会能够实实在在地组织起淘汰赛, 这个事实就表明, 对于问题 (1)(“这一算法能在没有智能的干预下运作吗?”) 的回答是肯定的. 问题 (2) 和 (3)(“它有起点和终点吗?”) 的答案也是肯定的. 那么问题 (4) 呢? 它停止在正确答案处吗? 淘汰赛在如此诸多的体育运动中被参赛者和支持者们所接受, 这个事实可以再一次作为一种强有力的证据, 不过我们现在仍需要证明. 为了证明这种算法的正确性, 请注意在每一步 (轮), 我们都淘汰剩余元素 (参赛队) 的一半, 但是无论在哪一步我们都无法淘汰最大元素 (最佳参赛队), 这是因为只有小于其他某个元素 (被另一支参赛队击败) 的那些元素才会被淘汰. 经过 $N-1$ 步 (轮) 后, 只有一个元素 (参赛队) 留下, 而由于余下的元素 (参赛队) 中总是包含着那个最大的元素 (最佳参赛队), 因此这位唯一遗留下来的元素 (参赛队) 就必定是最大的 (最佳的). 再转向讨论问题 (5), 我们注意到, 除了最终的赢家以外, 每支参赛队都恰好失败一次 (除最大值以外的每个元素都恰好在一次比较中较小), 而每次较量都恰好有一方失败 (每次比较都揭示出作比较的两个元素中恰好有一个较小), 因此

$$\text{比较次数} = \text{找到的小于其他某个元素的元素个数} = \text{元素个数} - 1 = 2^N - 1.$$

令 $n = 2^N$, 我们就发现, 如果我们用必须进行的比较次数来衡量的话, 那么淘汰法与冒泡法求最大值一样快.

我们只描述了有 $2^N$ 个参赛队 (元素) 时的淘汰法. 除非读者过着非常离群索居的生活, 说不定是在南极照顾生病的企鹅, 不然的话他就会知道, 如果要安排一场在 $n(2^{N-1}+1 \leqslant n \leqslant 2^N)$ 支参赛队之间展开的淘汰赛, 那么通常要让 $2^N - n$ 支参

赛队在第二轮中轮空. (在图 11.6 中明示了为 12 支参赛队所做的这样一个安排.)

图 11.6 12 队淘汰赛

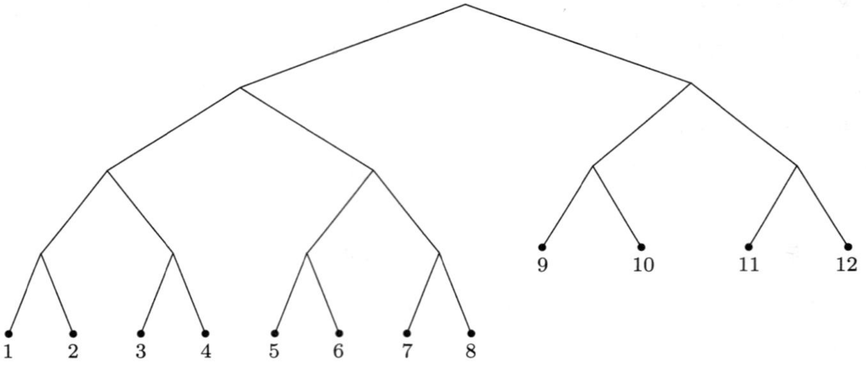


**练习 11.3.5** (i) 上文讨论了 $n = 2^N$ 这一特例. 现在试沿着相同的思路, 讨论用淘汰法 (在第二轮中安排轮空) 去求 $n$ 个两两不同的实数 $x_1, x_2, \cdots, x_n$ 中的最大数字.

(ii) 为你的方法回答问题 (1) ~ (5).

(iii) 将你的方法应用于练习 11.3.2 中给出的数字集合.

尽管在第二轮中安排轮空是在淘汰赛中常见的做法, 不过其他一些安排也是有可能实施的. 图 11.7 中给出了在 12 支参赛队的情况下另一种可供替代的淘汰制安排.

图 11.7 另一种 12 队淘汰赛

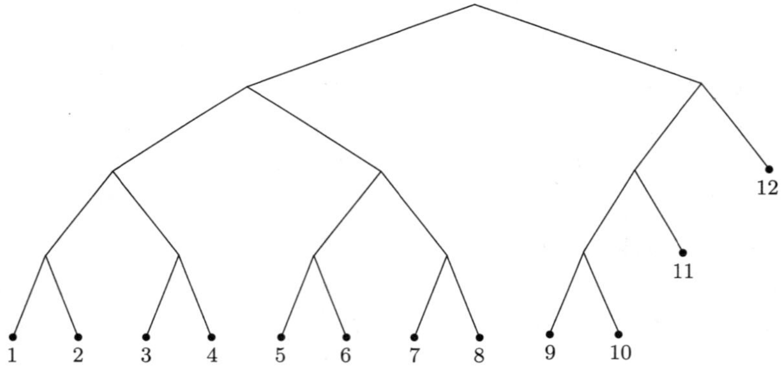


其实, 即使是冒泡法求最大值, 也可以如图 11.8 中所示的那样安排成一种淘汰制的形式. 不过, 图 11.6 和图 11.7 所示的两种安排只需要 4 轮就能从 12 支参赛队中产生出一个胜利者, 而冒泡法求最大值则需要 11 轮. 一般而言, 如果我们希望在 $n(2^{N-1}+1 \leqslant n \leqslant 2^N)$ 个参赛队 (元素) 中找到最佳参赛队 (最大元素), 那么冒泡法求最大值和 "第二轮有轮空的淘汰法" 都需要 $n-1$ 次较量, 但是冒泡法求最大值需要 $n-1$ 轮, 而 "第二轮有轮空的淘汰法" 则只需要 $N$ 轮. 在各 "轮" 上更经济的结果会有重要的影响, 这一点我们会在下一节中讨论.

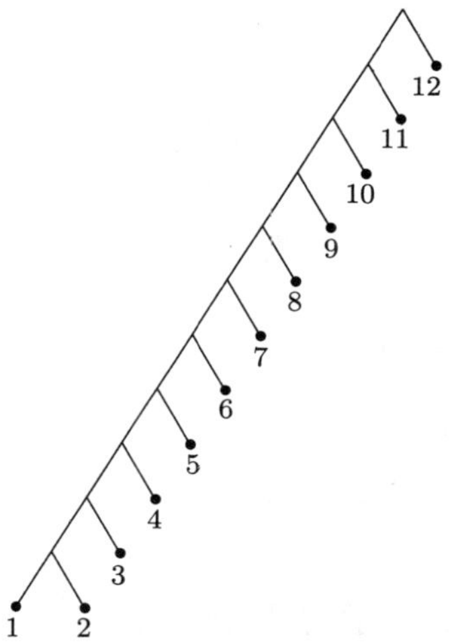


图 11.8　12 队竞赛时用淘汰赛形式表示的冒泡法求最大值

**练习 11.3.6**　(在下一节中要用到的计算.) 有一个众所周知的故事, 贝尔 (Bell) 在《数学精英》(*Men of Mathematics*)[①]一书中以他惯常的修饰手法重述了这个故事, 其中说的是高斯十岁的时候, 他的老师比特纳 (Bütner) 为了谋求一个小时的休息时间, 于是让他的学生们做下面这道 100 项相加的题目:

$$81297 + 81495 + 81693 + \cdots + 100899.$$

引用贝尔的文字来说: 这位教师才刚刚陈述完他的题目,

> …… 高斯就把他的石板搁在了桌上: “它放在那儿了,” 他说 —— 用他的农民的土话说是 “Ligget se”. 然后, 在剩下的时间里, 其他孩子都在辛辛苦苦地算题, 他却叉着手坐在那里, 比特纳不时讽刺地瞥他一眼, 心想, 班上这个年纪最小的孩子准又是一个笨蛋. 时间到了, 比特纳检查了石板. 高斯的石板上只有一个数字. 高斯一直到晚年都很喜欢讲述他写下的那个数字怎样是正确的, 其他人却怎样都是错误的.

(对于高斯的早年生活, 在布勒 (Bühler) 的优秀传记 [22] 中还有一个较为拘谨的叙述, 这本传记对比特纳的评价也更具同情心.)

(i) 验证

$$\begin{aligned}1+2+3+4+5+6+7 &= (1+7)+(2+6)+(3+5)+4\\ &= (4+4)+(4+4)+(4+4)+4\\ &= 7\times 4 = 28\end{aligned}$$

① 此书中译本由商务印书馆出版, 徐源译, 以下译文即来自该译本. —— 译注

及

$$\begin{aligned}1+2+3+4+5+6 &= (1+6)+(2+5)+(3+4)\\ &= \left(3\frac{1}{2}+3\frac{1}{2}\right)+\left(3\frac{1}{2}+3\frac{1}{2}\right)+\left(3\frac{1}{2}+3\frac{1}{2}\right)\\ &= 6\times 3\frac{1}{2}=21.\end{aligned}$$

(ii) 计算出比特纳要求的和.

(iii) 更一般性地证明

$$a+(a+d)+(a+2d)+\cdots+(a+(n-1)d)=na+\frac{1}{2}n(n-1)d.$$

依我看来, 如果一种教育理念将像前面一道练习那样的一些结论纳入一本 "公式小册子", 那么就有什么地方根本性地错误了. 对于这样一种将公式收入小册子的做法, 一般所给出的理由是, 记忆公式并不是数学的一部分. 许多数学家不**记得公式**, 这确实是事实, 但是所有数学家都**知道如何推导出公式**. 记忆公式的学生和查找公式的学生, 他们都在谋求通过发出毫无意义的咒语来安抚一些模糊的、不可理解的强制性. 而自己亲自来算的学生, 却是在追随着高斯的脚步, 尽管是远远地在后面追随着. 一种方法是可以扩展的 (例如, 可参见练习 11.4.13), 而一个公式却只能拿来应用.

## 11.4 我们可以多快地排序?

在前一节中, 我解释了排序问题的重要性, 不过我们只是处理了寻找最大值的问题. 要处理完全排序问题, 最显而易见的方法就是通过相继地抽取最大值.

更确切地讲, 请考虑对 $n$ 个两两不同的数 $x_1, x_2, \cdots, x_n$ 构成的一个集合进行排序的问题. 下面是被称为 "冒泡法排序" 的方法.

**第 1 步** 令 $x_1 = x_1(1), x_2 = x_2(1), \cdots, x_n = x_n(1)$. 利用冒泡法求最大值来找到 $x_1(1), x_2(1), \cdots, x_n(1)$ 的最大元素. 称此元素为 $y_1$, 余下的 $n-1$ 个元素则记为 $x_1(2), x_2(2), \cdots, x_{n-1}(2)$.

**第 2 步** 利用冒泡法求最大值来找到 $x_1(2), x_2(2), \cdots, x_{n-1}(2)$ 的最大元素. 称此元素为 $y_2$, 余下的 $n-2$ 个元素则记为 $x_1(3), x_2(3), \cdots, x_{n-2}(3)$.

**第 $j$ 步** 利用冒泡法求最大值来找到 $x_1(j), x_2(j), \cdots, x_{n-j+1}(j)$ 的最大元素. 称此元素为 $y_j$, 余下的 $n-j$ 个元素则记为 $x_1(j+1), x_2(j+1), \cdots, x_{n-j}(j+1)$.

**第 $n$ 步** 还余下一个元素 $x_1(n)$. 令 $y_n = x_1(n)$ 并停止.

我想, 我们已经还算清楚地看到, 这种算法产生了一个元素按照降序排列的序列 $y_1, y_2, \cdots, y_n$.

**练习 11.4.1** 将这一算法应用于 $x_1 = 3, x_2 = 1, x_3 = 4, x_4 = 6, x_5 = 5, x_6 = 7$ 和 $x_j = 2$.

冒泡法排序需要比较多少次? 我们在前一节中看到, 冒泡法求最大值在 $m$ 个两两不同的数中找到最大数字需要 $m-1$ 次比较. 因此在刚刚描述的这种算法中, 第一步需要 $n-1$ 次比较, 第二步需要 $n-2$ 次比较, 第 $j$ 步需要 $n-j$ 次比较, 等等. 于是比较的总次数就是

$$(n-1)+(n-2)+(n-3)+\cdots+3+2+1=\frac{1}{2}n(n-1).$$

(如果你对得到这个等式有困难, 请参见练习 11.3.6. ) 这种算法是否具有实用性, 要取决于计算机的速率和 $n$ 的大小. 如果 $n = 1000$, 那么我们需要大约 500000 次比较, 而一台现代计算机会需要一眨眼的时间. 如果 $n = 1000000$, 那么我们需要大约 500000000000 次比较, 而这 (至少按照 1996 年的标准) 就给出了一项相当大的计算任务. 更加令人烦恼的是, 每次我们将 $n$ 增大为原来的 10 倍, 比较次数就要增大为原来的 100 倍. (正如我们在 8.2 节中提到过的, 有一条经验法则告诉我们, 计算机速率每十年提高 10 倍.)

**练习 11.4.2** 采用上面这种方法, 你的个人计算机 (或者你学校里的计算机) 在一个小时内大约能够对多大的列表进行排序? 你所知道的最快计算机大约能对多大的列表进行排序?

你能比这做得更好吗? 回答竟然是肯定的, 前提是如果我们不是使用基于冒泡法求最大值的方法, 而是使用一些基于淘汰赛的方法. 我们回头重提体育运动的类比, 假设我们已经在 $n$ 支参赛队之间安排了一场 $N$ 轮的淘汰赛. 在比赛结束后 (不过幸运的是, 在优胜者奖被颁发以前), 得胜的那支队伍被取消了参赛资格. 我们必须得全部重赛才能找到一个新的优胜者吗? 当然不是. 各场较量的结果并未受到那支被取消资格的参赛队的影响, 因此我们仅需要考虑的, 就只有输给那支被取消资格的参赛队的那些参赛队.

假设那支被取消资格的参赛队在第 $k$ 轮时第一次参赛 (由于轮空的可能性, 因此我们不能假设 $k = 1$), 进而在第 $k$ 轮中淘汰了参赛队 $x_k$, 在第 $k+1$ 轮中淘汰了参赛队 $x_{k+1}$, 在第 $k+2$ 轮中淘汰了参赛队 $x_{k+2}$, 以此类推. 我们需要做的只是重新容许参赛队 $x_k$ 进入第 $k+1$ 轮 ("不经比赛而获胜" (walk-over), 因为它赢得了自己的前几轮, 而它在第 $k$ 轮中的对手已被取消了资格), 它在这一轮中与参赛队 $x_{k+1}$ 竞争产生获胜方 $y_{k+1}$, 而 $y_{k+1}$ 又转而进入第 $k+2$ 轮, 挑战参赛队 $x_{k+2}$, 产生获胜方 $y_{k+2}$. 后者转而进入第 $k+3$ 轮, 挑战参赛队 $x_{k+3}$, 以此类推. 将没有涉及那支被取消资格的参赛队的那些早已得到的结果与这些新的结果结合起来, 我们就得到了在 $n-1$ 支参赛队之间展开的一场 $N$ 轮 (或者, 如果在第一轮仅有一场较量, 而那支被取消资格的队又参与其中, 那么就是 $N-1$ 轮) 淘汰赛的结果. 新的优胜者是余下

的 $n-1$ 支参赛队中最好的 (因此也就是初始的 $n$ 支参赛队中第二好的). (我们注意到, 新的优胜者是被原来的优胜者淘汰掉的参赛队之一, 因为只有最好的参赛队才能击败第二好的. ) 我们注意到, 只需要进行 $N-k+1$ 场新的较量, 而这个数字小于或等于 $N$.

现在假设这些新的优胜者都依次被取消参赛资格. 重复前一段中的这个流程, 我们就发现, 要在余下的 $n-2$ 支参赛队之间进行的 $N$ 轮 (或更少) 淘汰赛中产生结果, 那么至多需要 $N$ 场新的较量. 新的优胜者就是这 $n-2$ 支参赛队中最佳的 (因此也就是初始的 $n$ 支参赛队中第三好的). 以这种方式继续下去, 我们就看到, 经过第 $j$ 次取消资格后, 要在余下的 $n-j$ 支参赛队之间进行的 $N$ 轮 (或更少) 淘汰赛中产生结果, 至多需要 $N$ 场新的较量. 新的优胜者就是这 $n-j$ 支参赛队中最佳的 (因此也就是初始的 $n$ 支参赛队中第 $j+1$ 好的). 经过 $n-2$ 次取消资格后, 只剩下 2 支参赛队, 而它们会是最弱的 2 支. 最终较量的获胜方就会是倒数第二弱, 而失败方则是最弱的. 我在图 11.9 中给出了一个例子.

**练习 11.4.3** 应用淘汰法来为练习 11.4.1 中给出的 $x_j$ 排序.

我们注意到, 在进行过一场淘汰赛来确定最佳参赛队以后 (这需要 $n-1$ 次较量), 我们就只需要 $n-2$ 次取消资格 (每次都至多需要 $N-1$ 次新的较量) 来将所有参赛队按顺序排列. 因此

$$\begin{aligned} \text{需要较量的总次数} &\leqslant (n-1)+(n-2)(N-1) \\ &\leqslant (n-1)+(n-1)(N-1)=(n-1)N. \end{aligned}$$

(读者很可能会有能力来改进这一估算式, 不过没有必要去这么做. ) 我们在前一节中看到, 如果 $2^{N-1}+1\leqslant n\leqslant 2^N$, 那么在 $n$ 支参赛队之间进行的一场淘汰赛就只需要 $N$ 轮. 因此, 如果我们必须要为 $n$ 支参赛队排序, 且 $2^{N-1}+1\leqslant n\leqslant 2^N$, 那么

$$\text{需要较量的总次数} < (n-1)N < N2^N.$$

不再提及这种体育运动的比喻说法, 我们看到, 如果 $n\leqslant 2^N$, 那么要将互不相等的 $n$ 个数按顺序排列, 则 "淘汰法" 需要的比较次数少于 $N2^N$ 次.

考虑到 $2^{10}=1024>1000$, 我们就会看到, 当 $n=1000$ 时, 淘汰法需要的比较次数少于 10000 次 (比冒泡排序法少 50 次). 如果 $n=1000000$, 那么淘汰法需要的比较次数少于 20000000 次 (比冒泡排序法少 250000 次, 因此对于 1996 年的一台小型台式计算机来说是一项简单的任务). 此外, 每次我们将 $n$ 增大为原来的 10 倍, 比较次数仅增大为原来的 10 倍多一些.

**练习 11.4.4** 采用淘汰法, 你的个人计算机 (或者你学校里的计算机) 在一个小时内大约能够对多大的列表进行排序? 你所知道的最快计算机大约能对多大的列表进行排序?

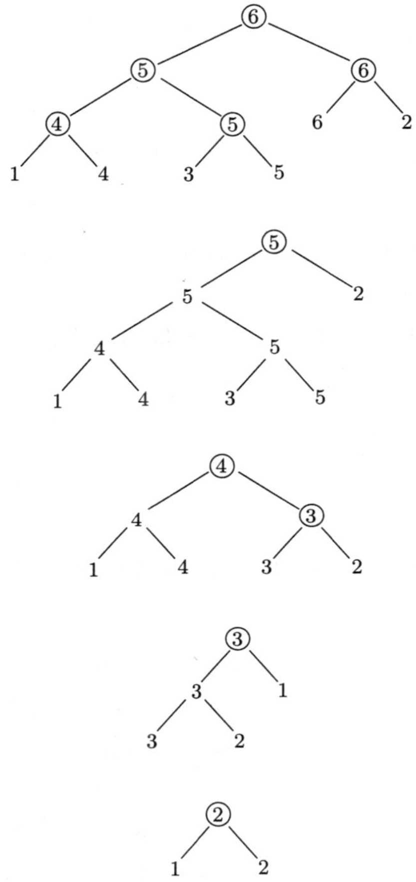


图 11.9 淘汰算法应用于 6 支参赛队的排序

我们还能做得更好吗?不太多, 因为我们现在能够用不多于 $N2^N$ 次比较就将 $2^N$ 个元素进行排序, 而我们在引理 11.3.3 中看到, 仅仅为了找到哪个元素最大, 我们就需要至少 $2^N-1$ 次排序. 尽管如此, 我们也许仍然能够有一点点提高. 为了讨论这种可能性, 我们需要引入 "是非问题" 的概念 (或者给它一个比较正式的名字, 叫作 "二分查找法").

据说几年前, 波兰的无线电广播按照以下方式举行了一场 "二十个问题" 竞赛. 这个游戏节目的主持人心里想着一个单词, 然后允许竞争者们至多问二十个问题, 主持人对这些问题回答是或否. 这个节目一直顺利地进行着, 直到一组数学专业的学生出现为止. 这些学生带着一本词典和一连串问题, 这些问答本质上是如下进行的. (我们假设这本词典里有 $2^{20}$ 个单词.)

学生们: 这个单词是这本词典中的第 $m$ 个单词, 其中 $1 \leqslant m \leqslant 2^{19}$, 是这样吗?

主持人: 不是.

学生们: 这个单词是这本词典中的第 $m$ 个单词, 其中 $2^{19}+1 \leqslant m \leqslant 2^{19}+2^{18}$, 是这样吗?

主持人: 是的.

学生们: 这个单词是这本词典中的第 $m$ 个单词, 其中 $2^{19}+1 \leqslant m \leqslant 2^{19}+2^{17}$, 是这样吗?

**练习 11.4.5** (i) 明确写出这些学生所采用的算法. 试证明用 $M$ 个问题能够在一本有 $2^M$ 个单词的词典中确定一个单词.

[当然, 这种算法或多或少可以用一种优雅的形式表示出来. 要获得一个简洁的公式化表述, 有一种方法是采用二进制展开

$$m-1=\epsilon_{M-1}2^{M-1}+\epsilon_{M-2}2^{M-2}+\epsilon_{M-3}2^{M-3}+\cdots+\epsilon_2 4+\epsilon_1 2+\epsilon_0,$$

其中 $\epsilon_j$ 的取值为 0 或 1.]

(ii) 主持人可能无法立即在词典中找到第 $2^{19}$ 个单词. 你认为这些学生实际上问了哪些问题?

我们能比这些波兰学生做得更好吗? 假设我们希望在一个有 $M$ 个元素的集合 $A$ 中找到一个特定的元素 $x$ ("主持人" 知道, 但我们不知道). 如果只允许我们问一个是非问题, 那么我们能做的就只有选择 $A$ 的某个子集 $B$, 然后询问 "$x$ 是属于 $B$ 吗?" 如果回答是 "是的", 那么我们就知道 $x$ 属于 $B$, 而如果回答是 "不是", 那么我们就知道 $x$ 属于 $B$ 在 $A$ 中的补集 $C=A\backslash B$ (即 $A$ 中不属于 $B$ 的那些元素构成的集合). 我们注意到, $B$ 和 $C$ 这两个集合, 至少其中之一有至少 $M/2$ 个元素. 用符号来表示, 如果我们将 $E$ 中的元素个数记成 $|E|$, 那么

$$M=|A|=|B|+|C| \leqslant 2\max(|B|,|C|), \text{ 因此 } \max(|B|,|C|) \geqslant M/2.$$

于是只需要将我们的搜索限制在一个大小至少为 $M/2$ 的集合 $A_1$ 中, 就能找到我们这个问题的答案. 换言之, 单单一个是非问题最多能够将未知的 $x$ 所在集合的大小减半. 由此得到的结果就是, 两个是非问题最多能将我们的搜索限制在一个大小至少为 $M/4$ 的集合 $A_2$ 中, 而三个是非问题最多能将我们的搜索限制在一个大小至少为 $M/8$ 的集合 $A_3$ 中, 以此类推. 由于只有在我们将集合 $A_k$ 的大小缩减到只包含 1 个元素的条件下, 我们才能够确定 $x$ 是什么, 那么由此可知, 如果我们能够保证用 $k$ 个问题来找到 $x$, 那么就有 $M/2^k \leqslant 1$. 我们将以上这些结论总结在一条引理中①.

① 还有另外一种处理方法是利用鸽巢原理 (pigeon-hole principle). 对于 $k$ 个是非问题, 存在着 $2^k$ 种回答模式. 如果我们的集合中有超过 $2^k$ 个成员, 那么其中两个必定会引出相同的回答的模式, 因此也就无法区分. —— 原注

**引理 11.4.6**　如果 $M > 2^k$, 那么要在一个大小为 $M$ 的集合中找到一个未知元素, 至少需要 $k+1$ 个是非问题.

这与排序问题有什么关联? 我们提出以下两条评述.

**引理 11.4.7**　要将 $n$ 件物体按顺序排列, 有 $n! = n \times (n-1) \times (n-2) \times \cdots \times 3 \times 2 \times 1$ 种不同方法.

**粗略证明**　我们可以用 $n$ 种方法来选择第一件物体. 然后还留下 $n-1$ 件物体, 因此我们可以用 $n-1$ 种方法来选择第二件物体. 然后还留下 $n-2$ 件物体, 因此我们可以用 $n-2$ 种方法来选择第三件物体, 以此类推. ■

**引理 11.4.8**　如果我们希望为一个由 $n$ 个两两不同的数 $x_1, x_2, \cdots, x_n$ 构成的集合排序, 那么比较其中两个元素就是关于它们的顺序的一个是非问题.

**证明**　"$x_i > x_j$, 是这样吗?" 这个问题是一个是非问题. ■

将引理 11.4.6、11.4.7 和 11.4.8 结合在一起, 就为我们提供了对 $n$ 个数排序所需要的比较次数的下界.

**定理 11.4.9**　如果我们能够用 $k$ 次比较来对一个由 $n$ 个两两不同的数 $x_1, x_2, \cdots, x_n$ 构成的集合进行排序, 那么就有

$$n! \leqslant 2^k.$$

**证明**　对 $x_1, x_2, \cdots, x_n$ 排序的方式有 $n!$ 种可能性. 每次比较都是关于可能排序的一个是非问题. 由于 $k$ 个这样的问题就足以确定一种独一无二的排序方式, 因此引理 11.4.6 告诉我们 $n! \leqslant 2^k$. ■

我们已经知道

**定理 11.4.10** 如果 $n \leqslant 2^N$, 那么要对一个由 $n$ 个两两不同的数 $x_1, x_2, \cdots, x_n$ 构成的集合进行排序, "淘汰法" 需要的比较次数少于 $N2^N$ 次.

为了将定理 11.4.9 与定理 11.4.10 作比较, 我们需要估计 $n!$ 的值.

**引理 11.4.11 (一种简单的斯特林估计)**①

(i) $n^n \geqslant n! \geqslant (n/2)^{(n-2)/2}$.

(ii) 如果 $N \geqslant 3$, 那么 $2^{N2^N} \geqslant 2^N! \geqslant 2^{(N-1)2^{N-2}}$.

**证明** (i) 由于对于一切 $n \geqslant r \geqslant 1$ 都有 $n \geqslant r$, 因此我们就有

$$\begin{aligned} n^n &= n \times n \times n \times n \times \cdots \times n \times n \times n \\ &\geqslant n \times (n-1) \times (n-2) \times (n-3) \times \cdots \times 3 \times 2 \times 1 = n!. \end{aligned}$$

更进一步, 至少有 $(n-2)/2$ 个整数满足 $n \geqslant r \geqslant n/2$, 因此若用 $K$ 来表示大于或等于 $n/2$ 的最小整数, 就有

$$\begin{aligned} n! &= n \times (n-1) \times (n-2) \times (n-3) \times \cdots \times 3 \times 2 \times 1 \\ &\geqslant n \times (n-1) \times (n-2) \times (n-3) \times \cdots \times k \\ &\geqslant \frac{n}{2} \times \frac{n}{2} \times \frac{n}{2} \times \frac{n}{2} \times \cdots \times \frac{n}{2} \\ &\geqslant \left(\frac{n}{2}\right)^{(n-2)/2}. \end{aligned}$$

(ii) 令 (i) 中的 $n = 2^N$, 我们就得到

$$2^{N2^N} = (2^N)^{2^N} = n^n \geqslant n!$$

及

$$n! \geqslant (n/2)^{(n-2)/2} = (2^{N-1})^{(2^N-2)/2} \geqslant (2^{N-1})^{2^{N-2}} = 2^{(N-1)2^{N-2}},$$

即如题所述. ■

把这一估计值与定理 11.4.9 及定理 11.4.10 结合起来, 我们就能得到需要求的比较.

① 斯特林估计 (Stirling's estimate) 是一个用来计算阶乘近似值的数学公式. —— 译注

**定理 11.4.12** 如果 $2^N \geqslant n \geqslant 2^{N-1}$ 且 $N \geqslant 4$, 那么任何对由 $n$ 个两两不同的数 $x_1, x_2, \cdots, x_n$ 构成的集合进行排序的方法都至少需要 $N2^N/16$ 次比较, 而其中 "淘汰法" 需要的比较次数少于 $N2^N$ 次.

**证明** 根据定理 11.4.9, 如果我们能用 $k$ 次比较来对该集合排序, 那么

$$2^k \geqslant n!.$$

根据引理 11.4.11(ii)

$$n! \geqslant 2^{N-1}! \geqslant 2^{(N-2)2^{N-3}},$$

因此

$$k \geqslant (N-2)2^{N-3} \geqslant N2^{N-4} = N2^N/16.$$

对于 "淘汰法" 的结果可由定理 11.4.10 直接模仿得到. ∎

由此可见, 没有任何一种排序方法能够使淘汰法改进 16 倍以上. (正如读者可能会注意到的那样, 16 这个因子是大大高估了, 不过我们的结果按其表述就已经足够惊人了.) 当然, 排序算法的速率并不仅仅依赖于计算机所作的比较次数, 而在实践中人们使用一种与之密切相关的方法, 这种被称为 "堆排序" (heap sort) 的方法比较容易编程, 而且需要计算机做的 "管理工作" 也比较少. (如需更多细节, 以及对诸如 "快速排序" (quicksort) 之类的竞争方法的阐述, 请参见高德纳的那本极好的《计算机程序设计艺术》(Art of Computer Programming).) 作为一种简单的实际应用, 我用来为本书建立索引的程序*MakeIndex*略带自得地显示, 为我的 1030 个条目排序需要 11036 次比较.

我们很难想到一个比定理 11.4.12 更能令人满意的结果了. 我们开始时打算找到一种快速的排序方法, 结果也得到了一种可以证明是最快速的方法 (在一个恒定的倍数内). 不幸的是, 这类结果是很罕见的. 数学家们有针对许多任务的各种算法, 不过其中已知是最佳的却寥寥无几. 一般而言, 我们有一种算法, 当将其应用于 $n$ 项数据时, 它能够保证在少于 $f(n)$ 步内奏效, 我们还可以证明没有任何一种算法能够在 $g(n)$ 步以内奏效, 不过当 $n$ 增加时, $f(n)$ 的增长速度要比 $g(n)$ 快得多. 通过寻找到一种算法, 它有较小的 $f$, 或者对于一个较大的 $g$ 求出其下界, 我们是否能够缩小这个差距? 局外人常常会问, 数学家们把问题都做完的时候, 他们会做什么? 而当他们被告知问题总是源源不断地出现的时候, 他们表示出疑惑不解. 在这点上, 我们有一个新的领域, 电子计算机的发展启发和滋养着这个领域, 其中有着数以百计新颖而困难的题目 (若能找到其中一些题目的解答, 那就会有巨大的现实意义), 可以让数学家们在未来的几十年中忙碌不已. 我们会在第 16.1 节中回来讨论这个问题.

事实上,这里的情形甚至比乍看起来要复杂得多.许多算法,它的最佳可证步数假如说是 $f(n)$,而实际运行速度却要快得多.有时候是因为确保的运行时间指的是最糟情况,而我们可以证明,平均运行时间(对于平均的一种恰当含义而言)比较短;有时候是因为在我们对于这种算法能够证明的时间和实际上的确实时间之间存在着巨大的差距;有时候则两种原因都起作用.既然有意前来使用的人们不能花上不多的几年时间等着数学家们把问题厘清,于是常常用一批典型的题目来测试几种相互竞争的算法,看哪一种运行得比较快.(不过即使这样做,在如何选定典型题目方面也困难重重.)

**练习 11.4.13 (一种更加简洁的斯特林估计)** 利用练习 11.3.6 所表述的高斯的想法,可以把引理 11.4.11 的结果加以改进.

(i) 假设 $a>0$. 试画出函数 $f(x)=x(a-x)$ 的草图. 求证 $f(x)=a^2/4-(x-a/2)^2$,并由此推出(或者以另外的方式证明),如果 $0\leqslant b\leqslant a/2$,那么对于一切满足 $b\leqslant x\leqslant a-b$ 的 $x$ 都有

$$b(a-b)\leqslant x(a-x)\leqslant a^2/4.$$

(ii) 通过如下搭配各项:

$$n!=1n\times 2(n-1)\times 3(n-2)\times\cdots,$$

并利用 (i),证明

$$((n+1)/2)^n\geqslant n!\geqslant n^{n/2}.$$

特别地,推出我们的公式:对于一切 $N\geqslant 1$ 都有

$$2^{N2^N}\geqslant 2^N!\geqslant 2^{N2^{N-1}}.$$

**练习 11.4.14 (一种更精确的斯特林估计)** 通过利用微积分,我们可以得到对 $n!$ 的更为精确的估计.(读者会需要学习过大约两年的微积分来完成这个问题.英国的读者们也许会习惯于比较守旧的习惯,将我所使用的 log 写成 ln①.)我们这种方法的图解在图 11.10 中给出.

(i) 试证明对于一切满足 $r\leqslant x\leqslant r+1$ 的 $x$,都有 $\log r\leqslant\log x$. 并由此推出对于一切满足 $r\geqslant 1$ 的整数,都有

$$\log r\leqslant\int_r^{r+1}\log x\mathrm{d}x.$$

① 在我上学的那个时代,我们使用底数为 10 的对数来计算,因此我们必须得区分 $\log_{10}$ 和 $\log_e$. 自那以后,底数为 10 的那些对数表都已经被收藏于博物馆了.(有一位读者指出,《具体数学》(*Concrete Mathematics*) [74] 一书中用到 ln. 而这只是有助于表明人无完人、书无不瑕.)——原注

(ii) 通过对 (i) 的这些结果求和, 证明

$$\log n! \leqslant \int_1^{n+1} \log x \mathrm{d}x.$$

(iii) 通过对 $\int_1^{n+1} \log x \mathrm{d}x = \int_1^{n+1} 1 \log x \mathrm{d}x$ 进行分部积分, 证明

$$\log n! \leqslant (n+1)\log(n+1) - n,$$

因而

$$n! \leqslant e^{-n}(n+1)^{n+1}.$$

(iv) 遵循图 11.11 所明示的思路更改以上做法, 从而证明

$$n! \geqslant e^{-n+1}n^n.$$

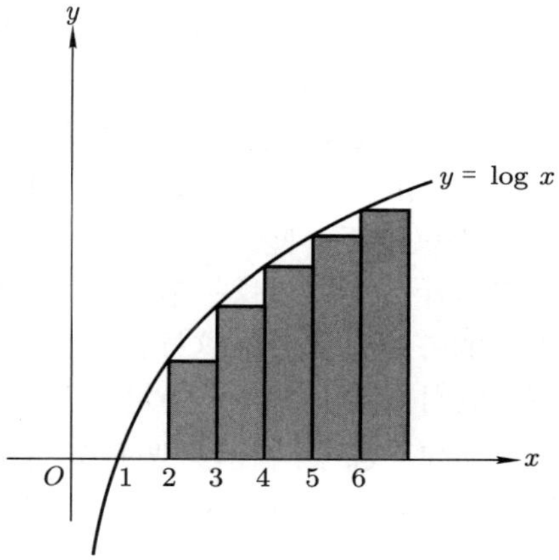


图 11.10　$\log n!$ 的下界估算

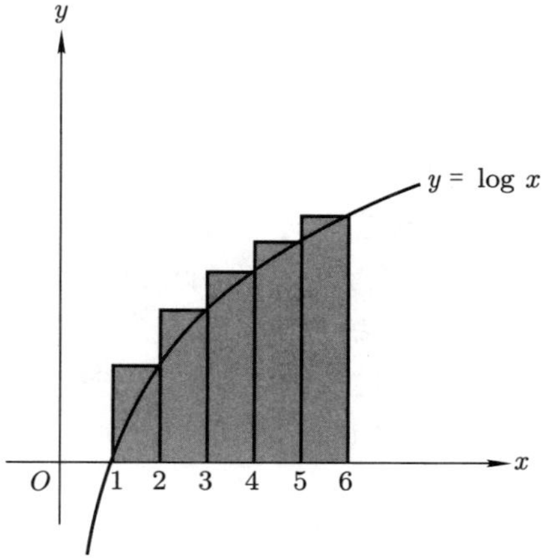


图 11.11　$\log n!$ 的上界估算

(v) 于是我们就证明了 $a_n \geqslant n! \geqslant b_n$, 其中 $a_n = e^{-n}(n+1)^{n+1}$ 而 $b_n = e^{-n+1}n^n$. 利用近似关系 $(1+n^{-1})^n \approx e$, 证明对于较大的 $n$ 有

$$\frac{a_n}{b_n} \approx n,$$

由此我们就得到了 $n!$ 的非常精确的上界和下界.

(vi) 我们还能做得更好吗? 通过完善上面的这些计算, 并利用一种更进一步的思想, 我们就有可能得到斯特林公式

$$n! \approx (2\pi)^{1/2} e^{-n} n^{n+1/2}.$$

我们无法在此给出它的证明, 不过读者也许愿意验证一下, 对于自己的计算器所能处理的最大 $n$, 这种近似是何等的卓越.

## 11.5 查斯特菲尔德勋爵的一封信

对于算法的研究是不断寻找更好的行事方法的一部分, 这就如同寻找避免霍乱的方法, 或者寻找猎获潜水艇的方法. 但是这项任务并没有止步于此. 在找到一种更好的方法以后, 你还必须劝说别人采纳它. 学习如何做到这一点, 只能是来自漫长而痛苦的经历. (经历是一位杰出的老师, 但是他的这些课的学费也是昂贵的.) 自己经过深思熟虑、精心论证的提议出于一些最愚昧的理由而被弃之如履, 读者要体验过这种震惊后, 才会明白我为什么会写下这一节, 或者为什么在任何一次难以应付的委员会会议之前, 很重要的一点是要背诵这样两句话: “你只能辞职一次” 和 “与巨龙搏斗了太久的那些人, 他们自己也变成了巨龙”①.

1978 年, 一个政府委员会建立起来, 目的是调研英国和威尔士的各个学校里的数学教学情况, 当时他们的第一步举措就是展开了一次调查, 以查明一组有代表性的成年人样本的见解和数学需要. 不过, 他们所接触的许多人都拒绝接受访谈, 因此这次调查遭遇到意料之外的困难.

> 直接的和间接的接触方式都试过了, “数学” 这个词被 “算术” 或 “数字的日常使用” 所代替, 不过人们拒绝接受访谈的原因, 显然单单就是因为访谈的主题是数学 …… 质询官所进行的好几次私下接触也遭遇了坚决无比的拒绝. 显然, 这也许揭开了某些他们感到恐惧的痛苦联想. 似乎在成年人之中普遍存在着一种看法, 认为数学是一门令人望而生畏的学科, 这种看法大量渗透在样本选择过程中. 我们认为适合包含在样本中, 因而去接触的那些人中, 有半数拒绝参加 (参见 [37]).

即使是在那些同意参加的人当中,

① 与怪兽搏斗的人必须小心, 以免自己也因此变成一头怪兽. 而如果你对着一个深渊凝视得太久, 那么这个深渊也会盯着你看 (参见尼采 (Nietzsche),《善恶的彼岸》(*Beyond Good and Evil*) 第四章第 146 页). —— 原注

> 即使只是需要着手做一道显然很简单而又直接的数学题, 也会引起受访者中的一些人产生焦虑、无助、恐惧、甚至内疚的感觉, 这些感觉的强烈程度也许是这项调研中最惊人的特征.

数学能力和职业类别之间并没有表现出任何联系. 不过

> 我们先前所提到的那些内疚的感觉似乎在高学历人群中尤为显著, 并且他们由此缘故而感到自己应该对数学具有一种有把握的理解, 尽管事实并非如此.

有鉴于此, 数学家们在提倡某种行动方案时显然不应该提及数学[①]. 就其本身而言, 这并不是一种严重的不利条件. 达尔文的《物种起源》(*On the Origin of Species*)就是一个绝妙的例子, 它在不借助任何数学的情况下展开持续的、占整本书篇幅的论证. 不幸的是, 大多数人也不愿意仔细地去看持续的论证[②].

对于数学家们所钟爱的这些一长串一长串的推理, 我们常常有很好的理由不去信任它们在 "现实生活" 中的应用. 在现实生活中, $A$ 总是产生 $B$ 效应这种情况不恒成立. 我们最多只能说, $A$ 通常产生 $B$ 效应. 无论 $n$ 有多大, 以下数学论证:

> $A_1$ 总是产生 $A_2$ 效应, $A_2$ 总是产生 $A_3$ 效应, $\cdots\cdots$, $A_{n-1}$ 总是产生 $A_n$ 效应, 因此 $A_1$ 总是产生 $A_n$ 效应

总是成立的. 而以下政治论证

> $A_1$ 通常产生 $A_2$ 效应, $A_2$ 通常产生 $A_3$ 效应, $\cdots\cdots$, $A_{n-1}$ 通常产生 $A_n$ 效应, 因此 $A_1$ 通常产生 $A_n$ 效应,

即使在 $n=3$ 的时候, 看起来就明显站不住脚了.

数学从简单向复杂进发, 但是真实生活却罕有简单的情况. 歌德说: "数学家们就像法国人: 无论你对他们说什么, 他们都会翻译成自己的语言, 顿时它就成了一件

---

① 既然许多人都把万无一失、不偏不倚和无所不知归因于计算机, 那么提及 "计算机模拟" 或者甚至是具有许多街机风格功能的计算机显示也许会有所帮助 —— 不过我所希望讨论的, 是论证的原理, 而不是广告的原理. —— 原注

② "知识分子" 这个词在词典里的定义是 "一个具有或者假设其具有优越智力的人; 惯于从事运用智力的工作". 而在盎格鲁 - 撒克逊国家, 这个词事实上是一种侮辱, 甚至在知识分子中也是如此. 在英国社会中, 聪明人把他们的大量时间浪费在装傻上. (在法国, 情况恰好相反.) —— 原注

完全不同的事情."[①](参见 [163]) 有一种与此相关的情绪是用一个工程师的笑话来表达的, 这个笑话讲的是热气球驾驶员被卷入了一场巨大的暴风雨中, 因此被吹离航道数英里之远. 有片刻的时间, 风变得和缓了, 他在云层的间隙中看见一个男子在遛狗. 他向下方呼喊道: "我在哪里?" 这位男子挠了挠头, 深思了一会儿, 最后大声回应道: "在一个气球里. " 他大声叫道: "你是一位数学家吗?" "事实上我确实是的, 你是怎么猜到的?" 然后, 随着云层的再次到来, 风携带着气球远去, 这位气球驾驶员刚刚够时间喊道: "因为你的回答花了很长时间才到达, 而当它到达的时候, 它完全精确却又完全没用."

要说服别人, 并不存在什么固定的法则. 你所说的或所写的都必须取决于他们是何人、你又如何 (有些群体可以被风趣的演讲所打动, 但是如果你不够诙谐机智, 你就不应该去尝试), 以及你想要做何事. 不过, 这里有几条建议, 你可以根据自己的经验以适应情况.

1. 不要企图同时辩论两件事, 你的听众会对哪条论据支持哪个行动方案变得迷惑. 决定什么是你最重要的目标, 然后只为它提供论证.
2. 不要为你的听众提供一系列可能的行动. 大多数群体都没有能力在三个选项中做出取舍. (这个评论并不像它看起来那么怀疑而悲观. 有大量现存的数学知识都证明, 随着选项数目的增加, 要做出决断真的是越来越难. ) 选定你的首选行动, 并为它提供论证.
3. 陈述你的问题是什么. 解释你的提议是什么. 解释为什么你的提议会解决你的问题. 重新陈述你的提议. 停.
4. 你应该对任何针对你这些提议的反对意见做出回答, 不过是在这些意见提出来的时候回答, 而不是提前回答. 这看起来也许又像是一条怀疑且悲观的建议 (而且有的时候, 摆出事情的两个方面都是你的职责), 不过讨论的自然模式就是 $A$ 提出建议, $B$ 反对, $A$ 回答 $B$ 的这些反对意见, 如此继续下去. 如果你试图同时扮演 $A$ 和 $B$ 的角色, 那么你很可能只会把问题混淆罢了.
5. 拍卖会上的那些出价者有时候会因为激动而忘乎所以, 以致他们所买到的东西远远不值他们所付出的价钱. 同样的情况也可能发生在论证过程中. 对于一个问题投入的希望或者精力不要超过它的所值. 不要把技术问题当作道德问题来对待 (也不要把道德问题当作技术问题来对待).
6. 请记住, 耿直的人也会发表不同意见. 请记住, 几乎没有人会因为讨论的结果而立即改变他们的看法, 不过也请记住, 如果你的案例很好而又得到了很好的论证, 那么它就可能会在他们的思维中继续起很长期的作用. 有多少伟大的想法是从一个人的疯狂愚蠢开始, 后来变成几个人的异端邪说, 然后变成少数人的观点主张, 再变成多数人的看法, 并最终成为所有人的常识?

① 问题: 你如何分辨自己是否落入了数学黑手党手中? 回答: 你无法理解他们的要价. —— 原注

众所周知, 年 (更精确地说是 “太阳年” ) 的长短并不是日 (更精确地说是 “太阳日”) 的长度的简单倍数. 好几百年的观测结果说明

$$1\ 年\ = 365.2422\ 日.$$

即使这条陈述必须以各种不同的方式来加以限定 (例如, 用 “平均年” 来取代 “年”, 用 “平均日” 来取代 “日”), 不过我们还是会将它接受下来作为讨论的一个基础. 在尤利乌斯 · 恺撒 (Julius Caesar) 引入的罗马儒略历 (Julian calendar) 中, 一年有 365 日, 只是所有能被 4 整除的年份都有 366 日 (闰年).

**练习 11.5.1**　试证明儒略历大约每 128 年会多出一天. (于是经过 128 年后, 一件应该发生在 1 月 2 日子夜前后的天文学事件就会发生在 1 月 1 日的子夜前后. )

到 1588 年, 这一差异已增长到 10 天①, 因此教皇格雷戈里十三世 (Pope Gregory XIII) 引入了一种新的历法. 10 天的时间被完全忽略 (因此 1582 年 10 月 4 日星期四后面紧跟的是 1582 年 10 月 15 日星期五). 新的格雷戈里历 (Gregorian calendar) 与儒略历的不同之处在于, 能被 100 整除的年份 (世纪年) 中, 只有能被 400 整除的才是闰年.

**练习 11.5.2**　试证明格雷戈里历大约每 3333 年会多出一天.

整个欧洲除了英国以外普遍采用格雷戈里系统, 其结果是, 到 1750 年, 在法国或荷兰被称为 8 月 16 日的那一天, 在英国被称为 8 月 5 日. 下面是查斯特菲尔德勋爵 (Lord Chesterfield) 写给他儿子的一封信的前半部分, 标注的日期和地点为 1751 年 3 月 18 日伦敦:

> 我亲爱的朋友:
>
> 我在前一封信中告知过你, 我已经将一项议案提交上议院, 目的是为了纠正和改革我们现存的历法, 也就是儒略历, 而采用格雷戈里历. 我现在会向你更加详细地叙述这件事情, 你自然会从中产生一些反思, 我希望这些反思可能会对你有用, 而我也恐怕你尚未做过这样的反思. 儒略历有纰漏这是众所周知的, 它比太阳年多给出了 11 天. 教皇格雷戈里十三世纠正了这一误差, 经过他改革的历法立即得到了欧洲所有天主教政权的接受, 此后除俄罗斯、瑞典和英国之外的所有新教徒政权也都采纳了格雷戈里历. 在我看来, 英国仍然死守着一种严重和公开承认的错误不放, 尤其是与这两个国家为伍, 这种做法并不怎么体面, 尤其是在各国的现状下更是如此. 所有与国外通信的人, 无论是政治通信还是商业通信, 他们也都对

① 在基督纪年的前三个世纪中, 各主要基督教节日都不是固定的, 因此测量这种差异所相对的 “零点” 也相应地发生移动. —— 原注

> 这种历法带来的不便深有同感. 因此, 我决定试图改革. 我咨询了一些最好的律师、最高明的天文学家, 然后我们为此目的而拟定了一份议案. 但是我的困难也随之开始了. 我要提出这项必然由法律行话和天文学计算所构成的提案, 而对这两方面我都是完完全全的外行. 然而我又绝对有必要让上议院认为我对这个问题还是有所了解的, 并且让他们相信他们自己也对此有一知半解, 尽管他们其实一无所知. 就我本人来说, 我宁愿跟他们说凯尔特语或者斯拉夫尼亚语也不愿意跟他们谈论天文学, 而他们本也会完全理解我. 因此我决心不仅仅要说到要领, 而且要取悦他们, 而不是告诉他们. 于是我只向他们叙述了各种历法的历史, 从埃及历法直至格雷戈里历, 期间不时用一些小插曲来使他们发笑. 但我特别注意辞藻的选择、句子的和谐与圆润、演说的风度及姿势. 这种做法取得了成功, 而且永远都会成功. 他们认为我提供了信息, 这是因为我取悦了他们. 他们之中的许多人都说, 我让他们搞清了整件事情, 天晓得, 我甚至都不曾做此尝试. 麦克尔斯菲尔德勋爵 (Lord Macclesfield) 在这项议案的形成过程中分担了最多的工作, 他也是欧洲最伟大的数学家和天文学家之一. 他在我之后发言, 他的发言中蕴含着无穷的知识, 也达到如此错综复杂的一件事情所能容许的最清晰程度. 但是由于他的措辞、他的句点, 以及他的表达方式都远不如我, 因此大家都毫无异议地, 尽管也是毫不公正地, 偏爱我.

[摘自查斯特菲尔德勋爵的《给儿子的信》(*Letters to His Son*).]

**练习 11.5.3** 在 1923 年, 苏联采取了一种新的 "苏维埃" 历法, 这种历法遵循儒略历, 但是在只有符合 $n \times 100$ 形式的世纪年才是一个闰年, 其中 $n$ 除以 9 的余数为 2 或 6.

(i) 试证明苏维埃历大约每 45000 年会多出一天.

(ii) 苏维埃历和格雷戈里历会出现分歧的第一年是哪一年?

接下去这道题目取自劳斯 · 鲍尔 (Rouse Ball) 的《数学消遣》(*Mathematical Recreations*) 的几个早期版本. (在准备本节内容时, 我采用的是 [212]. 如果读者希望在根据日期推算出星期几方面成为一位奇才, 那么我所知道的最快方法应该是康威提出的, 这种方法在《制胜之道》(*Winning Ways*) [14] 的第二卷中给出.)

**练习 11.5.4** (i) 试证明 (对于格雷戈里历而言) 每次世纪交替的第一天或最后一天必定是星期一.

(ii) 试证明 (对于格雷戈里历而言) 每个月的第十三天是星期五的可能性大于一个星期中的任何其他一天. (由于解此题实质上只是一件辛劳的苦差事, 因此你可能会想要用计算机去演算.)

# 一些更加深入的问题　第 12 章

## 12.1　多安全?

在铁路出现的初期, 线路各不同部分之间没有任何通信手段, 因此列车以时间间隔为基础运行. 一列列车经过以后, 就会有一个危险信号显示 (比如说) 五分钟, 以避免另一列列车跟随得过于靠近. 接下去的五分钟中, 再显示一个警告信号, 表示随后的任何列车都应该放慢速度, 最后显示一个解除信号. 如果一列列车必须得在两个信号点之间停车, 那么警卫就应该往回跑, 去警告随后的列车. (记录这段描述的原书中评论说: “事故的发生率并不像预期中那么频繁.” (参见 [119]))

随着经验的积累和技术条件的许可, 逐渐出现了一些改进. 信号点和信号之间用机械相互连锁, 于是在信号点都设置正确的情况下, 就只能显示解除信号. 电报机的发明使信号员们得以相互通信, 并导致时间间隔被在闭塞系统下工作的空间间隔所取代. 线路被分成几个区间, 当一列列车经过这一区间起点处的那位信号员时, 他就将自己的信号置于危险状态, 直到另一端的那位信号员通知他列车已经离开这一区间, 他才取消危险信号. 既然在任何一段时间中的任何一个区间内都只有一列列车, 那么从某种意义上来说, 相撞就 “不可能” 了.

事实上, 以上描述的这种系统存在着各种各样的弱点:

1. 信号有可能会无法显示. 1876 年, 有一个信号冻结在 “安全位置”, 结果导致了一场重大事故. 直到此时, 正如我们上文所描述的, 信号一般都被置于 “安全”, 只有当一列列车位于后续区间中时才被置于 “危险” . 自那以后, 信号就被置于 “危险”, 只有在允许一列列车经过的时候才被置于 “安全” (或者使用某种更加复杂的 “故障安全” 装置).
2. 一个区间终点处的信号员可能会错误地将一列列车记为离开他的区间. 为了避免这种情况, 当时引入了一种连锁装置, 只有当列车在这一路段终点处触动一个轨道接触器时, 他才能记录下解除信号.
3. 一个区间起点处的信号员可能会错误地允许一列列车进入这个区间, 即使这时尚未给出前一列车已离开该区间的信号. 避免这种情况的方法是在这一路段的起点和终点处设置连锁信号.
4. 列车司机可能没有看到这些信号. 这需要更为先进的技术, 不过如今 (至少是在主干线上), 一辆经过危险信号的列车会自动被截停.

现在我们已经排除了一切范围的信号失效和人为失误, 这样是否就营造出了一条绝对安全的铁路? 还没有, 因为在提取出信号、路段和列车这些概念的过程中, 我们隐藏了引起事故的最普遍原因之一.

5. 一列列车并不是单个物体. 它的车厢可能会脱落. 列车的一部分已经离开某一路段, 这个事实并不保证整列列车已离开. 克服这个问题的方法是采用一些装置来对进入和离开某一路段的车轴数量进行计数, 或者采用探测一列列车是否出现在某一给定路段上的轨道电路.

即使到现在, 我们的问题也还没有结束. 如果一个信号失效, 那么既然它是"故障安全"的, 于是它就会永久地置于危险状态. 倘若不采取进一步的措施, 那么该线路上的所有交通都会停顿下来, 直到这个信号被修正才会恢复. 如果一条铁路上没有移动的列车, 就不会发生碰撞, 这当然是对的, 但是这样的一条铁路对它的使用者们而言是无法接受的. 因此就必定有僭越各种安全特性的防备措施, 而这就引入了一些新的风险 ……[①]

如今我们必须处理的那些问题, 要比避免两列列车出现在同一段铁路上复杂得多. 空中交通管制要涉及许多在三维空间中移动的物体. 原子能发电站则需要做出一些比凡人思考速度快得多的决断. 所幸, 我们有几乎在瞬间就能够处理大量数据的计算机 (公共关系界人士也很乐意使我们放心, 当火车相撞、渡船沉没、飞机坠入山峦以及原子能发电站发生发射性泄漏时, 这些都是"一次性"事故, 永远也不会再次发生). 显而易见, 如果没有计算机, 那么现代生活中的许多活动要么会昂贵得令人望而却步, 要么会危险得使人不敢去做. 而不那么清晰可见的是, 为什么计算机不能使这些活动绝对安全, 而只能是在可接受程度上安全.

假设我们有一段计算机程序, 用来控制某种复杂过程. 我们怎么知道它在所有可能的情况下总是会做出正确的事情呢? 有一种方法是查遍所有的可能性, 并核实这段程序总是给出正确的答案. 这样做有两个问题. 其中之一是可能存在太多的可能性需要检验. 另一个问题更加重要得多, 那就是我们可能并不知道所有的可能性. (请回忆一下, 我们曾忽略过列车可能会脱开的可能性.) 许多铁路安全惯例都是以事故来命名的 (这证明了这些安全惯例的必要性), 这一点意味深长 (参见 [171]).

伦敦救护车服务站 (London Ambulance Service, 缩写为 LAS) 的计算机辅助调度系统为我们提供了一则警世故事 (还有许多此类的故事). 1991 年, 为改选而焦虑不安的保守党政府出台了一些指导方针, 在这些指导方针下, 救护车应该在接到电话后 15 分钟内到达 95% 的紧急事件地点. 伦敦救护车服务站的管理人员决定以 14 个月为最后期限, 筹备起一个计算机辅助调度方案并投入运营[②]. 这么短的时间标

① 旧金山地铁 —— 湾区捷运系统 (Bay Area Rapid Transit, 缩写为 BART) 要求列车全自动化, 但车上又载有一名列车员以应对紧急情况. 有人指出, 乐意乘来乘去九年而不做任何事情的那类人, 恰恰就会在第十个年头中是最没有能力处理紧急情况的人. —— 原注

② 所有国家都有技术灾难, 不过每个国家又在其中加入了自己本国的成分 —— 在苏联是过度保密, 在意大利是行贿受贿, 在美国是各项高科技项目中的低级技术故障. 在英国, 我们有这样一条信条: "经理的工作就是去经营管理". —— 原注

度, 于是留给检测 (虽然几次试验的结果确实发现, 这个软件在多达 776 辆车构成的车队中, 每 53 辆车会遗漏一辆) 和员工培训的时间就微乎其微了. 救护车的工作人员恰当地感觉到, 这种新的系统是在没有磋商的情况下从上级强加下来的. 在旧的系统下, 他们与调度员们直接进行语音通话, 因此有局部的自主余地. 而新的系统把他们当作机器上的齿轮来对待 (很典型的例子是, 对于工作人员中出现的不满情绪, 管理部门的反应是担心可能会发生蓄意破坏行为). 士气低迷就意味着, 一旦事情开始出错, 救护车工作人员们对于这种新系统所具有的任何信心都会消失殆尽, 而这种态度又会反馈到控制室. 当人工系统被半计算机化系统所取代时, 15 分钟内抵达紧急事件地点的数量从 65% 下降到了 30%. 管理部门并未就此受阻, 而是转向一个没有书面记录的全计算机化系统.

事情立即就开始出错. 每当系统与一辆救护车失去无线电联络, 程序就产生一个 "出错信息" 来警告操作员. 如果操作员太忙而无法应答, 这个系统就产生一个关于这个出错信息的出错信息, 随后再产生一个关于这个新的出错信息的出错信息, 直到操作员由于屏幕上充满这些信息而再也无法工作为止. 此外, 计算机还会派遣一辆新的救护车去取代它失去联系的那一辆. 随着系统把越来越多的救护车派遣出去, 它也就花费越来越多的时间来确定, 在剩余的那些救护车中, 哪一辆距离每个接到报告的紧急事件地点比较近. 工作人员们知道事情在严重出错, 但是由于没有书面记录, 因此他们就无法查明发生了什么事情. 随着时间的推移, 担心救护车不到而感到焦虑的人们打到控制室的电话数量不断增加, 因此系统的负荷也进一步上升. 在系统更换的六个小时以后, 控制室要花费 10 分钟才能接听来电. 在第一天中, 只有不到 20% 的救护车在 15 分钟内抵达紧急事件地点, 而且第二天这个比例又再次下跌. (图 12.1 取自 [223], 其中用详细的图形明示了这一过程.)

这个时候, 管理部门决定回到半计算机化系统. 情况有所改善, 但是一个星期以后, 系统完全崩溃. 早先 "修补" 系统遗留下一段程序, 它确保每次将一辆救护车派遣出去, 就有一小段内存被占用, 随后又不将其释放. 三个星期以后, 这个漏洞占用了全部内存. (各种后备程序失灵了, 其原因是它们是为无纸化系统而设计的, 然而却甚至对此都没有进行检验.) 这个花费一百五十万英镑的项目就此遭弃, 救护车调度服务也恢复了原先的方法和效率. 在导致该结果的调查中, 有一名成员估算出, 如果要引入管理部门所设想的这种系统, 从而考虑到恰当的检测和员工训练, 那么就得花费五年的时间 (参见 [6]).

从各种成功的和不成功的方案① 中都获取了相似的教训, 那就是需要一个很长的检测时期, 其长短要以年来衡量而不是以月来计算, 不过我们在这里遇到了一个

① 1994 年底,《科学美国人》(*Scientific American*) 报道: "研究显示, 每当有六个新的大规模软件系统投入运行, 就有另外两个被取消. 平均的软件开发超过其计划约一半. 一般而言, 越大型的项目, 情况就越糟. 而所有大型系统中, 大约有四分之三都有'运行故障', 它们要么不运行, 要么不按照原来的意图运行, 要么根本没有投入使用." (参见 [68]) —— 原注

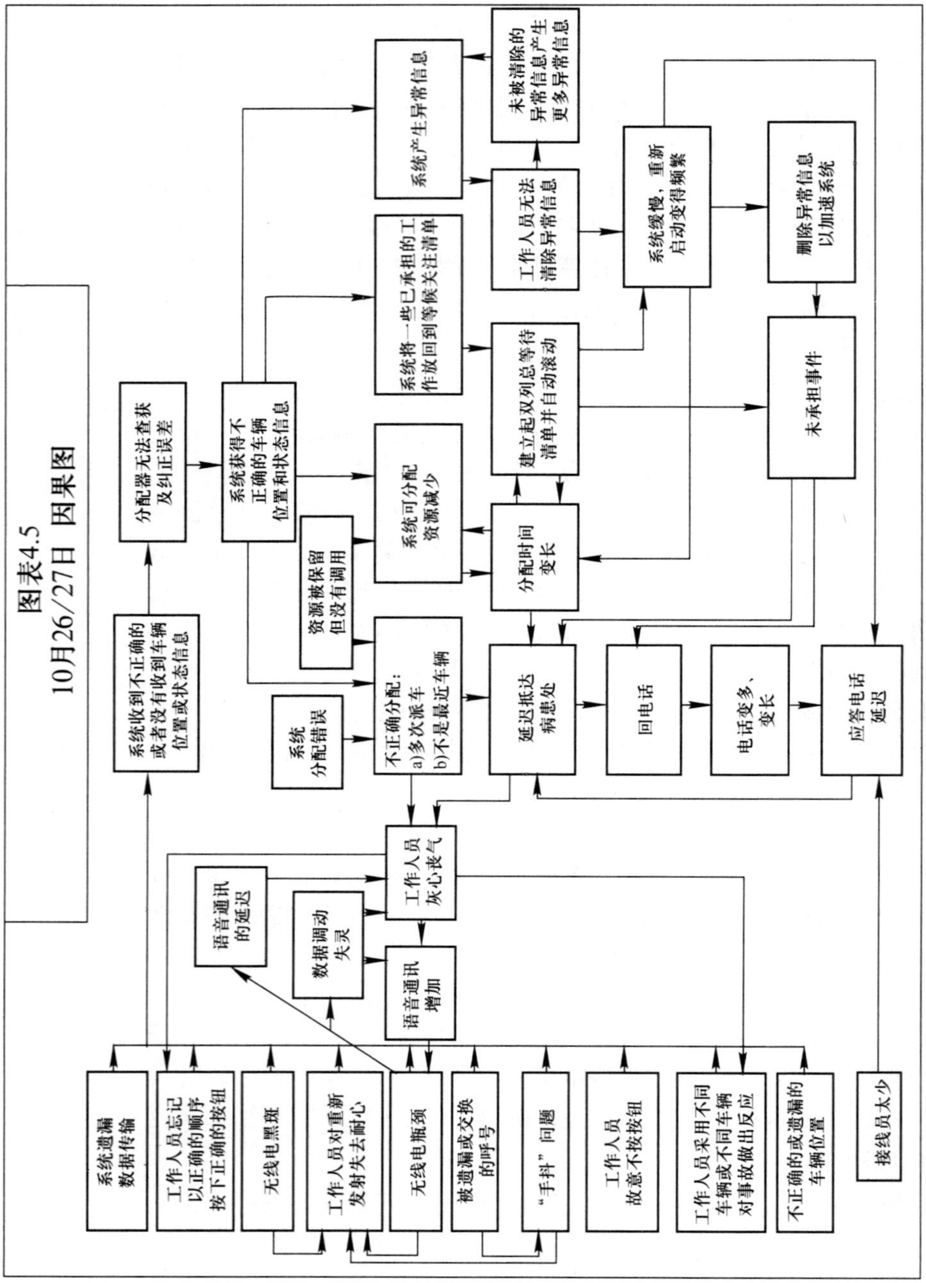


图 12.1 伦敦计算机调度中心是如何失灵的

尽管并不重大但却很有趣的问题. 现在一个计算机系统的寿命大约是 5 年, 在那以后它就变得如此过时, 以至于制造商完全对它失去了兴趣. 这就意味着, 等到这种系统平稳运行的时候, 在它设计时要采用的那些先进计算机已经变得陈旧过时 ①. 计算机语言具有较长的寿命 —— 可能有 10 年或 15 年. 不过人类的大部分重大工程, 从原子能发电站到航天飞机, 从空中交通系统到军舰, 这些都要花费多年的时间来设计和建造, 然后预期它们至少会维持 20 年. 于是, 在它们走向使用寿命的终点时, 它们会被一些从科学博物馆出来的计算机操作着, 而它们所运行着用一种没人使用的语言写成的那些程序, 而编写这些程序的作者们则早已去世了.

**练习 12.1.1** 请你的一位朋友给你一段他们所写的很长的计算机程序, 但是不要告诉你这段程序是用来干什么的. 设法仅仅从这段程序中弄清楚它的目的是什么, 以及它如何达到此目的.

有人提出了一种改善状况的方法, 那就是考虑一下飞机是如何设计出来的. 飞机设计师并不设计发动机或各种仪器, 而是将它们当作由某些保证的规格所给定的. 要保证这些部件都符合规格, 则在于这些部件的发动机和仪器制造者们的责任. 出于同样的道理, 有人提出大型计算机程序应该由一些较小的部分组装起来, 其中每一个部分都得保证以某一种特定的方式起作用. (请注意, 这就反映了上文所描述的这些铁路安全系统. 除非一列车是真的已经离开了某个区间, 否则的话就有一个系统确保出口处的信号员无法报告其离开该区间. 除非出口处的信号员已经报告了该区间解除警报, 否则的话就有另一个系统确保入口处的信号员无法将危险信号重新设置为进入信号. 还有第三个系统则确保一列车无法通过一个置于危险状态的信号.)

我们已经制造出这样的一些有保障的部分. 我们的求最大流量、求最大公约数等等的这些算法都同时提供了证明 (这就是保障), 说明它们总是会奏效. (不过, 我们当然还是必须检验这个程序是否执行这个算法.) 不幸的是, 任何大型程序都会包含许多这样的部分, 正如读者很可能赞同的那样, 要证明任何一个特定的部分是正确的, 都可能是一个漫长的过程. 有一条显而易见的出路是用机械的方法来检验正确性, 即编写一个程序来检验每个部分 (算法) 的正确性. (我们必须得要检验这个检验程序 (算法) 的正确性, 不过这种付出是一劳永逸的.) 是否存在着这样一种通用的检验程序 (算法)? 剑桥大学的一位年轻数学家艾伦 · 图灵② 在 1937 年给出了否定的回答. (这并不意味着前两段中概要列出的这些想法毫无用处, 而是意味着它们无法提供一种普适的万灵丹.)

一个算法 (程序) 是正确的这种陈述, 分析起来是很复杂的, 因此图灵全神贯注

① 有一些家庭小工业恰恰就是为了这些目的而制造一些过时的计算机. —— 原注

② 艾伦 · 图灵 (Alan Turing, 1912—1954), 英国数学家和逻辑学家, 被视为计算机科学的创始人, 后因同性恋倾向而遭到迫害致死. —— 译注

于正确性的一个方面. 为了使一个算法 (程序) 有用, 就必须让它有终点, 因此图灵问道: 是否存在着一种终止算法来检验任意给定的算法具有终点? 在第 12.3 节中, 我会简要地证明这个问题的答案是否定的. 在着手证明之前, 我会概要地列出它的一些背景情况.

我们在本节剩余部分中考虑的这一背景, 关系到本书是如何录入的. 像高德纳的三卷本《计算机程序设计艺术》(*The Art of Computer Programming*) 这样有影响力的数学教科书寥寥无几. (读者会毫无困难地察觉到它对本书的影响.) 高德纳的计划是要写一部七卷本的著作, 但是在此计划进行过半的时候, 高德纳决定写一个程序来为他自己的书排版 (以及另一个程序来设计他自己的字体). 其结果就是有史以来成功完成的最大型程序之一[①], 是数学出版业的一次辉煌革新, (至少迄今为止) 也是空前绝后之作.

高德纳的程序被称为 TEX (与 "technology"(技术) 一词中的 "tech" 发音相同), 而本书使用的版本称为 LATEX (发音为 "拉泰赫" (lay-tech)). 我在自己家里的计算机上敲出一些像这样的内容:

```
If $\alpha>0$ then $x^{\alpha}$ grows faster than $\log x$
as $x\rightarrow\infty$.
```

要翻译这段话, 请注意 $ 的意思是 "数学公式开始或结束", \ 表示 "随后是指令",^ 表示 "随后包含在括号 { 和 } 中的是上标". 指令 `alpha` 的意思是 "输出小写的希腊字母阿尔法", 等等[②]. (你会看到, 我所写的是一套指令, 也就是一段程序.) 我所希望得到的最终结果看起来应该是像这样的一些内容:

If $\alpha > 0$ then $x^\alpha$ grows faster than $\log x$ as $x \to \infty$.

**练习 12.1.2** 试解释为什么如果我敲出

```
If $alpha>0$ then $x^{\alpha}$ grows faster than $\log x$
as $x\rightarrow\infty$.
```

那么我得到的是

If $alpha > 0$ then $x^\alpha$ grows faster than $\log x$ as $x \to \infty$.

TEX 程序忽略数学公式中的空格. 试解释为什么如果我敲出

```
If $\alpha>0 then x^{\alpha}$ grows faster than $log x$
as $x\rightarrow\infty$.
```

那么我得到的是

If $\alpha > 0 then x^\alpha$ grows faster than $log x$ as $x \to \infty$.

① 当剑桥大学数学系选择他们的第一个数学文字处理系统时, 人们想当然地认为, 高德纳永远都不会完成这项工作. —— 原注

② 任何一位阅读此文的 TEX 专家都应该记住这位大师的话:"笔者觉得, 蓄意说谎的技巧 …… 实际上使学习这些概念 …… 变得更为容易. " (参见 [122], 前言)—— 原注

由于我家里的计算机不能处理 LaTeX, 因此我就把我所写的内容转移到盘里. 写在盘上的内容看起来就像是一堆乱七八糟的东西, 这是因为计算机把我的文本转换成了 ASCII 码, 这种编码本质上为我在键盘上的每种可能的击键事件都分配了一个 0 到 127 之间的数字. (于是这个盘就携带着一个非常长的数字, 而这个数字则可以被重新翻译成一系列击键事件.) 我把盘里的内容转移到我办公室的计算机上. 然后那台计算机再把我的 (用 LaTeX 写成的) 程序转换成一个用无格式的 TeX 写成的程序. 高德纳的程序由此接管, 并添加关于字间距、换行、换页以及产生一个打印页面所需要的其他一切指令, 从而重写和扩展了我的程序. 最后, 程序输出一组详细的指令到激光打印机, 告诉它将每一个点放置于页面的何处.

高德纳用一本 524 页的书 (《计算机与排版》(*Computers and Typesetting*) B 卷①) 给出了他这个程序的全部细节. 高德纳是用一种名为 WEB 的计算机语言来写他的这个程序的. 一个计算机程序将它翻译成另一种称为 PASCAL 的语言. 当高德纳的程序安装到一台新的计算机上时, 另一个程序就将 PASCAL 程序重写为一个计算机代码程序, 而这个代码程序才是计算机实际服从的程序.

我描述这些细节的主要目的并不是要为 TeX 唱颂歌, 尽管它确实是一项辉煌的成就. (大部分创新都是从刚刚毕业的学生们中间开始, 然后通过这些毕业生所构成的数学团体而上升, 直到 20 年后这些毕业生变成教授时才到达教授级别. 而 TeX 及其延伸在 10 年内就得到了几乎普遍的采用②.) 然而, 我想要强调的是计算过程中包含着多少作用于其他程序的程序. 如果我必须得向一些从未见过计算机的数学家解释一台计算机, 那么我料想其中最艰巨的任务之一会是解释这是如何做到的. 他们会这样问道: "计算机怎么知道什么是数据, 什么又是程序?" 要提出这个问题的机制并不困难, 但是只有你真正看到工作完成了的时候, 你才会很容易地说服自己, 从而相信它们是能够行得通的.

## 12.2 几个无限的问题

在第 5.1 节和 5.2 节中, 我引用了伽利略的《关于两门新科学的对话》(*Dialogue Concerning Two New Sciences*). "对话" 主要处理的是我们现在所谓的动力学和材料科学, 但是在下面这段话中, 这几位朋友偏离了主题, 去讨论有关无限概念的一些问题③.

> 辛普利修: 这里有一个困难, 它对我来说是不能解决的. 既然显然可能有一条线大于另一条线, 而每一条都包含无限个点, 我们就要被迫承认, 在同一类中, 我们可能有某些大于无穷的事物, 因为在一条长线内的无限

① 在我比现在年轻些的时候, 我相信作者们确实通读过他们所引用的那些书籍. 这里的情况绝非如此. 不过, 如果你想要看看各种最高水准的长程序编程和文件编制如何运作, 那么这本书非常值得一看. —— 原注

② 感兴趣的读者会在附录 A1.1 末尾处找到几个有趣的评注. —— 原注

③ 这段对话也取自北京大学出版社 2006 年出版, 武际可的中译本. —— 译注

多个点数要大于短线内的无限多个点数. 这种给无限量一个大于无限的值的做法完全超出了我的理解.

萨尔维亚蒂: 这是当我们打算以我们的有限的想法去讨论无限, 并在无限上加上有限的一些性质的时候出现的一类困难; 但是, 我想这是错误的, 因为我们不能说一个无限量大于、小于或等于另一个无限量. 要证明这一点, 在我的脑子中有一个论点, 为清楚起见, 我将为辛普利修把它提成问题的形式, 是他提出了这个困难. 我采用它, 因为假定你们知道哪些数是平方数而哪些不是.

辛普利修: 我完全明白一个平方数是一个数乘以它自身的结果, 例如 4,9 等都是平方数, 它们分别等于 2,3 等与其自身的乘积.

萨尔维亚蒂: 很好; 并且正如你们知道乘积被称为平方一样, 你们也知道因子被称为边或根: 另一方面那些不是由两个相等因子组成的数就不是平方数. 这样, 如果我断言所有的数, 包括平方数和非平方数, 比起单单的平方数来要多, 我说的是事实, 是不是?

辛普利修: 当然.

萨尔维亚蒂: 假如我进一步问有多少个平方数, 真实回答是有多少个根就有多少个平方数, 因为每一个平方数都有它自己的根, 每一个根都有它自己的平方数, 而且没有超过一个根的平方数, 也没有超过一个平方数的根.

辛普利修: 确实如此.

萨尔维亚蒂: 假如我要问一共有多少个根, 不能否认有多少个数就有多少个根, 因为每一个数都是某个平方数的根. 这就认可了我们必须说的有多少个数就有多少个平方数, 因为后者和它们的根一样多, 而且所有的数都是根. 然而在开始时我们说过数比平方数要多, 因为其大部分不是平方数. 不仅如此, 而且当我们考查一个较大的数目时, 平方数所占的比例会减小. 例如, 在 100 以内我们有 10 个平方数, 即平方数占全部数的 1/10; 到 10000 时, 我们发现平方数只占 1/100; 到 1000000 时, 平方数只占 1/1000; 另外, 当有无限多个数时, 如果可以这样设想的话, 就得被迫接受平方数与数的全体一样多的事实.

萨格列陀: 在这些情形下必然得出怎样的结论呢?

萨尔维亚蒂: 到目前为止, 就我所知, 只能得出全部数有无限多个, 全部平方数有无限多个, 并且它们的根也有无限多个; 平方数的数目既不比全部数的数目少, 也不比它多; 最后, "相等"、"大于" 和 "小于" 的特性对无限量是不适用的, 它们仅适用于有限量. 因此当辛普利修引进不同长度的若干线段并且问我为什么较长的线段包含的点不比较短的线段多时, 我回答他说, 一线段并不包含较多、较少或恰好等于另一线段的点,

而是每一线段包含无限多个点 …… (参见 [61], 第一天)

用现代的术语来说, 伽利略考虑由严格正整数构成的集合 $N = \{1, 2, 3, \cdots\}$ 以及由正整数的平方构成的子集 $S = \{1, 4, 9, \cdots\}$. 他观察发现 $N$ 和 $S$ 之间存在着这样的对应关系:

$$n \leftrightarrow n^2,$$

于是 $N$ 的每个成员都恰好对应于 $S$ 的一个成员, 而 $S$ 的每个成员也都恰好对应于 $N$ 的一个成员. 我们将这样一种对应关系称为 "一对一" 对应①. 如果我们取

$$[0, 1] = \{x \in \mathbb{R} : 0 \leqslant x \leqslant 1\}$$

为 0 到 1 之间的实数集合 (包含 0 和 1), 取

$$[0, 2] = \{x \in \mathbb{R} : 0 \leqslant x \leqslant 2\}$$

为 0 到 2 之间的实数集合 (包含 0 和 2), 那么

$$x \leftrightarrow 2x$$

就给出 [0, 1] 和 [0, 2] 之间的一对一对应关系.

**练习 12.2.1** 如果我们定义

$$[\alpha, \beta] = \{x \in \mathbb{R} : \alpha \leqslant x \leqslant \beta\}$$

以及 $a < b, c < d$, 试证明 $[a, b]$ 和 $[c, d]$ 之间存在一个一对一对应关系.

于是我们就在 "不同长度的线段" 之间建立了一种一对一对应关系.

伽利略在这段对话中关注的主要问题是为一些概念做辩护, 这些概念就是我们现在所谓的微积分, 而他也对说明了这些与传统无限观点相关的问题感到相当满意. 不过, 他还留下一个问题没有回答: 能将任意两个无限集构成一对一对应吗? 这个问题是由康托尔②提出并回答的.

**定理 12.2.2 (康托尔)** 在正整数和实数之间不存在一对一对应关系.

① 在更加高等的著作中, 我们所谓的 "一对一" 对应被称为 "双射" (bijective) 对应. 这是因为在传统的术语中必须区别 "一对一" (双射) 对应和 "一一" (单射) 对应, 但是没人能记得住哪个是哪个. —— 原注

② 格奥尔格 · 康托尔 (Georg Ferdinand Ludwig Philipp Cantor, 1845—1918), 德国数学家, 他创立了现代集合论作为实数理论以至整个微积分理论体系的基础, 并提出了集合的势和序的概念. —— 译注

**证明** 假设在正整数和实数之间存在着一对一对应关系. 令 $x(n)$ 为对应于正整数 $x$ 的实数. 我们知道可以写下

$$x(n) = a(n) + y(n),$$

其中 $a(n)$ 是一个整数, 且 $0 \leqslant y(n) < 1$, 我们还可以将 $y(n)$ 写成一个小数

$$y(n) = 0.y_1(n)y_2(n)y_3(n)\cdots.$$

(正式的写法是

$$y(n) = \frac{y_1(n)}{10} + \frac{y_2(n)}{10^2} + \frac{y_3(n)}{10^3} + \cdots,$$

或者写成比较简短的形式:

$$y(n) = \sum_{r=1}^{\infty} \frac{y_r(n)}{10^r},$$

其中 $y_r$ 是一个满足 $0 \leqslant y_r \leqslant 9$ 的整数. 不过, 这种形式上的描述没有告诉我们任何我们还不知道的东西.)

现在我们写出一个实数 $x$, 这个实数结果并**不在列表** $x(1), x(2), x(3), \cdots$ **中**. 我们将 $x$ 的第 $n$ 位小数 $x_n$ 定义为

$$\text{若 } 0 \leqslant y_n(n) \leqslant 4,\ \text{则 } x_n = y_n + 3,$$
$$\text{若 } 5 \leqslant y_n(n) \leqslant 9,\ \text{则 } x_n = y_n - 3,$$

并令

$$x = 0.x_1x_2x_3\cdots,$$

或者写成比较正式的形式:

$$x = \sum_{r=1}^{\infty} \frac{x_r}{10^r}.$$

考虑我们这个列表中的第 $n$ 个数字 $x(n)$, 根据定义,

$$|x_n - y_n(n)| = 3,$$

因此 $x$ 和 $x(n) = a(n) + y(n)$ 的第 $n$ 位小数相差 3. 于是 $x(n) \neq x$, 并且正如我们在本段开头所声明的, $x$ 不在列表 $x(1), x(2), x(3), \cdots$ 中. 由于 $x$ 缺失, 因此我们的列表就不能在正整数和实数之间给出一对一对应关系.

这一论证对于任何一个假定成立的一对一实数列表都成立, 因此康托尔定理得证. ■

**练习 12.2.3**　假设定理 12.2.2 的证明中的前几个 $x(n)$ 由以下各式给出:

$$x(1) = 12.5346723\cdots,$$
$$x(2) = 0.5000000\cdots,$$
$$x(3) = -5.350000\cdots,$$
$$x(4) = 3.879989\cdots,$$
$$x(5) = 8.000000\cdots,$$

试求 $x$ 的前几位小数.

康托尔对他这条定理的原始证明与此不同,但是也依赖于同一种**对角论证法**(如此命名的原因是我们改变第 $n$ 个"对角元素" $y_n(n)$ 来获得 $x$ 的第 $n$ 个"元素" $x_n$). 康托尔的对角论证法在当时是一种全新的数学论证方法. 许多数学家都曾证明过一些重要的定理 —— 曾经将新的论证模式引入数学中的人却寥寥无几. 在下一章中,我们会对它的应用给出另一个引人注目的例子.

**练习 12.2.4**　我们对于康托尔的定理的证明中包含以下陈述: "$\cdots\cdots x$ 和 $x(n) = a(n) + y(n)$ 的第 $n$ 位小数相差 3. 于是 $x(n) \neq x\cdots\cdots$" 一个特别谨慎的学生可能会希望看到对这一点的证明. (如果你并不是极端谨慎的人, 那么就不用费心去深入阅读了.)

(i) 回忆起 $a(n)$ 是一个整数, 且

$$y(n) = \sum_{r=1}^{\infty} \frac{y_r(n)}{10^r}, \qquad x = \sum_{r=1}^{\infty} \frac{x_r}{10^r}.$$

试证明

$$Y_n = 10^n \left( a(n) + \sum_{r=1}^{n} \frac{y_r(n)}{10^r} \right) \text{ 和 } X_n = 10^n \left( \sum_{r=1}^{n} \frac{x_r}{10^r} \right)$$

都是整数, 且

$$|X_n - Y_n| \geqslant 3.$$

(ii) 如果我们用 "$x$ 和 $x(n) = a(n) + y(n)$ 的第 $n$ 位小数相差 8" 来取代 "$x$ 和 $x(n) = a(n) + y(n)$ 的第 $n$ 位小数相差 3", 结果是否会得到

$$|X_n - Y_n| \geqslant 8\,?$$

为什么?

(iii) 回到 (i) 的论证, 令

$$\mathscr{Y}(n) = 10^n \left( \sum_{r=n+1}^{\infty} \frac{y_r(n)}{10^r} \right) \text{ 和 } \mathscr{X}(n) = 10^n \left( \sum_{r=n+1}^{\infty} \frac{x_r}{10^r} \right).$$

试证明

$$0 \leqslant \mathscr{Y}(n) \leqslant 1 \text{ 和 } 0 \leqslant \mathscr{X}(n) \leqslant 1$$

并利用 (i) 推出

$$|(X_n + \mathscr{X}(n)) - (Y_n + \mathscr{Y}(n))| \geqslant 2.$$

由此证明

$$|x - x(n)| \geqslant 2 \times 10^{-n}$$

因此得到题中要求的 $x \neq x(n)$.

为了给下一节中的各论证铺平道路, 让我来给出对角论证法的另一个例子. 假设我有一台计算机和一套程序 $P_1, P_2, P_3, \cdots$, 这些程序满足的条件是, 当我将程序 $P_j$ 应用于整数 $k$ 时, 所得的结果 $P_j(k)$ 恒为 0 或者 $1[1 \leqslant j, k]$. 随后我断言有一个由 0 和 1 构成的数列 $P(1), P(2), P(3), \cdots$, 对于任何 $j$, 它都不同于数列 $P_j(1)$, $P_j(2), P_j(3), \cdots$. (于是就存在着一个由 0 和 1 构成的数列, 它无法用我们的任何一个程序产生.) 为了阐明这一点的证据, 请考虑表 12.1, 其中明示了前几个序列 $P_j(k)$ 的前几项.

**表 12.1 一套程序的计算机输出**

| $k$ | 1 | 2 | 3 | 4 | 5 | $\cdots$ |
|---|---|---|---|---|---|---|
| $P_1$ | $\underline{1}$ | 0 | 1 | 0 | 1 | $\cdots$ |
| $P_2$ | 1 | $\underline{1}$ | 1 | 1 | 1 | $\cdots$ |
| $P_3$ | 1 | 0 | $\underline{0}$ | 0 | 1 | $\cdots$ |
| $P_4$ | 0 | 0 | 1 | $\underline{1}$ | 1 | $\cdots$ |
| $P_5$ | 0 | 1 | 0 | 1 | $\underline{0}$ | $\cdots$ |
| $\vdots$ | $\vdots$ | $\vdots$ | $\vdots$ | $\vdots$ | $\vdots$ | |

为了构造我们的新序列 $P(1), P(2), P(3), \cdots$, 我们令

$$P(k) = 1 - P_k(k)$$

(也就是说, 如果 $P_k(k) = 0$ 就令 $P(k) = 1$, 而如果 $P_k(k) = 1$ 就令 $P(k) = 0$), 从而系统地更改这里的对角元素 (图中用下划线标出). 既然数列 $P(1), P(2), P(3), \cdots$ 和数列 $P_j(1), P_j(2), P_j(3), \cdots$ 在第 $j$ 位处有差异 (即 $P(j) \neq P_j(j)$), 那么正如我们所要求的那样, 对于一切 $j \geqslant 1$, 它们都是不同的数列.

## 12.3 图灵定理

1937 年, 当图灵在撰写他的那篇有着一个令人扫兴的题目《论可计算数及其在判定性问题上的应用》(*On computable numbers with an application to the Entscheidung-*

*sproblem*)[①]的论文时, 世上还没有电子计算机. 因此他的开头是描述这样的一台机器可能会如何运作. 他的模型是一位有着一本笔记簿的数学家 (因为数学家总是可以购买更多的纸张, 所以这本笔记簿可以需要多厚就做成多厚). 每一页上要么是空白的, 要么写着有限多个符号中的一个 (你能分辨出无限多种符号吗? ), 而这位数学家则处于有限多种思维状态中的一种. (你也许会反对说, 一个常人可能具有无限多种思维状态, 但是你想必一定会承认, 一台计算机只可能具有有限多种状态.) 根据他的思维状态及写在页面上的内容, 这位数学家做以下这些事情中的几件或者全部:

1. 他擦除写在页面上的内容, 并代之以一个有限的符号集合中的某一个符号 (或者就将此页留为空白).
2. 他转变了想法, 改成有限多种可能状态中的另外一种.
3. 他向前或向后移动 $n$ 页, 其中 $n$ 是以某个固定的 $N$ 为上限的整数. (你不能决定一次就移动一百万页.)
4. 他从写在某几页上的某几种符号出发 (程序和数据), 然后在一段时间之后 (如果程序执行的是原先的意图的话) 可能在另外某几页上写出另外某几种符号而停止.

这篇论文的部分内容致力于论证这确实是关于数学家所做的事情的一个现实模型. (在霍奇斯 (Hodges) 所撰写的那部杰出的图灵传记 (参见 [96]) 中的第二章近末尾处, 对论证的这一部分给出了很好的总结.)

我们并不很难使自己确信, 假如我们的计算机具有足够的状态并且能够打印足够的符号, 那么某些特定的计算是能够完成的. 我们也许还天真地假定, 越来越复杂的计算会需要状态越来越繁多、符号指令系统日益增长的计算机. 在图灵的论证的第二部分中, 他证明事实并非如此. 他构建出了现在所谓的**通用图灵机** (universal Turing machine), 并证明由某台图灵机所执行的任何计算都可以用一台通用图灵机来执行.

我的台式计算机会运行为它而写的程序, 但是不能运行为由 IBM 制造的不兼容计算机所写的程序. 不过, 我可以购买一个程序, 而这个程序能够使我的计算机模拟 (即假装是) 一台 IBM 的计算机, 并因此运行 IBM 的程序. 出于同样的道理, 尽管在当时那段时间里 IBM 只是一家制表机制造商, 但是图灵证明了他的通用图灵机如何能够模拟任何一台给定的图灵机, 从而执行后者能够执行的任何计算. 如今, 我们感觉到这个结论是显而易见的. 我的台式计算机能够做到一台超级计算机所能做到的任何事情, 只是花的时间比较长而已. 超超级计算机如今还只是设计师眼中的一闪灵光, 它会比现在的超级计算机快 10 倍或者 100 倍, 不过最多也就是这样了.

① 此文在各种各样的文选中重印, 也出现在图灵著作全集中. —— 原注

我们认为电子计算机全都是通用计算机, 差别只在于速率①.

图灵用 25 页篇幅专门致力于上文所描述的这些论证, 而用于他的对角论证的篇幅则不到 2 页, 他清晰而且正确地认为, 对于他的读者们而言, 后者会是他这篇论文中最简单的一部分. 我现在会设法以一种不同的形式给出他的论证, 从电子计算机的角度来论证, 而不是按照图灵机来论证.

我通过敲打键盘来为我的计算机编程. 既然存在着有限的击键事件, 比如说 $M$ 次, 那么我就能够为每次击键指派一个独一无二的整数 $m$, 其中 $1 \leqslant m \leqslant M$. 如果我的程序是通过敲击编号为 $a_0, a_1, a_2, \cdots$ 的键来输入的, 那么我就能将我的程序表示为一个单独的整数

$$\sum_{r=0}^{n} a_r N^{n-r},$$

其中 $N$ 为任何一个预先选定的整数, 满足 $N \geqslant M+1$. 表 12.2 中显示了在录入本书时所用到的"键盘" (实际上是 "字体表") 之一. (这些条目的编号是从 0 到 127, 而不是如我们到现在为止所做的那样从 1 到 128. 如果读者对于像 11 和 12 这样一些符号的作用感到疑惑, 那么他就会发现这个问题迎刃而解了.)

**表 12.2 本书所使用的主要字体表**

| | 0 | 1 | 2 | 3 | 4 | 5 | 6 | 7 | 8 | 9 |
|---|---|---|---|---|---|---|---|---|---|---|
| 0 | Γ | Δ | Θ | Λ | Ξ | Π | Σ | ϒ | Φ | Ψ |
| 10 | Ω | ff | fi | fl | ffi | ffl | ı | ȷ | ` | ´ |
| 20 | ˇ | ˘ | ¯ | ˚ | ¸ | ß | æ | œ | ø | Æ |
| 30 | Œ | Ø | ̸ | ! | ” | # | $ | % | & | ’ |
| 40 | ( | ) | * | + | , | - | . | / | 0 | 1 |
| 50 | 2 | 3 | 4 | 5 | 6 | 7 | 8 | 9 | : | ; |
| 60 | ¡ | = | ¿ | ? | @ | A | B | C | D | E |
| 70 | F | G | H | I | J | K | L | M | N | O |
| 80 | P | Q | R | S | T | U | V | W | X | Y |
| 90 | Z | [ | “ | ] | ˆ | ˙ | ‘ | a | b | c |
| 100 | d | e | f | g | h | i | j | k | l | m |
| 110 | n | o | p | q | r | s | t | u | v | w |
| 120 | x | y | z | – | — | ˝ | ˜ | ¨ | | |

**练习 12.3.1** 表 12.3 中明示的是高德纳的打字机字体. 这里的 ␣ (编号为 32 的符号) 表示一个空格. 假设我们忽略 Γ 这个字符, 于是余下的这些符号的编号就是从 1

① 可以证明, 这些**显而易见的**陈述也是**正确的**陈述. 如果一台台式计算机具有无限多的磁盘供应, 还有人根据命令为它供给这些磁盘, 那么以图灵的观念来说, 这就是一台通用计算机. 不过, 虽然时间的流逝使得这个事实变得显而易见, 它却没有令其证明变得无关紧要. —— 原注

至 127, 并假设我们将连续击键事件 $a_0, a_1, a_2, \cdots, a_n$ 表示为一个单独的整数:

$$\sum_{r=0}^{n} a_r 1000^{n-r}.$$

(i) 数字

87101108108032100111110101033

表示了什么?

(ii) 求出

'* Solve 2x=4.'

所表示的数字.

(iii) 试证明任何可以由某一台给定的打字机写出的程序, 都可以用一台只有两个键的打字机来写.

[提示: 请考虑一下二进制, 或者考虑一下莫尔斯码. ]

**表 12.3　高德纳的打字机字体表**

| | 0 | 1 | 2 | 3 | 4 | 5 | 6 | 7 | 8 | 9 |
|---|---|---|---|---|---|---|---|---|---|---|
| 0 | Γ | Δ | Θ | Λ | Ξ | Π | Σ | Υ | Φ | Ψ |
| 10 | Ω | ↑ | ↓ | ' | ¡ | ¿ | ı | ȷ | ` | ´ |
| 20 | ˘ | ˇ | ¯ | ˚ | ¸ | ß | æ | œ | ø | Æ |
| 30 | Œ | Ø | ␣ | ! | " | # | $ | % | & | ' |
| 40 | ( | ) | * | + | , | - | . | / | 0 | 1 |
| 50 | 2 | 3 | 4 | 5 | 6 | 7 | 8 | 9 | : | ; |
| 60 | < | = | > | ? | @ | A | B | C | D | E |
| 70 | F | G | H | I | J | K | L | M | N | O |
| 80 | P | Q | R | S | T | U | V | W | X | Y |
| 90 | Z | [ | \ | ] | ^ | _ | ‘ | a | b | c |
| 100 | d | e | f | g | h | i | j | k | l | m |
| 110 | n | o | p | q | r | s | t | u | v | w |
| 120 | x | y | z | { | \| | } | ~ | ¨ | | |

到现在为止, 我对于程序究竟是什么一直有点含糊其辞. 最简单的定义, 也是我在这里要用到的定义是, 程序就是由击键事件构成的任何序列①. (在计算机还在用打孔卡片来编程 (每种指令一张卡片) 的那些日子里, 操作员们自娱自乐的方法是收集旧的打孔卡片, 弄乱它们, 然后将它们输入计算机. 通常情况下, 计算机什么都不

① 在德国, 人们过去常说, 所有不允许的事情都是受到禁止的. 在英格兰, 所有没受到禁止的事情都是允许的. 而在爱尔兰, 谁会在乎呢? —— 原注

干. 有的时候, 它会进入无限循环. 有的时候, 它会输出像 *! 这样的东西后停止. 这个游戏很快就令人发腻了.) 我们欢迎读者探究其他一些可能的定义, 不过我想, 他会发现这些定义的结果只是导致更多的工作而没有额外的回报. 根据上文所概述的这种方案, 每个程序都用一个正整数来表示, 但并不是每个正整数都表示一个程序.

**练习 12.3.2** 假设我们用练习 12.3.1 中的这种方式来表示程序. 从我们的这种延展的意义上来说, 下列哪个数表示程序

$$123452032, 100100045, 100000011?$$

概述一种简单的计算机程序来确定一个给定的正整数在我们这种延伸的意义上是不是一个程序.

正如练习 12.3.2 所指出的, 我们很容易安排, 从而如果我们输入一个数字, 而这个数字按照我们的延伸意义不是一个程序, 那么我们的计算机就会在输出 `ILLEGAL EXPRESSION`[①] 后停止. 如果我们这样做的话, 那么每个正整数都可以被看作是一个程序 (那些原先被排除在外的正是让它们输出 `ILLEGAL EXPRESSION` 后停止的程序). 我们将 $n$ 所代表的程序写作 $C(n)$. 为了在我们完成输入的时候让计算机知道, 我们在键盘上增加一个特殊的 "开始" (BEGIN) 键, 当我们完成的时候就敲击此键.

如果我们输入程序 $C(n)$, 然后按下 "开始" 键, 计算机会最终停止 (即算法有终点) 还是会永远运行下去 (即算法没有终点)? 假设存在着一种算法, 能够为每个 $n$ 确定这个问题. 那么我们就能够写一个程序 (比如说 $Q$), 从而如果我们输入 $Q$, 随后输入 $C(n)$, 再按下 "开始", 那么计算机就最终在 $C(n)$ 会停止的情况下输出 0, 而在 $C(n)$ 永远不会停止的情况下输出 1.

至此, 一切顺利. 我们现在注意到, 如果我们输入 $Q$, 随后输入 $C(j)$, 随后再输入 $C(k)$, 接下去再按下 "开始" 键, 那么计算机就会根据这个由 $C(j)$ 的击键事件后再发生 $C(k)$ 击键事件所构成的程序是否终止而最终输出一个符号 0 或者 1. 让我们把输入 $Q$ 再输入 $C(j)$ 再输入 $C(k)$ 再按下 "开始" 键所得的结果写作 $P_j(k)$. 在表 12.4 中, 我们给出了 $P_j(k)$ 的一种可能模式. 如果读者觉得这张表格看起来眼熟, 那时因为它确实是我们所熟悉的, 我们在前一节中用的就是同一张表 (表 12.1) 来说明最后的对角论证.

---

① 我的孩子们曾要求我指出 unlawful 和 illegal 这两个词之间的区别. unlawful 的意思是违反法律, 而 ill eagle 的意思是一只病得很严重的鸟. —— 原注

`ILLEGAL EXPRESSION` 的意思是 "非法表达式" . illegal (违法) 和 ill eagle (生病的老鹰) 读音相同. —— 译注

**表 12.4**　$C(j)$ 后紧接着 $C(k)$ 的程序会终止吗?

| $k$ | 1 | 2 | 3 | 4 | 5 | $\cdots$ |
|---|---|---|---|---|---|---|
| $P_1$ | $\underline{1}$ | 0 | 1 | 0 | 1 | $\cdots$ |
| $P_2$ | 1 | $\underline{1}$ | 1 | 1 | 1 | $\cdots$ |
| $P_3$ | 1 | 0 | $\underline{0}$ | 0 | 1 | $\cdots$ |
| $P_4$ | 0 | 0 | 1 | $\underline{1}$ | 1 | $\cdots$ |
| $P_5$ | 0 | 1 | 0 | 1 | $\underline{0}$ | $\cdots$ |
| $\vdots$ | $\vdots$ | $\vdots$ | $\vdots$ | $\vdots$ | $\vdots$ | |

受到这种巧合的鼓舞, 我们注意到, 以程序 $Q$ 为起点, 我们很容易构建出一个程序 $R$, 从而如果我们输入 $R$, 随后输入 $C(n)$, 再按下 "开始" 键, 那么计算机的行为就好像我们输入 $Q$, 随后输入 $C(n)$, 随后再次输入 $C(n)$ (因此 $C(n)$ 就写了两遍), 再按下 "开始" 键. 由此可见, 如果我们输入 $R$, 随后输入 $C(n)$, 然后再按下 "开始" 键, 计算机就会最终输出 $P_n(n)$. 如果 $P_n(n)=0$, 那么这就告诉我们: 如果我们输入 $C(n)$, 随后再次输入 $C(n)$, 再按下 "开始" 键, 那么计算机就会最终停止; 而如果 $P_n(n)=1$, 那么这就告诉我们: 如果我们执行相同的动作序列, 那么计算机永远不会停止.

为了获得一种矛盾的情况, 我们现在修改 $R$, 从而使计算机不是输出 0, 而进入一个无限循环, 但是除此之外它的行为没有其他变化. 让我们把这个新程序称为 $S$. 如果我们输入 $S$, 随后输入 $C(n)$, 再按下 "开始" 键, 那么计算机就会在 $P_n(n)=1$ 的情况下最终停止, 而在 $P_n(n)=0$ 的情况下永远不停止.

既然 $S$ 本身就是一个程序, 又由于每个程序都有一个关联的整数, 那么对于某个 $N$, 我们就必定有 $S=C(N)$. 如果我们输入 $S$ (即 $C(N)$), 随后再次输入 $S$ (即 $C(N)$), 再按下 "开始" 键, 从而将 $S$ 应用于自身, 那么会发生什么事? 显然, 存在下列两种可能性.

(1) 如果计算机停止, 那么根据 $P_n(n)$ 的定义, 我们就得到 $P_N(N)=0$. 但是, 如果 $P_N(N)=0$, 那么 $S$ 的定义又告诉我们, 计算机不会停止.

(2) 如果计算机不停止, 那么根据 $P_n(n)$ 的定义, 我们就得到 $P_N(N)=1$. 但是, 如果 $P_N(N)=1$, 那么 $S$ 的定义又告诉我们, 计算机必定停止.

既然这两种假设都引发出一种矛盾的情况, 那么就不可能存在具有我们所描述的这些性质的程序 $S$. 但我们是从程序 $Q$ 中构建出 $S$ 的, 因此就不可能存在具有我们所要求的这些性质的程序 $Q$.

**定理 12.3.3 (图灵)**　不存在任何检查每个程序 (算法) 是否停止的程序 (算法).

读者也许会反对说, 我并没有明确说明如何由 $Q$ 构建出 $R$ 以及如何由 $R$ 构建出 $S$. 为了做到这一点, 我就必须要给出更多关于编程语言的细节, 而且我也相信, 如果读者稍作思考, 就会发现其中所需要的程序构建真的是微不足道.

**例 12.3.4** 假设你的计算机有一个子程序, 比如说叫作 TUR, 它的作用是, 如果 $x$ 是一个任意二进制串 (即 $x$ 是由 0 和 1 构成的任意有限序列, 例如 10010001 或 001011), 那么 $\mathrm{TUR}(x)$ 的值不是 0 就是 1. 用你最喜欢的语言写一个计算机程序, 在向它输入一个二进制串时, 如果 $\mathrm{TUR}(xx) = 0$, 程序就进入一个无限循环; 但是如果 $\mathrm{TUR}(xx) = 1$, 程序就输出 YES. (其中的 $xx$ 只是将二进制串 $x$ 写两遍, 因此如果 $x = 10011$, 那么 $xx = 1001110011$.)

如果读者对此尚不信服, 那么他就应该看看查尔斯沃斯 (Charlesworth) 所写的文章 ([30], 重印于 [27] 的第三卷中), 文中对用 BASIC 编程语言的一台计算机详细证明了图灵定理.

# IV　恩尼格码的各种变化

# 恩尼格码 第 13 章

## 13.1 一些简单的代码

1929 年, 波兹南 (Poznàn) 大学的一群波兰数学系学生在发誓保密的情况下参加了一门为期一个星期的密码学 (即编制密码和破译密码的艺术) 夜间课程. 直至那时, 破译密码还一直是有天赋的业余爱好者的领域, 这些业余爱好者通常是语言学家 (剑桥大学图书馆仍然将密码学书籍架藏在其古文字学分区, 夹在速记法和古希腊语之间). 不过, 近期德国军方已切换到机械编码方法, 这种方法抵抗住了这些波兰密码破译者们的一切努力. 也许当传统手段都遭到失败的时候, 数学手段就会成功击败机器.

让我们考虑一些用大写字母写成的信息, 其中用 X 来表示空格, 例如

SENDXTWOXDIVISIONSXTOXPOINTXFIVEXSEVENTEEN①

有时候用下面这种显而易见的方法把字母和数字联系在一起是很方便的做法:

$$\mathtt{A} \leftrightarrow 0, \mathtt{B} \leftrightarrow 1, \mathtt{C} \leftrightarrow 2, \cdots, \mathtt{Z} \leftrightarrow 25.$$

这些孩子们必须学习的第一种代码的主要内容是选择一个整数 $k$, 然后用与 $r+k$ 相联系的字母来代替与 $r$ 相联系的字母. 这种方法是不完整的, 因为 $r+k$ 有可能不在 0 到 25 之间. 为了避开这个问题, 我们首先减去一个 26 的倍数 (比如说 $26j$), 这样 $r+k-26j$ 就落在 0 到 25 之间了, 然后用与 $r+k-26j$ 相联系的字母来代替与 $r$ 相联系的字母. 于是, 如果我们选择 $k=20$, 那么与 1 相对应的 B 就变成了与 21 相对应的字母 V, 与 10 相对应的 J 就变成了与 $30-26=4$ 相对应的字母 D. 这被称为恺撒代码 (Caesar code)②, 因为据说尤利乌斯 · 恺撒曾经使用过这种代码.

**练习 13.1.1** 试证明上面这条信息会变成

MYHXRNQIRXCPCMCIHMRNIRJICHNRZCPYRMYPYHNYYH.

① 这条信息 "SEND TWO DIVISIONS TO POINT FIVE SEVENTEEN" 的意思是 "派两个师到点 5-17". —— 译注

② 历史学家们和专业的密码学家们在代码和密码之间画上了清晰的界线. 在一段代码中, 一组组的字母或数字根据一本 "字典" 或者 "密码簿" 来替代一个个单词. 在密码中, 根据一组固定的法则来改变或者打乱字母. 因此恺撒代码实际上是一种密码. 数学家们的主要兴趣点是密码, 他们交替使用单词代码和密码. 我会遵循一种不太严格的数学用法. (在过去的英国海军中, 一种密码系统如果是由一位军官在使用, 那么它就是一种密码, 但是如果是在一位非军官手中, 那么它就变成了一种代码.) —— 原注

如果我们用 $\pi$ 来表示我们的信息, 用 $\mathtt{T}^k\pi$ 来表示我们编码后的信息, 那么很容易看出

$$\mathtt{T}^k\mathtt{T}^l\pi = \mathtt{T}^{k+l}\pi,$$

并且

$$\text{只要 } l \text{ 是 26 的倍数, 就有 } \mathtt{T}^l\pi = \pi.$$

特别是如果我们成功地构成 $\mathtt{T}^k\pi, \mathtt{T}^1\mathtt{T}^k\pi, \mathtt{T}^2\mathtt{T}^k\pi, \cdots, \mathtt{T}^{25}\mathtt{T}^k\pi$, 那么这 26 个表达式中就有一个是原始信息. 如果我们将这种理念应用于练习 13.1.1 中的编码信息 $\rho$, 我们就得到

$$\begin{aligned}
\rho &= \mathtt{MYHXRNQIRXCPCMCIHMRNIRJICHNRZCPYRMYPYHNYYH},\\
\mathtt{T}^1\rho &= \mathtt{NZIYSORJSYDQDNDJINSOJSKJDIOSADQZSNZQZIOZZI},\\
\mathtt{T}^2\rho &= \mathtt{OAJZTPSKTZEREOEKJOTPKTLKEJPTBERATOARAJPAAJ},\\
\mathtt{T}^3\rho &= \mathtt{PBKAUQTLUAFSFPFLKPUQLUMLFKQUCFSBUPBSBKQBBK},\\
\mathtt{T}^4\rho &= \mathtt{QCLBVRUMVBGTGQGMLQVRMVNMGLRVDGTCVQCTQCRCCL},\\
\mathtt{T}^5\rho &= \mathtt{RDMCWSVNWCHUHRHNMRWSNWONHMSWEHUDWRDUDMSDDM},\\
\mathtt{T}^6\rho &= \mathtt{SENDXTWOXDIVISIONSXTOXPOINTXFIVEXSEVENTEEN}.
\end{aligned}$$

**练习 13.1.2** 以下是 (在 $k$ 的某值时) 应用 $\mathtt{T}^k$ 所得到的结果:

$$\mathtt{GOVVHNYXO},$$

试求出原始信息.

恺撒代码很容易破解, 这是因为总共只有 25 个 (或者说如果你像数学家们会做的那样将 $k = 0$ 的情况也计算在内的话, 那么就是 26 个) 这样的代码.

大多数人都会学到的下一种代码是简单替代, 其中 26 个字母中的每一个都用另一个字母来替代, 而替代的方法使任何两个字母都不会被同一个字母替代. 我们在表 13.1 中给出一个例子.

**表 13.1 一种简单的替代代码**

| | | | | | | | | | | | | | |
|---|---|---|---|---|---|---|---|---|---|---|---|---|---|
| 原始字母 | A | B | C | D | E | F | G | H | I | J | K | L | M |
| 替代字母 | G | P | H | M | N | F | A | I | Q | S | U | B | O |
| 原始字母 | N | O | P | Q | R | S | T | U | V | W | X | Y | Z |
| 替代字母 | C | L | R | Z | X | Y | D | E | J | T | K | W | V |

**练习 13.1.3** 试证明那条关于两个师的信息会变成

$$\mathtt{YNCMKDTLKMQJQYQLCYKDLKRLQCDKFQJNKYNJNCDNNC}.$$

既然我们可以选择 26 个字母来替代 A, 25 个字母来替代 B (有一个已经被用掉了), 24 个字母来替代 C (有两个已经被用掉了), 以此类推, 那么就有

$$26 \times 25 \times 24 \times \cdots \times 3 \times 2 \times 1 = 26! = 403291461126605635584000000$$

种不同的简单替代密码.

**练习 13.1.4** 利用练习 11.4.14 来验证上文给出的 26! 的近似值与 26! 相差并不太远.

我们无法通过遍历所有的可能性来解开这条密码. 不过, 正如大多数人都知道的那样, 几乎任何比一张明信片长的信息, 只要它用的是这种代码, 就可以用英语的各种统计特征来破译.

以下面这段利用一种简单替代密码得到的结果为例.

```
VARHTAOWAOTAJBCOQCAORTHIQOIAWOMZMQAU
MOWLEEOJKJLIOVAOLIQTHNFBANOVFQOLOQCL
IDOQCJQOJIZCHWOQCATAOLMOIHOQLUAORHTO
NABLXCATLIKOBLXCATMOELDAOQCLMOLIOQCA
ORLAENOVARHTAOJIZOHROFMOCJNOQLUAOQHO
NABLXCATOJOQAEAKTJUOELDAOQCAOAOJUXEA
OKLPAIOFMOQCAOBHUXJIZOVJQQJELHIOJINO
VTLKJNAOWHFENOEHIKOJKHOCJPAOBAJMANOQ
HOAOLMQOLQOCJMOIHOXTJBQLBJEOMLKILRLB
JIBA
```

我们将每个字母在这段编码信息中出现的次数制成表格, 如表 13.2 所示.

**表 13.2 一条编码信息中字母出现的频率计数**

| 字母 | A | B | C | D | E | F | G | H | I | J | K | L | M |
|---|---|---|---|---|---|---|---|---|---|---|---|---|---|
| 出现次数 | 37 | 11 | 16 | 3 | 11 | 5 | 6 | 16 | 18 | 22 | 8 | 26 | 12 |
| 字母 | N | O | P | Q | R | S | T | U | V | W | X | Y | Z |
| 出现次数 | 10 | 61 | 2 | 23 | 7 | 10 | 13 | 6 | 6 | 5 | 6 | 0 | 4 |

在普通文本中最常见的字母是 X (空格比任何一个字母都出现得更加频繁), 随后是 E, 接下去是 T, A, I 和 O (最后这四个字母的出现频率相近). 让我们把我们猜测出来的这些字母写成小写形式. 既然在这条编码信息中出现得最频繁的字母是 O, 其次是 A, 于是我们猜测 O 就对应于 x, 而 A 就对应于 e. 根据这些猜测, 我们的这段

文本就变成了

```
VeRHTexWexTeJBCxQCexRTHIQxieWxMZMQeU
MxWLEExJKJLixVexLIQTHNFBeNxVFQxLxQCL
IDxQCJQxJIZCHWxQCeTexLMxiHxQLUexRHTx
NeBLXCeTLIKxBLXCeTMxELDexQCLMxLixQCe
xRLeENxVeRHTexJIZxHRxFMxCJNxQLUexQHx
NeBLXCeTxJxQeEeKTJUxELDexQCexexJUXEe
xKLPeixFMxQCexBHUXJIZxVJQQJELHixJINx
VTLKJNexWHFENxEHIKxJKHxCJPexBeJMeNxQ
HxexLMQxLQxCJMxiHxXTJBQLBJExMLKILRLB
JIBe
```

QCe 这三个字母在这段短文中出现了四次，由此而得到的一种合理的猜测就是，它表示的是 the (当然，它也可能表示 she, ate 或者某个别的单词，不过我们必须得从某处开始，而 the 在英语中比任何其他可供选择的单词都要出现得频繁得多。根据这一猜测，Q 就对应于 t，而 C 就对应于 h。现在我们的文本变成了

```
VeRoTexWexTeJBhxthexRTHitxieWxMZMteU
MxWLEExJKJLixVexLitTHNFBeNxVFtxLxthL
IDxthJtxJIZhHWxtheTexLMxiHxtLUexRHTx
NeBLXheTLIKxBLXheTMxELDexthLMxLixthe
xRLeENxVeRHTexJIZxHRxFMxhJNxtLUextHx
NeBLXheTxJxteEeKTJUxELDexthexexJUXEe
xKLPeixFMxthexBHUXJIZxVJttJELHixJINx
VTLKJNexWHFENxEHIKxJKHxhJPexBeJMeNxt
HxexLMtxLtxhJMxiHxXTJBtLBJExMLKILRLB
JIBe
```

这段新的文本中包含单词 thJt，这暗示 J 就对应于 a，而单词 tH 则暗示 H 对应于 o，而单词 L 和 Lt 暗示 L 对应于 i。根据这些暗示的替代方式，我们就得到

```
VeRoTexWexTeaBhxthexRToitxieWxMZMteU
MxWiEExaKaiixVexiitToNFBeNxVFtxixthi
IDxthatxaiZhoWxtheTexiMxioxtiUexRoTx
NeBiXheTiiKxBiXheTMxEiDexthiMxiixthe
```

```
xRieENxVeRoTexaiZxoRxFMxhaNxtiUextox
NeBiXheTxaxteEeKTaUxEiDexthexexaUXEe
xKiPeixFMxthexBoUXaiZxVattaEioixaiNx
VTiKaNexWoFENxEoiKxaKoxhaPexBeaMeNxt
oxexiMtxitxhaMxioxXTaBtiBaExMiKiiRiB
aiBe
```

观察 `iM`, `VattaEioI`, `aKo` 和 `haPe` 这几个单词, 我们猜测 `M` 对应于 `s`、`I` 对应于 `n`、`K` 对应于 `g` 以及 `P` 对应于 `v`. 这条信息现在读起来是

```
VeRoTexWexTeaBhxthexRTontxneWxsZsteU
sxWiEExagainxVexintToNFBeNxVFtxixthi
nDxthatxanZhoWxtheTexisxnoxtiUexRoTx
NeBiXheTingxBiXheTsxEiDexthisxinxthe
xRieENxVeRoTexanZxoRxFsxhaNxtiUextox
NeBiXheTxaxteEegTaUxEiDexthexexaUXEe
xgivenxFsxthexBoUXanZxVattaEionxanNx
VTiKaNexWoFENxEongxagoxhavexBeaseNxt
oxexistxitxhasxnoxXTaBtiBaExsigniRiB
anBe
```

**练习 13.1.5** 完成这项破译工作. 这段文本选自企鹅出版集团 (Penguin) 翻译的哈谢克 (Hašek) 的《好兵帅克》(*The Good Soldier Švejk*) 第 469 页.

**练习 13.1.6** 以下是用一种简单的替代密码产生的信息. 请破译此密码.

```
LZKSTFIKSHYRNSPVSOYAZKMSPOOWMTSYRSLZ
KSTZPMLSTLPMYKTSLZKSCPQNSUWCSUDSAPKS
FRNSLZKSNFROYRCSIKRSUDSOPRFRSNPDQKSL
ZKSTFIAQKSPVSLKSLSWTKNSUDSAPKSYTSJWY
LKSQPRCSUWLSLZFLSCYXKRSUDSNPDQKSYTSM
FLZKMSTZPMLSFRNSZPQIKTSYTSYRSIDSPAYR
YPRSQWOHDSLPSTPQXKSYL
```

如果你需要更多文本的话, 那么就请使用这段信息的下面这一部分. 不然的话,

就请用这段信息来作为一种检验.

```
DPWSOFRSTKKSVMPISLZYTSKSFIAQKSLZFLSL
ZKSQPRCKMSLZKSTFIAQKSLZKSKFTYKMSYLSY
TSLPSVYRNSLZKSOPNKSDPWSOFRSFQTPSTKKS
LZFLSYLSZKQATSLPSHRPESLZKSTWUBKOLSEZ
YOZSYTSUKYRCSNYTOWTTKNSRPLYOKSLZFLSY
RSTPQXYRCSLZYTSOPNKSDPWSZFXKSWTKNSHR
PEQKNCKSEZYOZSYLSYTSZFMNSLPSCYXKSLPS
FSIFOZYRK
```

**练习 13.1.7** 试证明恺撒代码是一种简单替代代码, 并利用这个事实来给出一种方法, 用于非常快速地破解任何用恺撒代码来编码的长段落.

你能找到一种方法编出很难利用频率方法破解的简单代码吗? 简单轮换代码R就是这样一种方法. 同我们在讨论恺撒代码时的做法一样, 让我们把字母和数字联系在一起, 从而有

$$\mathtt{A}\leftrightarrow 0,\mathtt{B}\leftrightarrow 1,\mathtt{C}\leftrightarrow 2,\cdots,\mathtt{Z}\leftrightarrow 25.$$

如果我们的代码中的第 $r$ 个字母与整数 $i_r$ 相联系, 那么我们就用与 $r-1+i_r-26j_r$ 相联系的字母来代替它, 其中 $j_r$ 是满足 $0\leqslant r-1+i_r-26j_r\leqslant 25$ 的那个整数.

**练习 13.1.8** (i) 试证明 ROTATION 的简单轮换代码是

RPVDXNUU.

(ii) 以下这条短小的编码信息是用简单轮换方法得到的:

NPVAFFJ,

请为它解码.

如果我们用 $\pi$ 来表示我们的信息, 用 $\mathtt{R}\pi$ 来表示编码后的信息, 那么我们就可以取

$$\mathtt{R}^2\pi=\mathtt{R}(\mathtt{R}\pi),\mathtt{R}^3\pi=\mathtt{R}(\mathtt{R}^2\pi),\cdots,\mathtt{R}^{k+1}\pi=\mathtt{R}(\mathtt{R}^k\pi),$$

其中 $k\geqslant 1$, 从而定义出新的代码 $\mathtt{R}^2,\mathtt{R}^3$, 等等.

**练习 13.1.9** (i) 按照我们描述 R 的相同方法来描述 $\mathtt{R}^k$.

(ii) 为什么可以合理地写下 $\mathtt{R}^1=\mathtt{R}$? 为什么可以合理地写下 $\mathtt{R}^0\pi=\pi$? 为什么如果 $1\leqslant k\leqslant 26$, 就可以合理地写下 $\mathtt{R}^{-k}=\mathtt{R}^{26-k}$? (所有这些问题都有至少两种好

的答案, 不过我们只要求读者回答一种.) 对于一般整数 $l$, 定义 $\mathtt{R}^l$, 从而使 $\mathtt{R}^l(\mathtt{R}^k\pi) = \mathtt{R}^{l+k}\pi$.

(iii) 假设我们用简单轮换方法 R 来作为我们的编码方法. 试解释为什么在一条长信息中, 在原始信息中的任意给定字母 (比如说 A) 平均而言会有 1/26 的机会被编码成任意给定字母 C. 推断出结果: 在得到的编码信息中, 每个字母会显示出大致相等的频率.

(iv) 如果我们用 $\mathtt{R}^k$ 来取代 R, 并且其中的 $k$ 既不能被 13 整除, 也不能被 2 整除, 那么 (iii) 的结论还成立吗? 如果 $k$ 能被 13 整除而不能被 2 整除, 那么此结论还成立吗? 在不做任何详细研究的前提下, 陈述如果 $k$ 能被 2 整除而不能被 13 整除的话, 你认为又会发生什么?

(v) 沿着我们破译恺撒代码的第一种方法的思路, 描述一种破解用 $\mathtt{R}^k$ 得到的代码 (其中的 $k$ 是未知量) 的方法. 用你的方法来破译 BVTIIPZW.

这里有两段读起来不会那么容易的编码文本. 它们都摘自詹姆斯 · 瑟伯 (James Thurber) 的那篇题为《物证 X》(*Exhibit X*) 的随笔, 并收录在 [240] 中. 他在其中回忆了自己 1918 年在巴黎的美国大使馆作为一名译码员的那段时光, 当时他使用一本 "…… 新的密码簿, 这本密码簿是如此仓促地拼凑起来的, 以致'America'这个单词被遗漏, 而且各密码组与其真实意思之间具有如此紧密的对照关系, 例如 'LOVVE' 就是用来表示 'love' 的符号." (卡恩 (Kahn) 写道, 在 20 世纪二三十年代期间, "各个大国的主要代码 [被破译] 是非常罕见的 —— 例外的总是美国的那些代码, 对于任何一位有能力的密码专家而言, 这些密码就如同鱼缸一样透明" (参见 [110] 第 49 页). 在第二次世界大战之初, 英国人不得不向美国政府说明, 在任何情况下, 他们从来没有, 也永远不会梦想去试图破解美国的代码, 不过这也间接地说明这些代码, 可以想象, 是易于破解的.

第一段

```
IBUACXPYRSRDNQEIEQGNZTMFLFGDUAUNWDPRKYBKPKTVFWVIGFLH
XALZDBGYMSENADWIXQGUACWPYFRHXZAWGKGZVWYRYCPQOIMFIFMO
ZJJJVIJDEPWYOCIKAMPCIFSGALSUQCDTJIVXHPYKMJNOZNWCMVMO
KRUYDSGDUETVCEYQNWRTZIRIYMXLEXPGPUPYAKBBQDAPSLWBFBNO
IBUAXTMZNPUV
```

第二段

```
WZRFHFZOUIGBRBVGNMJBDRZNKACUUFGFNJAKTPMMQCTPUAGRBUOV
GUIDMBCEPYPESJJUWZVFHFOFLONSRYGVCQLPFJDJODIIOSSRIGQZ
ETZVCPJJXLPWKXTAJEHFHYFNYIHPOSNRNDAKJPMIOTIJKSMRIUIF
LQJOLLRZWLFHAWTAJMUQWPDNDJETAQGPIVXAZDYHKFPEPSRRDWKA
KPQJEPYQLDFESSOYJMUUWAKNNRTPZFQMHXXMCWSJTKTRJCHYMNRJ
ZYADUMRDADTPTJFOJWBCV
```

这两段代码是将相当弱的简单替代方法和极其弱的轮换方法结合在一起而得到的,而结果所产生的这些代码却比两者都要强. 因为这两段代码都这么短小, 因此我认为如果没有对它们所采用的方法有所提示的话, 要破解其中的无论哪一段都会相当困难. (举例来说, 用计数出现频率的方法就不会揭示出任何信息. )

**练习 13.1.10** (i) 第一段 (比如说叫 $\pi$) 的编码方法是: 首先应用一种简单替代密码 S, 随后在对结果应用简单轮换密码 R. 由此得到的编码就可以用 $\mathtt{C} = \mathtt{R}^k\mathtt{S}$ 来表示. 我们令 $\sigma = \mathtt{C}\pi$. 试解释: 为什么如果 $k$ 既不能被 2 整除, 也不能被 13 整除, 那么这就确保了频率计数方法一般而言不会揭示出任何信息?

(ii) 如果 $k$ 能被 2 整除 (但不能被 13 整除), 这真的有关系吗? 如果 $k$ 能被 13 整除, 这又有关系吗? 为什么?

(iii) 一旦我们知道了代码是如何构建出来的, 要破译它就不太难了. 试解释为什么存在着一个满足 $0 \leqslant l \leqslant 25$ 的 $l$, 从而使 $\mathtt{R}^l\mathtt{C} = \mathtt{S}$. 并解释为什么可以用频率方法来破译 $\mathtt{R}^l\sigma$. 初看之下, 似乎我们仍然必须得要查看 $p = 0, 1, 2, \cdots, 26$ 时的 $\mathtt{R}^p\sigma$, 并设法用频率方法来为 26 种可能性中的每一种进行解码, 然而事实并不是这样. 试解释为什么如果我们在 $\mathtt{R}^p\sigma$ 中找到出现最频繁的那个字母的数量 $n_p$, 那么我们就会预期 $l$ 是使得 $n_p$ 最大时的 $p$ 值.

(iv) 为了节省读者的时间, 现在我来透露: 这段代码具有 $\mathtt{R}^3\pi$ 或 $\mathtt{R}^{-3}\pi$ 的形式. 执行 (iii) 中所提出的这种步骤来查明是哪一种形式. (如果你第一次就猜对了, 那么你还是应该要检验另一种可能性, 以便了解如果你没猜对的话会发生什么.)

(v) 求出这条信息. 由于这条信息很短, 因此我再给出两条暗示. 首先是一条让你安心的注解: 原始信息中有一个单词事实上确实是以 X 结尾的. 第二条是要说明, 如果你拥有一本词典, 且这本词典里的单词是按照长度和第 $k$ 个字母来排序的, 例如所有七个字母构成的且第四个字母是 E 的单词都列在一起, 那么这会对解答此类谜题大有助益. 计算机使得编辑这样的词典变得容易, 但也使这些编辑方式没过多久就会变得陈旧过时了. 此类辅助工具必须小心使用, 不过我的词典 [153] 只给出两个第四个字母是 E、结尾是 TH 的、由七个字母构成的单词, 即 SEVENTH 和 BENEATH①.

第二段是用十分相似的方法来编码的, **只不过我们以相反的顺序应用这两种编码**, 即首先对于某个 $k$ 应用一种轮换密码 $\mathtt{R}^k$, 然后再对结果应用一种简单替代密码 S. 由此得到的编码就可以用 $\mathtt{C}' = \mathtt{SR}$ 来表示. 在我看来, $\mathtt{C}' = \mathtt{SR}$ 提出了一个比 RS 乃至 $\mathtt{C} = \mathtt{R}^k\mathtt{S}$ 都要严峻得多的问题. 无论读者是否接受我的观点, 都应该设法在不使用任何进一步信息的情况下破译第二条信息. 如果读者发现一种容易的解答, 那应该是我所乐见的. 如果没有发现的话, 那么读者也许会同意我的看法, 即我们有一个非常好的例子, 其中我们做事情的先后顺序从根本上影响了结果.

将第二段以一种反映 26 这个周期的方式写出来, 这是明智的第一步, 不过我觉

① 不过有人向我指出, AGREETH 也是一个符合条件的单词. —— 原注

得其结果仍然让人觉得不知所云. (由于页面不够宽, 因此我们把这个表格分成两部分.)

| | 0 | 1 | 2 | 3 | 4 | 5 | 6 | 7 | 8 | 9 | 10 | 11 | 12 |
|---|---|---|---|---|---|---|---|---|---|---|---|---|---|
| 1 | W | Z | R | F | H | F | Z | O | U | I | G | B | R |
| 2 | C | U | U | F | G | F | N | J | A | K | T | P | M |
| 3 | G | U | I | D | M | B | C | E | P | Y | P | E | S |
| 4 | N | S | R | Y | G | V | C | Q | L | P | F | J | D |
| 5 | E | T | Z | V | C | P | J | J | X | L | P | W | K |
| 6 | H | P | O | S | N | R | N | D | A | K | J | P | M |
| 7 | L | Q | J | O | L | L | R | Z | W | L | F | H | A |
| 8 | E | T | A | Q | G | P | I | V | X | A | Z | D | Y |
| 9 | K | P | Q | J | E | P | Y | Q | L | D | F | E | S |
| 10 | T | P | Z | F | Q | M | H | X | X | M | C | W | S |
| 11 | Z | Y | A | D | U | M | R | D | A | D | T | P | T |

| | 13 | 14 | 15 | 16 | 17 | 18 | 19 | 20 | 21 | 22 | 23 | 24 | 25 |
|---|---|---|---|---|---|---|---|---|---|---|---|---|---|
| 1 | B | V | G | N | M | J | B | D | R | Z | N | K | A |
| 2 | M | Q | C | T | P | U | A | G | R | B | U | O | V |
| 3 | J | J | U | W | Z | V | F | H | F | O | F | L | O |
| 4 | J | O | D | I | I | O | S | S | R | I | G | Q | Z |
| 5 | X | T | A | J | E | H | F | H | Y | F | N | Y | I |
| 6 | I | O | T | I | J | K | S | M | R | I | U | I | F |
| 7 | W | T | A | J | M | U | Q | W | P | D | N | D | J |
| 8 | H | K | F | P | E | P | S | R | R | D | W | K | A |
| 9 | S | O | Y | J | M | U | U | W | A | K | N | N | R |
| 10 | J | T | K | T | R | J | C | H | Y | M | N | R | J |
| 11 | J | F | O | J | W | B | C | V | | | | | |

这段代码实际上是无法破解的吗? 哪怕只是这段话中的一小部分, 如果我们能知道或者能正确地猜测出, 这个问题的回答也是否定的. 假设我们知道这段话的最后一个单词是 “Thurber” ①. 于是我们观察这段话的最后一个字母, 就知道第 20 列中的字母 `r` 会被编码为 `V`. 由此得到的结论就是, 第 21 列中的 `q` 也会被编码为 `V`,

① 许多编码信息容易被破译就是因为它们的第一个或最后一个单词是能够被猜测出来的. 第二次世界大战中的德国海军译码员们在很大程度上受助于加拿大哈利法克斯 (Halifax) 港负责指挥的海军上将, 他的信息开头总是一成不变的 “SNO Halifax BREAK GROUP Telegram in [some number *n*] parts FULL STOP Situation.” (意为 “哈利法克斯高级海军军官将群组电报分成 [某个数字 *n*] 个部分, 句号, 位置.” —— 译注) 为了避免这类攻击, 德国造船厂密码的指令中要求信息用一个不相干的单词结尾, 比如说 Wassereimer(水桶)、Fernsprechen(电话) 或 Kleiderschrank(衣柜), 不过有些信号员不折不扣地严格按此执行这些指令 (参见 [110] 第 119 页). 某些代码使用者采用粗话的倾向也提供了一些线索. 曾经有人告诉过我, 为了避免在同盟国一方出现此类泄密的行为, 译码员们手中都分发了诗集, 并被告知要从当天的诗文中选择他们的 “赘词” . —— 原注

第 22 列中的 p 也是一样, 以此类推. 我们就得到了下面这个译码列表:

| | 0 | 1 | 2 | 3 | 4 | 5 | 6 | 7 | 8 | 9 | 10 | 11 | 12 |
|---|---|---|---|---|---|---|---|---|---|---|---|---|---|
| V 编码为 | l | k | j | i | h | g | f | e | d | c | b | a | z |

| | 13 | 14 | 15 | 16 | 17 | 18 | 19 | 20 | 21 | 22 | 23 | 24 | 25 |
|---|---|---|---|---|---|---|---|---|---|---|---|---|---|
| V 编码为 | y | x | w | v | u | t | s | r | q | p | o | n | m |

**练习 13.1.11** 试检验: 猜测最后一个单词是 "Thurber" 会产生下列额外的译码:

| | 0 | 1 | 2 | 3 | 4 | 5 | 6 | 7 | 8 | 9 | 10 | 11 | 12 |
|---|---|---|---|---|---|---|---|---|---|---|---|---|---|
| B | t | s | r | q | p | o | n | m | l | k | j | i | h |
| C | x | w | v | u | t | s | r | q | p | o | n | m | l |
| F | h | g | f | e | d | c | b | a | z | y | x | w | v |
| J | k | j | i | h | g | f | e | d | c | b | a | z | y |
| O | w | v | u | t | s | r | q | p | o | n | m | l | k |
| W | i | h | g | f | e | d | c | b | a | z | y | x | w |

| | 13 | 14 | 15 | 16 | 17 | 18 | 19 | 20 | 21 | 22 | 23 | 24 | 25 |
|---|---|---|---|---|---|---|---|---|---|---|---|---|---|
| B | g | f | e | d | c | b | a | z | y | x | w | v | u |
| C | k | j | i | h | g | f | e | d | c | b | a | z | y |
| F | u | t | s | r | q | p | o | n | m | l | k | j | i |
| J | x | w | v | u | t | s | r | q | p | o | n | m | l |
| O | j | i | h | g | f | e | d | c | b | a | z | y | x |
| W | v | u | t | s | r | q | p | o | n | m | l | k | j |

在插入这些替代词后, 试检验这段文字变成

| | 0 | 1 | 2 | 3 | 4 | 5 | 6 | 7 | 8 | 9 | 10 | 11 | 12 |
|---|---|---|---|---|---|---|---|---|---|---|---|---|---|
| 1 | i | Z | R | e | H | c | Z | p | U | I | G | i | R |
| 2 | C | U | U | e | G | c | N | d | A | K | T | P | M |
| 3 | G | U | I | D | M | o | r | E | P | Y | P | E | S |
| 4 | N | S | R | Y | G | g | r | Q | L | P | x | z | D |
| 5 | E | T | Z | i | t | P | e | d | X | L | P | x | K |
| 6 | H | P | u | S | N | R | N | D | A | K | a | P | M |
| 7 | L | Q | i | t | L | L | R | Z | a | L | x | H | A |
| 8 | E | T | A | Q | G | P | I | e | X | A | Z | D | Y |
| 9 | K | P | Q | h | E | P | Y | Q | L | D | x | E | S |
| 10 | T | P | Z | e | Q | M | H | X | X | M | C | x | S |
| 11 | Z | Y | A | D | U | M | R | D | A | D | T | P | T |

| | 13 | 14 | 15 | 16 | 17 | 18 | 19 | 20 | 21 | 22 | 23 | 24 | 25 |
|---|---|---|---|---|---|---|---|---|---|---|---|---|---|
| 1 | g | x | G | N | M | s | a | D | R | Z | N | K | A |
| 2 | M | Q | i | T | P | U | A | G | R | X | U | y | m |
| 3 | x | w | U | s | Z | t | o | H | m | a | k | L | x |
| 4 | x | i | D | I | I | e | S | S | R | I | G | q | Z |
| 5 | X | T | A | u | E | H | o | H | Y | l | N | Y | I |
| 6 | I | i | T | I | t | K | S | M | R | I | U | I | i |
| 7 | v | T | A | u | M | U | Q | O | P | D | N | D | l |
| 8 | H | K | s | P | E | P | S | R | R | D | l | K | A |
| 9 | S | i | Y | u | M | U | U | o | A | K | N | N | R |
| 10 | x | T | K | T | R | s | e | H | Y | M | N | R | 1 |
| 11 | x | t | h | u | r | b | e | r | | | | | |

我们这段文字的部分解码相当有望成功. 段中有足够多的 x, 而且看起来也 “相当英语” . 那些 z 有点难以安排, 不过它们有可能是一些地名或者无意义单词的组成部分. (要加密的信息中常常包含几个无意义的单词, 其目的就是为了让代码破译员们的任务变得复杂.) 在第三行 (第 13 ~ 25 列) 中, 我们有

xw?s?to?mak?x

这强烈暗示着 “was to make” 这个短语, 因此这就给出了下列可能的新替代方式:

| | 0 | 1 | 2 | 3 | 4 | 5 | 6 | 7 | 8 | 9 | 10 | 11 | 12 |
|---|---|---|---|---|---|---|---|---|---|---|---|---|---|
| H | r | q | p | o | n | m | l | k | j | i | h | g | f |
| L | c | b | a | z | y | x | w | v | u | t | s | r | q |
| U | p | o | n | m | l | k | j | i | h | g | f | e | d |
| Z | yo | n | m | l | k | j | i | h | g | f | e | d | c |

| | 13 | 14 | 15 | 16 | 17 | 18 | 19 | 20 | 21 | 22 | 23 | 24 | 25 |
|---|---|---|---|---|---|---|---|---|---|---|---|---|---|
| H | e | d | c | b | a | z | y | x | W | V | U | t | S |
| L | p | o | n | m | l | k | j | i | h | g | f | e | d |
| U | c | b | a | z | y | x | w | v | u | t | s | r | q |
| Z | b | a | z | y | x | w | v | u | t | s | r | q | p |

根据这些替代方式, 这段文本的第一行就变成了

inRenciphIGiRgxGNMsaDesNKA

前两个单词想必是 “in enciphering” , 而且我认为对于下一个单词也就有了一种似乎有理的猜测.

**练习 13.1.12** 完成这项破译密码的工作. (如果你觉得这项工作很难, 请不要担心, 这确实相当难. 如果你觉这项工作沉闷乏味, 那么你也许就开始明白, 代码破译意味着几个星期的沉闷乏味和几分钟的兴奋激动.)

**练习 13.1.13** 如果你必须要对这段代码进行多次破译, 那么你会要求什么类型的机械辅助手段? 如果你必须要经常破译此类代码, 那么你又会要求什么类型的机械辅助手段?

即使你猜不出信息的任何一个部分, 但是如果你发送一条过长的信息, 这种代码仍然很容易被破译. 请注意, 如果你像我们在上文中所做的那样, 用 26 列来写出这条编码信息, 那么**在每一列中**同一个字母总是会用同样的方法来编码. 如果这条信息包含, 比如说, 2600 个以上的字母, 那么每一列就会至少包含 100 个字母, 因此尽管我们并不确定, 但是下列选择还是不错的: 把在某一给定列中出现最频繁的那个字母, 选为我们的这些信息中出现最频繁的那个字母, 也就是说 x.

**练习 13.1.14** 试证明如果你**知道**每一列中的哪一个字母对应于 x, 那么你就能够破译整条信息.

即使我们的猜测对于其中几列而言是错误的, 在我们所提出的译文中仍然会有足够多的正确字母, 而能使我们很快速地转到正确解答上去.

事实上, 对于采用这类方法编码的那些足够长的信息, 我们甚至不需要知道它所采用的方法. 假设我们只知道有一个合理小的整数, 而使得如果我们将这条信息写成 $n$ 列, 那么在每一列中同一个字母就总是用相同方法来编码. (这样的 $n$ 的最小值被称为此代码的**周期**.) 如果我们尝试将此信息写成 $m$ 列的结果, 于是如果 $m$ 和周期 $n$ 没有公因数, 那么这种编码方法通常都要求达到抹平字母频率差异的效果. 不过, 如果 $m = n$, 那么字母出现频率通常会展现出巨大的悬殊, 这就正如我们在前一段中讨论过的当 $m = n = 26$ 时的特殊情况下我们所预计到的那类悬殊. 如果 $m$ 和 $n$ 具有公因数, 那么我们就或多或少会看到一定程度上的统计规律性, 不过通常要分辨出 $m = n$ 的这种特殊情况也并不困难. 一旦我们猜测出 $n$, 那么前一段中所描述的这种方法就可以使用了.

这样看来显然的是: 本节中讨论的代码容易被破译的情况, 显然既不是基于猜测某几个特定单词的方法, 也不是基于统计方法, 而是由于它们的短周期而引起的. 于是自然的前进道路就是要去寻找一些具有长周期的代码. 不过, 我们在这里又遭遇到了另一个问题.

**练习 13.1.15** (i) 使用我们对瑟伯的第二段引文所采用的同类代码为以下信息 (齐

默尔曼电报[①]的第一部分) 编码:

```
WE INTEND TO BEGIN UNRESTRICTED SUBMARINE WARFARE
ON THE FIRST OF FEBRUARY STOP WE SHALL ENDEAVOUR
IN SPITE OF THIS TO KEEP THE UNITED STATES NEUTRAL
STOP IN THE EVENT OF THIS NOT SUCCEEDING WE MAKE MEXICO
A PROPOSAL ON THE FOLLOWING BASIS COLON
MAKE WAR TOGETHER COMMA MAKE PEACE TOGETHER
```
(参见 [241])

再对其进行解码. 在对这条信息进行编码中产生的错误所导致的常见影响会是什么?

(ii) (选做题, 不过很有启发性) 设法构建出一种比到目前为止所讨论过的那些都更难破译的代码. 为刚才给出的那条信息执行编码和解码. 在对这条信息进行编码中产生的错误所导致的常见影响会是什么? (不消说, 重发一条乱码对于敌方译码员们而言, 常常如同以代码形式发送一条已知信息一样有价值.)

## 13.2 一些简单的恩尼格码

如果要将一种密码用在战斗中, 那么信息的加密和解密就必须非常快速. 上一节末尾处讨论的那类长周期代码的人工加密和解密都要花费很长的时间, 而且容易发生人为误差. 沿着这条路线前进的唯一方法就是建造一台机器来为我们做这项工作.

这样的一台机器是由一位名为谢尔比斯 (Scherbius) 的德国电气工程师于 1918 年发明的. 考虑一种简单替代代码, 其中 `A` 用 `S(A)` 来编码, `B` 用 `S(B)`, 以此类推. 不难看出, 通过使用一个 "编码盘" 或 "转子" 可以得到同样的效果. 在该盘的一面有 26 个标注为 `A` 到 `Z`的电触点, 盘的另一面也有 26 个标注为 `A` 到 `Z` 的电触点, 并用一根导线将一面的 `A` 与另一面的 `S(A)` 相连, 将 `B` 与 `S(B)` 相连, 以此类推. 如果电流从一面的 `A` 触点流入, 那么它就从另一面的 `S(A)` 触点流出; 如果电流从一面的 `B` 触点流入, 那么它就从另一面的 `S(B)` 触点流出, 以此类推. 编码盘实现了替代密码 `S` 的机械化.

① 齐默尔曼电报 (Zimmermann Telegram) 是一份由德意志帝国外交秘书阿瑟 · 齐默尔曼 (Arthur Zimmermann) 于 1917 年 1 月 16 日向德国驻墨西哥大使海因里希 · 冯 · 厄卡德特 (Heinrich von Eckardt) 发出的加密电报. 电报内容建议与墨西哥结成对抗美国的军事联盟, 但被英国截获. 该电报内容公开后引起美国各界愤怒, 并促使同年 4 月 6 日美国向德国宣战. 这段电文的内容是: "我们计划于 2 月 1 日开始实施无限制潜艇战. 尽管如此, 我们仍将竭力使美国保持中立. 如此事不成, 我们在下列基础上向墨西哥提议: 协同作战, 共同缔结和平." 其中的 STOP, COLON 和 COMMA 分别是句号、冒号和逗号. —— 译注

现在假设我们每次加密一个字母,转子就转动一步.读者应该让自己相信,这个装置实现了代码 $\mathtt{C}' = \mathtt{SR}$ 的机械化,而这是前一节讨论的内容中最难的部分. 正如我们在那部分内容中看到的,代码 $\mathtt{C}'$ 对于短小的信息是好的,但是由于它具有短周期 26,因此对于长信息就很容易遭受频率分析的破译. 为了增大周期,因而将第一次编码后的结果再输入第二个代码转子,**每当我们将一个字母加密 26 次,第二个转子转动一步**.

**练习 13.2.1**　令 $\mathtt{D}$ 为将 $\mathtt{A}$ 发送到 $\mathtt{B}$、将 $\mathtt{B}$ 发送到 $\mathtt{C}\cdots\cdots$ 将 $\mathtt{Z}$ 发送到 $\mathtt{A}$ 的代码. 令 $\mathtt{S}_1, \mathtt{S}_2$ 为两种替代代码. 试证明根据将我们的信息中的第 $(k+26l)$ 个字母 $\alpha_{k+26l}$ 发送到 $\mathtt{S}_2\mathtt{D}^{l-1}\mathtt{S}_1\mathtt{D}^{k-1}\alpha_{k+26l}$ 定义的代码,就对应于根据刚才提出的机制所发送的代码. 试证明更为一般性的情况,即根据将我们的信息中的第 $(k+26l+n)$ 个字母 $\alpha_{k+26l+n}$ 发送到 $\mathtt{S}_2\mathtt{D}^{l-1}\mathtt{S}_1\mathtt{D}^{k-1}\alpha_{k+26l+n}$ 定义的代码,就对应于根据刚才提出的机制,以某种恰当的状态为起点所发送的代码.

除非发生不大可能的巧合,否则我们的信息中前 $26 \times 26$ 个字母中的每一个都会用一种不同的替代代码来进行编码,这些替代代码对应于这两个转子在发生重复前的 $26 \times 26$ 种不同排列方式,因此我们的代码周期就会是 $26 \times 26 = 26^2 = 676$.

将第二次编码后的结果再输入第三个转子,**每当我们将一个字母加密 $26^2$ 次,第三个转子转动一步**,我们通过这种方法得到的代码周期一般而言就会是 $26^3$,以此类推.

**练习 13.2.2**　按照我们在练习 13.2.1 中描述二转子代码的相同方法来描述三转子代码.

三转子机型可以用图 13.1 中的图解形式来表示. 我们把这种机型称为"三转子原始恩尼格码"(three-rotor Primitive Enigma),这是因为对这台机器进行改装后就产生了德国的恩尼格码机. 揭开这些机器的秘密的重任首先是由波兰密码破译者,然后又由英国密码破译者们所承担的.

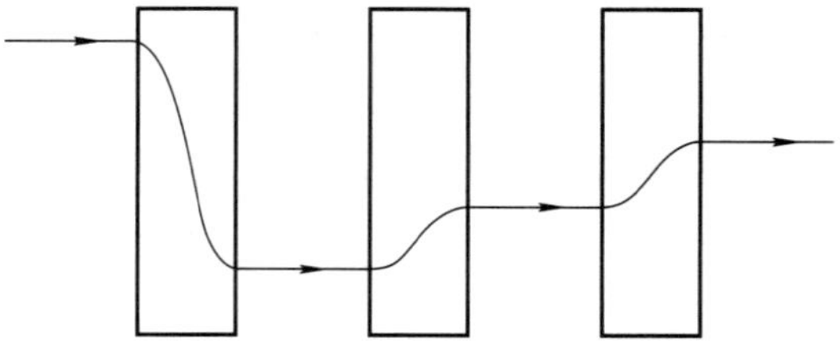

图 13.1　一种三转子原始恩尼格码

下文中我的目的是要粗略地解释一下恩尼格码机是如何工作的,以及为什么破解它们这项任务,表面上看起来不可能实现,但实际上却是可能的. 这会产生好几种重大后果.

1. 我不会完全遵循波兰人和英国人所采取的路线.

2. 在各个不同的时期, 德国武装部队的各个不同的分支所使用的恩尼格码有着好几种不同的形式, 并且它们以各种不同程度的加密能力投入使用. 我会专注于讨论德国海军的恩尼格码, 这是设计最出色、使用最谨慎, 因此也就是最难破解的一种. 英国对第一次世界大战的回忆录揭示出这样一个事实: 德国海军的代码曾遭到全面破解①, 因此德国海军决心不再犯同样的错误.
3. 为了阐述清晰起见②, 我将恩尼格码机以及用来破解它的各种方法全都粗略带过或者省略不提.
4. 省略技术和历史细节会使事情看起来比它们的实际情况要简单得多. 读者如果在考虑任何一方的行动时忍不住要惊呼: “什么, 连我都会想到这一点!”, 那么他几乎肯定是错了.

希望更进一步深入研究的读者会发现论述恩尼格码的有数十本书籍和数百篇文章. 就我所知的主要资料来源有欣斯利 (Hinsley)[95]、科扎祖克 (Kozaczuk)[132]、韦尔奇曼 (Welchman)[253] 的记述, 以及欣斯利和斯特里普 (Stripp) 收集在 [94] 中的那些记述. 开始阅读的最佳起点很可能是卡恩的《理解恩尼格码》(*Seizing the Enigma*), 其中还有众多的参考书目.《密码术》(*Cryptologia*) 杂志在一定程度上为恩尼格码爱好者们起到了时事通信的作用.

在本节余下的部分中, 我们会讨论三转子原始恩尼格码, 这是因为在论述实际恩尼格码机的过程中涉及的许多问题都会出现在这一较为简单的情况下. 不过, 读者应该记住, 由于后文将会讨论到的一些原因, 波兰人当时必须对付的机器是一台难对付得多的设备.

初看起来, 这种原始恩尼格码似乎完全是坚不可摧的. 首先, 敌方必须要猜测出编码装置的确切性质. (即使是设计上的一些微小变动, 例如在加密 23 个字母后, 而不是在加密 26 个字母后将第二个转子转动一步, 也很有可能显示出令人完全摸不着头脑的结果. 由于对于打字机键与第一个输入盘之间的接线方式做出了一些不正确的假设, 因此战前英国对恩尼格码的破解陷入了困境.) 一旦敌人做出了猜测, 接下去他就必须找到这三个转子之间的接线方式. 当我们在前一节中破译瑟伯的第二段文字时, 我们事实上是在寻找一个单转子原始恩尼格码机的转子接线方式. 如果读者简略地反思一下, 就会开始明白上文提出的这项任务的巨大了.

不过, 德国海军预计要有许多场仗要打, 因此也预计到其中一些战役会吃败仗. 最终总会有一架恩尼格码机及其转子被缴获③. 在以前的各场战争中, 缴获一本密

① 在考虑英国在第二次世界大战以后的长久沉默时, 应该牢记这些被揭露出来的真相的不良作用. 英国在第一次世界大战中最重要的成功之举就是破译齐默尔曼电报, 而这最终使美国加入战局. —— 原注

② 同时也是出于不那么容易承认的原因: 纯属无知. —— 原注

③ 对于 “装在墙上的” 那种自动提款机所使用的电子密码的安全性, 人们已经进行了大量的思考. 不过, 一些犯罪分子用推土机连墙带自动提款机一起偷走, 然后他们再在方便的时候把它砸开. 安全系统既要防御那些精细的方法, 也需要防御各种粗暴的手段. —— 原注

码簿就意味着破解相关的代码, 但是现在, 即使损失一架恩尼格码机, 代码仍然受到重重防御. 我们在用恩尼格码来编码的时候, 开始时这些转子位于某个特定的位置, 而转动转子的计数机构处于某一状态. 对于这些转子而言, 总共有 $26^3 = 17576$ 种不同的起动位置. 此外, 尽管敌方的代码破译员们知道, 对于满足 $1 \leqslant r_1, r_2 \leqslant 26$ 的 $r_1, r_2$, 第二个转子会在第一个转子移动 $r_1, r_1+26, r_1+52, \cdots$ 步后转过一步, 他们也知道第三个转子会在第二个转子移动 $r_2, r_2+26, r_2+52, \cdots$ 步后转过一步, 但是他们并不知道 $r_1$ 和 $r_2$ 的值 (计数机制的状态). 如果敌人希望通过遍历这些转子的所有可能初始位置以及 $r_1$ 和 $r_2$ 的所有可能值来破译一条 800 个字母的信息, 那么他们就会需要 $26^5 = 11881376$ 次试解码, 而一般而言其中只有一次会是正确的. 如果一个由 300 个译码员组成的小组按每天三班、每班八小时轮班工作 (每班有 100 名译码员), 其中每个人在半分钟内干完一次试解码, 那么要遍历所有这些可能性所需要的工作时间就会大大超过一个月. 正是这种新的安全水平, 才使得恩尼格码型的机器如此有吸引力.

不过, 尽管我们的原始恩尼格码确实很难破解, 但是它也并不像我们想象中有数百位译码员夜以继日地工作的那种压迫感所意味的那么艰辛. 大批的数字就像大批士兵一样, 并不总是像看上去那么强大. 要找到这些恩尼格码转子的位置, 并不一定要获得一套完整的译码. 出于我们现在将要讨论的一些原因, 如果在原本毫无用处的试解码中间有一小段非常简短的没有转变成乱码的文字, 就会给出足够的线索来对整条信息进行解码. 波兰和英国译码员们的运气在于, 我们的原始恩尼格码的致命要害是第一个 "快速转子" 相对于其余转子的运动, 而真实的德国恩尼格码也具有同样的薄弱环节. 在 26 次加密过程中, 内部的那些转子保持静止, 而快速转子则以一次一步的规律性步伐向前移动, 然后内部的转子再改变到一些新的位置并保持静止, 而快速转子则再次转圈经过它的 26 个位置. 因此, 如果在一次试解码中出现了这样的片段:

ERYUHUBRUNKXTANKERXNEZRTWTYFFFDMNBWUPOIJ,

那么就很值得检验这样一种假设: 在对 XTANKERX 解码期间, 这些转子是处在正确的位置上, 但是在对 XTANKERX, XTANKERXN 或者 XTANKERXNE 解码之后, 要么是我们所推想的编码器中的第二个转子前进了, 而真实的转子却没有前进, 要么就是与此相反的情况.

前一段中的讨论证明, 我们的原始恩尼格码有一个弱点, 但是任何人如果曾经为了寻找印刷错误而设法去阅读一本书的话, 那么他就会知道, 人类的注意力衰减很快, 于是他就会发现, 让一组组职员为了搜寻一小段有意义的文本而去通读成千上万的试解码, 这是相当不现实的. 有一种似乎更加合理的方法就是我们在解答瑟伯的第二段文字时所表明的, 我们是通过猜测它以 XTHURBER 这些字母结尾来破解的. 例行报告和例行命令都倾向于非常千篇一律. 韦尔奇曼回忆道:

> [我]们对一位德国军官产生了一种非常友好的感觉, 他在北非的盖塔拉洼地 (Quatra Depression) 滞留了相当长的一段时间, 每天以极度的规律性报告说, 他没有任何事情可以报告. 在类似这样的一些情况下, 我们就会希望英国指挥官们一定不去打扰我们的帮手 (参见 [253] 第 132 页).

德国的军人就像无论何处的军人一样, 往往会非常谨小慎微地给出完整的军衔①, 这个事实为我们提供了一个进一步的协助. 假设有一条在一架已知的三转子原始恩尼格码机上加密的信息, 我们猜测它的第 10 到 16 个字母是 GENERAL, 并且我们知道这条信息加密后的第 10 到 16 个字母是 SDFERTO. 我们现在用这台恩尼格码机的六台近似模拟品 $E_1, E_2, \cdots, E_6$, 其中的每一台都与前者具有相同的转子排列方式, 但是却有下面将描述的不同步进方式.

我们从这六台模拟恩尼格码机的两个内部转子全都处于相同的位置作为开始. 第一台恩尼格码机 $E_1$ 的外部 "快速转子" 会处于某个我们称之为位置 1 的位置. 我们将 $E_2$ 的外部转子置于向前一步的位置 2, $E_3$ 的外部转子置于再向前一步的位置 3, 以此类推. 我们现在用 $E_1$ 来为 G 加密, 用 $E_2$ 来为 E 加密, 用 $E_3$ 来为 N 加密, 以此类推. 如果当 $E_1$ 在为原始信息中的第 10 个字母 G 加密时, $E_1$ 中的各转子的位置都与那台原始恩尼格码机的各转子的位置一致, 那么 $E_1$ 就会给出相同的密码 S. 此外, **如果那台原始恩尼格码机的两个内部转子在第 10 到 11 个密码之间没有发生位置变化**, 那么由于原始恩尼格码机的外部转子向前移动了一步, 因此 $E_2$ 中的各转子位置在为原始信息的第 11 个字母 E 加密时, 就会与那台原始恩尼格码机的各转子的位置一致, 因此 $E_2$ 就会给出相同的密码 D. 将这个论证过程再重复 4 次, 我们就会看到, 如果 $E_1$ 中的各转子位置在为第 10 个字母 E 加密时, 与原始恩尼格码机各转子的位置一致, 并且**如果那台原始恩尼格码机的两个内部转子在第 10 到 16 个密码之间没有发生位置变化**, 那么根据我们的新排列方式得出 GENERAL 的密码就会是 SDFERTO, 与原始密码完全相同.

读者也许会想到以下这些反对意见:

1. 即使这两台机器中的转子排列方式并不一致, 我们的新排列方式也可能会碰巧把 GENERAL 加密成 SDFERTO. 我认为要精确计算出发生这种情况的概率是相当困难的, 不过以下论证会给出一个粗略的估计. 如果我们随机地加密某一单个字母 (比如说 G), 那么它被加密成某个特定字母 (比如说 S) 的几率就是 $26^{-1}$. 由此可知, 如果我们完全随机地加密一个由 6 个字母构成的序列 (比如说 GENERAL), 那么它们被加密成某一特定序列 (比如说 SDFERTO) 的几率就是 $26^{-6}$. 如果我们将这个实验重复 $26^3$ 次, 那么某一特定密码 (比如说 SDFERTO)

① 与此相对照的是学者们, 他们喜欢让别人知道自己喜欢被称为汤姆, 而他实际上却喜欢被称为科尔纳博士. —— 原注

会出现的几率就是 $26^3 \times 26^{-6} = 26^{-3}$, 而这个几率是相当小的. 当然, 我们的新排列方式事实上并非 "随机" 做出, 但是这种论证似乎可以使我们非常合理地认为, "假警报" 的发生率并不会十分高. 由于常规检查和快速检查就会揭示出 "假警报" 的本来面目, 因此它们就不会给我们带来任何问题.

2. 即使我们现在知道原始恩尼格码机的各转子在某一点的位置, 我们还是不清楚计数机构在这一点处于 $26^2$ 个可能状态中的哪一个. 不过, 如果我们假设一种特定的状态, 并按照这种假设来破译这条信息, 那么在第一个从有意义转变为无意义的点, 就标志着在此点处, 要么实际恩尼格码机的第二个转子发生了步进, 而假设的恩尼格码机的第二个转子没有步进, 要么就是与此相反的情况. 于是就很容易使它们的第二个转子同步, 并且在需要的时候将假设的与真实的恩尼格码机的第三个转子也同步.
3. 最后, 读者会注意到, 我们的方法取决于这样一条假设: 原始恩尼格码机的两个内部转子在第 10 到 12 个密码之间没有发生变化. 处理这个问题的一种可能方法是, 将这个过程再运行五次, 分别对应于第二个转子在第一个、第二个、第三个、第四个和第五个加密字母后发生了步进这五种情况, 不过这就会花费六倍的时间. 或者, 我们也许还注意到, 一个内部转子在加密期间发生变化的几率只有 5/26, 因此如果我们对于自己的猜测 (即原始信息中的第 10 到 16 个字母是 `GENERAL`) 并不十分自信的话, 那么我们还是花时间去检验另外五种猜测会更好一些.

**练习 13.2.3** 假设我们有六种猜测, 其中的每一种都有一定的几率 $p$ 是正确的. 有一种花费时间 $T$ 的程序 $A$, 如果所选的猜测是正确的, 那么这种程序就会有一定的概率 $q$ 可以破解这种代码, 但在猜测不正确的情况下就毫无结果. 还有一种花费时间 $6T$ 的程序 $B$, 如果所选的猜测是正确的, 那么这种程序就必定可以破解这种代码, 但在猜测不正确的情况下就毫无结果. 如果给我们时间 $6T$ 来破解这种代码, 试证明如果

$$q \geqslant q_0(p), \text{ 其中 } q_0(p) = \frac{1-(1-p)^{1/6}}{p},$$

那么我们就应该将程序 $A$ 应用于我们的六种猜测中的每一种, 而不是将程序 $B$ 应用于其中一种猜测. 分别计算当 $p = 1/4, p = 1/2$ 和 $p = 3/4$ 时的 $q_0(p)$.

当我们的猜测相当长的时候, 还有另一种可能性. 例如, 假设我们的猜测长达 24 个字母. 在这种情况下, 我们可以将它分成两部分猜测, 分别对应于前 12 个字母和后 12 个字母, 并可以确信内部转子至少在它们之一的加密过程中不会移动. 因此合情合理的做法就是将精力集中用于那些假设两个内部转子不移动的方法.

就像我们提出的对于原始恩尼格码的解密方法一样, 英国对德国海军恩尼格码的解密方法也需要一种机械化的 "蛮力" 来搜遍三个转子所有 $26^3 = 17576$ 种起始位置. 第一批这样的机器是波兰人在 1938 年底造出来的 (不过他们利用了这些德国

系统中一个特殊弱点, 这个弱点后来被去除了), 他们把这些机器称为 “bomby” ,这可能是因为这些数学家们在讨论这个项目时所吃的圣代冰淇淋 (名为 “bomba” ), 或者也可能是由于 “bomby” 在运行过程中制造出来的那种有规律的滴答噪声. 每架英国的 “甜点” (bombe) 由相当于 12 架模拟恩尼格码机组成, 其中的每一架似乎能这样被驱动: 在 15 分钟内通过由 17576 个起点位置构成的一个恩尼格码循环. 不过由于一些在下一章中会变得清晰的原因, 即使在事情进展顺利的时候, 为了找到德国每天的代码设置, 也还是有必要运行许多恩尼格码循环.

正是这 15 分钟的循环时间导致了破解恩尼格码的可行性, 不过也正是这 15 分钟的循环时间, 意味着破解恩尼格码也仅仅只是有可能而已. 有些时候, 破译一个特定的恩尼格码系统当天的传输内容就需要花费大约 24 小时. 如果在德国的各程序中产生的一个变化需要恩尼格码循环提升十倍, 那么由于这些机器已经在以尽其可能的最快速度运行了, 因此它们也就无法再加速了, 而且如果不是从其他解码问题中抽调的话, 那么分配到的机器数量也无法增加. 因此, 除非机器数量能增加, 否则我们最多只能希望每过十天才破解出密码来, 这也就已经晚了十天了. 而这种最佳结果也并不是我们所真正期待的, 因为时断时续的解码所提供的有效初始猜测数量, 要远远少于从不断的解码供给中能够获得的数量.

大西洋护航战役有着许多时间标度, 从一支慢速护航队完成横越所需要的一个月, 直到一个人在冰冻的海水中可以存活的几分钟. 对于那些设法解读 U 型潜水艇的代码的人而言, 这里存在着两种时间标度. 其中之一是一天 —— 在 24 小时内截获的信息能够引导护航队绕过等候的潜水艇群, 而花费 72 小时获得的信息通常就来得太迟了. 另一种时间标度是他们的这些 “甜点” 的循环时间.

## 13.3　插接板

我们已经描述了怎样用原始恩尼格码来加密信息, 不过我们还没有谈到预定的接收者应该如何解密用这种方式加密的信息. 如果我们将处于某一特定状态 $s$ 的原始恩尼格码所产生的效果用 $\mathtt{T}_s$ 来描述 (因此 A 就用 $\mathtt{T}_s\mathtt{A}$ 进行加密, 以此类推), 那么我们就是在寻找一种解密方法 $\mathtt{T}_s^{-1}$, 从而有 $\mathtt{T}_s^{-1}(\mathtt{T}_s\mathtt{A}) = \mathtt{A}, \mathtt{T}_s^{-1}(\mathtt{T}_s\mathtt{B}) = \mathtt{B}$, 等等. 从原则上来说, 这是一项很容易的任务. 如果 X 从第三个转子中出现, 那么通过逆转这条线路并找到第三个转子将哪个字母 $\mathtt{X}'$ 加密成了X, 第二个转子又将哪个字母 $\mathtt{X}''$ 加密成了 $\mathtt{X}'$, 以及最后第一个转子将哪个字母 $\mathtt{X}'''$ 加密成了 $\mathtt{X}''$, 那么我们就得到了 $\mathtt{T}_s^{-1}(\mathtt{X}) = \mathtt{X}'''$.

如果再看看图 13.2 中所示的原始恩尼格码的图示形式, 我们就会明白, 要解密一个字母, 我们只要 “简单地逆转这些箭头” (或者电流). 而要制造出一台实用的机器来做到我们如此轻描淡写的事情, 难度却要高上几分, 而且即便有这样一台机器, 我们还是必须使用两台机器, 不然就要冒着出错的风险, 就像机器处于解密模式对一条信息进行加密时那样.

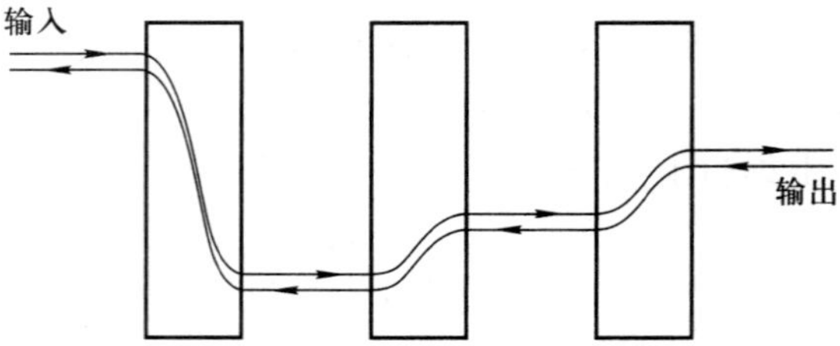


图 13.2 一种三转子原始恩尼格码的输入和输出

谢尔比斯的一位合作者想到了一种具有独创性的方法来绕过这个问题.他又加入了第四个称为反射器的元件,这个元件取得第三个转子的输出结果,然后再通过另一条路径反馈给第三个转子,其效果如图 13.3 所示. 如果我们将某一特定字母 a 在只有反射器作用时的密码记为 Ra 并以此类推,那么我们就会看到,遵循所给的路径得到的效果就是将一个字母,比如说 b,用 $T_s^{-1}RT_sb$ 来加密. 因此如果我们将新机器在状态 s 时的效果写成 $C_s$,那么我们就得到

$$C_s = T_s^{-1}RT_s.$$

反射器没有发生移动,因此R也就不依赖于 $s$.

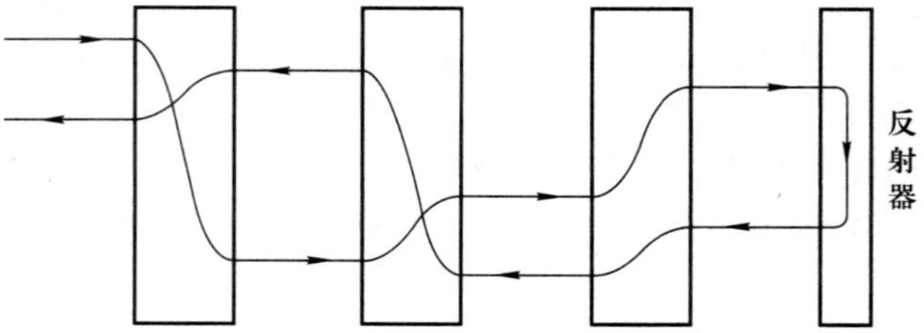


图 13.3 一种商用三转子恩尼格码

由于这个反射器是由 13 根导线 (它们将连接头成对地连接在一起) 构成的,因此 R 就是一种具有下列两种特殊性质的简单替代代码.

(1) 比如说,如果有一根导线将两个字母 e 和 q 连接在一起,那么就有 Re = q 及 Rq = e. 用数学家们的话来说,R 是自反的 (self-inverse),用非数学家们的话来说,R 既加密又解密. 由于

$$R(Re) = Rq = e,$$

所以上面两种说法都意味着:对任何字母应用两次 R,结果使这个字母不发生变化. 由于数学家们会很自然地写下 $R(Re) = R^2e$,并把不改变任何事情的代码写成 I (于是 Ie = e),因此对于每个字母 e,他们都会写出

$$R^2e = Ie,$$

或者更加简略地写成

$$R^2 = I.$$

(2) R 不能加密字母本身[①]. (如果导线将一个连接头与其自身连接起来, 就会形成短路.)

按照图 13.3 的形式追踪通过这台机器的各条路线, 我们就很容易看出, 完整的加密过程 $C_s = T_s^{-1}RT_s$ 必定也具有这些特征. 读者也许会有兴趣从代数上来得出这一点.

为了证明 $C_s$ 是自反的, 我们只要注意到[②]

$$\begin{aligned} C_s^2 = C_sC_s &= (T_s^{-1}RT_s)(T_s^{-1}RT_s) \\ &= (T_s^{-1}R)(T_sT_s^{-1})(RT_s) = (T_s^{-1}R)I(RT_s) \\ &= (T_s^{-1}R)(RT_s) = T_s^{-1}R^2T_s \\ &= T_s^{-1}IT_s = T_s^{-1}T_s = I. \end{aligned}$$

为了证明 $C_s$ 本身不能加密字母, 我们假设, 比如说, $x = C_sx$. 将加密方法 $T_s$ 同时应用于这个等式的两边, 我们就得到

$$\begin{aligned} T_sx = T_s(T_s^{-1}RT_sx) &= (T_s(T_s^{-1})(RT_s)x) \\ &= I(RT_s)x = R(T_sx), \end{aligned}$$

因此 R 本身加密了字母 $T_sx$. 既然这是不可能的, 那么由此得到的结论就是, 我们的初始假设 $x = C_sx$ 是错误的.

我们刚刚描述的这种带有反射器的三转子恩尼格码, 除了后文会讨论的一种进一步的修改形式以外, 还相当于谢尔比斯力图出售给各种商业机构并取得了有限的成功的商用恩尼格码. 尽管破解恩尼格码是英国的最重要的机密, 英国的一位密码破译员回忆道:

> [一位]名叫巴宝利 (Burberry) 的退休银行家, 他曾经住在 [布莱切利的同一家] 旅馆里 …… 他描述了他曾在自己的银行里用过的恩尼格码, 这令我大为震惊. 我很可能说了 “令人销魂”, 还挑起了一条眉毛 (参见 [160] 第 35 页).

这种机器现在具有的优势在于, 因为 $C_s$ 是自反的, 所以同样的机器和同样的设置既可用于加密, 也可用于解密. 商用恩尼格码显然是够好了, 足以确保正常商业交易的彻底安全, 不过有一个问题仍然值得一问: 原始形式和商用形式之间的这些改变是令恩尼格码更安全了还是更不安全了?

① 也即对任何字母 e, $Re \neq e$. —— 译注

② 这里及以下都用到加密运算满足结合律这一点. —— 译注

又一次, 我们必须区分下列两种问题: 其一是一名敌方破译人员所遇到的问题, 他设法根据各种各样的线索来重建一台未知的机器 (包括各转子的接线方式) 内的接线方法 (即用密码学的手段来剖解这台机器); 其二是同样的敌方人员所遇到的问题, 他知道这台机器及其各转子的接线方法, 不过正在尝试去查明这台机器在特定的某一天是如何装配起来的 (即复原当天的密钥). 必须找到这个反射器的接线方式导致了情况的额外复杂化, 而任何人如果在寻求通过密码学手段来重建这台机器, 那么这种复杂化就会使他的工作变得困难得多 —— 这看起来似乎是一个合理的论述. 但是如果某人已经知道这台机器的结构 (包括反射器的接线方式), 而现在是要设法找到当天的密钥, 那么这种论述对他就不适用了.

初看起来, 这种新路径通过三个转子, 然后通过反射器, 再以相反的顺序通过三个转子后反向出来, 也许有人会认为是它造成了额外的复杂性, 因此必定会使任务更加困难, 不过方法的复杂性并不必定会产生结果的复杂性. 正是我们在前一节末尾处所描述的那种使用蛮力的方法 (同前文一样, 前提是我们一开始就正确地猜测出信息的某些部分) 就会用同等的工作量给出当天的设置. 以这种方式看来, 新的恩尼格码并不比旧的更难破解. 以另一种方式看来, 它会不会更困难?

一种优秀的秘密代码应该具有如同玻璃墙那样的面貌 —— 直立、光滑且毫无特征, 从而不会为代码破译员提供任何把柄. (正如我们已经看到的, 恩尼格码型代码的吸引人处之一就在于, 它们会自动将字母的出现频率抹平.) 商用恩尼格码中呈现出两个把柄 (除了 "快速转子" 的那个致命要害以外, 这是它从早期的原始形式中传承下来的): 第一个是它的自反性质, 而这在其他方面原本是一个合意的性质, 第二个是它无法将字母加密成其本身.

意大利海军的系统之一采用了一种普通的商用恩尼格码. 一天, 梅维斯 · 列维 (Mavis Lever) 这位当时最年轻的密码专家之一

> …… 感觉到在一份被截获的意大利情报中有些奇怪的东西, 片刻之后他意识到, 这条信息中连一个 L 都没有, 由于他知道恩尼格码从不会将任何一个原文字母放回去, 由此得出的结论就是, 这是一条假信息, 其原文中充满了 *l* (参见 [110] 第 139 页).

像这样的意外收获 (其结果很有可能会使人能够通过密码分析而截获整台机器) 非常罕见, 不过在通过猜测一条加密信息的部分内容来破解代码的过程中 (用密码分析学的行话来说是一种 "可能词汇" 方法), 这种无自加密性质是有帮助的. 密码分析学家们采用这种方法时所面临的问题是, 他们不仅必须猜测出一条信息的部分内

容, 比如说 warningxminesxatxsquarexsevenxsix[①], 还必须**准确**猜测出他们所猜测的这部分来自一条更长信息中的哪一部分. 倘若这条更长的信息编码后的形式比如说是

WSDTCNNXCLKEUFWNPVYQJGIBFE···

那么我们所猜测的短语就不可能从头开始, 因为 w 不可能被加密成 W, 它也不可能从第三个字母开始, 因为猜测的那条短语的第四个字母是 n, 它不可能被加密成编码信息中的第七个字母 N.

**练习 13.3.1** 假设你有一段长度为 $n$ 的、猜测出来的文本 $\omega = \mathtt{w}_1\mathtt{w}_2\cdots\mathtt{w}_n$. 试证明一个由 $n$ 个随机选择出来的字母构成的序列 $\Omega = \mathtt{W}_1\mathtt{W}_2\cdots\mathtt{W}_n$ 与 $\omega$ 在任何位置都不发生重合 (换言之, 对于每个 $1 \leqslant j \leqslant n$, 都有 $\mathtt{w}_j \neq \mathtt{W}_j$) 的概率是

$$f(n) = \left(\frac{25}{26}\right)^n = \left(1 - \frac{1}{26}\right)^n.$$

计算 $n = 6, 12, 18$ 时的 $f(n)$. 在 $n$ 取什么值时, 我们有 $f(n) \approx 0.1$, $f(n) \approx 0.01$, $f(n) \approx 0.001$? 试解释为什么我们会指望通过匹配检验找到 "埋藏" 在一条由 400 个字母构成的加密信息中的由 200 个字母构成的短语的精确位置, 但是你不会指望能够依靠同样的招数找到 "埋藏" 在一条由 12 个字母构成的信息中某处的由 6 个字母构成的短语.

不过, 在原始恩尼格码和商用恩尼格码之间还存在着一种更深层次的差别, 而这种差别大大强化了后者的防御水平. 这些转子现在都制成可以拆装的和可以互换的. 即使可以利用的只有三个转子, 它们仍然能够被排列成 $3 \times 2 \times 1 = 6$ 种方式中的任何一种. 因此即使敌手们知道每个转子以及反射器的接线方式, 他们实际上仍然面临着 6 种可能的机器. 如果他们随后再使用一些蛮力搜索手段, 那么这就要花费 6 倍长的时间 (或者需要 6 倍数量的模拟恩尼格码机) 来对付这些机器. 在战争期间, 德国陆军从 5 个转子中选出其日常设置, 这就给出了 $5 \times 4 \times 3 = 60$ 种可能的机器. 而德国陆军则使用 8 个转子而给出了 $8 \times 7 \times 6 = 336$ 种可能的机器.

**练习 13.3.2** (i) 如果一台模拟恩尼格码机要花费 15 分钟来遍历某种转子组合所给出的所有可能的起始位置, 那么它要遍历 336 种组合需要多长时间? 如果要在一天内遍历所有组合, 那么你会需要多少台模拟恩尼格码机?

(ii) 设 $u_n$ 为用 $n$ 个转子可能构成的三转子机器数量. 试求 $n = 3, 4, 5, 6, 7$ 时的 $u_{n+1}/u_n$, 并将求得的值制成表格. 当 $n$ 增大时, 会对 $u_{n+1}/u_n$ 产生什么影响? 试

① 当时有 "一种称为 '园艺' (gardening) 的做法, 英国皇家空军仅用其来编织一些警示性的电文, 通报在一些指定位置的布雷情况. 这些位置都经过仔细挑选, 以避免选中数字, 其中特别是 0 和 5, 因为德国在他们的信号中对这两个数字采用一种以上的拼写方式." (参见 [94] 第 122 页) —— 原注

这条信息的意思是: "警告: 在 7-6 分区有地雷." —— 译注

解释, 在增加转子来做出选择时, 为什么当转子数量到达某一数值后, 再去增加转子的数量, 这样做不仅会使系统变得笨重, 而且也不能再大幅提高其安全性.

图 13.4 防止一本密码簿落入敌人之手 (参见 [109] 第 485 页)

当时有好几个国家的武装部队采用恩尼格码型机器, 不过其中大多数都在力图使它们比基本商用恩尼格码更安全. 英国皇家空军采用的一台机器, 其名称从 "英国皇家空军恩尼格码" (RAF Enigma) 转变成 "X 型" (Type X), 最终又变成了 "x 型" (Typex). 内部备忘录中都直白地陈述道: "这台机器 …… 是从德国的 '恩尼格码' 复制而来的, 再加上政府代码及密码学校 (Government Code and Cipher School) 所建议的一些增补和修改." 不过, "在支付报酬给那些专利权所有人的时候会产生困难, 至少在不久的将来是这样," (参见 [236] 第 40–41 页) 因此此类报酬的问题被推迟, "直到准许我们与他们进行商谈再付." 英国陆军也采用了同样的系统, 但是海军却固守一些更加陈旧也更加确认的方法 (见图 13.4). 看来 x 型机器的设计者们是在用许多转子串联 (因此我们也许可以谈到一种十转子恩尼格码) 以及一种更为复杂的步进系统, 从而寻求外加的安全性.

增加额外的转子, 对于恩尼格码机的安全性有多大的提高? 显而易见, 其答案可能会取决于机器的类型, 因此让我们首先来对于我们最初的原始恩尼格码问一下这个问题. 如果我们采用上一节末尾处描述的解密方法, 那么找到一台 $n$ 转子原始恩尼格码机的设置就会需要用蛮力搜遍 $26^n$ 个位置. 这就说明, 每增加一个额外的转子, 就使我们的敌手的困难增大 26 倍.

另一方面, 如果我们来观察一下十转子原始恩尼格码机在加密一条 200 个字母的信息时的情况, 我们就会看到, 那个快速外部转子每个字母前进一步, 而更为庄严的第二个转子则每 26 个字母前进一步, 如果我们有幸的话, 也许还会看到第三个转子每 $26^2 = 676$ 个字母前进一步. 余下的那些转子很有可能会仿效贵族院 (House of Peers),

> …… 在整个战争期间
> 没干任何特别的事情,
> 不过干得很出色
> (参见吉尔伯特 (Gilbert) 与苏利文 (Sullivan),《艾俄兰斯》(*Iolanthe*)).

除非我们能够确切地解释, 较高级别的那些转子可能发生转动的微小可能性, 如何会大大增加我们的安全性, 否则对于前一段中的论证信以为真看来就似乎并不明智了.

与转子数量增加相关的, 还有另外一个问题. 增加机械的复杂性就意味着降低可靠性以及增大尺寸, 而 “闪电战” (Blitzkrieg) 的新理论要求机器足够小、足够可靠, 才能够载入一位将军的指挥车而投入战斗. 一些不知名但极为聪明的德国军方工程师提出了另一种解决方案: “插接板”, 或者叫 “斯特克尔” (Steckel). 电流在进入和离开机器的时候, 通过一块插接板, 这块插接板可以经过装配而将非重叠字母对构成的任何所选集合进行互换, 而让其余的字母保持不变 (或者叫 “自连接” (self-steckered)). 其装置形式如图 13.5 所示.

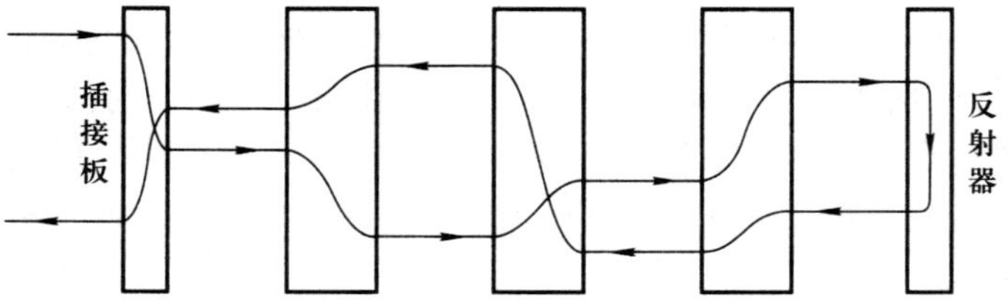


图 13.5 一种带有插接板的三转子恩尼格码

如果这种三转子商用机器在状态 $s$ 时产生的效果是 $\mathtt{C}_s$, 那么加上插接板后所构成的机器产生的效果就是

$$\mathtt{E}_s = \mathtt{P}\mathtt{C}_s\mathtt{P},$$

其中的 $\mathtt{P}$ 是仅有插接板时的作用效果. 既然 $\mathtt{P}$ 互换某些字母对而让其余的字母保持不变, 那么两次应用 $\mathtt{P}$ 的效果就会使一切都保持不变. 换言之, 即 $\mathtt{P}$ 是自反的.

$$\mathtt{P}^2 = \mathtt{I}.$$

现在就很容易检验, $\mathtt{E}_s$ 既保持了自反这种合意的性质, 又保持了不会将字母加密为其本身的这种不合意的性质.

**练习 13.3.3** 通过本节开头的论证, 我们证明了 $\mathtt{C}_s$ 是自反的, 并且不会将字母加密为其本身, 试按照这些论证的思路, 证明上述关于 $\mathtt{E}_s$ 的论述.

关于插接板的振奋人心之处在于, 无论是在加密形式还是在解密形式下, 它似乎都排除了使用任何蛮力来解密恩尼格码, 即使在敌方持有我们所用的机器及其各转子的复制品并且知道我们的某些信息时也是如此. 在前一节中, 我们谈到这些机器逐步通过这 $26^3 = 17576$ 种不同的转子位置时, 多少有点蜻蜓点水. 最初的插接板规格只要求六对字母可互换 (余下的 14 个字母为自连接), 但即使在这样的限制之下, 仍然存在着超过 $10^{11}$ 种不同的插接板排列方式 —— 而且只要我们想要, 我们就能改变插接板.

**练习 13.3.4** 设 $v_r$ 为有 $2r$ 个字母为自连接的 $[0 \leqslant r \leqslant 13]$ 插接板可能有的排列方式数目. 请仔细解释为什么

$$v_r = \frac{26!}{2^{13-r}(2r)!(13-r)!}.$$

计算 $v_{r+1}/v_r$. 当 $r$ 取哪些值时, 我们有 $v_{r+1}/v_r \geqslant 1$? 试证明当 $r=2$ 时, $v_r$ 的值最大. 求 $v_2$ 和 $v_3$. 验证在此练习前刚刚提出的那条关于 $10^{11}$ 种插接板排列方式的陈述.

后来, 自连接字母的数量被减少到 6. 刚才所做的那个练习表明, 假如从大约 $1.5\times 10^{14}$ 种不同的插接板排列方式中选择的话, 这个数字接近于最佳值. 我们没有任何方法能够进行一种蛮力搜寻, 来遍及这个数量的所有可能性.

数字就其本身而言并不保证密码的安全性, 而德国的代码专家们就从恩尼格码的盔甲中鉴别出了一条裂缝. 请记住, 三转子恩尼格码一旦设定后, 就会遍历一个 $26^3=17576$ 步的循环, 然后再从头开始. 它在每一步的行为都像是一个简单替代密码, 首先充当 $\mathtt{E}_1$ 的作用, 经过一步以后充当 $\mathtt{E}_2$, 经过两步以后充当 $\mathtt{E}_3$, 以此类推. 如果每次使用恩尼格码的时候, 我们都以同一点作为起点, 那么每条信息的第一个字母就会用 $\mathtt{E}_1$ 来加密, 第二个字母用 $\mathtt{E}_2$ 来加密, 第三个字母用 $\mathtt{E}_3$ 来加密, 以此类推. 如果我们将前几个字母构成的序列看作是一条用替代密码 $\mathtt{E}_1$ 来编码的信息, 那么按照第 13.1 节中的思路所得到的一些最简单的统计技巧 ($\mathtt{E}_1$ 是自反的这个事实使问题变得更容易) 通常就会告诉我们 $\mathtt{E}_1$ 是什么. 如果我们对 $\mathtt{E}_2$ 也进行同样的操作并以此类推, 那么只要知道 $\mathtt{E}_j$, 我们现在就能解密这些信息了. 情况事实上还要糟糕几分, 因为我们似乎可以很合理地认为, 要是具有足够多的 $\mathtt{E}_j$, 就会使各转子的接线方式可能被发现.

英国的一位密码破译员回忆起, 在对付一个小型德国通信网络时的情况:

> 当被告知二十条或者更多的信息都是同一天**用同样 [设置]**发送的时,[我们] 对此感到惊愕不已. 想必这位操作员并未阅读他的使用手册. 这一非同寻常的过失使我们得以复原了一种未知的恩尼格码的全部细节, 除了知道这些信息的原文是德语以外, 其中没有用到任何其他资料 (参见 [94] 第 130 页).

瑞士、西班牙和意大利政府不仅使用商用恩尼格码, 而且在约定的一天所有信息都采用同样设置来加密 (参见 [132]). 在 20 世纪 30 年代期间, 英国的首席代码破译员 "佼佼者" 诺克斯 ("Dilly" Knox) "手工" 破译了西班牙和意大利两国的系统. (波兰人对于瑞士的系统一直有些困难, 直至意识到瑞士人在他们的信息中用的是德语、法语和意大利语. 瑞士人受到间接的警告, 说他们的系统容易被破译.) 虽然我们很少读到主要的意大利海军代码 (它们是那种老式 "书册" 型的), 不过对于其他的一些用途, 意大利海军也使用恩尼格码机. 得自这些 "次级" 来源的信息, 使英国人即使面对原本可能很难对付的意大利的挑战, 仍然能够保持对地中海许多区域的控制.

这些信息还让他们定位并击沉了许多为隆美尔[1] (Rommel) 在北非的各军队运送燃料的油轮, 从而重创了他的机动性. 这些行动还有一个次要但受欢迎的效果, 那就是有助于摧毁德国人对于他们的意大利盟友 (原本就有限) 的信任.

为了避免这个问题, 我们必须确保不同的信息要起始于恩尼格码循环的不同步骤. 既然恩尼格码循环具有 $26 \times 26 \times 26$ 步, 那么其中每一步都可以用一个由三个字母构成的序列, 比如说 ERT 或 FKA, 以一种独一无二的方式确定下来. 我们会把这个序列称为 "文本设置" (text setting). 通过选择对应于恩尼格码中排列稀疏的各步骤的文本设置, 并且每次使用一种不同的文本设置, 我们就能够摧毁利用前两段中所描述的那些方法的任何希望. 不过, 对于接收者们而言 (无论是敌是友), 要解密我们所传输的信息, 他们就需要知道文本设置. 我们如何才能确保我们的朋友知道文本设置, 而敌人们却不知道呢?

考虑一下对护航队展开的狼群攻击战术的组织原理. 我们注意到以下几点:

1. U 型潜水艇需要与最高指挥部通信, 也需要彼此通信.
2. U 型潜水艇进行通信的顺序和次数无法事先确定.
3. 一艘单独的 U 型潜水艇也许不会收到所有传输的信息. (例如, 在一次传输之时, 它也许正潜入水下.)

由于这些原因, 信息**本身**必须识别文本设置.

类似的一些考量也适用于在 "闪电战" 的作战过程中使用恩尼格码. 为了解决这个问题, 德国陆军决定采用以下步骤:

1. 操作员随机选择两个由三个字母构成的序列. 我们会把第一个序列 (比如说 NDX) 称为 "指示器设置" (indicator setting), 而第二个序列 (比如说 CVE) 则会担当文本设置的作用.
2. 操作员按照原样传输指示器设置 (在我们这个例子中是 NDX).
3. 他用指示器设置作为一个临时的文本设置, 将实际的文本设置重复两遍后, 对结果构成的六个字母的序列 (在我们这个例子中是 CVECVE) 进行编码, 从而得到一个新的六个字母的序列 (比如说 ERTFYU). 随后他再传输这条编码的序列 (在我们这个例子中是 ERTFYU).
4. 然后他用这个文本设置 (在我们这个例子中是 CVE) 来对信息的其余部分编码, 并发送信息.

于是接报员看到最先传输的九个字母 (在我们这个例子中是 NDXERTFYU). 他用前三个字母 (在我们这个例子中是 NDX) 作为文本设置, 将接下去的六个字母 (在我们这个例子中是 ERTFYU) 进行解码, 从而得到三个字母的一个重复序列 (在我们这个例子中是 CVECVE). 然后他再用这个三个字母构成的序列 (在我们这个例子中是 CVE) 作为一个新的文本设置, 并用它来对这条信息的其余部分解码.

[1] 埃尔温 · 隆美尔 (Erwin Rommel,1891—1944), 第二次世界大战中的德国著名陆军元帅. —— 译注

文本序列的这种重复防止了初始加密和传输过程中发生失误. 德国海军则采用另一种不同的步骤.

**练习 13.3.5** 你能在陆军的这个系统中找到哪些弱点 (如果存在着任何弱点的话)? 如果你能找到任何弱点的话, 你又会如何利用它们? (一个无法利用的弱点就不是一个弱点.)

# 波兰人　第 14 章

## 14.1 插接板并不隐藏所有的指纹

作为一名积习很深的浏览者, 即使是在机场和铁路的书报摊, 我也会频繁地看到有着像《改变世界的十位间谍》(*Ten Spies Who Changed the World*) 这类题目的书籍, 但是更仔细地阅读一下就会发现, 其中描述的这些间谍的共同特征就是, 他们的行动没能改变任何事情. 不过完全有可能的是, 从 20 世纪 30 年代以后, 德国密码局 (German Cryptographic Agency) 中有心怀不满的员工向法国出售有关恩尼格码的一些文件, 而这却似乎改变了历史的进程. 这些文件提供了军用恩尼格码的一般结构, 其中包括插接板的存在. 他们还提供了包括某些时期的插接板设置 (这事实上就使代码破译员能够将这些时期的军用恩尼格码降级为商用恩尼格码) 在内的一些关键信息. 他们没有提供的是恩尼格码机及其各转子的内部接线方式.

法国人不很理解这些材料, 因此就把它们提供给了自己的英国和波兰盟友. 英国人当时尚未将德国视为一个主要威胁, 因此似乎只是相当草率地做了一番检查以后, 就判定他们对此也不能理解. 波兰人则将这些材料交给了他们新近出现的 "数学" 代码破译员中的一位名叫雷耶夫斯基 (Rejewski) 的, 而他完成了法国和英国专家们曾经认为不可能的事情, 并且复原了恩尼格码机各转子的完整接线方式: "一项令人叹为观止的成就, 这项成就将他提升到了有史以来最伟大的密码专家的万神殿之中. " (参见 [110] 第 66 页) 不过, 这只是撤除了插接板恩尼格码的外部防御, 而日常设置这个内部堡垒却仍然纹丝未动. 在本节中, 我们将讨论的基本数学思想为雷耶夫斯基提供了对插接板恩尼格码下手的第一个利器, 而在下一节中, 我们会说明雷耶夫斯基及其同事们是如何镇服这些日常设置的. 由于我们会讨论一些没有被德国陆军专家们注意到的要点, 因此要领会接下去几节中的论证, 读者必须对要用纸、要用笔、要努力思考有所准备.

雷耶夫斯基的第一个洞见是, 尽管插接板如此复杂, 但是并没有完全遮蔽到使人看不到商用恩尼格码的内部. 为了理解为什么会这样, 让我们来考虑一种简单得多的情形. 令 $\mathtt{S}$ 和 $\mathtt{T}$ 为两种替代代码, 而 $\mathtt{T}^{-1}$ 则是从编码信息 $\mathtt{T}\pi$ 还原到信息 $\pi$ 的替代代码. 于是用前一节中介绍的符号来表示, 就有 $\mathtt{T}^{-1}\mathtt{T} = \mathtt{I}$. 我们考虑新的替代代码 $\mathtt{D} = \mathtt{TST}^{-1}$.

**练习 14.1.1** (i) 试解释为什么 $\mathtt{T}^{-1}\mathtt{T} = \mathtt{I}$.

(ii) 试解释为什么上文定义的 $\mathtt{D}$ 是一种替代代码.

(iii) 如果 T 是自反的, 试证明 D = TST.

我们能通过检查 D 来说明关于 S 的一些情况吗? 对于数学家们而言, 替代代码就是他们所谓的 “置换” (permutation) 的一个特例. 对于置换的研究要追溯到对于五次方程及其他多项式方程的根式可解问题研究 (现在称为伽罗瓦理论[①]), 并且是群论的主题. 写出一个替代代码 S 的一种最显而易见的方法就是用表格的形式.

ABCDEFGHIJKLMNOPQRSTUVWXYZ

UGCJWNKSLQFTOZPVDBYREXHMAI

群论学家们还有另外一种方法来写出这些置换关系. 通过观察可知, S 将 A 置换为 U、U 置换为 E、E 置换为 W、W 置换为 H、H 置换为 S、S 置换为 Y、Y 再置换回 A. 于是我们就有了一个循环, 写成 (AUEWHSY). 同理, 如果从 B 开始, 我们就得到循环 (BGKFNZILRTR). 如果从 C 开始, 我们就立即回到 C, 从而给出循环 (C). 如果从 D 开始, 我们就得到循环 (DJQ). E、F、G、H、I、J、K、L、M 和 N 出现在我们已经发现的那些循环之中, 不过 O 却没有. 如果从 O 开始, 我们就得到循环 (OPVXM), 这样就耗尽了字母表中的所有字母. 于是我们用**循环形式**将 S 写成

(AUEWHSY)(BGKFNZILTR)(C)(DJQ)(OPVXM).

请注意, 我们可以交换这些循环的顺序, 而不会改变该编码, 因此举例来说有

(AUEWHSY)(BGKFNZILTR)(C)(DJQ)(OPVXM) = (DJQ)(OPVXM)(BGKFNZILTR)(AUEWHSY)(C),

我们还可以对每个单独的循环进行轮换, 因此举例来说有

(OPVXM) = (PVXMO) = (VXMOP) = (XMOPV) = (MOPVX).

我们说, 一个包含 $n$ 个字母的循环是一个长度为 $n$ 的循环, 因此举例来说, (AUEWHSY) 就是一个长度为 7 的循环.

**练习 14.1.2** (i) 将具有以下表格形式的替代代码用循环形式表达出来:

ABCDEFGHIJKLMNOPQRSTUVWXYZ

XCDEBHGFPQVTYSZRWJKLMUOANI

(ii) 将具有以下循环形式的替代代码用表格形式表达出来:

(AFYZ)(BLCQHI)(D)(ER)(G)(JK)(MOVXW)(NTS).

现在假设 S 由以下表格给出:

① 参见冯承天著,《从一元一次方程到伽罗瓦理论》, 华东师范大学 2012 年出版. —— 译注

| 原始字母 | A | B | C | D | E | F | G | H | I | J | K | L | M | ⋯ |
|---|---|---|---|---|---|---|---|---|---|---|---|---|---|---|
| 替换字母 | A′ | B′ | C′ | D′ | E′ | F′ | G′ | H′ | I′ | J′ | K′ | L′ | M′ | ⋯ |

我们希望为 D 也找到一个表格. 要着手做这件事的最简单方法不是要求 D 对 A,B⋯ 的作用, 而是要求 D 对 TA,TB⋯ 的作用 (这只是对字母表 A,B⋯ 的重新排列). 我们通过观察发现

$$\begin{aligned} \mathtt{D(TA)} &= \mathtt{TST^{-1}(TA)} \\ &= \mathtt{TS(T^{-1}TA)} \\ &= \mathtt{TSA} = \mathtt{TA'}, \end{aligned}$$

同理还有 $\mathtt{D(TB)} = \mathtt{TB'}$, 等等, 从而给出 $\mathtt{D} = \mathtt{TST^{-1}}$ 的表格形式如下:

| 原始字母 | TA | TB | TC | TD | TE | TF | TG | TH | TI | TJ | TK | TL | TM | ⋯ |
|---|---|---|---|---|---|---|---|---|---|---|---|---|---|---|
| 替换字母 | TA′ | TB′ | TC′ | TD′ | TE′ | TF′ | TG′ | TH′ | TI′ | TJ′ | TK′ | TL′ | TM′ | ⋯ |

观察 S 和 $\mathtt{D} = \mathtt{TST^{-1}}$ 的这两个表格 (以我们所给的形式), 看来无疑的是: 好像 S 的某种模式在 $\mathtt{D} = \mathtt{TST^{-1}}$ 中还继续保留着, 不过初看之下, 这种模式究竟是什么还尚不清楚.

为了查明这里在发生什么, 让我们来考虑一开始所讨论的那个特例, 其中替代代码 S 由以下表格给出 (我们只能将它分成两行):

ABCDEFGHIJKLMNOPQRSTUVWXYZ

UGCJWNKSLQFTOZPVDBYREXHMAI

因此 $\mathtt{D} = \mathtt{TST^{-1}}$ 就给出以下表格:

T(A)T(B)T(C)T(D)T(E)T(F)T(G)T(H)T(I)T(J)T(K)T(L)T(M)

T(U)T(G)T(C)T(J)T(W)T(N)T(K)T(S)T(L)T(Q)T(F)T(T)T(O)

T(N)T(O)T(P)T(Q)T(R)T(S)T(T)T(U)T(V)T(W)T(X)T(Y)T(Z)

T(Z)T(P)T(V)T(D)T(B)T(Y)T(R)T(E)T(X)T(H)T(M)T(A)T(I)

让我们设法求出 D 的一种循环形式. 我们首先考虑 D 对于 T(A) 的作用. 我们看到, D 将 T(A) 置换为 T(U)、T(U) 置换为 T(E)、T(E) 置换为 T(W)、T(W) 置换为 T(H)、T(H) 置换为 T(S)、T(S) 置换为 T(Y)、T(Y) 再置换回 T(A). 于是我们就有了一个循环 (T(A)T(U)T(E)T(W)T(H)T(S)T(Y)). 同理, 如果从 B 开始, 我们就得到循环 (T(B)T(G)T(K) T(F)T(N)T(Z)T(I)T(L)T(T)T(R)), 以此类推. 于是 $\mathtt{D} = \mathtt{TST^{-1}}$ 的循环形式就是

(T(A)T(U)T(E)T(W)T(H)T(S)T(Y))

(T(B)T(G)T(K)T(F)T(N)T(Z)T(I)T(L)T(T)T(R))

$$(\mathtt{T(C)})(\mathtt{T(D)T(J)T(Q)})(\mathtt{T(O)T(P)T(V)T(X)T(M)}).$$

回忆起 S 具有以下循环形式:

$$(\mathtt{AUEWHSY})(\mathtt{BGKFNZILTR})(\mathtt{C})(\mathtt{DJQ})(\mathtt{OPVXM}),$$

我们就明白了 S 和 $\mathtt{TST}^{-1}$ 的循环形式看起来是一样的.

**练习 14.1.3** 如果有一种替代代码 S′ 具有如下循环形式

$$(\mathtt{AFYZ})(\mathtt{BLCQHI})(\mathtt{D})(\mathtt{ER})(\mathtt{G})(\mathtt{JK})(\mathtt{MOVXW})(\mathtt{NTS}),$$

请在不进行计算的情况下写出 $\mathtt{TS'T}^{-1}$ 的循环形式, 然后检验你的答案.

S 和 $\mathtt{TST}^{-1}$ 的循环形式看起来是一样的, 我们说这句话的确切意思是什么? 稍作思考后, 我们就会明白, 这句话的意思是, 对于每种长度, 这两种代码都具有相等的循环数. 在给出的例子中, S 具有一个长度为 1 的循环、一个长度为 3 的循环、一个长度为 5 的循环、一个长度为 7 的循环和一个长度为 10 的循环, 而 $\mathtt{TST}^{-1}$ 也是一样. 在练习 14.1.3 中, S′ 具有两个长度为 1 的循环、两个长度为 2 的循环、一个长度为 3 的循环、一个长度为 4 的循环、一个长度为 5 的循环和一个长度为 6 的循环, 而 $\mathtt{TS'T}^{-1}$ 也是一样. 群论学家们把给出每种长度的循环数的列表称为 "循环类型" (cycle type). 于是我们就有了一条定理:

**定理 14.1.4** 如果 S 和 T 是两种替代代码, 那么 S 和 $\mathtt{TST}^{-1}$ 就具有相同的循环类型.

在大学一年级的代数学中, 这条定理陈述为: "循环类型在共轭下保持不变". 几乎没有几个本科生会提名这条定理为年度中最无趣的定理, 不过大多数人会认为它也算是排得上号的. 对于那些同恩尼格码较量的数学家们而言, 这条定理是最初的提示 —— 插接板也许并不像看上去那么固若金汤.

**练习 14.1.5** (i) 请描述你如何才能通过其循环类型来识别出一种自反的替代代码. (如果你陷入了困境, 那么就请写出某种自反替代代码的表格, 并找出它的循环形式.) 试证明一种自反的替代代码, 它的循环类型必定为 14 种不同的循环类型之一.

(ii) 利用循环周期保持不变的这个事实, 证明如果 S 是一种自反的替代代码, 那么 $\mathtt{TST}^{-1}$ 也是这样一种代码.

(iii) 请描述你如何才能通过其循环类型来识别出一种不会将字母加密为其本身的替代代码.

(iv) 利用循环周期保持不变的这个事实, 证明如果 S 是一种不会将字母加密为其本身的替代代码, 那么 $TST^{-1}$ 也是这样一种代码.

(v) 试证明每种不会将字母加密为其本身的自反替代代码都具有相同的循环类型, 并证明每种具有这种循环类型的代码都是自反的, 且不会将字母加密为其本身. 试证明存在着

$$\frac{26!}{2^{13}13!} \approx 7.9 \times 10^{12}$$

种这样的代码.

让我们来看看可以怎样使用定理 14.1.4. 假设我们知道 S 和 T 是两种替代代码, 我们还知道 $D = TST^{-1}$ 将 GENERAL 加密为 LBXBYGA. 由此我们就知道 D 将 G 置换为 L、L 置换为 A、A 再置换回 G. 于是 $D = TST^{-1}$ 就具有一个长度为 3 的循环, 因此 S 也必定具有一个长度为 3 的循环.

**练习 14.1.6** 求出 26 个恺撒代码的可能循环类型, 并证明刚才讨论的代码 S 不可能是一种恺撒代码.

当然, 我们还只处理了单独一种不变的替代代码, 而商用恩尼格码的每一步都发生改变. (另一种令人沮丧的想法是, 即使我们能够截停恩尼格码的机械装置, 从而使它每一步都保持不变, 我们通过研究它的各循环还是学不到任何东西, 这是因为根据练习 14.1.5(v) 可知, 每一种不会将字母加密为其本身的自反替代代码都具有相同的循环类型.) 不过, 一条像定理 14.1.4 那样的定理不应该当作一个孤立的事实来对待, 而应该将它看作一块指示牌, 向我们指出一个可能的前进方向. 虽然我不会讨论雷耶夫斯基如何利用这块指示牌来重建恩尼格码接线方式, 不过在下一节中, 我会说明波兰人如何利用德国陆军电码中由九个字母构成的初始信号 (上一节结尾处讨论过的 NDXERTFYU) 而得以重现恩尼格码的日常设置.

希望搞清楚恩尼格码是如何重现的读者会在 [132] 的附录 E 中找到雷耶夫斯基自己的叙述. (很有意思的一点是, 各转子之间相互交换使得解答日常密钥变得困难, 但同时也使得寻找各转子的接线方式变得容易, 这是因为每个转子最终都会作为最外部的 "快速" 转子出现.) 在康海姆 (Konheim)1981 年出版的书 [127] 中, 对于如何找出原始恩尼格码的转子接线方式, 有一番颇具指导意义的讨论. 这本参考文献事实上是给对于用密码学来维护计算机系统安全性感兴趣的那些人所使用的一本教科书, 这一点是时代的一个标志.

## 14.2 美丽的波兰女性们

正如能想到的那样, 第三帝国在情报工作和密码破译方面投入了大量的人力和财力. 德国人从一个由能干的密码分析专家构成的核心开始, 其中有些人经受过数学训练. 不过, 正如卡恩的评论所说: "尽管这些密码局 $\cdots\cdots$ 规模在扩大, 不过它们

的效能却不一定增长.” (参见 [109] 第 455 页) 当时取得了一些实质性的成功, 例如在意大利和德国的共同努力下, 他们能够解读由美国武官发出的关于北非英国军队的报告, 以及破译英国人所使用的护航队代码的几次成功行动. 不过这些成功都是针对传统代码取得的, 而并非针对恩尼格码类型的机器. 波兰人以及后来的英国人都从年轻的毕业生, 尤其是数学专业的毕业生中进行招募, 而德国人却使用年纪较大的、具有一定外语知识的已征召预备役军官. 总参谋部还尝试招募专门研究那些未知的古代书写系统的考古学家, 不过结果令人失望. 同样, 他们也努力去寻找一些数学家. 科扎祖克引用了德国海军情报负责人的话大意如下:

> [就]数学训练而言, 纯数学家们并不十分适合于此 [工作], 这是因为他们易于迷失在理论的各种抽象之中. 当有必要超越公式去解决一个从纯粹数学立场不能解决的问题时, 他们的纯理论性的研究会撞上一道无法逾越的屏障 (参见 [132]).

波兰人和英国人很幸运地找到了一些有能力 “超越公式” 的纯粹数学家.

正如我们已经看到的, 军用恩尼格码的组成成分包括: 一种商用恩尼格码以及一种插接板, 其中的商用恩尼格码对第一次加密起着替代代码 $\mathtt{E}_1$ 的作用, 对第二次加密起着替代代码 $\mathtt{E}_2$ 的作用, 以此类推, 而其中的插接板是与一个自反替代代码 $\mathtt{P}$ 相关的. 对于第 $r$ 次加密, 整台机器的作用就相当于一种替代代码

$$\mathtt{C}_r = \mathtt{PE}_r\mathtt{P}.$$

此外, 我们还知道 $\mathtt{C}_r$ 是自反的, 因此不能将一个字母加密为其本身 (我们会将这样的代码称为非自加密的).

我们在第 13.3 节中看到, 一旦插接板、转子的排列方式以及计数机制都按照日常设置装配起来了, 操作员就随机选择两个由三个字母构成的组合: 第一个是 “指示器设置”, 第二个是 “文本设置”. 他按照原样传输指示器设置, 然后再用指示器设置作为一个临时的文本设置, 将实际的文本设置重复两遍后, 对结果构成的六个字母的序列进行编码, 从而得到一个六个字母的新序列, 随后他再传输这条编码后的序列.

在这六个字母的传输过程中, 这种商用恩尼格码经历了六步 $\mathtt{E}_1, \mathtt{E}_2, \cdots, \mathtt{E}_6$. 在接下去的论证中, 我们会假设这些步都是随机和独立选择的自反的、非自加密的替代代码. 如同纯粹数学家们一样, 我们知道这一点并不严格成立 —— 恩尼格码并不是通过掷硬币来确定如何从 $\mathtt{E}_1$ 移动到 $\mathtt{E}_2$ 的, 而是以一种机械的、可以预测的方式来从一个状态移动到下一个状态. (其实, 我们的最终目标就是要发现支配恩尼格码移动方式的确切定律.) 另一方面, 人们在恩尼格码上倾注了大量的关注, 以使它看起来随机, 我们没有任何理由不去利用这些工作成果, 尤其是在 “有必要超越公式

去解决一个从纯粹数学立场" 看起来 "不能解决的问题时."

波兰人注意到, 在像 FDWKRMGSA、RCXLAYJRC 这样的初始的、九个字母构成的信息中, 有一定数量的信息其中第 4 个和第 7 个字母是相同的, 例如在 FMWTHSTVU 中. 当第 4 个和第 7 个、第 5 个和第 8 个或者第 6 个和第 9 个字母发生重复时, 他们就把这些字母称为 "阴性". 这些阴性字母有多常见? 让我们首先来观察第 4 个和第 7 个字母. 在每种情况下, 这个相同的 (未知) 字母都首先用 $C_1 = PE_1P$ 加密, 然后再用 $C_4 = PE_4P$ 加密. 由于前一段中所给的这些原因, 我们可以假设 $C_1$ 和 $C_4$ 是随机的且独立的 (自反、非自加密) 替代密码. 为了厘清思路, 假设这个未知的字母是 A, 且 $C_1A = B$. 于是仅当 $C_4A = B$ 也同样成立时, 第 4 个和第 7 个字母才是阴性. 不过一条随机自反的非自加密替代代码具有相等的可能性将 A 置换成其余 25 个字母中的任何一个, 因此 $P(C_4A = B) = 1/25$. 由于我们对这两个特定字母 A 和 B 的选择与此计算无关, 因此

$$P(\text{第 4 个和第 7 个字母是阴性}) = \frac{1}{25}.$$

同样,

$$P(\text{第 } (3+i) \text{ 个和第 } (6+i) \text{ 个字母是阴性}) = \frac{1}{25},$$

其中 $i = 1, 2, 3$, 进而

$$\begin{aligned} & P(\text{信息中包含阴性字母}) \\ &= 1 - P(\text{信息中不包含阴性字母}) \\ &= 1 - \prod_{i=1}^{3} P(\text{第 } (3+i) \text{ 个和第 } (6+i) \text{ 个字母不是阴性}) \\ &= 1 - \left(1 - \frac{1}{25}\right)^3 \approx 0.115. \end{aligned}$$

于是, 如果每天发送 100 条信息, 我们就可以预计平均有 11 至 12 个阴性字母 (当然, 有些日子要多些, 还有些日子则要少些).

波兰人意识到, 尽管在商用恩尼格码中可能出现一个阴性字母的时候, 插接板 P 能够影响这个阴性字母是否出现, 但是**在商用恩尼格码中不可能出现阴性字母的时候, 插接板无法使得一个阴性字母存在**. 插接板并不隐藏所有的指纹. 让我们这样说吧, 如果存在一个字母, 比如说 x, 使得 $S_1x = S_2x$, 那么两个替代代码 $S_1$ 和 $S_2$ 就 "允许出现阴性字母".

**定理 14.2.1**　令 $S_1, S_2$ 和 T 为三个替代代码, 那么当且仅当 $S_1$ 和 $S_2$ 允许出现阴性字母时, $TS_1T^{-1}$ 和 $TS_2T^{-1}$ 也允许出现阴性字母.

**证明** 如果 $S_1x = S_2x$, 那么

$$TS_1T^{-1}(Tx) = TS_1x = TS_2x = TS_2T^{-1}(Tx).$$

因此, 如果 $S_1$ 和 $S_2$ 允许出现阴性字母, 那么 $TS_1T^{-1}$ 和 $TS_2T^{-1}$ 也允许.

另一方面, 如果 $TS_1T^{-1}x = TS_2T^{-1}x$, 那么

$$S_1(T^{-1}x) = T^{-1}(TS_1T^{-1}x) = T^{-1}(TS_2T^{-1}x) = S_2(T^{-1}x).$$

因此, 如果 $TS_1T^{-1}$ 和 $TS_2T^{-1}$ 允许出现阴性字母, 那么 $S_1$ 和 $S_2$ 也允许. ■

特别是由此得到如下结论: 当且仅当 $E_{i+3}$ 和 $E_{i+6}$ 允许出现阴性字母时, $C_{i+3} = PE_{i+3}P$ 和 $C_{i+6} = PE_{i+6}P$ 也允许出现阴性字母. 因此, 如果我们在第 $(i+3)$ 和第 $(i+6)$ 个位置上观察到阴性字母, 那么我们 (通过直接观察) 就知道 $C_{i+3}$ 和 $C_{i+6}$ 允许出现阴性字母, 从而 (根据推断) 知道 $E_{i+3}$ 和 $E_{i+6}$ 也必定允许出现阴性字母. 由存在一对阴性字母所排除的可能日常设置的比率有多少? 一个比较好的估计值会是 $1-\alpha$, 其中 $\alpha$ 是两个随机选择的自反、非自加密替代代码E和 $E'$ 所允许出现阴性字母的概率. 计算 $\alpha$ 的方法并非显而易见, 不过不难证明 $\alpha \leqslant 13/25$, 而这就是我们的下一项任务.

**引理 14.2.2** 当且仅当两个自反、非自加密替代代码E和 $E'$ 写成循环形式, 它们包含 (至少) 一个长度为 2 的共有循环时, 它们才允许出现阴性字母.

**证明** 假设 E 和 $E'$ 允许出现阴性字母, 那么就存在一个字母, 比如说 X, 使得比如有 $EX = X' = E'X$. 因此循环 $(XX')$ 就以 E 和 $E'$ 两者的循环长度出现.

反过来说, 假设循环 $(XX')$ 以此方式出现在E和 $E'$ 两者的循环展开之中. 那么很容易得出, $EX = X' = E'X$, 且E 和 $E'$ 允许出现阴性字母. ■

**引理 14.2.3** 两个随机选择的自反、非自加密替代代码E和 $E'$ 允许出现阴性字母的概率 $\alpha$ 满足不等式 $\alpha \leqslant 13/25$.

**证明** 将 E 写成循环形式:

$$(X_1X_2)(X_3X_4)\cdots(X_{25}X_{26}).$$

根据前一条引理可知, 当且仅当对于某个 $1 \leqslant i \leqslant 13$ 满足 $\mathtt{E}'\mathtt{X}_{2i-1} = \mathtt{X}_{2i}$ 时, E和 E′ 允许出现阴性字母. 因此

$$\begin{aligned} P(\mathtt{E}\text{ 和 }\mathtt{E}'\text{ 允许出现阴性字母}) &= P(\text{对于某个 } 1 \leqslant i \leqslant 13 \text{ 满足 } \mathtt{E}'\mathtt{X}_{2i-1} = \mathtt{X}_{2i}) \\ &= P\left(\bigcup_{i=1}^{13}\{\mathtt{E}'\mathtt{X}_{2i-1} = \mathtt{X}_{2i}\}\right) \\ &\leqslant \sum_{i=1}^{13} P(\mathtt{E}'\mathtt{X}_{2i-1} = \mathtt{X}_{2i}) \\ &= 13P(\mathtt{E}'\mathtt{X}_1 = \mathtt{X}_2) = 13/25, \end{aligned}$$

得证. ■

于是 $\alpha$ 比约 1/2 小. 我们会在下文使用这一估计值, 不过本节结尾处的练习 14.2.4 证明, $\alpha$ 能够精确地计算出来. 如果读者使用那里的公式, 就会发现 $\alpha$ 事实上相当接近于 0.4, 因此这种方法比我们这些较为粗糙的估计所表明的效果要好得多.

**注** 如果读者还未被提及群论、概率和其他以大写字母开头的一些神秘数学理论所吓唬住而默然同意的话, 那么他也许会反对说, 本节的这些概率估计并不必要. 如果我们想要知道这些初始的、九个字母构成的信息之中的阴性字母平均数量, 那么我们要做的只是将这种信息取一个月的量, 然后对它们进行计数. 用同样的方法, 我们还可以将一台模拟恩尼格码机随机装配 1000 次, 然后检验第一次和第四次加密时的替代代码, 由此就能够获得 $\alpha$ 的一个很好的估计. 对于这种反对意见, 我会回答说, 波兰数学家们进行这些概率估计, 能够比他们收集上文所建议的统计数据快得多, 而且他们在看到这些估计值是有利的以后, 可以再用刚才建议的实践方法来检验它们. 在着手进行一项会占用我们可以得到的大部分资源的项目之前, 对它既有理论支持又有实验支持是可取的.

这些阴性字母会给我们足够的信息来找出日常设置吗? 让我们考虑最简单的情况, 其中商用恩尼格码的各转子及其顺序都是已知的. 于是共有 $26^3 = 17576$ 种可能的日常设置. 每个观察到的阴性字母都允许出现大约半数的可能日常设置. 如果我们假设有足够的随机性, 那么由 $n$ 个观察到的阴性字母所允许出现的某种设置的概率应该大约是 $\left(\frac{1}{2}\right)^n$. 因此,10 个阴性字母就应该会把可能的设置数量减少到大约 $\left(\frac{1}{2}\right)^{10} \approx 1/1000$, 剩下大约 17 种可能的设置. 当然这种概率论证无法推行得太远, 因此它似乎说明,15 个阴性字母就会把可能的设置减少到 1 以下. 这实际上就意味着, 如果有 18 个以上阴性字母, 我们就只能指望一种可能的一致性日常设置. 利用这一认识, 再加上我们贮备的那些初始信息 (这些信息全都由一个包含三个字母的单词经过**两次**加密后构成), 应该就很容易复原插接板 P. 如果我们的阴性字母比较少, 或者在其他方面不够幸运, 我们就会得到好几种可能的日常设置, 此时为了对其中的每一个找到 P, 我们都必须要经历尝试着做的整个过程. 除了一种情况以外, 在所有其他情况下, 我们都会复原出一种不一致性, 或者如果不是这样的话, 那么任何

设法阅读那些主要信息的尝试都会产生出毫无意义的垃圾. 如果将这个过程应用于全部 $26^3$ 种日常设置, 会花费太长时间. 而当我们把这个问题缩减到 20 甚至是 60 种可能性时, 这个过程就完全可行了.

我们在实践中能如何去进行呢? 假设我们有初始信号 KNRTYSFYD, 或者写成一种更清楚的形式, 是 KNR TYS FYD. 我们注意到, 在 TYS 和 FYD 的第二个位置有一个阴性字母, 因此我们进入一个标记为 2 的房间. 在 2 号房间里 (正如在 1 号房间和 3 号房间里), 有 26 个书架, 分别用字母表中的 26 个字母标记. 我们走到标记为 K 的那个书架, 它对应于那条信息中的第一个字母. 在这个书架上 (正如在其他所有书架上), 有 26 个盒子, 也分别用字母表中的 26 个字母标记. 我们取下标记为 N 的那个盒子, 它对应于那条信息中的第二个字母. 在这个盒子里 (其他所有盒子里也一样), 有 26 张打孔卡片. 我们抽出标记为 R 的那张卡片, 它对应于那条信息中的第三个字母. 这张卡片上有一幅由 $26 \times 26^2$ 个正方形构成的图案, 其中每个正方形对应于 $26^3$ 种可能的日常设置之一. 所有这些卡片上的图案都相同, 但是在我们这张卡片 (对应于 "指示器设置" KNR, 其中阴性字母出现在第 $3+2=5$ 和第 $6+2=8$ 个位置) 上, 当使用指示器设置 KNR 时, 日常设置允许在第 $3+2=5$ 和 $6+2=8$ 个位置上出现阴性字母的所有正方形都打了孔. 在我们收集了数张这样的对应于不同初始信号的、包含阴性字母的卡片后, 我们就把它们堆叠在一起, 这样对应于同样日常设置的那些正方形就对齐成一直线, 并且我们从这叠卡片下方向上发射一缕光线. 只有那些允许光线通过的正方形才会对应于可能的日常设置. (韦尔奇曼暗示, 通过打穿的孔和插座的类比解释了 "阴性" 这个词的含义, 打穿的孔允许光线照射进去, 而插座则可以允许插头插进去, 从而形成导电连接①.) 再用上一点点额外的独创性 (参见 [253] 第 96 页), 以及一些稍微再复杂些的卡片, 我们就可能将所需卡片数量从 $26^3$ 缩减到 26. 由此得到的这些卡片以其发明者的名字被称为 "佐加尔斯基板" (Zygalski sheet).

**练习 14.2.4** 此练习专门用于说明怎么才能求出 $\alpha$. 由于过程比目标更有趣味, 因此我们采取迂回路线. 你会需要足以解释 $P(A \cap B)$($A$ 和 $B$ 这两个事件都发生的概率) 及其他类似表达式的概率论知识. 我们通过另一道题目来着手处理这个问题.

错误信封问题说的是一位数学家, 他写了几封信给 $n$ 个不同的人, 并准备了 $n$ 个地址书写正确的信封. 因为需要费这么大的力气让这位数学家觉得受不了, 因此他现在把这些信件随机地装入信封中 (不过正好每个信封里装一封信). 现在所有信件都在错误的信封里的概率有多大? 读者应该首先自己劲头十足地去解这个问题, 然后再开始解决下面的一系列问题.

(i) 令 $A$ 和 $B$ 为两个有限集. 我们将 $A$ 的元素个数记为 $|A|$, 并以此类推. 试解

---

① 电源的插座和插头的英文分别是 female socket 和 male socket, 字面意思是 "阴性插座" 和 "阳性插座". "female" 表示 "阴性、雌性" 等意思, 本节标题 "美丽的波兰女性们" (Beautiful Polish females) 意指这些阴性字母, 也是一种比喻性的说法. —— 译注

释为什么

$$|A \cup B| = |A| + |B| - |A \cap B|.$$

(用一个特例来说, 对于法语和德语而言, 至少说其中一门语言的人数, 等于说法语的人数加上说德语的人数再减去这两门语言都会说的人数.)

(ii) 试证明如果 $A, B$ 和 $C$ 为三个有限集, 那么

$$|A \cup B \cup C| = |A| + |B| + |C| - |A \cap B| - |B \cap C| - |C \cap A| + |A \cap B \cap C|.$$

(iii) 对于四个集合, 陈述并证明相应的结论.

(iv) 使你自己确信你理解下面这个对于 $n$ 个有限集 $A_1, A_2, \cdots, A_n$ 成立的公式:

$$\left|\bigcup_{1\leqslant i\leqslant n} A_i\right| = \sum_{i=1}^{n}|A_i| - \sum_{1\leqslant i<j\leqslant n}|A_i \cap A_j| + \sum_{1\leqslant i<j<k\leqslant n}|A_i \cap A_j \cap A_k| - \cdots.$$

(这些符号太可怕了, 不过你能想得到有什么更好的吗?)

(v) 试证明如果 $A, B$ 和 $C$ 为三个事件, 那么

$$\begin{aligned} P(A \cap B \cap C) = {} & P(A) + P(B) + P(C) \\ & -P(A \cap B) - P(B \cap C) - P(C \cap A) + P(A \cap B \cap C). \end{aligned}$$

(vi) 使你自己确信你理解这个对于 $n$ 个事件 $A_1, A_2, \cdots, A_n$ 成立的公式:

$$P\left(\bigcup_{1\leqslant i\leqslant n} A_i\right) = \sum_{1\leqslant i\leqslant n} P(A_i) - \sum_{1\leqslant i<j\leqslant n} P(A_i \cap A_j) + \sum_{1\leqslant i<j<k\leqslant n} P(A_i \cap A_j \cap A_k) - \cdots.$$

(第 (iv) 部分和第 (vi) 部分的这两个结果被称为 “容斥公式” (inclusion-exclusion formula).)

(vii) 现在让我们来考虑那道错误信封问题. 如果我们用 $A_i$ 来表示第 $i$ 封信被装入正确信封的事件, 试解释为什么有

$$P(\text{某封信件在正确的信封里}) = P\left(\bigcup_{1\leqslant i\leqslant n} A_i\right),$$

从而

$$P(\text{没有任何信件在正确的信封里}) = 1 - P\left(\bigcup_{1\leqslant i\leqslant n} A_i\right).$$

用第 (vi) 部分中的那个公式代入最后这个公式.

(viii) 如果 $i, j, k, \cdots$ 各不相同, 试解释为什么有

$$P(A_i) = P(A_1) = \frac{1}{n},$$
$$P(A_i \cap A_j) = P(A_1 \cap A_2) = \frac{1}{n(n-1)},$$
$$P(A_i \cap A_j \cap A_k) = P(A_1 \cap A_2 \cap A_3) = \frac{1}{n(n-1)(n-2)},$$

并陈述一般公式.

如果 $N(1)$ 是满足 $1 \leqslant i \leqslant n$ 的整数 $i$ 的个数,

$N(2)$ 是满足 $1 \leqslant i < j \leqslant n$ 的整数对 $(i, j)$ 的个数,

$N(3)$ 是满足 $1 \leqslant i < j < k \leqslant n$ 的整数三元组 $(i, j, k)$ 的个数,

并以此类推, 试证明

$$N(1) = \frac{n}{1!},$$
$$N(2) = \frac{n(n-1)}{2!},$$
$$N(3) = \frac{n(n-1)(n-2)}{3!},$$

并陈述一般结论.

由此证明

$$\begin{aligned}P(\text{没有任何信件在正确的信封里}) &= 1 - N(1)P(A_1) + N(2)P(A_1 \cap A_2) \\ &\quad - N(3)P(A_1 \cap A_2 \cap A_3) + \cdots \\ &= 1 - \frac{1}{1!} + \frac{1}{2!} - \frac{1}{3!} + \cdots + (-1)^n \frac{1}{n!}.\end{aligned}$$

(ix) 令 $p_n$ 为共有 $n$ 个信封, 而每封信件都在错误信封里的概率. 用第 (viii) 部分末尾处的那个公式来计算 $p_1, p_2, p_3, \cdots, p_{10}$. 你能看得出一种快速方法来解释为什么 $p_1$ 和 $p_2$ 具有你计算出来的这些值吗?

(x) 许多读者都会知道, 对于较大的 $n$ 值, 事实上有

$$1 - \frac{1}{1!} + \frac{1}{2!} - \frac{1}{3!} + \cdots + (-1)^n \frac{1}{n!} \approx e^{-1} \approx 0.36788.$$

问题的这一部分专门讨论对下列形式的求和找出一个快速估计的方法:

$$s_n = u_0 - u_1 + u_2 - \cdots + (-1)^n u_n,$$

其中的 $u_j$ 形成了正实数的一个降值序列 (换言之, 对于一切 $j$, 有 $u_j \geqslant u_{j+1} \geqslant 0$).

试证明对于任何 $m \geqslant 0$, 有

$$s_{2m} \geqslant s_{2m+2}, s_{2m+3} \geqslant s_{2m+1} \text{ 及 } s_{2m} \geqslant s_{2m+1}.$$

试推出

$$s_0 \geqslant s_2 \geqslant s_4 \geqslant \cdots \geqslant s_{2M} \geqslant s_{2M+1} \geqslant s_{2M-1} \geqslant s_{2M-3} \geqslant \cdots \geqslant s_3 \geqslant s_1,$$

并由此得出, 如果 $n \geqslant 2p$, 则

$$s_{2p} \geqslant s_n \geqslant s_{2p+1}.$$

试推断出

$$0 \leqslant s_{2p} - s_n \leqslant s_{2p} - s_{2p+1} = u_{2p+1}.$$

同理, 试证明如果 $n \geqslant 2p+1$, 则

$$0 \leqslant s_n - s_{2p+1} \leqslant s_{2p+2} - s_{2p+1} = u_{2p+2}.$$

将这两个结果结合起来, 求证如果 $0 \leqslant m \leqslant n-1$, 则

$$|s_n - s_m| \leqslant u_{m+1}.$$

这个结论有时被陈述为 "误差小于第一个被忽略的项". 请根据这个结论来考虑你在第 (ix) 部分末尾处计算的那些 $p_j$ 的值.

(xi) 现在假设我们有 $n$ 对牌, 其中每对牌中的两张都具有相同的标签, 但是各对牌的标签则都各不相同. (因此我们可能会有两张 A、两张 K, 等等.) 我们在洗牌后再将这 $2n$ 张牌摆放成 $n$ 对. 没有任何一对牌中的两张具有相同标签的概率 $q_n$ 是多大? 试解释为什么这个问题不同于错误信封问题.

利用我们在解答错误信封问题时所采用的那些相同理念来证明

$$\begin{aligned} q_n = 1 &- \binom{n}{1}\frac{1}{2n-1} + \binom{n}{2}\frac{1}{(2n-1)(2n-3)} - \cdots \\ &+(-1)^r\binom{n}{r}\frac{1}{(2n-1)(2n-3)\cdots(2n-2r+1)} + \cdots \\ &+(-1)^n\frac{1}{(2n-1)(2n-3)\cdots 1}. \end{aligned}$$

试解释为什么 $\alpha = q_{13}$. 用第 (x) 部分的那些理念来证明 $\alpha < 1/2$, 并得到更好的估计值.

**练习 14.2.5**　如果你很喜欢错误信封问题的解答过程, 而且你还知道对于较大的 $N$ 有

$$e^x \approx 1 + \frac{x}{1!} + \frac{x^2}{2!} + \cdots + \frac{x^N}{N!},$$

那么你可能也会喜欢接下去这种变化形式.

$N$ 位欢快的少年巫师要去 "补丁鼓" [①]度过一个漫长的夜晚, 这一大伙人在出发前将他们的魔杖留在了门房的小屋里. 他们一回来, 每个人就从魔杖堆里随机领走一根魔杖, 然后回到自己的房间, 并试图施一条魔咒来对抗宿醉. 如果有一位少年巫师用他自己的魔杖来试施这条魔咒, 那么他就会有 $p$ 的概率变成一只牛蛙. 如果他用别人的魔杖, 那么他就肯定会变成一只牛蛙. 试证明到了早晨, 宿舍管理员们会发现 $N$ 只十分惊讶的牛蛙的概率大约是 $e^{p-1}$.

## 14.3 传出火炬

1938 年 12 月 5 日, 德国陆军将使用的转子数量从三个增加到了五个, 前者给出 6 种不同的可能配置, 而后者则给出 60 种. 尽管波兰人重建出了这两个新转子, 但是找到日常密钥的成本 (用准备适当的 "佐加尔斯基板" 所需要的工时、要检查的未被排除的日常设置数量或者任何其他实际的花费来度量) 现在上升到超过了波兰代码破译员们所能希望拥有的任何资源. 1939 年 3 月 30 日, 英国和法国政府向波兰保证, 倘若德国无故发动进攻, 他们就会提供 "全力支持". 4 月 27 日, 德国宣布放弃与波兰的不侵犯条约. 随着紧张局面的升级, 波兰总参谋部决定与其盟友们分享其密码机密.

波兰以一种具有适当戏剧性的方式揭晓了它所取得的成功. 英国和法国代表团被引入一个房间, 里面有几张桌子, 这些桌子上则放置着数件被覆盖着的物体. 移去覆盖物后展示出波兰复制出来的几台德国恩尼格码机. 当英国人提议要请进自己的绘图员来复制这些机器的概略图时, 波兰人宣布, 他们已经准备好了两台机器作为给他们的盟友们的礼物. 波兰人还展示了他们的 "bomby" 和佐加尔斯基板, 并解释了它们是如何运作的. 英国的代表之一就是 "佼佼者" 诺克斯, 他是英国代码破译者之中的首席人物. 由于他无法研究出键盘与第一个盘的输入之间如何连接, 他对恩尼格码的剖解遭到了挫败. 他知道这不同于商用恩尼格码 (遵照德国打字机的布局了, 其中 `QWERTZU` 按照 123456 的顺序连接起来), 并且已经放弃了处理一种未知的秘密接线方式的希望. 对于他这个问题的答案, 波兰人回答说, 其中的秘密很简单 —— 军用机将 `ABCDEF` 按照 123456 的顺序连接起来! (倘若德国人使用的是一种更为复杂的系统, 那么甚至连雷耶夫斯基也可能遭遇滑铁卢了.) 诺克斯的下级同事之一这样回忆这段故事:

> 会议之后, "佼佼者" 诺克斯与他的法国同事一起乘坐一辆出租车回到自己下榻的旅馆, 他在路上反复说道: "Nous avons le QWERTZU, nous marchons ensemble." [②](参见 [94] 第 127 页)

① "补丁鼓" (Mended Drum) 是英国作家泰瑞 · 普莱契 (Terry Pratchett, 1948—) 的奇幻文学作品系列《碟形世界》(*Discworld*) 中的一个旅馆名称. —— 译注

② 法语, 意为 "我们有 QWERTZU, 我们共同前进". —— 原注

9 月 1 日, 德国和苏联进攻波兰, 不出三个星期, 波兰就被制服了. 这些征服者们的本性通过以下这些令人恐惧的统计数据展示无遗: 在第二次世界大战期间, 波兰有 5400000 人被杀, 其中几乎 120000 人是在其投降后被杀的. 战前成功解密了恩尼格码的情况丝毫没有传入德国人的耳中.

有一个关于第一次世界大战期间一位剑桥大学教师的故事, 有人问他为什么不在前线上为文明而战, 他回答道: "夫人, 我就是他们奋战保护的文明." 不过, 这只是一个故事而已, 一整代英国最有希望的科学家都被卷入这一场大屠杀之中. 这一次, 英国人决心更好地利用他们的智力资源. 到与波兰人会面的时候, 密码机构已经克服了早先对于数学家们的偏见 (这种偏见显然是基于这样一种观点: 数学家们是一群不切实际的家伙, 他们很容易一时失神就把国家机密脱口而出), 并郑重其事地开始了征募工作. (那些仍然反对雇用数学家的人们被告知: 人人都知道数学家们是高明的棋手, 而大家也都知道棋手会成为高明的代码破译员. 我们还必须说的是, 由于当时的局势紧张, 结果导致好几位隐花植物专家也被招募了进来①.) 由于信息一旦被破译, 就必须对它们进行阅读和解释, 因此语言学家 (其中包括一些古典学者, 因为他们最有可能具有学习日语的能力)、历史学家和其他被认为具有某些特殊才能或者仅仅是非常聪明的人也加入了他们. 另外还必须加上工程师、无线电专家和后勤人员. 这个日益壮大的团体在布莱切利园②内的一批不断扩张的临时营房和建筑物中工作.

英国具有人力和财力的优势, 这使他们能够应付转子安排方式的十倍增长. 制造佐加尔斯基板需要检验 $60 \times 26^3 = 1054560$ 种转子设置, 而在 1940 年初, 英国人破译出了他们的第一个恩尼格码密钥. 对于这些事件的一些最好的记述(比如说 [96] 和 [110]) 中强调, 英国代码破译员们参与到一场竞赛之中, 对抗德国编码者们所进行的持续改进, 这种改进不仅包括恩尼格码机, 还包括它们的使用方式. 在一场长距离赛跑中, 任何人如果落后于那些领先者, 就会发现几乎不可能再赶上去了. 波兰人通过为盟友们提供恩尼格码机的接线方式和佐加尔斯基板, 就为英国人提供了他们所需要的起点, 不过这场竞赛将会是一次险胜.

5 月 10 日, 德国人入侵法国, 并且在同一天, 他们依照最佳密码学原则改变了他们的恩尼格码程序, 改变的结果使得 1560 块佐加尔斯基板全都如数变成了废纸板, 其中的每一块板上都有他们仔细钻出的大约 1000 个孔. 佐加尔斯基的方法依赖于这样一个事实: 将三个字母的文本设置重复两次, 于是就产生了这同样三个字母的两种不同加密方式. 这种重复用以确保不会发生文本设置在传输过程中被篡改的可

---

① 隐花植物是指没有雄蕊和雌蕊的植物, 比如说蕨类植物和苔藓. 我从两个独立的来源听到这个故事. —— 原注

隐花植物 (cryptogam) 和密码 (cryptogram) 这两个单词很相似, 因此导致了这一错误. —— 译注

② 布莱切利园 (Bletchley Park) 是位于英格兰米尔顿凯恩斯 (Milton Keynes) 布莱切利镇内的一座宅第, 在第二次世界大战期间曾经是英国政府破译密码的主要地方, 因此也称为 X 电台 (Station X). 布莱切利园现在已成为一所向公众开放的博物馆. —— 译注

能性，不过正如德国人此时所意识到的，它也违反密码学的基本原则，即同一条信息永远不应被传输两遍. 从此以后，文本设置只被加密一次.

这种改变对于英国追踪者们的蒙蔽作用，本应该就如同在眼睛里撒了一把胡椒粉那么有效. 不过，德国陆军的恩尼格码程序即使在其新形式下仍然存在着一个基本的缺陷，虽然这个缺陷在计算机密码时代中成长起来的一代看来更为显而易见. 人们的行为要做到随机是非常困难的. 如果要求在 1 到 10 之间选择一个整数，那么选择 7 的人数会多于选择任何其他数字的人数. 而在要求选择一个计算机密码时，人们通常用的是男朋友、女朋友的名字或者一些熟知的日期. 在 [59] 中，费曼描述了他如何通过利用这些弱点而成了声名远播的保险箱撬启者. 并不是所有的德国编码员都是具有爱国主义精神的典范，即便是典范，其中也几乎没有什么人完全理解让他们去操作的这些有魔力的、“不可破解”的恩尼格码机的局限. 1932 年，当波兰人刚开始破解这些机器时，德国编码员们会使用像 AAA 这样的三重字母组合. 命令下达了，要求禁止使用此类三重字母组合，于是编码员们就转用 ABC，或者让他们的手指沿着键盘的对角线滑过去. 英国人利用自己所了解的编码员们各自具有的坏习惯，以及他们普遍具有的坏习惯，设法克服了这次危机. 韦尔奇曼的书中的第六章清晰地描述了当时所采用的一些手段. 当然，如果佐加尔斯基板没有及时地加以利用，那么要开发利用编码员们的弱点所需要的详细知识也就不会有. 这是一场代码破译员们无法承受处于落后地位的竞赛.

这一切努力所得到的果实无疑是苦涩的，正如布莱切利见证了英国历史上最大的军事灾难之一.

> 当 [德国的] 任何一支装甲部队被某一盟军防御阵形所拦截时，我们就很可能会破译出该部队指挥官发出的一条请求空中支援的信息. 稍后，我们会听到斯图卡式 (Stukas) 俯冲轰炸机的攻击发挥了作用，于是这支装甲部队又重新开始前进. 所有的主要装甲车指挥官都会不时报告他们的进展情况以及他们对于盟军作战能力的评估.

这些代码破译员们这样聊以自慰:

> 我们的这些译码必定是对于军情的无可救药提供了早期的预警. 那支由各种船只混杂构成的非凡舰队从敦刻尔克海滩撤回了如此大量的部队，而对此，大量作战情报几乎不可能没有做出什么贡献.

这真可谓是无益的宽慰.

正如法国的崩溃所表明的, 即使在恩尼格码的解码工作运转自如的情况下, 英国指挥官们也只是处在一名扑克玩家的地位, 他偶尔一眼瞥见了对手手中的一张牌. 弱牌仍然还是弱牌 —— 通过破解德国铁路恩尼格码了解到德国入侵希腊在即, 但这并没有挽救希腊和英国军队的溃败 —— 而且情况常常如同不列颠战役中截获的那些情报一样, 我们很难看出在有无额外情报的情况下, 战局可能如何产生不同的进展. 恩尼格码的解码能做到的, 一次又一次, 在于细微地转变了力量对比的差距, 可以说是将一位不走运的牌手转变成了一位幸运的牌手.

稍后的一个阶段出现的一个典型例子发生在 1941 年, 当时德国战列舰 "俾斯麦号" 击沉了 "胡德号" (Hood). "胡德号" 是英国舰队的骄傲, 从此消失在大西洋中, 从而确认了 "俾斯麦号" 能轻易击败英国或美国海军的任何船舰。之后英国出动船舰和飞机进行了许多小时 "孤注一掷的、有时甚至是失去理性的搜索" . 在海军部下达了一整天各种反复无常、相互矛盾的意见和命令后, 负责主要英国军队的海军上将决定按照 "俾斯麦号" 正在向着法国布雷斯特市 (Brest) 行进的假设采取行动. 尽管有些海军恩尼格码信息正在被破译出来, 但是其中所花费的时间 (三天或更长时间) 意味着无法利用这些信息. 另一方面, 空军的密码则正在快速地被阅读出来. 纳粹德国空军参谋长汉斯 · 耶顺内克 (Hans Jeschonnek) 将军正在雅典指挥他的空军部分成功地从空中入侵克里特岛 (Crete). 他的儿子当时是飞机上的一名初级军官, 因此这位将军滥用职权, 在 5 月 25 日那天询问有关 "俾斯麦号" 的前进状况和目的地. 英国海军上将做出原先那个决定以后不出一个小时, 他就得到确认说这个假设是正确的, 因此在接下去的 15 个小时内, 英国战列舰向布雷斯特市进发.

5 月 26 日早晨, "俾斯麦号" 最终被海岸司令部的一架飞机上的雷达发现. 鱼雷轰炸机展开了一场攻击, 袭击其船舵而使其转向控制失灵, 从而发现了 "俾斯麦号" 绝无仅有的弱点之一 (或者就大家都知道的而言, 是它唯一的弱点). 依靠仅能够再维持几个小时的燃料, 这些英国战列舰终于赶上并摧毁了这个令人望而生畏的对手.

后续的事情又证明了使用恩尼格码情报的另一个问题. 德国海军曾为 "俾斯麦号" 及其同行的军舰计划过一次为期三个月的巡航, 以彻底瓦解护航系统. 英国早先已派出油轮和其他船只, 其海军又以破译的恩尼格码作为武装, 穷追德国舰队. 为了使德国舰队的其他损失看上去像是意外事故, 英国护航队放过了两艘战舰. 不料这两艘战舰又不幸邂逅了英国皇家海军的战舰, 还是被击沉了. 这次惨重的损失引发了德国人的怀疑, 于是接下去展开了一场全面的盘询. 尽管盘询的结论是恩尼格码仍然未被破解, 不过德军采取一系列的额外预防措施, 而这就大大提高了破解潜水艇恩尼格码的难度.

在布莱切利所进行的密码破译工作还取得了一些其他的成果. 在一段灾难接踵而至、把避免溃败当作胜利来欢呼的时期内, 这一密码破译工作还是给英国领导们带来了一丝希望, 无论这种希望也许是多么虚无缥缈①. 可以说, 倘若这整个复杂而昂贵的努力过程, 仅仅只能使在英国四面楚歌时让丘吉尔保持情绪昂扬, 那么这也还是值得的.

丘吉尔的浪漫心灵深爱着萦绕在布莱切利周围的那种激奋和隐秘. 他乐享下列这些方式:

> 这些古老的做法, 比如说设立间谍、收买人提供情报、发送用隐形墨水书写的信息、伪装、衣着打扮、秘密发报机以及检查废纸篓里的内容, 所有这一切最终在很大程度上都是在掩盖这种其他消息来源, 正如某人可以维持某种老字号的珍本书籍生意, 其目的却是为了在此掩盖下能够进行兴隆昌盛的色情作品交易 (参见 [165] 第 139 页).

每天早晨, 一份前一天的译码总结, 再加上最重要的各条信息, 都装在一个浅黄色公文箱内, 被送给丘吉尔. 他视察了布莱切利, 去感谢 "那些下金蛋却从不聒噪的鹅". 据说, 在他看着由顶级密码破译员们构成的这群形态迥异、不修边幅而且绝对不符合军人身份的工作人员时, 他又对情报部门主管补充道: "我知道我告诉过你要翻开每一块石头去寻找必需的职员, 不过我的意思可不是让你把我的话如此照搬!"

利用波兰人的礼物所取得的早期成功, 在为争夺稀有的物质和人力资源而展开的持久战中, 为布莱切利提供所需要的声望和信誉. 以此为基础, 它才能够经受住德国的这些新举措所给予的打击, 不过这种成功是基于少数操作员的坏习惯 (而且此类错误的数量在 1941 年以后减少得非常快). 德国海军使用了一种不同的手段来识别信息设置, 这就避免了陆军和空军所使用的那些系统中沿袭下来的危险, 因此对于海军密码的破解工作毫无进展. 晚至 1940 年夏, 布莱切利的行政主管告诉海军部门主管: "你知道, 德国人并非意欲让你去阅读他们的东西, 而我则料想你永远不会去阅读他们的东西. " (参见 [94] 第 236 页) 针对恩尼格码取得进一步成功的主要希望取决于新的 "图灵甜点" (Turing bombe).

这些新的 "甜点" 使用第 13.2 节末尾讨论过的那种 "可能单词方法". 读者应该重新读一下那一节内容, 然后再自问: 对于那一节所提出的这种对付商用恩尼格码的简单方法, 怎么才有可能加以调整从而使其在有插接板存在的情况下也会奏效②.

---

① 截听员们之中分享着一种较低层次的乐观主义, 他们的沉闷工作就是聆听微弱的莫尔斯代码, 并完全精准地记录下快速而费解的内容. 韦尔奇曼担心, 对于某些信息的额外关注可能揭示它们正在遭到破译. "不过, 我发现截听员们都相信, 他们所截听到的一切都是已经解码的." —— 原注

② 波兰语的 "bomby" 依赖于这样一个事实: 德国人最初只 "连接" (stecker) 6 对字母, 因此短小的初始消息不时会只包含 "自连接" 字母 (即那些不受插接板影响的字母). —— 原注

# 布莱切利 第 15 章

## 15.1 图灵甜点

卡恩写道: “在英国, 剑桥的学生们和毕业生们是国家的精英, 而 [布莱切利] 从精英中选取精英. ” (参见 [110] 第 280 页) 即使是在这么多聪明人之中, 图灵仍然 “受到充满敬畏的目光, 这是由于在他所做出的那些贡献中显而易见的才智和伟大的独创性. …… 许多人都觉得他不可理解, 这可能是由于畏惧于他的名声, 但令他们反感的更可能是他的性格和癖性. 不过所有同他合作的邮局工程师 …… 都觉得非常容易理解他. …… 他们对他无比尊敬,” (参见 [160] 第 77–78 页) 不过他们也发出了警告, 这在米奇 (Mitchie) 的回忆录末尾处有所提示:

> 他对所有类型的装置都很感兴趣, 无论是抽象的还是具体的 —— 他的朋友们认为如果他固守那些抽象的装置会更好, 不过这一忠告并未阻止他对那些具体装置的投入.

在战争之前, 图灵曾自己设计过一种电力操作的加密机器, 并亲手建造了这台机器的一部分. (他还着手开始建造一个用来计算黎曼 $\zeta$ 函数 (Riemann zeta function) 各零点的精巧模拟装置. 同样重要的是, 他战前的某些研究内容, 是当时概率论中的一些较深层次的部分.) 我们注意到很有意思的一点: 香农[①]的名声也是建立在一些相当深奥而抽象的结论之上, 而他也酷爱设计小器件, 他的论文集中有一篇论文是关于建造一台用罗马数字 (而不是二进制数) 来工作的计算器.

彼得 · 希尔顿 (Peter Hilton) 是一位满怀钦佩的年轻同事, 他回忆道:

> 他总是有着巨大的力量和才能去处理每一个问题, 而且总是从那些基本原则出发. 我的意思是, 我们在战争期间的工作过程中, 他不仅仅做了许多理论工作, 而且他确实还设计了一些机器来帮助解决各种问题 —— 还包括其中所需要的所有电子线路. 他总是用所有这些方法来处理整个问题, 而从不回避任何一次计算. 如果有一个问题是想要知道某件事物在实践过程的实际行为如何, 那么他也会做那些计算 (参见 [93] 第 48–52 页).

---

① 克劳德 · 香农 (Claude Shannon, 1916—2001), 美国数学家、电子工程师和密码学家, 被誉为信息论的创始人. 本书第 16.2 节描述他提出的香农定理. —— 译注

希尔顿接下去描述了图灵的那些更加古怪的小发明之一 (一个金属探测器), 补充道: "不过它成功了 —— 它成功了. 正如与图灵有关的所有事情一样, 它真的确实成功了."

他还讲述了一个典型的图灵故事.

> 图灵是一介平民, 进入情报部门工作, 而他相信 —— 这又是图灵用基本原则进行思考的典型特征 —— 德国人很有可能会入侵英格兰, 而他自己应该能够用步枪进行有效的射击, 因此他报名参加了当时所谓的 "地方保卫军" (Home Guard). 地方保卫军是一支民兵力量, 但接受军事训练, 特别是其中的成员学习如何用步枪射击 …… 为了注册加入, 你必须填完一张表格, 而这张表格上的问题之一是: "你是否理解, 注册加入地方保卫军后, 你就必须服从军事法?" 这下可好, 图灵绝对有性格地说: "对于这个问题, 回答 '是' 绝对没有任何想象的到的好处", 于是他的回答是 "否". 当然, 他还是按时注册加入了, 因为人们要看的只是最底下的签名. 他就这样参了军, 然后他接受了训练, 并成为一名神枪手. 成为神枪手以后, 他就不再需要地方保卫军了, 因此他停止参加队列操练了. 特别是当时我们正在临近德国入侵撤回的一段时间, 因此图灵想要转做其他一些更好的事情. 不过理所当然的是, 有关他不参加队列操练的报告不断传回总部, 因此负责指挥地方保卫军的军官最终传唤图灵去对自己再三缺席做出解释. 那是一位陆军上校, 姓菲林汉姆 (Fillingham), 我非常清楚地记得他, 这是因为他身处此类的处境中就变得怒不可遏. 而这可能是他必须处理的最糟糕情况, 因为图灵应招前往, 而在问他为什么没有参加队列操练时, 他解释说, 这是因为他现在是一名优秀的射击手了, 而这就是他参军的原因. 于是菲林汉姆说: "但是你参不参加队列操练可由不得你做主. 再召集你参加队列操练的时候, 你作为一名士兵的职责就是要参加." 而图灵说道: "可是我并不是一名士兵." 菲林汉姆: "你不是一名士兵, 你这是什么意思! 你要服从军事法!" 图灵说: "你知道, 我倒认为这一情况可能会发生的," 他又对菲林汉姆说: "我知道我不会受军事法处置." 总之长话短说, 图灵说道: "如果你去看看我的表格, 你就会发现我已经针对这种情况为自己做好的防范措施." 当然, 他们于是就找来了那张表格, 结果他们拿他毫无办法, 是他们注册失当. 因此他们就只能声明他不是地方保卫军成员. 当然, 这正中他的下怀. 这正是他的典型特色. 而且这样做并不是很聪明的做法. 只是取来这张表格, 根据其表面做出判断, 然后决定如果你必须要填完一张这种类型的表格时, 应采用的最佳策略是什么. 正如此人的一贯作风.

他记得

> 我们都受到了他的很大启发，不仅仅是他对于工作的兴趣，还包括他对于几乎其他一切事物同时具有的兴趣. 如我所说，这可能是国际象棋，可能是围棋，可能是网球及其他事物. 而且他是一个能愉快共事的人. 他对于那些天赋不及他的人具有极大的耐心. 我记得，当我完成任何一件有点值得注意之处的事情时，他总是给我莫大的鼓励. 而我们也都非常喜欢他.

于是，要开发出一些机器来破解这些由机器制造出来的代码 (这是一种时机已经成熟的理念)，图灵就成了自然的人选. 当时所有大国的密码破译者们都使用最新的打孔卡片机械装置. 德国外交部的密码破译部门有许多机器都是 "用汉斯 – 格奥尔格 · 库克 (Hans-Georg Krug) 的那些特殊用途的标准部件装配出来的，此人从前是一位高中数学老师，他对于此类事物具有一种绝对的天赋" (参见 [109] 第 440 页). 我们已经提到过，波兰的 "bomby" 逐步通过一台给定恩尼格码机的 $26^3$ 种不同位置. 不过，在所有这些应用中，这些机器为蛮力解密和人力解密提供了巧妙的装置. 而图灵甜点同时提供了两者.

这些新的 "甜点" 是许多人的共同成果 —— 有一个核心理念来自韦尔奇曼，而波兰的 "bomby" 实际上发生过作用，这个事实也无疑必定是一种重大的鼓励 —— 不过可以显见的是，图灵是其中许多理念的推动力和来源. 我会满足于设法说明军用恩尼格码为什么从原则上来说是可以攻破的. 在韦尔奇曼的书后附录中明示了其中所需要的这类电子线路. 假设我们猜测在某条加密信息中有一段 12 个字母构成的文字. 在第 13.2 节末尾所描述的那种方法要求我们构建起 12 台相互连接的模拟恩尼格码机 (从而将每台恩尼格码机的外部转子设置为比前一台的外部转子要更前进一步)，随后驱动这台机器通过其 $26^3$ 种可能的状态. 如前所述，我们会假设用来产生这条信息的那台实际恩尼格码机的各内部转子在我们的这 12 个字母加密的过程中并未发生移动. 做出这一假设的原因与第 13.2 节中罗列的那些理由相同.

我们会专注于讨论表 15.1 中给出的这个特例. 其中的第二列显示了这条信息，而最后一列则是加密后的信息. 中间这块区域显示的是假设没有插接板的商用恩尼格码机所产生的替代字母表. 因此我们观察第 5 行就会发现，在不存在插接板的情况下，恩尼格码机会把该信息的第 5 个字母根据 A 转换为 O、B 转换为 F 等这样的规则进行加密.

让我们把 D 连接到 J 的情况写成 D ↔ J. 我们不去考虑所有可能的插接板排列方式，而只是简单地询问 A 有哪些可能的连接方式. 我们从考虑这些可能性开始.

表 15.1 连续恩尼格码加密方式

| | 输入 | ABCDEFGHIJKLMNOPQRSTUVWXYZ | 输出 |
|---|---|---|---|
| 1 | A | JFQXHBSEKAIYZTVUCWGNPORDLM | M |
| 2 | D | PNSKUZOWVLDJRBGATMCQEIHYXF | L |
| 3 | M | KDPBIQTMEOANHLJCFTGRXZYUWV | S |
| 4 | I | XODCHZLEPYUGQWBIMVTSKRNAJF | Y |
| 5 | R | OFYEDBZXLWQINMASKVPUTRJHCG | J |
| 6 | A | VWPTMXKUOLGJEZICRQYDKABFSN | K |
| 7 | L | DRTAGUEMZKJXIVYWSBQCFNPLOI | X |
| 8 | O | VZEJCQUNLDYIRHWXFNTSGAOPKB | H |
| 9 | F | HXIZGPEACYOVSTKFWUMNRLQBJD | M |
| 10 | T | HVXMZIKAFSGWDQURNPJYOBLCTE | L |
| 11 | H | OWMPYLTZKXIGCUADRQVFNSBJEH | S |
| 12 | E | RUZLJYITFEMDKXQROAPHBWVNFC | H |

(1) A ↔ A

观察第一行, 我们会发现插接板将 A 转换为 A, 而商用恩尼格码将 A 转换为 J, 因此为了实现加密, 插接板就必须将 J 转换为 M. 因此 J ↔ M. 同理, 观察第 6 行, 我们就会发现 V ↔ K. 因此

(2) A ↔ A, J ↔ M, V ↔ K

请注意在第 (2) 阶段. 我们实际上有五条信息, 这是因为对称的插接板排列方式还给出 M ↔ J 和 K ↔ V. 另请注意, (2) 中的这三条命题中的任意一条都隐含着另外两条.

既然 M ↔ J, 那么我们现在就可以用第 3 行来证明 O ↔ S. 不过我们还可以更进一步. 读者可能还记得, 在第 13.3 节中, 利用 20/20 的优势这种后见之明, 我暗示过恩尼格码的自反特性是一种密码学上的弱点. 由于 MLSYJKYHMLSH 被加密为 ADMIRALOFTHE, 因此我们可以从左至右操作, 也可以从右至左操作. 观察第 5 行, 我们就会发现插接板将 J 转换为 M, 而商用恩尼格码则将 M 转换为 N, 于是为了完成加密, 插接板必须将 N 转换为 R, 从而 N ↔ R. 同理, 观察第 9 行, 我们就会发现 F ↔ Y. 因此

(3) A ↔ A, J ↔ M, V ↔ K, O ↔ S, N ↔ R, F ↔ Y

而且如前所述, (3) 中的任意一条命题都隐含着所有其他命题.

现在第 8 行从左至右给出 T ↔ H, 第 4 行从右至左给出 Z ↔ I, 而第 11 行从右至左给出 A ↔ H. 因此

(4) A ↔ A, J ↔ M, V ↔ K, O ↔ S, N ↔ R, F ↔ Y, T ↔ H, Z ↔ I, A ↔ H, 而且如前所述, (4) 中的任意一条命题都隐含着所有其他命题.

我们现在就得到了一个矛盾, 因为 (4) 中既包含命题 A ↔ A, 也包含命题 A ↔ H. 我们要做的最显而易见的事情就是在这一点停下来, 并逐个检验余下的 25 种可能性. 一旦我们证明了 26 种连接 A ↔ A, A ↔ B, A ↔ C, ⋯ , A ↔ Z 中的每一种都是不可能的, 我们就知道**无论插接板状况如何**, 这一特定的恩尼格码机位置都不可能产生正确的加密方式, 于是我们就可以前进到下一个位置了.

不过, 最显而易见要做的事情未必就是最好的事情. 请注意, 我们事实上并不需要对 A ↔ H 这种可能性进行检验, 这是因为 (4) 中的任意一条命题都隐含着所有其他命题, 于是特别地就有 A ↔ H 隐含着 A ↔ A. 这一洞识使人联想到, 也许值得继续推进到第 (5) 步. 利用第 10 行, 再加上从 (4) 中得到的命题 T ↔ H, 我们就得到 A ↔ L, 于是我们就不必检验这种可能性. 我们通过观察还发现, 我们可以重新利用第 1 行, 再加上从 (3) 中得到的命题 A ↔ H, 从而得到 E ↔ M, 而第 6 行也可以用同样的方式再次加以利用.

如果运气好的话, 随着我们从第 (4) 步转移到第 (5) 步、从第 (5) 步转移到第 (6) 步, 并如此继续下去, 我们会汇聚起一次命题的雪崩, 其中会最终包括 A ↔ A, A ↔ B, A ↔ C, ⋯ , A ↔ Z 的全部命题. 所有这些命题都可以彼此推出, 因此所有这些命题就都会给出矛盾. (这就类似于称之为 "**爆炸原理**" (ex falso quodlibet)的那条形式逻辑学原理: "给定任何一条虚假的命题, 我们就可以从中推导出我们想要的任何事情" ①.) 因此弄清楚某单一命题 A ↔ A 的所有序列,(运气好的话)**仅此**就足以排除特定恩尼格码机位置用无论什么插接板都能够产生出正确加密方式的可能性.

对这种方案的实际实施稍稍更接近一些 (而不要太接近), 我请读者考虑图 15.1 中的这些 "骨架". 在这里, 如果有一个字母加密成另一个字母, 我们就将这两个字母连接起来, 因此举例来说, 从第 1 行中看出, A 连接到 M, 从第 2 行中看出, D 连接到 L. 于是这些字母就形成一批连通分支. 在本例中, 我将它们标注为 (a)、(b)、(c) 和 (d). 结果发现, 我们有可能用某种方式来建立起一些电路, 从而本质上同时执行所有可能的推演 (其中包括一个明确指定的字母 (比如说 A) 以及从一个明确指定的连接 (比如说 A ↔ A) 开始). 唯一的限制在于, 我们所能够使用的行数不可能超过一架 "甜点" 中的模拟恩尼格码机数量. 一架标准的 "甜点" 具有 12 个模拟恩尼格码机. 因此我们就能够全部使用 (a)、(b)、(c) 和 (d), 不过最初的两架原型机只有 10 个模拟恩尼格码机, 因此我们就只能对它们使用 (a) 和 (b). 我们将其中所使用的这种连通分支集合 (加上涉及的各行的清单) 称为菜单.

这将我们引导到第二点. 我已经谈到过一种可能的 "命题雪崩", 不过我还没有给出多少证据来说明它会发生. 实际上, 这里包含两个分离的要点:

① 据说哲学家麦克塔加特 (McTaggart) 有一次曾向伯特兰 · 罗素 (Bertrand Russell) 提出挑战, 要求他用命题 "1 = 2" 来证明他自己就是教皇. 这完全不成问题. "我和教皇是两个人. 但是 1 = 2, 所以我和教皇就是一个人." —— 原注

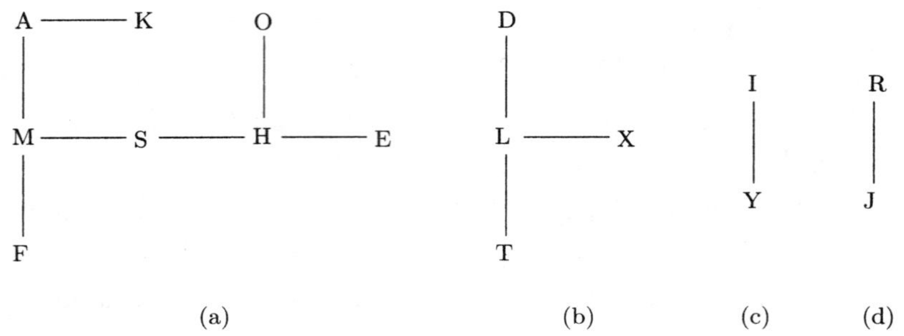


图 15.1 一种可能的菜单

1. 这种雪崩会开始吗?
2. 一旦开始, 它会继续下去吗?

这两个问题都应该从概率论的角度更加正确地陈述如下. 假设从 12(或者不超过字母数量的任意数字[①]) 个选项中做一次随机选择, 是否有很高的概率发生以下两种可能性:

1′. 这种雪崩会开始吗? 并且
2′. 一旦开始, 它会继续下去吗?

在第 17.1 节中, 我会讨论一个简单得多的问题, 即姓氏的传播. 为了看出其中的联系, 请考虑一个 "父命题", 比如说 A ↔ A, 从中我们推导出一些 "子命题", 比如说 J ↔ M、V ↔ K. 有些命题不会有子命题, 有些命题只会有一个子命题, 有些则会有两个子命题, 如此等等. 显而易见, 为了产生一次雪崩, 每个父命题都必须平均产生一个以上的子命题 (当然, 家庭规模越大越好). 不过, 这个问题由于以下事实而变得复杂: 没有任何一 "代" 子命题、孙命题、曾孙命题等能够超过菜单中包含的行数.

根据常识明显可知. (如果真的发生雪崩的话) 有些菜单必定比其他菜单更有可能触发雪崩. 图 15.1 中所明示的菜单并不是一种很好的菜单 (为了阐述的目的, 如果每一步的推演数量不太大的话, 会有所助益), 这是因为其中没有图 15.2 中所明示的那种闭合线路. 读者应该不难确信, 闭合线路的存在会提高 "推演反馈给系统的" 概率, 并因此增大平均家族的规模.

**练习 15.1.1** 假设 THEGENERALHE 的密码是

ALAPHQNSNTTL

但试验字母表则如表 15.1 中所示. (为了方便起见, 我们在表 15.2 中给出恰当的字母表.) 画出一张菜单, 并执行几步恰当的推演.

① 即菜单中包含的模拟恩尼格码机或行数. —— 原注

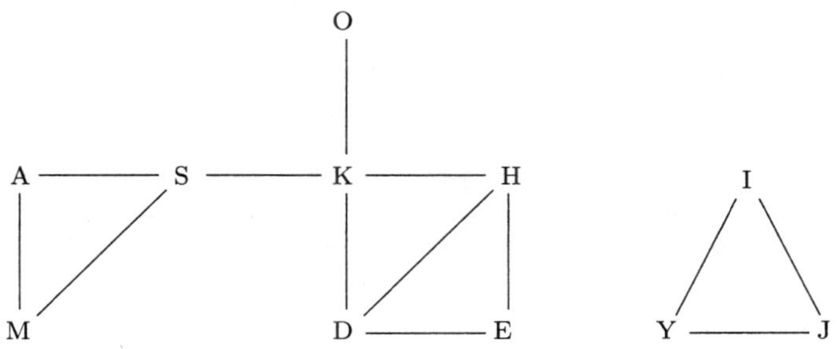


图 15.2　一种好的菜单

**表 15.2　一种可能的恩尼格码加密方式?**

| | 输入 | ABCDEFGHIJKLMNOPQRSTUVWXYZ | 输出 |
|---|---|---|---|
| 1 | T | JFQXHBSEKAIYZTVUCWGNPORDLM | A |
| 2 | H | PNSKUZOWVLDJRBGATMCQEIHYXF | L |
| 3 | E | KDPBIQTMEOANHLJCFTGRXZYUWV | A |
| 4 | G | XODCHZLEPYUGQWBIMVTSKRNAJF | P |
| 5 | E | OFYEDBZXLWQINMASKVPUTRJHCG | H |
| 6 | N | VWPTMXKUOLGJEZICRQYDKABFSN | Q |
| 7 | E | DRTAGUEMZKJXIVYWSBQCFNPLOI | N |
| 8 | R | VZEJCQUNLDYIRHWXFNTSGAOPKB | S |
| 9 | A | HXIZGPEACYOVSTKFWUMNRLQBJD | N |
| 10 | L | HVXMZIKAFSGWDQURNPJYOBLCTE | T |
| 11 | H | OWMPYLTZKXIGCUADRQVFNSBJEH | T |
| 12 | E | RUZLJYITFEMDKXQROAPHBWVNFC | L |

在 [94] 的第 13 章中, 德瑞克 · 唐特 (Derek Taunt) 讨论了建立起一个菜单所需要的工作. 我们完全可以相信, "从原本难以处理的材料构成好的菜单, 可能会耗费大量的技能、独创性和判断力." "甜点" 原型的构建过程必定伴随着多次手工的试验、对于那些多少有点貌似可信的数学模型的大量讨论, 以及许多束手无策的焦虑.

到目前为止, 我们所处理的情况是, 如果我们的各转子及其位置与原始恩尼格码机中的各转子及其位置不相对应, 那么会发生什么. 如果它们是相对应的, 又会发生什么呢? 表 15.3 表示的是与其中所显示的 12 种代换相对应的一种 (对于某种未揭示的插接板设置的) 加密方式.

**练习 15.1.2**　假设我们处于表 15.3 所给的情况下. 画出菜单, 并完整地执行以 E ↔ L 为起点所能够进行的所有恰当推演.

我相信, 演算练习 15.1.2 的读者会得到的命题有 E ↔ L, N ↔ N, I ↔ I, Z ↔ B, D ↔ A, H ↔ Y, G ↔ C, X ↔ F, T ↔ Q, 除此以外就再没有别的了. 这表明 (事实上也确实如此) 我们得到了正确的字母表 (因此也就是各正确转子处于正确位置) 以及正确的连接 E ↔ L. 如果我们来检验另一种连接, 比如说 E ↔ E, 那么又会发生什么呢?

**练习 15.1.3** 假设我们处于表 15.3 (我们在练习 15.1.2 中已对此画出了菜单) 所给的情况下. 试演算出以 E ↔ E 为起点的前几个演算步骤.

**表 15.3 一种正确的恩尼格码加密方式**

| | 输入 | ABCDEFGHIJKLMNOPQRSTUVWXYZ | 输出 |
|---|---|---|---|
| 1 | T | JFQXHBSEKAIYZTVUCWGNPORDLM | G |
| 2 | H | PNSKUZOWVLDJRBGATMCQEIHYXF | F |
| 3 | E | KDPBIQTMEOANHLJCFTGRXZYUWV | N |
| 4 | G | XODCHZLEPYUGQWBIMVTSKRNAJF | A |
| 5 | E | OFYEDBZXLWQINMASKVPUTRJHCG | I |
| 6 | N | VWPTMXKUOLGJEZICRQYDKABFSN | B |
| 7 | E | DRTAGUEMZKJXIVYWSBQCFNPLOI | F |
| 8 | R | VZEJCQUNLDYIRHWXFNTSGAOPKB | J |
| 9 | A | HXIZGPEACYOVSTKFWUMNRLQBJD | B |
| 10 | L | HVXMZIKAFSGWDQURNPJYOBLCTE | B |
| 11 | H | OWMPYLTZKXIGCUADRQVFNSBJEH | L |
| 12 | E | RUZLJYITFEMDKXQROAPHBWVNFC | A |

我们又一次预期, 虚假的假设 E ↔ E 会导致一次命题的雪崩. 然而, **关于 E 的连接, 有一个命题不能构成雪崩的一部分**. 我们已经看到, 在雪崩中的每一个命题都可以彼此推导出来. 但是在练习 15.1.2 中我们已经看到, 命题 E ↔ E 不是从 E ↔ L 可以推导出来的命题之一, 由此得出的结论就是, 命题 E ↔ L 也不会是从 E ↔ E 可以推导出来的命题之一. 另一方面, 看来似乎没有理由从雪崩中排除关于 E 的连接的任何其他命题. 因此如果幸运的话, 那么从 E ↔ E 可以推导出来的命题会包括 E ↔ A, E ↔ B, E ↔ C, $\cdots$ , E ↔ Z 这 26 个命题中的 25 个, 但是不可能包括 E ↔ L 这个命题.

如果我们运行这些模拟恩尼格码机遍历它们的 $26^3$ 个位置, 以此来检验某一特定的连接, 比如说 X ↔ X, 那么在每一步都可能会发生以下三件合意的事情之一:

1. 对于 X的所有 26 个连接可能性都是可推导的. 于是我们就**知道**, 我们得到的是错误的恩尼格码机配置方式, 因此这台机器继续运行.
2. 对于 X, 没有任何新的连接可能性是可推导的. 各个处于正确位置的正确恩尼格码转子 (并且我们对于 X 的测试连接是正确的, 尽管这一点的重要性要低得多) 的可能性应该很大. 我们应该作进一步的 "手工" 调研.
3. 对于 X 的所有 26 个连接可能性中, 只有一种可能性是可推导的. 各个处于正确位置的正确恩尼格码转子 (并且我们对于 X 排除的连接可能性是正确的, 尽管这一点的重要性要低得多) 的可能性应该很大. 我们应该作进一步的 "手工" 调研.

当然, 此外仍然存在着第四种、令人不快的可能性:

4. 对于 X 的可推导连接可能性数量 $k$ 满足 $2 \leqslant k \leqslant 24$.

倘若这只是难得发生的情况, 那么我们也可以手工调研相关的恩尼格码机设置. 如果不是偶发情况, 那么 (由于 1940 年的技术不会允许一种更为复杂的方案) 我们就必须得要折返到那种原始的、幼稚的方法, 逐个检验 $\mathtt{X} \leftrightarrow \mathtt{A}, \mathtt{X} \leftrightarrow \mathtt{B}, \mathtt{X} \leftrightarrow \mathtt{C}, \cdots, \mathtt{X} \leftrightarrow \mathtt{Z}$ 这 26 种连接. 这样的一种方法会花费 26 倍的时间.

所幸, 正如我们现在所知道的, 我们有可能发现一些触发雪崩的菜单, 而上文所概述的这种方法也确实奏效了. 插接板问题被攻克了, 不过这种方法的效能仍然决定性地依赖于相关的 "甜点" 数量, 以及可用于使用它们的时间. 检验一个 12 个字母的菜单需要 12 个相互连接的模拟恩尼格码机 (它们构成一个 "甜点" ), 而它们查遍所有的可能性也许会花费 15 分钟. 请回忆一下, 陆军和空军的恩尼格码机具有 60 种转子顺序, 而海军的恩尼格码机具有 336 个转子.

## 15.2 运行中的甜点

此外还有一个更进一步的问题. 如果读者考虑第 13.3 节末尾关于德国陆军传输其 "文本设置" (即恩尼格码循环中信息开始的那个阶段) 的描述, 那么他就会发现, 一旦代码破译者们发现了日常设置, 他们就能像既定接收者一样容易地阅读当天的各条信息了. 海军没有提供如此明显的帮助. 由此看来, 解密一条信息 (我们很有可能早已知道这条信息的内容, 因为我们的方法是取决于知道或者猜测出此文本中的多个字母) 似乎对于解密另一条信息并不提供任何帮助. 经过片刻的反思, 我们确信情况并不应该如此, 因为我们的第一次成功解密不仅揭示了插接板的排列方式, 还揭示了这一特定的恩尼格码周期 (由各转子的排列方式和在周期中某一点处计数机制的状态所明确指定). 于是我们就简化了解密任何一条给定信息的问题. 原来的问题涉及可能性数量是天文数字, 而简化后的问题变成: 从恩尼格码周期中可能的 $26^3$ 个阶段中, 去寻找机器在这条信息的开头是处于哪一个特定阶段.

在英语中, 最频繁出现的单个字母是 E, 最频繁出现的两个字母构成的序列是 TH, 而最频繁出现的三个字母构成的序列是 THE. (提出这样的一个命题以后, 我们就必须立即证明其有效. 想必对于给定的序列在不同类型的通信 —— 军事的、科学的, 等等 —— 中会具有不同的频率. 此外, 处理单词之间空格的不同策略 —— 用 X 来代替它们、忽略它们, 等等 —— 也会改变频率, 可能还会造成相当实质性的改变.) 我们会集中攻击我们预计中的一个频繁出现的四字母序列, 比如说 THEX. 通过让一个类似恩尼格码机的机器运行通过整个周期, 我们就得到 THEX 的 $26^3 = 17576$ 种不同的加密方式, 它们分别对应于恩尼格码周期上的每个起点, 然后我们将这些加密方式记录在打孔卡片上. 1940 年可供使用的这类打孔卡片机械装置完全有能力扫

描一篇文本 (只要这篇文本也是以记录在打孔卡片上的形式输入的) 并探测其中的重合. 倘若 THEX 的一种可能加密方式被探测到, 那么我们就能够装配起一台恩尼格码机, 从而使它处于其周期中的恰当阶段, 然后让它运行通过整条加密信息以查看这种试验加密方式是否讲得通.

**练习 15.2.1** (i) 试证明由四个字母构成的一个随机序列 (对应于我们的打孔卡片之一) 的出现概率是 1/26, 并推断出扫一条由 200 个字母构成的信息平均而言会产生大约八次虚发警报.

(ii) 如果我们不是采用一个四字母序列, 而是采用一个三字母序列, 那么会发生什么? 如果我们不是采用一个四字母序列, 而是采用一个五字母序列, 那么又会发生什么? 我们为什么采用的是一个四字母序列, 而不是三字母或者五字母序列?

练习 15.2.1 表明, 虚发警报的数量并不太大, 不过理所当然的是, 只有在出现肯定结果具有合理概率的情况下, 这种方法才是有用的. 所幸, 四字母单词在德语中频繁出现 (用代码破译者们的行话来说, 称为 "四字母词" (tetragram)). 根据 [94] 的第 114 页, 当时使用的四字母词是 EINS, 不过在我看来, 如果用几个不同的四字母词来将这种测试运行数遍的话, 这种方法仍然会是可行的.

**练习 15.2.2** 假设有 $n$ 个四字母词, 其中每一个在一条由 200 个字母构成的信息中出现的概率都是 $p$, 并且它们出现的都是彼此独立的 (这一点不可能严格成立, 不过在实践中会接近真实情况). 如果我们对每个词都做检验, 那么大约会出现多少次虚发警报? 其中至少有一个四字母词出现的概率又是多少? 查看一下你对于各不同的 $p$ 值 (例如 $p = 0.25, 0.1, 0.01$) 和 $n$ 值所得到的这些结果.

负责照管这些 "甜点" 的是 Wrens, 即妇女预备役海军服务队 (Women's Reserve Naval Service) 队员. 其中有一位黛安娜 · 佩恩 (Diana Payne) 回忆起在一次面谈中, 她被问到是否能够保守一个秘密, 对此 "我的回答是, 我真的不知道, 因为我从来就没有尝试过." 几周以后, 她受命前往布莱切利. 早晨, 那里的

> 工作情况就此揭开. 其中会包括轮班工作、微乎其微的晋升希望, 以及完全保密. 根据这些有限的信息, 我们要在午餐时间之前决定自己是否能够面对这种严峻的考验 (参见 [94] 第 17 章).

她和跟她一起的那些妇女预备役海军服务队队员

> 决定面对这一挑战, 于是我们全都签署了官方保密令 (Official Secrets Act), 由此承诺在战争期间承担这项工作, 并永远保守这个秘密.

经过适当的训练后, 工作开始了.

> 这些 "甜点" 是一些大约八英尺高、七英尺宽的古铜色机箱. 前面封装着几排着色的圆鼓, 每个圆鼓大约直径五英寸、深度三英寸. 在每个圆鼓内部是大量铜丝刷, 其中每把铜丝刷都必须一丝不苟地用镊子加以调整, 从而确保这些电路不发生短路. 每个鼓的外周漆有字母表中的各个字母. 这架机器的背面几乎难以用语言来描述 —— 成排的字母和数字上悬挂着一大堆插接头.
>
> 我们拿到一张菜单, 这是一张由数字和字母构成的复杂图样, 我们根据这张图插接上机器的背面, 并设置前面的那些鼓. ……
>
> 我们只知道密钥的主题, 但从来不知道信息的内容. 把它全部装配好是相当繁重的工作, 而且 [我们需要有] 合适的身高和良好的视力. 所有这些工作都必须以最高速度完成, 不过与此同时保持百分之百的精确度也是必不可少的. 每一排鼓都以不同的速率旋转, 在它们旋转的时候, 这些 "甜点" 制造出相当大的噪声, 因此在这八小时的工作时段内并没有多少交谈. "甜点" 会 [不时] 突然停止, 于是我们就读出这些鼓上的内容.

由于这样的一次骤停只表示一种可能的设置, 并且可能是由于所谓的 "合法矛盾" (legal contradiction) 引起的, 因此 "甜点" 又被再次启动, 而这一读数则被匆忙通过电话传达到另一个房间, 那个房间里有一些英国的 x 型机器, 它们经过改装以模拟德国的恩尼格码机, 操作员们会用这些机器来执行最后的解码. 如果他们取得成功, 那么

> 这条好消息就会通过一个回电传达回来: "工作完毕; 卸机." 如果胜利停机是来自某人自己的那台机器, 那真是一次激动的经历.

这些妇女预备役海军服务队队员持续四个星期值班工作: 前七天是上午八点到下午四点; 第二个星期是下午四点到午夜; 第三个星期是午夜到上午八点; 然后紧张忙碌的三天则是八小时轮班; 最后才是十分需要的四天休假. "甜点" 经常出毛病, 而且会传递讨厌的电击. 这是一种单调重复的 "秘密的、半禁锢的生活", 由于知晓 "任何错失或浪费时间都可能意味着生命的损失" 而蒙上了阴影. 这种压力表现为噩梦连连和各种消化问题. 这些姑娘们偶尔完全可能在当值时真的垮掉或者发疯①.

越来越多的 "甜点" 被建造出来, 被招募进来运行它们的妇女预备役海军服务

① 不过, 尽管至少有一位剧作家曾将布莱切利描绘成是按照 H. G. 威尔斯 (H. G. Wells) 的《时间机器》(*The Time Machine*) 中的社会思路来运行, 其中的埃洛依 (Eloi) 和莫洛克 (Morlock) 有着不同的性别, 但是正确的参考文献无疑是同一位作者的《陆上铁甲》(*The Land Ironclads*). —— 原注

队队员也越来越多. 由于她们都是海军成员, 因此她们的工作要服从海军纪律, 而她们的工作场所也被看作是船只 (其中某些地方甚至还有一块后甲板, 所有妇女预备役海军服务队队员都必须在那里行军礼①). 然后, 经过三年半以后

> 皇家海军舰艇 **"彭布罗克号"** (Pembroke) 上的数百位妇女预备役海军服务队队员之一海伦 · 兰斯 (Helen Rance) 还记得当这些 "甜点" 最终关闭的时候, 这艘石头护卫舰上的各个房间中 "死一般的寂静"② (参见 [102] 第 395–396 页). 有好几位姑娘忍不住推动这些沉重的圆鼓滚过地板 —— 这是以前从不允许她们做的事情; 然后 "…… 我们坐下来, 用螺丝刀把所有的鼓都拆得七零八落; 所有的一切都被拆散了."

**练习 15.2.3** 韦尔奇曼说: "我们有可能选择一连串 [转子] 顺序, 从而在连续的运转之间需要改变的鼓 [即对应于一个转子] 不会超过一个." (参见 [253] 第 144 页) 试为五个德国陆军转子所需要的 60 次运转建立起这样一个计划表.

随着这些 "甜点" 的到来, 对德国密码的破译工作就可以在工业化的规模上展开了. 不过, 尽管许多信息都能够常规性地读取了, 但是至关重要的海军恩尼格码还有着更深入一层的保护. 这些 "甜点" 要奏效, 就需要一个起始的 "助跑器", 也就是要求一条信息的部分内容是已知的或者是已经猜测出来的, 其中既包括未加密的形式, 也包括加密后的形式. 对于某些特定陆军或空军来源所传输的信息种类所获得的预先掌握情况提供了这样的一些 "助跑器" , 不过海军恩尼格码以前从来没有被破读过, 因此也就不存在这样的 "助跑器". 此外, 德国海军的加密纪律标准很高. 信息都保持简短, 而且在经由恩尼格码机加密前常常已经过另一种手段编码. 海军设有小组, 以监控自己的各种通信, 并报告任何探测到的差错. 在这些情况之下, 到哪里才能找到所需的助跑器?

由于最终 (但却深奥的) 归于地球自转的种种原因, 天气情况具有自西向东移动的趋势. 大西洋中的 U 型潜水艇和欧洲的德国军队都需要天气预报, 而预报员们则需要来自大西洋那边的信息. 这些信息的收集方法有三种: 通过来自德国战舰和商船的报告 (而且, 在第一年之后, 英国海军在海面上的优势地位意味着大西洋中只剩下 U 型潜水艇了); 通过飞机飞行; 以及通过气象观测船. 英国人设法破解了在这些报告以及根据它们做出的天气预报的重发过程中所使用的代码. 这产生了直接的有利条件, 即给英国气象学家们提供了额外的信息, 作为他们自己的预报的基础, 并且提高了利用这些被解码的天气报告和预报作为 U 型潜水艇恩尼格码助跑器的概率.

---

① 自然, 她们乘坐去休假的面包车就被称为 "自由之船" (The Liberty Boat). —— 原注

② 石头护卫舰 (Stone frigate) 是一种英国海军陆上设施的绰号, 这些设施原本是由许多船只连接起来的、浮在海面上的大型漂浮港口, 后来由于体型过于庞大而被移至海岸上. —— 译注

不足为奇, 对于英国皇家空军提议要求击落从事气象飞行的德国飞机一事, 英国海军反应强烈并表示了反对 (参见 [11] 第 208 页).

不过, 这些潜水艇并没有直接传输天气报告的恩尼格码密码, 而是首先将这些报告编码成一些短信号的形式, 这些短信号只有几个字母的长度 (我们会在第 16.2 节中给出一个例子). 这么做的原因主要是为了保持无线电传输尽可能简短, 不过对于德国密码员们而言, 额外的安全级别却是意外的收获. 编码这些天气报告的方法在一本小册子中给出, 我们把这本小册子称为 "短天气密码" (Short Weather Cipher). 有人①构思出一个计划来俘获一艘德国气象船, 并由此缴获当月的海军恩尼格码设置, 以及珍贵的短天气密码. 这是如何做到的, 不是一次, 而是两次, 而且在此过程中没有引起德国的怀疑, 这构成了卡恩的那本激动人心的《捕获恩尼格码》(*Seizing the Enigma*) 一书的中心情节.

有了这些文档作支持, 布莱切利终于能够解读 U 型潜水艇的恩尼格码了, 而且解读速度快得足以影响时局. 根据粗略的估计, 在 1941 年的后六个月期间, 利用如此得到的信息所选择的护航队闪避路线挽救了大约 2000000 吨船舶 (或者说 300 至 350 艘船)(参见 [110] 第 216 和 217 页的图). 这些译电还使海军情报局得以对 U 型潜水艇的组织和战略构建起一幅详尽的图像.

一位被派往布莱切利的海军军官栩栩如生地回忆起

> 我第一次到达布莱切利园时, 那里铁丝防御网的阴森、棚屋式住所的冷酷和暗淡, 以及最初安排我们去做的职员工作, 这一切都产生了那种震撼的感觉. 不过这种感觉很快就因发现了布莱切利园正在锻造的奇迹所造成的更加巨大的震撼而被扫到一边. 在冰岛, 我曾经审问过许多商船的生还者, 这些商船最初是在 U 型潜水艇对大西洋护航队所发动的一些极为成功的进攻中被击沉的 …… 我花费了许多小时的时间去设法分析他们的兵力和战略. 我原可以免受其苦, 因为此时我发现, 关于 U 型潜水艇的所有这一切, 以及所有其他一切, 这些深谙恩尼格码机密的人都精确地了然于心②. 匆匆翻阅这些过去的信息文件 …… 看见在海军上将邓尼兹和他指挥之下的这些船舶之间交换的信号所用的实际措辞, 令我感到战栗, 因为我曾直接见证过他们的可怕工作 …… 揭示出铺垫在这种复杂的战争形式之下的兽性所带来的震撼也不亚于此. 这从邓尼兹对他的船长们的训话中栩栩如生地浮现出来 —— "杀、杀、杀!" , 也鲜明地展现在为狼群战

---

① 此人是一位名叫辛斯利 (Hinsley) 的历史系学生, 他是从剑桥大学直接招募进来的. 在我读大学本科的时候, 辛斯利和他的同事们仍然在那里, 有些在管理大学, 有些在努力教我代数. 在我看来, 他们都很和蔼可亲、缺乏冒险精神, 不过最重要的是, 他们都是一些守旧的人. "年老的人已经忍受一切, 后人只有抚陈迹而叹息." (莎士比亚 (Shakespeare),《李尔王》(*King Lear*))—— 译注

② 布莱克特把这些信息归因于 "来自沉没的 U 型潜水艇的那些战犯的叙述", 据推测这些信息在很大程度上是来自在他写作之时仍然属于保密范围的那些恩尼格码的解码工作. —— 原注

术所取的那些名字中，例如“血之狂暴”(Gruppe Blutrausch)(参见 [94] 第 3 章).

布莱切利在那六个月中取得了如此巨大的成功，这是令人满意的，因为自此之后英国的优势并未能维持多久.

## 15.3 “鲨鱼”

从 1942 年 2 月的第一天开始，邓尼兹再一次向对手们遮蔽了他的通信联系. 德国海军引进了四转子恩尼格码机. 一次完全的重新设计可能会在新机器的制造和使用方面都制造出许多困难，因此这种新的四转子恩尼格码机是对于旧的三转子恩尼格码机的一次聪明的改造. 通过使用一种新的、较薄的反射器，引进第四个“薄转子”就变得有可能实现了，这个第四转子不发生转动却可以被设置为 26 个位置中的任意一个. 为了与陆军和空军中所使用的三转子恩尼格码机保持兼容性，这种新的反射器和新的薄转子的一个特定的“中性”位置之间的配合会复制出旧反射器的效果.

在前六个月中，关于这种新机器的性质的线索已经在布莱切利累积起来，此外还发生了一次事故，有一条信息被错误地用新代码传输，然后 (由于一次更大的错误) 又用旧代码重新传输，这次事故使英国密码学家们得以在第四个转子和新反射器投入使用前，就构建了这第四转子和新反射器的接线方式. 即使知道了这些，新机器的引进对于布莱切利而言仍然是一场灾难. 第四个转子使起始位置的数量增加为原来的 26 倍，于是解码所依赖的蛮力搜索劳动量也就增加为原来的 26 倍. 这种新的系统被那些当时力图破解它的人称为“鲨鱼”(SHARK).

倘若当时能够无限量地生产“甜点”，情况原不会这么严重，不过在 1941 年末，只有 12 台“甜点”在运转中，而到 1942 年末也只有 49 台. 1942 年 3 月 14 日，有一条包含着邓尼兹晋升为最高海军上将这则新闻的长信息用另一种布莱切利能解读的代码发送出来. 基于一条特别长的“鲨鱼”传输应该是对同一条信息的编码这样一种假设，这些“甜点”开始运作，并成功地复原了当天的各密钥. 不过，这需要 6 台“甜点”工作 17 天. 要将解码时间缩短到一天，就会需要 100 台“甜点”全天开动. (邓尼兹也不是每天都得到晋升的. 德国人还改变了他们的天气信号，那么启动这个进程的助跑器从何而来？)

建造新的、运转速度快 26 倍的四转子“甜点”的计划立即就被制定出来，不过建造旧的三转子“甜点”已经接近当时所能达到的现存技术极限. 不出意料，结果证明这项任务比预期的更加困难，第一批快速四转子“甜点”直到 1943 年 6 月才开始在英方投入使用 (而且据辛斯利所说，还经历了一些严重的起步期问题)，到 1943 年 8 月才开始在美方投入使用. 到 1943 年底，就会有大量四转子“甜点”投入运行，不过在那之前，还不得不满足于那些旧的、缓慢的三转子甜点.

1941 年, 全世界范围内大约损失 4300000 吨船舶 (大约相当于 1300 艘船), 其中有 2400000 吨 (大约 500 艘船) 折损在北大西洋. 德国的损失总计达 35 艘 U 型潜水艇. 1942 年, 这些数字上升到全世界范围损失 7800000 吨船舶 (大约 1700 艘船), 其中有 5500000 吨 (大约 1000 艘船) 折损在北大西洋. 德国的损失总计达 86 艘 U 型潜水艇. 1941 年 12 月美国加入战局后, 花费了六个月时间组建了适当的海岸护航队, 其结果为 U 型潜水艇造成的这段 "欢乐时光", 在增加总击沉吨数的同时, 在一段时间内也为大西洋上的那些护航队缓解了压力, 不过到 1942 年末, 主战场又回到了大西洋.

回顾往事, 我们可以看到一些瞬息一现的希望. 美国的工业如此强大, 以致到 1942 年末, 新的盟国船舶建造速度或多或少甚至已经能够跟上这些可怕的损失了. (不过, 当时还不清楚是否能不断找到替换的船员来操纵这些替换的船只.) 这就意味着, 用最冷酷无情的战略术语来说, 大西洋战役并不是在失势, 尽管也不是在得势. 另外一个事实是, 虽然被摧毁的 U 型潜水艇和被击沉的船只之间的兑换比率仍然极端不利, 不过要击沉某一给定的船舶总吨位, 所需要的 U 型潜水艇数量也在稳步上升. 原本大无畏的成功可能性优势在新近训练出来的这些护航队面前, 变成了对抗更加有经验、更加训练有素的对手的有勇无谋的冒险行为. 一艘接着一艘, 这些 U 型潜水艇中的佼佼者纷纷被沉或被俘, 而更加谨慎小心的那些船长则生存了下来.

对于护航队而言, 这也并没有带来什么安慰. 正如美国官方历史学家所写的:

> 到 1943 年 4 月, 每艘 U 型潜水艇击沉的平均数已下降至 [每个月]2000 吨. 虽则这作为一种体育竞赛比分也许很有意思, 不过处于运行状态中的 U 型潜水艇数目如此急剧增长, 以至于这种下降对于解决问题几乎毫无意义. 当每年射杀五十头熊的丹尼尔 · 布恩① 被代之以五十个每年平均射杀一头熊的猎人时, 熊感觉不到任何理由去庆贺人类的枪法衰退 (参见 [248] 第 444 页).

邓尼兹此时可用的潜水艇有 200 艘. 1942 年 12 月和 1943 年 1 月的几场暴风雨严重阻滞了 U 型潜水艇, 尽管它们还是击沉了一支前往北非的护航队的九艘油轮中的七艘. 2 月份, 北大西洋大护航队恢复航行. 2 月初的一场为期六天的战役中, 有 21 艘潜水艇对抗由 12 艘护航舰护航的 63 艘商船. 其中 12 艘商船被鱼雷击沉, 另有 1 艘在碰撞后沉没, 所花费的代价是 3 艘 U 型潜水艇. 盟国在 2 月份总共损失 380000 吨, 而这个数字与 3 月份的 590000 吨比较起来就相形见绌了. 有两支护航队 (其中一支赶超了另一支) 在六天的时间里遭到 45 艘潜水艇的日夜攻击. 92 艘

① 丹尼尔 · 布恩 (Daniel Boone, 1734—1820), 美国著名探险家. 他的拓荒使得肯塔基州被纳入美国联邦. —— 译注

商船中有 21 艘被击沉, 与其同时,18 艘护航舰仅设法击沉了一艘潜水艇. 损失的货物大约为 161000 吨, 其中包括从钢铁和炸药到砂糖、小麦和奶粉在内的一切物品.

英国官方历史学家对此总结如下:

> 海军部 …… 记录: "德国人从未像 1943 年 3 月的最初二十天这样险些瓦解新世界和旧世界之间的联系." 甚至是在过了这么多年后的现在看来 …… 我们仍然 [无法] 回顾那个月而不对我们所遭受的那些损失产生几分惊骇的感觉. 在前十天中, 我们在所有水域损失了 41 艘船; 在第二个十天中损失了 56 艘. 在这二十天中损失的船舶超过五十万吨, 而令这些损失比赤裸裸的数字所能表明的更加严重得多的问题在于, 在那一个月期间被击沉的船舶中, 有近三分之二是在有护航的情况下被击沉的. 海军参谋部在这场危机过后写道: "看起来我们可能无法继续 [认为] 护航队是一种有效的防御体系." 在三年半的战争过程中, 它已经缓慢地变成了我们的海事战略的关键所在. 如果护航体系失去了其有效性, 那么海军部还能求助何方神圣呢? 他们不知道, 不过他们必定已经感觉到失败近在眼前, 尽管谁也没有承认这一点 (参见 [204] 第 2 卷第 367–368 页).

由于敌方行动而损失的商船上的全体船员中, 仅有半数以下有望幸存. 官方历史学家的陈述是:

> 在战争爆发时正在商船队中的那些人之中, 有四分之一甚至有可能是更高比例的人没有存活到最后一刻, 或者即使存活下来了, 他们的生活也遭受到永久的损害, 仍然处于死亡的阴影之下 (参见 [12]).

尽管某些精锐部队 (比如说轰炸机的机组成员) 遭受的伤亡率甚至更高, 但是在商船船员中按照比例计算的损伤率大大超过了那些 "战斗部队". 传统意义上来说, 这一职业薪水低廉而且不安全, 不过在战争的前三年中, 主要是通过增加 "战争险" (或者叫 "危险津贴" ), 使一名普通海员的薪水从 1942 年中期的每个月不到 23 英镑增加了一倍以上①.

他们, 于天空坠落之日,

① 接近于工资阶梯底层的农业劳动力每个月大约拿到 10 英镑. 当时所认为的一个五口之家的贫困线是每个月 18 英镑 (参见 [21]). 我们必须记住, 这些薪水只是为航程而支付的. 这一行自古以来的行业习俗意味着, 这些幸存者知道, 从他们的船沉没的那一刻开始, 他们的薪水就已经停止支付了. —— 原注

于地基抽离之时,
顺服其雇佣军呼召,
领薪而亡.

他们肩负, 而天空高悬;
他们伫立, 而地基留存;
凡上帝抛弃之物, 他们捍卫,
为杯水车薪而拯救万物.
(豪斯曼 (Housman),《一支雇佣军的墓志铭》
(*Epitaph on an Army of Mercenaries*))

从图 15.3 (原图来自 [111]) 的地图中可以看出潜水艇战役的有效性. 其中显示了潜水艇的活动如何被向外推至空军覆盖的间隙之中, 不过它也显示了邓尼兹如何利用盟军的每一个弱点来击沉甚至更多的船只. 这场波及全世界的战役是由一个人带领着极少数参谋指挥的, 是一位指挥潜水艇战争的元首在为一位更高元首移动着他的一枚枚棋子.

不过, 为了控制他的这些棋子, 这位棋手需要知道它们身处何方.

> 不仅仅是这些返航的 U 型潜水艇总是用信号通告它们预期的抵达时间, 每一艘出港的 U 型潜水艇也会在通过法国的比斯开湾 (Biscay) 时发送报告, 或者如果是从挪威或波罗的海出发的潜水艇, 就会在跨越北纬 60° 后发送报告. 除非是一艘 U 型潜水艇为一项特别任务而出航, 或者是航行至一个遥远的区域, 其他情况下, 在潜艇入海后就通过 [无线电] 来接收其目的地位置和各项操作指令. 这些都是必须按照最新情况来安排的事务, 而且在海上的所有 U 型潜水艇都必须知悉这些事务. 在没有发出请求并获得许可的情况下, 没有任何一艘 U 型潜水艇可以背离其指令; 在没有发出请求并获得许可的情况下, 也没有任何一艘 U 型潜水艇可以开始回航. 在 U 型潜水艇所发送的每个信号中, 都需要援引其当前位置. 假如它没有这样做, 或者好几天都没有发送信号, 就会接到命令要求它报告位置. 此外, 对于 U 型潜水艇发送的每一个信号, 都理当附有一条说明其现存燃料总量的命题①......

---

① 辛斯利给出以下信号作为一个典型实例.

发送自: 舒尔茨 (Schultze, U 432)

发送至: 舰队指挥 U 型潜水艇

在 8852 方位已沉没一艘汽轮 (确定), 很可能还沉没了一艘油轮. 10 月 15 日烧毁一艘油轮. 我当前的位置是 8967 方位. 还剩余 69 立方米燃油. 还剩余两枚 (空投) 鱼雷和一枚 (电动) 鱼雷. 风向西南, 风力 3 到 4 级. 气压 996 毫巴. 温度 21 摄氏度. —— 原注

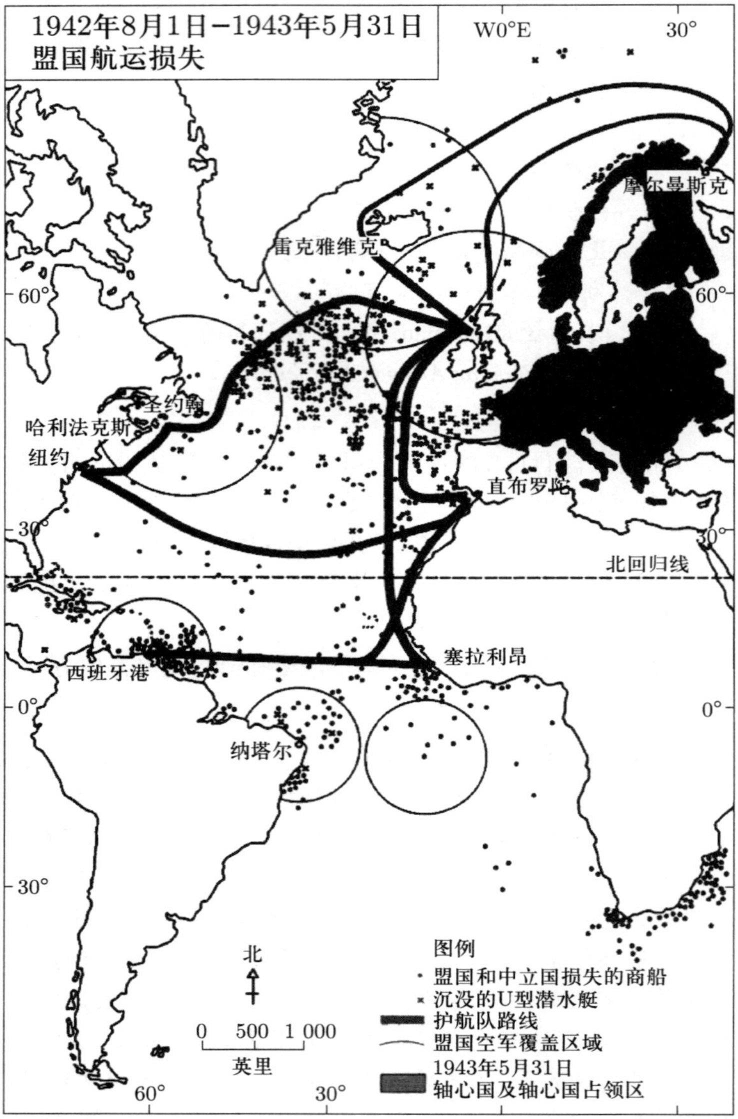


图 15.3 从 1942 年 8 月 1 日到 1943 年 5 月 31 日的同盟国航运损失

U 型潜水艇司令部 …… 以有规律的时间间隔命令指定地理位置之间的巡逻线的构成和重组, 下令的方式是对将要排成一线、各就各位的每位 U 型潜水艇指挥官直呼其名, 并告知他在其中的确切位置. 司令部通知每排 U 型潜水艇, 在接近护航队的时候应预期到什么, 此外还为了照料海里的所有 U 型潜水艇而稳定地向它们提供一系列情况报告和常规命令. 当有一支护航队出现在视野中的时候, 司令部决定攻击的时间、方向和顺序. 实施这种程度的远程控制 …… 要求与目标相联系的各艘 U 型潜水艇以高频发送对于其处境的详细描述 (参见 [95] 第 2 卷第 549–550 页).

英国人研发了高频无线电测向设备 (High Frequency radio Direction Finding, 缩写为 "HF/DF"), 绰号 "Huff-duff", 其基础是战前关于追踪雷暴的研究. 在布莱克特的推动下, 从苏格兰西南端的兰兹角 (Land's End) 到苏格兰东部的设得兰群岛 (Shetland) 设立了八座陆基电台. 练习 3.3.2 解释了为什么这些电台的基线被尽可能拉长. 此外, 对于这些电台为什么 (如德国人所预料的那样) 不能够从 500 多千米以外提供精确的方位, 在大西洋中部 (至少是对于战术目的而言) 也无效, 该练习也给出了其中的许多理由之一. 不过 (正如德国人不曾预料到的), 这些 Huff-duff 装置被做得很小, 足以随护航舰一同出海. 这是一个重大的战术进步, 不过为了给护航队安排路线, 只有恩尼格码有用. 难怪力图追踪潜水艇的作战情报中心 (operational intelligence centre) 极力要求代码破译者们, 对于 "鲨鱼" 要 "再多关注一点", 并告诉他们, 这场 U 型潜水艇战役是 "一场布莱切利园目前不会在任何显著程度上对其产生影响的战役 —— 而且除非布莱切利园**确实**提供帮助, 否则这就是这场战争可能失利的唯一一场战役. 我认为这并非 (任何) 夸张之词."

1942 年 10 月末, 三名英国海军水手登上一艘正在下沉的德国潜水艇, 并从中抢救出一些文件. 中尉法森 (Fasson) 和二等兵葛雷瑟尔 (Grazier) 在搜寻更多文件的过程中与潜水艇一起下沉. 第三位水手是一位厨师的助手, 名叫布朗 (Brown), 原来他为了参军而谎报了年龄. 他由于其英勇而获得了勋章, 荣归故里, 却不料在两年后的一场空袭引起的火灾中, 他因试图抢救他的妹妹而丧生.

在这些缴获到的文件中, 有短天气密码的第二版. 布莱切利这时就获得了继续工作的 "踏脚石", 不过第四个转子仍然意味着要遍历的可能性是原来的 26 倍. 12 月 13 日, 他们找到了一个解答①, 并且他们还高兴地发现, 这些天气信息是在第四个转子处于空挡的情况下发送的, 因而这台四转子的机器实际上就变成了一台三转子的机器. (这样做的原因是为了使用于气象服务的那些三转子的机器可以继续使用.) 就其自身而言, 这原本不应致使 "鲨鱼" 泄密, 不过结果发现在非天气信息中也使用了与这前三个转子相同的设置. 密码分析专家们一旦知道了天气设置, 就只需要尝试薄转子的 26 种可能的设置就能完全解密了. 通常胜任有余的德国海军密码学家们犯下这个错误, 可能是因为他们过分执着于对内部敌人的恐惧. 因此第四个转子的意图并不是要防止英国人攻破一个被认为是固若金汤的系统, 而是要预防德国军队中的其他分支未经授权而去阅读这些潜水艇通信内容.

在接下去的几个月中, 英国人提高了破解密钥的成功率, 不过当一种新的短天气密码投入使用, 以及当第二个薄转子被采用的时候, 还是出现了一些危机. 从 3 月 10 日到 6 月底的 112 天中, 有 90 天都找到了 "鲨鱼" 的密钥. 正如我们已经看到的, 3 月份见证了德国护航队在这场战争中取得的最伟大的几场胜利. 这也是最后的几场胜利. 表 15.4 中这些数字说明的问题不言而喻. 5 月底, 邓尼兹将他的各支

① 我在这里忍不住要攀龙附凤一番. 在实现这次突破时的负责人是肖恩 · 维莱 (Shaun Wylie), 他是我在三一学堂的前辈之一. —— 原注

军队从北大西洋撤回, 到别处寻找一些更加容易的目标. 7 月份, 他再度尝试北大西洋, 此时他的潜水艇击沉 123327 吨 (18 艘船), 而他们自己的损失是 37 吨, 不过他再次撤回, 这一次本质上是永久性的撤退. 5 月份是一个标志点, 邓尼兹从这时开始明白, "我们已经输掉了大西洋战役."

**表 15.4 1943 年北大西洋中每月的损失**

| 月份 | 损失的吨数 | 损失的船舶数 | U 型潜水艇损失 |
| --- | --- | --- | --- |
| 3 月 | 476349 | 82 | 15 |
| 4 月 | 235478 | 39 | 15 |
| 5 月 | 163507 | 34 | 41 |

希特勒也随声附和邓尼兹的看法, 他认为 "我们这些 U 型潜水艇暂时遭遇的挫折 …… 仅仅是由于我们的敌人的一项技术发明," 即安装在反潜飞行器上的、新的十厘米雷达. 除此以外, 正如邓尼兹充分意识到的, 还要加上甚远程飞机和临时凑成的航空母舰导致了空军覆盖缺口的闭合. 从理论上来说, 潜水艇司令部意识到这些代码也许会被破解的可能性. 邓尼兹在盟军破译代码成功的消息传出之前所写的回忆录中这样写道:

> 我们的密码都经过再三检查, 以确保其牢不可破. 而且每一次, 海军统帅部中的海军情报部门负责人都坚持己见, 认为敌方不可能破解这些密码.

实际上, 如果承认这些代码也许会被破解, 就会摧毁邓尼兹的整个体系, 因此归咎于雷达、祸从口出、间谍[①]和霉运就更容易些了. 同理, 尽管对于护航舰来说, Huff-duff 比十厘米雷达更有用, 不过所有的损失都被归咎于雷达.

> 一些巡逻回来的 U 型潜水艇指挥官对于 [无线] 传输以后常常会紧跟着一场攻击这种鬼使神差的巧合评头论足, 并认为其中可能存在着某种联系. 不过 [海军情报处] 无法设想这样的事情. 任何一位坚持己见的 U 型潜水艇指挥官都被认为有几分古怪 (参见 [258] 第 250 页).

恩尼格码暂时失效这一后果给英国的代码破译者们服下了一剂苦口良药, 这些译码者同时也肩负英国代码的安全. U 型潜水艇司令部对于护航队更改航线的反应说明, 用于在美国海军和英国皇家海军之间通信以及护航舰控制的英国海军密码已经遭到了德国海军情报处的彻底破解. 英国皇家海军有过丢脸的经历 —— 由于安

① 1945 年, 一位美国情报部门官员注意到, 德国安全部门的书柜里 "似乎排列着一些恶魔般的、聪明的英国人的间谍小说." (参见 [86] 第 639 页)—— 原注

全问题而受到其同侪美国的训诫. 6 月 10 日, 德国海军情报处注意到 “FRANKFURT” 突然沉默下来. 这时引入的新代码仍然未被破译, 于是邓尼兹就此失去了一个消息来源, 而据他所说, 这个来源为他提供了半数的情报.

由恩尼格码提供的信息还使盟国得以追捕到 10 艘 “奶牛” 中的 9 艘, 即大型潜水油轮, 邓尼兹倚靠它们来有效管理较远水域的操作运行. 尽管英国人曾一度发送警告说, 美国人的这些成功 “太真实以致不会是好事”, 不过德国人似乎只是把这些损失当作许多灾难中的另外一场而已.

在这一连串德国的问题以外, 还必须加上盟国的新武器①, 以及幸亏运筹学对旧武器的更有效应用. 空军覆盖间隙的闭合很可能是这场胜利中最重要的单一因素, 不过正是这些因素的结合, 才使得这场胜利势不可挡.

邓尼兹继续进行他的 U 型潜水艇战争, 直至遭遇惨痛的结局. 总的说来, 海军历史学家们坚持认为这个结论是正确的, 他们是从这个角度来看待问题的: U 型潜水艇的威胁继续牵制着盟国海军的大量船只和飞机, 尽管也有其他人指出, U 型潜水艇战役本身对有限的德国资源造成沉重的负担. 不过, 无论这从狭义的军事意义上来说正确与否, 从广义的战略意义上来说, 这个结论无关紧要. 在这场战争剩下的两年中, 只有 337 艘盟国商船被击沉, 而花费的代价则是 534 艘 U 型潜水艇. (在参加过 3 月份的那几场护航队战役的 45 艘 U 型潜水艇中, 只有 2 艘从这场战役中幸存下来, 其余的都被击沉, 而且大部分没有幸存者.) 与此同时, 源源不断的护航队运载着所需的士兵、武器和燃料横越大西洋, 首先是为了入侵意大利, 然后又是为了诺曼底登陆以及随后的各场战役.

我们不需要去推断, 倘若当时大西洋战役战败的话, 结果会发生什么. 不过如果需要再多花费几个月才能取得这场战役的胜利, 那么诺曼底登陆就会延迟一年, 于是我们就进入了 “可以左右的历史” 范围. 如果换做一个更加感情外露的年代, 也许就会用一座雕像来庆贺这样的一场胜利了, 这座雕像可能显示的是一位端庄健美但穿着考究的女性, 她代表的是科学, 而匍匐在她脚下的则是身披铠甲的战神, 或者也可能是布莱克特和图灵的巨大塑像, 他们永远地凝视着西进口航道②. 由于没有这样一座纪念碑, 那么图 15.4 (取自罗斯基尔 (Roskill) 的辉煌历史中第二卷的第 379

① 其中包括一种由美国开发的空投自导鱼雷, 名叫 “流浪的安妮” (Wandering Annie). 由于这种鱼雷的发射目标是潜水艇推进器制造出的水涡, 因此通过减缓潜水艇的速度, 就可以很容易地对付这种武器. 于是至关重要的问题就是要对这种鱼雷的存在保密. 第一个样品是在严密的安保下运抵英国的, 不过负责此事的官员叙述道, 此后不久 “我就收到一个通过普通邮件寄来的浅黄色信封, 上面横写着 ‘OHMS’. 里面是一封英国海关总署的来信, 他们想知道我为什么向英国进口了 ‘一些装运货物的箱子, 其中装有的东西被认为是某种形式的空中自导鱼雷, 用于对付潜水艇.’ 为什么我没去申报它们?” (参见 [189] 第 123–124 页)—— 原注

“OHMS” 是 “On His/Her Majesty’s Service” 的缩写, 即 “为陛下效劳”, 表示政府公务信件, 不用付邮资. —— 译注

② 西进口航道 (Western Approaches) 是大西洋靠近不列颠群岛西岸的一块长方形水域. —— 译注

页) 就足以充当一个纪念物了①.

图 15.4 1939 年到 1945 年航运累计的增益与损失

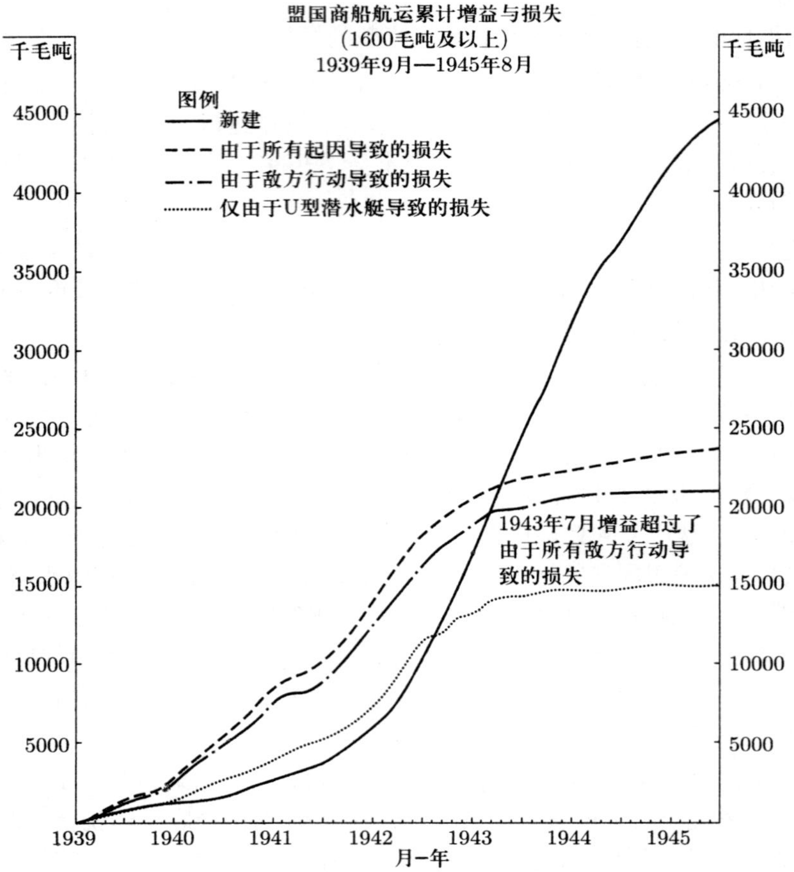


① 在辛斯利的追悼会上,第一段朗诵取自《希伯来圣经》的《列王记》(*II Kings*) 第 6 章, 第 8–12 诗节. —— 原注

# 回声 第 16 章

## 16.1 一些难题

到战争接近尾声的时候, 英国政府希望隐藏两条相互关联的秘密 —— 其中之一是英国及其美国盟友们能够解读其他许多国家所使用的代码 (当时存在着一个繁荣兴旺的二手德国恩尼格码机市场) 这个事实, 而另一个更加黑暗、更加巨大的秘密, 则是这场潜水艇战争如何几乎以失败告终①. 尽管有数千人曾经进入布莱切利工作或者与之合作, 但这个秘密还是被保守了 30 年. 到真相泄露的时候, 英国人终于已经开始对他们的光荣岁月失去兴趣, 而且不管怎么说, 在这个国家的救星们所构成的万神殿中, 很难找到一位同性恋纯粹数学家的容身之地②.

不过, 名声对于数学家们而言, 是在于自己的定理为人们所牢记, 而自己的名字却被人拼错. 图灵在他自己的一生中获得了盛名, 这是在 1953 年的一本计算机书后的注释词汇表中揭示出来的.

> **图灵机** (Türing Machine) 1936 年, 图灵博士撰写了一篇论述计算机器的设计和局限的论文. 出于这一原因, 这些机器有时也以他的名字来命名. 其中 u 上方的变音符号是一个既不应有也不受欢迎的画蛇添足, 这想必是出于这样一种印象: 任何如此令人费解的事物, 必定是跟日耳曼人有关.

图灵还有着对于一位数学家而言罕见得多的盛名, 那就是有一本第一流的传记. 霍奇 (Hodge) 的书 [96] 是一片崇敬的结果, 此书产生了出乎意料的, 不过所幸也是暂时性的意外效果: 将其中的主角变成了一个文化上的偶像.

战后, 图灵对电子计算机的开发进行了研究, 这是在他的通用机 (Universal Machine) 以及后来在布莱切利机器中所预示的. 正如我们可以预料到的那样, 关于这

---

① 西欧各国至今仍然维持着巨大的反潜部队. 为了训练这些部队, 他们就需要大量的潜艇舰队. 而为了负担这些潜艇舰队, 于是他们向其他国家出售潜水艇以及潜水艇技术. 其他各国拥有潜水艇, 又增加了潜水艇所带来的威胁, 而正是针对这种威胁才有必要维持大量部队 (参见 [198]). —— 原注

② 如今, 大量令人印象深刻的全面审查程序为布莱切利的后继机构确保了安全性, 不过正如同样也在海军恩尼格码工作过的 I. J. 古德 (I. J. Good) 的评论所说: “保安人员早先不知道图灵是同性恋, 这是一件幸事, 因为如果他们当时知道的话, 他也许就得不到参与机密工作的许可, 而我们也可能就输掉这场战争了.” (参见 [160] 第 34 页) —— 原注

样的机器是否可能会思考, 在当时存在着大量的争论, 并且也正如我们可以从图灵在 1936 年所撰写的论文中预料到的那样, 他认为:

- 我们最终有可能造出某些机器, 它们外在的 "智能行为" 会与人类的智力行为不可分辨.
- 既然我们的内在 "思维" 表现出来的唯一方法就是通过我们的外在 "智能行为", 那么我们就不得不承认, 此类机器是能够思考的.

他的这些观点罗列在一篇优美清晰的论文中, 标题为《计算机器与智能》(Computing machinery and intelligence). (这篇论文被多次收入选集, 出现在例如纽曼汇集的第四卷中.)

还有一种与此对立的观点是由罗杰 · 彭罗斯① 在他的《皇帝新脑》(*The Emperor's New Mind*) 一书中提出的. 希望对于图灵机以及相关主题有更多了解的读者, 从彭罗斯的这本书读起是更好的了 (霍奇 [96] 的叙述也非常清晰简明). 此外, 彭罗斯还对现代物理学的许多内容提供了一种极具洞察力的观点②. 我料想大多数读者都会倾向于赞同图灵的观点, 不过即使这种观点是正确的, 我认为这也不是最后的定论.

有一种异议 (他很有可能会同意这种看法) 是说, 飞机并不是通过效仿鸟类而飞行的, 而书籍也不必通过效仿大脑来记录下数据. 人类智能中最令图灵感兴趣的方面之一是下国际象棋, 他还概要列出了最早的国际象棋程序. 如今, 计算机能够战胜 99.9% 的人类, 不过它们是通过使用其 "非人类的" 战术上的力量来克服我们 "人类的" 战略上的狡诈. 如果机器不能够思考, 那么尽力去使它们模拟人类就毫无意义, 而如果它们能够思考, 那么它们所能做到的, 肯定会胜过模仿一群刚刚从树林里出来的猿猴.

第二种异议更为基本. 其内容是说, 即使我们能够构造出一部行为类似人类的机器, 我们也不会对思维的本质有更多的理解. 三百年前, 莱布尼兹写道:

> ······ 假设有这样一部机器, 它的构建方式使它能够思考、感觉, 并具有认识能力, 我们可以设想在保持比例不变的情况下增大其尺寸, 这样就可以有人进入其内部, 就好像进入一个磨坊那样. 按照这样的情况, 我们在检查其内部的时候, 应该只会发现相互依存而起作用的部件, 而永远不会找到任何事物来解释一种认识能力 (参见 [129] 引用的《单子论》(*Monadology*) 第 17 节).

图灵还深刻地思考了形态发生过程, 即一个表面看来没有明显差异的、本质上

① 罗杰 · 彭罗斯 (Roger Penrose, 1931—), 英国数学物理学家、牛津大学数学系教授, 他在广义相对论与宇宙学领域都有重要贡献. —— 译注

② 不过, 大多数我尊重其观点的人都排斥彭罗斯关于人类思维本质的观点, 不过 "不是因为这些观点疯狂, 而是因为它们不够疯狂." —— 原注

对称的单一细胞变成复杂的、高度分化的一条鱼、一头老虎或者一个人, 其间所经历的过程. 在达西 · 汤普森[1]辞藻华丽的散文中, 可以找到有关图灵问题本质的某种迹象. 达西 · 汤普森是他在这个领域中的前辈之一 (尽管在达西 · 汤普森写作的 20 世纪初期, 他所寻求的与其说是对这个问题的生物化学解答, 倒不如说是物理解答).

> 我认为, 我们显然可以用存在束缚或者受到限制来解释许多寻常的生物发育过程和形式转变过程, 这些束缚和限制制约决定了原本会是均匀和对称的生长张力作用. 这种情况与吹玻璃匠的工艺十分相似 …… 吹玻璃匠用一根**管子**开始操作, 他首先封住管子的一端, 从而形成一个中空的泡, 他向这个泡中吹入的一股气体向其四壁施加均匀的压强. 这种均匀的膨胀力会使这个泡自然地趋向于转化为球形, 但是当工匠令他的玻璃泡的一个部分或者另一个部分受到不均匀的加热或冷却时, 从中产生的束缚或者阻力就会使玻璃泡变形为各种各样的形式. 首先展示吹玻璃匠的工艺与自然界的天工之间的这种奇异相似性的, 是奥利佛 · 温德尔 · 赫尔姆斯 (Oliver Wendell Holmes). 大自然常常就从一根简单的管子开始着手, 而当她开始这样做的时候, 就揭示出了这种奇异的相似性. 消化道、包括心脏在内的动脉系统、脊椎动物的中枢神经系统, 其中也包括大脑本身, 这一切都起始于简单的管状结构. 对于它们, 大自然所做的就正如吹玻璃匠所做的一样, 我们还可以说仅此而已. 因为大自然能够把管子这里扩张一些, 那里收窄一点; 把管壁增厚或变薄; 吹掉一个侧枝或者盲肠憩室: 弯曲管子, 或者扭曲、盘绕它; 还有折叠管壁或使它产生皱褶, 可以说是随心所欲. 从这种观点出发, 那就很容易解释诸如人类的胃为何具有这样的形状; 胃就是一个吹坏了的泡, 这个泡由于一侧受到束缚或者阻力, 无法对称地膨胀, 从而致使它向一方倾侧 —— 如果吹玻璃匠让他的玻璃泡的一侧冷却, 就会产生这样的一种束缚, 而在胃本身则是由一根肌带实际产生了这样的作用[2](参见 [238] 第 271 页).

正如图灵力图将这些最为复杂的智能过程简化成为一长串简单步骤, 同时他也力图寻找若干简单的生物化学过程, 这些过程能解释形态发生过程, 并允许正在发育的生物体既作为玻璃, 也作为吹玻璃匠. 可以如何做到这一点, 已在第 9.4 节对穆雷定律的讨论的后半部分中有所表明.

---

① 达西 · 汤普森 (D'Arcy Thompson, 1860—1948), 苏格兰生物学家和数学家, 数学生物学先驱, 他在《生物与形态》(*On Growth and Form*) 一书中首先讨论了生物形态和构造的发展. —— 译注

② 关于生长发育与对称的关系, 可参见赫尔曼 · 外尔著, 冯承天、陆继宗译,《对称》, 上海科技教育出版社, 2002. —— 译注

德·摩根[①] 在他的那本引人入胜的《悖论集》(*Budget of Paradoxes*) 中叙述了一则众所周知的轶事. (拉普拉斯 (Laplace) 和拉格朗日 (Lagrange) 是拿破仑时代的两位最伟大的数学物理学家.)

> 拉普拉斯有一次情绪愉快地去向皇帝呈交 [他的著作之一]. 有些饶舌之人告诉过拿破仑, 说这本书中完全没有提及上帝之名, 而这位皇帝又喜欢提出令人尴尬的问题, 因此他在拿到此书时说道: "拉普拉斯先生, 他们告诉我, 你撰写了这本有关宇宙体系的巨著, 却甚至从未提到过它的创造者." 拉普拉斯尽管对政治家们十分曲意逢迎, 不过在其哲学或宗教的每一个观点上都像殉道者那样绝不妥协 ……, 还是昂首挺胸, 直言不讳地回答道: "Je n'avais pas besoin de cette hypothèse-là" [ "我不需要这种假设" ]. 拿破仑觉得非常好笑, 于是将这个回答告诉了拉格朗日, 而后者惊呼道: "Ah! c'est une belle hypothèse; ca explique beaucoup de choses" [ "啊!这真是一个美丽的假设; 它解释了如此众多的事物" ](参见 [47] 第 2 卷第 1–2 页).

图灵坚定地站在拉普拉斯一边.

图灵去世后, DNA 的结构及其目的揭示说明, 就我们现在所能看到的而言, 每种生物细胞的结构都是由一根带子所控制的, 在这根带子上反复地写出四个符号 —— 这如果不是图灵世界观的决定性证据, 也是惊人的证据. 不过, 图灵自己的工作所设法研究的, 不是程序, 而是机制. 他建立了一个化学药品简单均匀混合的数学模型, 并证明微小随机的扰动 (这必定总是在发生) 可能会导致复杂模式的增长. 这是一项具有启示性的工作, 至今仍然是讨论和实验的主题 (例如可参见 [141], 其中有一个实验展示了此类 "图灵结构" 的实际情况), 不过尽管图灵说明了老虎可能是如何得到它的条纹的, 美洲豹又是如何得到它的斑点的, 但是我们至今仍然不知道他是否正确[②].

形态发生是一个重要而又相当具有普遍性的问题实例. (顺便提一下, 我在反潜艇战争的讨论中曾用到过 C. H. 沃丁顿的书, 他是一位对这个问题深感兴趣的生物学家.) 我们通过讨论一个重要的特定问题来结束这一节.

请回忆一下, 图灵定理告诉我们, 有一些问题是不存在任何算法的 (用更加通俗的话来说, 有一些问题是没有任何解答的). 通过发展这个理念, 人们已经证明, 对于有些问题, 其任何算法都必须花费非常多的步数才能求得一个解答 (用更加通俗的

---

① 奥古斯塔斯·德·摩根 (Augustus de Morgan, 1806—1871), 英国数学家、逻辑学家, 他提出的德摩根定律使数学归纳法的概念严格化. —— 译注

② 最新消息.《自然》(*Nature*) 杂志 1995 年 8 月 31 日的那一期 (第 376 卷, 6543 号, 第 765–768 页) 中有一篇近藤 (S. Kondo) 和浅井 (R. Asai) 撰写的文章, 其中对于天使鱼的条纹是一个图灵系统给出了充足的理由. —— 原注

话来说, 有一些短小的问题具有很长的解答). 定理 11.4.12 已经证明, 如果 $N \geqslant 4$, 那么任何对一个由 $2^N$ 个互不相等的数 $x_1, x_2, \cdots, x_{2^N}$ 构成的集合进行排序的方法都至少需要 $N2^N/16$ 次比较. 数学家们构建出一些问题, 使得解答由 $n$ 个数据构成的问题所需要的步数 $f(n)$ 发生暴发式的快速增长.

像恩尼格码机制造商那样的代码制作者们力图构建出一个问题 (由编码信息求得代码), 这个问题很难解答, 却很容易设立 (因为对信息编码应该很容易). 不过, 解码问题还有一个更进一步的特征 —— 一旦我们求得了解答, 就很容易检验我们是否有了解答. 同理, 尽管要对 $2^N$ 个互不相等的数字进行排序, 需要至少 $N2^N/16$ 次比较, 但是要检验它们确实已经排好序了, 则只需要 $2^N-1$ 次比较. 于是我们不禁要问: 是否存在着一些短小的问题, 它们具有很长的解答过程, 却具有很短的检验过程. 是否存在着一些问题, 使得解答有 $n$ 个数据的问题所需要的步数 $f(n)$ 发生指数式的快速增长, 而检验某一个已经提出的解答是否正确所需要的步数 $g(n)$ 却增长得相当慢? 这就是所谓的 P-NP 问题, 它也是现今数学领域中最重要的未解问题之一.

读者也许会反对说, 我们还没有足够明确地表述这个问题. 要完全严格地表述这个问题并不难, 不过我要做的是, 对一个被认为同样困难的特定问题给出一种明确的陈述.

**旅行的推销员问题**　假设有一位推销员想要访问 $n$ 个镇, 对于其中每个镇, 他都要访问一次, 而且仅访问一次, 起点是特定的某一个镇. 给你提供的是每一对镇之间的距离 (因此就有 $n(n-1)/2$ 个数据). 试估算用一个程序来求出最短路径所需要的机器运算次数 $F(n)$.

几乎所有人都相信 $F(n)$ 比 $n$ 的任何幂次都增长更快, 即对于一切 $k$, 当 $n \to \infty$ 时,

$$\frac{F(n)}{n^k} \to \infty.$$

任何人如果能够证明这些结论是正确的 (或者是错误的, 谁知道呢), 就会一夜之间成为一颗数学超级巨星.

**练习 16.1.1**　迄今为止, 还没有人成功创造出一种具有恩尼格码的各种长处而又可以证明其难以破解的加密系统. 达到这个目的的一种方式是创造一种加密系统, 从而如果我们具有一种破解它的一般方法, 那么我们就会还有一种解决某个数学问题的方法, 而我们已知这个数学问题是很困难的. 在这个练习中, 我们概述一种优美的编码系统, 这个系统要归功于李维斯特 (Rivest)、沙米尔 (Shamir) 和阿德尔曼 (Adleman). 人们相信这种编码系统具有这样的特征: 如果我们有一种破解它的一般方法, 那么我们就会还有一种解决某个数学问题的方法, 而我们相信这个数学问题是很困难的. 我们用数学的简略表达式

$$a \equiv b \bmod c$$

来表示 $a$ 和 $b$ 被 $c$ 除时产生相同的余数 (或者等价的说法是, $a-b$ 能被 $c$ 整除). 从理论上来说, 这就是读者所需要知道的唯一条件, 不过从实践上来说, 读者如果还未曾遇到过此类表达式, 就可能会发现下面的这些内容相当艰难.

(i) (对于大多数读者而言, 这都几乎不会是新的知识.) 在字母表中, `B` 是第二个字母, `A` 是第一个字母, 而 `D` 是第四个字母. 如果我们将 `BAD` 与整数

$$(2-1)+(1-1)26^1+(4-1)26^2$$

相关联, 那么请描述一条恰当的规则, 它将每个由 $n$ 个字母构成的序列 $\pi$ 与一个独一无二的整数 $N_\pi$ 相关联, 从而使 $0 \leqslant N_\pi \leqslant 26^n-1$. 试解释为什么这就意味着, 我们也可以对整数进行编码, 而不是对字母序列进行编码.

(ii) 假设 $n \geqslant 1$. 如果 $m$ 和 $n$ 没有任何公因数, 那么我们就说 $m$ 和 $n$ 互素. 利用贝祖定理 (即练习 10.3.8 中得到过的欧几里得算法的结果) 来证明存在两个整数 $r$ 和 $s$, 从而有

$$rm+sn=1,$$

进而

$$rm \equiv 1 \bmod n.$$

如果 $ml \equiv 0 \bmod n$, 试证明 $l \equiv 0 \bmod n$.

如果 $ml \equiv mk \bmod n$, 试证明 $l \equiv k \bmod n$.

(iii) 如果 $p$ 和 $q$ 是两个不同的素数, 通过考虑以下三个集合:

$$A=\{pq-1 \geqslant r \geqslant 0 : r \equiv 0 \bmod p\},$$
$$B=\{pq-1 \geqslant r \geqslant 0 : r \equiv 0 \bmod q\},$$
$$C=\{pq-1 \geqslant r \geqslant 0 : r \equiv 0 \bmod pq\},$$

试证明在 0 到 $pq$ 之间, 恰好存在 $(p-1)(q-1)$ 个与 $pq$ 互素的整数.

(iv) 在 (v) 中, 我们会证明如果 $p$ 和 $q$ 是两个不同的素数, 而 $k$ 与 $pq$ 互素, 那么

$$k^{(p-1)(q-1)} \equiv 1 \bmod pq.$$

对于 $p=7, q=3, k=2$, 请检查以下的验证过程:

$$k^{(p-1)(q-1)} \equiv 2^{12} \equiv (2^4)^3 \equiv 16^3 \equiv (-5)^3 \equiv -125 \equiv -(-1) \equiv 1 \bmod 21.$$

请继续用 $p, q$ 和 $k$ 的其他值来验证这个结论, 直至你确信它很有可能是正确的.

(v) (a) 设 $a_1, a_2, \cdots, a_{(p-1)(q-1)}$ 是 0 到 $pq$ 之间的 $(p-1)(q-1)$ 个与 $pq$ 互素的整数. 如果 $k$ 与 $pq$ 互素, 试解释为什么 $ka_r$ 与 $pq$ 互素, 以及为什么在 0 到 $pq$ 之间恰好存在一个满足 $b_r \equiv ka_r$ 的整数 $b_r$. 试解释为什么 $b_r$ 与 $pq$ 互素.

(b) 试证明如果 $1 \leqslant r \leqslant (p-1)(q-1)$, 那么仅当 $r = s$ 时, $b_r = b_s$. 推断出序列 $b_1, b_2, \cdots, b_{(p-1)(q-1)}$ 只不过是将 $a_1, a_2, \cdots, a_{(p-1)(q-1)}$ 以某种顺序重新排列后的结果.

(c) 推出

$$b_1 b_2 \cdots b_{(p-1)(q-1)} = a_1 a_2 \cdots a_{(p-1)(q-1)},$$

因此

$$ka_1 ka_2 \cdots ka_{(p-1)(q-1)} \equiv a_1 a_2 \cdots a_{(p-1)(q-1)} \bmod pq,$$

或者重新整理后得

$$k^{(p-1)(q-1)} a_1 a_2 \cdots a_{(p-1)(q-1)} \equiv a_1 a_2 \cdots a_{(p-1)(q-1)} \bmod pq.$$

利用 (ii) 推断出, 只要 $k$ 与 $pq$ 互素, 就有

$$k^{(p-1)(q-1)} \equiv 1 \bmod pq.$$

(这是费马 – 欧拉小定理 (Fermat-Euler little theorem)的一个特例, 请参见 [32] 的第十一章或者 [85] 的第六、七两章.)

(vi) 假设 $p$ 和 $q$ 是两个不同的素数, 并且令 $n = pq$. 设 $a$ 是一个与 $(p-1)(q-1)$ 互素的数字. 利用练习 10.3.8 的方法, 我们能够找到 $b'$ 和 $b''$, 使得

$$b'a + b''(p-1)(q-1) = 1,$$

因此

$$b'a \equiv 1 \bmod (p-1)(q-1).$$

选择 $1 \leqslant a \leqslant (p-1)(q-1)$ 是很方便的. 试解释如何求出 $1 \leqslant b \leqslant (p-1)(q-1)$, 使得

$$ba \equiv 1 \bmod (p-1)(q-1).$$

我们将 $(n, a)$ 这对数称为加密钥, 而将 $(n, b)$ 这对数称为解密钥.

假设 (我们的秘密数字) $k$ 满足 $0 \leqslant k \leqslant n-1$. 为了用加密钥 $(n, a)$ 来对 $k$ 进行加密, 我们计算 $l \equiv k^a \bmod n$, 其中 $0 \leqslant l \leqslant n-1$, 并且令 $l = f(k)$ 为我们的传输信息.

为了用解密钥 $(n, b)$ 来解密一条信息 $l$, 我们计算 $k' \equiv l^b \bmod n$, 其中 $0 \leqslant k' \leqslant n-1$, 并且令 $k' = g(l)$ 为我们的传输信息.

试解释为什么对于某个整数 $r$ 有 $ab = 1 + r(p-1)(q-1)$, 并验证如果 $0 \leqslant k \leqslant n-1$, 则

$$g(f(k)) \equiv (k^a)^b \equiv k^{ab} \equiv k^{1+r(p-1)(q-1)} \equiv k(k^{(p-1)(q-1)})^r \equiv k,$$

从而证明出每一步的合理性. 如果 $0 \leqslant l \leqslant n-1$, 那么 $f(g(l))$ 的值是什么?

(vii) 假设你已经用 $p=131, q=151, e=11143$ (选择这些数字是出于计算方便的考虑, 而不是现实的考虑) 建立起了这样一个系统. 用数字 141 编码所得到的小于 $pq=19781$ 的正整数是哪一个? [请注意, 计算 $a^{26}$ 的一种相对快速的方法是写下 $a^{26}=((((a^2)^2)^2)^2(a^2)^2)^2a^2$ 的形式. ]

我们有充分的理由相信, 倘若在选择 $p$、$q$ 和 $a$ 时预先采取一些恰当的措施, 那么

(A) 任何一种对加密信息进行解码的方法都会提供解密钥 $(n, b)$, 并且

(B) 利用这一解密钥, 就很容易分解 $n$.

于是我们认为, 任何一种对加密信息进行解码的方法都会提供一种分解 $n$ 的方式. 不过, 尽管数学家们对于这个问题已经思考了许多年, 至今还是没人找到一种分解大数的简单方法. 因此我们就有足够的理由假设, 破解李维斯特 – 沙米尔 – 阿德尔曼系统是很困难的. 然而, 谁都没有确定的把握, 于是研究还继续进行着. (更多细节请参见蔡尔兹的《高等代数具体介绍》(*A Concrete Introduction to Higher Algebra*) 的第十五章. 虽然科布利茨 (Koblitz) 的《数论与密码学教程》(*A Course in Number Theory and Cryptography*) 一书中含有许多高等数学, 不过其中的第一章和第四章的第一、二节可读性很强, 而且对所涉及的内容提供了一种更为深刻的见解.)

## 16.2 香农定理

1941 年, 丘吉尔与罗斯福 (Roosevelt, F. D.) 在美洲海岸以外的一艘战列舰上举行了一次会议, 像这样的会议都承载着一种强大的象征性重量. 我们看到在其中反映出来的各国的沉浮和各种思想的冲突. 对于数学家们而言,1943 年图灵和香农在贝尔实验室茶室里的几次会晤也具有类似的回响, 他们一个是现代计算的守护神, 另一个则是现代通信系统的庇护者. 当然, 这两位数学家只有那两位政治家的一半年纪. 图灵尽管是他的祖国战事行动中最秘密分支的中心人物, 当时也不过刚刚三十岁出头, 而香农则比他还要年轻. 两位政治家讨论的是世界的未来, 而这两位数学家讨论的是如何使一架机器思考. (香农认为, 他们不但应该给它填充数据, 还应该为它演奏音乐 (参见 [96] 第 251 页).)

正如图灵的主要兴趣并不在于破解密码, 而是在于计算那样, 香农的主要兴趣也不是隐藏信息, 而是清晰地传输信息. 不过, 也正如图灵的主要兴趣和次要兴趣交相辉映那样, 事实证明香农的两种兴趣原来也是紧密联系在一起的.

请考虑一下人类的第二种最重要的通信方式 —— 书写. 书面语言是极为冗余的. 如果我将所写内容中每逢第六个字母都用 x 来代替, 那么仍然很容易弄懂我的意思是什么 (then ix is stixl easy xo work xut whax I mean). 你在解答第 13.1 节中的那些简单替代密码时, 充分利用过这个事实 (Xhen yox solvex the sixple repxacemext ciphxrs in Sxction 13.1 xou madx great xse of txis facx). 通过略去所有的第六个字母, 我能够写出一本较短因此也就较便宜的书, 却仍然言之成文 (By omitxing evxry sixxh lettxr I couxd prodxce a boxk: whicx was shxrter axd so chxaper bxt stilx made sxnse). 各种速记法系统以一种更加明智的方法来利用这种冗余 (Shrthnd systms mk use of rdndncy in a mr snsbl way)①.

来自 U 型潜水艇的那些天气观测报告被压缩

> …… 成一些单个的字母, 采用的是短天气密码中的那些表格. 于是, 在 1941 年使用的那一版本的表 3 中, 大气压 971.1—973.0 毫巴就用 N 来表示, 973.1—975.0 毫巴就用 M 来表示. 在表 6 中, 1/10—5/10 的卷云覆盖率变成了 E. 利用短天气密码, 在船上的观测者按照规定的顺序将其测量值转换成字母. 例如, 来自北纬 68°、西经 20° (冰岛西北位置) 的一份地面观测中, 报告大气压 972 毫巴、温度零下 5°C、风向为西北风、风力为蒲福风级 6 级 (即每小时 25 至 31 英里的强风)、卷云覆盖率 3/10、可见度可达 5 海里, 这些内容就会变成 MZNFPED (参见 [110] 附录).

将一份完整的天气报告归纳为一个由七个字母构成的单词, 这是一项令人惊叹的壮举. 这种化简的目的是为了缩减传输时间, 由此挫败敌方进行无线电定位的企图. 而这种降低冗余性还有一个副产品, 那就是使天气代码难以破译, 我们已经看到, 英国对抗潜水艇恩尼格码所取得的大量成功都依赖于捕获短天气密码的各种不同版本. 另外还有一个不那么受欢迎的结果是, 在发送或者接收信息中产生的任何差错都无法得到纠正.

低冗余性产生的这种令人不快的效果, 在数学公式中也同样可以看到. 五百年前, 一位数学家可能会这样写: “如果我们将三与未知数的两倍相加, 我们就得到十五. 这个未知数是多少? ” 而现在我们就会简单地说成:

$$\text{“求解 } 3+2x=15.\text{”}$$

这种现代的形式具有许多优势, 不过只要方程中出现一处印刷错误, 其结果就会是灾难性的②.

香农对于冗余性的利用给出了一个进一步的、比较而言不那么重要的例子.

> 语言的冗余性与纵横字谜游戏的存在有关. 如果冗余性为零, 那么任何一

① 如今最优秀的自动语言翻译系统之一, 似乎是加拿大国会所使用的一种. 这一系统所利用的一种技能会以 60% 的成功率猜测出说话者要说的下一个词. 这不仅仅对于加拿大立法者们而言是一个有趣的评注, 对于一般的人类语言更是如此. —— 原注

② 这就是为什么在任何一场数学测验中, 监考者都会全程站在电话机旁边. —— 原注

> 个字母序列就都会是该语言中的合理文字, 而任何一个由字母构成的二维阵列都会形成一个纵横字母游戏. 如果冗余性太高, 那么语言就会施加太多限制而导致大型的纵横字谜游戏不可能形成 (参见 [216]).

除了交流以外, 语言还具有许多目的. 佩内洛普 · 里奇 (Penelope Leach) 在给家长们提出建议的那本极其抚慰人心的书中指出:

> 正常的婴儿在实际需要之前就开始习得真正的语言. 他们在哭泣、发声和动作表示仍然足以确保能够满足需要的年龄和阶段就开始使用词语. 此外, 这些最初的词语 …… 与婴儿从身体角度而言的需要有任何关系的情况为数极少. …… 婴儿很少以"奶"、"起来"、"睡觉"或"想要"这类满足需要的词语来开始说话. 最初学会的那些词语几乎总是深爱的人或动物的名字, 或者是给他们带来愉悦的那些具有重大意义的物体. 这类最初的词语几乎总是用在提醒大人们注意某件事物的场景之下, 从而邀请他们分享自己的体验 (参见 [139] 第 23 章).

我们将语言用于友谊、用于娱乐、用于建立团结关系, 也有的时候只是用来打破沉默. 我们所使用的语言并非由构思而形成, 而是因其历史上的偶然因素而造成的. 日耳曼语族中的 "swine" (猪)、"cow" (奶牛) 和 "sheep" (绵羊), 当它们死后就变成了罗曼诸语的 "pork" (猪肉)、"veal" (小牛肉) 和 "mutton" (羊肉), 这是因为盎格鲁 – 撒克逊的农民曾一度受到说法语的诺曼贵族统治①.

在提出了所有这些解释之后, 再来看看语言作为一种有效通信的手段仍然饶有趣味②. 我们注意到, 像 "yes"、"no"、"is" 和 "me" 这种经常使用的单词都倾向于很短小. 词汇中那些使用频率较低的元素通常则比较长. 这恰恰就是我们在一个有效系统中预期会出现的现象. 有些时候, 当 "motor car" (汽车) 简化成 "car", 或者 "aeroplane" (飞机) 简化成 "plane" 时, 我们实际上就看到, 单词在需要使用得越频繁的时候, 就会变得越短. 尽管这样, 正如我们已经看到的, 我们的语言仍然是高度冗余的. 为什么会这样? 有一种可能性是, 由于冗余性的存在, 因此我们能够在错听一段对话中部分内容的情况下, 而不失其大意.

---

① 据说英国人所拥有的语言, 是两种伟大语言的合并, 然而不幸的是, 他们所说的只是两者的交集. —— 原注

② 不过, 在投入到讨论这个主题之前, 让我给你先来推荐平克 (Pinker) 的《语言本能》(*The Language Instinct*), 其中对于思维如何变成语言提供了一种吸引人的叙述. 作者的清晰风格本身是"通用语法"的一条明证. —— 原注

所有这些都只是有趣的推测. 香农要进入得深入得多①. 为了理解思维, 图灵所考虑的并不是实际的人, 而是简单的机器. 同样, 香农也忽略了人类语言的丰富多彩, 而是考虑一种简单的 "机械" 模型. 在香农的模型中, 我们可以传输一连串 0 和 1, 于是一条信息就会像这样:

$$11100010001001001.$$

我们为这样一串字符所赋予的 "意思" 由我们自己决定. 在 1941 年德国 U 型潜水艇所采用的短信号密码 (Short Signal Cipher) 中,

```
aaaa
```

的意思是 "打算袭击已报告的敌军部队" (Intend to attack reported enemy forces). 我们所传输的每一位数字都要花费某一固定数额 (比如说一个单位) 的钱, 因此我们就希望做到简短. 如果我们能够肯定自己的信息已被正确传输, 那么

(1) 对于 1 个单位, 我们可以传输 2 种可能的信息: 0 和 1;

(2) 对于 2 个单位, 我们可以传输 4 种可能的信息: 00、01、10 和 11;

(3) 对于 3 个单位, 我们可以传输 8 种可能的信息: 000、001、010、011、100、101、110 和 111.

⋮

($n$) 对于 $n$ 个单位, 我们可以传输 $2^n$ 种可能的信息.

不幸的是, 出现某一数位发生传输错误的情况 (结果是 0 变成 1, 而 1 变成 0) 会有一定的概率 (比如说 $p$). (为了简单起见, 我们会假设误差都相互独立.) 现在我们能够做什么?

如果我们只有两条信息要传输 (比如说 "战争" 或者 "和平"), 而可用的经费是 $n$ 个单位, 那么我们就发送 $n$ 个 0 或者 $n$ 个 1. 如果 $p < 1/2$, 那么一条由 $n$ 个 1 构成的信息在被接收到时其中的 0 多于 1 的概率就可以做到任意小, 方法是将 $n$ 取得足够大. 不过, 我们希望用 $n$ 个单位传输许多可能的信息. 此外, 尽管我们不能排除出现误差的可能性, 但我们还是希望将误差的概率降低到某个小值 $\epsilon$. (在实践中, $\epsilon = 10^{-8}$ 肯定会符合要求.)

---

① 密码、通过容易出错的系统进行有效通信和自然语言, 香农的想法中这三个主题之间的联系在他三篇论文的标题中表露无遗, 其中 1948 年和 1949 年发表的两篇论文总结了香农的那些早期的研究, 稍后的一篇于 1951 年发表. 这三篇论文的标题分别是: "通信的一种数学理论" (*A mathematical theory of communication*)、"保密系统的通信理论" (*Communication theory of secrecy systems*) 和 "印刷英语的预言和熵" (*Prediction and entropy of printed English*). 这几篇论文全都出现在贝尔系统技术杂志 (*Bell System Technical Journal*), 并在他的文集中再版. 其中第一篇最关键的论文在《通信的数学理论》(*The Mathematical Theory of Communication*) 一书中又再版, 并伴有威弗尔 (Weaver) 撰写的非数学解释. 如果采取一点明智的跳跃式阅读, 那么香农这篇论文的前几页对于本书的大多数读者而言都可谓开卷有益. 威弗尔的文章尽管没有那么深刻, 不过也值得一读. —— 原注

以下观察结果提供了一条前进的途径: 如果我们将一枚均质硬币抛掷许多次, 那么出现正面朝上的比率会大大偏离 $1/2$ 的可能性非常小. 更普遍地来讲, 以下 "大数定律" 成立①.

**定理 16.2.1** 设 $\epsilon, \eta > 0$. 假设我们将一枚硬币抛掷 $N$ 次, 这枚硬币落地时正面朝上的概率是 $p$. 倘若 $N$ 足够大, 那么正面朝上的次数 $M$ 不满足不等式

$$\left|p - \frac{M}{N}\right| < \eta$$

的概率小于 $\epsilon$.

大多数读者都会不加争论地接受这条定理的真实性. (毕竟, 该定律就是 "平均律" 的一种正确表述形式, 除此之外它还能是什么呢?) 在概率论每一本初级教程中都会给出它的证明. 我们需要的是以下这种变化形式.

**定理 16.2.2** 设 $\epsilon > 0$ 及 $0 \leqslant p < q < 1/4$. 假设我们传输一个由 $N$ 个 0 和 1 构成的字符串, 而用于传输这个字符串所用的系统错误传输任意特定数位的概率为 $p$ (与它对其他任意数位的操作无关). 倘若 $N$ 足够大, 那么出错次数 $M$ 大于或者等于 $qN$ 的概率小于 $\epsilon$.

将定理 16.2.1 中的语句 "落地时正面朝上" 替换为 "错误传输一个数位", 并且令 $\eta = q - p$, 这就得到了定理 16.2.2. ■

这就说明, 如果我们通过定理 16.2.2 的系统接收到一个由 $N$ 个 0 和 1 构成的字符串, 而这个字符串与一条可能的信息不同的地方少于 $qN$ 处, 那么我们就应该假设这就是那条被发送的信息. (同样道理, 如果你在生日那天收到一条信息 "Hoppy barthday", 那么你很容易就能弄懂这条信息的意思.) 唯一会发生问题的情况是, 如果与收到的字符串在少于 $qN$ 个地方有不同, 且收自多于一个可能的信息源②. 当

① 在索尔仁尼琴 (Solzhenitsyn) 的《地狱第一层》(*The First Circle*) 中, 古拉格集中营中的工程师们被指派去建造一架电话加扰器 —— 这种形式的装置令香农和图灵都产生了兴趣. 此书的英译者对于其中的一些细节并不完全精通, 致使将 "大数定律" 的英文 "law of large number" 译成了 "law of great numbers" . —— 原注

② 请回忆一下丘吉尔得知一位名叫 Bossom 的国会议员时的评论: "古怪的名字, 既非此又非彼." —— 原注

"blossom" 的意思是 "开花", "bosom" 的意思是 "胸怀", 但 "bossom" 除了这里的名字以外却没有任何其他的意思. —— 译注

所有这些可能的信息彼此都至少有 $2qN+1$ 个地方相异的时候, 这种情况就不可能发生. 这为我们给出了以下定理.

**引理 16.2.3** 设 $\epsilon > 0$ 及 $0 \leqslant p < q < 1/4$. 假设我们传输一个由 $N$ 个 0 和 1 构成的字符串, 而用于传输这个字符串所用的系统错误传输任意特定数位的概率为 $p$ (与它对其他任意数位的操作无关). 进一步假设所有可能的传输信息彼此都至少有 $2qN+1$ 个地方相异, 并且我们采用这样一条规则: **如果我们接收到的一个字符串与一条可能的信息有 $qN$ 个地方相异, 那么我们就应该假设这就是那条信息. 如果没有任何一条可能的信息具有这一特征, 那么我们就放弃.** 倘若 $N$ 足够大, 那么我们放弃或者所选信息错误的概率小于 $\epsilon$.

定理 16.2.3 带领我们来到中心问题.

**中心问题** 如果由 0 和 1 构成的、长度为 $N$ 的字符串构成一个集合, 其中每一个字符串都与其他所有字符串至少有 $2qN+1$ 个地方相异, 那么我们能够找到的满足此性质的最大集合有多大?

下面这条引理带领我们接近一个令人满意的答案.

**引理 16.2.4** (i) 如果 $0 \leqslant u \leqslant 1/2$ 且 $uN$ 是一个整数, 那么

$$\sum_{r=0}^{uN} \binom{N}{r} \leqslant u^{-uN}(1-u)^{-(1-u)N}.$$

(ii) 如果 $0 \leqslant u \leqslant 1/2$, 且我们将小于 $uN$ 的最大整数写成 $[uN]$, 那么

$$\sum_{r=0}^{[uN]} \binom{N}{r} \leqslant u^{-uN}(1-u)^{-(1-u)N}.$$

(iii) 假设 $0 \leqslant q \leqslant 1/2$. 如果 $\mathbf{x}$ 是一个由 0 和 1 构成的、长度为 $N$ 的字符串, 那么与 $\mathbf{x}$ 有 $2qN+1$ 个地方相异的字符串数量最多为 $(2q)^{-2qN}(1-2q)^{-(1-2q)N}$.

**证明** (i) 首先请注意, 既然 $0 \leqslant u \leqslant 1/2$, 那么我们就有

$$\frac{u}{1-u} \leqslant 1.$$

于是,根据二项式定理就得到

$$\begin{aligned}
1 = (u+(1-u))^N &= \sum_{r=0}^{N} \binom{N}{r} u^r (1-u)^{N-r} \\
&\geqslant \sum_{r=0}^{uN} \binom{N}{r} u^r (1-u)^{N-r} = (1-u)^N \sum_{r=0}^{uN} \binom{N}{r} \left(\frac{u}{1-u}\right)^r \\
&\geqslant (1-u)^N \sum_{r=0}^{uN} \binom{N}{r} \left(\frac{u}{1-u}\right)^{uN} = u^{uN}(1-u)^{(1-u)N} \sum_{r=0}^{uN} \binom{N}{r}.
\end{aligned}$$

将不等式的两边同时乘以 $u^{-uN}(1-u)^{-(1-u)N}$, 我们就得到了结果.

(ii) 这只要对 (i) 的证明做一个简单的修改就行. 哪位读者如果对此有足够的兴趣,想得到详细证明,也就应该有足够的兴趣自己把它写出来.

(iii) 与 $\mathbf{x}$ 恰好有 $r$ 个地方相异的字符串数量, 就是从 $N$ 个可能的地方中选出 $r$ 个地方的方式数, 即 $N$ 个目标中选出 $r$ 个的方式数 $\binom{N}{r}$. 因此, 利用第 (ii) 部分可得

$$\begin{aligned}
&\text{与 } \mathbf{x} \text{ 有小于 } 2qN+1 \text{ 处相异的地方的字符串数量} \\
&\leqslant \sum_{r=0}^{[2qN]} \text{与 } \mathbf{x} \text{ 恰好有 } r \text{ 个地方相异的字符串数量} \\
&= \sum_{r=0}^{[2qN]} \binom{N}{r} \leqslant (2q)^{-2qN}(1-2q)^{-(1-2q)N},
\end{aligned}$$

此即我们所要的结果. ■

如果我们通过观察注意到

$$(2q)^{-2qN}(1-2q)^{-(1-2q)N} = ((2q)^{-2q}(1-2q)^{-(1-2q)})^N,$$

因而通过选择 $\eta$, 使得 $2^\eta = (2q)^{-2q}(1-2q)^{-(1-2q)}$, 我们就得到

$$(2q)^{-2qN}(1-2q)^{-(1-2q)N} = 2^{\eta N},$$

那么我们的这些结果就变得更容易解释.

**引理 16.2.5** (i) 如果 $0 < p < 1/2$, 那么

$$1 \geqslant p^p(1-p)^{1-p} > 1/2.$$

(ii) 如果 $0 \leqslant q < 1/4$ 且 $2^\eta = (2q)^{-2q}(1-2q)^{-(1-2q)}$, 那么 $1 > \eta \geqslant 0$.

**证明** (i) 以下证明要求具备第二年的微积分知识. 设

$$g(p) = \log(p^p(1-p)^{1-p}) = p\log p + (1-p)\log(1-p).$$

对上式求导数, 我们就得到

$$g'(p) = \log p - \log(1-p),$$

因此对于 $1/2 > p > 0$ 有 $g'(p) < 0$. 于是当 $p$ 从 0 变化到 1/2 时, $g$ 严格减小, 从而 $g(p) > g(1/2)$, 且对于一切 $1/2 > p > 0$ 有

$$\log(p^p(1-p)^{1-p}) > \log((1/2)^{1/2}(1-1/2)^{1-1/2}) = \log 1/2.$$

对上式取幂, 我们就得到对于一切 $1/2 > p > 0$ 有

$$p^p(1-p)^{1-p} > 1/2.$$

(要确定 $1 > p^p(1-p)^{1-p}$, 只需要注意到, 当 $0 \leqslant x \leqslant 1$ 且 $\alpha \geqslant 0$ 时必有 $x^\alpha < 1$.)

如果你不具备足够的微积分知识, 那么你可以利用一个便携式计算器画出 $p^p(1-p)^{1-p}$ 的图像来使自己确信这个结果的真实性.

(ii) 设 $p = 2q$. ■

利用引理 16.2.4, 我们现在就能对我们的 "中心问题" 得出一个令人满意的答案.

**引理 16.2.6** 假设

$$0 \leqslant q < 1/4 \text{ 且 } 2^\eta = (2q)^{-2q}(1-2q)^{-(1-2q)}.$$

(i) 假设 $m$ 是一个满足

$$(m-1)2^{\eta N} < 2^N$$

的正整数. 如果 $\mathbf{x}_1, \mathbf{x}_2, \cdots, \mathbf{x}_{m-1}$ 都是由 0 和 1 构成的、长度为 $N$ 的任意字符串, 那么就存在一个字符串 $\mathbf{x}_m$, 它与 $\mathbf{x}_1, \mathbf{x}_2, \cdots, \mathbf{x}_{m-1}$ 中的每个字符串都至少有 $2qN+1$ 个地方相异.

(ii) 假设 $M$ 是一个满足

$$M2^{\eta N} \leqslant 2^N$$

的正整数. 那么就存在着 $M$ 个由 0 和 1 构成的、长度为 $N$ 的字符串, 从而其中每个字符串都与该集合中的其他所有字符串至少有 $2qN+1$ 个地方相异.

**证明** (i) 我们采用一种计数论证. 设 $A_j$ 是长度为 $N$、与 $\mathtt{x}_j$ 相异的地方少于 $2qN+1$ 处的字符串构成的集合. 根据引理 16.2.4 (iii), 每个 $A_j$ 中都包含至多 $2^{\eta N}$ 个字符串. 如果我们令

$$A = A_1 \cup A_2 \cup A_3 \cup \cdots \cup A_{m-1}$$

(于是 $A$ 就是长度为 $N$、至少与 $\mathtt{x}_j$ 相异的地方少于 $2qN+1$ 处的字符串构成的集合), 那么 $A$ 中可以包含至多 $(m-1)2^{\eta N}$ 个字符串. 不过, 由 0 和 1 构成的、长度为 $N$ 的可能字符串共有 $2^N$ 个, 因此既然 $2^N > (m-1)2^{\eta N}$, 那么就必定存在一个不属于 $A$ 的字符串 $\mathtt{x}_m$, 即这个字符串与 $\mathtt{x}_1, \mathtt{x}_2, \cdots, \mathtt{x}_{m-1}$ 中的每一个都至少有 $2qN+1$ 个地方相异.

(ii) 以字符串 $\mathtt{x}_1$ 为起点. 根据第 (i) 部分, 我们可以找到一个字符串 $\mathtt{x}_2$ 与 $\mathtt{x}_1$ 至少有 $2qN+1$ 个地方相异. 通过再次应用 (i), 我们就可以发现一个字符串 $\mathtt{x}_3$, 它与 $\mathtt{x}_1, \mathtt{x}_2$ 都至少有 $2qN+1$ 个地方相异. 此时, 我们又发现一个字符串 $\mathtt{x}_4$, 它与 $\mathtt{x}_1, \mathtt{x}_2, \mathtt{x}_3$ 中的每一个都至少有 $2qN+1$ 个地方相异, 以此类推. 既然 $M2^{\eta N} \leqslant 2^N$, 那么我们就可以按照这种方法继续下去, 直至我们得到 $M$ 个字符串 $\mathtt{x}_1, \mathtt{x}_2, \cdots, \mathtt{x}_M$, 其中每个字符串都与该集合中的其他所有字符串至少有 $2qN+1$ 个地方相异. ■

**练习 16.2.7** (i) 通过取 $q = 1/10$, 并利用引理 16.2.6, 试证明至少存在 6 个长度为 10 的字符串, 其中每个字符串彼此都至少有三个地方相异.

(ii) 通过明晰地计算出 $\sum_{r=0}^{2} \binom{10}{r}$, 然后再利用引理 16.2.4 (iii) 和引理 16.2.6 (ii) 的论证, 试证明至少存在 19 个长度为 10 的字符串, 其中每个字符串彼此都至少有三个地方相异.

(iii) 你能找到 19 个长度为 10、彼此都至少有三个地方相异的字符串吗? 如果你能在不利用计算机的情况下找到的话, 那么我就要向你脱帽致敬, 还要请你再用 $q = 1/10$ 和长度为 20 的字符串来做一下这个练习. 如果你找不到的话, 那么你就会认识到, 证明引理 16.2.4 和 16.2.6 中的这些字符串存在是一件事, 而要找到它们却又完全是另一回事了.

于是我们就解答了我们的 "中心问题", 并且通过将定理 16.2.3 和引理 16.2.6 相结合, 我们获得了香农的那条卓越定理的一种简单形式.

**定理 16.2.8** 设 $\epsilon > 0$, $0 \leqslant p < q < 1/4$, 以及

$$2^{\eta} = (2q)^{-2q}(1-2q)^{-(1-2q)}.$$

假设我们传输由 $N$ 个 0 和 1 构成的一个字符串, 而用于传输这个字符串所用的系统错误传输任意特定数位的概率为 $p$ (与它对其他任意数位的操作无

关). 如果 $N$ 足够大, 而 $M$ 是一个满足

$$M2^{\eta N} \leqslant 2^N$$

的正整数, 那么我们就能够找到 $M$ 个长度为 $N$ 的字符串, 从而如果我们使用以下规则:

**如果我们接收到的一个字符串与一条可能的信息有 $qN$ 个地方相异, 那么我们就应该假设这就是那条信息. 如果没有任何一条可能的信息具有这一特征, 那么我们就放弃.**

那么我们放弃或者所选信息错误的概率小于 $\epsilon$.

我们可以用简单的词语来重新表述这条定理.

**引理 16.2.9** 假设我们有一个系统, 它错误传输任意特定数位的概率为 $p$ (与它对其他任意数位的操作无关). 那么, 如果 $p < 1/4$, 就存在一个取决于 $p$ 的 $\eta$, 从而 (假如 $M$ 很大的话) 使我们能够以任意小的出错概率传输 $2^M$ 条不同信息, 前提是只要我们采用长度为 $\eta^{-1}M$ 的字符串.

如果每一数位都花费一段固定的传输时间, 那么这就告诉我们, 如果将这种容易出错的系统减慢 $\eta$ 倍, 以此为代价, 就可以使它同一个无差错系统不相上下. 从钱的角度来讲, 如果每一个数位都花费一定的传输费用, 那么我们就可以使这种容易出错的系统与一个无差错系统不相上下, 但是其代价会是 $\eta^{-1}$ 倍.

在实践中, 我们不会期望在任何地方使用出错概率高达接近 1/4 的通信系统, 不过像香农这样的数学家们总是想要一条定理的 "最佳可能" 形式. 通过在此论证中引入一种额外的曲折变化, 香农就能够证明这种最佳可能结果.

**定理 16.2.10** 如果 $0 \leqslant p < 1/2, 2p^p(1-p)^{1-p} > \eta$ 且 $\epsilon > 0$, 那么只要 $N$ 足够大, 我们就能够找到长度为 $N\eta^{-1}$ 的 $2^N$ 条不同信息, 从而一条被传输信息发生接收错误的概率小于 $\epsilon$.

**练习 16.2.11** 如果已知某人总是提供错误的意见, 那么他就同已知某个总是提供正确意见的人一样有用, 根据这一原则, 试解释为什么我们在定理 16.2.10 中也可以取 $p > 1/2$. 并解释为什么一个 $p = 1/2$ 的传输系统是完全没有用处的.

在香农定理中所讨论的这种通信系统看起来似乎相当特殊. 涉及连续的 (模拟) 信号而不是由 0 和 1 构成的 (离散的或者数字的) 字符串的那些通信系统又是怎样的情况呢? 正如图灵证明他的简单计算机是所有计算机的一个通用模型那样, 香农也证明了他的简单系统是所有通信系统的一个模型. 对于模拟信号的数字传输和记录的稳步进展见证了他这种洞见的正确性.

香农定理是一条 "存在性定理" . 它告诉我们, 从理论上来说, 我们能够将一个容易出错的通信信道使用得与一个无差错的信道几乎同样有效, 但是它却没有告诉我们实际上如何做到这一点. 针对纠正一个嘈杂通信系统中的差错, 第一个实用的方案是由汉明 (Hamming) 发明的. 据说他的老板们意识到他所做的事情的那一刻, 他们就把他办公桌一扫而空, 把所有东西装进几个大袋子之中, 然后把这些大袋子倾卸到最近的专利局 (夸张的说法, 不过偏离事实并不太多, 参见 [239])! 自从那时以来, 已有许多 "错误校正码" 被开发出来. 从实用的角度来讲, 一种错误矫正码必须要很容易详细说明和使用, 而且没有任何已知的实际代码能接近香农的方案的有效性. 不过, 大多数通信信道一开始就具有非常低的出错率, 因此我们也就不需要香农的有效性. 错误矫正码如今被用在从计算机通信到激光唱片等的各种场合.

**练习 16.2.12** 在大多数近期出版的书籍的封页内侧, 读者都会发现一些出版详情, 其中包括它们的国际标准书号 (International Standard Book Numbers, 缩写为 ISBN). (本书英文版精装本的国际标准书号是 0 521 56087 X, 平装本是 0 521 56823 4.) 国际标准书号采用从 $1, 2, \cdots, 8, 9$ 和 X 中选择的单位数字, 其中 X 表示 10. 每个国际标准书号都由九个这样的数字 $a_1, a_2, \cdots, a_9$ 构成, 后面再跟一位校验数位 $a_{10}$, 使得

$$10a_1 + 9a_2 + 8a_3 + \cdots + 3a_8 + 2a_9 + a_{10} \equiv 0 \bmod 11 \qquad (*)$$

(用比较简单的话来说, $a_{10}$ 是我们将 $10a_1 + 9a_2 + 8a_3 + \cdots + 3a_8 + 2a_9$ 除以 11 所得的余数).

(i) 试检验对于本书以及几本其他书籍, 它们的国际标准书号都使得 $(*)$ 成立.

(ii) 试证明如果你写下一本书的国际标准书号, 但是在其中一个数位产生了一个错误, 那么关系 $(*)$ 对于这个新数字不会成立.

(iii) 试证明如果你写下一本书的国际标准书号, 但是将两个相邻数位上的数互换了, 那么关系 $(*)$ 对于这个新数字不会成立. (在 (ii) 和 (iii) 中给出的这些类型的错误最常见于打字过程中.)

(iv) 不过也请证明, 如果互换相邻数位上的数, 并且在另一数位产生一个错误, 那么关系 $(*)$ 对于这个新数字仍然有可能成立.

(v) 国际标准书号的设计目的是为了**探测**差错, 而不是为了纠正它们. 试证明即使我们只在一个数位上产生了一个错误, 我们还是没有任何办法从这个新数字中辨别出正确的数字是什么.

**练习 16.2.13 (一种汉明码)**　(此练习描述由汉明发明的误差校正码之一. 其中用到比本书其余部分都更为抽象的代数. 特别是读者会需要一些有关矩阵和向量的知识.) 在本练习中, 我们研究二进制的算法, 也即

$$0+0=0, 1+0=1, 0+1=1, 1+1=0$$

及

$$0\times 0=0, 1\times 0=1, 0\times 1=0, 1\times 1=1.$$

我们考虑由

$$\boldsymbol{H}=\begin{pmatrix}1&0&1&0&1&0&1\\0&1&1&0&0&1&1\\0&0&0&1&1&1&1\end{pmatrix}$$

给出的汉明矩阵, 并将对应于 $\boldsymbol{H}$ 中第 $j$ 列的列向量写成 $\boldsymbol{e}_j$. 于是有

$$\boldsymbol{e}_1=\begin{pmatrix}1\\0\\0\end{pmatrix},\quad \boldsymbol{e}_2=\begin{pmatrix}0\\1\\0\end{pmatrix},\quad \boldsymbol{e}_3=\begin{pmatrix}1\\1\\0\end{pmatrix},$$

等等. 我们还将第 $j$ 位是 1、其余位都是 0 的、长度为 7 的列向量写成 $\boldsymbol{f}_j$. 于是有

$$\boldsymbol{f}_1=\begin{pmatrix}1\\0\\0\\0\\0\\0\\0\end{pmatrix},\quad \boldsymbol{f}_2=\begin{pmatrix}0\\1\\0\\0\\0\\0\\0\end{pmatrix},\quad \boldsymbol{f}_3=\begin{pmatrix}0\\0\\1\\0\\0\\0\\0\end{pmatrix},$$

等等.

(i) 试证明 $\boldsymbol{H}\boldsymbol{f}_j=\boldsymbol{e}_j$.

(ii) 假设我们希望发送一条由四个 0 和 1 构成的信息 $a,b,c,d$. 如果我们设

$$x=a+b+c,$$
$$y=a+c+d,$$
$$z=b+c+d,$$

试证明

$$x+a+b+c=0,$$
$$y+a+c+d=0,$$
$$z+b+c+d=0.$$

如果我们写成

$$\boldsymbol{t}=\begin{pmatrix}x\\y\\a\\z\\b\\c\\d\end{pmatrix},$$

试证明 $\boldsymbol{Ht}=\boldsymbol{0}$.

(iii) 假设我们传输由七个 0 和 1 构成的序列 $a,b,c,d,x,y,z$ (由我们希望发送的那条信息 $a,b,c,d$ 后面跟上 "校验数位" $x,y,z$ 构成), 而它接收到的形式是序列 $a',b',c',d',x',y',z'$. 设

$$\boldsymbol{t}'=\begin{pmatrix}x'\\y'\\a'\\z'\\b'\\c'\\d'\end{pmatrix},$$

如果这个序列得到正确的传输, 试解释为什么此时会有 $\boldsymbol{t}'=\boldsymbol{t}$, 且

$$\boldsymbol{Ht}'=\boldsymbol{0}.$$

试解释为什么如果这个序列除了在第 $j$ 位发生一个差错外, 其余部分都得到正确的传输, 那么 $\boldsymbol{t}'=\boldsymbol{t}+\boldsymbol{f}_j$, 且

$$\boldsymbol{Ht}'=\boldsymbol{e}_j.$$

(iv) 如果我们假设在 $a,b,c,d,x,y,z$ 的传输过程中最多发生一个差错, 试解释我们如何能够根据接收到的序列 $a',b',c',d',x',y',z'$ 来复原出原始的那个序列.

(v) 假设在传输一个数位的过程中发生一个差错的概率为 $p$, 且 $p$ 与其他任意数位发生的情况无关. 试证明在序列 $a,b,c,d,x,y,z$ 的传输过程中发生一个以上差错

的概率是

$$q = 1 - (1-p)^7 - 7(1-p)^6 p.$$

对于 $p = 0.1$ 和 $p = 0.01$ 这两种情况分别计算出 $q$. 如果 $p$ 很小的话, 则利用二项式定理或者其他方法来证明

$$q \approx 21p^2.$$

因此如果我们希望发送一条有四个数位的信息, 而用于发送这条信息的系统每一位数要花费 $10^{-6}$ 分钱, 并有 $10^{-6}$ 的概率篡改某一数位, 那么我们就可以花费 $4 \times 10^{-6}$ 分钱来按照原样发送这条信息, 于是它就有大约 $4 \times 10^{-6}$ 的概率发生错乱, 或者采用汉明码, 花费 $7 \times 10^{-6}$ 分钱, 但是得到的回报是将它发生错乱的概率降低到大约 $21 \times 10^{-12}$.

在 T. M. 汤普森 (T. M. Thompson) 的《从错误纠正码通过球最密堆积到单群》(*From Error-Correcting Codes through Sphere Packings to Simple Groups*) 一书中, 他追溯了从汉明最初的那种具有实用性的洞见导向抽象的群论领域中的各种非凡发现, 其间所经历的道路. 汤普森的这本书 (其中有他对于数学创造过程的独特见地), 应该出现在任何对数学发现过程感兴趣的人的书架上. 该书的审阅人康威 (Conway) 叙述了他自己经过数个小时的高强度工作, 如何试图构建出一个新的单群.

> 在午夜十二点一刻, 我再次打电话给 [J. G. T.] 汤普森 [他是此类问题的世界级专家], 跟他说一切都搞定了. 这个群求得了. 这真是绝对奇异的体验 —— 十二个小时改变了我的生活. 特别是因为我曾设想过要继续干上数月 —— 每三天要花费六到十二个小时在这该死的问题上 (参见 [239] 第 123 页).

# V 思考之乐

# 时间与几率　　第 17 章

## 17.1　为什么我们不都叫史密斯?

在第 15.1 节中, 我们看到 "图灵甜点" 是否工作的问题, 取决于一个实际上随机的过程 (其中 "父命题" 引发一定随机数量的 "子命题", 而这些 "子命题" 又引发 "孙命题", 以此类推) 是否会很快消失, 或者会引发一个包含所有 (或者几乎所有) 可能命题的族系. 这个甜点问题由于几个特殊的性质而变得复杂化, 而尽管我希望接下去两节的讨论能使我们把这一问题解释得清楚些, 不过我还是会集中精力讨论那些比较简单而又相关的问题.

托马斯 · 布朗爵士①写道: "世代更替而树木长存, 古老的家族延续不过三棵橡树." (参见托马斯 · 布朗爵士 (Sir Thomas Browne),《瓮棺葬》(*Urn Burial*, 或 *hydriotaphia*) 第五章) (这句引言摘自肯德尔②的两篇令人着迷的论文 [114] 和 [115].) 高尔顿③所写的没有那么简洁:

> 那些在过去身居显位的人, 他们的家族的衰落史是一个常常谈论的主题, 并且引发了各种各样的推测. 不仅仅是那些天才人物或者那些易于堕落的贵族家庭, 还有历史无论以任何方式论及的所有人的家庭, 甚至是那些作为城镇行政长官的人们, …… 在为数众多的例子中, 那些一度广为人知的姓氏逐渐变得罕见, 或者完全消失殆尽 (参见 [64] 及 [219]).

作为一名社会达尔文主义者④, 高尔顿并不愿意接受 "生理舒适和智力才能的上升自然伴随着繁殖力的下降" 这种解释, 他急于利用的设想是, 姓氏的消失是 "由于那些几率的一般法则" 而产生的. 他求助于一位爱好数学的朋友雷夫 · H. W. 沃

---

① 托马斯 · 布朗爵士 (Sir Thomas Browne, 1605—1682), 英国作家和医师, 对医学、宗教、科学和神秘学都有贡献. —— 译注

② 爱德华 · 肯德尔 (Edward Kendall, 1886—1972), 美国生物化学家. 由于发现肾上腺皮质激素及其结构和生理效应而获得 1950 年诺贝尔生理学或医学奖. —— 译注

③ 弗朗西斯 · 高尔顿 (Francis Galton, 1822—1911), 英国人类学家、优生学家、探险家、地理学家、发明家、气象学家、统计学家、心理学家和遗传学家. 他是达尔文的表弟. —— 译注

④ 社会达尔文主义将达尔文的适者生存学说应用于人类社会. 富裕的社会达尔文主义者们将财富看作适合生存的最佳指示, 学院派的社会达尔文主义者将智慧成果看作最佳指示, 诸如此类. 他们常常被恐惧困扰着, 生怕那些不适合生存的人不理解这些, 因此可能会比适合生存的人繁殖得更快. —— 原注

森 (Rev. H. W. Watson) 教士, 而沃森沿着以下思路给出了一种讨论.

作为一个简单的模型, 我们可以假设每个男性都具有 $p_r$ 的概率生育出 $r$ 个儿子, 这与其他男性发生的情况无关. 于是儿子的平均数量就是

$$\kappa = \sum_{r=1}^{N} r p_r,$$

其中 $N$ 是儿子的最大可能数量. 我们从直觉上很清楚地知道, 而事实上也是正确的是, 这些儿子的儿子的平均数量会是

$$\text{儿子的平均数量} \times \text{每个儿子的儿子的平均数量} = \kappa^2,$$

更加一般的形式是

$$\text{父系第 } n \text{ 代直系后代的平均数量} = \kappa^n,$$

于是就可以相当明显地看出, 如果 $\kappa < 1$, 那么父系就最终会逐渐消亡. 下面一个简单的例子说明, 如果 $\kappa \geqslant 1$, 那么情况就没有那么明朗了.

**练习 17.1.1** (i) 如果 $p_0 = 1/2, p_3 = 1/2$, 其他情况下 $p_r = 0$, 试证明 $\kappa = 3/2$, 不过如果一个姓氏最初只有一位男性拥有者, 那么这个姓氏至少有 $1/2$ 的概率会消亡.

(ii) 如果 $p_1 = 1/2, p_2 = 1/2$, 其他情况下 $p_r = 0$, 试证明 $\kappa = 3/2$, 不过如果一个姓氏最初只有一位男性拥有者, 那么这个姓氏会消亡的概率为 0.

事实证明, 多项式

$$\phi(t) = \sum_{r=0}^{N} p_r t^r$$

会在我们的讨论中起到关键作用. 设 $q$ 为从一位男性开始的父系消亡的概率. 如果我们从同一代的 $r$ 位男性开始, 那么他们的所有父系都消亡的概率就是 $q^r$. 特别是由此可知, 如果一位男性有 $m$ 个儿子, 那么现在他这一族父系消亡的概率就是 $q^m$. 利用注意到的这一点, 我们知道

$$\begin{aligned} q &= P(\text{一位男性的父系消亡}) \\ &= \sum_{r=0}^{N} P(\text{一位男性有 } r \text{ 个儿子}) q^r \\ &= \phi(q), \end{aligned}$$

因此消亡的概率 $q$ 是 $x = \phi(x)$ 在区域 $0 \leqslant x \leqslant 1$ 中的一个根.

于是要研究 $q$, 我们就必须研究 $\phi$. 我们知道

$$\phi(1) = \sum_{r=0}^{N} p_r = 1$$

(因为所有的概率相加等于 1). 我们还知道

$$\phi(0) = p_0.$$

当一位男性没有儿子的概率为 0 时, 这种情况相当无趣, 这是因为此时不可能发生消亡, 因此我们会假设实际情况并非如此, 即

$$\phi(0) > 0.$$

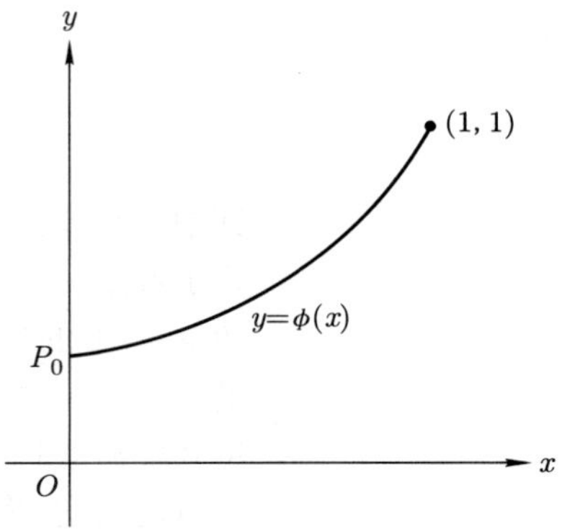

图 17.1　沃森函数

由于 $\phi(t) = \sum_{r=0}^{N} p_r t^r$, 且 $p_r$ 是一个概率因而是正数, 所以 $\phi$ 就是如图 17.1 中所示的一根向上弯曲的多项式曲线. (如果读者认为"向上弯曲的曲线"这种说法不够数学化, 那么他会在练习 17.1.4 中找到一种更加数学的系统表述.)

如果我们再在其中画上直线 $y = x$, 就会看到存在着三种可能性, 我们将它们表示在图 17.2 中. 如果 $\phi$ 的斜率在 $x = 1$ 处大于 1 (用微积分的语言来说就是 $\phi'(1) > 1$), 那么 $y = \phi(x)$ 的图像在 0 和 1 之间与直线 $y = x$ 相交于某一点 $x = \alpha$ 处. 我们会得到 $\phi(\alpha) = \alpha$, 而 $\phi$ 的图像看起来会如图 17.2(a) 所示. 如果 $\phi$ 的斜率在 $x = 1$ 处小于 1($\phi'(1) < 1$), 那么 $y = \phi(x)$ 的图像与直线 $y = x$ 在 0 和 1 之间的任何一点 $x$ 都不会相交, 而 $\phi$ 的图像看起来会如图 17.2(c) 所示. 如果 $\phi$ 的斜率在 $x = 1$ 处恰好为 1($\phi'(1) = 1$), 那么直线 $y = x$ 会与 $y = \phi(x)$ 的图像相切于点 $(1, 1)$, 而 $y = \phi(x)$ 的图像与直线 $y = x$ 在 0 和 1 之间的任何一点 $x$ 也都不会相交. 此时 $\phi$ 的图像看起来会如图 17.2(b) 所示.

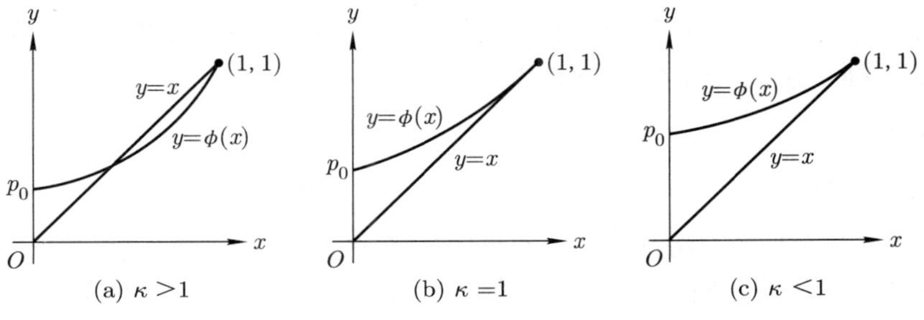

图 17.2　三种可能的沃森函数

各种不同情况之间的区别取决于 $\phi$ 的图像在 1 处的斜率. 为了求得这一斜率, 我们需要用到微积分. 设 $X$ 为某一位给定父亲生的儿子数量, 因此如前所述, $p_r = P(X = r)$. 我们注意到

$$\phi'(t) = \sum_{r=1}^{N} r p_r t^{r-1},$$

因此 $\phi$ 的图像在 1 处的斜率为

$$\phi'(1) = \sum_{r=1}^{N} rp_r = \sum_{r=1}^{N} rP(X=r) = \mathbb{E}X = \kappa,$$

其中 $\mathbb{E}X$ 是 $X$ 的预期值 (也就是平均值). 因此, $\phi'(1)$ 就是每位父亲的预期 (平均) 儿子数量 $\kappa$. 图 17.2(a) 对应于 $\kappa > 1$ 的情况, 而图 17.2(b) 和 (c) 分别对应于 $\kappa = 1$ 和 $\kappa < 1$ 的情况. 如果 $\kappa = 1$ 或者 $\kappa < 1$, 我们就知道 $\phi(x) = x$ 恰好有一个满足 $0 \leqslant x \leqslant 1$ 的解, 即 $x = 1$, 因此 $q = 1$. 如果 $\kappa > 1$, 那么 $\phi(x) = x$ 有两个满足 $0 \leqslant x \leqslant 1$ 的解, 即 $x = 1$ 和 $x = \alpha$. 现在, 正如我们在刚开始讨论高尔顿的问题时所提到的, 第 $n$ 代父系成员的平均数量会是 $\kappa^n$, 因此如果 $\kappa > 1$, 那么这个数字就会以指数方式增大. 于是这就导致我们舍弃 $q = 1$ (即以概率 1 发生消亡) 的可能性, 因而断定 $q = \alpha$. (我们在本节的附录中回来讨论这一点.)

**定理 17.1.2** 假设 $p_0 \neq 0$. 如果儿子的平均数量 (从数学上来讲就是预期数量) $\kappa$ 大于 1, 那么父系就会以 $\alpha$ 的概率消亡, 其中 $\alpha$ 是

$$\sum_{r=0}^{N} p_r t^r = t$$

满足 $0 < t < 1$ 的唯一根.

如果儿子的平均数量 $\kappa$ 等于或者小于 1, 那么父系就会以 1 的概率消亡.

**练习 17.1.3** 我们在上文的这些讨论中排除了 $p_0 = 0$ 的情况. 如果 $p_0 = 0$ 会发生什么? 此时我们应该考虑下列两种情况:

(a) $p_1 = 1$,

(b) $p_1 < 1$.

有一些最有趣的想法都与儿子的平均数目 $\kappa$ 恰好等于 1 的 "过渡情况" 相联系. 上面这条定理告诉我们, 任意父系都会以 1 的概率灭亡. 另一方面, 第 $n$ 代的平均数目会是 $\kappa^n = 1$. 于是所有各代的父系成员平均数目就会是无穷多, 尽管这一系注定是要消亡的!我会将这种情况称为沃森悖论. 设 $p_n$ 是父系延续到至少 $n$ 代的概率. 既然第 $n$ 代的平均规模是 1, 即

$$p_n \times (\text{至少延续到 } n \text{ 代的父系第 } n \text{ 代的平均规模}) = 1.$$

那么其中维系到这一代的这些父系中, 第 $n$ 代的平均规模就是 $p_n^{-1}$. 由于 $p_n$ 随着 $n$

增大而变小, 由此可知 $p_n^{-1}$ 随之增大. 换言之, 会维系到第 $n$ 代的父系为数极少, 不过确实维系下来的那些父系 (平均而言) 会在第 $n$ 代有许多成员.

我们会看到, 定理 17.1.2 不仅仅发生在姓氏研究中, 也出现在流行病和进化研究中. 不过, 自然界是微妙的, 所以事实也许是怎样的, 我们这种颇为简单的方法所能提供的解答, 就不大可能超越管中窥豹的水平. 读者应该意识到, 本章其余的许多内容或多或少都是推测性的, 也应该不时暂停下来提问: “我们怎么能够知道这一点? ”

> 微生物是如此地小,
> 你根本不可能将他辨认出来,
> 不过许多乐天的人们希望
> 通过一台显微镜来看它.
> 它那有关节的舌头躺在
> 一百排古怪的牙齿之下;
> 它那七条簇生的尾巴带有许多
> 可爱的粉色和紫色斑点,
> 每条尾巴上都有着一种
> 由四十条分隔的条纹构成的图案;
> 它的眉毛是柔和的绿色;
> 所有这一切都前所未见 ——
> 不过应该明了的这些科学家们
> 向我们保证它们必定如此……
> 哦!让我们永远, 永远都不要质疑
> 没有人确知的事情!
> (贝洛克 (Belloc),《微生物警世诗句》
> (*The Microbe in Cautionary Verses*))

初看之下, 对 “为什么我们不都叫史密斯? ” 这个问题的答案是由于人口爆炸. 在各种姓氏存在于欧洲的大部分时期中, 人口都在发生增长, 因此来自于某一给定男性的男性后代平均数量 $\kappa$ 就大于 1. 于是某一给定姓氏发生消亡的概率 $\alpha$ 就严格小于 1, 因此尽管许多姓氏都消亡了, 但也有许多姓氏幸存了下来.

不过, 无穷无尽的人口爆炸对于过去的那些动物物种而言是不可能发生, 只有常常光顾科幻小说讨论会的那些狂热爱好者, 以及某一特定种类的经济学部门, 才相信人类有可能永无止境地膨胀下去. 如果 $\kappa = 1$ 会发生什么? 对于沃森悖论的讨论告诉我们, (对于大的 $n$) 只有为数极少的姓氏会延续至第 $n$ 代, 不过那些确实延续到这一代的姓氏在第 $n$ 代会有许多继承者. 在人口规模对许多代都维持大致不变的那些与世隔绝的山村中, 我们确实观察到寥寥无几的几个姓氏有着为数众多的继承者.

我们都拥有一种更为基本的姓氏: 一种不是通过父系, 而是通过母系传递下来的姓氏. 线粒体 DNA 是从母亲那里遗传下来的. 根据某些遗传学家们的说法, 我们实际上都拥有一种特定类型的线粒体 DNA. 如果这些遗传学家是正确的, 那么大约 10000 代以前, 整个人类仅由几千个人组成, 他们在同一个地点延续了许多代而群体规模没有多大改变. 最后, 通过沃森悖论的作用, 这个群体只剩下一种线粒体 DNA, 而我们所有人 (通过母系) 所继承的正是这种线粒体 DNA, 因此从某种意义上来说, 我们都叫史密斯. (不幸的是, 在本段所给出的叙述中还存在着许多问题, 不过我们之中喜欢惊人故事的各位仍然希望结果证明这一叙述是正确的①. 希望了解更多的读者可以查阅 J. 里德 (J. Reader) 的《缺失的环节》(*Missing Links*) 一书.) 在本章的后文中, 我们会对沃森悖论在进化过程中起的作用给出一个稍微深奥微妙一些的说法.

### 于心不安的附录

不幸的是, 在以上的讨论过程中, 我对其中一点应用了某种狡猾的手法. 既然学生们都相信, 严谨与 (a) 不使用图表和 (b) 证明显而易见的事情有关, 那么在我使用图 17.2 来研究 $x=\phi(x)$ 的根的时候, 你就可能怀疑这些情况会出现了. 实际情况并非如此, 对我的话表示质疑的读者可以通过以下练习 (此练习要求学习过一年左右的微积分) 来进行检验.

**练习 17.1.4** (如果你还没有学习过一年左右的微积分, 或者如果你发现上文的图解处理方法已经足以令你确信了, 那么你甚至不应费心去读这个练习.) 我们会重复使用这样一个事实: 如果对于一切 $a<t<b$ 都有 $f'(t)>0$, 那么 $f$ 在 $a$ 至 $b$ 之间严格递增. 照例, 我们会假设 $p_0 \neq 0$.

(i) 试证明对于一切 $0<t<1$ 都有 $\phi'(t)>0$, 并推出 $\phi(t)$ 在 $0<t<1$ 区域内严格递增. 证明对于一切 $0<t<1$ 都有 $\phi''(t)>0$.

(ii) 设 $\chi(t)=\phi(t)-t$. 试求 $\chi(1)$, 并证明 $\chi(0)>0$. 试证明对于一切 $0<t<1$ 都有 $\chi''(t)>0$. 这对于 $\chi'(t)$ 在 0 至 1 之间的行为告诉我们什么? 试证明 $\chi'(0)<0$. 按照图 17.2 的方式概略画出 $\chi$ 的可能的图像.

(iii) 如果 $\chi'(1)\leqslant 0$, 试证明对于一切 $0<t<1$ 都有 $\chi'(t)<0$. 推出对于一切 $0\leqslant t<1$ 都有 $\chi(t)>0$.

(iv) 如果 $\chi'(1)>0$, 试证明存在一个满足 $0<\beta<1$ 的 $\beta$, 从而对于 $0\leqslant t<\beta$, $\chi'(t)<0$ 成立, 以及对于 $\beta<t\leqslant 1$, $\chi'(\beta)=0$ 和 $\chi'(t)>0$ 成立. 推出对于 $\beta\leqslant t<1$, $\chi(t)<0$ (从而特别是 $\chi(\beta)<0$) 成立. 现在请证明存在一个满足 $0<\alpha<\beta$ 的唯一 $\alpha$, 从而使 $\chi(\alpha)=0$. 试解释为什么 $\alpha$ 是 $\chi(t)=0$ 在区域 $0<t<1$ 中的唯一根.

① 最新消息:《科学》杂志 1995 年 5 月 26 日那一期 (第 1183–1185 页和第 1141–1142 页) 包含有一项 DNA "父系姓氏" (更加明确地说是 "位于第三外显子和 ZFY 区段的锌指编码第四外显子之间的 729 碱基对内含子") 的研究, 其中避免了与上文所报告的研究相联系的某些问题, 并通过一个 "非洲的亚当" 进一步确认了其基本纲要. 不过这个问题还没有完全解决. —— 原注

(v) 推断出如果 $\phi'(1) > 1$, 则方程 $\phi(t) = t$ 在区域 $0 < t < 1$ 中恰好有一个根 (我们继续将这个根记为 $\alpha$); 如果 $\phi'(1) \leqslant 1$, 则该方程无根.

事实上, 问题出现在这段表面上看起来平淡无奇的论证中: "**第 $n$ 代父系成员的平均数量会是 $\kappa^n$, 因此如果 $\kappa > 1$, 那么这个数字就会以指数方式增大. 于是这就导致我们舍弃 $q = 1$ (即以概率 1 发生消亡) 的可能性, 因而断定 $q = \alpha$.**" 尽管这段论证初看起来貌似非常合理, 但是当我们理解了 $\kappa = 1$ 时的沃森悖论, 并知道尽管在一支父系中的平均成员数量是无限的, 不过任何父系都会以 1 的概率发生消亡, 此时它就不再令人信服了. 确实, 在 1930 年之前思考这个问题的绝大多数人都认为, 即使在 $\kappa > 1$ 的时候, 消亡也会以 1 的概率发生. 这群人当中包括沃森, 尽管他给出了作为本附录基础的那些论证, 但他却如此确信消亡必会发生, 以至于他神志不清地篡改了关键点以获得自己所期望获得的结果!虽然看起来好像有好几位数学家必定知道过正确的结果, 不过最早的正确叙述是斯蒂芬森 (Steffensen) 发表的.

我们如何能够在不利用令人不满的论证的情况下来证明沃森理论? 答案就在于更加密切地研究

$$q_n = P\,(\text{父系到第 } n \text{ 代消亡}).$$

注意到, 如果最初的那单独一位男性 (我们称他为亚当) 有 $r$ 个儿子, 那么亚当这一族系会在 $n+1$ 代后消亡的概率就是他的 $r$ 个儿子的 $r$ 条父系会在 $n$ 代后消亡的概率 $q_n^r$. 因此

$$\begin{aligned} q_{n+1} &= P\,(\text{亚当这一族系到第 } n+1 \text{ 代消亡}) \\ &= P\,(\text{亚当有 } r \text{ 个儿子}) \\ &\quad \times P\,(\text{在亚当有 } r \text{ 个儿子的情况下, 他这一族系到第 } n \text{ 代消亡}) \\ &= \sum_r p_r q_n^r = \phi(q_n). \end{aligned}$$

于是 $q_n$ 序列就由两条规则给出: $q_0 = 0$ 和

$$q_{n+1} = \phi(q_n).$$

让我们来考虑最有趣的情况, 即当 $\kappa > 1$ 的时候, 这对应于图 17.2(a). 如果我们连续画出 $(q_0, q_0) = (0, 0), (q_0, q_1) = (q_0, \phi(q_0))$, $(q_1, q_1), (q_1, q_2) = (q_1, \phi(q_1)), (q_2, q_2), (q_2, q_3) = (q_2, \phi(q_2))$ 等, 那么我们就会看到在图 17.3 中出现的这种典型的 "阶梯" 模式. 我想, 从图中可以清楚地看出, $q_n$ 在向着 $\alpha$ 增大. 换言之, 在经过至多 $n$ 代后消亡的概率在向着 $\alpha$ 增长, 因此最终消亡的概率就是 $\alpha$.

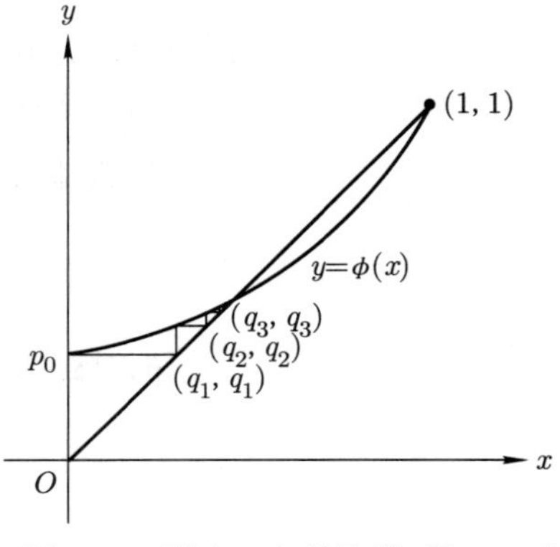

图 17.3　到 $(\alpha, \alpha)$ 的阶梯 (图 17.2 中 (a) 的情况)

如果我们为对应于图 17.2(b) 和 17.2(c) 的两种情况也画出类似的阶梯, 我们就会得到图 17.4 中所示的这些图形, 其中 $q_n$ 向着 1 增长. 换言之, 在经过至多 $n$ 代后消亡的概率在向着 1 增长, 因此

最终消亡的概率就是 1. 这样就完成了我们对于定理 17.1.2 的证明.

图 17.4 到消亡的阶梯 (图 17.2 中 (b) 和 (c) 的情况)

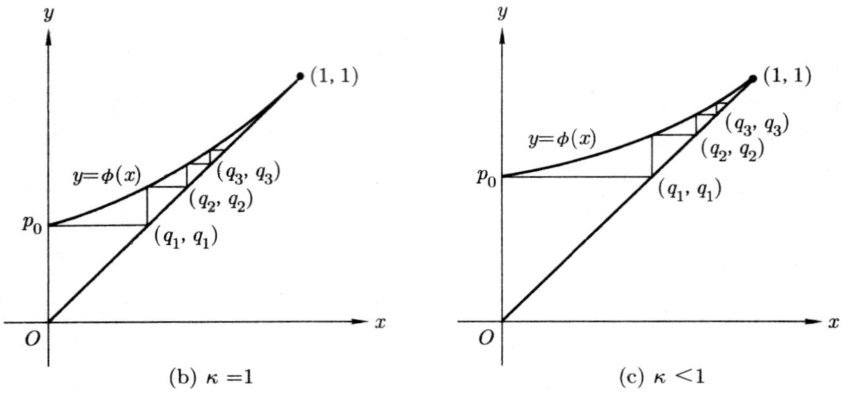


从某种含糊的意义上来说, 当 $\kappa = 1$ 时的这种 “过渡情况” 表示 “非意愿消亡”, 通过对图 17.4 进行更加密切地审视就会证实这一点. 在情况 (c) 中, 阶梯向点 (1,1) 相当快速地移动, 然而在 “过渡情况” (b) 中, 阶梯被挤压在曲线 $x = \phi(y)$ 及其在 (1,1) 处的切线 $x = y$ 之间, 因此这些梯级很快变得非常小, 于是 $r_n = 1 - q_n$ 相当缓慢地接近于 0.

如果读者觉得依赖于图表不可取, 并且熟悉极限的概念, 也许愿意做最后一个练习. 同样, 这也不是此论证的一个本质部分.

**练习 17.1.5** (i) 我们从一种更有趣的情况 $\phi'(1) > 1$ 开始. 同前面一样, 假设按照规则 $q_0 = 0, q_{n+1} = \phi(q_n)$ 来定义数列 $q_n$. 如果 $q_n < q_{n+1} < \alpha$, 则通过将 $\phi$ 分别应用于以下不等式中的三个元素, 试证明 $q_{n+1} < q_{n+2} < \alpha$. 试证明 $q_0 < q_1 < \alpha$, 并推出对于一切 $n$,

$$q_0 < q_1 < q_2 < q_3 < \cdots < q_{n-1} < q_n < \alpha$$

都成立. 于是 $q_n$ 就是一个以 $\alpha$ 为上界的递增数列, 因而必定收敛于某个满足 $0 < \gamma \leqslant \alpha$ 的极限 $\gamma$.

既然随着 $n \to \infty, q_n \to \gamma$, 且 $\phi$ 是连续的, 由此就可以断定, 随着 $n \to \infty$,

$$q_{n+1} = \phi(q_n) \to \phi(\gamma).$$

但是随着 $n \to \infty, q_{n+1} \to \gamma$, 因此

$$\gamma = \phi(\gamma).$$

由于 $\alpha$ 是 $\phi(t) = t$ 在区域 $0 < t < 1$ 中唯一的根, 由此可得 $\gamma = \alpha$, 从而

$$q_n \to \alpha$$

正是我们审视图 17.3 所做出的推断.

(ii) 通过类似的方法证明如果 $\phi'(1) \leqslant 1$, 那么随着 $n \to \infty$,

$$q_n \to 1.$$

## 17.2　增长与衰减

沃森悖论的另一个例子发生在我们考虑排队的时候. 考虑有一家只有一个收银台的商店. 顾客们随机地来到收银台, 如果有人已经在接受服务, 他们就排成一条有序的队伍. 每位顾客接受服务所花费的时间是随机的 (有些人已经准备好钱款, 有些人则没有). 如果顾客 $A$ 正在接受服务时, 顾客 $B$ 到达, 就让我们将顾客 $B$ 称为顾客 $A$ 的 "后代" . 而当顾客 $A$ 离开收银台时, 我们就说他/她 "死亡" . 读者应该认识到这一点: 如果一位顾客在没有人接受服务时到达, 那么下一次队列为空 (即无人正在接受服务) 时, 将会发生在这一族后代、后代的后代等历经数代而最终发生消亡的时候. 现在定理 17.1.2 告诉我们, 正如我们会预期的那样, 这条队列的行为是由 $\kappa$, 即在另一位顾客正在接受服务时到达的顾客平均数量控制的. 请考虑在队列为空时到达的一位特别的顾客. 如果 $\kappa < 1$, 那么现在所排成的这条队列最终会以 1 的概率再次变空. 如果 $\kappa > 1$, 那么这条队列就有 $1 - \alpha > 0$ 的概率永远不会再次变空. 从收银台看来, 这就意味着如果 $\kappa < 1$, 那么收银员有时会有休息时间; 不过如果 $\kappa > 1$, 那么收银员也许最初会有几段休息时间 (当这位收银员很幸运, 队列最终变空的时候), 不过这位收银员最后还是会倒霉, 因为这条队列再也不会变空, 而收银员就会持续工作.

如果 $\kappa = 1$ 会发生什么? 沃森悖论告诉我们, 如果 $n$ 很大, 那么几乎没有什么队列会产生第 $n$ 代; 不过那些确实产生第 $n$ 代的队列平均而言会具有非常庞大的第 $n$ 代. 因此收银员会有一些休息间歇, 不过时时会有非常庞大的队列建立起来. 当然, 在实际情况中, $\kappa$ 恰好会等于 1 的情况是不大可能发生的, 不过如果 $\kappa$ 小于但是接近于 1, 那么我们就仍然会预期有一些庞大的队列时不时地建立起来, 而如果 $\kappa$ 大于但是接近于 1, 我们就会预期 $1 - \alpha$ 很小, 因此 (平均而言) 在队列再也不会变空之前, 会有许多休息间歇. 在实际情况中, 收银台会不时关闭; 如果人们看见一条非常长的队列, 他们就会去别的地方; 而且无论如何, $\kappa$ 很可能会随着时间发生变化, 因此在 $\kappa$ 接近于 1 的时候, 我们就不可能分辨出各种不同情况之间的差异. 退后一点点来思考, 我们看到当收银台 "接近满负荷运转" (即 $\kappa$ 接近于 1) 时, 队列的行为就会极其动荡不定, 有些时段中队列相当规律地定期完全清空, 还有些时段中, 队列构建起非常长的一排. 这种现象在更加复杂的队列格局 (例如一家超市中有好几个收银台) 中再次发生, 在医生的候诊室里深思这些也许有助于消磨时间. 一般而言, 这说明队列系统应该在它们的“理论负荷量”之下运行[①].

定理 17.1.2 的最典型应用由以下例子阐明: 一位病原携带者到达一座原先健康的城镇. 他所感染的人数取决于偶然事故 —— 他既可能不感染任何人, 也可能感染很多人. 他所感染的那些人中的每一个都会感染随机数量的人, 以此类推. 定理 17.1.2 告诉我们, 如果每个病原携带者感染的平均人数 $\kappa$ 小于 1, 那么我们就可以预计, 这种传染病会减退, 但是如果 $\kappa > 1$, 那么它就有 $p > 0$ 的概率会扩散. 如果在某个阶段有 $n$ 个有传染性的人 (或者如果有 $n$ 个有传染性的人进入这个镇), 那么只有在由 $n$ 个个别的来源而造成的 $n$ 起个别的同一传染病全都止息后, 这种传染病才会绝迹, 而这种情况会发生的概率是 $(1-p)^n$. 因此, 即使在 $p$ 很小的情况下, 一旦有许多人被感染, 这种传染病就相当确定会扩散开来. 不过, 关于传染病一旦开始后其进程如何, 这条定理本身告诉我们的微乎其微.

人们经过一段时间以后就不再具有传染性, 这个事实使得关于传染病演进的研究变得复杂. 因此我们从一个比较简单的例子开始, 即谣言的传播. 在此例中, 每个听到一则传闻的人都永远记住了它, 并且平均每小时跟 $\lambda$ 个人转述这则传闻. 当然, 一个传谣者在给定的某小时内的传播对象人数会是随机的 —— 他既可能不传播给任何人, 也可能传播给很多人. 因此, 如果最初只有一两个人听到过这则传闻, 那么经过几个小时以后, 听说过这则传闻的人数本身就会是随机的. 不过, 最终会有相当大数量的人听说这则传闻, 于是此时其扩散就变得比较可以预见了. 读者可能会熟悉“平均律”, 其内容是说, 大量相似的随机事件聚合起来 (通常) 就会可以预测. 如果有 $x$ 个人曾在某个时间听说过这则传闻, 那么他们就会在接下去的一个小时内告诉大约 $\lambda x$ 个人, 因此再过一个小时就会有大约 $(1+\lambda)x$ 个人听说这则传闻, 于是在经过 $t$ 时间后听说过这则传闻的人数 $x(t)$ 会以图 17.5 中所示的指数形式增长.

**练习 17.2.1** (一个非常简单的微分方程.) 试解释为什么根据上文的叙述, 一则传闻的扩散 (一旦产生后) 由

$$x'(t) = \lambda x(t)$$

给出. 并推出对于较大的 $t$ 有 $x(t) = Ae^{\lambda t}$. 试解释为什么 $A$ 是一个随机数.

不过, 正如读者在阅读前两段时一直在小声抱怨的那样, 事情并非如此简单. 首先, 树木并不会参天地生长. 一种传染病能够感染的人数, 以及听说过一则传闻的人数, 都不可能超过一个镇上的总人数. 再则, 一开始, 被感染的人所接触到的几乎每个人都未被感染, 不过随着传染病的散播, 被感染者所遇到的未被感染者人数会下降, 而对于传闻也会发生类似的事情. 再说一下, 被感染者会不再具有传染性, 这个事实使得处理传染病问题要比处理传闻问题更加困难, 因此我们还是专注于讨论传闻的问题.

① 我的手稿读者之一补充了这样一条由衷的旁注: “试试去让一位政府部长信服这一点!” —— 原注

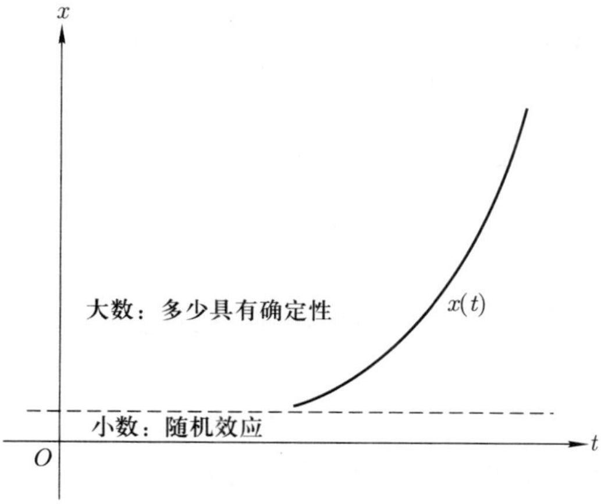


图 17.5　一条流言起飞

对于传闻, 我们预计其增长率会随着越来越多的人听说这则传闻而减缓下来, 并且随着已知传闻者总人数接近总人口数 $P$ 而下跌至零. 在只有几个人不知道传闻的时候, 他们何时听说的问题不再受到平均律支配, 而是再次变成一个随机问题. 我们预计已知传闻者的人数 $x(t)$ 会具有一条大约像图 17.6 中所示的曲线. (请注意, 我们选择的时间原点使得 $x(0) = P/2$.)

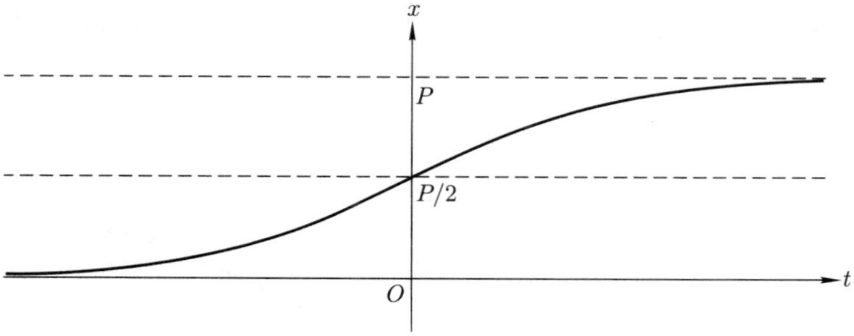


图 17.6　由总人口数限定的增长上限

**练习 17.2.2**　(本题需要解一阶可分微分方程.) (i) 在时间 $t$ 会有 $x(t)$ 个知道传闻的人和 $(P - x(t))$ 个不知道传闻的人. 于是在与一位已知传闻者的交谈对象中, 平均而言没有听说过这则传闻的人会占 $(P - x(t))/(P - 1)$. (我们用 $P - 1$ 而不用 $P$ 是因为已知传闻者不给自己传谣言. 不过, 我们会假设 $P$ 很大, 因此 $P$ 和 $P - 1$ 之差可以忽略不计.) 试解释为什么如果 $P$ 很大, 那么就可以很合理地用微分方程

$$\frac{\mathrm{d}x}{\mathrm{d}t} = \frac{\lambda}{P}x(P - x)$$

来表示刚才描述的这类传闻的散播过程, 其中 $x(0) = P/2$.

(ii) 让我们首先来考虑方程

$$\frac{\mathrm{d}x}{\mathrm{d}t} = x(1 - x),$$

其中 $x(0) = 1/2$. 通过写下像

$$\left(\frac{1}{x} + \frac{1}{1-x}\right) \mathrm{d}x = \mathrm{d}t$$

这样的方程①, 或者通过其他方法, 来证明

$$\frac{x}{1-x} = e^t. \qquad (*)$$

直接由 (*) 证明, 当 $t$ 很大并且是负数时, $x(t)$ 接近于 0, 而当 $t$ 很大并且是正数时, $x(t)$ 接近于 1.

概略画出 $x(t)$ 的图像.

(iii) 解 (i) 中的微分方程并对其结果画出草图.

图 17.6 看起来如此自然, 以至于每当在没有限制的情况下就会呈指数式增长, 最终以某个最大值 $P$ 为极限时, 我们都会预期出现该图所示的情况. 例如, 请考虑海洋中某种鱼类的数量. 如果只有几条鱼, 那么每条鱼就会有足够的食物, 因此这个种群的增长就会不受约束. 不过, 这些食物供给所能支撑的总鱼数是有限制的. 于是图 17.6 可能很好地表示了这个鱼类种群从小规模起点到其最终规模的增长过程. 因此图 17.6 中就包含了大量的有用信息. 特别是如果我们求出在一点 $C$ (比如说其坐标为 $(X, T)$) 处的切线斜率 $S$, 那么它就会告诉我们这个鱼类种群在有 $X$ 条鱼时的自然增长率, 如图 17.7 所示.

图 17.7 种群增长有多快?

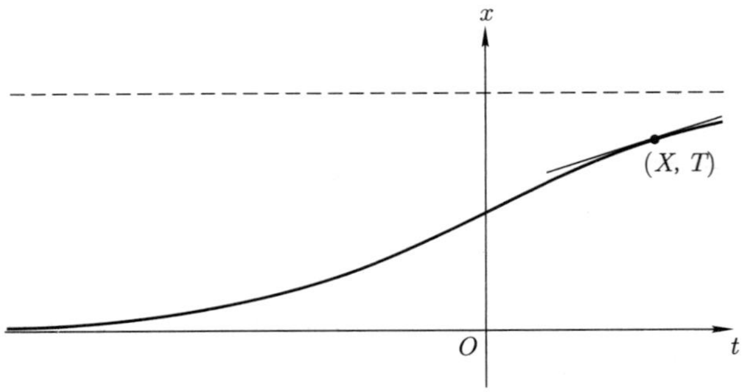


假设我们现在开始捕鱼, 以速率 $R$ 捕捉这些鱼. 在这种情况下, 种群增长率就会是 $S-R$. 如果 $S>R$, 那么这个种群就会继续增大, 只不过增长速率较小. 但是如果 $S<R$, 那么它就会缩减. 在图 17.8 中, 我们在曲线上标出了 $A$ 和 $B$ 两个点 (比如说它们的 $x$ 坐标分别是 $x_A$ 和 $x_B$), 从而斜率 $S$ 在 $A$ 点左边和 $B$ 点右边都小于捕捞速率 $R$, 但是在 $A$ 和 $B$ 两点之间则大于捕捞速率. 于是如果我们开始捕捞时的种群 $x$ 大于 $x_B$, 那么种群就会向着 $x_B$ 缩减; 如果我们开始捕捞时的种群 $x$ 在 $x_A$

① 这是解此类方程的一个标准步骤, 不过许多数学家都会说, 这代表的是一种纯粹形式上的操作. —— 原注

与 $x_B$ 之间, 那么种群就会向着 $x_B$ 增长; 如果我们开始捕捞时的种群 $x$ 小于 $x_A$, 那么种群就会向着 0 缩减 (也就是向着灭绝缩减). 换言之, 如果我们以速率 $R$ 捕鱼, 而且初始种群大于 $x_A$, 那么这个种群就会最终稳定在 $x_B$, 但是如果初始种群小于 $x_A$, 我们就会将这些鱼推向灭绝. 当然如果 $R$ 太大, 就不会有点 $A$ 和点 $B$, 这是因为在曲线上的每一点都满足 $R > S$, 于是无论初始条件如何, 这个种群都会向 0 缩减.

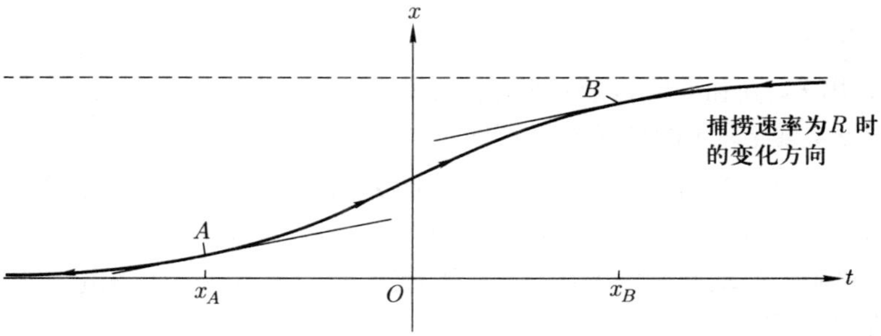


图 17.8　捕鱼业

假设我们希望有规律地定期 "收获" 这些鱼而不将它们推向灭绝. 随着我们增大 $R$, $A$ 和 $B$ 两点会相互靠近, 于是 "稳定下来的种群" $x_B$ 和 "灭绝危险点" $x_A$ 之间的差值会变小. 增大收获的代价是安全限度的缩小.

**练习 17.2.3**　(本题需要解一阶可分微分方程.) (i) 让我们假设有一个鱼类种群由微分方程
$$\frac{\mathrm{d}x}{\mathrm{d}t} = x(1-x) - L$$
决定, 其中 $L$ 表示捕鱼的速率. 试证明如果令 $y = x - \frac{1}{2}$, 那么我们就会得到更加对称的方程
$$\frac{\mathrm{d}y}{\mathrm{d}t} = -y^2 + K, \tag{$*$}$$
其中 $K = \frac{1}{4} - L$.

(ii) 在 $K = \frac{1}{4}$ 的情况下, 直接解出方程 $(*)$, 并验证你的答案与练习 17.2.2 中所得结果一致.

(iii) 假设 $L < \frac{1}{4}$, 并且我们令
$$C(L) = \left(\frac{1}{4} - L\right)^{1/2}.$$
试证明根据 $x(0)$ 的值会出现三种情况:

(a) 如果 $x(0) < \frac{1}{2} - C(L)$, 那么 $x(t)$ 最终会变成负数 (于是这个种群就灭绝).

(b) 如果 $x(0) = \frac{1}{2} - C(L)$, 那么 $x(t)$ 在这个恒定值上保持固定.

(c) 如果 $\frac{1}{2} - C(L) < x(0)$, 那么 $x(t)$ 趋向于 $\frac{1}{2} + C(L)$, 于是这个种群稳定在一个新的平衡状态, 此时种群规模为 $\frac{1}{2} + C(L)$, 而捕捞速率为 $L$.

(iv) 如果 $L > \frac{1}{4}$, 注意到有

$$\frac{\mathrm{d}y}{\mathrm{d}t} \leqslant \frac{1}{4} - L < 0$$

并推断出这个种群会灭绝.

(v) 如果你知道函数 arctan, 试解微分方程 (*), 并验证 (iv) 的结论. 否则的话, 略去这部分不做.

(vi) 画出 $t < 0$ 和 $t > 0$ 两种情况下曲线 $tx = 1$ 的草图. 画出 $A > 0$ 和 $A < 0$ 两种情况下 $(t + A)x = 1$ 的整条曲线草图.

解 $L = \frac{1}{4}$ 情况下的微分方程 (*), 并证明如果 $x(0) \geqslant \frac{1}{2}$, 那么在此模型精确的情况下, 这个种群会稳定在 $\frac{1}{2}$ 这个值, 但是如果 $x(0) < \frac{1}{2}$, 那么这个种群就会灭绝. 通过考虑小的随机波动产生的效应, 试解释为什么在实际情况中, 无论初始值 $x(0)$ 是多少, 我们都会预计该种群会灭绝.

(vii) 对于本练习的其余部分, 我们会考虑更加一般性的微分方程

$$\frac{\mathrm{d}x}{\mathrm{d}t} = kx(P - x) - l, \tag{**}$$

这个方程描述的是一个以速率 $l$ 受到捕捞的鱼类种群的行为. 请向一位非数学家解释 $P$ 和 $k$ 的意义, 以及为什么我们要取 $P, k > 0$ 和 $l \geqslant 0$.

(viii) 试证明取恰当的 $u$ 和 $v$ 值来进行代换 $X = ux, T = vt$, 就会将方程 (**) 转换为以下形式:

$$\frac{\mathrm{d}X}{\mathrm{d}T} = X(1 - X) - L.$$

$L$ 的值是多少?

(ix) 试证明如果我们选择某个 $l$ 而使得这个种群稳定在 $(\frac{1}{2} + \delta)P$ (比如说起点是 $x(0) = P$), 其中 $\frac{1}{2} \geqslant \delta \geqslant 0$, 那么假如有某件事故将这个种群缩减至某个大于 $(\frac{1}{2} - \delta)P$ 的值, 那么它就会恢复, 但是假如这个值被缩减至低于 $(\frac{1}{2} - \delta)P$, 那么在捕捞速率不发生任何变化的情况下, 这个种群就会灭绝. 于是我们的安全限度就是 $2\delta P$.

设 $l(\delta)$ 为贯彻前一段中的政策所需要的 $l$ 值. 试证明

$$l(\delta) = kP\left(\frac{1}{4} - \delta^2\right).$$

试解释为什么你会预期 $l(\delta)$ 作为 $k$ 的函数, 其关系如上式所示. 从某种意义上来说, $l(\delta)$ 表示最大可持续捕捞速率, 而 $l(\delta)/l(0)$ 则表示我们所选择的政策的功效. 试证明

$$l(\delta)/l(0) = 1 - 4\delta^2.$$

因此通过选择 $\delta$, 我们就对功效与恰当的安全限度进行了平衡. 试证明 (如果我们不是太过贪婪的话) 我们可以拥有相当宽的安全限度而又不会大大降低效率.

(x) "中等大小规模的种群提供最多的鱼." 请对此予以评论.

1945 年, 斯坦贝克[①]写道:

> 加利福尼亚州蒙特利市 (Monterey) 的罐头工厂街 (Canery Row) 是一首诗、一股臭气、一阵刺耳的噪音、一道光线、一个音调、一种习惯、一丝怀旧、一个梦想. 罐头工厂街有聚聚散散、锡皮铁罐、斑斑锈迹、破木残片、破旧不堪的路面、杂草丛生的空地、瓦楞铁皮造就的沙丁鱼罐头工厂、下等酒馆、饭馆和妓院, 还有拥挤的小杂货店、实验室和廉租屋 (《罐头工厂街》(*Canery Row*), 斯坦贝克).

当时的罐头工厂街以太平洋的沙丁鱼为生计. 表 17.1 中给出了从 1922 年到 1945 年的各年捕捞量. 1931 年, 加州渔猎委员会 (California Fish and Game Commission) 推荐将捕捞量限制在每年 20 万吨, 自那以后, 这个数字以及稍高些的 25 万吨屡次出现在专家意见中. 捕鱼业以在该州的水域之外设置渔业加工船做出响应. 无论什么时候, 只要看起来似乎法律有可能在限制沙丁鱼产业, 这个行业

> ······ 就去诉诸一个 (以前用过, 以后也会用的) 计划, 按照这个计划 ······ 通过要求对沙丁鱼的数量进行一项特别研究, 法律可以被延期, 从而对加州渔业实验室 (State Fisheries Laboratory) 的工作置之不理, 或者至少对其调查结果提出质疑.

总有些科学家相信, 过渡捕捞一种像沙丁鱼那样的物种, 实际上是不可能的, 因此要找到这样的科学家也就总是可能的.

**表 17.1 1922—1945 年太平洋沿岸的沙丁鱼每年捕捞量, 单位是千吨. 每个捕捞季节是从当年的 6 月到次年的 5 月 (参见 [69] 第 110–111 页)**

| 年份 | 22 | 23 | 24 | 25 | 26 | 27 | 28 | 29 | 30 | 31 | 32 | 33 |
|---|---|---|---|---|---|---|---|---|---|---|---|---|
| 捕捞量 | 66 | 85 | 174 | 153 | 201 | 256 | 335 | 412 | 260 | 238 | 295 | 387 |
| 年份 | 34 | 35 | 36 | 37 | 38 | 39 | 40 | 41 | 42 | 43 | 44 | 45 |
| 捕捞量 | 638 | 632 | 791 | 498 | 671 | 583 | 493 | 680 | 573 | 579 | 614 | 440 |

① 约翰 · 斯坦贝克 (John Steinbeck, 1902—1968), 美国作家, 1962 年诺贝尔文学奖得主, 他的作品《愤怒的葡萄》(*The Grapes of Wrath*) 曾获得普利策奖. —— 译注

在 1945 年之后的那些年中，捕捞量开始以一种明显但不规则的形式下降. 这一产业迫切要求进行更多研究，于是在 1947 年成立了一个海洋研究委员会 (Marine Research Committe)，其目的是 "为了找出支配太平洋沙丁鱼的行为、捕捞可能性和总数的那些根本原理. " 这项研究的费用出自一项对捕捞鱼类上岸征收的税收，因此捕鱼业占据了委员会的大多数. 表 17.2 中给出了从 1939 年到 1962 年每年的捕捞量. 1967 年，加州立法机关对禁止继续捕捞沙丁鱼下了强制令.

**表 17.2 1939—1962 年太平洋沿岸的沙丁鱼每年捕捞量，单位是千吨. 每个捕捞季节是从当年的 6 月到次年的 5 月**

| 年份 | 39 | 40 | 41 | 42 | 43 | 44 | 45 | 46 | 47 | 48 | 49 | 50 |
|---|---|---|---|---|---|---|---|---|---|---|---|---|
| 捕捞量 | 583 | 493 | 680 | 573 | 579 | 614 | 440 | 248 | 130 | 189 | 339 | 353 |
| 年份 | 51 | 52 | 53 | 54 | 55 | 56 | 57 | 58 | 59 | 60 | 61 | 62 |
| 捕捞量 | 145 | 15 | 19 | 81 | 79 | 47 | 32 | 126 | 59 | 49 | 47 | 19 |

罐头厂街如今有一系列很好的中档价格鱼鲜餐厅和纪念品商店投合游客们之需. 那里还有一家极好的水族馆，其中最主要的水族箱有三层楼高，里面有鲨鱼、鳐鱼以及其他深海动物. 如果你稍等一会儿，也许就会看到一小群漂亮的鱼掠过，瞥一下那些很有用的识别标牌，其中就会有一块标牌告诉你，你刚刚看到的是太平洋沙丁鱼.

当然，故事并非如此简单. 看起来似乎沙丁鱼种群的衰竭可能是由于太平洋的洋流变化促成的. 这些洋流中的其他一些变化还可能触发了比较近期但是同样惊人的秘鲁鳀鱼渔业的衰竭 (那里的捕捞量在 1957 年至 1971 年期间从近于零增长到每年远超一千万吨，然后在接下去的那一年中下降至不到五百万吨，而到 20 世纪 70 年代末的某一年，又继续下降至不到两百万吨). 不过，在这两个例子中，将一种自然的种群变化转变成一场种群衰竭的原因，都是由于过度捕捞.

《罐头厂街》的故事现在读起来要比当时的真实情况好得多，这也是实情. 当我们为加州渔业扼腕叹息时，我们在这一点上不仅仅是在多愁善感吧？

**练习 17.2.4** 你在负责 "极其需要救济的寡妇和孤儿基金" . 这项基金刚刚得到一片很大的湖，附带的指示是要对其进行恰当管理，从而在基金的专门照管之下为这些寡妇和孤儿赚得最大可能收入. 到现在为止，这片湖水已得到 "养殖"，每年一次的捕捞行动捕捉 $kP$ 条鱼，而鱼类种群到下一年的此时恢复其原先的规模 $P$. 一次捕捞之旅的花费与捕到的鱼的数量无关，并且这项花费可以通过卖出 $l$ 条鱼赚回. 出售其余的鱼的销售额就是纯利润. 将钱存入一家银行，每年所存货币中每单位货币的利息是 $\eta$ 单位货币 [$P > l > 0, \eta > 0$]. (你应该假设没有通货膨胀.) 你有以下两种选择:

(a) 继续执行原先的政策，并将这些盈利给寡妇和孤儿. 或者

(b) 组织一次单程捕鱼行动, 捕捞湖里所有的鱼, 将收入存入银行, 而将其利息给寡妇和孤儿.

试证明如果

$$\eta > \frac{kP-l}{P-l},$$

那么你就应该选择 (b) 的做法, 而不等式反向的话你就应该选择 (a) 的做法.

特别是请证明如果 $\eta > k$, 那么你就应该选择 (b) 的做法. 为什么我们原本就应该预见到这一点?

利用以上模型, 试解释从简单的经济意义上, 以及对于繁殖缓慢的鱼种来说, 为何我们预计此时捕鱼业会消亡可能是在理的[①]. 高利率会对这样的选择产生什么效应? (比较第 4.5 节末的讨论.)

既然摧毁一项重要渔业牵扯到大量的直接困难, 并且会永久性地或者在几年的时间里减少世界食物供给, 那么着实看来仍然不去过度捕捞才能取得总体上的利益[②]. 不过我们在这里想起一个问题, 这个问题正如它在现实生活中反复闪现那样, 在本书中也反复闪现 —— 团体的利益与构成它的每个分离的个体的利益并不完全相同. 如果大量渔船从某个很大的鱼类种群中捕捞, 那么在单独有一艘船的捕捞量加倍的情况下, 不会对这个种群的可持续性造成任何差别. 如果以一个恰当的安全限度来利用这些鱼类资源, 那么额外的捕捞量不会有什么影响. 如果没有恰当的安全限度, 那么渔业就无论如何都注定会衰竭, 于是格外重要的事情就是在我们还能够的时候获取我们所能获得的利润. 既然适用于一艘船的情况就适用于所有船, 那么所有的船就都会尽可能多地进行捕捞, **即使每位渔船船长都知道, 如果每个人都减少捕捞量的话, 最终对每个人都会更有好处.**

只是习惯的效力令我们相信, 这样的一些情形非常罕见. 我们困守的大部分法律都是由这样一些法规构成的: **倘若我们能确信其他所有人也都会遵守这些法规时**, 我们才会乐意遵守它们. 对于渔业的问题在于, 很难制定和执行恰当的法律. 此外, 渔业的生存周期还不至于到如此程度, 以促进人们审慎小心. 一开始, 捕捞量会很大, 因为几乎不会有什么船, 而鱼的种群将会处于其很高的 "自然" 水平. 在这种情况的激励下, 会有更多人借钱买船参与进来. 与此同时, 技术进展会提高每艘船的捕捞量 (并提高需要购买所需设备的渔民的债务). 到过度捕捞的最初警告出现时, 渔船团队的捕捞能力会远远超过可持续捕捞水平. 如果每艘船都将其捕捞量降低至 "正确" 水平, 那么这些船主就会无法偿还他们的借款. 面临当年必然破产或者可能在三年后破产 (毕竟专家们以前也出过错) 这两个选择, 这些船主就会做出理性的选择, 从而继续尽其可能地多捕鱼.

① 这只会让那些**既**相信拯救鲸类可行, **又**相信用经济选择替代道德选择效用的人们感到不安. —— 原注

② 不过, 认为一切都趋于至善的经济学文献的大量涌现, 其中无疑包含着一些与此相反的论点. —— 原注

> 从 1964 年到 1968 年期间, 挪威人投资了几乎一亿美元构建起他们的鲱鱼围网渔船队. 不幸的是, 鲱鱼资源无法提高其繁殖率以赶上捕捞能力的提升. 1967 年, 挪威捕捞了 1.2mmt [million metric ton, 即百万吨] 鲱鱼; 1968 年是 0.70mmt; 而在 1969 年, 尽管船队扩大了, 但是捕捞量却下降至 0.10mmt. 挪威现在 [拥有] 的鲱鱼围网渔船过剩严重却无鱼可捞. 鲱鱼资源已降至 1950 年数量的 1/15 以下 (参见 [69] 第 53 页).

从 1948 年到 1989 年之间, 从世界各大洋中捕捞的鱼类吨数增加了五倍. 不过这种增长正在趋于平稳. 我们可以希望, 这种趋稳代表的是在全世界范围内采纳了理性捕鱼管理方式, 因此世界鱼类资源正在以一个可持续的产出率得到开发. 或者我们可以看看表 17.1 再来惊叹.

## 17.3 物种与推测

几乎没有什么数学思想曾像 "蝴蝶效应" 那样激发起如此普遍的兴趣. 洛伦兹的问题: "一只蝴蝶在巴西扇动翅膀会在德克萨斯州掀起一股龙卷风吗? " 以及他对此的肯定回答已经变成了流行文化的一部分. (用不那么栩栩如生的术语来说, 理查森数值天气预报有可能超过 24 小时, 因为我们只需要在合理精度上知道目前的天气情况, 就能以相当精确的程度预测明天的天气. 而要以相当精确的程度预测一个月内的天气, 我们对目前天气的了解就要达到办不到的精度①.) 不过这个答案又引起了另一个问题: "为什么一只蝴蝶的每次扇动翅膀不都会在德克萨斯州引起一场龙卷风? " 当我向外望着飘落的树叶和灰色的天空, 它们都宣告着剑桥的秋天到来, 这时我就知道在实际情况中不可能, 几乎可以确定在原则上也不可能预测六个月后的天气, 不过我也知道, 到那个时候, 春天将会到来. 我知道在此期间会有暴风雨, 不过我也预计尽管这些暴风雨可能强劲到足以撂倒树木, 它们也不会使市中心沦为一堆碎石. 气象学问题是要对同一个系统中变化和不变、不稳定和稳定的共存做出解释.

同理, 任何一种进化理论不仅仅必须解释旧物种的消失和新物种的出现, 还必须解释特定物种的持续存在, 比如说鲨鱼, 它们在数亿年期间里都保持实质上的不变. 遵循达尔文的理论, 我们将其解答关键归于选择优势这个概念. 如果有两群动物竞争同一组资源 (于是资源总数就是有限的), 那么其中一群的生殖率平均而言就会高于其更替率 (于是如果这个种群由雄性和雌性构成, 那么平均而言每个雄性就会有一个以上的儿子), 而另一群的生殖率平均而言就会低于其更替率. 鉴于我们倾向于向胜利者欢呼, 因此我们会很自然地认为生殖率高于更替率的那个种群 "适应性更强" 或者 "更适合生存", 不过我们必须记住, 这些想法必定对于绦虫和瞪羚同样

① 正如我们可以预料到的那样, 洛仑兹的蝴蝶在媒体中出现的那一刻, 一队军人在世界各地组成了几个外部预报办公室, 查询使用受控爆炸对付其他民族的天气系统, 读者能看出他们为什么注定要失望吗? —— 原注

适用.

为了理解为什么像鲨鱼这样的动物可能会保持数百万年不变,请考虑某种遗传变化的影响. 如果这种变化很大, 那么它几乎肯定是不利的, 而如果这种变化很小, 那么它就既可能是有利的也可能是不利的, 不过根据定义而言, 它不会具有很大的选择优势 (或者劣势). 如图 17.9 中所示的那种标准图表明了一种具有某种选择优势的遗传变化可能如何通过一个种群发生传播. 首先, 我们有了一个高尔顿 – 沃森问题: 有利的遗传变化可以被看成是一个姓氏, 而这种遗传变化会在一个相当大的种群中确立起自身地位的概率, 大致就等于这种姓氏不发生消亡的概率. 一旦确立起来以后, 它大概就会沿着某种增长曲线 $AB$ 进行遗传, 而一旦该种群中的某一代几乎全都具有这种遗传因子①, 那么所有成员都具有这种遗传因子需要花费多长时间的这一问题就再次变成概率问题了.

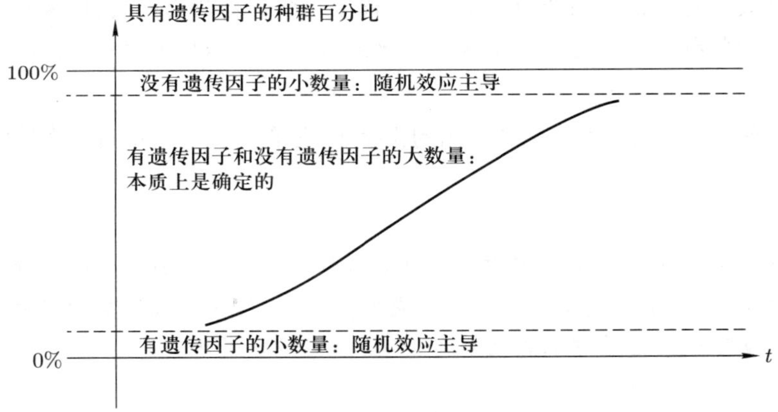


图 17.9　一种有利遗传变化的传播

在一种遗传变化很大而且有利这件不寻常事件中, 高尔顿 – 沃森问题中的消亡概率会远远小于 1, 因此这条增长曲线会很陡, 从而允许这种遗传因子在相对较少的几代中就散播到这个种群的大部分成员. 当英格兰中部地区的工厂将所有表面都覆盖上煤烟时, 有好几种从前拥有浅色双翅的飞蛾迅速地换上了深色翅膀 (参见 [116]). 而当污染停止后, 这种变化自动发生了逆转. 想必与此类似的考量也适用于细菌的抗药性.

不过, 如果某种变化的选择优势很小, 那么我们就又回到了 $\kappa$ 接近于 1 的高尔顿 – 沃森问题, 因此我们知道消亡的概率就非常接近于 1. 此外, 纵然这种遗传因子确实立足已稳, 但要散播到一个很大的种群中实在还是会需要花费很长的一段时间.

**练习 17.3.1**　如果 $x_{n+1} = 1.01x_n$ 且 $x_0 = 1$, 试求出 $x_{10}, x_{100}$ 和 $x_{1000}$.

① 出于本讨论的目的, 这种遗传因子只不过是提到 “与遗传变化相关的姓氏” 时的一种简略的表达方式. —— 原注

如果大的那些变化非常有可能是不利的,而小的那些变化则不大可能确立起自身的地位,那么我们就有极好的理由预计物种会在很长的时段中保持稳定. 不过我们似乎是矫枉过正了,因为现在很难如何去看出发生的任何变化.

不过,沃森悖论的这些结果使我们不仅能够论述古老物种的灭绝,还能够解释新物种的创生!为了看出如何能做到这些,我们需要地理隔绝的概念,据此物种中的一小群会与其余成员在地域上隔离开来. 作为一个简单的例子,我们可以假设有一群小鸟可能被吹离了大陆,来到一个小岛上,这个小岛如此遥远,以至于它们无法返回.

不过,隔绝还能以其他许多方式发生. 达尔文的《物种起源》(*On the Origin of Species*) 中最精彩的部分之一是他的解释:

> 在被数百英里低地隔开的各山顶上,许多植物和动物有一致性,而阿尔卑斯山的物种是不可能存在于这些低地上的 (参见 [144] 第十一章).

在一段不幸由于太长而无法全文引用的文字中,他首先描述了最近几次冰河时期的证据.

> 苏格兰和威尔士的山岳用它们布满划痕的侧翼、磨光的表面和栖于高处的巨砾,讲述着冰川不久前填满了它们的山谷,这比被火烧尽的房屋废墟更加清晰地诉说着它们的往事.

达尔文继续描述随着气候变冷,北极物种如何向南迁移,于是

> 寒冷达到极点时,我们应该看到均匀分布的北极动物群和植物群,它们覆盖着欧洲的中央各地,向南一直可达阿尔卑斯山和比利牛斯山,甚至延伸到西班牙. 现在美国的温带地区同样也会布满北极的植物和动物,而且它们和欧洲的那些动植物几乎相同;对于当时栖居于北极周围的那些动物,我们猜想它们曾向南方各地迁徙,它们现在在全世界的分布异常均匀……
>
> 当气温回暖时,北极各种生物形式会向北退回,后面紧紧跟随的是较温和地区的生物. 而随着气候愈加温暖,当雪开始从山脚下融化时,这些北极的生物形式就会占据这片清除过的、解冻的地方,从而不断向着越来越高的地方攀登,而与此同时它们的同胞们则在向北赶路. 因此,到完全回暖的时候,不久前曾经作为一个整体共同居住在欧洲和美洲这两个新旧世界的各片低地上的相同北极物种就会被孤立地留在那些远离的山顶上 (在

所有较低的高度都已灭绝了) 以及两半球的极地区域.

回到我们的主要论证上来, 假设我们有一个受到地理隔离的群体, 这个群体在经历许多代以后形成了一个由几百个或者更少个体构成的繁殖群落. 如果我们考虑那些几乎没有什么选择优势 (或者劣势) 的遗传变化, 那么图 17.9 就被压缩, 于是 "确定性的曲线 $AB$" 消失, 而 "随机限度" 现在占据了图中的整个宽度, 如图 17.10 所示.

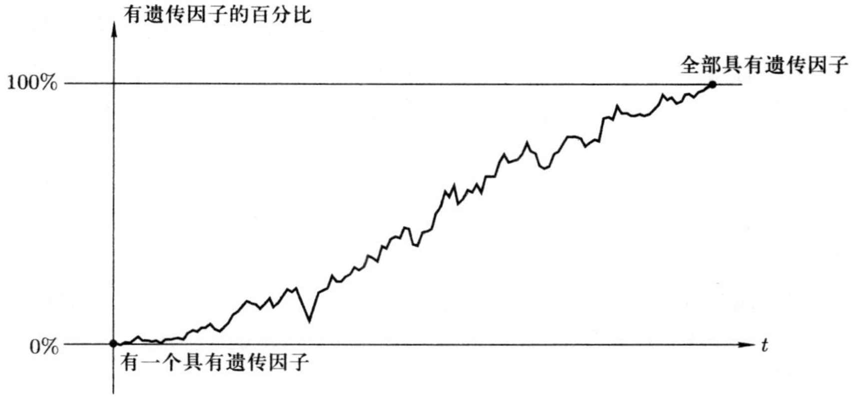


图 17.10 小种群中遗传变化的传播

如果我们考虑一种中性的遗传变化 (在高尔顿 – 沃森问题中对应于 $\kappa = 1$ 的情况), 那么高尔顿 – 沃森悖论告诉我们, 尽管相关的遗传因子通常会灭绝, 但是它偶尔也会散播到整个种群. 不过, 一旦这个种群的每个成员都拥有这种遗传因子, 它就不可能灭绝了. 对于 $\kappa = 1$ 成立的情况, 在 $\kappa$ 接近于 1 时也会成立, 因此**在一个小种群中**, 具有微小选择优势的、中性的、甚至是具有微小选择劣势的那些遗传因子都可以起始于一个个体, 而在经过几代以后, 最终为这个种群的每一个成员所有.

经过许多代以后, 很多此类小的、中性的或者近中性的变化将会改变这个群落的本质, 于是我们就得到了一个新物种. 这个新物种并不比原来的物种 "更好" 或者 "更糟", 它只不过, 也仅仅是由于一长串变化事件的作用而变得**不同**. 如果导致这个繁殖群落被隔离的那些起因被移除, 那么旧的物种 $U$ 和新的物种 $V$ 就会发生遭遇. 如果它们现在已经如此不同, 因而不为同样的资源而竞争, 那么这两种物种就会共存. 如果它们确实为同样的资源而竞争, 那么其中具有生殖优势的那个物种就将取代另一个.

大多数生物学家都相信, 我所概述的这种机制为新物种的起源提供了一条渠道. 这并不是唯一的渠道, 对于各种不同渠道的相对重要性也还存在着很大的争议空间. (相信上文描述的这种渠道的那些人当中, 有一位 S. J. 古尔德 (S. J. Gould), 他的许多优秀的通俗短文合集中, 有一些猛烈的辩护力挺这一论点.) 不过, 我们现在要离开进化论的思索, 去看看围绕着高尔顿 – 沃森问题的这些想法是如何应用于更加直接关注的问题, 即追溯传染性疾病的蔓延.

理解传染病如何会开始是很容易的,要明白它们如何停止,以及一旦停止后疾病如何能够存活下来,就要稍微不容易些了. 一个重要的原因在于,对许多传染性疾病而言,病患者如果存活下来的话,他们就建立起了对抗这种疾病的防御系统,因此就对此病今后的侵袭免疫了. 因此在任意时刻,种群都会包含比例为 $\mu$ 的免疫成员. 如果平均而言每个病患者都会 (在缺乏此类免疫性的情况下) 将这种疾病传播给 $\kappa$ 个其他人,我们现在就会预计他们平均而言会将这种疾病传播给 $(1-\mu)\kappa$ 个其他人. 如果 $(1-\mu)\kappa > 1$,那么这种疾病会倾向于散播出去,不过这又会转而增大 $\mu$,从而减小 $(1-\mu)\kappa$. 另一方面,如果 $(1-\mu)\kappa < 1$,那么这种疾病的发病率就会减小. 人口出生 (可能还有外来移民人口) 会减小 $\mu$,从而增大 $(1-\mu)\kappa$. 这说明如果人口数量足够大,那么这种疾病就不会灭绝,而我们会发现疾病级别接近于这样一种情况,而使得

$$(1-\mu)\kappa = 1.$$

如果疾病级别远低于这个"自然级别"(例如,如果该群体完全没有这种疾病,它是从外部引入的),那么它就会快速增长,甚至可能灾难性增长,从而超越这个"自然等级". 一旦此病传开了,那么它的等级想必会在其自然等级左右摆动,于是变成"地方性传染病".

**练习 17.3.2** (此题要求解二阶线性微分方程. 这一部分并非论证的中心.) (i) 考虑有一个群体,用行话来说,在 $t$ 时刻其中有 $S(t)$ 人易受感染 (即这些人还没有患过此病),有 $I(t)$ 人有传染性 (即这些人患有此病并且能够将它传染开去),还有 $R(t)$ 人"被移除"(即这些人被隔离、死亡或者具有免疫力,因此他们不能再把此病传染开去). 我们很自然会假设易受感染的人得病的比率既与可得病的人数 $S(t)$ 成正比,也与具有传染性的人数 $I(t)$ 成正比. 因此对于某个 $\beta > 0$,有

$$\text{易受感染的人的得病比率} = \beta SI.$$

如果我们假设新的易受感染人数以恒定的速率 $\sigma > 0$ 加入这个群体,那么我们就得到

$$\text{新的易受感染人数到达速率} = \sigma,$$

由此将刚才这两条陈述结合起来,我们就得到

$$\frac{\mathrm{d}S}{\mathrm{d}t} = \sigma - \beta SI.$$

请用类似的方法解释为什么

$$\frac{\mathrm{d}I}{\mathrm{d}t} = \beta SI - \gamma I$$

看来是合理的. 我们在这个问题中对 $R(t)$ 不感兴趣.

(ii) 现在我们有两个方程

$$\frac{\mathrm{d}S}{\mathrm{d}t} = \sigma - \beta SI,$$
$$\frac{\mathrm{d}I}{\mathrm{d}t} = \beta SI - \gamma I$$

(其中 $\sigma, \beta, \gamma > 0$), 但是我们无法解这两个方程. 尽管如此, 我们还是有可能从中萃取出相当数量的信息. 我们首先要问, 这个系统是否有可能处于一个 $S(t) = S_0, I(t) = I_0$ 保持恒定不变的稳定状态? 试证明这样一个稳定的状态只有在 $I_0 = \sigma/\gamma$ 和 $S_0 = \gamma/\beta$ 时才有可能出现.

(iii) 现在我们再请问, 在这个稳定状态附近 $S(t)$ 和 $I(t)$ 的行为如何? 自然的处理方法就是写下 $I(t) = I_0 + i(t)$ 和 $S(t) = S_0 + s(t)$ 的形式, 从而 $s(t)$ 和 $i(t)$ 都很小. 试证明如果我们忽略极小量 $i(t)s(t)$, 那么我们的方程组就变成

$$\frac{\mathrm{d}s}{\mathrm{d}t} = -\gamma i(t) - \frac{\beta\sigma}{\gamma} s(t),$$
$$\frac{\mathrm{d}i}{\mathrm{d}t} = \frac{\beta\sigma}{\gamma} s(t).$$

通过对第一个方程求导数, 并代入第二个方程, 试证明

$$\frac{\mathrm{d}^2 s}{\mathrm{d}t^2} + \frac{\beta\sigma}{\gamma}\frac{\mathrm{d}s}{\mathrm{d}t} + \beta\sigma s = 0.$$

并由此证明

$$s(t) = Ae^{-vt}\cos(\omega t + \theta),$$

其中 $v$ 和 $\omega$ 还有待求出, 而 $A$ 和 $\theta$ 则取决于初始条件.

这初看起来非常令人满意, 因为它预言了传染病的各种波动, 但是当我们注意到以下两点时, 我们的满意感就大大削减了: (a) 预期的周期看起来与观测结果并不非常符合, 观测发现许多传染病都具有一种季节性特征; 以及 (b) 这种模型预言, 这些波动循环会逐渐止息. 人们对这种模型提出了各种各样的修改 (例如, 注意到学年的开始可以刻画成孩子们碰面后相互传染疾病的一个时间, 而这会加强周期是一年的倍数这种趋势), 但是我们不会再进一步讨论这个问题. (读者会在 [4] 的第六章中发现许多趣味, 文中表明了我们的那个原始模型要比它初看起来更加成功. 更深入的数学进展需要对非线性微分方程理论有所掌握.)

在下面这个练习 17.3.3 中, 我们会看到数学理论在传染病方面的一种更加令人满意的应用.

**练习 17.3.3** (这道很长的练习要求相当大量的微积分演算, 而且对主要论证并非必要.) (i) 考虑这样一个群体, 在 $t$ 时刻有 $S(t)$ 人易受感染 (即这些人还没有患过此病), 有 $I(t)$ 人有传染性 (即这些人患有此病并且能够将它传染出去), 还有 $R(t)$ 人 “被移

除” (即这些人被隔离、死亡或者具有免疫力, 因此他们不能再把此病传染开去). 在这个问题中, 我们感兴趣的是这种疾病的短期表现, 因此我们忽略出生人口, 并假设总人口 $N$ 不因为其他原因而发生变化. 试解释为什么下面这几个方程可以为发生的情况提供一个良好的模型.

$$\begin{aligned} S+I+R&=N,\\ \frac{\mathrm{d}S}{\mathrm{d}t}&=-\beta SI,\\ \frac{\mathrm{d}I}{\mathrm{d}t}&=\beta SI-\gamma I,\\ \frac{\mathrm{d}R}{\mathrm{d}t}&=\gamma I, \end{aligned}$$

其中 $\beta, \gamma > 0$.

(ii) 正如我们在前一个练习中说过的那样, 建立起一个模型是一回事, 而解答它就完全是另一回事了. 不过, 我们可以从用 $S$ 来表示 $I$ 开始着手. 注意到, 利用 (i) 的第二个和第三个方程, 我们得到

$$\frac{\mathrm{d}I}{\mathrm{d}S}=\frac{\mathrm{d}I}{\mathrm{d}t}\frac{\mathrm{d}t}{\mathrm{d}S}=\frac{\beta SI-\gamma I}{-\beta SI}=-1+\frac{\gamma}{\beta S}.$$

现在解这个微分方程, 得到

$$I=I_0+S_0-S+\frac{\gamma}{\beta}\log\frac{S}{S_0},$$

其中的 $I_0$ 和 $S_0$ 是 $I$ 和 $S$ 在 $t=0$ 时的值, 而 log 就是读者可能以 $\log_e$ 或者 ln 的形式认识的函数.

(iii) 让我们定义 $\rho=\gamma/\beta$. 试证明当 $S=\rho$ 时, $I$ (看成是 $S$ 的函数) 具有唯一最大值. 检验以 $I$ 为纵轴、$S$ 为横轴的图像看起来如图 17.11(a) 所示.

(iv) 乍看之下, 图 17.11(a) 仅仅告诉我们 $(S(t), I(t))$ 的可能值, 而并不告诉我们这些值是否存在. 通过回头去查阅 (i) 中的各方程, 试解释为什么 $S(t)$ 必定随着 $t$ 的增大而减小, 因此 $(S(t), I(t))$ 必定按照图 17.11(b) 中的箭头所标注的方向沿着这些曲线移动.

通过回头去查阅 (i) 中的各方程, 试解释为什么对于某个固定的 $\delta > 0$ 和一切 $t > 0$, 不可能有 $S(t), I(t) \geqslant \delta$. 请推断出 $(S(t), I(t))$ 最终必定会遍历图 17.11(b) 中所示这些曲线的全部, 因此当 $t\to\infty$ 时 $S(t)\to S_\infty$, 其中 $S_\infty$ 是

$$0=I_0+S_0-S_\infty+\rho\log\frac{S_\infty}{S_0}$$

的较小根.

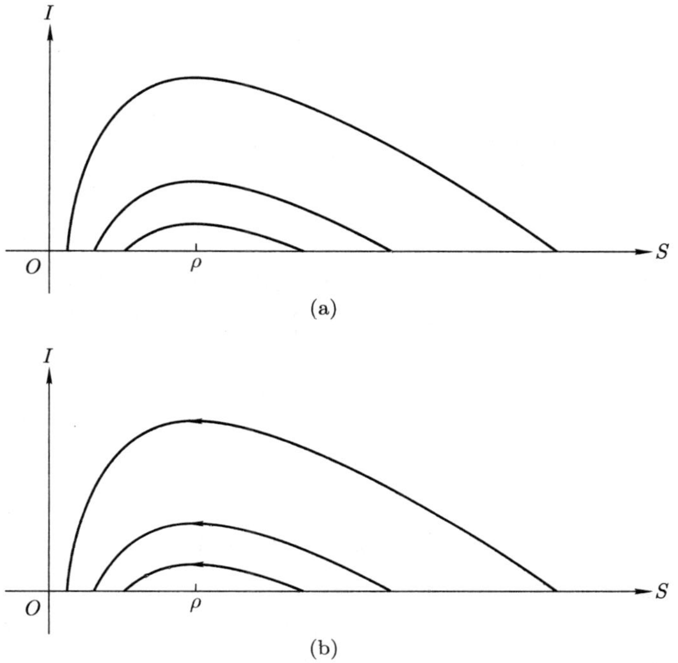


图 17.11 一种传染病的进程

(v) 通过将迄今所得的这些结果结合起来, 试证明如果 $S_0 \leqslant \rho$, 那么 $I(t)$ 减小到零, 而 $S(t)$ 减小到 $S_\infty$, 但是如果 $S_0 > \rho$, 那么 $S(t)$ 仍然会从 $S_0$ 减小到 $S_\infty$, 但现在 $I(t)$ 会在 $S(t) = \rho$ 时增大到极大值.

试解释这些结果如何导致下列结论:

(A) 一种传染病会发生的条件是: 仅当群体中易受感染的人数 $S_0$ 超过某一阈值水平 $\rho = \gamma/\beta$ 时, 该疾病被传入.

(B) 疾病停止散播不是因为不再有易受感染的人, 而是因为不再存在有传染性的人. 特别是有些个体会逃过这种疾病.

此练习处理的是短期情况. $\rho$ 与在前文对长期行为的讨论中的 $\mu$ 及 $\kappa$ 的关系如何?

(vi) 假设 $S_0 > \rho$. 我们感兴趣的是会在传染病流行期间得病的人数 $J$. 试解释为什么 $J = S_0 - S_\infty$. 倘若像传染病会发生的一般情况那样, 具有传染性的初始人数 $I_0$ 非常少, 那么请利用 (iv) 中的公式来证明, 在很精确的近似下有

$$0 = J + \rho \log\left(1 - \frac{J}{S_0}\right). \qquad (*)$$

对于给定的 $\rho$ 和 $S_0$, 我们总是可以用一种标准求根方法来得到我们所希望的 $J$ 的最佳近似. 不过, 如果 $\nu = \rho - S_0$ 与 $\rho$ 相比很小 (因此我们离阈值水平不远), 我们就可以直接继续下去.

我们知道, 如果 $|x| < 1$, 那么

$$\log(1+x) = x - \frac{x^2}{2} + \frac{x^3}{3} - \frac{x^4}{4} + \cdots,$$

因此特别是在 $x$ 很小的时候,

$$\log(1+x) = x - \frac{x^2}{2}$$

是一个很精确的近似. 通过参考图 17.11(b), 试解释为什么如果 $\nu = \rho - S_0$ 与 $\rho$ 相比很小, 我们得到的 $J$ 与 $\rho$ 相比就会很小. 通过取 $x = -J/S_0$, 并利用 $(*)$, 试证明在很精确的近似下有

$$J = 2S_0\left(\frac{S_0}{\rho} - 1\right).$$

通过简单的代数来证明

$$S_0\left(\frac{S_0}{\rho} - 1\right) = \nu\left(\frac{\nu}{\rho} - 1\right),$$

并通过做进一步近似 (需证明其合理性), 推出如果 $\nu = \rho - S_0$ 与 $\rho$ 相比很小, 那么在很精确的近似下有

$$J = -2\nu,$$

并且在传染病过后, 易受感染的人数在阈值以下的数量, 大约就等于其在传染病流行前高于阈值的数量. 因此, 如果我们能够提高阈值水平 (例如通过建立一个由隔离医院构成的系统来将病患与健康人分开), 那么我们不仅往往会降低流行病的数量, 而且对于确实发生的那些流行病, 也会降低其强度.

这些结果是克马克 (Kermack) 和麦克肯德里克 (McKendrick) 得出的. 他们的工作比我们所做的要辛劳得多, 因此得以求出了小型传染病 ($\nu = \rho - S_0$ 与 $\rho$ 相比很小) 情况下 $R(t)$ 和 $R'(t)$ 的精确近似解, 并证明他们的预测与 1907 年在孟买暴发的一场瘟疫的各项数字非常接近. (要参考原始论文, 以及对此主题的一种宽泛得多、但也高度数学化的观点, 就可以在贝利 (Bailey) 的《传染病的数学理论》(*The Mathematical Theory of Epidemics*) 一书中找到. 大多数读者会更喜欢穆雷 (Murray) 的《数学生物学》(*Mathematical Biology*) 中第十九章的处理方法.)

克劳德 · 柯克本① 过去常常说, 在有一名政客在场时, 新闻工作者们唯一需要自问的问题是: “为什么这个混蛋在对我撒谎?” 读者们如果由于前两节中这些貌似可信的类比、公正的愤慨和看似应服从的微分方程而放松警惕, 那么也应该问问自己同样的问题. 同样的图 (图 17.9, 也在别处出现) 作为一种典型的增长曲线被一而

① 克劳德 · 柯克本 (Claud Cockburn, 1904—1981), 出生在北京的爱尔兰左翼记者, 是著名的共产主义支持者. —— 译注

再、再而三地重复使用，但是有什么证据说明这张图适用于我们所应用的这些情形呢？

在鱼类资源增长的例子中，答案必定是——不怎么样，如果某人确实做出了一些能均整地符合这条曲线的数字，那么我就会怀疑其中有诈．即使没有人为介入，我们也会预计一个鱼类种群会对气候变化和其他种群（既包括受研究种群的食物的种群，也包括以受研究种群为食的种群）的变化做出反应而逐年发生相当大的变化．于是“未受扰动的最大种群数量”$P$ 并不是恒定不变的，而是逐年经受实质性的年度波动．如果我们不相信 $P$ 是一个常数的话，画出一条以 0 和 $P$ 为渐近线的光滑曲线这个过程的吸引力就大不如前了．

不过，柯克本的格言也有其局限性．如果我们想当然地认为所有政客都是骗子，那么对于一名政客而言，诚实行事就会毫无优势，于是所有政客就都会变成骗子．“所以选举人，请发出一句诚实的诅咒，去选择糟糕的，而不是更糟糕的．”通过检验我们的简单模型，我们对于可以如何常规性地定期捕获鱼类得到了一个更加清晰的深入了解．我们还看到这里存在着两个关键的变量——种群规模和种群增长速率．可能有人会争论说，通过纯粹的语言论证本也可以得到此类结论，不过这种数学模型使得那些基本的假设变得明确，并使我们更容易看出这些假设可以如何进行修改．若是我们认为这个模型只不过是攻克一个困难问题的初步措施，那么它为我们提供了相当大量的深刻见解．

在传染病的例子中，很显然我们的处理方法考虑的是它们随时间的发展，而不是在空间中的发展．在 [36] 的第十二章至第十五章可以找到一段讨论，其中比较了各种试图以实际数据考虑到这一方面的不同模型．不过，我希望在下一节中说明，即使是一些简单的模型，也会增加我们对于一些重要问题的理解．

## 17.4　关于微生物与人

如果一种传染病要扩散，那么一个特定带病个体继续感染他人的平均人数 $\kappa$ 必定要大于 1，而且最好（只是就该疾病蔓延方面而言）是远远大于 1．不过 $\kappa$ 不仅取决于疾病，还取决于发现疾病的群体的生活模式．依靠打猎和采集果实为生的狩猎采集者组成小群体迁移，并且稀疏地散布在各地．农耕使人们能够聚集起来，通常也要求人们聚集得更加集中，从而产生了较高的人口密度．在城镇中，许多人共同居住在稠密的居住区中．于是 $\kappa$ 对于狩猎采集者们而言很小，对于农民们较大，而对于城镇居民们就更加大得多．人尽皆知，像伦敦这样的城市是不健康卫生的，而且在历史的大部分进程中，看起来城市似乎很可能需要不断有新移民从乡村流入，这只是为了将其人口维持在同一水平．

我们认为，通过西伯利亚和阿拉斯加进入然后向南迁移的狩猎采集者，是首先开拓南美洲和北美洲殖民地的．即使这些早期到达者中有一些带来了天花和麻疹，与他们的生活模式相关的小 $\kappa$ 值也会消灭掉这些以及类似的群体疾病．（到现代，即使在有人居住的相当大的岛屿上,麻疹也灭绝了,而且经验证据和理论论证结合在一起说明,要支撑这种疾病需要大约 250000 人构成的一“伙”.) 到西班牙人来到新世界之时,这些小群体的后继者们已经形成了一些文明而复杂的国家,有着庞大的人口和庞大的城镇.旧世界的那些疾病,以天花、麻疹和腮腺炎为首,突然侵入那些毫无自然免疫力的群体,因此死亡率可能曾高达 50%.孩童时期曾经受到过所有这些疾病的侵袭而生存下来的那些西班牙人几乎全都不受影响——这种境况看来似乎被双方都看成是神之恩宠,而随着各传染病而引发的种种混乱是少数几个冒险家能毁灭整个社会阶层的主要因素之一.

这种现象在整个美洲一再重演.在八十年的时间中,加利福尼亚下州的人口下降了 90%.用一位德国传教士在 1699 年的话来说:"这些印第安人这么容易死去,以至于仅仅看到或者嗅到一个西班牙人,就会送他们去见阎王."(参见 [157] 第 211 页)

这样的数字必定是估计,不过美国内战中的军医尽管对他们的病人们无法有多少作为,却有精良的配备去对病人计数.联邦军队中每战死一名士兵,就有两名士兵病死 (不过在稍早些爆发的克里米亚战争中,每战死一名英国士兵,就有四名英国士兵病死)(参见 [158] 第 15 章).从乡村地区招募来的新兵随机由于麻疹和腮腺炎而病倒 (这两种病主要都是由于变得虚弱的病人再受其他疾病的折磨而间接致死的),接下去又有天花和丹毒 (这两种病直接致死)."吃苦耐劳的开拓者"(即来自阿巴拉契亚山脉以西的那些联邦军士兵),比起来自东部地区的那些"脸色苍白的城市居民"来,疾病的死亡率还要高出 43%.甚至在前往参战之前,疾病就已经将大部分军团的规模由其初始编制定员减成了一半①.

现代的欧洲城市不再是过去那样的不健康场所了.有公共卫生措施来保障干净的食物和水、恰当的污水处理等,还有民间的富余使高卫生程度变得可能,这些都从大体上降低了传染性疾病的 $\kappa$.前几段中谈到的几个历史上的实例说明,在某些特定的环境下,这也许不是一种纯粹的赐福 (请考虑如果有一位旅行者来自这样一个地方,结果所产生的那些问题,或者如果发生一场灾难后带来卫生系统的瘫痪,结果整个城市所面临的问题).小儿麻痹症为我们提供了一个很好的例子,在这个例子中,随着生活标准的提高,发病率与危重程度却明显地上升,这使我们对预期的情况困惑不解.现在认为其中的原因如下.一种传染性疾病的流行程度越低,可以预计会得这种病的人的平均年龄就越大.许多疾病对于成人都不像对年幼的孩子那么严重,不过小儿麻痹症却逆转了这种情况.在整个历史的大部分进程中,曾经流行过此病的那类城市中,大部分孩子都发作过一次,于是到三岁时就已获得了免疫力.只有加强清洁和降低拥挤程度才会使小儿麻痹症变成一种成人疾病.

通过接种疫苗进行人工免疫提供了绕过这个问题的一种方法,因为它在可能的时候使我们能够提高一个社团中的免疫成员比例 $\mu$.前一节中的讨论说明,疫苗不

① 最糟糕的情况出现在第 65 团,该团在其三年的历史中没有参加任何军事行动,却由于疾病和营地受伤而使得在该团服役的 1769 人中死去了 772 人 (参见 [36] 第 104 页).——原注

仅保护个体, 还降低 $(1-\mu)\kappa$, 即某一给定带病者感染的个体平均人数, 从而降低传染病的发病概率和确实发生时发病的严重度.

的确, 接种疫苗提高了完全消灭某些疾病这种激动人心的可能性. 通过为新生儿接种疫苗 (并且在接种所产生的免疫力不能维持终生的情况下再为其他人重新接种疫苗), 我们就可以保持 $(1-\mu)\kappa < 1$, 于是这种疾病就会趋向于灭绝. 部分是由于在只有少数人被感染时, 该疾病行为中的随机成分, 部分是由于接种疫苗的水平会在群体中发生变化, 从而留下具有 $(1-\mu)\kappa > 1$ 的一些小群体, 还有部分是由于大自然并不是简单到用我们的几个方程就能搞清楚的, 所有这些原因会导致局部地区孤立的疾病暴发. 不过, 隔离政策和大规模疫苗接种也许可以让我们能够控制它们, 并且如果是这样的话, 这样的疾病暴发就会变得越来越罕见, 并最终不再发生.

这样的运动在过去已经弄干净了整片整片的区域, 但是由于外来感染的风险, 因此要保持某个区域免于威胁, 就需要有效的检疫隔离 (在大型喷气式客机的时代, 这事实上是不可能的)、某种迅速应付任何疾病暴发的机制 (而且这种机制必须每次都完美奏效), 或者持续保持高水平的疫苗接种 (这在人们不再感觉到威胁的时候就会很困难), 或者以上三种措施的某种组合. 也许将一种疾病从整个世界上完全根除是不可能的?

这在天花的例子中曾经做到过一次①. 经过十年多的时间, 整个世界卫生组织 (World Health Organisation, 缩写为 WHO) 在全世界范围内消除天花这场运动的总花费是 3.13 亿美元. 与此同时, 美国仅仅为了保护自己的民众, 每年在接种疫苗和检疫隔离措施方面的花费就有 1.5 亿美元, 而全世界范围的类似花费可能已达到每年 10 亿美元. 为什么各国都准备花费如此巨额的钱款用于自保, 其原因在于这种疾病的本质, 它没有已知的治愈方法, 每五名患病者中就有一人死亡 (在严重暴发时每五人中会死两人), 而许多没有病死的人却留下可怕的疤痕, 有时还会致盲. 为什么只有相对较少的金额被分拨给根除疾病的项目, 其原因之一是对于其成功可能性所持有的一种普遍的怀疑态度 (特别是一次在全世界范围内根除疟疾的昂贵尝试失败之后, 这次失败仍然投下长长的阴影). 为什么在运动结束时, 发达国家没有对世界卫生组织一掷千金的原因, 也折射出哈梅林②市民们的原因:

> 我们的交易已经在河边完成;
> 我们亲眼看到害虫沉没,
> 而死的东西不可能复生, 我认为是这样.
> 所以朋友, 我们可不是一群逃避责任的人,
> 会给你提供点喝的东西,
> 也会给你一点儿钱放进你的钱包;

---

① 如果你算上猪传染性水疱病 (你不用管它是什么东西) 的话就是两次. —— 原注

② 哈梅林 (Hameln) 是位于德国西北部的一个市镇, 因《格林童话》中的花衣魔笛手 (Rattenfänger von Hameln) 这个故事而闻名. —— 译注

不过说到金币, 我们说过的,
正如你心知肚明的, 那只是个玩笑.
此外, 我们的损失使我们变得节俭,
一千个金币! 来吧, 就拿走五十个吧!
(参见勃朗宁 (Browning),《哈梅林的花衣魔笛手》
(*The Pied Piper of Hamelin*))

为什么这场成功没有在其他疾病上得以重复? 愤世嫉俗的人也许会提出, 在余下的那些古老的传染病中, 没有一种会给富裕国家的居民带来很大的惊骇. 在英格兰, 麻疹是一种导致孩子缺课一周的疾病, 而在发展中国家, 麻疹每年使一百多万儿童致死. 有一则关于东德领导人乌布利希 (Ulbricht) 的老笑话, 说的是他在视察本国社会服务时发生的事. 首先带他去看的是一家精神病院, 他显然对其中的精良照料印象深刻, 因此告诉他的助手说, 要在下一轮预算中为它另外提供一百万马克. 接着他又被带去看一所模范监狱, 于是发生了同样的一连串事件. 最后, 他参观访问了一所幼儿园, 并且再次对他所见到的一切赞赏有加, 不过最后却告诉他的助手只为它提供一千马克. "但是乌布利希同志, 你给其他地方的要多得多." "我几乎不可能在一所幼儿园里终结我的一生, 不是吗?"

不过, 前一段中提出的这些反思并非完全言之成理, 而是起因于数学家的习惯: 宁可着眼于那些求同的普遍性质, 也不愿意着眼于那些存异的特殊差别. 如果我们更加仔细地来看的话, 就会发现天花有可能被根除, 只是因为它具有以下这组特征.

1. 天花病例只有在接近于清楚地知道患者已得病的这一刻才变得具有传染性, 而当他们恢复时就不再具有传染性. 因此, 隔离病例就会大幅降低 $\kappa$. 对于像白喉这样在清晰的症状显示出来之前就具有传染性 (事实上许多孩子在自己从未显示出不健康迹象的情况下传播这种疾病) 的疾病而言, 这是不可能做到的. 众所周知, 有些伤寒病人康复后还继续传染这种疾病.
2. 这种疾病没有动物宿主. 由于黄热病既由人传播, 也由猴子传播, 因此即使人类群体中再大量接种疫苗也不会根除这种疾病.
3. 对抗天花的现代疫苗接种提供至少三年的确定保护. 有许多种疾病 (例如流行性感冒), 对于它们的疫苗接种并不是对抗这种疾病的确定防范措施.
4. 天花的种类只有一种. 流行性感冒则一直在改变它的形式, 一种对抗今年的流感的疫苗, 如果用来对抗后年的流感就会无效.

最后, 尽管天花的可怕名声中包括那些对于它如何 "像野火一般蔓延" 的记忆, 但是它的传染性实际上远远比不上大多数其他主要传染病 (即 $\kappa$ 比较小), 而且几乎总是通过直接接触来传播的 (从而使隔离变得更加容易, 也更加有效). 这就意味着产生一个足够小的 $(1-\mu)\kappa$ 所要求的 $\mu$ 并不需要不切实际地接近 1.

可以根除的唯一合理候选者看来似乎是麻疹, 对于这种疾病, 2、3 和 4 都成立, 不过 1 不成立 (带病者在病情明朗化之前就具有传染性, 不过他们在康复后就不再具有传染性). 不幸的是, 麻疹的传染性非常强, 因此尽管像美国这样的一些富裕国家能够维持 $\mu$ 足够接近 1 来保持他们自己免受这种疾病的困扰, 不过即使有资金和意愿的保障, 这样的水平是否在全世界范围内行得通, 这一点仍然不甚明了①.

我们容易罹患许多由微生物导致的疾病, 这些微生物具有许多不同的大小和种类. 不幸的是, 这样的微生物几乎不留下任何持久的痕迹, 即使是在有文字记载的历史这段短短的时间跨度中, 也很难确定一种疾病在何时对于某个社团而言是真正新出现的. 尽管如此, 我们还是可以进行一些貌似有理的推测.

像人类这样的大型动物对于非常微小的动物而言, 代表的是一种潜在的、几乎取之不尽的美餐来源. 为了降低这种潜在的可能性, 大型动物都拥有许多非常强大的防御措施. 有人提出, 如果微生物所构成的威胁不存在的话, 那么个体本质上完美复制自身的无性繁殖就会变成常态. 有性繁殖要求更大的投入 (其原因例如有需要生长出的专门器官、要求找到一个配偶, 等等) 来制造出新的机体, 这些机体与父母双方各自都只是部分相似. 不过, 在有性繁殖中所包含的各种特征总体上的大变动意味着一个物种的每个成员都为攻击微生物表现出了一个不同的问题②.

一种来自其他栖息地的微生物时常会发现一个没有恰当防御措施的大型动物. 在这些情况之下, 我们预计这种微生物会兴盛起来并暴发式地繁殖 —— 在这个过程中很可能杀死这个大型动物. 如果幸运的话 (对于微生物家族而言), 一些微生物会转移到同一物种的其他大型动物身上, 并且这个循环会再次发生. 我们可以预计以下三种结局之一:

1. 这些微生物没有能够作为永久性的捕食者在这些大型动物身上确立下来. 例如, 它们也许没能从一个动物到另一个动物建立起一条足够可靠的路径. 每年我们都读到关于这类令人惊恐但又罕见的外来 "奇异" 疾病的报告.
2. 这些微生物杀光了整个物种.
3. 这些微生物作为一种永久性的疾病安顿下来, 但是没有杀光整个物种.

在第三种情况下会发生什么事? 显而易见, 应付该疾病最出色的那些动物平均而言很可能会拥有较多的后代, 因此这一物种就会向着降低这种疾病的各种影响的方向演化. 这种疾病又怎样呢? 它也会向着一条适应其新栖息地的道路演化, 可能会开发出一些更好的方法迂回地包抄这种动物的防御措施, 或者改善自己的传播模

① 安德森 (Anderson) 和梅 (May) 提出, 在已知感染病例的邻区, 70%~80% 的疫苗接种水平也许足以根除天花, 但是对于麻疹却会需要 90%~95% 的疫苗接种水平. —— 原注

② 在 19 世纪初期的爱尔兰, 农民以土豆为生计. 许多较为贫穷的地区都主要集中种植一个品种, 这种名为 "康诺特脚夫" (Connaught lumper) 的品种像所有土豆品种一样也是无性繁殖的. 于是大量土豆植株实际上都完全一样, 因此一旦土豆染上枯萎病 (一种真菌), 它就摧毁整片庄稼. 一百万爱尔兰人死亡, 还有至少一百万外迁. 至于 "所有欧洲人口中, 怎么只有爱尔兰人遭遇 [这种] 可怜的悲惨命运这个问题", 我们很难不同意这种普遍观点: 答案就在于 "不明智的法律和毫无限制的敲诈勒索"[19], 这些都迫使农民们完全依赖于一种农作物. 一旦饥荒出现, 那些盛行的经济学理论怂恿英国政府以 "按照人道主义标准来说是不充分的, 而且这种不充分是愈演愈烈的 …… 系统性的和蓄意的" 方式做出反应 [117]. —— 原注

式. 不过, 它也可能选取另一种更加微妙的方向. 该疾病的某一特定种类的长期生存决定性地依赖于 $\kappa$, 即一个被感染的动物在死亡前会将这种疾病继续传染给其他动物的平均数量. 如果这种疾病会快速致死, 那么就不会有太多的传播时间, 于是 $\kappa$ 就可能很小. 因此 "这种疾病出于自身的利益考虑" 而不会很快杀死其寄主, 或者甚至根本就不杀死它. 因此我们可以预计, 疾病会向着温和的方向演化①.

在众多传染性的轻微疾病中都可以找到支持这种理论的某些证据. 正如我们可以预计的那样, 孩子们特别容易遭受 "某些四处蔓延的东西", 使他们有几天的时间 "气色不佳".

在另一个极端, 我们有黑死病, 这种病起始于东方, 在 1350 年左右横扫欧洲. 一位爱尔兰编年史作者诉说了这场瘟疫如何最初来到爱尔兰: "靠近达尔基 (Dalkey) 和德罗赫达 (Drogheda), 几乎摧毁和除尽了都柏林以及德罗赫达这两个城市本身的居民." 他继续写道:

> 几乎没有哪所房子里是只死去一人的, 而是夫妻两人和他们的孩子们以及所有家人都一起走上相同的道路, 共赴黄泉. 现在, 我, 方济会和基尔肯尼 (Kilkenny) 社区的约翰 · 克林 (John Clyn) 修士, 在此书中写下这些在我自己这个时代值得注意的事件, 这些事件是我从自己亲眼所见的证据或者根据可靠的报告知悉的. 唯恐 [这些] 值得注意的事件会随着时间消失或者从子孙后代的记忆中抹去 …… 在死者中间等待着死亡来临的时候, 我完全按照我如实听到和检查到的情况将它们以书面形式写下来. 又唯恐这些书面材料会随着笔者一起消逝、所做的工作会随着其工作者一起消亡, 因此我留下这卷羊皮纸, 以便万一将来有任何人类生还者会存活下来, 或者亚当后嗣中的某个人能够逃过这场瘟疫, 并继续我所开始做的事情的话, 这项工作可以继续下去②(参见 [218] 第 48 页).

当时欧洲可能有三分之一的人口死亡, 并且在瘟疫的再三袭击之下, 在接下去的一百年中人口继续减少 (参见 [89]). 不过瘟疫通常

> 根本不是一种人类的疾病. 历史上的那些大瘟疫都是一些生物学上不重要的意外事件, 是人类卷入了一场由啮齿类动物、跳蚤和鼠疫杆菌构成的、自我完备的三角式相互影响这一机制的后果 (参见 [25] 第 225 页).

① 不过其他一些策略也是有可能的; 炭疽的生命周期就要求宿主死亡. —— 原注

② 下面紧跟着用相同笔迹书写的这两个词: magna karistia—— "大饥荒", 随后又用另一种笔迹写道: "从这里看来, 作者似乎是死了." —— 原注

许多人类的疾病无法以它们当前的形式存在非常长的时间, 这一点必定属实. 正如我们已经看到的那样, 麻疹和天花都是"群体疾病", 如果没有致密的人类定居地, 它们就不能存活下来. 它们不可能比农业的创始 (大约公元前 10000 年) 更加古老, 很可能也不会比第一批大国 (大约公元前 3000 年) 更古老. 因此这些疾病在人类的时标上是非常新的, 不过在微生物的时标上就没有那么新①. 麻疹病毒与引起犬瘟热及牛瘟的病毒具有分子上的一些相似性. 我们有可能是从自己的家畜那里获得麻疹以及许多其他疾病的 (不过, 这种传输过程当然也会以相反的方向进行)(参见 [36]). 有人提出, 我们从我们的水牛那里得到了麻风病, 从我们的牛那里得到了白喉, 还从我们的马那里得到了大批鼻病毒中的一些, 它们导致了普通感冒.

我们设法让自然界变得简单, 但它从来都不会让我们如愿. 即使上文的这些推测有部分正确性, 但是它们也不太可能给出全部的事实. 尽管如此, 即使这些推测只是部分正确, 它们也表明新的"人类传染病"仍然可能会出现, 而且一开始可能会极度地危及生命.

伯奈特 (Burnet) 和莱特 (Wright) 尽管承认有这种可能性, 但是他们在 1970 年写道:

> 关于人类传染病, 最有可能的预示是它会非常没有生气. 可能会有一种新的危险传染病完全出乎意料地涌现出来, 不过在过去的五十年中, 此类疾病并没有留下其印痕 (参见 [25] 第 263 页).

艾滋病如今已经伴随我们 25 年了. 在霍乱到达欧洲的 40 年中, 维多利亚女王时代的先驱们已经在着手尝试征服它的一些措施. 看来我们对抗艾滋病的作为很可能会大不如前.

此外, 大多数老的传染病仍然在折磨着第三世界的数千万人.

> 在过去的 20 年间, 生物科技取得了如此众多震耳发聩的进展, 而热带地区的人们的健康情况却每况愈下. 疾病根除和控制方案都遭遇失败. 那些旧时的、曾经有效的疗法在面对具有抗药性的微生物时已经变得无能为力. 新的、负担得起的、无毒的化学疗法没有得到开发; 以生产药物换取利润的制药工业最后才会考虑到穷人的那些疾病. 因此, 对杀虫剂的情况也复如此 (参见 [48] 引言).

在描述瘟疫造访一座现代城市的《瘟疫》(*La Peste*) 一书结尾处, 加缪 (Camus)

---

① 如果天花和人类产生联系已有 5000 年, 那么这就代表人类的大约 200 代而病毒的大约 130000 代. —— 原注

描绘了, 在迎接该城市不可思议的结局的庆典期间, 他书中的主要人物里厄 (Rieux) 医生是如何下决定去记录下这一事件的历史的.

> 他明白自己必须叙述的这个故事不可能是一个最终胜利的故事. 它只不过是一段记录, 记述当时不得不做的事情, 而且记述了在对抗恐怖及其无情进攻的永无休止的战斗中, 所有那些既当不成圣人、却又不甘心屈从于瘟疫的人们, 那些不顾自己的苦恼, 竭尽全力要成为医治者的人们, 他们必定不得不再做一次的事情.
>
> 确实, 里厄在倾听着城里传来的欢呼声时, 他记住了这样的欢乐总是处于险境之中. 他知道这些欢呼雀跃的人群并不知情, 但却本可以从书中学到的东西: 鼠疫杆菌绝不会永远死去或者消失; 它能在家具和衣箱中休眠数十年; 它潜伏在卧室、地窖、行李箱和书架中等待时机; 也许有朝一日, 为了让人们遭遇厄运和接受启迪, 它又会再度惊起它的鼠群, 将它们送往一座幸福的城市作为它们的葬身之地.

# 古希腊数学课和现代数学课　　第 18 章

## 18.1　一堂古希腊数学课

[关于古希腊数学, 我们知道很多, 但是关于创作出古希腊数学的希腊数学家们, 我们却几乎一无所知. 欧几里得在他的文稿《几何原本》(*Elements*) 中, 将非同寻常的大量美丽的数学组织成一个演绎法的整体 ①, 不过对他如何期望学生们从中学习, 我们只能猜测.

我们确实有一段来自柏拉图的文字, 这位哲学家创立了欧几里得所属的那个学派. 这段文字采取的形式是在苏格拉底 (柏拉图的老师)、美诺 (一位年轻的贵族) 和一个奴隶之间展开的一段虚拟对话. (我会采用 W. K. 格思里 (W. K. Guthrie) 的英文译本②, 此译本收录在企鹅出版集团出版的那一套杰出的经典著作系列中.) 读者有时也许会感到疑惑, 我们究竟怎么能够理解数学中的任何新知识. 因为如果我们能够理解它, 那么它本质上就不可能是新的, 而如果它本质上是新的, 那么我们就没有任何办法可以理解它. 美诺在另一种背景下重复了这一论点, 以说明我们无法习得美德的天性. ]

美诺: 但是你连它是什么都不知道, 又如何去寻找呢? 你会把一个你不知道的东西当作探索的对象吗? 换个方式来说, 哪怕你马上表示反对, 你又如何能够知道你找到的东西就是那个你不知道的东西呢?

苏格拉底: 我知道你这样说是什么意思. 你明白你提出的是一个两难命题吗? 一个人既不能试着去发现他知道的东西, 也不能试着去发现他不知道的东西. 他不会去寻找他知道的东西, 因为他既然知道, 就没有必要再去探索; 他也不会去寻找他不知道的东西, 因为在这种情况下, 他甚至不知道自己该寻找什么.

美诺: 对, 你认为这是个好论点吗?

苏格拉底: 不.

美诺: 你能解释一下它错在哪里吗?

---

① 有兴趣的读者很可能应该从看一篇现代的综述开始, 比如说克莱恩 (Kline) 的《古今数学思想》(*Mathematical Thought from Ancient to Modern Times*) 中的第四章. —— 原注

② 以下中文译文取自王晓朝译,《柏拉图全集》, 第一卷,《美诺篇》, 人民出版社 2002 年版. —— 译注

[苏格拉底论证说, 灵魂是不朽的, 因此已经获得了所有的知识. 我们称之为学习的过程, 只不过是回忆我们事实上早已知道但是又忘记了的东西. 苏格拉底继续说道:

…… 我们一定不能被你引用的这个争吵性的论证引向歧途. 它就像意志薄弱者耳边响起的音乐, 会使我们懈怠. 而其他的理论会使人们产生寻求知识的冲动, 使寻求者信服它的真理. 我准备在你的帮助下探索美德的本质.]

美诺: 我明白了, 苏格拉底. 但是, 你说我们并不在学习, 所谓学习只不过是回忆罢了, 这样说是什么意思? 你能告诉我这是为什么吗?

苏格拉底: 我说过你是个小无赖, 而现在你又在要求我告诉你为什么我要说没有学习这回事, 而只有回忆. 你显然是在伺机发现我自相矛盾的地方, 以便把我抓获.

美诺: 不, 说老实话, 苏格拉底, 我不是这样想的. 这只是我的习惯. 如果你能以某种方式说明你的话正确, 那么就请说吧.

苏格拉底: 这不是一件易事, 但这既然是你的要求, 我还得尽力而为. 我看到你有许多仆人在这里. 随便喊一个过来, 我会用他来向你证明我说的正确.

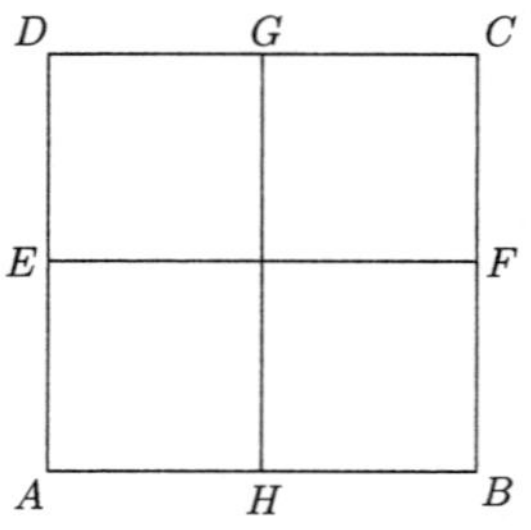

图 18.1 一个四平方尺的正方形

美诺: 行. (*他对一个童奴说*) 过来.

苏格拉底: 他是希腊人, 说我们的语言吗?

美诺: 确实如此, 他是个家生家养的奴隶.

苏格拉底: 那么请你注意听, 看他是在向我学习, 还是在接受提醒.

美诺: 好的.

苏格拉底: (*苏格拉底在沙地上花了一个正方形* $ABCD$ (图 18.1), *然后对那个童奴说*) 孩子, 你知道有一种方的图形吗?

童奴: 知道.

苏格拉底: 它有四条相等的边吗?

童奴: 有.

苏格拉底: 穿过图形中点的这些直线也是相等的吗? (线段 $EF$、$GH$.)

童奴: 是的.

苏格拉底: 这样的图形可大可小, 是吗?

童奴: 是的.

苏格拉底: 如果这条边长二尺, 这条边也一样, 那么它的面积有多大? 你这样想, 如果这条边是二尺, 而那条边是一尺, 那么岂不是马上就可以知道它的面积是二平方尺吗?

童奴: 对.

苏格拉底: 但是这条边也是二尺长, 那么不就应该乘以二吗?

童奴: 是的.

苏格拉底: 二乘二是多少? 算算看, 把结果告诉我.

童奴: 四.

苏格拉底: 现在能不能画出一个大小比这个图形大一倍, 但形状却又相同的图形, 也就是说, 画出一个所有边都相等的图形, 就像这个图形一样?

童奴: 能.

苏格拉底: 它的面积是多少?

童奴: 八.

苏格拉底: 那么请告诉我它的边长是多少. 现在这个图形的边长是二尺. 那个面积是它两倍的图形的边长是多少?

童奴: 它的边长显然也应该是原来那个图形的边长的两倍, 苏格拉底.

苏格拉底: 您瞧, 美诺, 我并没有教他任何东西, 只是在提问. 但现在他认为自己知道面积为八平方尺的这个正方形的边长.

美诺: 是的.

苏格拉底: 但他真的知道吗?

美诺: 肯定不知道.

苏格拉底: 他以为这个边长也是原来那个正方形的边长的两倍.

美诺: 对.

苏格拉底: 现在请你注意他是怎样有序地进行回忆的, 这是进行回忆的恰当方式. (*他接着对童奴说*) 你说两倍的边长会使图形的面积为原来图形面积的两倍吗? 我的意思不是说这条边长, 那条边短. 它必须像第一个图形那样所有的边长相等, 但面积是它的两倍, 也就是说它的大小是八 [平方] 尺. 想一想, 你是否想通过使边长加倍来得到这样的图形?

童奴: 是的, 我是想这样做.

苏格拉底: 好吧, 如果我们在这一端加上了同样长的边 ($BJ$), 那么我们是否就有了一条两倍于这条边 ($AB$) 的线段?

童奴: 是的.

苏格拉底: 那么按照你的说法, 如果我们有了同样长度的四条边, 我们就能做出一个面积为八平方尺的图形来了吗?

童奴: 是的.

苏格拉底: 现在让我们以这条边为基础来画四条边. (*亦即以 $AJ$ 为基准, 添加 $JK$ 和 $KL$, 再画 $LD$ 与 $DA$ 相接, 使图形完整*). 这样一来就能得到面积为八平方尺的图形了吗?

童奴: 当然.

苏格拉底: 但它不是包含着四个正方形, 每个都与最初的那个四平方尺的正方形一样大吗? (苏格拉底画上线段 $CM$ 和 $CN$, 构成他所指的四个正方形 (图 18.2).)

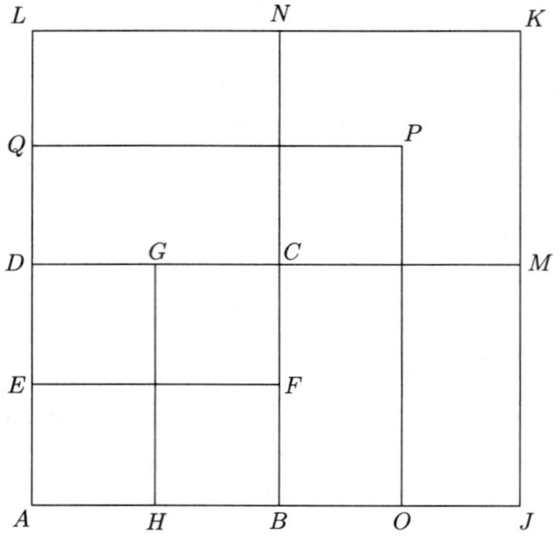


图 18.2 苏格拉底的图形

童奴: 是的.

苏格拉底: 它有多大? 它不是有原先那个正方形的四个那么大吗?

童奴: 当然是的.

苏格拉底: 四倍和两倍一样吗?

童奴: 当然不一样.

苏格拉底: 所以使边长加倍得到的图形的面积不是原来的两倍, 而是四倍, 对吗?

童奴: 对.

苏格拉底: 四乘以四是十六, 是吗?

童奴: 是的.

苏格拉底: 那么面积为八 [平方] 尺的图形的边有多长? 而这个图形的面积是原先那个图形的四倍, 是吗?

童奴: 是的.

苏格拉底: 好. 这个八平方尺的正方形的面积不正好是这个图形的两倍, 而又是那个图形的一半吗?

童奴: 是的.

苏格拉底: 所以它的边肯定比这个图形的边要长, 而比那个图形的边要短, 是吗?

童奴: 我想是这样的.

苏格拉底: 对. 你一定要怎么想就怎么说. 现在告诉我, 这个图形的边是二尺, 那个图形的边是四尺, 是吗?

童奴: 是的.

苏格拉底: 那么这个八平方尺的图形的边长一定大于二尺, 小于四尺, 对吗?

童奴: 必定如此.

苏格拉底: 那么试着说说看, 它的边长是多少.

童奴: 三尺.

苏格拉底: 如果是这样的话, 那么我们该添上这条边的一半 (画 $BJ$ 的一半 $BO$), 使它成为三尺吗? 这一段是二, 这一段是一, 而在这一边我们同样也有二, 再加上一, 因此这就是你想要的图形. (苏格拉底完成正方形 $AOPQ$.)

童奴: 对.

苏格拉底: 如果这条边长是三, 那条边长也是三, 那么它的整个面积应当是三乘三, 是吗?

童奴: 看起来似乎如此.

苏格拉底: 那么它是多少?

童奴: 九.

苏格拉底: 但是我们最先那个正方形的面积的两倍是多少?

童奴: 八.

苏格拉底: 可见, 我们即使以三尺为边长, 仍旧不能得到面积为八平方尺的图形?

童奴: 对, 不能.

苏格拉底: 那么它的边长应该是多少呢? 试着准确地告诉我们. 如果你不想数数, 可以在图上比画给我们看.

童奴: 没用的, 苏格拉底, 我确实不知道.

苏格拉底: 请注意, 美诺, 他已经走上了回忆之路. 开始的时候他不知道八平方尺的正方形的边长. 他刚才确实也还不知道, 但他以为自己知道, 并且大胆地进行回答, 并以为这样做是恰当的, 并没有感到有什么困惑. 然而现在他感到困惑了. 他不仅不知道答案, 而且也不认为自己知道.

美诺: 你说的非常对.

苏格拉底: 与不知道相比, 他现在不是处在一个较好的状态中吗?

美诺: 我承认这一点.

苏格拉底: 我们使他感到困惑, 使他像遭到魟鱼袭击那样感到麻木, 这样做给他带来任何伤害了吗?

美诺: 我认为没有.

苏格拉底: 实际上, 我们在一定程度上帮助他寻找正确的答案, 因为他现在虽然无知, 但却很乐意去寻找答案. 到目前为止, 他一直以为自己能够在许多场合, 当着许多人的面, 夸夸其谈, 谈论如何得到某个相当于给定正方形的面积两倍的正方形, 并坚持说只要使原有正方形的边长加倍就能得到这个正方形.

美诺: 他确实是这样的.

苏格拉底: 在产生困惑、明白自己无知、有求知的欲望之前, 尽管他事实上并不知道答案, 但他以为自己知道, 在这种情况下他还会试着寻求或学习吗?

美诺: 不会.

苏格拉底: 那么使他麻木一下对他来说是好事吗?

美诺: 我同意.

苏格拉底: 现在请注意, 从这种困惑状态出发, 通过与我共同探索真理, 他会有所发现, 而我只是向他提问, 并没有教他什么. 如果我给他任何指点或解释, 而不是仅就他自己的意见向他提问, 那么你就随时抓住我.

(此时苏格拉底擦去先前的图形, 从头开始画 (图 18.3).)

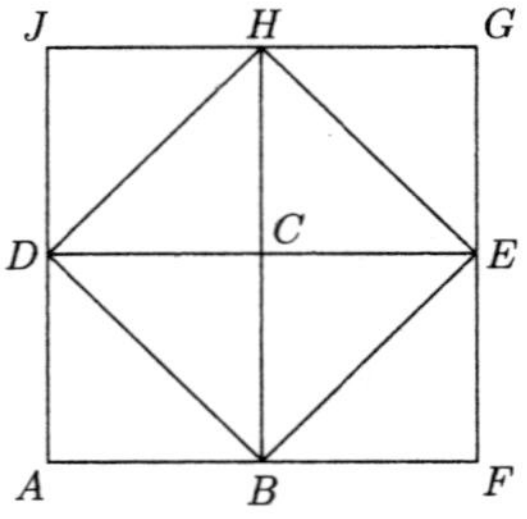


图 18.3 分割的正方形

孩子, 告诉我, 这不就是我们那个面积为四的正方形吗? ($ABCD$)

童奴: 是的.

苏格拉底: 我们还能再加上另一个相同的正方形吗? ($BCEF$)

童奴: 能.

苏格拉底: 还能在这里加上与前两个正方形相同的第三个正方形吗? ($CEGH$)

童奴: 能.

苏格拉底: 还能在这个角落添上第四个正方形吗? ($DCHJ$)

童奴: 能.

苏格拉底: 那么我们有了四个同样的正方形, 是吗?

童奴: 是的.

苏格拉底: 那么整个图形的大小是第一个正方形的几倍?

童奴: 四倍.

苏格拉底: 我们想要的正方形面积是第一个正方形的两倍. 你还记得吗?

童奴: 记得.

苏格拉底: 现在你看, 这些从正方形的一个角到对面这个角的线段是否把这些正方形都分割成了两半?

童奴: 是的.

苏格拉底: 这四条相同的线段把这个区域都包围起来了吗? ($BEHD$)

童奴: 是的.

苏格拉底: 现在想一想, 这个区域的面积有多大?

童奴: 我不明白.

苏格拉底: 这里共有四个正方形. 从一个角到它的对角画直线, 这些线段把这些正方形分别切成两半, 对吗?

童奴: 对.
苏格拉底: 在这个图形中 ($BEHD$) 一共有几个一半?
童奴: 四个.
苏格拉底: 那么, 在这个图形中 ($ABCD$) 有几个一半呢?
童奴: 两个一半.
苏格拉底: 四和二是什么关系?
童奴: 四是二的两倍.
苏格拉底: 那么这个图形的面积有多大?
童奴: 八 (平方) 尺.
苏格拉底: 以哪个图形为基础?
童奴: 以这个为基础.
苏格拉底: 这条线段从这个四平方尺的正方形的一个角到另一个角吗?
童奴: 是的.
苏格拉底: 这条线段的专业名称叫 "对角线", 如果我们使用这个名称, 那么在你看来, 你认为以最先那个正方形的对角线为边长所构成的正方形的面积是原正方形的两倍.
童奴: 是这样的, 苏格拉底.
苏格拉底: 你怎么想, 美诺? 他的回答有没有使用不属于他自己的意见?
美诺: 没有, 全是他自己的.
苏格拉底: 但是我们几分钟前认为他并不知道这个答案.
美诺: 对.

[苏格拉底总结说, 既然这个童奴自己发现了这个结果, 那么这种知识就必定一开始就存在于他自身的某处. ]

苏格拉底: 如果关于实在的真理一直存在于我们的灵魂中, 那么灵魂必定是不朽的, 所以人们必须勇敢地尝试着去发现他不知道的东西, 亦即进行回忆, 或者更准确地说, 把它及时回想起来.
美诺: 我似乎有理由相信你是正确的.
苏格拉底: 是的. 我不想发誓说我的所有观点都正确, 但有一点我想用我的言语和行动来加以捍卫. 这个观点就是, 如果去努力探索我们不知道的事情, 而不是认为进行这种探索没有必要, 因为我们绝不可能发现我们不知道的东西, 那么我们就会变得更好、更勇敢、更积极.
美诺: 在这一点上我也认为你的看法肯定正确.

[苏格拉底说道, 因此即使我们不接受灵魂是不朽的, 并且早已包含一切以潜在

形式存在的知识, 他还是证明了要获得新知识是有可能做到的. ]

## 18.2 现代数学课之一

[我们想象有一位大学教师与她的两位聪明的学生埃莉诺 (Eleanor) 和斯图尔特 (Stuart) 在她的办公室里. 这两位学生刚刚通读了前一节内容的复印件. ]

教师: 好了, 你们对它做何感想?

斯图尔特: 我对这个解答并不信服.

埃莉诺: 我对于这个问题也不信服.

教师: 你们是什么意思?

埃莉诺: 我认为为了找到你在寻找的东西, 你不必要知道你在寻找什么. 毕竟, 如果你走进一间新的房间, 你就看见了你原来不知道在那里的事物.

教师: 但是它们对你而言并不真正是新的; 它们只是熟悉的物件的一些变化形式. 考虑一个婴孩的情况. 他是如何学会去弄懂这个世界的?

斯图尔特: 很困难!

教师: 但是他确实学会了!而如果你将一台 CRAY 超级计算机放在轮子上, 并把它与一部电视摄影机连接起来, 它就学不会.

斯图尔特: 不过如果对它进行过恰当的编程, 那么它也会的. 一个婴孩就是经过编程 —— 事实上是硬接线编程① —— 而学习的.

教师: 因此柏拉图认为我们能够理解这个世界是因为我们具有不朽的灵魂, 而你认为这是因为我们是经过硬接线编程的. 每一代人都有自己的荒谬说法.

斯图尔特: "博学者们的争论永无止境."

教师: 不过柏拉图在做的, 可不仅仅是争论新知识的可能性. 他的那些对话中, 有许多都包含着试图发现正当论证的本质. 他的学生亚里士多德是第一个编纂出一套系统来确定论证正当性的人. 于是

1. 苏格拉底是一个人,
2. 所有人都终有一死,
3. 因此苏格拉底也终有一死

是一个正当的论证; 但是

1. 所有猫都终有一死,
2. 苏格拉底终有一死,
3. 因此苏格拉底是一只猫

就不是一个正当的论证.

① 硬接线是指用硬件直接布线连接, 与此相对的软接线是指用可编程控制器、软连接编程控制. —— 译注

斯图尔特: 我有一只名叫苏格拉底的猫 (尤内斯库 (Ionesco),《犀牛》(*Rhinoceros*), 第一幕).

埃莉诺: 因此一个无效的论证也可能会有一些站得住脚的前提和一个逻辑上正确的结论.

教师: 撇开斯图尔特的猫不谈, 柏拉图的对话还处理了两件相互关联的数学内容. 第一件是毕达哥拉斯定理①.

斯图尔特: 一个直角三角形的斜边的平方等于另两条边的平方之和.

教师: 正是如此. 如果不允许那名奴隶得到他理所应当的休息, 那么苏格拉底原本很可能说服他考虑以下两个几何图形.

(她画出图 18.4.)

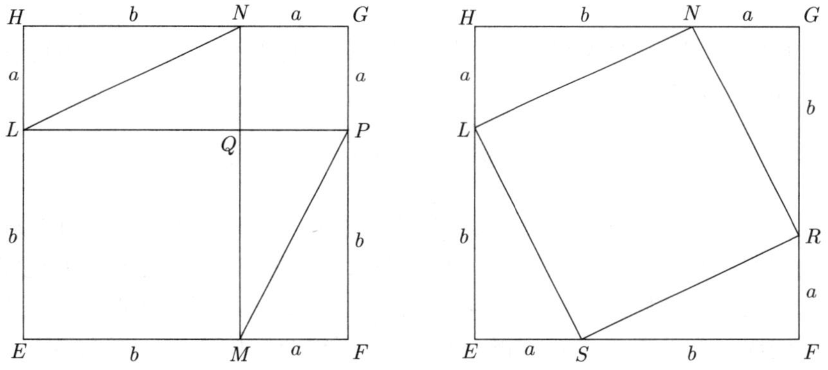


图 18.4　毕达哥拉斯定理的一种证明

在这两幅图中, $EFGH$ 都是边长 $a+b$ 的正方形. 在第一幅图中, 点 $N$ 以这样一种方式被放置于直线段 $HG$ 上, 使得 $NG$ 的长度为 $a$ 而 $HN$ 的长度为 $b$. 同样, $FM$、$GP$、$LH$ 的长度都为 $a$ 而 $ME$、$PF$、$EL$ 的长度都为 $b$. 点 $Q$ 是 $LP$ 和 $MN$ 这两条线段的交点. 在第二幅图中, 点 $N$ 和点 $L$ 占据了与刚才同样的位置, 而点 $R$ 和点 $S$ 以这样一种方式被放置于直线段 $FG$ 和 $EF$ 上, 使得 $GR$ 和 $FS$ 的长度都为 $b$ 而 $RF$ 和 $SE$ 的长度都为 $a$.

埃莉诺: 我能想象那名奴隶会说什么!

教师: 好的, 他会说什么?

埃莉诺: 哦, 苏格拉底, 我现在全都明白了! $HLN$、$QNL$、$FMP$、$QPM$、$GNR$、$FRS$、$ESL$、$LHN$ 这八个三角形全都是直角三角形, 它们的两条较短边 (非斜边) 长度分别都是 $a$ 和 $b$. 于是它们全都是彼此的精确复制品, 从而都具有相同的面积, 让我们将这个面积称为 $\Delta$. 现在, 在第一个图中, 我们看到正方形 $EFGH$ (像一个拼图游戏那样) 被

① 毕达哥拉斯定理 (Pythagoras's theorem) 即勾股定理. —— 译注

分解为一个边长为 $a$ 因此面积为 $a^2$ 的正方形 $QPGN$、一个边长为 $b$ 因此面积为 $b^2$ 的正方形 $EMQL$, 以及四个各自面积都为 $\Delta$ 的三角形 $HLN$、$QNL$、$FPM$、$QPM$. 于是 (她写道)

$$\text{面积}\,(EFGH) = a^2 + b^2 + 4\Delta.$$

同样的道理, 苏格拉底, 观察第二幅图, 我们就会看到 (她写道)

$$\text{面积}\,(EFGH) = \text{面积}\,(RSLN) + 4\Delta,$$

因此比较这两个等式可得

$$\text{面积}\,(RSLN) = a^2 + b^2.$$

但是正方形 $RSLN$ 的各边长都是我们这些标准小三角形之一的斜边 (比如说设它的长度为 $c$). 于是

$$c^2 = \text{面积}\,(RSLN) = a^2 + b^2,$$

也即我们的这些直角三角形的斜边的平方等于另外两条边长的平方和.

斯图尔特: 所以你看, 美诺, 即使是一名未受过教育的奴隶, 有时候也能够把某件事情做好. 不过奴隶啊, 难道你不记得那个谜题了吗? 四块面积构成一个八乘八的正方形, 将它们重新组合后构成了一个五乘十三的矩形①.

埃莉诺: 那个么, 哦, 苏格拉底, 是一个花招; 这可是真的.

斯图尔特: 那是你这么说, 哦, 奴隶!

教师: 不, 我认为苏格拉底必定要么在这个推理过程中发现了一个破绽, 要么他就会闭嘴.

斯图尔特: (经过片刻思考.) 好吧. 告诉我, 奴隶, 你为什么说 $RSLN$ 是一个正方形?

埃莉诺: (也经过片刻思考.) 问得很有道理. 它看上去当然像是一个正方形 …… 你同意所有的边 $RS$、$SL$、$LN$、$NR$ 都相等.

斯图尔特: 我同意, 不过 $RSLN$ 仍然有可能只是个菱形. 你必须向我证明 $RSL$ 构成了一个直角.

埃莉诺: 不过, 根据对称性, 这四个角 $\angle RNL$、$\angle NLS$、$\angle LSR$ 和 $\angle SRN$ 全都相等, 而一个四边形的内角加起来等于四个直角, 因此 $\angle RNL$、$\angle NLS$、$\angle LSR$ 和 $\angle SRN$ 这些角中的每一个都是直角.

斯图尔特: 你所说的对称性是什么? 我听起来觉得像是胡诌.

① 参见图 10.1. —— 原注

埃莉诺: 不, 这可不是胡诌. 你同意 $RNG$、$NHL$ 这两个三角形是彼此的精确复制品, 因此 (她写道)

$$\text{比如说}, \angle RNG = \angle NLH = \alpha,$$
$$\text{比如说}, \angle GRN = \angle HNL = \beta.$$

但是一个三角形的各内角加起来等于两个直角, 而 $\angle LHN$ 是一个直角, 因此观察 $NHL$ 这个三角形, 我们就能看出 $\alpha + \beta$ 是一个直角. 另一方面, $HNG$ 是一条直线, 因此 $\angle LNH$、$\angle GNR$ 和 $\angle RNL$ 加起来等于两个直角, 因此 $\angle RNL$ 本身就必定是一个直角.

斯图尔特: 不过你怎么知道一个三角形的各内角加起来等于两个直角? 或者, 说到这一点, 你怎么知道较短的两条边长度分别为 $a$ 和 $b$ 的这几个直角三角形全都是彼此的精确复制品 (不管 "精确复制品" 可能是什么意思)?

埃莉诺: 这可不公平. 你问的是 "为什么 $A$?" 我回答 "$A$ 是 $B$ 的结果", 于是你说 "为什么 $B$?" 然后我回答 "因为 $C$", 于是你又说 "为什么 $C$?" 照这样我是绝不可能获胜的.

教师: 这恰恰就是为什么希腊人发明公理化方法的原因. 你和斯图尔特必须要事先对你们俩都接受的若干命题达成一致.

斯图尔特: 为了论证的目的, 而且是就眼下暂时而言!

教师: 正是如此, 为了论证的目的. 那么, 如果埃莉诺成功地证明她的论断是由先前达成一致的这些命题 (我们会将这些命题称为公理) 推断出来的, 那么她就获得胜利, 而斯图尔特就得闭嘴.

埃莉诺: 假设这是有可能的. 不过我本以为希腊人相信他们的公理都是一些不证自明的命题.

教师: 人们是这样说. 不过像阿基米德这样的一些老法师显然如此聪明, 也如此明白数学思想的微妙之处, 以至于要我说他们究竟相信什么, 我会感到犹豫. 无论如何, 现在, 在对于数学的基础经过一百年的争辩之后, 显然没有任何命题能够免于某个足够聪明的人提出的质疑. 对于我们而言, 公理就是游戏的规则. 不同的公理给出不同的游戏, 仅此而已.

斯图尔特: 因此我必须要做的只是收集一大批杂七杂八的公理, 将它们称为斯图尔特几何学, 然后我就能开始工作了.

教师: 也不完全如此. 我们很容易另外找一个人来下国际象棋, 不过要找到会下斯图尔特式国际象棋的人就没那么容易了 (由于它受到一批混杂的规则的管辖). 要达到一组公理能作为一个研究对象而保存下来的目的, 它们就必须产生有趣的数学.

斯图尔特: 那么谁来定义这里的有趣呢?

教师: 迪厄多内①说, 优秀的数学家就是研究优秀的数学的人们 —— 而优秀的数学就是优秀的数学家们研究的内容!我认为, 尽管一套数学内容的逻辑正确性是一种内禀的性质, 不过关于其是否有趣的决定则是一种社会性质. 如果有足够多的数学家觉得它有趣, 那么它就是有趣的. 如果不是这样, 那么它就不是有趣的. 关于柏拉图选择的这个例子, 还有另一件有趣的事情. 他问那个奴隶 "一个八尺的正方形" (或者如我们会说的那样, 一个面积为八平方尺的正方形) 的边长, 而那个奴隶首先猜测是四尺, 然后又猜测是三尺. 这件事你记得吗?

埃莉诺: 我记得.

教师: 好的, 实际上它是多少呢?

埃莉诺: 显而易见, 是八尺的平方根.

教师: 显而易见, 对于某个训练有素的人来说, 也许是这样. 而关于八的平方根, 有什么如此特殊的地方呢?

埃莉诺: 它是无理数.

教师: 是的. 它不是两个整数之比 —— 不是一个分数. 希腊人刚刚才发现存在着一些长度, 它们彼此不是有理数倍的, 因此对此感到非常激动. 你能证明八的平方根是无理数吗?

斯图尔特: 可以: 八的平方根是二的平方根的两倍, 而我们在学校里证明过, 二的平方根是无理数.

埃莉诺: 我们确实证明过.

教师: 你们显然有很好的老师. 让斯图尔特来做吧.

(她递给斯图尔特一本便笺簿, 于是他边写边说.)

斯图尔特: 假设 $\sqrt{2}$ 是值为 $n/m$ 的有理数, 其中 $n$ 和 $m$ 是两个整数. 通过约去任何公因数, 我们就可以写成 $\sqrt{2} = n/m = p/q$, 其中 $p$ 和 $q$ 是两个没有公因数的、大于零的整数. 于是现在有

$$2 = (\sqrt{2})^2 = \frac{p^2}{q^2},$$

因此 $2q^2 = p^2$.

这样 $p^2$ 就是偶数, 又由于一个奇数的平方也是奇数, 那么 $p$ 就必定是偶数, 因此 $p = 2r$, 其中 $r$ 为某个正整数. 不过现在我们有

$$2 = (\sqrt{2})^2 = \frac{p^2}{q^2} = \frac{4r^2}{q^2},$$

因此 $q^2 = 2r^2$. 用与前面完全相同的论证, 现在就得出了 $q$ 是偶数. 于是 $p$ 和 $q$ 就都是偶数, 这与我们提出的它们没有公因子这个命题矛盾. 既然 $\sqrt{2}$ 是有理数这个假设导致了一个矛盾, 那么 $\sqrt{2}$ 就必定是无理数.

① 让 · 迪厄多内 (Jean Dieudonné, 1906—1992), 法国数学家, 在拓扑学、抽象代数、典型群、形式群、泛函分析、复分析、代数几何及数学史等领域都有重要贡献. —— 译注

埃莉诺: 精彩!不过你怎么知道你总是能够约去所有的公因数, 或者一个奇数的平方不可能是偶数呢?

斯图尔特: 这看起来像是公理大人的工作了.

教师: 我赞成这是公理化方法的一个很好的试验台, 不过在继续做任何深入讨论之前, 我需要一杯咖啡. 你们要么?

斯图尔特: 要的, 请加点牛奶.

埃莉诺: 也请给我一杯同样的.

## 18.3　现代数学课之二

教师: 行了, 喝咖啡时间足够了!让我来向你们展示几个公理系统是如何起作用的. 我会设法回忆起那些整数的公理, 然后我们会设法从这些公理出发去证明 2 的平方根的无理性.

斯图尔特: 会有很多条公理吗?

教师: 恐怕是这样. 为了使事情容易些, 我会将它们分为三组. 第一组构成整数算术的那些基本规则.

(她一边说, 一边把它们写下来.)

加法律:

($A1$) $a+b=b+a$.　(交换律)

($A2$) $a+(b+c)=(a+b)+c$.　(结合律)

($A3$) 有一个称为 0 的整数, 它具有如下性质: 对于一切 $a$ 都有 $a+0=a$.　(零元素)

($A4$) 如果 $a$ 是一个整数, 那么就存在一个相关的整数 $(-a)$ 满足如下性质: $a+(-a)=0$.　(加法的逆元素)

乘法律:

($M1$) $ab=ba$.　(交换律)

($M2$) $a(bc)=(ab)c$.　(结合律)

($M3$) 有一个称为 1 的整数, 它不等于 0, 并具有如下性质: 对于一切 $a$ 都有 $a1=a$.　(单位元素)

($M4$) 如果 $c\neq 0$ 且 $ac=bc$, 那么 $a=b$.　(消去律)

加法乘法联合律:

($D$) $a(b+c)=ab+ac$.　(分配律)

(停笔.)

第一组到此结束.

斯图尔特: 啊!天哪, 为什么二加二应该等于四? (蒲柏 (Pope),《愚人记》(*The Dunciad*))

教师: 如果你告诉我二是什么, 四又是什么, 那么我想我就能回答你的问题. 以上这些规则只提到一和零.

斯图尔特: 好吧, 我把二定义为 $2=1+1$.

教师: 那么三呢?

斯图尔特: $3=2+1$ 和 $4=3+1$.

教师: (写道) 因此

$$\begin{aligned} 2+2 &= 2+(1+1) && \text{(根据定义)} \\ &= (2+1)+1 && \text{(根据结合律 (A2))} \\ &= 3+1 && \text{(根据定义)} \\ &= 4 && \text{(根据定义)} \end{aligned}$$

这样我们就完成了.

斯图尔特: 这在一定程度上来说不是没事找事地瞎忙一气吗?

教师: 如果我不能够从公理来证明它的话, 这可比不上你要没事找事的程度. 同样道理, 我们也可以从公理出发建立起一些标准规则.

(她开始写.)

($A3'$) $0+a=a$.

($A4'$) $(-a)+a=0$.

($M3'$) 对于一切 $a$ 都有 $1a=a$.

($D'$) $(b+c)a=ba+ca$.

斯图尔特: 这些很容易.

教师: 它们全都很容易. 加法的消去律又怎样呢? (她写道)

($A4''$) 如果 $a+c=b+c$, 那么 $a=b$.

($A4'''$) 如果 $c+a=c+b$, 那么 $a=b$.

埃莉诺: (写道) 如果 $a+c=b+c$, 那么利用 ($A3'$)、($A4'$) 和结合律 ($A2$) 以及这个假设, 就得到

$$a=0+a=((-c)+c)+a=(-c)+(c+a)=(-c)+(c+b).$$

不过同样这些论证也给出 $b=(-c)+(c+b)$, 因此 $b=a$. 于是 ($A4''$) 成立. 我们可以用几乎相同的方法来证明 ($A4'''$), 或者我们也可以利用交换律 ($A1$), 从 ($A4''$) 出发来证明它.

教师: 还有一条我们可以称之为 "零的唯一性" 的规则. (写道)

($UA3$) 如果 $a+z=a$, 那么 $z=0$.

埃莉诺: (写道) 如果 $a+z=a$, 那么根据 ($A3$) 可得 $a+z=a+0$, 因此根据消去律 ($A4''$) 可得 $z=0$. 与此类似, 或者利用交换律 ($A1$), 可得

($UA3'$) 如果 $z+a=a$, 那么 $z=0$.

教师: 那么, 要斯图尔特证明的是 $(-(-a)) = a$.

斯图尔特: (写道) 通过将 $(A4)$ 应用于 $(-a)$, 我们就得到 $(-a) + (-(-a)) = 0$, 而根据 $(A4')$, 我们又有 $(-a) + a = 0$. 于是

$$(-a) + (-(-a)) = 0 = (-a) + a,$$

因此, 根据消去律 $(A4'')$ 可得 $(-(-a)) = a$.

(他停下笔.) 在我看来, 这类事情似乎很容易会令人感到乏味.

教师: 不过我们的目的是要从一组有限的规则中推导出一切, 而不是为了寻找乐趣. 这有点像是在一架飞机起飞前进行一次仪器检查. 乐趣在于飞行, 但是仪器检查使飞行更加安全. 不过, 如果你愿意接受这一点: 从原则上来说, 我们能够从上面所说的这些公理中推导出加法和乘法的所有标准性质, 那么我就将继续讨论下一组公理了.

斯图尔特: 好的, 不过我们怎么知道我们需要更多公理呢?

教师: 好吧, 首先, 有许多其他系统也都服从以上这些公理, 而这些系统显然不是整数.

斯图尔特: 比如说?

教师: 请考虑 $\mathbb{Z}_2$, 其中只有两个截然不同的元素 0 和 1, 并按照以下这些规则来相加和相乘 (她写道)

$$0 + 0 = 1 + 1 = 0, \text{及 } 0 + 1 = 1 + 0 = 1,$$
$$0 \times 0 = 1 \times 0 = 0 \times 1 = 0, \text{及 } 1 \times 1 = 1.$$

埃莉诺: 我认出这些规则了! 这是以 2 为模的算法. 不过, 如果我原本不知道这一点的话, 我要怎么检验这些公理呢?

教师: 我们可以逐一对它们进行检验. 以分配律 $(D)$ 为例. 如果 $a = 0$, 那么

$$a(b + c) = 0(b + c) = 0 = 0 + 0 = 0b + 0c = ab + ac,$$

而如果 $a = 1$, 那么

$$a(b + c) = 1(b + c) = b + c = 1b + 1c = ab + ac,$$

因此在两种情况下都得到 $a(b + c) = ab + ac$, 从而分配律成立.

斯图尔特: 我同意这很容易检验. 但是对于我们的证明 $2 + 2 = 4$ 又发生了什么呢?

教师: 它仍然有效, 但是你定义了 $2 = 1 + 1, 3 = 2 + 1$ 和 $4 = 3 + 1$.

斯图尔特: 我明白了, 因此根据我的这些定义可得 $2 = 0, 3 = 1$ 和 $4 = 0$, 于是我们就证明了 $0 = 0 + 0$.

埃莉诺: 我们把这一结果称为斯图尔特定理, 以纪念它的发现者.

教师: 下一组公理涉及大于这个概念 (我们称之为次序关系). (她写道)

次序律:

($O1$) 给定任何 $a$ 和 $b$, 以下三种可能性中**恰有一种**成立: $a > b, b > a$ 或 $a = b$.

($O2$) 如果 $a > b$, 并且 $c > d$ 或 $c = d$, 那么 $a + c > b + d$.

($O3$) 如果 $a > b$ 且 $c > 0$, 那么 $ac > bc$.

(她停下笔.)

第二组到此结束. (顺便说一下, 定律 ($O1$) 据说叫作三分法.) 如果 $a > b$ 或者 $a = b$, 我们就说 $a \geqslant b$, 如果 $a \geqslant 0$, 我们就说 $a$ 是正数, 等等①. 现在你们想要证明什么?

埃莉诺: 两个负数的乘积为正数怎么样?

教师: 好的. 有什么想法吗?

斯图尔特: 好吧, 我认为我们想要说的是, 如果 $a$ 和 $b$ 都是负数, 那么 $-a$ 和 $-b$ 就都是正数, 因此 $ab = (-a)(-b)$ 就是正数.

教师: 那你打算怎么证明 $ab = (-a)(-b)$ 呢?

埃莉诺: 这一点显然不需要这些次序公理.

教师: 确实如此. 因此你们俩都争取从那些更早的公理出发来证明它.

(在学生们写着的时候, 她取出自己的邮件阅读.)

**练习 18.3.1** 设法自己独立完成此题.

教师: (看着他们的证明.) 非常好. 解决问题的方法总是不止一种, 因此你们选择了两种不同的前进方法. 埃莉诺利用关系 $0a + 0a = (0 + 0)a = 0a$, 首先证明了 $0a = 0$. 然后她证明 $(-a)b = -(ab)$, 并从这里继续下去, 而斯图尔特的起点是证明 $(-a) = (-1)a$.

斯图尔特: 哪种方法比较好呢?

教师: 谁在乎呢? 没有证明和某种证明之间的距离要远远大于某种证明和另外某种证明之间的距离. 在这个例子中, 斯图尔特为了证明 $(-1)(-1) = 1$ 所需要经历的步骤, 与埃莉诺用来直接证明 $ab = (-a)(-b)$ 所用的步数几乎相同, 因此埃莉诺的证明比较利落. 另一方面, 我们需要知道 $(-a) = (-1)a$, 因此斯图尔特在证明中所做的额外工作也不全是白费. 现在, 你们打算如何证明如果 $a$ 是负数, 那么 $-a$ 就是正数呢?

斯图尔特: 容易. 如果 $a$ 是负数, 那要么 $a = 0$, 要么 $a < 0$. 如果 $a = 0$, 那么 $-a = (-1)a = (-1)0 = 0$, 因此 $-a$ 是正数. 如果 $a < 0$ 且 $-a$ 不是正数, 那么 $0 > a$ 和 $0 > (-a)$, 因此根据公理 ($O2$) 就得出 $0 = 0 + 0 >$

① 如果 $a \geqslant 0$, 数学家们就说 $a$ 是正数, 而如果 $a > 0$, 数学家们就说 $a$ 是**严格正数**. 与此类似, 如果 $a \leqslant 0$, 数学家们就说 $a$ 是负数, 而如果 $a < 0$, 数学家们就说 $a$ 是严格负数. —— 原注

$a+(-a)=0$, 这与公理 ($O1$) 矛盾. 于是, 如果 $a<0$, 那么 $-a$ 就是正数, 我们完成了!

教师: 很好. 现在你能证明如果 $a>b$ 且 $b>c$, 那么 $a>c$ 吗?

斯图尔特: 这难道不是由定义产生的结果吗?

教师: 不是的, 因为我们并没有定义过 $>$, 我们只是给出过它所服从的定律 ($O1$)、($O2$) 和 ($O3$).

斯图尔特: 好吧, 那我们为什么不是简单地加上第四条规则呢?

教师: 伯特兰 · 罗素①说过一些话, 大致意思是: "对我们所需要的事物 '假定其存在' 的方法具有许多优势; 它们就如同盗窃优于诚实的劳作." (参见 [207] 第七章)

埃莉诺: (*在另外两个人交谈的期间, 她一直在写着.*) 我认为我能够看出一条通过诚实劳作来避开这个问题的途径. 你所需要的只是利用 ($O2$) 来证明当且仅当 $a+(-b)>0$ 时, 或者用更加惯常的语言来说是当 $a-b>0$ 时, $a>b$. 顺便问一下, 把 $a+(-b)$ 写成 $a-b$ 可以吗?

教师: 可以. 我们可以用惯常的方式写成 $a+(-b)=a-b$, 前提是如果我们记得这样写的意思是什么的话. 不过请继续下去.

埃莉诺: 从现在开始就一帆风顺了. ($O2$) 告诉我们, 如果 $a-b>0$ 且 $b-c>0$, 那么 $a-c=(a-b)+(b-c)>0$, 于是得证.

**练习 18.3.2** 为埃莉诺的论证补上细节, 以保证一切都可以从这些公理中推导出来.

教师: 因此我们就证明了两个负数的乘积是正数, 以及如果 $a>b$ 且 $b>c$, 那么 $a>c$. 你还想要从这些公理出发证明任何别的事情吗?

斯图尔特: 不用了, 我想我们的渴望已经得到了充分地、真正地满足了.

教师: 我们已经成功刻画了这些整数的特征吗?

斯图尔特: 还没有, 因为实数和有理数都服从同样这些规则.

教师: 在这个方面, 引入那些次序规则有任何用处吗?

埃莉诺: 这个么, 它们无疑排除了 $\mathbb{Z}_2$.

教师: 为什么?

埃莉诺: 如果 $1>0$, 那么根据 ($O2$) 可得 $0=1+1>0+0=0$, 这与 ($O1$) 矛盾. 如果 $0>1$, 根据 ($O2$) 可得 $0=0+0>1+1=0$, 这也与 ($O1$) 矛盾. 根据 ($O1$) 留下的唯一可能性是 $1=0$, 由于 0 和 1 截然不同, 因此这种情况也不允许.

斯图尔特: 而且它们也把复数排除在外.

教师: 为什么?

---

① 伯特兰 · 罗素 (Bertrand Russell, 1872—1970), 英国哲学家、数学家和逻辑学家, 1950 年诺贝尔文学奖获得者. —— 译注

斯图尔特: 因为通过利用 $(O3)$ 以及两个负数的乘积是正数这个事实,我们知道任何数字 (或者至少是在我们这些公理管辖范围内的一个体系中的任何数字) 的平方都是正数. 不过 $i^2=-1$ 而 $1^2=1$, 又根据 $(O1)$ 可知, 1 和 $-1$ 不可能都是正数, 因此我们就得到一个矛盾. 我们还会另外需要多少条公理?

教师: 只需要再加一条, 由于其重要性, 我们会称之为 "整数的基本公理".

斯图尔特: 我们能听出其中的大写字母①. 再多告诉我们一些.

教师: 你知道最小值是什么吗?

埃莉诺: 知道, 它是一个集合中的最小元素.

教师: (写道) 形式上来讲, 如果 $A$ 是一个集合 (整数集合, 或者实际上是任何满足以上这些规则的体系), 那么如果 $b$ 属于 $A$, 并且只要 $a$ 在 $A$ 中总是满足 $b \leqslant a$, 我们就说 $b$ 是最小值 (或者叫作最小成员). (她停下笔.) 埃莉诺, 由满足 $a>0$ 的所有实数 $a$ 构成的集合 $A$ 具有一个最小值吗?

埃莉诺: 没有, 因为如果 $b$ 在 $A$ 中, 那么 $b/2$ 也在 $A$ 中, 而 $b>b/2$.

教师: 而满足 $a>0$ 的所有有理数 $a$ 构成的集合也具有相同的情况. 斯图尔特, 整数集合具有一个最小值吗?

斯图尔特: 显然没有. 如果 $b$ 在 $A$ 中, 那么 $b-1$ 也在 $A$ 中, 而 $b-1<b$.

教师: 不过, 如果一个集合 $A$ 中确实有一个最小值, 那么它就是唯一的. 埃莉诺, 你想来证明如果 $b_1$ 和 $b_2$ 都是 $A$ 的最小元素, 那么 $b_1=b_2$ 吗?

埃莉诺: 好的, 既然 $b_1$ 是 $A$ 的一个最小成员, 那么它就是 $A$ 的成员之一, 因此既然 $b_2$ 是 $A$ 的一个最小成员, 于是就有 $b_2 \leqslant b_1$. 根据同样的论证又可得 $b_1 \leqslant b_2$, 因此根据规则 $(O1)$ 可知 $b_1=b_2$.

教师: 由此阐明了两条有用的技巧. (写道)

1. 为了证明具有某种特定性质的某件事物是唯一的, 那么就考虑两个同样具有这种性质的对象, 并证明它们是相等的.
2. 有时候, 证明 $a=b$ 的一种很好的方法就是证明 $a \geqslant b$ 且 $b \geqslant a$.

现在让我来陈述我们的这条基本公理.

$(FA)$ 由正整数构成的每一个非空子集都有一个最小元素 (即最小值).

斯图尔特: 那么空集的情况如何呢?

教师: 你真的想要讨论没有任何成员的一个集合中的最小元素是什么吗?

埃莉诺: 我确信他是想讨论的, 不过我可不想. 我担心的是更重要的事情. 我能看得出, 这条基本公理叙述了某件新的事情 (如果只是因为它把实数和有理数排除在外的话), 但是我看不出如何去使用它. 先前的所有公理事实上都只是关于如何去操作一些表达式的若干指示 —— 如果你

① 原文 "整数的基本公理" (The Fundamental Axiom for the Integers) 中的单词首字母都是大写的. —— 译注

有 $a+b$, 那么你就能用 $b+a$ 来取代它, 如果 $a>b$, 那么就有 $a+c>b+c$, 等等. 为了证明各种事情, 你只要按照你在正常情况下会做的那样行事就行了, 只是要确保在这些规则的允许范围内. 这条基本公理却与众不同.

教师: 是的, 它确实不同, 不过有它就有它自己的证明技巧 —— "构成一个集合并去核查其中的最小成员". 例如, 当我们讨论各种算法时 (在第 10.3 节中, 特别是请参见紧跟在算法 10.3.4 之后的那条评注), 我们说过不可能有 "一个每个成员都严格小于前一个成员的无穷正整数序列". 看看你是否能够通过寻找某个集合中的最小成员来证明它.

埃莉诺: 好的, 我能看到的只有一个集合. 考虑此序列中的所有整数所构成的集合. 既然这是一个由正整数构成的非空集合, 那么它就有一个最小成员. (*她恍然大悟了, 脸上露出了微笑.*) 不过, 无论它是这个序列中的哪个元素, 接下去一个元素必定严格小于它. 这与它是最小成员这个命题矛盾 —— 才没有那回事呢, 于是我们就完成了证明.

教师: 这还不是全部. 不过我得再来一杯咖啡. 你们也想喝吗?

斯图尔特: 不用了, 谢谢, 这一次我就坐等吧.

埃莉诺: 我也不用了, 谢谢你.

## 18.4 现代数学课之三

教师: 因此在我们中有人享用过一杯提神醒脑的咖啡之后, 我们再回来讨论那条基本公理. 让我们从某件简单的事情开始着手. 假如有一个任意整数 $n$ 和另一个任意整数 $m>0$, 我们就能找到满足 $n=md+r$ 及 $m>r\geqslant 0$ 的 $d$ 和 $r$, 这一点我们能够证明吗? (在引理 10.3.2 的陈述中, 我们已经不经证明地假设了这个结论成立.)

斯图尔特: 根据你的说法, 我们需要一个正整数集合来从中取出最小元素 —— 不过我看不到这样一个集合.

教师: 为什么不尝试一下具有 $n-mD$ 这种形式的正整数集合 $E$ 呢? 从证明这个集合非空开始入手.

斯图尔特: 如果 $n\geqslant 0$, 设 $D=0$; 如果 $n<0$, 就设 $D=n-1$.

教师: 既然这是一个由正整数构成的非空集合, 那么它就有一个最小元素 —— 称它为 $r=n-md$.

斯图尔特: 并且, 根据这个概括性的暗示, 我们更加仔细地来探究 $r$. 如果 $r\geqslant m$, 那么 $r-m=n-m(d+1)$ 就是 $E$ 中的一个严格更小的成员, 而这与 $r$ 是 $E$ 中的最小元素这个定义矛盾. 于是 (由于 $r$ 是 $E$ 的一个成员, 因此就是正的) 我们就有 $m>r\geqslant 0$ 及 (根据我们对 $r$ 的定义) $n=md+r$.

我会说, 这是证明某件我原本不想证明的事情的一种非常聪明的方法. 我无法相信事情有那么复杂.

教师: 不久前你还一心要求严谨呢!如果你能仅使用我们这些公理而找到一种较为简单的证明方法, 请你来告诉我. 不过, 考虑到你的心情, 让我们转移到某件稍微不那么显而易见的事情上来. 你记得, 我们曾用欧几里得算法来证明, 如果给定任意两个整数 $a$ 和 $b$, 我们就能找到整数 $R$ 和 $S$, 从而 $Ra+Sb$ 既可以被 $a$ 整除, 也可以被 $b$ 整除 (参见练习 10.3.8). 埃莉诺, 你愿意沿着斯图尔特刚才给出的这些思路来提供一个证明吗? 请使用铅笔和纸.

埃莉诺: 我们开始吧. (她写道)

设 $E$ 为具有 $ra+sb$ 这种形式的正整数集合.

教师: 等一下!你的这个集合中的最小元素是什么?

埃莉诺: 零. 这并没有多大的用处. 不过我可以有办法应付. (她划掉自己刚写下的内容, 再重新开始.)

设 $E$ 为具有 $n=ra+sb$ 这种形式的正整数集合, 其中 $n>0$. 这个集合非空, 因为如果我们考虑 $r=a, s=b$ 这种情况, 那么我们就会得到 $n=aa+bb=a^2+b^2>0$.

斯图尔特: 那么 $a=b=0$ 的情况怎样呢?

埃莉诺: 确实, 会怎样呢? (她在那张纸的顶部写道)

(如果 $a=0$, 那么取 $R=S=1$, 我们就会看到 $b=Ra+Sb$ 既可以被 $a$ 整除, 也可以被 $b$ 整除. 如果 $b=0$, 类似的考量也同样适用, 因此我们现在只需要对 $a$ 和 $b$ 都不是零时的这种情况去证明结果.

(她从先前停下来的地方继续下去.)

既然 $E$ 是一个由正整数构成的非空集合, 那么它必定有一个最小成员, 比如说是 $m=Ra+Sb$. 现在 $m>0$, 因此在斯图尔特不想证明的那条定理中设 $a=n$, 我们就能找到 $d$ 和 $r$, 从而得到 $a=md+r$ 及 $m>r\geqslant 0$. 不过这就意味着 $r=a-md=(1-dR)a+(Sd)b$, 因此要么 $r$ 属于 $E$ (这是不可能的, 因为 $m>r$, 而 $m$ 是 $E$ 的最小成员), 要么 $r$ 不能属于 $E$, 因为它不是严格正数. 于是 $r$ 不是严格正数, 从而 $r\leqslant 0$. 又由于 $r\geqslant 0$, 由此推出 $r=0$, 因此 $a=md$, 即 $a$ 能被 $m$ 整除. 类似地, 也有 $b$ 能被 $m$ 整除. 于是我们证明完毕. (她停下笔.)

我必须要说, 我只是遵循着斯图尔特的证明, 而没有看出自己是在往哪里走.

教师: 这正是问题的关键. 这条基本公理 (如同其他某些特别精挑细选出的公理一样) 带有其自己的 "证明方法". 在某种程度上, 它替你思考.

斯图尔特: 不过数学不就是要自己思考吗? 我们学校的那些老师说, 我们不应该拿着我们的笔进行思考.

教师: 根据这些结果来判断, 他们都是极为优秀的老师. 不过在这一点上我不能跟他们苟同. 怀特海德①写过,

> 文明是通过扩展我们不假思索就能够执行的那些重要操作的数量而取得进步的. 思维操作就如同战斗中的骑兵冲锋 —— 它们的数量有严格的限制, 它们需要精力充沛的马匹, 而且必须只在那些关键时刻进行 (参见 [255]).

数学家们应该仅仅将思维当作一种最后一招才用的手段. 它太宝贵了, 不能浪费在不需要它的地方.

斯图尔特, 你愿意证明在 0 和 1 之间没有任何整数吗?

斯图尔特: 你的意思是, 如果 $0 \leqslant n \leqslant 1$, 那么 $n = 0$ 或 $n = 1$?

教师: 正是如此.

斯图尔特: 好的, 要利用这条基本公理, 我们需要一个正整数集合. 我们感兴趣的是满足 $0 < n < 1$ 的整数 $n$ 构成的集合, 我们称之为 $E$, 它当然是一个正整数集合. 如果它是空的, 那么我们的证明就完毕了. 如果它不是空的, 那么 $E$ 就有一个最小成员, 我们称之为 $m$. (他暂停了一下.) 现在怎么办呢?

教师: 考虑一下 $m^2$ 怎么样?

斯图尔特: 是的, 我明白了. 既然 $m$ 在 $E$ 中, 那么我们就有 $0 < m < 1$, 因此将这个不等式乘以 $m$ 后我们就得到 $0 < m^2 < m$. 于是 $m^2$ 就在 $E$ 中, 而且小于 $m$. 这与 $m$ 是 $E$ 的最小成员这个概念相矛盾. 摆脱这种矛盾的唯一出路就是断定 $E$ 是空的, 因此在 0 和 1 之间就没有任何整数.

教师: 很好. 你认为这些包含基本公理的论证是否比包含先前那些公理的论证多少要更加有趣些呢?

埃莉诺: 更加有趣, 不过这可能是因为这种论证类型是新的.

教师: 我想说的是, 这种论证不仅仅是与你所习惯的那些论证不同, 而且实际上更加深刻. 不过, 看来我们似乎对于这些公理太过于全心投入了, 以至于忘记了我们想用它们来做什么. 我们的目标是什么?

斯图尔特: 我们想要证明 2 的平方根是无理数.

教师: 那么我们的这些公理能做到这一点吗?

斯图尔特: 我当然希望如此. 你已经引导我们踏上了一趟有趣的旅程. 如

---

① 阿尔弗雷德 · 怀特海德 (Alfred Whitehead, 1861—1947), 英国数学家、哲学家, “过程哲学” (process philosophy) 的创始人. —— 译注

果走上的只是花园小径, 那就是憾事一桩了.

教师: 不过我们的这些公理所关注的是整数 —— 无理数这个词在哪里都没有提及.

斯图尔特: 如果这意味着还要更多条公理的话, 我就要罢工了.

教师: 除了劳工行动以外, 还有什么其他前进的方法吗?

埃莉诺: 难道我们不能把它以整数的角度来改写成如下形式吗? (她写道)

如果 $n$ 和 $m$ 是非零整数, 那么 $2m^2 \neq n^2$.

教师: 这在我看起来很好. 你怎么认为, 斯图尔特?

斯图尔特: 只要不是更多公理, 什么都行. 我同意, 如果我们必须要从整数的角度来论证, 那么这就是我们应该将其作为目标的结果.

教师: 我记得, 斯图尔特的证明过程如下: (她写道)

假设我们能够找到两个非零整数 $n$ 和 $m$, 从而使 $2m^2 = n^2$.

(1) 我们能够找到两个没有公因数的非零整数 $p$ 和 $q$, 它们满足方程 $qn = pm$.

(2) 既然 $qn = pm$ 且 $2m^2 = n^2$, 那么由此可得 $2q^2 = p^2$.

(3) 于是 $p^2$ 就是偶数, 而且既然一个奇数的平方也是奇数, 那么 $p$ 必定是偶数, 因此对于某个正整数 $r$ 有 $p = 2r$.

(4) 由此推出 $q^2 = 2r^2$.

(5) 重复我们先前的那些论证, 我们就会得出 $q$ 也是偶数.

(6) 如果 $p$ 和 $q$ 都是偶数, 那么它们就具有公因数 2. 方程 $2m^2 = n^2$ 有一个 $n$ 和 $m$ 非零的解这个假设就此导致了一个矛盾, 因此我们的结论是, 不存在这样的解.

(她停下笔.)

你同意这就是斯图尔特的证明吗?

斯图尔特: 本质上来说, 是的.

教师: 现在你能通过求助于我们的这些公理来证明这个论证中每个部分的合理性吗? 埃莉诺, 第 (1) 部分怎么样?

埃莉诺: 我认为这部分需要那条基本公理. (她写道)

设 $E$ 为由满足 $r > 0$ 的正整数 $r$ 构成的集合, 而使得存在另一个整数 $s$ 满足 $sn = rm$. 集合 $E$ 是非空的 (如果 $n > 0$, 就设 $r = n, s = m$; 如果 $n < 0$, 就设 $r = -n, s = -m$), 因此它就有一个最小元素, 比如说 $p$. 既然 $p$ 在 $E$ 中, 那么我们就能够找到一个整数 $q$ 满足 $qn = pm$. 现在假设 $d$ 是一个满足 $d > 0$ 的整数, 它既能整除 $p$, 又能整除 $q$. 换言之, 即存在两个整数 $P$ 和 $Q$, 从而使 $p = dP$ 和 $q = dQ$. 于是 $(dQ)n = (dP)m$, 因此利用乘法结合律 $(M2)$ 可得 $d(Qn) = d(Pm)$, 利用三分法 $(O1)$ 可得 $d \neq 0$, 进而根据消去律 $(M4)$ 可得 $Qn = Pm$. 接下去我们证

明 $P > 0$. 观察可知 $d > 0$, 因此如果 $P \leqslant 0$, 那么根据我们用来证明两个负整数之积为正数时所采用的几乎相同的论证, 我们就得到 $dP \leqslant 0$. 你想要其中的细节吗?

教师: 不用了, 我想我们可以肯定其中不会有错.

**练习 18.4.1** 请补充其中的细节.

埃莉诺: (继续写道) 于是, 既然 $dP = p > 0$, 那么我们就得到 $P > 0$, 因此这个 $P$ 就在 $E$ 中. 现在来考虑 $d$. 既然如我们已经证明的那样, 在 0 和 1 之间不存在任何整数, 那么由此得出的结论就是, 要么 $d = 1$, 要么 $d > 1$. 不过, 如果 $d > 1$, 那么公理 $(O3)$、$(M1)$ 和 $(M3)$ 就表明了 $p = dP > 1P = P1 = P$, 这意味着 $p$ 不是 $E$ 的最小元素. 既然这与 $p$ 的定义相矛盾, 于是我们就必定有 $d = 1$. 换言之, $p$ 和 $q$ 没有公因数.

教师: 非常好. 斯图尔特, 那么 (2) 怎么样?

斯图尔特: 我认为这更加容易. 既然 $qn = pm$, 那么反复利用公理 $(M1)$ 和 $(M2)$, 就可以由此推出 $q^2n^2 = p^2m^2$. 但是 $n^2 = 2m^2$, 因此 $q^2(2m^2) = p^2m^2$. 于是, 通过再次利用 $(M2)$ 和 $(M1)$, 我们就得到 $(2q^2)m^2 = p^2m^2$. 利用结合律 $(M2)$, 可以将它改写为 $((2q^2)m)m = (p^2m)m$. 但是 $m \neq 0$, 因此通过两次应用消去律 $(M3)$, 我们就得到要求的 $(2q^2)m = p^2m$ 和 $2q^2 = p^2$.

教师: 那么 (3) 呢?

斯图尔特: 那也很容易.

教师: 你确定吗? 你怎么来定义一个奇数呢?

斯图尔特: 如果一个整数具有 $2r + 1$ 的形式, 那么它就是一个奇数.

埃莉诺: 如果一个整数不是偶数, 那么它就是一个奇数.

教师: 你们这样就有两种可能的定义. 你们打算选择哪一种呢?

斯图尔特: 但是它们肯定都给出相同的答案啊?

教师: 这就要靠你们去证明了.

斯图尔特: 真不幸! 好吧, 在你上一次喝完咖啡后, 我们证明了假如有一个任意整数 $n$ 和另一个任意整数 $m > 0$, 我们就能找到满足 $n = md + r$ 及 $m > r \geqslant 0$ 的 $d$ 和 $r$. 在现在的这种情况下, 取 $m = 2$, 这就意味着给定任意整数 $n$, 我们都可以将它写成 $n = 2m + r$ 的形式, 其中 $2 > r \geqslant 0$. 现在要么 $2 > r \geqslant 1$, 要么 $1 > r \geqslant 0$, 因此 (将两边都减去 1 可得) 要么 $1 > (r-1) \geqslant 0$, 要么 $1 > r \geqslant 0$. 不过我们刚才已经证明了在 0 和 1 之间没有任何整数, 因此要么 $r - 1 = 0$, 要么 $r = 0$, 于是要么 $n = 2m + 1$, 要么 $n = 2m$. 换言之, 如果一个整数不是具有 $2m$ 的形式 (也就是说如果它不是偶数), 那么它就必定具有 $2m + 1$ 的形式 (即在我的意义下的奇数).

**练习 18.4.2** 利用整数的这些公理来证明斯图尔特在 "现在要么 $2 > r \geqslant 1$, 要么 $1 > r \geqslant 0$, 因此 (将两边都减去 1 可得) 要么 $1 > (r-1) \geqslant 0$, 要么 $1 > r \geqslant 0$" 这句话中所提出的所有命题的合理性.

斯图尔特: (继续道) 不过这里有件事情我不喜欢.

教师: 是什么事情?

斯图尔特: 我们并不是真正在自己证明. 你原本就知道我们会需要用到 0 和 1 之间没有任何整数这个结论, 因此你就在没有告诉我们怎样去使用它的情况下让我们先去证明它.

教师: 那么如果我没有那么做的话, 又会发生什么事情?

斯图尔特: 我们可能会被卡住, 或者我们也可能会自己找到解决办法.

教师: 我同意你们是两个聪明人, 因此很可能原本也会自己克服困难. 不过, 这是我唯一引导你们的地方吗?

埃莉诺: 不是的. 比如说, 单单通过将证明 0 和 1 之间不存在任何整数的这个问题放在你所放置的地方, 你就提供了如何解此题的一个强烈暗示.

教师: 那么你们认为自己原本能够独自克服所有的困难吗?

埃莉诺: 就我自己而言, 我非常怀疑这一点.

斯图尔特: 不过这并不是真正的重点. 即使我们在没有得到帮助的情况下, 没有达到在你帮助下所达到的程度, 但是无论我们会得到些什么, 那都是靠自己做出来的.

教师: 为什么这会是一件好事情呢?

斯图尔特: 因为教育就是要达到自己发现事物 —— 而不是去死记硬背地学.

教师: 我早就确信你很聪明了, 不过你有高斯那么聪明吗?

斯图尔特: 显然不及.

教师: 高斯在一周内可以做完的事情, 你觉得你得花多长时间去完成?

斯图尔特: 几个月 —— 不对, 这样说很愚蠢 —— 你不能量化像这样的事情. 时间要长得多, 前提是如果我真能做到的话.

教师: 因此如果你希望理解高斯在其一生中所做的事情, 那么你是否会有能力全凭自己通过重新发现他的这些成果来做到这点呢?

斯图尔特: 言之有理.

教师: 埃尔德什① 抱怨说: "人人都在写, 却没有人在读." 数学家们发现, 设法理解别人所做的事情, 要比理解他们自己做的事情更加困难. 不过除

① 保罗 · 埃尔德什 (Paul Erdős, 1913—1996), 匈牙利籍犹太人, 是至今发表论文数最多的数学家, 在数论、图论、组合数学、概率论、集合论等方面都有贡献. —— 译注

非我们不辞劳苦地向我们的前辈们学习, 不然的话倒不如让数学昙花一现吧.

回到我们的论证上来, 你们愿意完成 (3) 的证明吗?

斯图尔特: 现在这就容易了, 虽然先前可不容易. 如果 $p$ 不是偶数, 那么它就是奇数, 因此 $p = 2k + 1$, 其中 $k$ 是某个整数. 无拘无束地利用那些公理, 我们就得到 $p^2 = 2(2(k^2 + k)) + 1$, 因此 $p^2$ 不是偶数. 于是, 既然实际上根据 (2) 可得 $p^2$ 是偶数, 就可推知 $p$ 也是偶数, 即对于某个正整数 $r$ 有 $p = 2r$.

**练习 18.4.3**　(i) 为以下证明补充细节: 如果 $p = 2k + 1$, 那么 $p^2 = 2(2(k^2 + k)) + 1$.

(ii) 试证明更加一般的情况: 两个奇数的乘积总是奇数.

(iii) 陈述并证明关于两个偶数的乘积以及一奇一偶两个数的乘积这两种情况下的类似结果.

教师: 斯图尔特的论证中的第 (4) 至第 (6) 部分又如何呢?

埃莉诺: 在我看来这几个部分相当直截了当.

教师: 我同意. 我看不出有任何需要去对它们作进一步的详细讨论. 你认为如何, 斯图尔特?

斯图尔特: 我也这么认为 —— 不过假如我不同意的话你又会怎么办呢?

教师: 那我就会仔细地将它们讨论一遍.

斯图尔特: 不过尽管我们都意见一致, 不过某个不在这里的人可能会不同意.

教师: 但是我可不是在教那些不在这里的人. 我是在教你们, 那么重复讨论我们一致认为很清楚的内容就会浪费你们的时间了 (而且更重要的是浪费了我的时间).

埃莉诺: 我知道我们不应该谈论考试, 不过对于年末的那些考试而言, 我们会需要多少这样的内容呢?

教师: 你发现利用这些公理来证明问题有困难吗?

埃莉诺: 开始着手的时候很难, 而且我也不确信自己是不是真正理解了如何使用那条基本公理.

教师: 不过, 撇开基本公理不谈, 你认为利用其他几条公理来证明问题是不是从基本上来说很难呢?

斯图尔特: 不难. 就像是朝水桶里的鱼射击.

教师: 射击水桶里的鱼, 关键的困难在于枪、鱼和水桶的大小. 不过, 我赞同你的意见 —— 考官们也会赞同. 再加上它如此简单, 因此他们不会费心去做考察. 允许你使用所有的整数公理 (除了那条基本公理之外) 以及它们的所有推论. 你可能还得解答一些问题, 其中不允许你使用那条基本公理以及它的各种推论. 同样的方式, 也是出于几乎相同的那些原因, 你的讲师们会使用所有的整数公理 (除了那条基本公理之外) 以及它们的所有推论, 不过在他们用到这条基本公理的时候, 常常会进行详细的叙述.

现在让我们来布置下周的工作, 以此自然地停顿一下, 然后我们会再回头来讨论我们刚才所做的事情.

## 18.5 现代数学课之四

*(几分钟之后.)*

教师: 那么, 现在你们已有了一小段时间去深思, 我们从一些基本原理出发, 证明了方程 $2m^2 = n^2$ 没有任何非平凡的整数解, 对此你们有什么想法?

斯图尔特: 第一种证明形式就已经让我信服了, 因此我看不出用公理体系将它盛装打扮起来怎么能够让我更加信服.

教师: 因此你认为回到一些基本原则不会让你学到任何东西是吗?

斯图尔特: 我不会这样讲. 我只是没有学到关于 2 的平方根是无理数的任何新知识.

教师: 如果这不是关于 2 的平方根的话, 那么你学到了什么呢?

埃莉诺: 我认为我们学习了整数 —— 关于使它们起作用的是什么.

教师: 那么使它们起作用的究竟是什么呢?

埃莉诺: 我会说就是那条基本公理. 不过在学校里, 我们似乎没有这条公理也应付自如. 那都是靠法术来完成的吗?

教师: 在一定程度上来说是这样. 不过你们确实用到了一种我们还没有提到过的证明技巧.

埃莉诺: 归纳法?

斯图尔特: 我正想知道归纳法是在哪里派上用场的.

教师: 这个么, 归纳法就是由那条基本公理产生出来的.

斯图尔特: 怎么会?

教师: 告诉我你所说的归纳法是什么意思?

斯图尔特: 我的数学老师说, 我们应该总是如下这样写.

*(他写道)*

归纳法原理是这样说的: 如果你有一条数学命题 $P(n)$, 从而

1. 若 $P(n)$ 成立, 则 $P(n+1)$ 也成立, 并且
2. $P(0)$ 成立,

那么对于一切正整数 $n$, $P(n)$ 都成立.

(他停下笔.) 不过我看不出这与那条基本公理有什么关系.

教师: 你是如何应用那条基本公理的?

埃莉诺: 啊哈!总是去寻找最小的反例.

(她边写边说)

如果使 $P(n)$ 不成立的正整数 $n$ 构成的集合 $E$ 是非空的, 那么根据基本公理, 这个集合就有一个最小元素, 比如说 $N$. 既然 $P(0)$ 成立, 那么 $N \neq 0$ 且 $N-1$ 是一个正整数. 既然 $N-1$ 不属于 $E$, 那么 $P(N-1)$ 就成立, 因此根据条件 1 可知, $P(N)$ 成立, 这与 $N$ 在 $E$ 中这个命题矛盾. 于是 $E$ 就必定是空集, 从而 $P(n)$ 必定对于一切正整数都成立.

教师: 好极了!

埃莉诺: 因此这条基本公理要比归纳法原理更强有力.

教师: 不对, 因为你也可以从归纳法原理出发来推出这条基本公理.

斯图尔特: 我看不出如何做到这一点. 我们需要一个 $P(n)$, 而基本公理中不包含任何 $n$.

教师: 我不会去探究其中的细节, 不过你所要做的是, 通过对 $n$ 进行归纳, 去证明任何含有一个整数 $r \leqslant n$ 的正整数集合都有一个最小元素. 既然任何非空正整数集合都含有一个整数 $n$, 那么就证明了这一点.

埃莉诺: 不过要应用像基本公理这样的东西, 你并不真正需要整数的所有结构. 你所需要的只不过是一种次序, 以此来给出最小元素.

教师: 这是一条非常尖锐的点评. 计算机科学家们喜欢通过将一个问题分解为若干比较简单的问题, 从而 "各个击破" ①.

斯图尔特: 就像在拼图游戏中先拼天空再拼草地那样.

教师: 正是如此. 我们将拼图分成几块比较小的子拼图, 每次拼出其中一块.

**练习 18.5.1**　你会怎样衡量一幅拼图的难度? 你认为一幅全是白色的拼图的难度会如何随着片数而增大? 一幅拼图全是白色的, 由 1000 片构成, 而另一幅则由 10 个截然不同的色块构成, 每个色块中都包含 100 片, 请比较这两幅拼图的难度.

教师: (继续道) 在所有常见的例子中, 你都能够得出一个整数 $n$ 来衡量问题的复杂程度, 并以这种方式来应用归纳法; 不过更加自然的做法是去考虑最小的反例 —— 也就是你不能成功对付的最简单问题 —— 并证明它不存在. 由于这样或那样的一些相似原因, 对于整数的现代处理方法都倾向于更加强调基本公理, 远甚于主要依赖于归纳法的那些较为陈旧的公理. 一位明智的数学家会学习使用这两种思想.

斯图尔特: 我有一个问题.

---

① 在《具体数学》[74] 一书中可以找到许多极好的例子. —— 原注

教师: 请说?

斯图尔特: 当你对整数给出一些公理时, 你是先从加法规则和乘法规则开始的.

教师: 是的.

斯图尔特: 不过这些还不足以刻画整数的性质, 因为 $\mathbb{Z}_2$ 也服从同样的规则.

教师: 是的.

斯图尔特: 因此你又增加了那几条次序律; 不过这还是不够的, 因为实数和有理数也服从同样的定律. 然后你再添上那条基本公理, 整数服从这条公理, 而实数或有理数却不服从. 不过你怎么知道你到这里就可以停下来了呢? 难道不会有许多不同的系统也服从同样的这些公理吗?

教师: 这是一个很好的问题, 我对这个问题的回答既肯定又否定.

斯图尔特: 有道理. 为什么你说肯定呢?

教师: 只要取整数的两个完全一样的复本, 你就有两个不同的系统了.

埃莉诺: 不过它们并不是真的不同; 只有在两个系统具有不同性质的情况下, 它们才是不同的.

教师: 因此我只要将一个复本涂成红色, 一个复本涂成蓝色. 那么它们就会具有不同的性质了, 因为其中一个会具有红色这种性质, 而另一个会具有蓝色这种性质.

斯图尔特: 但是这样做并不正当. 我们对于这些整数的颜色可不感兴趣.

教师: 那么我们感兴趣的是哪些性质呢?

斯图尔特: (*犹豫片刻.*) 我想是加法、乘法和次序.

教师: 如果我们感兴趣的只是这些性质, 那么整数本质上就是独一无二的.

斯图尔特: 你说的 "本质上" 是什么意思?

教师: 让我来陈述下面这条精确的定理.

(*她写下来.*)

假设我们有一个体系 $A$, 它有加法 $+_A$、次序 $>_A$ 和乘法 $\times_A$, 还有另一个体系 $B$, 它有加法 $+_B$、次序 $>_B$ 和乘法 $\times_B$, 这两个体系都服从所有的整数公理. 那么就存在函数 $f: A \to B$ 和 $g: B \to A$, 使得对于 $A$ 中的一切 $n_A$、$m_A$ 和 $B$ 中的一切 $n_B$、$m_B$, 有

(i) $g(f(n_A)) = n_A$ 及 $f(g(n_B)) = n_B$.

(ii) $f(n_A +_A m_A) = f(n_A) +_B f(m_A)$ 及 $g(n_B +_B m_B) = g(n_B) +_A g(m_B)$.

(iii) $f(n_A \times_A m_A) = f(n_A) \times_B f(m_A)$ 和 $g(n_B \times_B m_B) = g(n_B) \times_A g(m_B)$.

(iv) 如果 $n_A >_A m_A$, 那么 $f(n_A) >_B f(m_A)$. 如果 $n_B >_B m_B$, 那么 $g(n_A) >_A g(m_A)$.

斯图尔特: 这真使我一头雾水.

埃莉诺: 你不明白吗? 函数 $f$ 和 $g$ 将这两个体系紧紧锁定使之步调一致. 如果 $A$ 做某事, 那么 $f$ 就迫使 $B$ 去做完全一样的事情.

教师: 有人请求穆拉 · 纳斯鲁丁[①] 在一个小村庄里讲道. 第一天, 他问村民们: "哦, 人们!你们知道我打算讲些什么吗? " "不, 穆拉, 我们不知道." "那么我当然就不打算浪费我的时间去向一群无知的农民布道了," 穆拉这样说完就离开了.

第二个星期, 他又来了, 并且再次问道: "哦, 人们! 你们知道我打算讲些什么吗? " "是的, 穆拉, 我们知道." "那么就不需要我的教导了," 穆拉这样说完就离开了.

第三个星期来了. "哦, 人们! 你们知道我打算讲些什么吗?" "哦, 穆拉, 我们之中有些人知道, 还有些人不知道." "那么就让那些知道的人去讲给那些不知道的人听吧."

我会让你来给斯图尔特讲清楚. 无论如何, 当你们在听课过程中碰到同构这个概念后, 一切就会变得更加清晰了.

埃莉诺: 我能看得出它是什么意思, 不过我看不出如何来证明它.

教师: 这并不太难, 不过还是那句老话, 一旦你对于抽象代数有了更多体验, 事情就变得比较简单. 这个证明在伯克霍夫 (Birkhoff) 和麦克莱恩 (MacLane) 的书 [16] 中第二章写出. 我猜想人们认为伯克霍夫和麦克莱恩的书现在有点老式了, 不过在我看来, 其中的第一章和第六章仍然给出了对抽象代数的出色介绍.

斯图尔特: 还有另一件事. 你对公理系统称颂有加, 不过教授数学物理的那位讲师却说, 他不需要所有这些 —— 我引用他的原话 —— 纯粹数学的垃圾.

教师: 他确实不需要. 如果一种物理理论不能预言一个实验的正确结果, 那么它就是错误的, 而不论其中的数学有多么严格. 另一方面, 如果它确实预言了正确的结果, 那么无论其中的数学有多么令人毛骨悚然都没有关系, 它必定在某种意义上是正确的. 纯粹数学家们提出的那些命题无法经由实验检验 (例如 2 不是一个有理数的平方), 因此就必须得到证明.

斯图尔特: 但是如果一切严谨的工作只是为了检验我们早已知道的事情, 那么它确实没有为我们带来多少增益.

教师: 当人们攀登一座高山时, 会建立起一个大本营; 他们从这个大本营向一个更高的营地运送供给; 从那里再向另一个更加高的营地输运, 以此类推. 你可以从任何一点开始携带着尽可能少的东西向顶峰发起冲刺,

① 穆拉 · 纳斯鲁丁 (Mullah Nasrudin) 是阿拉伯世界传说中的人物, 他才智过人而又大智若愚, 穆拉一词实际上是伊斯兰教的一种尊称, 即先生或老师的意思. —— 译注

不过如果冲刺失败, 那就很有可能这一失败就成定局了. 在数学的任何一个阶段, 我们所知道的 (或者至少是猜测的) 都远远超过我们能够严格证明的. 如果我们抛弃严谨, 而向着顶峰冲刺, 那么我们可能会成功, 也可能会失败, 不过无论在哪种情况下, 我们都无法继续前进了. “大多数专家都认为 $A$ 成立, 而 $A$ 很可能意味着 $B$, 因此我们预期 $B$” 这个论证并不坏, 不过如果有一连串这样的论证, 比如 “$A(1)$ 几乎肯定成立, 而任何一位绅士都会预计由 $A(1)$ 可推断出 $A(2)$, 而如果 $A(2)$ 成立的话, 自然界不可能会如此违反常情地允许 $A(3)$ 不成立, $\cdots\cdots$ 如果 $A(n-1)$ 也成立, 那么看在老天的份上, $A(n)$ 必定也成立”, 这一连串的论证在 $n$ 变得很大时, 就不再具有任何说服力了.

埃莉诺: 所以山越高, 我们就需要越多的严谨.

教师: 正是如此. 而且既然我们是在训练你们向着最高峰进发, 那么这门课程就会包含相当大量的严谨工作. 不过我现在必须要冲刺了, 我三分钟后有个会议. 下星期见.

## 18.6 尾声

(下星期的同一时间. 教师已经检查完这两位学生的练习.)

教师: 很不错. 有什么问题吗?

斯图尔特: 我一直在思考你上星期说的话, 我觉得不满意.

埃莉诺: 你有满意过吗?

斯图尔特: 你不停地谈论严谨, 不过你自己并不真的严谨.

教师: 在哪方面呢?

斯图尔特: 你给出了所有这些公理, 却没有给出你所使用的那些推理定律.

教师: 非常正确. 例如, 我偷偷放进了这个假设: 如果 $A = B$ 且 $B = C$, 那么 $A = C$. 要做到完全正确, 我不仅应该给出我的这些公理和推理定律, 还得给出我的语言的用法定律.

埃莉诺: 你说的语言的用法是什么意思?

教师: 如果我打算告诉你 “绿色像快乐一样跳跃” (Green hops like a happy), 这会是正确的还是错误的?

埃莉诺: 这既不正确也不错误 —— 只是没有意义的胡言乱语.

教师: 正是如此. 我们需要某种方法来将那些没有意义的命题排除掉, 因此我们给出一些规则来定义哪些命题是我们准备好去考虑的.

埃莉诺: 所以这就正如给一台计算机编程. 如果左右括号不相配, 它就不会考虑你的程序.

教师: 这个类比很准确. 语言的用法告诉我们可以做出哪些陈述, 推理的规则告诉我们怎样来操作它们, 而公理则是我们用作起点的那些命题.

埃莉诺: 那么为什么计算机不能做数学呢?

教师: 我不确信我赞同这个问题. 计算机已经能够做一些路人称之为数学的事情, 而且我也看不出我们怎么能够限定它们在未来将能够去做什么.

斯图尔特: 不过它们现在不做?

教师: 词典中列出四种智力 —— 人类的、动物的、军事上的和人工的①. 就目前而言, 我同意字典的说法.

另一方面, 尽管具有数学才能的机器可能还遥不可及, 不过我看不出为什么不能开发出进行数学检验的机器. 兰道②写过一本优美而简短的书, 题为《分析基础》(*Foundations of Analysis*), 他在其中建立起整数、有理数和实数以及复数的性质, 其起始点是一组用于正整数的公理, 而这组公理显然是经过机器检验的 (参见 [247]).

斯图尔特: 不过你没有回答我的第一点 —— 你鼓吹严谨, 却不付诸实践. 我们的纯粹数学讲师们也是一样.

教师: 我们暂且将我的个人缺点搁置在一边, 先来集中讨论我的同僚们的缺点这个更加有趣的主题好吗? 你说他们不严谨. 你的意思是说, 他们曾将一些不成立的结果作为定理来陈述吗?

斯图尔特: 就我所见而言, 没有.

教师: 或者你能指出他们推理过程中有一些具体的漏洞吗?

斯图尔特: 我指不出具体的漏洞, 不过我知道一定存在着一些漏洞.

教师: 如果你指不出具体的漏洞, 你又怎么知道它们存在呢?

斯图尔特: 如果我观察一次豌豆和顶针游戏③, 我可能无法看出其中的作弊行为, 不过我知道其中必定有诈.

教师: 这是一个很好的回答, 却不是一个有用的回答. 我们上一次 (参见 18.3 节) 看到的那个 $2+2=4$ 的证明, 你接受了, 并且由于搞得它更为 "严谨" 而感到不自在, 我是否设法说明一下其中的原因?

斯图尔特: 好的.

教师: 我们开始吧. (她写道)

请回忆一下, 根据定义, $2=1+1$, 因此

① 智力 (intelligence) 一词还有 "情报" 的意思, 用在军事方面表示 "军事情报" (military intelligence). —— 译注

② 爱德蒙 · 兰道 (Edmund Landau, 1877—1938), 德国数学家, 在解析数论、单变量解析函数论、算术的公理化等方面都有重要贡献. —— 译注

③ 豌豆和顶针游戏 (pea and thimble game) 用三个顶针或小杯子等小容器和一粒豌豆进行, 豌豆藏在其中一个顶针下, 表演者快速移动三个顶针后, 让观察者猜测豌豆在哪个顶针下. —— 译注

$$2 + 2 = 2 + (1 + 1). \tag{18.1}$$

加法结合律告诉我们, $a + (b + c) = (a + b) + c$, 因此设 $a = 2, b = 1$ 和 $c = 1$, 我们就得到

$$2 + (1 + 1) = (2 + 1) + 1. \tag{18.2}$$

不过如果 $a = b$ 且 $b = c$, 那么 $a = c$, 因此设 $a = 2 + 2, b = 2 + (1 + 1)$ 和 $c = (2 + 1) + 1$, 并利用等式 (18.1) 和 (18.2), 我们就得到

$$2 + 2 = (2 + 1) + 1. \tag{18.3}$$

接下去我们再注意到, 根据定义, $2 + 1 = 3$, 因此

$$(2 + 1) + 1 = 3 + 1. \tag{18.4}$$

但是如果 $a = b$ 且 $b = c$, 那么 $a = c$, 因此设 $a = 2 + 2, b = (2 + 1) + 1$ 和 $c = 3 + 1$, 并利用等式 (18.3) 和 (18.4), 我们就得到

$$2 + 2 = 3 + 1. \tag{18.5}$$

既然根据定义可知 $3 + 1 = 4$, 那么余下来要做的就只是最后一次注意到, 如果 $a = b$ 且 $b = c$, 那么 $a = c$. 设 $a = 2 + 2, b = 3 + 1$ 和 $c = 4$, 并利用等式 (18.4), 我们就得到

$$2 + 2 = 4. \tag{18.6}$$

(她停下笔.)

这样你满意了吗?

斯图尔特: 我想是的. 不过这只是我的一己之见. 比我聪明的人也许还能够证明它不严谨.

教师: 那么如果某个比你聪明的人指出了一个漏洞, 你认为这个漏洞能被填上吗?

斯图尔特: 当然能.

教师: 那么这种证明与我刚才给出的那种会有什么不同呢?

埃莉诺: 它只会更加冗长, 并且更加乏味.

教师: 你同意吗, 斯图尔特?

斯图尔特: 我同意. 我看不出它会有什么本质的不同.

教师: 事实上, 我会将我最初的那种证明称为 “足够严谨”, 在 19 世纪末, 欧几里得对几何的公理化开发受到了各种各样的数学家的缜密检查, 结果发现其中存在某些细微的漏洞.

埃莉诺: 比如说?

教师: 例如, 欧几里得隐含地假设, 一条直线不可能与一个三角形的三条边相交①.

斯图尔特: 但这显然是不可能的.

教师: 我同意, 但是欧几里得应该将它作为一条公理加以陈述. 不过, 尽管存在着这些瑕疵, 结果却证明他的定理没有任何一条是不正确的, 而且经过适当修改后, 他的所有证明也都成立. 因此, 虽然欧几里得并不 (如前辈们所认为的那样) 完全严谨, 但他已足够严谨了.

斯图尔特: 但是为什么不以完全严谨为目标呢?

埃莉诺: 因为那就会像是用机器代码来写程序.

教师: 用计算机做类比又一次非常准确. 那么, 用机器代码写成的那些程序通常第一次就能运行吗?

斯图尔特: 不会, 第二次也不行, 第三次还是不行.

教师: 为什么? 它们很难写吗?

斯图尔特: 它们难写还在其次, 主要是因为简直几乎无法检查它们.

教师: 那么它们为什么很难检查呢?

斯图尔特: 因为它们原本就是为机器准备的, 而不是为人准备的.

教师: 正是如此. 完全严谨就会制造出给机器去检查的数学 —— 而不是给人们去理解的数学. 我们必须要以这样一种方法来研究数学, 从而既足够严谨而避免差错, 又足够宽松而让人们来理解和交流.

斯图尔特: 我信服了.

埃莉诺: 仅此一次.

斯图尔特: 但是 ……

埃莉诺: 我们熟悉而且喜爱的那个斯图尔特又开腔了.

斯图尔特: …… 这必定意味着会有一些错误发生.

教师: 当人们测量一座山的高度时, 他们可能会出错, 不过那只是告诉我们, 人类会犯错 —— 这并不改变那座山的性质. 人们在数学上犯错, 但是这并不改变数学真实性的本质.

斯图尔特: 还有, 在我看来, 如果有人告诉我们要绝对严谨, 那么我们就知道想要的是什么 (即使我们无法达到目的), 或者如果有人告诉我们不需要任何严谨, 那么我们也就知道想要什么 (而且我们能够达到目的). 但是我们怎么能得知构成 "足够严谨" 的是什么呢?

教师: 你通过观察其他正在工作中的数学家 (这是允许你在听课时做的主要事情之一) 以及通过经验而得知. 在我浏览你的作业的时候, 我注明

① 在 E. A. 麦克斯韦 (E. A. Maxwell) 的《数学中的谬误》(*Fallacies in Mathematics*) 一书的第二章至第四章中, 有关于该点的一段极具启发性的讨论. —— 原注

了几个在我看来你的推理不够仔细的地方, 还有比较少的几个地方则是你过分谨慎了.

斯图尔特: 因此我们是间接得知的, 就像卡夫卡 (Kafka) 的《流放地》(*The Penal Colony*) 中的那些被判了罪的犯人.

教师: 不是我所有的学生都如此博览群书, 这是一件好事. 我刚才准备补充说, 据观察, 我的学生们在找到正确的严谨程度方面, 遇到过真正困难的人寥寥无几. 也许这在理论上来说应该是很困难的, 但实际上却并非如此.

斯图尔特: 不过严谨仍然是一件由社会来确定的事情. 你告诉我们什么是严谨的, 什么又不是.

教师: 不是的, 在数学中, 给出能让人们满意的证明结果, 这项责任总是落在证明人身上 (无论他/她可能是一位多么重要的数学家). 在课堂上, 在某人提出一个问题时, 讲师的回答并不是: "你这个可怜虫, 你竟敢向比你年长、比你优秀的人提出疑问", 而是将这个问题再解释一遍①.

在有些大学科目中, 一切都是看法问题. 如果你是英国文学专业的学生, 你认为劳伦斯是垃圾, 而你的教授认为劳伦斯是神, 那么你们在自己的看法上都享有同等权利. 还有其他一些科目则是由学术权威当道的. 经济学专业的学生们必须追随芝加哥的一位大师和哈佛的另一位大师②—— 而且除非他们鹤立鸡群, 不然的话就会有人语重心长地建议他们坚守学派路线.

数学则不同. 你不如你的讲师们知道的多, 在运用你所知道的知识方面也不如他们那样有技巧. 尽管如此, 将问题证明到令你满意仍然是他们的职责. 如果他们犯了一个错 (每个人都会犯错), 那么你就应该指出这个错误, 而他们就必须予以纠正. 如果你指出在他们的论证中有一个漏洞, 他们就必须将其补全. 在数学中存在着权威 (高斯是一位伟大的数学家, 我就不是), 但是不能诉诸权威 —— 你要对你自己的证明负责, 而不是其他任何人.

斯图尔特: 非凡的雄辩, 我投降了.

埃莉诺: 我能问一个非数学的问题吗?

教师: 尽管问吧.

埃莉诺: 在你同我们开始讨论时所引的那段对话中, 苏格拉底引导那名童奴进行了一段论证, 但是似乎看不出他觉得将别人当作奴隶来用有任何不对的地方. 像他这么聪明的人无疑本应该看出奴隶制度是错误的.

教师: 既然苏格拉底事实上就是因为持有和教诲标新立异的看法而被处死

---

① 好几位数学家曾评论说, 这是一种多少有点理想化的看法. 非常奇怪的是, 他们都提出同一位卓越的教授作为反例. —— 原注

② 西方产业经济学主要分为三个学派: 哈佛学派、芝加哥学派和新奥地利学派. —— 译注

的, 那么我们就可以确定, 如果他反对奴隶制度的话, 他就会说出来. 柏拉图的大多数对话都是用来传达他自身观点的文学手法, 不过如果他的老师苏格拉底曾经反对奴隶制度, 那么他也会加以报告. 因此柏拉图和苏格拉底两人都不认为奴隶制度有什么可以反对的地方.

斯图尔特: 不过你不是想要表明奴隶制现在是错误的, 而在当时是正确的吧?

教师: 不, 我认为这在当时也是错误的, 不过希腊人将它接受下来, 作为社会的合乎常情的一部分. 批评柏拉图没有意识到奴隶制是一个道德问题, 就好像批评他没有发明运算的按位计数法 —— 他本可以做到的, 但是即使是最聪明的人也不可能做到一切. 此外, 除非你像苏格拉底和柏拉图所做的那样, 提出一个好的社会看起来应该怎样这个问题, 否则的话你绝不会去问奴隶制度是好是坏这个问题. 在古希腊, 在紧随其后的各种社会中也是一样, 给予女人的是一种不同的, 并且通常低于男人的地位. 不过在柏拉图的理想社会中, 女人会具有与男人相同的地位、职责和教育. 当密尔写下《妇女的屈从》(*On the Subjection of Women*)① 时, 他有意识地在这方面追随柏拉图, 并且更加重要的是按照他的下面这种看法前进: 一切都有讨论的余地, 而积极有利的事情也许就来自理性的讨论.

斯图尔特: 而这就是大学的全部要旨.

教师: 不见得.

斯图尔特: 但是这应该是大学的全部要旨所在.

教师: 所以你认为纳税人付出大量金钱, 是为了让年轻的女士和男士们能够无所事事地讨论生命、宇宙和万事万物. 你在这里是要学习数学、更多数学 —— 而不是去划船、打桥牌、表演或者甚至是发现自己的才华 —— 而这是我打算教授你们的.

斯图尔特: 不过, 即使这是纳税人想要的东西, 这是他们应该得到的东西吗? 一所只培训技师的大学不算是一所大学, 而是一所技术学院.

教师: 一所好的技术学院也好过一所野鸡大学. 在大学里除了数学以外你还应该学习什么呢?

斯图尔特: 学生们应该学习对广为接受的意见提出质疑.

教师: 因此, 在我让你写出 100 遍 "我不可以接受权威" 之后, 接下去我们要做什么?

埃莉诺: 这很简单. 你让我们写下: "我**真的**、**真的**不可以接受权威".

教师: 除此之外, 提出问题是容易的部分. 找到好的答案才是困难所在. 一

① 约翰 · 斯图尔特 · 密尔 (John Stuart Mill, 1806—1873), 英国哲学家和经济学家.《妇女的屈从》出版于 1869 年, 论述的是两性之间的平等地位. —— 译注

所大学作为人类经验累积的仓库和作为传递这些经验的手段这方面,至少与它作为增加这些经验的设施的方面一样重要.

斯图尔特: 不过仅仅教授数学是不够的. 我们之中有很多人都会进而成为工程师和经理,从而会必须做出一些符合道德上的选择. 那么你为什么不教授我们伦理学道德观呢?

教师: 但是你实际上会去听那些伦理学讲座吗?

斯图尔特: 如果讲师很优秀的话, 我会去的.

教师: 但是任何人都会去听以赛亚 · 伯林爵士[①]讲授如何观察油漆变干. 而问题在于, 你会去听你的那些平庸的讲师高谈伦理学吗?

埃莉诺: 不会, 除非是为了应付考试.

斯图尔特: 那么为何不去参加考试呢?

教师: 那些试题看起来会是什么样的? "偷寡妇和孤儿的东西是错误的吗? 回答是或者否, 并给出简要的原因."

斯图尔特: 有很多困难而有趣的道德问题.

教师: 是的, 不过人类的问题, 并不是为困难案例中的道德问题寻找答案的那些问题, 而是对简单案例中按照答案行事的那些问题. 美国的法学院现在开设一些伦理学课程, 不过唯一觉察的到的结果是, 如今诈骗案辩护词是这样开头的: "我的委托人的行为自始至终都不仅仅是合法的, 而且是符合伦理道德的."

我给你们的那段柏拉图的文字是从一篇较长篇幅的文章中撷取的, 文章开头是美诺问美德是否可以教. 苏格拉底以经验为依据说道, 优秀的和明智的父亲无疑会希望自己的儿子们也会优秀和明智, 而他们拥有优秀和明智的后代的情况却如此罕见, 因此他坚持认为道德不能教.

如果智慧可以教, 那么教授智慧当然就是我们的职责所在. 既然它不能教, 那么我们还是简单地设法教授数学吧.

① 以赛亚 · 伯林爵士 (Sir Isaiah Berlin, 1909—1997), 英国哲学家、观念史学家和政治理论家, 也是 20 世纪最杰出的自由思想家之一. —— 译注

# 最后的一些深思　第 19 章

## 19.1 数学生涯

[在我开始做研究的时候, 我和我的同学们都非常敬畏杜莎 · 麦克达夫[①], 她是一位比我们年长几岁的研究生. 我知道她刚刚在一个大问题上做出了重要突破, 这个问题是冯 · 诺伊曼留下来, 有关 $\mathrm{II}_1$ 因子的存在. (在本段以及接下去的一段中, 读者会需要不加深究地接受一些专业术语.) 对于我们而言, 正如我预计对于大多数读者而言, 这看起来似乎是有可能发生的最辉煌灿烂的事情, 而且是数学成就的顶峰. 而正如我们在下文中将会看到的, 对于想要在最高层次上研究数学的人来说, 这可能仅表示了一个起点.

接下去是杜莎 · 麦克达夫在接受第一届萨特奖[②]时发表的演讲 (参见 [156]). 由于设立这个奖项是为了 "认可由一位女性在过去的五年中对数学研究所做出的一项杰出贡献", 因此她颇为恰当地详细叙述了在这个仍然主要是男性的职业中, 女性所遭遇的种种问题. 不过, 她所考虑的许多问题 —— 改变数学领域的困难、数学的孤立以及灵感的衰竭 —— 是男女两性所共有的. 有些读者也许会对专业考虑和个人考虑交织混合的方式感到惊讶, 但是在事业的最高层次上 (在较低层次上常常也是这样), 数学生活和私人生活必定相互重叠, 有时还会相互抵触. 数学可不是一件朝九晚五的工作. ]

我非常荣幸成为这一奖项的首位得奖人, 并且想代表整个数学界感谢琼 · 伯曼 (Joan Birman) 创立了这个奖项. 我特别高兴获得此奖是因为这是由于我的研究. 在我生长的家庭中, 创造性受到极大的重视, 不过尽管家里女性们所取得的成就, 男性仍然被视为比女性更加具有真正的创造性, 我花了很长的一段时间才找到自己的创造性发言权. 我作为一名年轻数学家的生活比必须的难得多, 因为我还如此的孤立. 我没有任何行为榜样, 而我企图创建一种生活方式的第一次尝试也不太成功. 与这种孤立展开搏斗的一条重要途径是, 既要取得作为女性数学家的种种成就, 又要让我们生活的不同方式更加引人注目. 我希望这会是萨特奖的效果之一. 我会告诉你们关于我本人的生活的一些事情, 以此设法尽自己的一份力量.

---

① 杜莎 · 麦克达夫 (Dusa MacDuff, 1945—), 英国数学家, 主要研究领域是辛几何 (symplectic geometry). —— 译注

② 萨特奖 (Satter Prize) 是美国数学学会颁发给杰出女数学家的双年度奖, 从 1991 年开始颁发. —— 译注

我生长在苏格兰的爱丁堡，不过是一个英格兰家庭. 我的父亲是一位遗传学教授，他曾周游世界，还写过几本关于发展生物学和技术应用的以及哲学和艺术的书籍. 我的母亲是一位建筑师，她也非常有天赋，但是她不得不设法应付一份公务员工作，因为这是她在爱丁堡能够找到的最好的职位了. 她有一份职业这件事情非常不寻常：我所知道的所有其他家庭中，当母亲的都没有任何种类的专业工作. 在我母亲一方的家族中，还有几位其他的女性也过着有趣而富有成效的生活. 我觉得自己与外祖母的联系最为密切，因为我的名字就来自于她：杜莎是 H. G. 威尔斯①给她取的昵称. 她因与 H. G. 威尔斯私奔 (这是在她与我外祖父结婚之前) 而出了名，这在她那个时期是伦敦的一大丑闻. 不过后来她写了一些书，比如说关于儒家思想的，并且积极参与左翼政治. 她的母亲 (即我的曾外祖母) 也出类拔萃：1911 年，她写了一本关于伦敦劳动阶级贫苦状况的书，我很高兴地发现石溪 (Stony Brook) [大学] 将此书当作教科书来使用. 在讨论我家庭中的女性时，我还应该提到我的妹妹，她是第一位获准前往苏联中亚地区进行实地参观的西方人类学家，她现在是剑桥大学国王学院的一名研究员，拥有这所大学的讲师职位.

我上过一所女子学校，虽然这所学校不如相应的男子学校，不过所幸其中有一位了不起的数学教师. 我以前总是想当一名数学家 (除了我十一岁的时候，那时我想当一名农夫的妻子)，还设想我会有一份职业，不过对于如何着手去做这件事，我却一无所知：我没有意识到一个人对于教育所做出的那些抉择的重要性，而对于自己可能经历种种真正的困难，以及在调和职业的需求和作为女性的生活时显现的种种冲突，我也同样一无所知.

在我十几岁，变得更加意识到自己的女性气质的时候，我叛逆地**投入**了家庭生活. 我欣然开始为我的男友做饭；我为了同他在一起，作为一名大学本科生待在爱丁堡，而不是去剑桥大学开始专心致志于我的学术研究；而且在结婚后，我改成了他的姓. (我的母亲由于职业的目的而保留了自己的娘家姓.) 我最终确实去了剑桥成为一名研究生，这一次是我的丈夫跟我一起去. 在那里，我与 G. A. 里德 (G. A. Reid) 一起研究泛函分析，并设法解决了一个关于诺伊曼代数的著名问题，从而构建出无限多种不同的 $\mathrm{II}_1$ 因子. 这项工作发表在《数学年刊》(*Annals of Mathematics*) 上，并且在很长的一段时间里都是我最好的工作.

此后，我去莫斯科待了六个月，因为我的丈夫必须去访问那里的档案馆. 在莫斯科，我万幸能与伊斯拉埃尔 · 盖尔范德②一起做研究. 这并不在计划之内：当我在外交部办公室必须填写一份表格时，他恰好是唯一出现在我脑海里的名字. 盖尔范德

① 赫伯特 · 乔治 · 威尔斯 (Herbert George Wells, 1866—1946)，英国著名小说家，新闻记者、政治家、社会学家和历史学家，尤以科幻小说闻名，主要作品有《时间机器》(*The Time Machine*)、《莫洛博士岛》(*The Island of Doctor Moreau*)、《隐身人》(*The Invisible Man*)、《星际战争》(*The War of the Worlds*) 等. —— 译注

② 伊斯拉埃尔 · 盖尔范德 (I. M. Gel'fand, 1913—2009)，出生在乌克兰的犹太裔数学家，主要研究领域是泛函分析. —— 译注

告诉我的第一件事情是，他更感兴趣的是我丈夫当时正在研究俄罗斯象征主义诗人因诺肯季 · 安年斯基 (Innokenty Annensky) 这个事实，而不是我发现了无限多的 $\mathrm{II}_1$ 因子. 不过随后，他开始让我对数学世界大开眼界. 这是一段绝妙的教育经历，在其中阅读普希金 (Pushkin) 的《莫扎特与萨莱里》(*Mozart and Salieri*) 与学习李群 (Lie group) 或者阅读嘉当① 和艾伦伯格② 起到了同样重要的作用. 盖尔范德谈论数学的时候，就仿佛是在谈论诗歌，这令我惊讶不已. 有一次关于一篇密密麻麻地充满着公式的长论文，他说里面包含着一种思想的模糊的萌芽，他只能示意这种想法，却从未能做到更加清晰地表述出来. 我原来总是认为数学要直截了当得多：一个公式就是一个公式，一种代数就是一种代数. 而盖尔范德却发现了潜伏在一排排谱序列 (spectral sequence) 中的刺猬.

我回到剑桥大学后，去聆听了弗兰克 · 亚当斯③ 的拓扑学讲座，阅读了一些代数拓扑的经典著作，还生了一个孩子. 在那个时候，剑桥大学中的几乎所有学院都只准男生入读④，对于已婚学生则根本毫无准备. 我因为没有人可以交谈而感到孤立，并且发现在进行了如此大量的阅读之后，我对于如何再次开始做研究还是完全没有想法. 我完成博士后阶段后，在约克大学得到了一份工作. 当时我是家里养家糊口的人，又是主妇，还是换尿布的人 (我丈夫说，尿布对于他而言太过几何了，因此他应付不了). 大约就在那个时候，我开始与格雷姆 · 西格尔 (Graeme Segal) 合作，而且实质上是同他一起又写了一篇博士论文. 在临近完成的时候，我收到前往麻省理工学院度过一年时间的邀请，因为他们专为女性设立了一个访问学者的职位. 这是一个转折点. 在那里的时候，我意识到要成为我觉得自己能够成为的数学家，我的距离有多远，不过我也意识到，我可以对此有所作为. 这是第一次，我会见了可能与我和睦相处并且也在设法成为数学家的其他一些女性. 我变得不那么消极了：我向普林斯顿高等研究院提出申请，并得到了准入，我甚至还再次产生了一个数学上的想法，这个想法后来变成了一篇与西格尔合作完成的、论群完备化定理 (group-completion theorem) 的论文. 回家后，我和我的丈夫分居了. 此后不久，我获得了沃里克 (Warwick) 大学的一个讲师职位. 在沃里克工作了两年后，我又接受了石溪的一份 (非终身的) 助理教授职位，这样我就可以住得离普林斯顿的杰克 · 米尔诺尔 (Jack Milnor)⑤ 比较近. 我在未经实地考察的情况下去了石溪. 我在那里不认识任何人，而且一直认为自己

---

① 埃利 · 嘉当 (Élie Cartan, 1869—1951)，法国数学家，他奠定了李群理论及其几何应用的基础，对数学物理，微分几何、群论也有重大贡献. 他的儿子昂利 · 嘉当 (Henri Cartan, 1904—2008) 也是数学家、法国国家科学研究中心金质奖章获得者. —— 译注

② 塞缪尔 · 艾伦伯格 (Samuel Eilenberg, 1913—1998)，波兰裔美国数学家，主要研究代数拓扑，他与美国数学家桑德斯 · 麦克兰恩 (Saunders Mac Lane, 1909—2005) 一同创立了范畴论. —— 译注

③ 弗兰克 · 亚当斯 (Frank Adams, 1930—1989)，英国数学家，同伦理论 (homotopy theory) 的创立者之一. —— 译注

④ 现在剑桥的所有学院和所有职位都向女性开放了 (作者按). —— 原注

⑤ 约翰 · 米尔诺 (John Milnor, 1931—)，美国数学家，主要贡献为微分拓扑、K- 理论和动力系统，曾获得 1962 年度菲尔兹奖 (Fields Medal)、1989 年度沃尔夫奖 (Wolf Prize) 及 2011 年度阿贝尔奖 (Abel Prize). —— 译注

幸运至极才进入这样一个优秀的系科, 尽管为了一份非永久职位而放弃一份永久职位, 这种行为实属莽撞.

此后, 我必须做一些每个想成为一位有独立见解的数学家的人都不得不做的事情, 即增进自己已知的知识, 并遵循自己的想法. 我花了很长一段时间去研究微分同胚群 (group of diffeomorphisms) 和叶状结构空间 (space for foliations) 分类之间的联系: 这项工作产生的来源, 其一是我在莫斯科时对盖尔范德 – 福克斯上同调 (Gel'fand-Fuchs cohomology) 的研究, 其二是我与西格尔在范畴空间 (space of categories) 分类方面的工作. 那时我仍然在非常孤立的状态下工作, 只有少数人对我所做的事情感兴趣, 不过这是一段必要的学徒期. 我有了一些想法, 对自己的技术能力也赢得了信心. 当然, 杰克 · 米尔诺尔那些思想的清晰明了, 以及他对数学的处理方法, 都对我产生了影响, 他的鼓励也对我多有助益. 我保留了在石溪的工作, 即使这意味着往返普林斯顿有着漫长的车程, 以及只能在周末相见, 因为我不想像我的母亲那样在自己的工作上有所退让, 这一点对我而言非常重要. 几年后, 我与杰克结婚, 并有了第二个孩子.

在过去的大约八年时间里, 我研究的是辛拓扑 (symplectic topology). 我在这方面也同样非常幸运. 就在我开始对这个课题产生兴趣后不久, 从好几个源头来的新思想使之焕发出新的活力. 对我而言, 其中最重要的是格罗莫夫[①]在椭圆方法 (elliptic method) 方面的工作. 我利用七年一次的学术休假, 在巴黎的高等科学研究所 (Institut Des Hautes Etudes Scientifiques, 缩写为 IHES) 度过了 1985 年的春天, 以便我可以学习格罗莫夫的那些技巧, 而我当时所做的工作构成了我近期所有研究的基础. 那个时候, 我们的孩子只有几个月大. 因此我每天的工作时间相当短, 不过结果却发现能应付自如. 最后, 他将家人聚在了一起. 那时我们不想让杰克往返奔波, 而他也不喜欢独自度过每周的那大部分时间. 因此杰克接受了石溪的一个职位, 现在我们就能在那里的一个屋檐下享受着生活.

总之, 我认为自己作为一名数学家而日子过得还不错, 此中存在着相当的幸运成分. 我从女权运动中也获得了实实在在的帮助, 这种帮助既有感情上的, 也有实际上的. 我想, 现在事情多少要容易些了: 至少对于女性及其家庭的需求, 稍微多了一点制度上的支持, 数学界的女性也更多了, 因此我们不需要再如此孤立. 但我也不认为所有问题都已经解决了.

[撰写此文时, 杜莎 · 麦克达夫仍然在石溪. 她刚刚入选皇家学会.]

① 米哈伊尔 · 格罗莫夫 (Mikhail Gromov, 1943—), 俄罗斯数学家, 后加入法国国籍并成为法国科学院院士. 他在整体黎曼几何、辛几何、代数拓扑学、几何群论和偏微分方程理论等领域做出重要贡献. —— 译注

## 19.2　计数的种种乐趣

写作本书是一项漫长的任务, 而在我进入最后一章的时候, 很自然要反思一下, 这本书与我当初的打算相去有多远. 一方面, 它的篇幅大大增加了, 并且有几处需用的数学其难度超过了我原来的设想. 另一方面, 我本打算写一本关于数学的书籍, 而我想我已写就这样类型的一本书, 对于文艺评论、商业、运动、音乐、政治, 或是人类自己发现的大多数有用或者不那么有用的事物, 都无法这样来写. 在这种意义上, 我对这个结果感到高兴.

数学是有用的, 如果没有数学, 现代文明中的很多东西都不可能存在, 而且留下来的事物中的许多, 也只能在巨大的困难下运转, 这些都是事实. 我们的激光唱片播放器、我们的大型喷气式客机、我们的电话业务、我们的天气预报 —— 这些都依赖于微妙的数学. 如同诗歌、如同哲学、如同音乐, 数学为我们的生活增色添彩.

写这本书, 我有各种各样的动机, 不过我的首要目标是要传达计数的种种乐趣. 如果我取得了成功, 或者即使我只是取得了部分的成功, 那么我就会愉快地重复威廉 · 莫里斯[1]的《世俗的天堂》(*The Earthly Paradise*) 的序言.

> 我没有能力去歌颂天堂或者地狱,
> 我无法减轻你的恐惧负担,
> 或者让快速到来的死亡变成小事一桩,
> 又或者能够重新带来往年的欢乐,
> 我的言语也不会让你忘记你的眼泪,
> 或者对我能说的任何事物重燃希望,
> 空虚的一天中的闲散歌者.
>
> 毋宁说, 当厌倦了你们的欢乐时,
> 仍然满心诸多不满, 于是你们叹息,
> 而对整个世界心怀仁慈,
> 怨恨流逝的每一分钟,
> 于是更警觉甜蜜的日子都死去 ——
> —— 对我留一点点回忆于是我祈祷,
> 空虚的一天中的闲散歌者.
>
> 沉重的烦恼、令人困惑的忧虑,
> 令我们这些生活着和维持着生计的人不堪重负,

[1] 威廉 · 莫里斯 (William Morris, 1834—1896), 英国画家、小说家、诗人, 世界知名的家具、壁纸花样和布料花纹的设计者. 他是英国艺术与工艺美术运动的领导人之一, 也是英国社会主义运动的早期发起者之一. —— 译注

这些闲置的诗篇没有力量来承担;
因此让我来歌颂那些被记住的名字,
因为他们既然不活着,也就永远不会死去,
或者漫长的时间将他们的记忆全都带走,
远离我们这些空虚的一天中的闲散歌者.

梦想的梦想者,诞生自我的大限之时,
为什么我要竭力将弯曲的拉直?
让我满足于我那抱怨的韵文
随着轻盈翅膀拍击着象牙之门,
向那些停留在令人昏昏欲睡的区域的人们,
诉说一个不太纠缠不休的故事,
催眠来自空虚的一天中的闲散歌者.

人们说,一位巫师确实在圣诞节期
向北方的一位国王展示了如此其妙的事物:
人们通过一扇窗户看到了春天,
通过另一扇窗户看见夏日正在灼热发光,
第三扇窗户外硕果累累的葡萄藤排成行,
那个十二月天的阴郁寒风,
虽然还未听到,却在以它惯常的方式呼啸.

因此以这世俗的天堂,
如果你会正确地阅读,并原谅我这个
竭力在这冰冷的海洋海浪的正中心
建造一个缥缈的极乐之岛的人,
那里所有人的心脏必定在不停地翻腾;
强壮的人们必定在屠杀那里饥饿贪婪的怪物,
不是空虚的一天中的闲散歌者.

# 扩展阅读

# 附录一

## A1.1 一些有趣的书籍

在本附录中, 我列出一些读者可能会觉得有趣的书籍. 我并没有特地去做一番搜集, 因此选择的范围仅限于我愉快地记在脑海里的那些书籍.

不过, 这里存在着一个问题.

> [在拿破仑战争① 期间]的一次文学晚餐上, [诗人] 坎贝尔② 请求离席敬酒, 并祝拿破仑 · 波拿巴身体健康. 当时战事正值高峰, 除非是与某种贬损的称谓相联系, 否则的话哪怕甚至只是提到拿破仑的名字, 在大多数圈子里也被认为是一种令人愤慨的行为. 一阵牢骚暴发出来, 坎贝尔费尽力气才能让大家听到他的几句话. 他说道: "先生们, 你们一定不要误解我的意思. 我承认法国皇帝是个暴君. 我承认他是个怪物. 我承认他是我们国家不共戴天的敌人, 甚至假如你愿意这样说的话, 是整个人类的敌人. 不过, 先生们, 我们必须公正对待我们的这位伟大的敌人. 我们一定不能忘记他曾经射杀过一名书商." (G. O. 特里维廉 (G. O. Trevelyan),《麦考莱爵士的生平与信件》(*The Life and Letters of Lord Macaulay*), 第二卷第十二章)

数学家们还不至于此, 当他们思量那些经典数学教科书如何被听凭走向绝版时, 他们也许会获准低声咕哝一番温和的咒骂 ③. 我预计这里给出的大部分书刊都还容易得到, 但我也不指望全都能找到. 此外, 由于此类教科书在出版和绝版之间飘移不定的情形, 因此其中许多书都有着复杂的出版历史, 对此我不曾试图去追踪寻源.

**选　集**

以下这两本书是其中的佼佼者:

---

① 拿破仑战争 (Napoleonic Wars) 是指拿破仑统治法国期间 (1804—1815 年) 爆发的一系列战争. —— 译注

② 汤马斯 · 坎贝尔 (Thomas Campbell, 1777—1844), 苏格兰诗人, 伦敦大学的创始人之一. —— 译注

③ 出版商们对于数学家也有着交织的感觉.《芝加哥文体手册》(*The Chicago Manual of Style*) [77] 中说道: "印刷业中长久以来众所皆知, 数学是**艰难的, 或者说是障碍重重的**题材, 因为与其他类型的题材相比, 它排印的速度更慢、难度更大, 而且费用更高 ⋯⋯" 今后, 数学家们很可能会利用 TEX 来排版他们自己的著作, 不过毋庸置疑, 双方都必定会找到其他可供抱怨的事情. —— 原注

- 《数学: 人、问题、结果》(*Mathematics: People, Problems, Results*), D. M. 坎贝尔 (D. M. Campbell)、J. C. 希金斯 (J. C. Higgins) 著. 此书中讲述了数件美妙的事情, 其中包括波利亚①的 "我所认识的一些数学家". 我忍不住要引述其中所述的一桩轶事. "在同哈代②一起工作的时候, 我有一次产生了一个他称许的想法. 但是后来我工作得不够努力, 因此没有完成这个想法, 而哈代对此感到不满. 他当然没有这样对我说, 不过他与马塞尔 · 黎兹③在瑞典同游一家动物园时将这一点吐露了出来. 在一个笼子里关着一头熊. 这个笼子有一扇门, 门上有一把锁. 这头熊嗅了嗅那把锁, 用他的爪子打它, 然后咆哮了几声后转身走开了. 哈代说道: '他就像波利亚, 有着绝妙的想法, 却不去实现它们.' "
- 《数学的世界》(*The World of Mathematics*), J. R. 纽曼 (J. R. Newman) 著. 如果我必须要从本章所提及的这些著作中选择一部, 那么这就是我会推荐的那一部 (此书实际上有四卷). 首先请阅读萧伯纳④谈论 "赌博的恶习和保险的美德" 以及庞加莱关于 "数学创造" 的著名演讲, 然后只要浏览其余内容. 怀特海的那篇关于 "数学作为思维史上的一个元素" 的短文中, 有以下这样一段精彩的内容.

> 我还不至于会说, 在没有对各个相继纪元的各数学概念进行过深刻研究的情况下去构建一段思维史, 就如同从名为《哈姆雷特》的剧本中略去哈姆雷特本人. 这样说就言过其实了. 不过这无疑可以比作删去奥菲莉亚⑤. 这种比喻极为准确. 因为奥菲莉亚对于剧本相当必要, 她非常有魅力 —— 还有一点疯狂.

## 数学生活

杰出的法国数学家伊夫 · 迈耶⑥曾经告诉过我, 他年轻时认为, 任何能够研究数学的人都能够研究物理学, 任何能够研究物理学的人都能够研究化学, 任何能够研究化学的人都能够研究生物学, 如此等等. 他一直维持着这种数学高高在上的技能降序链的观点, 直到他服兵役时, 有部分职责是必须要去扫地. 不那么谦虚的数学家们保持这样一种信仰: 数学能力就意味着哲学和文学能力. 事实并非如此 (他们之

① 波利亚 (George Pólya, 1887—1985), 美籍匈牙利数学家、数学教育家. 他的《怎样解题》(*How to Solve It*)、《数学的发现》(*Mathematical Discovery*)、《数学与猜想》(*Mathematics and Plausible Reasoning*) 等著作被译成多种文字. —— 译注

② 戈弗雷 · 哈罗德 · 哈代 (Godfrey Harold Hardy, 1877—1947), 英国数学家, 对数论和数学分析领域有重大贡献. —— 译注

③ 马塞尔 · 黎兹 (Marcel Riesz, 1886—1969), 匈牙利数学家, 主要工作领域为发散级数求和法、位势理论和数论等. —— 译注

④ 萧伯纳 (George Bernard Shaw, 1856—1950), 爱尔兰剧作家, 1925 年诺贝尔文学奖获得者, 其著名的作品有《卖花女》(*Pygmalion*)、《圣女贞德》(*Saint Joan*) 等. —— 译注

⑤ 奥菲莉亚 (Ophelia) 是莎士比亚名著《哈姆雷特》(*Hamlet*) 中仅有的两位女性角色之一, 她与哈姆雷特陷入爱河, 但成为哈姆雷特复仇计划的一部分而被无情抛弃, 最终落水溺毙. —— 译注

⑥ 伊夫 · 迈耶 (Yves Meyer, 1939—), 法国数学家, 小波理论的创建者之一. —— 译注

中有些人已经再清晰不过地展示了这一点). 不过这里引用的前四位数学家都同时兼备数学和文学天赋.

- 《一个数学家的辩白》(*A Mathematician's Apology*), G. H. 哈代著. 格雷厄姆 · 格林① "对于写作一无所知 —— 也许要除去亨利 · 詹姆斯② 的那些入门短文 —— 这些短文如此清晰, 而又如此毫不小题大做地表达出这位具有创造力的艺术家的激奋." (参见 [75]) 此书的第二版中有一篇 C. P. 斯诺撰写的序言, 这篇序言**不应**与哈代的这篇短文同时阅读. 先看这位大师的著作 —— 然后再去看这位大师的生平 (如果你一定要看的话).
- 《一个数学家的杂记》(*A Mathematician's Miscellany*), J. E. 李特尔伍德③ 著. 尤其请阅读 "一段数学教育" 这篇短文. 此书的第二版中除了主要对那些相信三一学院巨庭中的喷泉是宇宙中心的人会感兴趣的内容以外, 还有数篇值得一读的增补, 其中包括一篇关于 "数学家的艺术作品" 的精彩讲稿. (据说在他们的黄金时期, 支配着英国数学的是三位数学家 —— 哈代、李特尔伍德和哈代 – 李特尔伍德.)
- 《我想成为一名数学家》(*I Want to be a Mathematician*), P. R. 哈尔莫斯④ 著. "此书是关于一位专业数学家从 20 世纪 30 年代到 20 世纪 80 年代的职业生涯. ······ 它表达各种偏见, 它讲述各桩轶事, 它传播人们的小道新闻, 它还长篇大论地说教." 书中有些章节是关于如何学习、如何做研究、如何成为数学系的主任, 还有许多其他内容. "······ 这本书来自今日的我和昔时的我, 其中揭示了我当时拼命想要知道的一些秘密." 不过请记住, 哈尔莫斯是一位杰出的数学家, 而你不必如他的意见所要求的那样能干和尽责, 也可以成为数学界中有用的一员. 书中还有一个尤其精美的索引.
- 《俄国的童年》(*A Russian Childhood*), S. 柯瓦列夫斯卡娅⑤ 著 (英文版译者比阿特丽斯 · 斯蒂尔曼 (Beatrice Stillman)). 1883 年, 斯德哥尔摩大学给柯瓦列夫斯卡娅提供 "编外讲师" 职位 (学术阶梯中最低级的、没有薪俸的一档), 于是她成为近代在欧洲大学中任职的第一位女性. 1889 年, 尽管她是一位女性 (还有着不合习俗的私生活)、一个外国人、一名社会主义者 (或者更糟), 还是新的 "魏尔斯特拉斯分析" 实践者, 她仍然被任命为终身教授. 她对童年的回忆与数学无关, 但是构成了一份引人入胜的世事记录. 比阿特丽斯 · 斯蒂尔曼收入了一段对柯瓦列夫斯卡娅生平的叙述, 这是一段自传式的素描, 也是一篇描述她的

① 格雷厄姆 · 格林 (Graham Greene, 1904—1991), 英国作家、剧作家、文学评论家. —— 译注

② 亨利 · 詹姆斯 (Henry James, 1843—1916), 长期旅居欧洲的美国作家. —— 译注

③ J. E. 李特尔伍德 (J. E. Littlewood, 1885—1977), 英国数学家, 主要工作领域是数学分析, 他与哈代有长期的合作. —— 译注

④ P. R. 哈尔莫斯 (Paul Halmos, 1916—2006), 生于匈牙利的美国数学家, 主要研究领域为概率论、统计学和泛函分析. —— 译注

⑤ 索菲娅 · 柯瓦列夫斯卡娅 (Sofya Kovalevskaya, 1850—1891), 俄国女数学家, 在偏微分方程和刚体旋转理论等方面有重要贡献. —— 译注

数学的文章, 所有这一切都有助于将她这个人以及她的数学连贯起来. 如果读者想要找到一篇详细的传记, 其中的主人公的整个一生读起来就像是一部俄罗斯小说, 那么我请读者去读一下 A. H. 科布利茨 (A. H. Koblitz) 的《旷代女杰: 柯瓦列夫斯卡娅传》(*A Convergence of Lives*)[①].

在她的自传式素描中有一段很著名的文字, 这段文字虽然很长, 却又如此恰如其分, 因此我禁不住要引用在此. 索菲娅有一个叔叔为了逗她开心, 先是给她讲童话故事, 然后又谈论他自己读过的东西 —— 其中就包括数学. 后来, 当她父母的房子在进行重新装修的时候, 儿童室尚未完工时墙纸就告罄了. 因此儿童室就贴上了顺手拿到的纸, 这些纸结果是一些旧的、石板印刷的微积分上课笔记.

> 当时我大约十一岁. 有一天, 当我看着儿童室的这些墙时, 我注意到上面显示出某些东西, 我早已听我叔叔提到过它们. 由于我无论在任何情况下总是对他告诉我的那些事情觉得相当兴奋, 因此我开始非常聚精会神地细阅这些墙壁. 这些纸片由于历经岁月而泛黄, 全都斑斑点点地布满了某种象形文字, 我完全不理解它们的意义, 不过觉得它们一定很有内涵而且很有趣味, 我在查阅它们的过程中得到了乐趣. 我会连续几个小时站在墙边, 一遍又一遍地阅读写在上面的内容.
>
> 我必须承认, 当时我对其中的内容根本一无所知, 不过似乎有某种事物将我引向这一职业. 我这样持续细察的结果是, 我记住了许多字迹, 并且其中有些公式 (纯粹是它们的外形而已) 保存在我的记忆里, 留下了不可磨灭的痕迹. 我尤其记得, 恰好位于墙上最显著位置的那张纸上, 有对于无限小数字和极限这两概念的一种解释. 那种印象的深度在数年后得到了印证, 当时正在彼得堡听 A. N. 斯特兰诺柳布斯基 (A. N. Strannolyubsky) 教授讲课. 当他正在解释这些概念的过程中, 他对于我领会这些内容的神速感到震惊. "你理解它们的速度, 就好像你事先知道似的." 而事实上, 从形式的角度来说, 这些材料中有许多我都熟悉已久.

- 《数学人》(*Mathematical People*), D. J. 阿尔伯斯 (D. J. Albers) 和 G. L. 安德森 (G. L. Anderson) 主编. 构成此书的主要是对大约 20 世纪 80 年代期间的十五位最具有创造力、最有趣的数学家所进行的广泛访谈.
- 《数学的经历》(*The Mathematical Experience*), P. J. 戴维斯 (P. J. Davies) 和 R. 赫什 (R. Hersh) 著. 两位深思的数学家对数学世界的一次钟情的社会学观察, 勇敢

① 此书中译本由上海辞书出版社 2011 年出版, 赵斌译, 英文原题的意思是"生命的会聚". —— 译注

地面对困扰现代数学研究的多个问题, 而像本书这样一些乐观主义的书籍却觉得宁愿忽视这些问题更可取.

### 关于各种数学主题的短文

- 《数学万花镜》(*Mathematical Snapshots*), H. 斯坦豪斯 (H. Steinhaus) 著. 作者的开头是这样写的: “一个晴朗的夏日, 恰好有人问我这样一个问题: ‘你号称是一位数学家; 好吧, 当某人是一位数学家的时候, 他整天都在做什么呢?’ 我们当时正坐在一个公园里, 这位发问者和我两个人, 于是我设法向他解释几个几何问题, 有的有解, 有的尚未解决, 在此过程中我用一根纸条在砾石小径上画出一条若尔当曲线 (Jordan curve), 或称佩亚诺曲线 (Peano curve). …… 这就是我如何构思出本书的过程, 书中的这些草图、图表和照片提供了一种直接的语言, 使我们能够避免证明, 或者至少是将证明缩减至最少.” 斯坦豪斯令人钦佩地取得了成功.
- 《数学消遣与短文集》(*Mathematical Recreations and Essays*), W. W. 劳斯 · 鲍尔 (W. W. Rouse Ball) 著. 数学消遣方面的时尚也与其他一切同样发生着改变 —— 也同样几乎毫无来由. 劳斯 · 鲍尔的这本书是一部优秀的合集, 其中搜罗了像幻方 (magic square) 和巴协问题 (Bachet's problem)[①]这样一些比较古老的论题. 后来的几版由 H. S. M. 考克斯特 (H. S. M. Coxeter) 进行了品位高雅的修改以适应现代的需要 (不过, 如同所有趣味高雅的修改一样, 其中有得有失).
- 《游戏、集合与数学》(Game Set and Math), I. 斯图尔特 (I. Stewart) 著. 伊恩 · 斯图尔特是目前正在写作的最有天赋的阐述者之一, 无论是在技术层面上来说, 还是在通俗程度上来说都是如此. 他所写的每件事情都值得去阅读, 而且有的时候, 正如他关于伽罗瓦理论的那本书 [228] 中显示出来的那样, 欢欣指导了他的写作. 在这本合集中还是如此, 也许是由于此书最初就是为了翻译成法语而写作的, 因此高昂的情绪贯穿始终.
- 《彭罗斯铺陈到陷阱门密码》[②], M. 加德纳 (M. Gardner) 著. 这是马丁 · 加德纳令人钦佩的《科学美国人》(*Scientific American*) 专栏的第十三部合集. 有人竟然在写作方面如此多产却又如此几乎毫无糟粕, 这真是非同寻常. 其他的十二部合集也同样可以满怀信心地加以推荐. 在他的那些非数学著作中, 我尤其推荐那部《西方伪科学种种》[③], 不过即使是他的那本奇异的神学小说《彼得 · 弗洛

① 幻方 (magic square) 由一组排放在正方形中的整数组成, 其每行、每列以及两条对角线上的数之和均相等. 其中 3 的幻方即我们通常所说的 “九宫格” . 巴协问题 (Bachet's problem) 也称为 “巴协称重问题” (Bachet's weights problem): 最少用几个砝码能称出从 1 千克到 $n$ 千克的任何重量?——译注

② 《彭罗斯铺陈到陷阱门密码》(*Penrose Tiles to Trapdoor Ciphers*) 中译本由上海科技教育出版社 2017 年出版, 中译本被拆分为两本, 书名分别为《分形、取子游戏及彭罗斯铺陈》和《刺球、新厄琉息斯及陷阱门密码》, 涂泓译、冯承天译校. —— 译注

③ 《西方伪科学种种》(*Fads and Fallacies in the Name of Science*) 中译本由知识出版社 1984 年出版, 贝金译, 英文原题的意思是 “以科学之名的狂热与谬论” . —— 译注

姆的飞行》(*The Flight of Peter Fromm*) 也值得一读.

- 《囚徒困境》(*Prisoner's Dilemma*), W. 庞德斯通 (W. Poundstone) 著. 请考虑这样一场"美元拍卖", 按照以下几条规则拍卖一张一美元纸币.

  (1) 正如在一场普通拍卖中那样, 竞拍者们可以按照任何顺序出价, 唯一的条件是每次新出价都必须高于最后一次出价. 当再也没有人准备进一步出价的时候, 拍卖就结束.

  (2) 与一场普通拍卖不同的是, 出最高价**和次高价**的竞拍者都必须向拍卖人支付其上一次的出价. 出最高价的竞拍者得到这张美元作为回报, 但出次高价的竞拍者却一无所得.

  在这样一场拍卖中会发生什么事? 应该发生什么事?

  庞德斯通的书中部分内容是讨论这样的一些问题, 部分是冯 · 诺伊曼这位才智出众的数学家的一部传记[①], 还有部分则是对于预防性战争这种理念的研究. 这是以冯 · 诺伊曼为主题的一次沉思: "这个世界 …… 正骑在一头非常可怕的老虎身上. 这是一头出色的猛兽, 有着超凡的爪子. 不过, 我们知道如何从它身上下来吗?"

- 《数学是什么?》(*What is Mathematics?*), R. 柯朗 (R. Courant) 和 H. 罗宾斯 (H. Robbins) 著[②]. 此书十分艰深, 但也非常值得一读. 我是在我的一位数学老师帮助下读完的. 那个时候, 我将这样的帮助视为理所当然, 不过现在, 我对此感激至深. (第 312 页上对于有轨电车上的杠杆的讨论中, 有一个细微的缺陷, 上文给出的那本斯图尔特的短文集 [229] 在第五章中 (问题 7) 对此进行了解释. 在这样的一本书籍中出现这样的一个差错, 这提醒我们数学有多么困难, 即使是对于那些最好的数学家们而言也是如此.)

**数学的历史**

- 《数学大师》(*Men of Mathematics*), E. T. 贝尔 (E. T. Bell) 著[③]. 如果你去询问一位数学历史学家对于此书的意见, 那么如果你能侥幸只听到半个小时以下的抨击, 那你就算走运了. 不过书中的诸多缺点并不重要, 一代又一代的数学家们都曾受到过这本书的启发, 还会有一代又一代将会受到它的启发. 请成为他们中的一员. 这不仅是一部数学的历史, 如今它也成为这部历史的组成部分.
- 《数学史 —— 一本选集》(*History of Mathematics: A Reader*), J. 福韦尔 (J. Fauvel) 和 J. 格瑞 (J. Gray) 编著. 这是由数学史文档结集而成的一部欢快而有启发性的合集, 它真正做到了让过去栩栩如生.
- 《古今数学思想》(*Mathematical Thought from Ancient to Modern Times*), M. 克莱

① 冯 · 诺伊曼受到他的同僚们充满敬畏的尊重, 他们声称: "尽管他真的是一位半神, 但他还是对人类做过详细的研究, 还能完美地模仿他们." —— 原注

② 此书中译本由科学出版社 1985 年出版, 左平、张饴慈译. —— 译注

③ 此书中译本 1991 年由商务印书馆出版, 徐源译, 此译本的中文标题为《数学精英》. 上海科技教育出版社 2012 年以《数学大师 —— 从芝诺到庞加莱》为标题重印此书. —— 译注

因 (M. Kline) 著[①]. 这是用英语写成的最好的一本通史, 并且在未来的很长一段时间内也很可能会仍然如此. 不过, 此书的阅读对象是在数学上有准备的读者 (其实, 这也是它的优点之一), 而本书的读者们也许会感到读起来困难重重. 如果你细心聆听, 你就会听到克莱因最钟爱的那些斧子[②] 正在打磨的微弱声响, 不过这种噪声从来都不刺耳.

**关于 "怎样" 的书籍**

- 《怎样解题》(*How to Solve It*), G. 波利亚 (G. Pólya) 著[③]. 一位重要的数学家陈列出数学家们用来攻克题目的那些标准策略. 他在另一本较长的著作《数学与猜想》(*Mathematics and Plausible Reasoning*)[④] 中, 为这些梗概进行了额外的充实, 而这要比在《数学的发现》(*Mathematical Discovery*)[⑤] 中所做出的充实更为成功.
- 《怎样写数学》(*How to Write Mathematics*), I. N. 斯廷罗德 (I. N. Steenrod)、P. R. 哈尔莫斯 (P. R. Halmos) 等. 我们系图书馆里的这本书已经被用得破旧不堪. 由于这本书的读者之中, 几乎没有什么人会有任何写作一本数学书的直接意向, 因此他们也许会想知道自己能从阅读这样一本指南中得到什么收益. 我希望他们会获得的是一种洞察力, 从而深刻理解他们所阅读的教科书和他们所聆听的课程是如何组织起来的. 至少在最低限度上, 他们也许会稍稍接近于认识到, 即使是在其最高层次上, 数学也包含着两个人之间的交流.
- 《怎样教数学》(*How to Teach Mathematics*), S. G. 克兰茨 (S. G. Krantz) 著. 这又是越墙一瞥. 如果你考虑的是如何教, 那么它也许会教你如何学. 一般而言, 关于教学的书籍有很多 (其中大部分都很糟), 不过即使是好的那些, 也与教授数学的各种特定问题并不相干. 这本薄薄的小册子中实际上包含了我所知道的、能提供给大学新数学教师们的全部好建议.
- 《学者手册》(*A Handbook for Scholars*), M. -C. 范伦纳 (M. -C. Van Leunen) 著. 我这代人都是在无忧无虑的对项目和研究无知的环境下教育出来的. 这就需要为不那么幸运的一代提供一本阐述撰写学术著作基本要点的指南了. 这里有一个例子[⑥]:

---

① 此书共四册, 中译本由上海科学技术出版社 2001 年出版, 张理京、张锦炎、江泽涵译. —— 译注

② an axe (或 axes) to grind (要打磨的斧子) 有自私企图、个人打算、私自目的之意. —— 译注

③ 此书中译本由上海科技教育出版社 2002 年出版, 涂泓、冯承天译. —— 译注

④ 此书中译本由科学出版社 2011 年出版, 李心灿、王日爽、李志尧译. —— 译注

⑤ 此书中译本由内蒙古人民出版社 1979 年出版, 刘景麟、曹之江、邹清莲译. 科学出版社于 2006 年以《数学的发现 —— 对解题的理解、研究和讲授》为标题重印此书. —— 译注

⑥ 我本可以选用她关于滥用脚注的观点: "有些学者加起脚注来欲罢不能, 每一页上有六条脚注, 因此其中的内容就相当于一下子写了两本书. 有些学者所写的那些冷淡的文本中需要注入些许热情和欢快, 而他们把这些都保留给了脚注. 还有的学者则写出一堆陈腐而无趣的脚注, 就像是餐后演讲者们必定会想起来的那些故事. 有些学者写的脚注狡辩推脱, 这些脚注变更了他们正文中的主张. 有些学者写的脚注无的放矢且无关正题, 丢下他们的读者们因为困惑而处于懵然无知的状态." —— 原注

> 我们之中的大多数上过美国小学的人都能记起长时间地从百科全书中摘抄的情形. "企鹅的住处艰辛而困苦." 这就是当时所谓的做研究. 后来到上大学时, 我们发现这也叫作剽窃.

- 《统计数字会撒谎》(*How to Lie with Statistics*), D. 哈夫 (D. Huff) 著①. 一本可以一口气读完的精品小册子.
- 《定量信息的视觉展现》(*The Visual Display of Quantitative Information*), E. R. 塔夫特 (E. R. Tufte) 著. 给数学家、统计学家和类似的艺术家们的一份绝妙的圣诞节礼物②. 其中包括米纳德绘制的拿破仑从莫斯科撤退的路线图, 这幅图 "很可能是有史以来画过的最好的统计图表", 还包括一幅 "很可能是有史以来设法印刷出版的最糟糕的图表" (第 118 页), 以及一幅 "达到图示信息绝对为零" 的图 (第 95 页). 此书的姐妹篇《展望信息》(*Envisioning Information*), 其引人入胜的程度几乎毫不逊色, 其中说明了如何设计一张铁路时刻表 (第 105 页), 以及就我所知的对于 "医学进步" 的最冷酷评论.
- 《数学模型》(*Mathematical Models*), H. M. 康迪 (H. M. Cundy) 和 A. P. 罗莱特 (A. P. Rollett) 著. 这是一个少数派, 但绝不是一个无关紧要的少数派, 他们设法通过构建模型而渗入数学. 这是对这些学生的一本范例性的教科书.

我原本还可以推荐许多其他书籍: 拉德马赫尔 (Rademacher) 和特普利茨 (Toeplitz) 的《数学的乐趣》(*The Enjoyment of Mathematics*)、佩多 (Pedoe) 的《柔和的数学艺术》(*The Gentle Art of Mathematics*)、W. W. 索亚 (W. W. Sawyer) 的几本书 (比以上提到的这些书都要稍简单些)、莫里茨 (Moritz) 的《关于数学和数学家们》(*On Mathematics and Mathematicians*, 这是一部数学语录和轶事的合集)—— 这张清单即使不是无穷无尽, 也还有不少可列. 不过, 我所划定的界限远远高于最近的一本关于数学和幽默的书, 这本书看来似乎是出于良心而将所有笑话全部清扫了出去③.

如果读者对于第 12. 1 节末尾提及的那些数学排版系统感兴趣的话, 那么以下这几条评注也许会有所帮助.

(1) TEX 及其相关软件将会在今后的一段时间里支配着数学文本处理. 我坚信, 除了基于 TEX 的系统以外, 学习任何别的东西都是浪费时间④.

---

① 此书中译本由中国城市出版社 2009 年出版, 廖颖林译. 英文原题的意思是 "怎样用统计数字来撒谎". —— 译注

② 我的那一本就是以这种方式从我妻子那里得到的. —— 原注

③ 如果读者学过几年大学数学, 那就为阅读林德霍姆 (Linderholm) 的《数学找难》(*Mathematics Made Difficult*) 做好了准备, 不过在此之前, 还是得在能找到笑话时, 开得起这些玩笑. —— 原注

④ 我对 TEX 的发音与 "technology" (技术) 这个单词的第一个音节相同. 根据 TEX 的作者所说, TEX 是 $\tau\epsilon\chi$ 的大写形式. 业内人士们将 TEX 中的 $\chi$ 作为希腊字母的 chi 发音 (参见 [122] 第 1 章), 而不是一个 "x", 这样 TEX 就与 "blecchh" 谐音 …… 当你对着你的计算机正确地说出这个单词时, 终端可能会变得稍稍有点潮湿. 我对 "LATEX" 的发音则是 "lay-TEX".

(2) 目前存在着三种 TEX 的主要同源语. 它们是 TEX 本身 (其标准使用手册是高德纳的《TEX 工具书》(*The TEXbook*))、LATEX(其标准使用手册是兰波特 (Lamport) 的《LATEX: 一种文档准备系统》(*LATEX, A Document Preparation System*)) 和 AMS-TEX (其标准使用手册是斯皮瓦克 (Spivak) 的《TEX 之乐》(*The Joy of TEX*)). LATEX 的最新版本允许你使用一个额外的包 amstex, 这个程序包结合了 AMS-TEX 和 LATEX 的几乎全部优点 (不过你应该从学习其中之一开始, 要了解详情, 请参见固森 (Goosens)、米特尔巴斯 (Mittelbach) 和萨马林 (Samarin) 的《LATEX 指南》(*The LATEXCompanion*)①). 如果你喜欢把事情做得严格正确, 那么我猜想 TEX 适合你. 如果你对于印刷格式中较为精细的那些点没有兴趣, 那么 LATEX 比较简单, 而且其使用手册也比较容易理解. 如果你有一位使用其中一个系统的朋友, 就向他学习, 因为如果你在出问题的时候有人帮忙的话, 那么所有的 TEX 系统都会比较容易学会.

(3) 为了流畅地使用其中一种 TEX 同源语, 你要花费大约五天恨不得用头去撞电脑终端的时间 (最好的办法就只要尝试打出几页数学). 在那之后, 事情是如此简单, 以至于你会感到惊讶, 为什么自己之前曾经觉得它很难.

(4) 高德纳将 TEX 置于不受版权保护的状态. 因此对于大多数计算机而言, 都有一些很好的 TEX 系统免费安装程序. 请在你的周围问问看.

## A1.2 一些艰深但有趣的书籍

前一节中推荐的那些书, 其阅读对象都是一般 (并且坚持不懈而又聪明的) 读者. 不过我所认识的大多数数学家都完全承认, 他们曾在学生时代设法阅读过一些难得多的书籍. 那些我真的很熟悉的数学家还承认, 他们也曾无法理解自己所阅读的内容的全部含义.

> 啊, 不过一个人应该努力超越自己的极限,
> 否则还要天堂做什么?
> (勃朗宁 (Browning),《安德烈亚 · 德尔 · 萨尔托》
> (*Andrea del Sarto*))

此外, 我们不必理解一本书中的全部内容, 也可以从中获益匪浅. 如果一本书向我们展示了一些新的思维模式, 并让我们能够窥视到一些新的思想, 那么无论它是多么一闪即逝, 都为以后能够获得更完整的理解打下了一个基础. 我确信, 我在前一

① 如果你希望写出一些复杂的公式, 那么我强烈推荐格拉兹 (Grätzer) 的《LATEX 数学输入》(*Math into LATEX*) [263]. —— 原注

节中引用自柯瓦列夫斯卡娅的那段长长的引文必定会引起其他许多数学家的共鸣. 而且, 关于"数学家们做什么?" 这个问题, 有一个回答是: "他们设法理解那些很难理解的事情." 如果你独自坐上一个下午, 去设法理解半页数学, 那么你就是在研究数学. 如果你听了一节课, 这节课的教授方式使你完全掌握其中的内容, 然后你又仔细地完成作业, 这些作业的安排方式使你需要半小时到一小时的时间来完成, 那么你就是在学习数学 (你必须要学习大量的数学知识才能成为一名数学家) 而不是在研究数学.

我已经提供了一个相当大的选择范围, 部分原因是这些书并非全都很容易得到, 不过主要还是因为众口难调. 如果你对哈代和赖特无动于衷, 那么也许费曼的书页会触动你, 让你埋首其中. 如果这些书籍中有一本吸引了你的注意力, 足以让你用心读上 50 页, 我就达到了我的目标. 如果这种情况并未发生, 那么你可以稍后再沿着一条不同的路径探寻到你自己的进入数学之路.

## 数　论

由于数论几乎不需要预备知识, 因此初等数论是了解数学是什么样子的一条很好的途径. 这方面有许多优秀的书籍, 其中包括以下几本.

- 《高等算术》(*The Higher Arithmetic*), H. 达文波特 (H. Davenport) 著. 针对初学者的清晰阐述, 但覆盖了真正的数学知识.
- 《哈代数论》(*An Introduction to the Theory of Numbers*), G. H. 哈代 (G. H. Hardy) 和 E. M. 赖特 (E. M. Wright) 著①. 这是一种阅读之乐 (而且这种乐趣由于数学印刷的精美而得到提升). 这两位作者说道: "我们最初的目的是写一本有趣的书, 一本独具匠心的书. 或许我们已经取得了成功, 成功的代价是书中有太多的怪异之处; 或许我们已经失败了, 但是我们不会彻底失败, 因为所研究的论题是如此的引人入胜, 故而只有非同一般的无能才会使它变得枯燥乏味."
- 《科学与通信中的数论》(*Number Theory in Science and Communication*), M. R. 施罗德 (M. R. Schroeder) 著. 虽然这本书中的难度和连贯性参差不齐, 但这仍是一本好书, 充满了热情洋溢地表达出来的想法. 顺便提一句, 这位作者还因为将数论应用于高保真度的音响设备 (hi-fi) 而发了一笔小财 (参见书中的第 13.8 节 "本原根和音乐厅的音响效果" (Primitive roots and concert hall acoustics)).

## 分　析

任何一名真正有雄心壮志的学生在进入大学学习分析之前, 就应该尝试一下. 他在第一轮就能真正理解的几率是微乎其微的. (严格分析的基础都很微妙, 因而需要时间、讨论和努力才能掌握.) 不过, 如果有第二轮的话, 就必定有第一轮. 好几代人都是从哈代的《纯数学教程》(*A Course of Pure Mathematics*)② 开始学习的, 不过

---

① 此书中译本由人民邮电出版社 2010 年出版, 张明尧、张凡译. 英文原题的意思是 "数论入门". —— 译注

② 此书中译本由人民邮电出版社 2009 年出版, 张明尧译. —— 译注

如此辉煌的一本书 (李特尔伍德把该书的口吻描绘成像一位传教士对食人生番的唠叨), 如今也不再能够很好地适应当今学生们的预科或者大学课程了. 取而代之的是, 我推荐以下两本书之一.

- 《微积分》(*Calculus*), M. 斯皮瓦克 (M. Spivak) 著. 仔细而充满热情的阐述, 以我之见是自学的理想书籍.
- 《数学分析初等教程》(*A First Course in Mathematical Analysis*), J. C. 柏奇尔 (J. C. Burkill) 著. 虽然我总是推荐斯皮瓦克, 不过必须承认, 我在三一学堂的学生们几乎总是更偏爱柏奇尔简明而直接的风格.

## 几　何

我相信, 数学家们具有各种各样的直觉来源 —— 物理的、概率的和几何的[①]. 不幸的是, 几何在数学教育中的地位已经被降级到几乎没有什么学生能够获得几何直觉的程度. (在概率教学方面取得了很大的改进, 因此并不是每件事情都越来越糟糕.) 因此我强烈推荐下面这本书, 这不是因为其中覆盖了大学里碰到的那些材料, 而是因为它覆盖了大学里碰不到的材料.

- 《几何入门》(*Introduction to Geometry*), H. S. M. 考克斯特 (H. S. M. Coxeter) 著. 一部 "为读者需要着想" 而设计的经典著作, 可以很容易地进行浏览. 书中充满了美好的事物.

## 概　率

现在有好几本介绍概率的优秀入门书籍, 不过我最钟爱的还是所有这些书的鼻祖.

- 《概率论及其应用》(第一卷)(*An Introduction to Probability Theory and Its Applications* (Vol. I)), W. 费勒 (W. Feller) 著[②]. (在第一卷中就有足够的内容, 能让即使在概率方面最有天赋的学生也心无旁骛. 第二卷中的许多内容需要一些先进的数学工具). 费勒深思熟虑地在每一章中变化数学水平, 从而使初学者必须要小心谨慎地通过高等数学的灌木丛. 不过, 费勒对于概率的深入见解丰富多彩, 他的例子又都很有趣, 这就充分弥补了数学带来的不便. 第三版 (第三章) 中有一段掷硬币的讨论, 他对此尤为自豪, 这种自豪是正确的. 在那一版的前言中, 他希望自己的这本书 "仍继续拥有一批仅仅为了欣赏和受到启发而阅读的读者." 一定会有的.

## 物 理 学

有许多标题为 "没有公式的物理学" 的普及书籍 —— 这在思维上就相当于在

① 当然, 直觉还有着其他的来源. 康威和高德纳似乎具有一种 "对于模式的直觉", 这种直觉非常罕见, 因此就像一切罕见但有用的事物一样极有价值. 还有一种 "对于进程的直觉", 这是一种对于复杂证明或算法的模式 "应该怎样运行" 的感觉, 我认为这种直觉是很常见的, 但也不是普遍存在的. —— 原注

② 此书中译本由人民邮电出版社 2006 年出版, 胡迪鹤译. —— 译注

电视上观看体育运动 —— 不过好的物理学入门书籍却寥寥无几. 所幸, 还有一个出类拔萃的例子.

- 《费曼物理学讲义》(*The Feynman Lectures on Physics*), R. P. 费曼 (R. P. Feynman) 著. 费曼是一位伟大的物理学家、一位伟大的教师和一位善于讲故事的人. 在这些讲义中, 他说明了一位物理学家是如何考虑物理学的. 第一卷论述的是基础物理, 其中包括的内容足够阅读和思考好几个星期 (甚至好几个月). 其余两卷对于真正有决心的学生而言, 多少还是可以理解的. 他最好的那些故事 (无疑是经过了一辈子的再三润色) 都收集在《别闹了, 费曼先生!》(*Surely You're Joking, Mr Feynman!*) 一书中①. 尤其请阅读 "堂堂大教授" (The dignified professor) 和 "草包族科学" (Cargo cult science) 这两篇短文.

### 现 代 代 数

对于我这代人来说, 向现代抽象代数的转换, 是从中学升到大学过程中最为显著的变化之一. 如今中学的教学大纲中含有一些稀释了的现代代数, 因此提前学习就不那么令人兴奋, 可能也不那么紧迫了.

- 《近世代数纵览》(*A Survey of Modern Algebra*), G. 伯克霍夫 (G. Birkhoff) 和 S. 麦克莱恩 (S. MacLane) 著②. 正是这本书, 将近世几何引入了用英语的本科生的教学大纲. 在我看来, 作为有能力的学生自学时的第一本入门教科书, 第一、六、七、八章仍然不亚于现今能够找到的优秀教科书. 必须补充说明的是, "近世" 这个词在这里用来表示 "1930 年的近世", 更加高等的大学代数中还包含着更深一层的抽象.

### 数学的基础

我们有很好的理由向学生们提出建议, 不要直到他们对于自己打算建立的上层建筑具有相当多的了解之后, 才开始担心将此建筑置于其上的那些基础. 不过, 学生们 (尤其是那些优秀的学生们) 从来都不会听从这条忠告, 因此这里有两条建议, 第一条对付技术问题, 第二条则对付哲学问题.

- 《朴素集合论》(*Naive Set Theory*), P. R. 哈尔莫斯 (P. R. Halmos) 著. 这是一本书中瑰宝, 你可以花上几段时间坐下来阅读, 而它会告诉你一位绅士所需要知道的关于集合论的一切. (为了掌握这种有用的剑桥说话风格, 你必须理解, 虽然一位绅士粗略地知道一辆汽车如何运作, 原则上他也能够开车, 不过实际上他会把这件事留给他的司机去干.)
- 《数学哲学》(*The Philosophy of Mathematics*), S. 科尔纳 (S. Körner) 著. 在哲学中,

① 此书中译本由生活 · 读书 · 新知三联书店 1997 年出版, 吴程远译. —— 译注

② 此书初版于 1941 年, 著者为伯克霍夫和麦克莱恩, 1967 年新版更名为 "*Algebra*", 著者为麦克莱恩和伯克霍夫. 乔治 · 伯克霍夫 (George Birkhoff, 1884—1944), 美国数学家, 他最著名的研究现在被称为遍历理论 (ergodic theorem). 桑德斯 · 麦克莱恩 (Saunders MacLane, 1909—2005), 美国数学家, 他与赛谬尔 · 艾伦伯格 (Samuel Eilenberg, 1913—1998) 一同创立了范畴论 (category theory). —— 译注

就如同在数学中一样, 我们是站在巨人的肩膀上, 而且如果我们不能看得那么远的话, 那么这是因为哲学 (在其最高层次上) 比数学更难. 我父亲撰写的这本有用的教科书总结了三种主要的数学哲学 —— 逻辑主义、形式主义和直觉主义 —— 并讨论了纯粹数学和应用数学之间的联系.

**算法及一些相关的论题**

- 《奏效的数值方法》(*Numerical Methods That Work*), F. S. 阿克顿 (F. S. Acton) 著. (如果你去仔细看这本书的几个版本的封面, 你就会注意到在 "奏效" 的前面插入了一个淡淡的 "通常" (*Numerical Methods That Usually Works*).) 数值分析在其最高层次上是一种科学、艺术和酒吧斗殴的混合体. 在这个方向上, 一门普通数学课程所能期望为学生们做到的, 就是使他们成为 "受过教育的顾客", 能够明智地使用那些打包的程序, 并且如果需要提升的话, 还能够拼凑出某些会按照预期的那样奏效的东西 (即使比专家的版本要慢得多). 阿克顿的这本书是介绍数值分析员的各种问题和工具的一本优秀的、放松的、令人愉快的入门书籍.
- 《具体数学》(*Concrete Mathematics*), R. L. 格雷厄姆 (R. L. Graham)、D. E. 高德纳 (D. E. Knuth) 和 O. 帕塔许尼克 (O. Patashnik) 著. 这几位作者声称, 其中的材料 "也许初看起来是一袋子互不相干的窍门, 不过通过实践就会将它们转变成一组严谨的工具集合." 即使读者没有掌握这种声称的统一整体, 也会得到许多有用的窍门以及数种必不可少的思想. 正如这些作者们可能会预料到的那样, 其中几乎没有一页上会不出现一个美丽的公式、一条意料之外的洞见或者一个具有挑战性的问题. 如果你能进入一家图书馆, 其中拥有高德纳的那套划时代的三卷本《计算机程序设计艺术》, 那么就把它们从书架上取下来, 然后着魔吧①.
- 《制胜之道》(*Winning Ways*), E. R. 伯利坎普 (E. R. Berlekamp)、J. H. 康威 (J. H. Conway) 和 R. K. 盖伊 (R. K. Guy) 著. 这是一本高等研究教科书, 内容是关于如何玩一些像 "点格棋" (dots and boxes) 这样的游戏 (这几位作者无法给出一种战无不胜的策略). 本书的读者们只能理解这本教科书中的一小部分 —— 不过这一小部分就使你的全部深研值得了. 跟你的朋友们一起玩 "豆芽" (sprouts) 游戏 (第 564 页), 花点时间去理解 "哲学家的足球" (philosopher's football) 这个让人上瘾的游戏 (第 688 页), 考虑一下 "西尔维钱币" (sylver coinage) 游戏会持续多长时间 (第 576 页), 并翻阅第 23、24 和 25 章. 祝你有好收获!

如果我们能从一本书中学到东西, 那么这就是一本好书. 尽管如此, 我仍然

① 电脑黑客的学识说, 两个头脑比一个头脑快, 而三个头脑则比两个头脑稍微快一点. 因此, 为一个软件项目增加人力, 实际上会使它变慢. 使一个项目加速的唯一方法就是使用更加聪明的人. 因此就有**三个高德纳规则**. 如果三个高德纳一起工作也不能做到的事情, 那么这项工作就不可能做到. —— 原注

相信以上所提到的这些书都具有一种特殊的品质, 从而将它们区别于那些为了帮助普通学生通过平常的考试而写成的标准教科书. 19 世纪末, 若尔当写出了自欧几里得以来最具影响力的教科书之一 (《分析教程》第二版)①. 在这本书中, 他将过去一百年间发展起来的严格分析的丝丝缕缕聚拢在一起, 并将其编织成这一课题的标准表述形式. 以下是伟大的分析学家勒贝格②为稍后的一个版本所写的评论的部分内容.

> 当我还是法国巴黎高等师范学校 (École Normale) 的一名相当无礼的学生时, 我们常常说: "如果约尔当教授有四个量, 它们在一项论证中起的作用完全一样, 那么他会把它们写作 $u$、$A''$、$\lambda$ 和 $e_3$." 我们的批评是有点太过分了, 不过我们清楚地感觉到, 对于那些平庸而无创见的教学法预防措施, 约尔当教授是多么不在意, 而我们却被我们的中学宠坏了, 因此认为它们是不可或缺的.
>
> 那些中学的教师们就像某些大学教师一样, 施展出他们的足智多谋, 而且常常在为他们的学生们把事情变得简单这方面极具天赋. 他们希望毫不费力地引领学生理解那些甚至是最难的结果. 他们在这方面取得的、看来如此频繁的成功, 这真是一件奇妙的事情, 不过依我看来, 他们的成功总是不可靠的.
>
> 尽管这些证明如此的灵巧、清晰而又简短, 但是为了正确地理解它们, 还是必须逐字逐句地去仔细分析. 一个词指明了 (或者更精确地说是隐藏了) 需要采取的一步预备措施或者需要观察的一个特定事实, 没有这一措施或事实的话, 这个论证就会瓦解, 因此必须将它考虑在内. 另一个词提醒我们想起了 (或者更精确地说是遮掩了) 一个冗长的中间论证, 我们必须在心智上用此词来代替这一论证. 这样, 论证看起来越简单, 要正确读懂它所需要的心智运动就越剧烈. 我更倾向于阅读若尔当教授的论证, 这些论证对主要的困难直接下手, 而不是试图去隐藏或者回避它, 因此这就使我能理解这种困难主要在于什么. 而当这种困难被克服时, 我就知道它是为什么以及如何被克服的.
>
> 这种类型的证明还有一个额外的优势, 那就是在展示这些我们选择用定理的形式来陈述的特定数学事实的同时, 还揭示出它们与其周边的那些数学事实之间的联系. 无论有些人可能相信的是什么, 数学并不是一批定理的集合. 如果我们只知道几条定理, 那么无论它们本身有多么重要, 我们

---

① 卡米尔 · 若尔当 (Camille Jordan, 1838—1922), 法国数学家, 他在群论和分析方面都有重要贡献. 他的《分析教程》(*Cours d'Analyse*) 是分析学的经典教科书之一. 下文将会说到, 他出了名地喜欢选择古怪的符号. —— 译注

② 昂利 · 勒贝格 (Henri Lebesgue, 1875—1941), 法国数学家, 主要贡献是测度和积分理论. —— 译注

对于数学的看法的误解程度，就如同有些孩子因为知道了四五座山峰的名字，就认为阿尔卑斯山脉是四五种甜筒.

为了对一条重大定理求得一种巧妙的简单证明，我们必须除去一切不是绝对必要的东西，一切只是有助于理解结果的东西. 我们的行为就好像是一个人在设法攀上某一未知区域的最高峰，而拒绝环顾四周，直至他达到目的为止. 如果是有人引导他到那里的，那么他可能会看见自己高高地站在许多事物的上方，不过对于这些事物确切是什么却不能确定. 我们还必须记住，通常我们从高峰之巅是看不见任何东西的，登山者们攀登的目的只是为了其中必须付出的努力所带来的乐趣.

若尔当教授的唯一目标是要让我们理解数学的各种事实及其相互关系. 如果他能够通过简化那些标准的证明来做到这一点，那么他就这样做. 不过，如果他认为复杂的论证更加可取，那么他也会毫不犹豫地使用它们. 他成倍地增加例子和应用，更一般地说，他不会省略任何可能有助于我们理解的东西. 不过，他从不特意去缩减读者的麻烦，也不会为读者缺乏注意力而做出补偿 (参见 [140]，第 5 卷，第 310–311 页).

# 附录二 一些符号

戴维·特拉纳 (David Tranah) 建议, 对本书所使用的符号加几条注释可能会有所助益. 表 A2. 1 是希腊字母表. 加方括号的这些希腊字母与普通 (罗马) 字母在形式上完全相同, 因此很少使用.

**表 A2.1 希腊字母**

| 小写形式 | 大写形式 | 名称 | 对应于 | 注意 |
|---|---|---|---|---|
| $\alpha$ | [A] | alpha | a | |
| $\beta$ | [B] | beta | b | |
| $\gamma$ | $\Gamma$ | gamma | c | |
| $\delta$ | $\Delta$ | delta | d | |
| $\epsilon, \varepsilon$ | [E] | epsilon | e | 不要同 $\in$(属于) 混淆 |
| $\zeta$ | [Z] | zeta | — | |
| $\eta$ | [H] | eta | — | |
| $\theta$ | $\Theta$ | theta | — | |
| $\iota$ | [I] | iota | i | 常常留出来作为 "全同" 的对象 |
| $\kappa$ | [K] | kappa | k | |
| $\lambda$ | $\Lambda$ | lambda | l | |
| $\mu$ | [M] | mu | m | |
| $\nu$ | [N] | nu | n | |
| $\xi$ | $\Xi$ | xi | — | |
| [o] | [O] | omicron | o | 不使用 |
| $\pi$ | $\Pi$ | pi | p | |
| $\rho$ | [P] | rho | r | |
| $\sigma, \varsigma$ | $\Sigma$ | sigma | s | |
| $\tau$ | [T] | tau | t | |
| $\upsilon$ | $\Upsilon$ | upsilon | u | 极少使用 |
| $\phi, \varphi$ | $\Phi$ | phi | — | |
| $\chi$ | [X] | chi | — | |
| $\psi$ | $\Psi$ | psi | — | |
| $\omega$ | $\Omega$ | omega | — | "我是 '阿尔法' 和 '欧米茄', 元始和终末."① (参见《启示录》(*Revelation*) 1:7) |

注: ① 这句话出自圣经《新约》的最后一卷《启示录》(*Revelation*) 第一章. 英文原句是 "I am the alpha and omega, the beginning and the ending." —— 译注

觉得自己倾向于要抱怨的读者应该记住, 其他字母表 (例如俄语和日语字母表) 的使用者们也必须使用我们的罗马字母表作为他们的主要数学字母表. She Should also take comfort from the fact that mathematicians have, more or less, stopped using the Fraktur (or German or Black Letter) font. Here is the full collection of uppercase and lower case letters to show what she has missed. (她还应该从这样一个事实中得到慰藉: 数学家们或多或少都已不再使用德文尖角体 (或者德文字体, 或者黑体字) 了. 以下是完整的大写和小写字母集合, 以帮助读者认出那些她没有认出来的字母.)

$$\mathfrak{A}, \mathfrak{B}, \mathfrak{C}, \mathfrak{D}, \mathfrak{E}, \mathfrak{F}, \mathfrak{G}, \mathfrak{H}, \mathfrak{I}, \mathfrak{J}, \mathfrak{K}, \mathfrak{L}, \mathfrak{M}, \mathfrak{N}, \mathfrak{O}, \mathfrak{P}, \mathfrak{Q}, \mathfrak{R},$$

$$\mathfrak{S}, \mathfrak{T}, \mathfrak{U}, \mathfrak{V}, \mathfrak{W}, \mathfrak{X}, \mathfrak{Y}, \mathfrak{Z}.$$

$$\mathfrak{a}, \mathfrak{b}, \mathfrak{c}, \mathfrak{d}, \mathfrak{e}, \mathfrak{f}, \mathfrak{g}, \mathfrak{h}, \mathfrak{i}, \mathfrak{j}, \mathfrak{k}, \mathfrak{l}, \mathfrak{m}, \mathfrak{n}, \mathfrak{o}, \mathfrak{p}, \mathfrak{q}, \mathfrak{r}, \mathfrak{s}, \mathfrak{t}, \mathfrak{u}, \mathfrak{v}, \mathfrak{w}, \mathfrak{x}, \mathfrak{y}, \mathfrak{z}.$$

数学家们试图通过采用其他一些字母表来扩展他们所用的整个符号体系, 而这种尝试总体而言并未取得特别的成功. (人类将任何新符号都念成 "污渍" 的自然冲动无疑与此有关.) 本来就只有一小群人愿意去阅读康托尔的那几篇创立集合论的革命性论文, 而由于他使用希伯来文字母, 这个人数就进一步缩减了. 他引入的 $\aleph$ 这个符号 (读作 "阿列夫" (aleph), 是希伯来文字母表中的第一个字母) 现在仍在使用, 许多印刷工都把它倒过来放而成了 ∀, 这种情况直到最近才得到改观.

以下这几条关于符号的说明意图在于, 如果你因为不认识某个符号而看不下去的话, 那么它们会对你有所帮助.

- 符号 $\approx$ 表示 "约等于" .
- $\sum_{r=1}^{n} a_r$ 是一种写 $a_1 + a_2 + \cdots + a_n$ 的方法. 为了理解含有这种符号的一些公式, 将其中的 $n$ 用某个特定数字 (比如说 4) 来代替是一个好主意. 于是就有例如

$$\sum_{r=1}^{4} a_r = a_1 + a_2 + a_3 + a_4.$$

- 同样的方式, $n$ 个数字 $a_1, a_2, \cdots, a_n$ 的乘积就写成 $\prod_{r=1}^{n} a_r$.
- 因此, 例如我们就有

$$n! = 1 \times 2 \times 3 \times \cdots \times n = \prod_{r=1}^{n} r.$$

(在文明世界中, $n!$ 被称为 $n$ 阶乘, 而在英语学校里, 它被称为 $n$ 砰 ($n$ bang) 或者 $n$ 尖叫 ($n$ shriek)—— 这是一个永远不会令人生厌的玩笑.)

- 二项式系数由下式给出:

$$\binom{n}{r} = C_n^r = \frac{n!}{(n-r)!r!}.$$

它给出从 $n$ 件事物中选出 $r$ 件 (不关心顺序问题) 的选法种数, 并且出现在二项式展开的形式之中:

$$(x+y)^n = \sum_{r=0}^{n} \binom{n}{r} x^r y^{n-r}.$$

- 如果 $x$ 是 $t$ 的函数, 那么 $x$ 对于 $t$ 的导数的通用表达式如下:

$$\frac{\mathrm{d}x}{\mathrm{d}t} = \frac{\mathrm{d}}{\mathrm{d}t}(x(t)) = \dot{x}(t) = x'(t).$$

# 资料来源

附录三

下面这则故事说的是关于穆拉 · 纳斯鲁丁的事情.

有一天, 纳斯鲁丁的一位老朋友贾拉勒 (Jalal) 前来拜访. 穆拉说道: "这么久不见, 我很高兴又见到你了. 不过, 我正要出发去开始一轮访问. 来, 跟我一起走吧, 这样我们就可以谈话了."

贾拉勒说: "请借给我一件得体的长袍, 因为如你所见, 我的穿着可不适合去访问." 纳斯鲁丁借给他一件非常精美的长袍.

在第一所房子, 纳斯鲁丁介绍他的这位朋友. "这是我的老伙伴贾拉勒, 不过他穿在身上的这件长袍, 那可是我的!"

在去下一个村庄的路上, 贾拉勒说道: "说 '这件长袍是我的' 实在是一件多么愚蠢的事啊!不要再这么干了." 纳斯鲁丁允诺了.

当他们舒舒服服地坐在第二所房子里的时候, 纳斯鲁丁说道: "这是贾拉勒, 他是来访问我的一个老朋友, 不过这件长袍, 这件长袍可是**他的**!"

他们离开的时候, 贾拉勒同先前一样恼怒. "你为什么说那样的话?你是疯了不成?"

"我只是想弥补过失. 现在我们两清了."

贾拉勒缓慢而谨慎地说: "如果你不介意的话, 我们不要再提起这件长袍了." 纳斯鲁丁允诺.

在第三个地方, 也就是要拜访的最后一处, 纳斯鲁丁说: "请允许我介绍贾拉勒, 我的朋友. 而这件长袍, 他身上穿着的这件长袍 ······ 不过我们绝不可以说到这件长袍, 不是吗?" (参见 [214]).

本书不是一部具有学术成就的著作. 不过我的读者之中, 也许有几位会想要核对一下我的某些陈述, 或者仅仅是想更深入地阅读. 这份资料来源清单的目的就是为了帮助他们[①].

① 中文版已将有关资料来源融入正文中.—— 译注

# 参考文献


[1] M. Abramowitz and I. A. Stegun. *Handbook of Mathematical Functions*. Dover, New York, 1965. The various Dover printings of this are reprints of various Government printings.

[2] F. S. Acton. *Numerical Methods That Work*. Harper and Row, New York, 1970.

[3] D. J. Albers and G. L. Anderson, editors. *Mathematical People*. Birkhäuser, Boston, 1985.

[4] R. M. Anderson and R. M. May. *Infectious Diseases of Humans*. OUP, Oxford, 1991.

[5] V. I. Arnol'd. *Catastrophe Theory*. Springer, Berlin, 1983. Translated from the Russian. Later editions contain interesting extra material.

[6] C. Arthur. Pressurised managers blamed for ambulance failure. *New Scientist*, pages 5–6, March 1993.

[7] O. M. Ashford. *Prophet or Professor? (The Life and Work of Lewis Fry Richardson)*. Adam Hilger, Bristol, 1985.

[8] N. T. J. Bailey. *The Mathematical Theory of Epidemics*. Charles Griffin, London, 1957.

[9] W. W. Rouse Ball and H. S. M. Coxeter. *Mathematical Recreations and Essays*. University of Toronto, Toronto, 12th edition, 1974.

[10] G. K. Batchelor and G. I. Taylor. *Obituary Notices of Fellows of the Royal Society*, 30: 565–633, 1985.

[11] P. Beesly, editor. *Very Special Intelligence*. Sphere, London, revised edition, 1978.

[12] C. B. A. Behrens. *Merchant Shipping and the Demands of War*. HMSO, London, 1955.

[13] E. T. Bell. *Men of Mathematics*. Simon and Schuster, New York, 1937. 2 vols.

[14] E. R. Berlekamp, J. H. Conway, and R. K. Guy. *Winning Ways*. Academic Press, London, 1982. 2 vols.

[15] G. Birkhoff. *Hydrodynamics*. Princeton University Press, Princeton, N. J. , 1950.

[16] G. Birkhoff and S. MacLane. *A Survey of Modern Algebra*. Macmillan, New York, revised edition, 1953.

[17] P. M. S. Blackett. *Studies of War*. Oliver and Boyd, Edinburgh, 1962.

[18] M. Born. *Einstein's Theory of Relativity*. Dover, New York, revised edition, 1962.

[19] A. Bourke. *The Visitation of God? The Potato and the Irish Famine*. Lilliput Press, Dublin, 1993.

[20] E. G. Bowen. *Radar Days*. Adam Hilger, Bristol, 1987.

[21] A. Briggs. *A Social History of England.* Weidenfeld and Nicholson, London, 1983.

[22] W. K. Bühler. *Gauss, A Biographical Study.* Springer, Berlin, 1981.

[23] J. P. Bunker, B. A. Barnes, and F. Mosteller, editors. *Costs, Risks and Benefits of Surgery.* OUP, Oxford, 1977.

[24] J. C. Burkill. *A First Course in Mathematical Analysis.* CUP, Cambridge, 1962.

[25] M. Burnett and D. O. White. *Natural History of Infectious Disease.* CUP, Cambridge, 4th edition, 1971.

[26] R. Burns, editor. *Radar Development to 1945.* Peter Peregrinus (on behalf of IEE), London, 1988.

[27] D. M. Campbell and J. C Higgins. *Mathematics: People, Problems, Results.* Wadsworth, Belmont Calif., 1984. 3 vols.

[28] CAST. Preliminary Report: Effect of encaide and flecainide on mortality in a randomised trial of arrythmia suppression after myocardial infarction. *New England Journal of Medicine*, 312: 406–412, 1989.

[29] Somerset De Chair, editor. *Napoleon's Memoirs.* Faber and Faber, London, 1958.

[30] A. Charlesworth. Infinite loops in computer programs. *Mathematics Magazine*, 52: 284–291, 1979,

[31] G. Cherbit, editor. *Fractals.* Wiley, New York, 1991.

[32] L. Childs. *A Concrete Introduction to Higher Algebra.* Springer, Berlin, 1989.

[33] W. S. Churchill. *The Second World War.* Cassel, London, 1948—1953. 6 vols.

[34] K. Clark. *Leonardo da Vinci.* Penguin, Harmondsworth, England, 1989. Revised Pelican edition of a work first published by CUP in 1939.

[35] R. W. Clark. *Tizard.* Methuen, London, 1965.

[36] A. Cliff, P. Hagett, and M. Smallman-Raynor. *Measles, An Historical Geography.* OUP, Oxford, 1988.

[37] W. H. Cockroft *et al. Mathematics Counts.* Her Majesty's Stationery Office, London, 1982. Report of a Committee of Enquiry into the Teaching of Mathematics in Schools.

[38] E. Colerus. *From Simple Numbers to the Calculus.* Heinemann, London, 1955. English translation from the German.

[39] F. M. Cornford. *Microcosmographia Academica.* Bowes and Bowes, Cambridge, 2nd edition, 1922.

[40] R. Courant and H. Robbins. *What is Mathematics?* OUP, Oxford, 1941.

[41] H. S. M. Coxeter. *Introduction to Geometry.* Wiley, New York, 1961.

[42] H. M. Cundy and A. P. Rollett. *Mathematical Models.* OUP, Oxford, 1951.

[43] J. Darracott. *A Cartoon War.* Leo Cooper, London, 1989.

[44] C. Darwin. *On the Origin of Species by Means of Natural Selection*. Murray, London, 1859.

[45] H. Davenport. *The Higher Arithmetic*. Hutchinson, London, 1952.

[46] P. J. Davies and R. Hersh. *The Mathematical Experience*. Birkhäuser, Boston, 1981.

[47] A. De Morgan. *A Budget of Paradoxes*. Books for Libraries Press, Freeport, New York, second, reprinted edition, 1969.

[48] R. S. Desowitz. *The Malaria Capers*. Norton, New York, 1991.

[49] K. Dönitz. *Memoirs*. Weidenfeld and Nicholson, London, 1954. English translation.

[50] S. Drake. *Galileo at Work*. University of Chicago Press, Chicago, 1978.

[51] C. V. Durell. *General Arithmetic for Schools*. G. Bell, London, 1936.

[52] A. Einstein and L. Infeld. *The Evolution of Physics*. CUP, Cambridge, 1938.

[53] A. Einstein, H. A. Lorentz, H. Weyl, and H. Minkowski. *The Principle of Relativity*. Dover, 1952. A collection of papers first published in English by Methuen in 1923.

[54] R. J. Evans. *Death in Hamburg*. OUP, Oxford, 1987.

[55] J. Fauvel and J. Gray, editors. *History of Mathematics: A Reader*. Macmillan, Basingstoke, England, 1987.

[56] W. Feller. *An Introduction to Probability Theory and Its Applications*, volume I. Wiley, New York, 3rd edition, 1968.

[57] R. P. Feynman. *The Character of Physical Law*. BBC Books, London, 1965.

[58] R. P. Feynman. *QED, The Strange Theory of Light and Matter*. Princeton University Press, Princeton, N. J. , 1985.

[59] R. P. Feynman. *Surely You're Joking. Mr Feynman!* W. W. Norton, New York, 1985.

[60] R. P. Feynman *et al.* *The Feynman Lectures on Physics*. Addison-Wesley, Reading, Mass. , 1963. 3 vols.

[61] Galileo. *Dialogues Concerning Two New Sciences*. Macmillan, London, 1914. Translated by H. Crew and A. De Salvio.

[62] Galileo. *Dialogues Concerning the Two Chief World Systems*. University of California Press, Berkeley, Calif., 1953. Translated by S. Drake.

[63] Galileo. *Discoveries and Opinions of Galileo*. Anchor Books (Doubleday), New York, 1957. Translated by S. Drake.

[64] F. Galton and H. W. Watson. On the probability of the extinction of families. *Journal of The Anthropological Institute*, 4: 138–144, 1874.

[65] M. Gardner. *Fads and Fallacies in the Name of Science*. Dover, New York, 1957.

[66] M. Gardner. *The Flight of Peter Fromm*. William Kaufman, Los Altos, California, 1973.

[67] M. Gardner. *Penrose Tiles to Trapdoor Ciphers*. W. H. Freeman, New York, 1989.

[68] W. W. Gibbs. Software's chronic crisis. *Scientific American*, pages 72–81, September 1994.

[69] M. H. Glantz and J. D. Thompson, editors. *Resource Management and Environmental Uncertainty*. Wiley, New York, 1989.

[70] E. Gold and L. F. Richardson. *Obituary Notices of Fellows of the Royal Society*, 9: 217–235, 1954.

[71] M. Goosens, F. Mittelbach, and A. Samarin. *The LaTeX Companion*. Addison-Wesley, Reading, Mass. , 1994.

[72] S. J. Gould. *Ever Since Darwin*. Penguin, Harmondsworth, England, 1980.

[73] M. Gowing. *Independence and Deterrence*, volume I. Macmillan, London, 1974.

[74] R. L. Graham, D. E. Knuth, and O. Patashnik. *Concrete Mathematics*. Addison-Wesley, Reading, Mass. , 1979. The second edition contains interesting new material.

[75] G. Greene. The austere art. *The Spectator*, 165: 682, 1940.

[76] J. Gross. *The Rise and Fall of the Man of Letters*. Weidenfeld and Nicholson, London, 1969.

[77] J. Grossman, editor. *The Chicago Manual of Style*. Chicago University Press, Chicago, 14th edition, 1993.

[78] J. Hadamard. *The Psychology of Invention in the Mathematical Field*. Princeton University Press, Princeton, N. J. , 1945.

[79] J. B. S. Haldane. *On Being the Right Size*. OUP, Oxford, 1985.

[80] P. R. Halmos. *Naive Set Theory*. Van Nostrand, Princeton, N. J. , 1960.

[81] P. R. Halmos. *I Want to be a Mathematician*. Springer, Berlin, 1985.

[82] J. M. Hammersley. On the enfeeblement of mathematical skills by "modern mathematics" and by similar soft intellectual trash in schools and universities. *Bulletin of the Institute of Mathematics and Its Applications*, 4: 68–85, 1968.

[83] G. H. Hardy. *A Course of Pure Mathematics*. CUP, Cambridge, 1914.

[84] G. H. Hardy. *A Mathematician's Apology*. CUP, Cambridge, 1940.

[85] G. H. Hardy and E. M. Wright. *An Introduction to the Theory of Numbers*. OUP, Oxford, 1938.

[86] A. D. Harvey. *Collision of Empires*. Phoenix, London, paperback edition, 1994.

[87] J. Hašek. *The Good Soldier Švejk*. Penguin, Harmondsworth, England, 1973. English translation by C. Parrott.

[88] M. Hastings. *Bomber Command*. Michael Joseph, London, 1979.

[89] J. Hatcher. *Plague, Population and the British Economy 1348—1530*. MacMillan, London, 1977.

[90] T. L. Heath. *The Works of Archimedes*. Dover, New York, reprint edition, 1953.

[91] T. L. Heath. *The Thirteen Books of Euclid's "Elements"*. Dover, New York, reprint edition, 1956. 3 vols.

[92] H. Hertz. *Electric Waves*. Dover, New York, reprint edition, 1963. English translation by D. E. Jones first published in 1893.

[93] P. J. Hilton. Algebra and logic, Lecture notes in mathematics 450. In J. N. Crossley, editor, *Algebra and Logic*, Berlin, 1975, Springer.

[94] F. H. Hinsley and A. Stripp, editors. *Codebreakers*. OUP, Oxford, paperback edition, 1994.

[95] F. H. Hinsley, E. E. Thomas, C. F. G. Ransome, and R. C. Knight. *British Intelligence in the Second World War*. HMSO, London, 1979–1988. 5 volumes.

[96] A. Hodges. *Alan Turing, The Enigma of Intelligence*. Hutchinson, London, 1983.

[97] M. Howell and P. Ford. *The Ghost Disease*. Penguin, Harmondsworth, England, 1986.

[98] D. Howse. *Radar at Sea*. Macmillan, London, 1993.

[99] D. Huff. *How to Lie with Statistics*. W. W. Norton, New York, 1954.

[100] ISIS-2 Collaborative Group. Randomised trial of intravenous streptokinase, oral aspirin, both, or neither among 17187 cases of suspected acute myocardial infarction. *The Lancet*, pages 349-360, August 1988.

[101] ISIS-3 Collaborative Group. A randomised comparison of streptokinase versus tissue plasminogen activator versus anistreptase and of aspirin plus heparin versus aspirin alone among 41299 cases of suspected acute myocardial infarction. *The Lancet*, 339: 753–770, March 1992.

[102] B. Johnson. *The Secret War*. BBC Publications, London, 1978.

[103] R. V. Jones. Winston Churchill. *Obituary Notices of Fellows of the Royal Society*, 12: 35–106, 1966.

[104] R. V. Jones. *Most Secret War*. Hamish Hamilton, London, 1978.

[105] R. V. Jones. *Reflections on Intelligence*. Mandarin, London, paperback edition, 1990.

[106] C. M. Jordan. *Cours d'Analyse de l'Ecole Polytechnique*. Gauthier-Villars, Paris, 2nd edition, 1893–1896. 3 vols.

[107] M. Kac. *Selected Papers*. MIT, Cambridge, Mass., 1979.

[108] J. -P. Kahane and R. Salem. *Ensembles parfaits et séries trigonométriques*. Herman, Paris, 1963.

[109] D. Kahn. *The Codebreakers*. Macmillan, 1967.

[110] D. Kahn. *Seizing the Enigma*. McGraw Hill, 1982.

[111] J. Keegan. *The Price of Admiralty*. Hutchinson, London, 1988.

[112] F. P. Kelly. Network routing. *Philosophical Transactions of the Royal Society A*, 337: 343–367, 1991.

[113] D. Kendall *et al*. Obituary of A. N. Kolmogorov. *Bulletin of the London Mathematical Society*, 22: 31–100, 1990.

[114] D. G. Kendall. Branching processes since 1873. *Journal of The London Mathematical Society*, 41: 385–406, 1966.

[115] D. G. Kendall. The genealogy of genealogy . . . . *Bulletin of The London Mathematical Society*, X: 225–253, 1975.

[116] B. Kettlewell. *The Evolution of Melanism*. OUP, Oxford, 1973.

[117] C. Kinealy. *This Great Calamity*. Gill and Macmillan, Dublin, 1994,

[118] J. F. C. Kingman. The thrown string. *Journal of the Royal Statistical Society, Series B*, 44(2): 109–138, 1982. With discussion.

[119] G. M. Kitchenside and A. Williams. *British Railway Signalling*. Ian Allan, Shepperton, Surrey, UK, 3rd edition, 1979.

[120] M. Kline. *Mathematical Thought from Ancient to Modern Times*. OUP, Oxford, 1972.

[121] D. E. Knuth. *The Art of Computer Programming*. Addison-Wesley, Reading, Mass. , 1968—1973. 3 volumes. This was intended to be 7 volumes. As I go to press there are persistent rumours that Knuth will take up the task again.

[122] D. E. Knuth. *The TEXbook*. Addison-Wesley, Reading, Mass. , 1984.

[123] D. E. Knuth. *Computers and Typesetting*. Addison-Wesley, Reading, Mass. , 1986. 5 volumes. Volume A of the set is *The TEXbook*.

[124] A. H. Koblitz. *A Convergence of Lives*. Birkhäuser, Boston, 1983.

[125] N. Koblitz. *A Course in Number Theory and Cryptography*. Springer, Berlin, 1987.

[126] A. N. Kolmogorov. *Selected Works*. Kluwer Academic Publishers, Dordrecht, The Netherlands, 1991. 3 vols. Annotated translation of the Russian.

[127] A. G. Konheim. *Cryptography*. Wiley, New York, 1981.

[128] S. Körner. *The Philosophy of Mathematics*. Hutchinson, London, 1960.

[129] S. Körner. *Fundamental Questions of Philosophy*. Penguin, Harmondsworth, England, 1969.

[130] T. W. Körner. Uniqueness for trigonometric series. *Annals of Mathematics*, 126: 1–34, 1987.

[131] S. Kovalevskaya. *A Russian Childhood*. Springer, Berlin, 1978. Translated from the Russian by B. Stillman.

[132] W. Kozaczuk. *Enigma, How the German Cypher Machine Was Broken*. Arms and Armour, London, 1984. Translated from the Polish by C. Kasparek.

[133] S. G. Krantz. *How to Teach Mathematics: A Personal Perspective*. AMS, Providence, Rhode Island, 1993.

[134] E. Laithwaite. *Invitation to Engineering*. Blackwell, Oxford, 1984.

[135] L. Lamport. *LATEX, A Documement Preparation System*. Addison-Wesley, Reading, Mass. , 2nd edition, 1994.

[136] F. W. Lanchester. *Aircraft in Warfare*. Constable, London, 1916.

[137] E. Landau. *Foundations of Analysis*. Chelsea, New York, 1951. Translated from the German by F. Steinhardt.

[138] H. Lauwrier. *Fractals*. Princeton University Press, Princeton, N. J. , 1991. Translated from the Dutch.

[139] P. Leach. *Babyhood*. Penguin, Harmondsworth, England, 2nd edition, 1983.

[140] H. Lebesgue. *Oeuvres Scientifiques*. L'Enseignement Mathématique, Geneva, 1972—1973. 5 vols.

[141] I. Lengyel, S. Kádár, and I. R. Epstein. Transient Turing structures in a gradient-free closed system. *Science*, 259: 493–495, 1993.

[142] M. -C. Van Leunen. *A Handbook for Scholars*. Alfred A. Knopf, Inc. , New York, 1978.

[143] P. Levi. *The Wrench*. Abacus (part of the Penguin group), London, 1988. English translation by W. Weaver.

[144] C. E. Linderholm. *Mathematics made Difficult*. Wolfe Publishing Ltd, London, 1971.

[145] J. E. Littlewood. *A Mathematician's Miscellany*. CUP, Cambridge, 2nd edition, 1985. Editor B. Bollobás.

[146] J. L. Locher *et al.* *Escher*. Thames and Hudson, London, 1982. Translated from the Dutch. Contains a complete illustrated catalogue of his graphic works.

[147] J. D. Logan. *Applied Mathematics*. Wiley, New York, 1987.

[148] E. N. Lorenz. *The Essence of Chaos*. University of Washington Press, 1994.

[149] B. Lovell and P. M. S. Blackett. *Obituary Notices of Fellows of the Royal Society*, 21: 1–115, 1975.

[150] J. Luvaas. *The Military Legacy of the Civil War*. Kansas University Press, Kansas, 1988.

[151] C. H. Macgillavry. *Symmetry Aspects of M. C. Escher's Periodic Drawings*. A. Oosthoek's Uitgeversmaatschappij NV for the International Union of Crystallography, Utrecht, 1965.

[152] A. J. Marder. *From the Dreadnought to Scapa Flow*. OUP, Oxford, 1961—1970. 5 vols.

[153] E. Marshall, editor. *Longman Crossword Key*. Longman, Harlow, 1982.

[154] E. A. Maxwell. *Fallacies in Mathematics*. CUP, Cambridge, 1959.

[155] J. C. Maxwell. *Matter and Motion*. Dover, New York, 1991. Reprint of the 1920 edition, the first edition was published in 1877.

[156] D. McDuff. Satter prize acceptance speech. *Notices of the AMS*, 38(3): 185–187, March 1991.

[157] W. H. McNeill. *Plagues and Peoples*. Blackwell, Oxford, 1976.

[158] J. M. McPherson. *Battle Cry of Freedom*. Blackwell, Oxford, 1993.

[159] K. Menninger. *Number Words and Number Symbols*. MIT Press, Cambridge, Mass., 1969.

[160] N. Metropolis, J. Howlett, and Gian-Carlo Rota, editors. *A History of Computing in the Twentieth Century*. Academic Press, London, 1980.

[161] A. A. Michelson. *Light Waves and Their Uses*. Chicago University Press, Chicago, 1903.

[162] Y. Mikami. *The Development of Mathematics in China and Japan*. Open Court, Chicago, 1914. There is a Chelsea reprint.

[163] R. E. Moritz. *On Mathematics and Mathematicians*. Dover, New York, 1958. Reprint of the original 1914 edition.

[164] R. J. Morris. *Cholera 1832*. Croom Helm, London, 1976.

[165] M. Muggeridge. *Chronicles of Wasted Time*, volume 2. Collins, London, 1973.

[166] C. D. Murray. The physiological principle of minimum work (Part I). *Proceedings of the National Acadamy of Sciences of the USA*, 12: 207–214, 1926.

[167] J. D. Murray. *Mathematical Biology*. Springer, Berlin. 1989.

[168] J. R. Newman, editor. *The World of Mathematics*. Simon and Schuster, New York, 1956. 4 vols. Reprinted by Tempus Books, Washington in 1988.

[169] I. Newton. *Principia*. University of California Press, Berkeley, Calif., 1936. Motte's translation revised by Cajori.

[170] Nobel Foundation. *Nobel Lectures in Physics 1942—62*, Amsterdam, 1964. Elsevier.

[171] O. S. Nock. *Historic Railway Disasters*. Ian Allan, Shepperton, Surrey, UK, 1966.

[172] P. Padfield. *Dönitz*. Gollancz, London, paperback edition, 1993.

[173] A. Pais. *Subtle Is the Lord . . . .* OUP, Oxford, 1982.

[174] A. Pais. *Inward Bound*. OUP, Oxford, 1986.

[175] D. Pedoe. *The Gentle Art of Mathematics*. English Universities Press, London, 1958.

[176] H. -O. Peitgen and P. H. Richter. *The Beauty of Fractals*. Springer, Berlin, 1986.

[177] R. Penrose. *The Emperor's New Mind*. OUP, Oxford, 1989.

[178] Petrarch. On his own ignorance and that of many others. In *The Renaissance Philosophy of Man*. Chicago University Press, Chicago, 1948.

[179] S. Pinker. *The Language Instinct*. Penguin, Harmondsworth, England, 1994.

[180] Plato. *Meno*. Penguin, Harmondsworth, England, 1956. Translated by W. K. Guthrie.

[181] G. W. Platzman. A retrospective view of Richardson's book on weather prediction. *Bulletin of the American Meteorological Society*, 48: 514–550, 1967.

[182] G. W. Platzman. Richardson's weather prediction. *Bulletin of the American Meteorological Society*, 49: 496–500, 1968.

[183] H. Poincaré. *Science and Method*. Dover, New York, reprint edition. 1952. Translated by F. Maitland.

[184] G. Pólya. *Mathematics and Plausible Reasoning*. Princeton University Press, Princeton, N. J. , 1954. 2 vols.

[185] G. Pólya. *How to Solve It*. Princeton University Press, Princeton, N. J. , 2nd edition, 1957.

[186] G. Pólya. *Mathematical Discovery*. Wiley, New York, 1962. 2 vols.

[187] A. E. Popham. *The Drawings of Leonardo da Vinci*. Cape, London, 1946.

[188] W. Poundstone. *Prisoner's Dilemma*. Doubleday, New York, 1992.

[189] A. Price. *Aircraft versus Submarine*. William Kimber, London, 1973.

[190] A. Price. *Instruments of Darkness*. Granada, London, 1979.

[191] S. Pritchard. *The Radar War*. Patrick Stephens, Wellingborough, Northamtonshire, England, 1989.

[192] H. Rademacher and O. Toeplitz. *The Enjoyment of Mathematics*. Princeton University Press, Princeton, N. J. , 1957.

[193] A. S. Ramsey. *Dynamics (Part 1)*. CUP, Cambridge, 1929.

[194] J. H. Randall. *The Making of the Modern Mind*. The Riverside Press, Cambridge, Massachusetts, 1940.

[195] E. Raymond. *The New Hacker's Dictionary*. MIT Press, Cambridge, Mass., 1991.

[196] J. Reader. *Missing Links*. Penguin, Harmondsworth, England, 2nd edition, 1988.

[197] C. Reid. *Hilbert*. Springer, Berlin, 1970.

[198] D. J. Revelle and L. Lumpe. Third World submarines. *Scientific American*, pages 16–21, August 1994.

[199] L. F. Richardson. *Weather Prediction by Numerical Process*. CUP, Cambridge, 1922.

[200] L. F. Richardson. *Arms and Insecurity*. Boxwood, Pittsburg, 1960.

[201] L. F. Richardson. *Statistics of Deadly Quarrels*. Boxwood, Pittsburg, 1960.

[202] L. F. Richardson. *Collected Works*. CUP, Cambridge, 1993. 2 vols.

[203] C. E. Rosenberg. *The Cholera Years*. University of Chicago Press, Chicago, 1962.

[204] S. W. Roskill. *The War at Sea. 1939—1945*. HMSO, London, 1954—1961. 3 volumes in 4 parts.

[205] A. P. Rowe. *One Story of Radar*. CUP, Cambridge, 1948.

[206] M. J. S. Rudwick. *The Great Devonian Controversy*. University of Chicago Press, Chicago, 1985.

[207] B. Russell. *Introduction to Mathematical Philosophy*. George Allen and Unwin, London, 1919.

[208] T. Sandler and K. Hartley. *The Economics of Defence*. CUP, Cambridge, 1995.

[209] Admiral R. Scheer. *Germany's High Sea Fleet in the World War*. Cassell, London, 1920.

[210] P. A. Schillp, editor. *Albert Einstein: Philosopher-Scientist*. Library of Living Philosophers, La Salle, Ill, 1949.

[211] K. Schmidt-Nielsen. *Scaling*. CUP, Cambridge, 1984.

[212] W. A. Schocken. *The Calculated Confusion of Calendars*. Vantage Press, New York, 1976.

[213] M. R. Schroeder. *Number Theory in Science and Communication*. Springer, Berlin, 1984.

[214] I. Shah. *The Exploits of the Incomparable Mulla Nasrudin*. Jonathan Cape, London, 1966.

[215] C. E. Shannon. *Collected Papers*. IEE Press, 445 Hoes Lane, PO Box 1331, Piscataway, N. J., 1993.

[216] C. E. Shannon and W. Weaver. *The Mathematical Theory of Communication*. University of Illinois Press, Urbana, Ill, 1949.

[217] R. Sheckley. *Dimension of miracles*. Dell, New York, 1968.

[218] J. F. D. Shrewsbury. *A History of the Bubonic Plague in the British Isles*. CUP, Cambridge, 1971.

[219] D. Smith and N. Keyfitz. *Mathematical Demography*. Springer, Berlin, 1977.

[220] J. Maynard Smith. *Mathematical Ideas in Biology*. CUP, Cambridge, 1968.

[221] C. P. Smyth. *Our Inheritance in the Great Pyramid*. Alexander Strahan and Co. , London, 1864.

[222] J. Snow. *Snow on Cholera*. The Commonwealth Fund, New York, 1936. Facsimile Reprint.

[223] South West Thames Regional Health Authority, 40 Eastbourne Terrace, London W2 3QR. *Report of the Inquiry into the London Ambulance Service*, 1993.

[224] M. Spivak. *Calculus*. Bejamin, New York, 1967.

[225] M. D. Spivak. *The Joy of TEX*. AMS, Providence, Rhode Island, 2nd edition, 1990.

[226] I. N. Steenrod, P. R. Halmos, *et al. How to Write Mathematics*. AMS, Providence, Rhode Island, 1973.

[227] H. Steinhaus. *Mathematical Snapshots*. OUP, New York, 3rd edition, 1969.

[228] I. N. Stewart. *Galois Theory*. Chapman and Hall, London, 1973.

[229] I. N. Stewart. *Game, Set and Math*. OUP, Oxford, 1989.

[230] W. Stukeley. *Memoirs of Sir Isaac Newton's Life*. Taylor and Francis, Red Lion Court, Fleet Street, London, 1936.

[231] J. L. Synge. Letter to the editor. *The Mathematical Gazette*, LII: 165, February 1968.

[232] G. I. Taylor. *Scientific Papers of Sir Geoffrey Ingram Taylor*. CUP, Cambridge, 1958.

[233] G. I. Taylor. The present position in the theory of turbulent diffusion. *Advances In Geophysics*, 6: 101–111, 1959.

[234] G. I. Taylor. Aeronautics before 1919. *Nature*, 233: 527–529, 1971.

[235] G. I. Taylor. The history of an invention. *Eureka*, 34: 3–6, 1971. c/o Business Manager, Eureka, The Arts School, Bene't Street, Cambridge, England.

[236] J. Terraine. *The Right of the Line*. Hodder and Stoughton, London, 1985.

[237] J. Terraine. *Business in Great Waters*. Leo Cooper Ltd, London, 1989.

[238] D. W. Thompson. *On Growth and Form*. CUP, Cambridge, 1966. This is an abridged edition edited by J. T. Bonner.

[239] T. M. Thompson. *From Error-Correcting Codes through Sphere Packings to Simple Groups*. Mathematical Association of America, Washington, 1983.

[240] J. Thurber. *The Beast in Me*. Hamish Hamilton, London, 1949.

[241] B. W. Tuchman. *The Zimmermann Telegram*. Constable, London, 1959.

[242] B. W. Tuchman. *August 1914*. Constable, London, 1962.

[243] E. R. Tufte. *The Visual Display of Quantitative Information*. Graphics Press, PO Box 430, Cheshire, Connecticut 06410, 1982.

[244] E. R. Tufte. *Envisioning Information*. Graphics Press, PO Box 430, Cheshire, Connecticut 06410, 1990.

[245] A. M. Turing. On computable numbers with an application to the Entscheidungsproblem. *Proceedings of the London Mathematical Society (2)*, 42: 230–265, 1937. There are some minor corrections noted in the next volume of the *Proceedings*.

[246] A. M. Turing. *Collected Works*. North Holland, Amsterdam, 1992. 3 vols.

[247] L. S. van B. Jutting. *Checking Landau's "Grundlagen" in the AUTOMATH System*. Mathematisch Centrum, PO Box 4079, 1009 AB Amsterdam, The Netherlands, 1979.

[248] D. Van der Vat. *The Atlantic Campaign*. Hodder and Stoughton, London, 1988.

[249] D. Van der Vat. *The Pacific Campaign*. Hodder and Stoughton, London, 1991.

[250] S. Vogel. *Vital Circuits*. OUP, Oxford, 1992.

[251] C. H. Waddington. *OR in World War 2*. Elek Science, London, 1973.

[252] D. W Waters. The science of admiralty. *The Naval Review*, LI: 395–410, 1963. Continued in Volume LII, 1964, on pages 15–26, 179–194, 291–309 and 423–437.

[253] G. Welchman. *The Hut Six Story*. Allen Lane, London, 1982.

[254] R. S. Westfall. *Never at Rest*. CUP, Cambridge, 1980.

[255] A. N. Whitehead. *An Introduction to Mathematics*. Williams and Norgate, London, 1911.

[256] C. M. Will. *Was Einstein Right?* OUP, Oxford. 1988.

[257] D. Wilson. *Rutherford*. Hodder and Stoughton, London, 1983.

[258] J. Winton. *Convoy*. Michael Joseph, London, 1983.

[259] A. Wood. *The Physics of Music*. Methuen, London, 1944.

[260] J. D. Altringham. *Bats, Biology and Behaviour.* OUP, Oxford, 1996.

[261] G. I. Barenblatt. *Scaling, Self-similarity and Intermediate Asymptotics*. CUP, Cambridge, 1996.

[262] G. K. Batchelor. Kolmogoroff's theory of locally isotropic turbulence. *Proceedings of the Cambridge Philosophical Society*, 43: 533–559, 1947.

[263] G. A. Grätzer. *Math into LaTeX*. Birkhäuser, Boston, 1996.

[264] S. H. Lui. An interview with Vladimir Arnol'd. *Notices of the AMS*, 44(3): 432–438, April 1997.

# 索引

Huff-duff, 375, 376
P-NP 问题 (P-NP problem), 383
“俾斯麦号” (Bismarck), 355

**A**

爱因斯坦, A. (Einstein, A.)
  不满足的学生 (unsatisfactory student), 148
  创始 (genesis)
    广义相对论 (general relativity), 149–152
    狭义相对论 (special relativity), 139, 141
  关于相对运动 (on relative motion), 139–140
  光子理论 (photon theory), 127
  极好的传记 (splendid biography), 153
  质能等价 (mass energy equivalence), 45, 148
安慰剂 (placebo), 14, 16

**B**

柏拉图 (Plato)
  对话 (dialoge), 437–443
  观点 (opinions), 471
爆炸原理 (ex falso quodlibet), 361
毕达哥拉斯定理 (Pythagoras’s theorem), 445
冰河时期 (ice age), 422
捕食者 (predators)
  大型 (large), 107
  小型 (small), 433
捕鱼与过度捕捞 (fishing and over fishing), 414–420
不仅仅用于交流 (not just for communication), 388
布莱克特, P. M. S. (Blackett, P. M. S)
  关于运筹学研究 (on operational research), 64
  核武器 (nuclear weapons), 87
  轰炸机进攻 (bomber offensive), 85–87
  护航队 (convoy), 73–85
  加入蒂泽德的委员会 (joins Tizard committee), 46
  马戏团 (circus), 57, 94
  诺贝尔奖 (Nobel Prize), 44
  无线电测向 (radio direction finding), 375
  信息来源 (sources of information), 369
  远程飞行器闭合 “缺口” (long range aircraft to close “Gap”), 76
  在海岸司令部 (at Coastal Command), 64–73, 89
  在海军 (in navy), 40
  在剑桥 (at Cambridge), 43
布莱切利 (Bletchley), 另请参见图灵甜点 (Turing bombe)
  波兰人的礼物 (Polish gift), 352, 353, 356

德国海军密码 (German Naval Codes), 356, 368
短天气密码 (Short Weather Cipher), 369
工作情况 (conditions of work), 366–370
利用程序缺陷 (exploits procedural failures), 354
破解 "鲨鱼" (breaks SHARK), 375
文本设置问题 (text setting problem), 365–366
与丘吉尔 (and Churchill), 356
招募 (recruitment), 353, 356
佐加尔斯基板 (Zygalski sheet), 348
布莱切利的妇女预备役海军服务队 (Wrens at Bletchley), 366–368
布雷斯悖论 (Braess's paradox), 264–270
布特和蓝道尔的空腔磁控管 (cavity magnetron of Boot and Randall), 55

**C**

插接板 (plugboard)
描述的 (described), 335
也许并非无懈可击 (perhaps not invulnerable), 339–343
优势 (advantages), 335
遭到挫败 (beaten), 359–365
查斯特菲尔德 (Chesterfield), 289–290
传染病 (epidemics)
黑死病 (Black Death), 434
霍乱 (cholera), 3, 13
开始 (start), 412
麻疹 (measles), 429, 432
天花 (smallpox), 431–432
小儿麻痹症 (polio), 430
演进 (progress of), 412, 423–428
与西班牙征服新世界 (and Spanish conquest of New World), 429–430
错误信封问题 (wrong envelope problem), 348

**D**

达尔文, C. (Darwin, C.),《物种起源》(*On the Origin of Species*), 287, 422
大数定律 (law of large numbers), 390
代码 (code), 另见香农定理 (Shannon theorem)
轮换和替代相结合 (combined rotation and substitution), 318–322
错误矫正 (error correcting), 396, 397
错误探测 (error detecting), 397
短天气密码 (Short Weather Cipher), 369, 375, 387
国际标准书号 (ISBN), 396
汉明 (Hamming), 396, 397
机械化 (mechanisation), 359
简单替换 (simple substitution), 311
解密 (decipherment)
通过可能的单词 (by probable word), 319, 327, 333, 356, 365
通过频率计数 (by frequency count), 313–314, 317, 318, 322, 336
恺撒 (Caesar), 311–312
李维斯特 (Rivest)、沙米尔 (Shamir) 和阿德尔曼 (Adleman), 383–386
轮换 (rotation), 317
密码 (cipher), 311
循环表示 (cycle representation), 340–343
邓尼兹, K. (Dönitz, K.), 28, 32, 34, 37, 72, 73, 75, 370
蒂泽德, H. (Tizard, H.)

角 (angle), 49
派往美国 (mission to U. S.), 55
委员会 (committee), 45, 48
有远见 (farseeing), 50, 87
与林德曼的分歧 (disagreements with Lindemann), 47, 57, 85
运筹学 (operational research), 56
在法恩伯勒市 (at Farnborough), 129
第一次世界大战的起因 (causes of World War I), 194, 204, 255–256
定标 (scaling)
结构的大小 (size of structures), 104–106
每种寿命的心跳次数 (beats per lifetime), 114
攀爬 (climbing), 112
潜水 (diving), 112
跳跃 (jumping), 113
下落物体 (falling bodies), 104
新陈代谢率 (metabolic rates), 109–112
在生物学中 (in biology), 104–114, 217–222
动脉 (artery)
穆雷定律 (Murray's law), 218–222
动物群, 数学上 (menagerie, mathematical)
"鲨鱼" (SHARK), 370, 375
蝙蝠 (bat), 54
大海雀 (great auk), 27
大象与老鼠 (elephants and mice), 109–112
渡渡鸟 (dodo), 97
飞蛾 (moth), 421
蝴蝶 (butterflies), 137, 420
鲸 (whales), 112
旅鼠 (lemming), 98
牡蛎 (oysters), 97
牛蛙 (bullfrogs), 352
鸥 (gull), 67
蛇 (snakes), 109
数学家 (mathematicians), 159
松鼠 (squirrels), 113
天使鱼 (angel fish), 382
跳蚤 (fleas), 113
兔子 (rabbits), 245
微生物 (microbe), 407
鱼 (fish), 124, 414–419
鲨鱼 (sharks), 420
短天气密码 (Short Weather Cipher), 369, 375, 387
队列, 行为 (queues, behaviour of), 411
对角论证法 (diagonal argument)
新的论证模式 (new mode of argument), 301
应用于实数 (applied to reals), 299–301
应用于一套程序 (applied to suite of programs), 302
在图灵定理中 (in Turing's theorem), 306–307

## E

恩尼格码 (Enigma), 另见布莱切利 (Bletchley) 和插接板 (plugboard)
与波兰人 (and the Poles)
bomby, 329
复原日常设置 (recover daily setting), 348
自反, 弱点 (self-inverse, weakness), 335
操作员弱点 (operator weakness), 332, 336

代数表示 (represented algebraically), 329–331, 335, 339–343, 345–347
发展 (development)
插接板 (plugboard), 335
第四转子 (fourth rotor), 370
加入了反射器 (reflector added), 330
可互换转子 (interchangeable rotors), 333
谢尔比斯发明的 (invented by Scherbius), 323
非自加密 (mock)
应用 (use of), 332
非自加密, 弱点 (non-self-encipherment, weakness), 332–333, 335
军方 (Military), 335
利用了情报 (intelligence used), 337
慢转子, 根本弱点 (slow rotors, fundamental weakness), 326–329, 332, 359
秘密部分揭晓 (secrets partically revealled), 339
模拟 (mock)
应用 (use of), 327–328
在甜点中 (in bombe), 359
三转子原始 (three-rotor Primitive), 324, 325
商用 (Commercial), 331, 334
文本设置 (text setting)
德国陆军步骤 (German Army procedure), 337
波兰人攻击 (Polish attack on), 345–348
问题 (problem), 336
作为单独的问题 (as separate problem), 365–366
意大利, 被破译 (Italian,broken), 332, 336
英国最初的失利 (initial British failure), 325, 339, 352
优势 (advantages), 323, 326
与 x 型 (and Typex), 334
与波兰人 (and the Poles)
数学攻击 (mathematical attack), 311
复原接线方式 (recover wiring), 339, 352
复原日常设置 (recover daily setting), 344
给英国的礼物 (gift to Britain), 352
女性 (females), 345–348
佐加尔斯基板 (Zygalski sheet), 348, 352
自反, 弱点 (self-inverse, weakness), 332, 360
二的平方根, 无理数 (square root of two, irrational), 448
二加二, 等于四 (two and two, make four), 449

## F

法尔, W.(Farr, W.), 5, 7, 13
反潜艇探测委员会 (ASDIC), 33
防洪设施 (flood defences), 66
斐波那契数 (Fibonacci numbers)
定义 (definition), 246
起源 (origin), 245
特性 (properties), 246–249
与欧几里得算法 (and Euclid's algorithm), 250–253
菲利普 · 霍尔婚姻引理 (marriage lemma of Philip Hall), 262
肺 (lung)

作为分形 (as fractals), 216, 217
费马 – 欧拉小定理 (Fermat-Euler little theorem), 385
费曼, R. P., 了不起的阐述者 (Feynman, R. P., great expositor), 128, 153, 490
分形 (fractals), 217, 223
风洞 (wind tunnels), 121, 123
冯 · 科赫雪花 (von Koch snowflake), 212–216
冯 · 诺伊曼, J. (von Neumann, J.)
半神 (demi-god), 484
麦克达夫解决的问题 (problem solved by MacDuff), 473
数值气象学 (numerical meteorology), 163
复利 (compound interest), 97, 233
傅科摆 (Foucault's pendulum), 156

## G

高尔顿, F., 姓氏问题 (Galton, F., surname problem), 403
高德纳, D. E. (Knuth, D. E.)
TEX, 296, 486
《计算机程序设计艺术》(*The Art of Computer Programming*), 237, 271, 296, 491
三个高德纳规则 (three Knuth rule), 491
高斯, C. F. (Gauss, C. F.), 151, 275
隔绝, 及物种起源 (isolation, and origin of species), 422–423
公理 (axiom)
整数 (integer)
乘法 (multiplication), 449
次序 (order), 452
加法 (addition), 449
光 (light)
电磁波 (electromagnetic wave), 127, 139
既是波又是光子 (both wave and photon), 128
速率是一个常量 (speed a constant), 138–141
由光子构成 (composed of photons), 127
归纳法与基本公理 (induction and fundamental axiom), 462–463
国际标准书号 (International Standard Book Numbers, 缩写为 ISBN), 396
国际心肌梗死生存研究 (International Study of Infarct Survival, 缩写为 ISIS) 试验, 16

## H

哈里斯, A., "轰炸机" (Harris, A., 'Bomber'), 76, 77
海森堡不等式 (Heisenberg's inequality), 52
汉明码 (Hamming code), 396–399
豪斯多夫维 (Hausdorff dimension), 215
护航队 (convoy)
系统处于危机之中 (system in crisis), 375
布莱切利降低的损失 (losses reduced by Bletchley), 370
理论 (theory), 23, 25–29, 71–73, 80–85
人力成本 (human cost), 35, 372
胜利 (victory), 375–378
时间标度 (time scale), 329
沃特斯的研究 (Waters' study), 83
系统处于危机之中 (system in crisis), 370

混沌 (chaos), 224
霍尔丹, J. B. S. (Haldane, J. B. S.)
关于生物学中的大小比例 (on scaling in biology), 106, 108
霍乱 (cholera), 3–13, 16

## J

基本公理 (fundamental axiom)
讨论 (discussion), 452–458
相关证明技巧 (associated proof technique), 454–458
与各个击破 (and divide and conquer), 463
与归纳法 (and induction), 462–463
机器是否可能会思考 (can machines think?), 380
疾病 (diseases), 另见传染病 (epidemics)
起因 (origins), 433–435
计算, 成本大幅降低 (computation, plunging cost of), 172, 277
伽利略, G.(Galileo, G.)
单摆 (pendulum), 126
关于结构的大小 (on size of structures), 104–106
关于无限 (on infinity), 297–299
关于下落物体 (on falling bodies), 101–104, 149
关于相对运动 (on relative motion), 137, 138
剑鱼鱼雷轰炸机 (Swordfish torpedo-bomber), 51, 58
交谈的艺术 (conversation, art of), 223
金字塔英寸 (pyramid inch), 116
进化, 达尔文理论 (evolution, Darwin's theory of), 420
巨人杀手杰克 (Jack the Giant Killer), 106
军备竞赛 (arms races), 193–196
军事强国, 分类 (military powers, categorisation), 199

## K

卡茨, M. (Kac, M.), 175
卡西尼恒等式 (Cassini's identity), 246–248
康托尔 (Cantor)
阿列夫 (aleph, ℵ), 496
康威, J. H. (Conway, J. H.)
改变生活 (changes life), 399
罕见的直觉 (rare intuition), 489
克己 (self-denial), 134
知道星期几 (knows day of the week), 290
抗药性 (drug resistance), 421, 435
柯尔莫戈洛夫, A. N., 及三分之四法则 (Kolmogorov, A. N., and the fourth-thirds rule), 189–191
柯瓦列夫斯卡娅,S. (Kovalevskaya, S), 481–482
科赫, R. (Koch, R.), 13, 15

## L

兰彻斯特 N 平方律 (Lanchester's N-square Rule), 78
老鼠到大象曲线 (mouse-to-elephant curve), 109–112, 217
勒贝格, H. (Lebesgue, H.)
关于数学教学 (on mathematical teaching), 492
雷达 (radar)
波长 (wavelength), 50–55
海军 (naval), 49, 53
机载 (airborne), 50, 54, 355
英国和德国 (British and German), 55

英国开发 (British development of), 54–55
由沃森 – 瓦特提议 (proposed by Watson-Watt), 46, 56
雷诺数 (Reynolds number), 124, 133
雷耶夫斯基, M. (Rejewski, M.)
对抗插接板 (versus the plugboard), 339–343
研究出恩尼格码接线方式 (works out Enigma wiring), 343
理查森, L. F. (Richardson, L. F.)
《关于致死纷争的统计学》(*Statistics of Deadly Quarrels*), 197–206
测量风速 (measures wind velocity), 176
海岸与边境长度 (lengths of coasts and frontiers), 206–212
回顾一生 (looks back on life), 192
极限延迟方法 (deferred approach to the limit), 163–173
军备竞赛的数学理论 (mathematical theory of arms race), 193–196
理查森 – 柯尔莫哥洛夫级联 (Richardson-Kolmogorov cascade), 180, 189, 217
曲线的数 (number for curves), 213
三分之四法则 (four-thirds rule), 180–189
生活 (life), 159–163
数值天气预报 (numerical weather forecasting), 160–163, 420
质疑风速的存在 (doubts existence of wind velocity), 176–179
历法, 改革 (Calendar, reform of), 288
利率 (interest rates), 97–98, 418–419
量纲分析 (dimensional analysis)
船舶设计 (ship designs), 123
单摆 (simple pendulum), 119, 125, 173
风洞 (wind tunnels), 121, 123
管中的流量 (flow in pipe), 121, 218
三分之四法则 (four-thirds rule), 190
双线摆 (bifilar pendulum), 122
水波 (water waves), 120
原理 (rationale), 115–118
原子爆炸 (atomic explosion), 132
列奥纳多 · 达 · 芬奇 (Leonardo da Vinci)
对水流运动着迷 (fascinated by motion of water), 180
血管分支 (branching of blood vessels), 218
林德曼, F. A.(Lindemann, F. A.), 47, 57, 74, 76, 85, 129
零, 伟大的发明 (zero, great invention), 228, 229
卢瑟福, E. (Rutherford, E.), 33, 42–45
路易斯 · 卡罗尔 (Lewis Carroll), 最钟爱的谜题 (favourite puzzle), 247, 446
旅行的推销员问题 (travelling salesman problem), 383
伦敦救护车服务站灾难 (London Ambulance Service disaster), 292–293
罗斯福, F. D. (Roosevelt, F. D.), 77
洛伦兹变换 (Lorentz transformation)
后果 (consequences), 145–148
时间膨胀 (time dilation), 147
双生子佯谬 (twin paradox), 157
速度相加 (addition of velocities), 145

推导 (derivation), 141–145
洛仑兹, E. N., 与混沌 (Lorenz, E. N., and chaos), 224, 420

**M**

马尔维纳斯群岛, 海战 (Falklands, naval battle), 39, 156
麦克达夫, D., 数学生涯 (Macduff, D., mathematical career), 473–476
麦克斯韦, J. C. (Maxwell, J. C.)
电磁学与光 (electromagnetism and light), 127, 138
方程组 (equations), 139, 147
关于相对运动 (on relative motion), 138
迈克耳孙, A. A. , 与光速 (Michelson, A. A., and speed of light), 139
曼德博, B. (Mandelbrot, B.), 216
美国内战 (American Civil War), 198, 204, 255, 430
密码 (cipher, 另见 code), 311
免疫 (immunisation), 96, 424, 430–433
穆雷定律 (Murray's law), 218–222, 381

**N**

纳斯鲁丁, 穆拉 (Nasrudin, Mullah), 465, 499
牛顿, I.(Newton, I.)
抱怨 (complaint), 222
苹果 (apple), 152
桶 (bucket), 155
女性与恩尼格码 (females and Enigma), 345–348

**O**

欧几里得, 《几何原本》 (Euclid, *Elements*), 237, 437

**P**

庞加莱, H. (Poincaré, H.), 207, 244, 480
皮尔逊, L. (Pearson, K.), 203

**Q**

齐默尔曼电报 (Zimmermann Telegram), 323, 325
潜水艇 (submarine), 另见护航队 (convoy)
表现 (performance), 63, 73, 124
第二次世界大战之后 (past World War II), 73, 124
两次大战之间 (between the wars), 33–35
在第二次世界大战中 (in World War II), 35, 379
在第一次世界大战中 (in World War I), 21–33
琼斯, R. V.(Jones, R. V.), 56
丘吉尔, W. S.(Churchil, W. S.), 36, 77, 311, 356, 386
曲线的长度 (length of curve)
冯 · 科赫曲线 (von Koch curve), 212–215
实证研究 (empirical studies), 207–212
缺口, 大西洋 (Gap, Atlantic), 75–77, 376

**R**

日德兰半岛, 海战 (Jutland, naval battle), 39–41, 50
容斥公式 (inclusion-exclusion formula), 349
软式飞艇 (blimp), 74

**S**

三分之四法则 (four-thirds rule), 180–191

商船船员, 伤亡 (merchant seamen, casualties), 372
食品药物管理局 (Food and Drug Administration, 缩写为 FDA), 13
数字系统 (number system)
基数的选择 (choice of base), 229–231
可供选择的 (alternative), 231–232
罗马的 (Roman), 227–228
印度的 (Indian), 228–230
噼呖啪 (flip-flap-flop), 232
双生子佯谬 (twin paradox), 156–157
说服, 的艺术 (persuasion, art of), 288
斯诺, J. (Snow, J.), 4–13
斯特林型公式 (Sterling type formula), 282, 284
死亡射线 (death ray), 46
苏格拉底 (Socrates)
对话 (dialoge), 437–444
观点 (opinions), 470
速度, 的意义 (velocity, meaning of), 176–179
算法 (algorithm)
求最大值 (finding largest)
淘汰法 (knock-out), 272
二分查找法 (binary chop), 279
福特 – 福尔克森 (Ford-Fulkerson), 256–264
欧几里得定理和贝祖定理 (Euclid's and Bezout's Theorem), 241–243, 384, 456
排序 (sorting)
比较速率 (comparative speed), 277
冒泡法排序 (bubble sort), 276
淘汰法 (knock-out), 277–278, 282
最大速率 (maximum speed), 279–283
求最大值 (finding largest)
冒泡法求最大值 (bubble max), 272
淘汰法 (knock-out), 274
斯坦算法 (Stein's algorithm), 244–245

## T

泰勒, G. I. (Taylor, G. I.)
CQR 锚 (CQR anchor), 130–132
关于理查森 (on Richardson), 186
关于三分之四法则 (on four-third rule), 190
光子实验 (photon experiment), 126–128
游泳的微生物 (swimming micro-organisms), 133
原子爆炸 (atomic explosion), 132
在法恩伯勒市 (at Farnborough), 129–130
太平洋沙丁鱼, 警世故事 (Pacific sardine, cautionary tale of), 417–418
汤普森, 达西 (Thompson, D'Arcy W.), 关于形态发生 (on morphogenesis), 381
梯形法则 (trapezium rule)
陈述 (stated), 166
讨论 (discussed), 165–170
天花, 的攻克 (smallpox, conquest of), 431–432
铁路 (railways)
安全性 (safety of), 291–292
在战争中 (in war), 255–257
突变理论 (Catastrophe Theory), 223
图灵, A. M. (Turing, A. M.)

定理 (theorem)
背景 (background), 296, 302–304
讨论 (discussion), 382
证明 (proof), 304–308
关于形态发生 (morphogenesis), 380–382
机器是否可能会思考 (can machines think?), 380, 386
极好传记 (splendid biography), 379
甜点 (bombe), 356
菜单 (menus), 361–363
第四转子的问题 (problem of the fourth rotor), 370, 375
供不应求 (in short supply), 370
四转子 (four-rotor), 370
为什么有可能 (why possible), 359–365
许多人的工作 (work of many people), 359
与波兰的 bomby(and Polish bomby), 329, 356, 359
与姓氏问题 (surname problem), 362, 403
作为实体 (as physical object), 361, 366–368
性格 (character), 357–359
与香农 (and Shannon), 357, 386
湍流 (turbulence), 180
三分之四法则, 180–192

W

网络 (networks)
布雷斯悖论 (Braess's paradox), 264–270
福特 – 福尔克森算法 (Ford-Fulkerson algorithm), 256–264
威尔金斯, A. F. (Wilkins, A. F.), 47
微分几何 (differential geometry), 由高斯和黎曼创立 (founded by Gauss and Riemann), 151
韦尔奇曼, G. (Welchman, G.), 326, 348, 354, 356, 359
维护问题 (maintenance problems), 90–93
沃丁顿, C. H. (Waddington, C. H.), 64, 382
沃森, H. W. (Watson, H. W.)
定理 (theorem), 406
传染病 (epidemics), 412, 423
队列 (queues), 411
遗传变化 (genetic change), 421–423
证明中的缺陷 (gap in proof), 408–411
阶梯 (staircases), 409–411
进攻姓氏问题 (attack surname problem), 403–407
佯谬 (paradox)
陈述 (stated), 406
队列 (queues), 411
可能的进化引擎 (possible engine for evolution), 421–423
悖论 (paradox)
非洲的亚当 (African Adam), 408
姓氏 (for surnames), 407
无线电测向 (radio direction finding)
岸基 (ship based), 34, 375
船基 (ship based), 375, 376
物理学与数学, 两者的区别 (physics and mathematics, differences between), 175, 465

X

希腊字母表 (Greek alphabet), 495

下落物体 (falling bodies)
    牛顿的看法 (Newton's view), 152
    爱因斯坦的看法 (Einstein's view), 149
    伽利略的看法 (Galileo's view), 104, 149
线性化 (linearisation), 73, 164, 177
相对论 (relativity)
    广义 (general), 148–152
    狭义 (special)
        最初的讨论 (initial discussion), 139–141
    有关书籍 (books on), 153
    作为标志 (as simbol), 154
相对运动 (relative motion)
    麦克斯韦 (Maxwell), 138
    伽利略 (Galileo), 137–138
香农, C. E. (Shannon, C. E.)
    定理 (theorem)
        精确陈述 (precise statement), 394
        讨论 (discussion), 388–390, 395–399
        证明 (proof), 391–395
    与图灵 (and Turing), 357, 386
心脏 (heart)
    疾病 (disease), 13–19, 121
    每种寿命的心跳次数 (beats per lifetime), 114
    作为泵 (as pump), 106
形态发生 (morphogenesis), 380–382
姓氏问题 (surname problem), 另见沃森 (Watson)
    陈述 (stated), 403
    与甜点 (and bombe), 362
旋转, 的事实 (rotation, reality of), 154–156
血块粉碎剂 (clot buster), 13–19


## Y


谣言, 的传播 (rumours, progress of), 412–414
一一对应 (one-to-one correspondence), 299–300
遗传变化 (genetic change), 421–423
英国海岸 (coast of Britain) , 207
英国海军 (British Navy)
    兵力 (strengths), 24, 42, 43, 85
    传统 (tradition), 311, 367
    对抗英国空军的斗争 (battles against Brithsh Air Force), 33, 76
    雷达 (radar), 49
    密码问题 (code problems), 35, 334, 377
    炮弹问题 (shell problems), 40–42
    弱点 (weaknesses), 25, 30, 31, 33, 40–43
由血液代价支配的尺寸 (size governed by cost of blood), 220
宇宙的中心 (centre of universe)
    不存在 (non-existent), 156
    错位 250 米 (misplaced by 252 metres), 481
语言 (language)
    极为冗余 (highly reductant), 386–388
    美国, 生动 (American, vivid), 48, 67, 377
预测问题 (prediction problems), 48, 61, 66, 91, 420
运筹学 (operational research), 56
    初步问题 (preliminary questions), 67
    船只类型的平衡 (balance of ship types), 73

发现潜水艇 (submarine spotting), 65
飞行器使用 (aircraft utilisation), 89, 93
飞行器维护 (aircraft maintenance), 90
护航队规模 (convoy size), 80–83
护航队速率 (convoy speed), 74
深水炸弹设定 (depth charge setting), 67–69
投弹精度 (bombing accuracy), 69–70
在和平时期 (in peace time), 90, 94

## Z

怎样 (how to)
对付那些具有奇思异想的人 (deal with cranks), 230
发 TEX 的音 (pronounce TEX), 486
进行交谈 (make conversation), 223
做许多事情 (do lots of things), 481, 485–486
战斗机拦截, 问题 (fighter interception, problems of), 48–50
战争爆发 (outbreaks of war)
缺乏模式 (absence of pattern), 201
直觉, 各种各样的 (intuition, various kinds of), 489
种群增长 (population growth), 407, 414
竹子和素数 (banboos and primes), 107
自连接 (self-steckered), 335
纵横字谜游戏, 为什么可能 (crossword puzzle, why possible), 387
醉汉的行走 (drunkard's walk), 182–185
最大公约数 (greatest common divisor, 缩写为 gcd), 237
最大流量, 最小截值定理 (max flow, min cut theorem), 258
佐加尔斯基板 (Zygalski sheet), 348, 352, 353

# 致谢

图 1.5 经许可转载自《柳叶刀》(*The Lancet*), 1988 年 8 月, 第 349–360 页.

图 1.6 经许可转载自《柳叶刀》(*The Lancet*), 1992 年 3 月, 第 753–770 页.

图 2.1 转载自《每日镜报》(*The Daily Mirror*), 1941 年.

图 4.1、4.2、4.3、4.4、4.5、4.6、4.7 为皇家版权, 经英国皇家文书局主管许可转载.

图 6.2 版权归 M. C. Escher / Art-Baarn-Holland 所有 (©1995), 经许可转载.

图 8.6、8.7、9.8 转载自皇家收藏, 版权归伊丽莎白女王二世, 经许可转载.

图 9.1 转载自 L. F. 理查森著,《军备与不安全》(*Arms and Insecurity*, Boxwood Press, Pittsburg, 1960).

图 9.2 和 9.3 转载自 L. F. 理查森著,《关于致死纷争的统计学》(*Statistics of Deadly Quarrels*, Boxwood Press, Pittsburg, 1960).

图 12.1 转载自《伦敦救护车服务站调查报告》(*Report of the Inquiry into the London Ambulance Service*), 经泰晤士西南地区卫生行政部门 (South West Thames Regional Health Authority) 许可转载.

图 13.4 经许可转载自英国海军部的《商船信号手册 (III)》(*Merchant Ships Signal Book III*).

图 15.3 转载自 J. 基根 (J. Keegan) 著,《海军部的代价》(*The Price of Admiralty*), 经哈钦森 (Hutchinson) 许可转载.

图 15.4 转载自 S. W. 罗斯基尔 (S. W. Roskill) 著,《海上战争》(*The War at Sea*), 为皇家版权, 经英国皇家文书局主管许可转载.

经卡克耐特出版有限公司 (Carcanet Press Limited) 授权, 引用罗伯特 · 格雷夫斯 (Robert Graves) 著,《波斯版本》(*The Persian Version*), 摘自他的《诗集》(*Collected Poems*).

经费伯和费伯出版有限公司 (Faber and Faber Ltd) 授权, 引用 L. 麦克尼斯 (L. MacNiece) 著,《兄弟火》(*Brother Fire*), 摘自他的《路易斯 · 麦克尼斯诗集》(*The Collected Poems of Louis MacNiece*).

经彼得斯、弗雷泽和邓洛普出版社 (Peters, Fraser and Dunlop) 授权, 引用《微生物》(*The Microbe*), 摘自希拉里 · 贝洛克 (Hilaire Belloc) 著,《诗全集》(*The Complete Verse*).

经企鹅图书有限公司 (Penguin Books Ltd) 授权, 引用自 W. K. 古斯里 (W. K. Guthrie)

译,《美诺篇》(*Meno*).

经 D. 麦克达夫 (D. McDuff) 和美国数学学会 (American Mathematical Society) 授权,引用自《萨特奖获奖演说》(*Satter Prize Acceptance Speech*).

## 科学素养丛书

(书号前缀为 978-7-04-0xxxxx-x)

| 序号 | 书号 | 书名 | 著译者 |
|---|---|---|---|
| 1 | 35167-5 | Klein 数学讲座 | F. 克莱因 著, 陈光还 译, 徐佩 校 |
| 2 | 35182-8 | Littlewood 数学随笔集 | J. E. 李特尔伍德 著, 李培廉 译 |
| 3 | 33995-6 | 直观几何 (上册) | D. 希尔伯特 等著, 王联芳 译, 江泽涵 校 |
| 4 | 33994-9 | 直观几何 (下册) | D. 希尔伯特 等著, 王联芳、齐民友译 |
| 5 | 36759-1 | 惠更斯与巴罗, 牛顿与胡克 —— 数学分析与突变理论的起步，从渐伸线到准晶体 | B. И. 阿诺尔德 著, 李培廉 译 |
| 6 | 35175-0 | 生命 艺术 几何 | M. 吉卡 著, 盛立人 译 |
| 7 | 37820-7 | 关于概率的哲学随笔 | P. S. 拉普拉斯 著, 龚光鲁、钱敏平 译 |
| 8 | 39360-6 | 代数基本概念 | I. R. 沙法列维奇 著，李福安 译 |
| 9 | 41675-6 | 圆与球 | W. 布拉施克著，苏步青 译 |
| 10 | 43237-4 | 数学的世界 I | J. R. 纽曼 编，王善平 李璐 译 |
| 11 | 44640-1 | 数学的世界 II | J. R. 纽曼 编，李文林 等译 |
| 12 | 43699-0 | 数学的世界 III | J. R. 纽曼 编，王耀东 等译 |
| 13 | 31208-9 | 数学及其历史 | John Stillwell 著, 袁向东、冯绪宁 译 |
| 14 | 44409-4 | 数学天书中的证明 (第五版) | Martin Aigner 等著, 冯荣权 等译 |
| 15 | 47174-8 | 来自德国的数学盛宴 | Ehrhard Behrends 等编，丘予嘉 译 |
| 16 | 47951-5 | 计数之乐 | T. W. Körner 著, 涂泓 译, 冯承天 译校 |
| 17 | 30530-2 | 解码者：数学探秘之旅 | Jean F. Dars 等著, 李锋 译 |
| 18 | 29213-8 | 数论：从汉穆拉比到勒让德的历史导引 | A. Weil 著, 胥鸣伟 译 |
| 19 | 28886-5 | 数学在 19 世纪的发展 (第一卷) | F. Kelin 著, 齐民友 译 |
| 20 | 32284-2 | 数学在 19 世纪的发展 (第二卷) | F. Kelin 著, 李培廉 译 |
| 21 | 17389-5 | 初等几何的著名问题 | F. Kelin 著, 沈一兵 译 |
| 22 | 25382-5 | 著名几何问题及其解法：尺规作图的历史 | B. Bold 著, 郑元禄 译 |
| 23 | 25383-2 | 趣味密码术与密写术 | M. Gardner 著, 王善平 译 |
| 24 | 26230-8 | 莫斯科智力游戏：359 道数学趣味题 | B. A. Kordemsky 著, 叶其孝 译 |
| 25 | 36893-2 | 数学之英文写作 | 汤涛、丁玖 著 |
| 26 | 35148-4 | 智者的困惑 —— 混沌分形漫谈 | 丁玖 著 |
| 27 | 29584-9 | 数学与人文 | 丘成桐 等 主编, 姚恩瑜 副主编 |
| 28 | 29623-5 | 传奇数学家华罗庚 | 丘成桐 等 主编, 冯克勤 副主编 |
| 29 | 31490-8 | 陈省身与几何学的发展 | 丘成桐 等 主编, 王善平 副主编 |
| 30 | 32286-6 | 女性与数学 | 丘成桐 等 主编, 李文林 副主编 |
| 31 | 32285-9 | 数学与教育 | 丘成桐 等 主编, 张英伯 副主编 |
| 32 | 34534-6 | 数学无处不在 | 丘成桐 等 主编, 李方 副主编 |
| 33 | 34149-2 | 魅力数学 | 丘成桐 等 主编, 李文林 副主编 |
| 34 | 34304-5 | 数学与求学 | 丘成桐 等 主编, 张英伯 副主编 |
| 35 | 35151-4 | 回望数学 | 丘成桐 等 主编, 李方 副主编 |
| 36 | 38035-4 | 数学前沿 | 丘成桐 等 主编, 曲安京 副主编 |

续表

| 序号 | 书号 | 书名 | 著译者 |
|---|---|---|---|
| 37 | 38230-3 | 好的数学 | 丘成桐 等 主编, 曲安京 副主编 |
| 38 | 29484-2 | 百年数学 | 丘成桐 等 主编, 李文林 副主编 |
| 39 | 39130-5 | 数学与对称 | 丘成桐 等 主编, 王善平 副主编 |
| 40 | 41221-5 | 数学与科学 | 丘成桐 等 主编, 张顺燕 副主编 |
| 41 | 41222-2 | 与数学大师面对面 | 丘成桐 等 主编, 徐浩 副主编 |
| 42 | 42242-9 | 数学与生活 | 丘成桐 等 主编, 徐浩 副主编 |
| 43 | 42812-4 | 数学的艺术 | 丘成桐 等 主编, 李方 副主编 |
| 44 | 42831-5 | 数学的应用 | 丘成桐 等 主编, 姚恩瑜 副主编 |
| 45 | 45365-2 | 丘成桐的数学人生 | 丘成桐 等 主编, 徐浩 副主编 |
| 46 | 44996-9 | 数学的教与学 | 丘成桐 等 主编, 张英伯 副主编 |
| 47 | 46505-1 | 数学百草园 | 丘成桐 等 主编, 杨静 副主编 |